R을 활용한 금융 데이터 분석

횡단면 · 시계열 방법론의 원리와 응용

엄찬영 지음

자유아카데미

저작권 안내

서문

수익률, 거래량, 각종 금융 지표와 같은 금융 데이터는 대개 여러 자산이나 기업에 걸쳐 관찰되는 횡단면적 특성과, 시간의 흐름에 따른 시계열적 특성을 동시에 지닌다. 기존의 계량경제학 및 시계열분석 서적들은 이 두 가지 특성을 분리하여 다루어 왔는데, 이는 각 주제의 논의 범위가 방대하기 때문이다. 이러한 분리된 접근은 횡단면분석과 시계열분석의 이론적 체계를 심도 있게 이해하는 데는 효과적이지만, 두 방법론을 유기적으로 연결하여 실무에 적용하려는 학습자에게는 높은 진입 장벽과 학습 부담으로 작용할 수 있다.

이 책은 횡단면·시계열 방법론을 하나의 분석 흐름 속에서 유기적으로 통합하는 데 초점을 둔다. 이를 위해 금융 데이터 분석의 실무에서 활용도가 높은 기법들을 선별하고, 이들을 상호 연계된 구조로 배치함으로써 각 분석 방법의 원리를 일관되게 이해할 수 있도록 구성하였다. 또한 이론적 배경을 소개할 때 지나치게 엄밀한 수학적 증명에 의존하기보다, 핵심 원리의 직관적 이해를 강조하였다. 본서의 목표는 현실의 데이터를 분석하고 그 결과를 해석하는 실질적 역량을 배양하는 데 있다. 일반적으로 이론의 지나친 생략은 방법론의 원리 이해를 어렵게 하지만, 반대로 과도한 이론의 강조는 데이터 분석 실무서로서의 취지를 약화시킨다. 본서는 그 두 극단 사이에서 최적의 균형을 추구하며, 실무 활용에 필요한 만큼의 이론을 제시한다. 보다 심화된 이론적 논의는 Greene [2017], Hamilton [1990], Hayashi [2011], Tsay [2005], Wooldridge [2010] 등의 표준 교재를 참고하길 바란다.

이 책에서 소개하는 횡단면·시계열분석 기법들은 데이터 분석에서 표준적으로 활용되는 핵심 도구들이다. 구체적으로 횡단면 방법론은 일반화회귀모형, 도구변수 접근법, 패널회귀모형, SUR 모형, 동시방정식모형, 이산선택모형, 절단·중절·지속기간, 이중차분회귀모형, 그리고 매칭분석 등을 다룬다. 시계열 방법론으로는 정상·비정상시계열모형, 일변량·다변량변동성, 비선형시계열모형, 벡터자기회귀모형, 공적분, 위험관리, 요인모형, 상태공간모형 등을 포함한다. 한편, 추정량의 점근분포는 일반화적률법의 틀에서 일관되게 유도된다. 본서의 제I부는 횡단면·패널자료의 분석에 중점을 둔 횡단면 방법론을 설명하고, 제II부는 일변량·다변량시계열자료를 분석하는 데 필요한 시계열 방법론을 제시한다. 본서는 처음부터 순차적으로 읽기를 권장하지만, 특정 기법을 바로 활용하고자 한다면 해당 장만을 참고해도 큰 무리가 없다.

제1장과 제8장을 제외한 모든 장은 실제 금융 데이터(주로 한국 자료)를 활용한 R 기반 실습을 포함한다. 방법론의 이론적 배경이 자연스럽게 실무 응용으로 이어지도록, 각 장의 주제와 밀접한 실습 예제를 제시하며, 데이터 적재·전처리·추정·진단·시각화·해석에 이르는 전 과정을 구현하는 R 코드를 제공한다. 이러한 구성은 단순한 이론 습득을 넘어 데이터 기반 의사결정 능력을 강화하는 데 유용하다. 특히, R 코드는 간결하면서도

범용적인 형태로 작성되었으며, 내장 함수를 적극적으로 활용하였기에 약간의 수정만으로도 실무 분석에 즉시 적용할 수 있다. 본서에서 사용된 R 코드와 데이터 파일은 출판사의 홈페이지에서 내려받을 수 있다.

이 책은 필자가 학부 · 대학원 · MBA 과정에서 통계학, 계량경제학, 시계열분석 등의 데이터 분석 과목과 재무관리, 투자론, 자산가격결정, 시장미시구조 등 다양한 재무 과목을 강의해 온 경험, 그리고 현업 종사자들과의 협업을 통해 파악한 현장의 실질적 요구를 바탕으로 집필되었다. 따라서 본서는 횡단면 · 시계열 방법론의 응용을 처음 공부하는 학부생 및 대학원생은 물론, 금융 데이터를 다루는 연구자와 실무자에게도 실질적인 분석 도구와 통찰을 제공할 것이다. 나아가 이 책의 방법론은 금융 분야에 국한되지 않고, 경영 · 경제 · 사회과학 등 다양한 분야의 데이터 분석에도 일관되게 적용할 수 있다. 필자는 이 책이 특정 분야에 한정된 전문서가 아니라, 데이터 분석 기법을 이해하려는 모든 학습자를 위한 실용적 안내서로 자리매김하기를 바란다.

이 책을 학부 수업에 활용할 경우, 2학기 과정으로 운영하는 것을 권장한다. 예를 들어, 1학기에는 제1–4장, 제6장, 제9–10장, 2학기에는 제12–15장, 제17–21장을 다루는 구성이 적절하다. 대학원 과정에서는 1학기 또는 2학기 강의 모두 가능하다. 특히 제5장과 제8장은 추정량의 점근분포 유도 과정을 설명하며, 제6장의 Fama–MacBeth 모형과 제11장의 이중차분회귀모형 및 매칭분석은 논문 작성 시 유용한 실증 방법을 제공한다. 현업 종사자에게는 제18장의 페어트레이딩, 제20장의 Value at Risk(VaR) 계산, 제21장의 요인모형을 이용한 전역최소분산포트폴리오 구성 등이 흥미로운 주제일 것이다.

집필 과정 전반에 걸쳐 아낌없는 응원과 배려를 보내준 아내와 아이들(서연과 태일), 변함없이 지지해 준 어머니, 그리고 지금은 곁에 계시지 않지만 늘 깊은 애정을 보여주셨던 아버지께 깊이 감사드린다. 또한 원고를 함께 검토하며 건설적인 피드백을 제공한 한양대 대학원 박사 과정 이지윤 학생에게도 고마움을 전한다.

엄찬영
한양대학교 경영대학 파이낸스경영학과

차 례

제I부 횡단면 방법론

제1장 선형회귀모형의 이해

1.1 벡터와 행렬의 표기

수학적으로 $\mathbb{R}^{M\times N}$은 실수로 이루어진 $(M\times N)$ 크기의 행렬공간(matrix space)을 의미한다. 따라서 $A\in\mathbb{R}^{M\times N}$이라고 쓰면, 이는 "$A$는 M개의 행과 N개의 열로 구성된 행렬이다"라는 의미를 가진다. 한편, $a\in\mathbb{R}^{M\times 1}$은 M차원의 열 벡터(column vector), $a\in\mathbb{R}^{1\times N}$은 N차원의 행 벡터(row vector)를 의미한다.

이 책에서 벡터와 행렬의 표기는 다음의 규칙을 따른다. 열 벡터 $a\in\mathbb{R}^{N\times 1}$인

$$a=\begin{bmatrix} a_1 \\ a_2 \\ \vdots \\ a_N \end{bmatrix}=(a_1,a_2,\ldots,a_N)'$$

는 $[a_i]_{i=1}^N$로 표기하며, 여기서 a_i는 벡터 a의 i번째 원소, $\prime$은 전치(transpose)를 의미한다. 정방행렬(square matrix) $A\in\mathbb{R}^{N\times N}$인

$$A=\begin{bmatrix} a_{11} & a_{12} & \cdots & a_{1N} \\ a_{21} & a_{22} & \cdots & a_{2N} \\ \vdots & \vdots & & \vdots \\ a_{N1} & a_{N2} & \cdots & a_{NN} \end{bmatrix}$$

는 $[a_{ij}]_{i,j=1}^N$로 표기하며, 여기서 a_{ij}는 행렬 A의 i번째 행, j번째 열에 위치한 원소를 나타낸다. 이 경우, A의 i번째 행은 $[A]_{(i)}=(a_{i1},a_{i2},\ldots,a_{iN})\in\mathbb{R}^{1\times N}$, j번째 열은 $[A]^{(j)}=(a_{1j},a_{2j},\ldots,a_{Nj})'\in\mathbb{R}^{N\times 1}$, (i,j) 위치의 원소는 $[A]_{(i,j)}=a_{ij}$로 표기한다.

이외에도 자주 사용되는 특수한 벡터 및 행렬의 표기는 다음과 같다. 대각행렬(diagonal

matrix) $D \in \mathbb{R}^{N \times N}$인

$$D = \begin{bmatrix} d_{11} & 0 & \cdots & 0 \\ 0 & d_{22} & \cdots & 0 \\ \vdots & \vdots & & \vdots \\ 0 & 0 & \cdots & d_{NN} \end{bmatrix}$$

는 $\text{diag}(d_{11}, d_{22}, \ldots, d_{NN})$로 표기하며, 여기서 d_{ii}는 D의 i번째 대각원소를 나타낸다. 모든 원소가 1로 이루어진 N차원 열 벡터는 i_N, 대각원소가 모두 1이고 비대각원소가 모두 0인 $(N \times N)$ 크기의 항등행렬(identity matrix)은 I_N으로 표기한다. 또한, 모든 원소가 0인 N차원 영 벡터(zero vector)는 $0_{N \times 1}$, 모든 원소가 0인 $(M \times N)$ 크기의 영행렬(zero matrix)은 $0_{M \times N}$으로 표기한다.

1.2 자료의 구조

횡단면자료(cross-sectional data)는 단일 시점에서 여러 개체를 동시에 관찰하여 얻은 자료를 말한다. 여기서 개체란 개인, 기업, 국가 등 분석의 단위가 되는 대상을 가리키며, 각 개체는 $i = 1, \ldots, N$로 표기한다. 예를 들어, 2020년 기준 KOSPI에 상장된 전체 기업의 주식 수익률과 기업규모를 모아놓은 것이 전형적인 횡단면자료이다. 이러한 자료는 특정 시점에서 개체 간 차이를 비교할 수 있는 정보를 제공하지만, 시간에 따른 동태적 변화는 반영하지 못한다.

패널자료(panel data)는 횡단면자료를 여러 시점에 걸쳐 나열한 구조를 갖는다. 예를 들어, 앞서 제시한 기업 간 주식 수익률과 기업규모에 관한 횡단면자료를 2010년부터 2020년까지 매년 수집했다면, 이는 기업-연도 단위의 패널자료가 된다. 직관적으로 횡단면자료는 한 시점의 스냅샷(snapshot)이라면, 패널자료는 이러한 스냅샷을 일정 기간에 걸쳐 모아놓은 것이라 할 수 있다. 패널자료는 개체 간 이질성과 시간에 따른 개체별 변동을 동시에 반영하므로, 단일 시점의 횡단면자료보다 통계적으로 더 풍부한 정보를 제공한다.

시계열자료(time series data)는 동일한 개체의 관측치를 여러 시점에 걸쳐 시간순으로 나열한 자료를 의미한다. 이때 시점은 일정한 간격을 가지며, 각 시점은 $t = 1, \ldots, T$로 표기한다. 예를 들어, 2010년부터 2020년까지의 삼성전자 주식의 월별 수익률을 기록한 자료가 시계열자료에 해당한다. 시계열자료의 분석에서는 관측치가 시간의 흐름에 따라 어떻게 변화하는지, 즉 시간적 의존 구조가 중요한 분석 대상이 된다.

한편, 시계열은 일변량시계열(univariate time series)과 다변량시계열(multivariate time series)로 구분된다. 일변량시계열은 하나의 변수에 대한 시간적 관측치로 구성되며, 예를 들어 삼성전자 주식의 일별 수익률이 이에 해당한다. 다변량시계열은 복수의 일변량시계

열로 구성되며, 예컨대 삼성전자와 SK하이닉스의 일별 수익률을 동시에 기록한 경우가 이에 해당한다. 일변량시계열분석이 개별 변수의 자기의존 구조에 집중한다면, 다변량시계열분석은 복수의 변수들 간의 상관관계(correlation)와 시차적 상호작용까지 함께 고려한다는 점에서 차이가 있다.

1.3 선형회귀모형의 정의

특정 시점의 모든 개체 $i = 1, \ldots, N$에 대한 관측치 $y_i, x_{i,1}, \ldots, x_{i,K}$로 구성된 횡단면자료를 $\{y_i, x_{i,1}, \ldots, x_{i,K}\}_{i=1}^{N}$라 표기하자. 개체 i의 횡단면관측치에 대한 선형회귀모형(linear regression model) 또는 간단히 회귀모형은 다음과 같이 정의된다:

$$y_i = \beta_0 + \beta_1 x_{i,1} + \cdots + \beta_K x_{i,K} + \varepsilon_i,$$

여기서 y_i는 개체 i의 종속변수(dependent variable), $x_{i,k}$는 독립변수(independent variable), ε_i는 오차항이라 불린다. 종속변수 y_i는 회귀분석의 주요 대상이며, 독립변수 $x_{i,k}$는 y_i를 설명하는 역할을 한다. 오차항 ε_i는 종속변수의 변동에서 상수항과 K개의 독립변수 $x_{i,1}, \ldots, x_{i,K}$로 설명되지 않는 부분을 나타낸다. 종속변수와 독립변수는 모두 확률변수로 간주하며, 횡단면자료 $\{y_i, x_{i,1}, \ldots, x_{i,K}\}_{i=1}^{N}$는 이들의 실현값을 모아놓은 집합에 해당한다. 한편, β_0는 절편(intercept), $\beta_1, \ldots, \beta_K$는 회귀계수(regression coefficient)라고 불리며, 이들 모두는 모수이므로 횡단면자료를 이용해 추정해야 한다.

선형회귀모형에서 "선형"이라는 용어는 모형에서 회귀계수가 선형적으로 나타나는 것을 의미한다. 즉, 모든 $k = 1, \ldots, K$에 대해 β_k가 일차식 형태로 포함되면 모형의 선형성이 보장된다. 예를 들어, 회귀모형 $y_i = \beta_0 + \beta_1 x_{i,1} + \beta_2 x_{i,2}^2 + \varepsilon_i$은 선형이며, 이는 독립변수 $x_{i,2}^2$는 비선형 형태이지만 모형은 여전히 β_k에 대해 일차형식으로 표현되기 때문이다. 반면, 회귀모형 $y_i = \beta_0 + \beta_1 x_{i,1} + e^{\beta_2 x_{i,2}} + \varepsilon_i$은 비선형모형에 해당한다.

한편, 개체 i에 대한 회귀모형은 다음과 같은 벡터 형태로 표현할 수 있다:

$$y_i = x_i' \beta + \varepsilon_i, \tag{1.3.1}$$

여기서

$$x_i = \begin{bmatrix} 1 \\ x_{i,1} \\ \vdots \\ x_{i,K} \end{bmatrix} \in \mathbb{R}^{(K+1)\times 1}, \qquad \beta = \begin{bmatrix} \beta_0 \\ \beta_1 \\ \vdots \\ \beta_K \end{bmatrix} \in \mathbb{R}^{(K+1)\times 1}.$$

이제 식(1.3.1)을 모든 개체 $i=1,\ldots,N$에 대해 수직으로 쌓으면, 다음과 같이 행렬 형태로 나타낼 수 있다:

$$\begin{bmatrix} y_1 \\ y_2 \\ \vdots \\ y_N \end{bmatrix} = \begin{bmatrix} 1 & x_{1,1} & \cdots & x_{1,K} \\ 1 & x_{2,1} & \cdots & x_{2,K} \\ \vdots & \vdots & & \vdots \\ 1 & x_{N,1} & \cdots & x_{N,K} \end{bmatrix} \begin{bmatrix} \beta_0 \\ \beta_1 \\ \vdots \\ \beta_K \end{bmatrix} + \begin{bmatrix} \varepsilon_1 \\ \varepsilon_2 \\ \vdots \\ \varepsilon_N \end{bmatrix},$$

또는 간단히

$$y = X\beta + \varepsilon,$$

여기서 $y=[y_i]_{i=1}^N \in \mathbb{R}^{N\times 1}$는 전체 종속변수벡터, $X=[x_i']_{i=1}^N \in \mathbb{R}^{N\times(K+1)}$는 전체 독립변수(상수항 포함)행렬, $\varepsilon=[\varepsilon_i]_{i=1}^N \in \mathbb{R}^{N\times 1}$는 전체 오차항벡터이다.

회귀모형에 포함될 종속변수와 독립변수를 선택할 때, 단순히 통계적 상관관계에 의존하기보다는 가급적 이론적 근거를 바탕으로 설정해야 한다. 예를 들어, Fama and French [1993]의 자산가격결정모형(asset pricing model)에서는 자산 i의 초과수익률(excess return)은 시장 포트폴리오의 초과수익률(MKT), 소형주와 대형주 간의 수익률 차이(SMB), 장부가치 대비 시장가치 비율이 높은 주식과 낮은 주식 간의 수익률 차이(HML)에 의해 설명된다. 이는 자산 i의 초과수익률을 종속변수로 하고, MKT, SMB, HML을 독립변수로 하는 회귀모형을 의미한다.

1.4 회귀모형의 주요 가정

1.4.1 가정 1: $E[\varepsilon_i]=0$

가정 $E[\varepsilon_i]=0$은 수학적 편의를 위한 일종의 정규화이며, 이 책에서 전개되는 모든 논의는 이 가정이 성립한다는 전제로 진행된다.

만약 $E[\varepsilon_i]=c\neq 0$라면, 회귀모형은 다음과 같이 재표현할 수 있다:

$$\begin{aligned} y_i &= (\beta_0+c)+\beta_1 x_{i,1}+\cdots+\beta_K x_{i,K}+(\varepsilon_i-c) \\ &= \beta_0^*+\beta_1 x_{i,1}+\cdots+\beta_K x_{i,K}+u_i, \end{aligned}$$

여기서 $\beta_0^*=\beta_0+c$는 수정된 절편이고, $u_i=\varepsilon_i-c$는 수정된 오차항이다. 이때 수정된 오차항의 기댓값은

$$E[u_i]=E[\varepsilon_i-c]=E[\varepsilon_i]-c=0$$

이 된다. 이는 오차항의 기댓값이 0이 아닌 경우라도, 그 값을 절편에 흡수시키고 오차항을 재정의함으로써 기댓값이 0인 오차항을 갖는 새로운 모형을 구성할 수 있음을 의미한다. 즉, 일반성을 잃지 않으면서도 $E[\varepsilon_i] = 0$이라고 가정할 수 있다.

1.4.2 가정 2: $E[\varepsilon_i|x_i] = 0$

가정 $E[\varepsilon_i|x_i] = 0$는 오차항 ε_i의 조건부기댓값이 0이라는 것을 의미하며, 이를 독립변수 x_i의 외생성조건(exogeneity condition)이라 부른다. 항상 성립하는 가정 1과 달리, 이 가정의 성립 여부는 분석에 앞서 반드시 명시되어야 한다.

가정 2가 성립하면 반복기댓값의 법칙(law of iterated expectations), 즉 $E[X] = E[E[X|Y]]$에 따라, 모든 $k = 1, \ldots, K$에 대해

$$E[x_{i,k}\varepsilon_i] = E\left[E[x_{i,k}\varepsilon_i|x_i]\right] = E\left[x_{i,k}E[\varepsilon_i|x_i]\right] = E[x_{i,k}\cdot 0] = 0$$

가 성립한다. 따라서 독립변수 $x_{i,k}$와 오차항 ε_i 사이의 공분산은

$$Cov[x_{i,k}, \varepsilon_i] = E[x_{i,k}\varepsilon_i] - E[x_{i,k}]E[\varepsilon_i] = 0$$

가 되며, 이는 $x_{i,k}$와 ε_i 사이에는 선형적 상관관계가 존재하지 않는다는 것을 의미한다. 다시 말해, 외생성조건이 성립할 경우에는 독립변수는 오차항을 설명할 수 있는 체계적인 정보를 포함하지 않는다.

이 책에서는 독립변수의 외생성조건을 "모든 $k = 1, \ldots, K$에 대해 $E[x_{i,k}\varepsilon_i] = 0$" 또는 "$E[x_i\varepsilon_i] = 0_{(K+1)\times 1}$"이라고 표현하기도 한다. 다만 이 표현은 엄밀히 말하면 외생성조건과 동치는 아니며, 외생성조건이 성립할 때 함의되는 결과로 이해하는 것이 정확하다.

1.5 회귀모형의 해석

1.5.1 한계효과

외생성조건 $E[\varepsilon_i|x_i] = 0$가 충족될 경우, 개체 i에 대해 정의된 회귀모형은

$$E[y_i|x_i] = \beta_0 + \beta_1 x_{i,1} + \cdots + \beta_K x_{i,K}$$

가 성립함을 의미한다. 즉, 독립변수벡터 x_i를 조건부로 한 종속변수 y_i의 조건부기댓값은 x_i의 선형결합의 형태로 나타난다. 특히, 절편 β_0는 모든 독립변수들의 값이 0, 즉 $x_{i,1} =$

$\cdots = x_{i,K} = 0$일 때의 y_i의 조건부기댓값이다. 그러나 현실의 자료에서는 모든 독립변수가 동시에 0이 되는 조합이 존재하지 않거나 실현 가능성이 극히 낮은 경우가 많다. 따라서 β_0는 해석상 의미가 제한적이며, 회귀모형의 수학적 완결성을 위한 항으로 이해해야 한다.

각 $k = 1, \ldots, K$에 있어 $E[y_i|x_i]$를 $x_{i,k}$에 대해 편미분하면

$$\frac{\partial E[y_i|x_i]}{\partial x_{i,k}} = \beta_k$$

을 얻는다. 이 결과는 다른 모든 독립변수의 값이 고정된 상태에서, 독립변수 $x_{i,k}$가 1 단위 증가할 때 종속변수의 조건부기댓값이 β_k 단위만큼 변화함을 의미한다. 즉, β_k는 $x_{i,k}$가 y_i의 조건부기댓값에 미치는 한계효과(marginal effect)를 나타낸다.

절편 β_0와 회귀계수 β_k의 추정치(estimate)를 각각 b_0와 b_k라 하자. 이때 y_i의 적합값(fitted value)은 다음과 같이 정의된다:

$$\hat{y}_i = b_0 + b_1 x_{i,1} + \cdots + b_K x_{i,K} = x_i' b,$$

여기서 $b = [b_k]_{k=0}^K \in \mathbb{R}^{(K+1)\times 1}$이다. 적합값 $\hat{y}_i$를 조건부기댓값 $E[y_i|x_i]$에 대한 근삿값으로 간주하면

$$\beta_k = \frac{\partial E[y_i|x_i]}{\partial x_{i,k}} \approx \frac{\partial \hat{y}_i}{\partial x_{i,k}} = b_k$$

가 성립한다. 즉, 추정치 b_k는 독립변수 $x_{i,k}$의 한계효과(β_k)를 근사한다.

예시 1.1. 다음과 같은 회귀모형을 고려하자:

$$r_i = \beta_0 + \beta_1 \text{VolChg}_i + \beta_2 \text{Volatility}_i + \varepsilon_i,$$

여기서 r_i는 주식 i의 월별 수익률(단위: %), VolChg_i는 전월 대비 거래량 변화율(단위: %), Volatility_i는 변동성 지표(단위: %)이다. 만약 $\beta_1 > 0$이라면, 변동성 지표가 고정된 상태에서 거래량 변화율이 1%p 증가할 때 수익률의 조건부기댓값이 β_1%p만큼 증가한다는 것을 의미한다.

1.5.2 제곱항의 한계효과

독립변수 $x_{i,1}$과 그 제곱항 $x_{i,1}^2$을 포함한 회귀모형 $y_i = \beta_0 + \beta_1 x_{i,1} + \beta_2 x_{i,1}^2 + \varepsilon_i$에서 $x_{i,1}$의 한계효과는

$$\frac{\partial E[y_i|x_i]}{\partial x_{i,1}} = \beta_1 + 2\beta_2 x_{i,1}$$

이 된다. 즉, $x_{i,1}$이 1 단위 증가할 때 종속변수의 조건부기댓값이 $\beta_1 + 2\beta_2 x_{i,1}$ 단위만큼 변화한다. 이때 한계효과가 $x_{i,1}$의 수준(level)에 따라 달라지므로, 해석의 편의를 위해 $x_{i,1}$의 표본평균값, 표본중간값 등을 대입하여 평가하는 것이 일반적이다.

수학적으로 y_i는 $x_{i,1}$과 $x_{i,1}^2$의 함수로 표현되기에 곡률은 β_2의 부호에 따라 달라진다. 만약 $\beta_2 < 0$이면 오목(concave) 형태를 가지며, $x_{i,1}$의 수준이 커질수록 한계효과는 감소한다. 반면, $\beta_2 > 0$이면, 볼록(convex) 형태가 되어 $x_{i,1}$의 수준이 커질수록 한계효과는 증가한다. 이처럼 제곱항을 포함하면 선형모형의 틀 안에서 종속변수와 독립변수 간의 비선형관계를 유연하게 나타낼 수 있다.

예시 1.2. 회귀모형 $r_i = \beta_0 + \beta_1 \text{Volatility}_i + \beta_2 \text{Volatility}_i^2 + \varepsilon_i$에서 변동성의 한계효과는

$$\frac{\partial E[r_i|x_i]}{\partial \text{Volatility}_i} = \beta_1 + 2\beta_2 \text{Volatility}_i$$

로 주어진다. 즉, 변동성이 수익률의 조건부기댓값에 미치는 한계효과는 변동성 수준에 따라 달라짐을 알 수 있다. 예를 들어 $\beta_1 > 0$와 $\beta_2 < 0$라면, 변동성은 그 수준이 낮은 구간에서는 수익률에 양(+)의 영향을 주지만, 일정 수준을 넘어서면 오히려 음(–)의 영향으로 전환된다.

1.5.3 상호작용항의 한계효과

독립변수 $x_{i,1}$과 $x_{i,2}$의 곱인 상호작용항 $x_{i,1}x_{i,2}$를 포함하는 회귀모형

$$y_i = \beta_0 + \beta_1 x_{i,1} + \beta_2 x_{i,2} + \beta_3 x_{i,1} x_{i,2} + \varepsilon_i$$

을 고려하자. 이때 $x_{i,1}$의 한계효과는

$$\frac{\partial E[y_i|x_i]}{\partial x_{i,1}} = \beta_1 + \beta_3 x_{i,2}$$

로 주어지며, 이는 $x_{i,2}$의 값에 따라 한계효과가 달라질 수 있음을 의미한다. 즉, 독립변수 $x_{i,1}$과 $x_{i,2}$ 간 상호작용이 존재($\beta_3 \neq 0$)하는 경우, $x_{i,1}$의 한계효과가 $x_{i,2}$의 수준에 대해 조건부로 나타난다.

실제 분석에서는 한 변수의 값을 고정하여 다른 변수의 한계효과를 해석한다. 예를 들어, $x_{i,2}$의 표본평균값 $\bar{x}_2$를 대입하여 $x_{i,1}$의 한계효과를 평가한다. 보다 정교한 분석에서는 $x_{i,2}$의 여러 대푯값에 대해 한계효과를 계산하고, 그 변화 양상을 비교하기도 한다.

예시 1.3. 거래량 변화율과 변동성 간의 상호작용항을 포함한 회귀모형

$$r_i = \beta_0 + \beta_1 \text{VolChg}_i + \beta_2 \text{Volatility}_i + \beta_3 (\text{VolChg}_i \times \text{Volatility}_i) + \varepsilon_i$$

에서 거래량 변화율이 수익률에 미치는 한계효과는

$$\frac{\partial E[r_i|x_i]}{\partial \text{VolChg}_i} = \beta_1 + \beta_3 \text{Volatility}_i$$

이다. 이는 거래량 변화율의 한계효과가 변동성 수준에 따라 달라진다는 것을 의미한다. 예를 들어 $\beta_1 > 0$이고 $\beta_3 > 0$이면, 변동성의 값이 클수록 거래량 변화율의 한계효과는 증가한다.

1.6 가변수를 포함한 회귀모형

1.6.1 가변수의 의미

가변수(dummy variable)는 해당 관측치가 특정 범주에 속하는 경우 1의 값을 갖고, 그렇지 않으면 0의 값을 갖는다. 예를 들어, 다음과 같은 회귀모형을 고려하자:

$$\text{ROA}_i = \beta_0 + \beta_1 \text{FIN}_i + \beta_2 \text{Size}_i + \varepsilon_i,$$

여기서 ROA_i는 기업 i의 총자산이익률, FIN_i는 기업 i가 금융업에 속할 경우 1(그렇지 않으면 0)인 가변수, Size_i는 기업규모(예: 로그 시가총액)이다.

이때 금융업과 비금융업 기업의 조건부기댓값은 각각 다음과 같다:

$$E[\text{ROA}_i|\text{FIN}_i = 1, \text{Size}_i] = \beta_0 + \beta_1 + \beta_2 \text{Size}_i,$$
$$E[\text{ROA}_i|\text{FIN}_i = 0, \text{Size}_i] = \beta_0 + \beta_2 \text{Size}_i.$$

따라서 동일한 규모를 가진 두 기업 간의 업종에 따른 조건부기댓값의 차이는

$$E[\text{ROA}_i|\text{FIN}_i = 1, \text{Size}_i] - E[\text{ROA}_i|\text{FIN}_i = 0, \text{Size}_i] = \beta_1$$

로 계산된다. 즉, 가변수 FIN_i의 회귀계수 β_1은 금융업 여부에 따른 ROA의 조건부기댓값 차이를 나타낸다.

1.6.2 다중 가변수

일반적으로 J개의 범주를 갖는 변수를 회귀모형에 포함하기 위해서는 $J-1$개의 가변수만을 사용한다. 이는 완전다중공선성(perfect multicollinearity)을 방지하기 위한 조치로, 하나의 범주는 기준집단으로 설정되어 모형에서 제외된다.

예를 들어, 기업의 신용등급이 불량, 보통, 우수 중 하나로 구분된다고 하자. 3개의 범주를 가진 신용등급 변수를 회귀모형에 포함하기 위해 다음과 같은 2개의 가변수를 정의할 수 있다. 가변수 Normal_i는 기업 i의 신용등급이 보통인 경우 1(그렇지 않으면 0)이며, 가변수 Good_i는 신용등급이 우수한 경우 1(그렇지 않으면 0)이다. 이때 불량 등급은 기준집단으로 설정되며, $\text{Normal}_i = \text{Good}_i = 0$인 경우에 해당한다.

정의된 가변수를 포함하는 다음과 같은 회귀모형을 고려하자:

$$\text{Yield}_i = \beta_0 + \beta_1 \text{Normal}_i + \beta_2 \text{Good}_i + \beta_3 \text{Maturity}_i + \varepsilon_i,$$

여기서 Yield_i는 기업 i의 회사채 만기수익률(%), Maturity_i는 해당 채권의 잔여 만기(년)이다. 이 경우 신용등급에 따른 만기수익률의 조건부기댓값은 각각 다음과 같다:

$$E[\text{Yield}_i|\text{불량 등급}, \text{Maturity}_i] = \beta_0 + \beta_3 \text{Maturity}_i,$$
$$E[\text{Yield}_i|\text{보통 등급}, \text{Maturity}_i] = \beta_0 + \beta_1 + \beta_3 \text{Maturity}_i,$$
$$E[\text{Yield}_i|\text{우수 등급}, \text{Maturity}_i] = \beta_0 + \beta_2 + \beta_3 \text{Maturity}_i.$$

즉, β_1은 보통과 불량 등급 간 만기수익률의 조건부기댓값 차이를, β_2는 우수와 불량 등급 간 만기수익률의 조건부기댓값 차이를 나타낸다. 여기서 $\beta_1 = \beta_2$라는 제약이 없으므로, 신용등급이 만기수익률의 조건부기댓값 차이에 미치는 영향은 등급별로 다를 수 있다.

한편, 모든 범주에 대해 가변수를 생성하고 회귀모형에 포함하는 다음과 같은 경우를 생각해 보자:

$$\text{Yield}_i = \beta_0 + \beta_1 \text{Bad}_i + \beta_2 \text{Normal}_i + \beta_3 \text{Good}_i + \beta_4 \text{Maturity}_i + \varepsilon_i,$$

여기서 Bad_i는 신용등급이 불량인 경우 1(그렇지 않으면 0)이다. 이때 모든 개체 i에 대해 $\text{Bad}_i + \text{Normal}_i + \text{Good}_i = 1$이 항상 성립한다. 세 가변수는 완전한 선형결합을 이루게 되며, 하나의 변수는 나머지 두 변수로 정확하게 표현된다. 그 결과, 완전다중공선성이 발생하여 회귀계수의 추정이 불가능해진다. 이를 가변수함정(dummy variable trap)이라고 부른다.

신용등급처럼 순서가 있는 변수는 수치형변수로 처리하여 회귀모형에 포함할 수도 있

다. 예를 들어, 다음의 회귀모형을 고려하자:

$$\text{Yield}_i = \beta_0 + \beta_1 \text{Rating}_i + \beta_2 \text{Maturity}_i + \varepsilon_i,$$

여기서 Rating_i의 값은 신용등급이 불량인 경우 1, 보통인 경우 2, 우수인 경우 3이다. 이 모형은 신용등급이 한 단계 상승할 때마다 만기수익률의 조건부기댓값이 β_1만큼 일정하게 변화한다는 가정을 내포하고 있다. 그러나 현실에서는 불량 등급에서 보통 등급으로의 변화와 보통 등급에서 우수 등급으로의 변화가 동일한 크기의 한계효과를 갖지 않을 수 있다. 이처럼 수치형변수의 사용은 정보 손실 또는 왜곡된 해석을 초래하기 때문에, 원칙적으로 범주형변수는 가변수의 형태로 처리하는 것이 바람직하다.

1.6.3 가변수의 상호작용항

두 개의 가변수 또는 가변수와 수치형변수 간의 상호작용항을 회귀모형에 포함하면 변수 간의 결합효과를 반영할 수 있다. 예를 들어, 상장기업을 제조업 여부와 KOSPI 상장 여부로 구분할 경우 4개 조합, 즉 KOSPI 제조업(KOSPI_MFG), KOSPI 비제조업(KOSPI_NMFG), KOSDAQ 제조업(KOSDAQ_MFG), KOSDAQ 비제조업(KOSDAQ_NMFG)이 존재한다. 이 조합들을 각각 가변수로 설정하고 회귀모형을 구성하면

$$\text{ROA}_i = \beta_0 + \beta_1 \text{KOSPI\_MFG}_i + \beta_2 \text{KOSPI\_NMFG}_i + \beta_3 \text{KOSDAQ\_MFG}_i + \varepsilon_i \qquad (1.6.1)$$

가 되며, 이때 KOSDAQ 비제조업은 기준집단이다.

한편, 동일한 정보를 가변수의 상호작용항을 이용해 다음과 같이 표현할 수도 있다:

$$\text{ROA}_i = \delta_0 + \delta_1 \text{KOSPI}_i + \delta_2 \text{MFG}_i + \delta_3 (\text{KOSPI}_i \times \text{MFG}_i) + \varepsilon_i, \qquad (1.6.2)$$

여기서 기업 i가 KOSPI 상장기업이면 $\text{KOSPI}_i = 1$, 제조업에 해당하면 $\text{MFG}_i = 1$이다. 중요한 점은, 두 모형이 동일한 조건부기댓값을 산출해야 한다는 것이다. 예를 들어 KOSPI 제조업의 경우, ROA의 조건부기댓값은 식(1.6.1)에서는 $\beta_0 + \beta_1$, 식(1.6.2)에서는 $\delta_0 + \delta_1 + \delta_2 + \delta_3$로 계산되며, 이 둘은 수치적으로 반드시 동일해야 한다.

상호작용항은 수치형변수와 범주형변수 사이에도 정의할 수 있다. 예를 들어, 기업규모가 수익성에 미치는 효과가 제조업 여부에 따라 다른지를 살펴보기 위해, 회귀모형

$$\text{ROA}_i = \beta_0 + \beta_1 \text{MFG}_i + \beta_2 \text{Size}_i + \beta_3 (\text{MFG}_i \times \text{Size}_i) + \varepsilon_i$$

을 고려하자. 제조업과 비제조업에 대한 ROA의 조건부기댓값은 다음과 같이 주어진다:

$$E[\text{ROA}_i|\text{MFG}_i = 1, \text{Size}_i] = \beta_0 + \beta_1 + (\beta_2 + \beta_3)\text{Size}_i,$$
$$E[\text{ROA}_i|\text{MFG}_i = 0, \text{Size}_i] = \beta_0 + \beta_2\text{Size}_i.$$

이때 상호작용항의 계수 β_3는 기업규모가 수익성에 미치는 한계효과가 제조업 여부에 따라 달라지는지를 나타낸다. 예를 들어 $\beta_2 > 0$, $\beta_3 < 0$, $\beta_2 + \beta_3 > 0$이면, 기업규모가 클수록 수익성이 증가하는 경향은 제조업에 비해 비제조업에서 더 크다는 것을 의미한다.

1.7 로그변환된 종속변수와 독립변수

1.7.1 로그변환

로그변환은 변수의 분포를 안정화하고, 극단값이 분석의 결과에 미치는 영향을 완화하기 위해 자주 사용된다. 특히 통화 단위로 측정된 변수(예: 기업규모)나 값의 범위가 큰 변수(예: 거래량) 등에 널리 적용된다. 반면, 연도처럼 단위 간격이 일정한 정수형변수나, ROA와 같이 0에 가까운 비율변수에는 로그변환이 일반적으로 권장되지 않는다.

로그함수의 수학적 성질을 이해하면, 로그변환된 변수를 포함한 회귀모형의 해석에 도움이 된다. 우선 $\log(x)$를 $x = 1$ 근방에서 1차 Taylor 전개하면 근사식

$$\log(x) \approx x - 1 \tag{1.7.1}$$

가 유도된다. 즉, x가 1에 매우 가까울수록 $\log(x)$는 $x - 1$과 근사적으로 같아지며, 이러한 결과는 로그 차이를 비율 변화로 해석하는 근거가 된다. 만약 x의 두 값 x_1, x_2가 서로 근접하면, 즉 $x_2/x_1 \approx 1$이면 식(1.7.1)로부터

$$\log(x_2) - \log(x_1) = \log\left(\frac{x_2}{x_1}\right) \approx \frac{x_2}{x_1} - 1 = \frac{x_2 - x_1}{x_1}$$

를 얻는다. 이 식의 양변에 100을 곱하면

$$\Delta\log(x) \times 100 \approx \frac{\Delta x}{x} \times 100 = \%\Delta x$$

가 되며, 이는 $\log(x)$의 차이(곱하기 100)가 x의 비율 변화(단위: %)를 근사함을 의미한다.

1.7.2 로그-수준 회귀모형

종속변수에 로그를 취한 형태인 로그-수준 회귀모형 $\log(y_i) = \beta_0 + \beta_1 x_{i,1} + \varepsilon_i$을 고려하자. 이때 $x_{i,1}$의 한계효과는

$$\beta_1 = \frac{\partial E\left[\log(y_i)|x_i\right]}{\partial x_{i,1}}$$

로 계산되며, β_1는 $x_{i,1}$가 1 단위 증가할 때 $\log(y_i)$의 조건부기댓값이 얼마나 변하는지를 나타낸다. $\log(y_i)$는 종속변수 y_i 그 자체가 아니므로, 실제 y_i의 변화로 해석하기 위해서는 로그함수의 근사 성질을 활용해야 한다.

로그함수의 성질에 따르면

$$100 \cdot \beta_1 = \frac{100 \cdot \partial E[\log(y_i)|x_i]}{\partial x_{i,1}} \approx \frac{\% \partial E[y_i|x_i]}{\partial x_{i,1}}$$

가 성립한다. 즉, $100 \cdot \beta_1$는 $x_{i,1}$가 1 단위 증가할 때 y_i의 조건부기댓값의 변화율(%)을 의미한다. 따라서 로그-수준 회귀모형의 회귀계수 β_1는 준탄력도(semi-elasticity)로 해석된다. 예를 들어 $b_1 = 0.031$이라면, $x_{i,1}$가 1 단위 증가할 때 y_i의 조건부기댓값은 약 3.1%만큼 증가함을 시사한다. 이때 "3.1%"는 상대적인 비율 변화이며, 절대적인 %p 변화와는 구분해야 한다.

예를 들어, 다음과 같은 수준-수준 회귀모형을 고려해 보자:

$$\text{Leverage}_i = \beta_0 + \beta_1 \text{Size}_i + \varepsilon_i,$$

여기서 Leverage_i는 기업 i의 부채비율(%), Size_i는 기업규모를 나타내며, $\beta_1 > 0$이다. 즉, 기업규모가 1 단위 증가할 때 부채비율의 조건부기댓값은 일정하게 β_1%p만큼 증가한다. 예를 들어, 기업규모가 1,000억 원에서 2,000억 원으로 증가하는 경우와 1조 원에서 1조 1,000억 원으로 증가하는 경우 모두 부채비율의 조건부기댓값이 동일하게 β_1%p만큼 변한다고 해석한다. 그러나 기업규모의 크기와 무관하게 동일한 %p 변화를 가정한다는 것은 현실적으로 다소 제약적인 가정일 수 있다.

이러한 제약을 완화하기 위해, 로그-수준 회귀모형

$$\log(\text{Leverage}_i) = \beta_0 + \beta_1 \text{Size}_i + \varepsilon_i$$

을 고려할 수 있다. 이는 기업규모가 1 단위 증가할 때 부채비율의 조건부기댓값이 일정하게 $100 \cdot \beta_1$%만큼 증가한다는 것을 의미한다. 다시 말해, 기업규모가 커질수록 동일한 규모 증가가 더 큰 실제 부채비율의 변화로 이어질 수 있음을 반영한다. 따라서 로그-수준 회귀

모형은 부채비율과 기업규모 간의 관계가 비선형적일 수 있다는 점을 고려하여, 수준-수준 회귀모형보다 더 현실적인 설명을 제공한다.

로그-수준 회귀모형에서 독립변수가 가변수인 경우에는 해석에 주의가 필요하다. 예를 들어, 회귀모형 $\ln(y_i) = \beta_0 + \beta_1 d_i + \varepsilon_i$을 고려하자. 여기서 d_i는 가변수이다. 이때 y_i는

$$y_i = \exp(\beta_0 + \beta_1 d_i + \varepsilon_i) = \exp(\beta_0 + \beta_1 d_i)\exp(\varepsilon_i)$$

로 표현되며, 이는 다음이 성립함을 의미한다:

$$E[y_i|d_i = 1] = \exp(\beta_0 + \beta_1)E[\exp(\varepsilon_i)|d_i = 1],$$
$$E[y_i|d_i = 0] = \exp(\beta_0)E[\exp(\varepsilon_i)|d_i = 0].$$

만약 ε_i와 d_i가 독립이라면, $E[\exp(\varepsilon_i)|d_i = 1] = E[\exp(\varepsilon_i)|d_i = 0]$가 성립한다. 결과적으로

$$\frac{E[y_i|d_i = 1]}{E[y_i|d_i = 0]} = \frac{\exp(\beta_0 + \beta_1)}{\exp(\beta_0)} = \exp(\beta_1)$$

가 된다. 따라서 d_i가 1 단위 증가($0 \to 1$)할 때 y_i의 조건부기댓값의 변화율(%)은

$$\frac{E[y_i|d_i = 1] - E[y_i|d_i = 0]}{E[y_i|d_i = 0]} \times 100 = (e^{\beta_1} - 1) \times 100$$

로 표현된다. 예를 들어 $\beta_1 = 0.2$라면, d_i가 1 단위 증가할 때 y_i의 조건부기댓값은

$$100(e^{0.2} - 1) \approx 22.14\%$$

만큼 증가함을 의미한다.

1.7.3 수준-로그 회귀모형과 로그-로그 회귀모형

수준-로그 회귀모형은 하나 혹은 복수의 로그변환된 독립변수를 포함하는 형태를 가지며, 로그-로그 회귀모형은 로그변환된 종속변수와 로그변환된 독립변수로 구성된다.

수준-로그 회귀모형 $y_i = \beta_0 + \beta_1 \log(x_{i,1}) + \varepsilon_i$에서 회귀계수 β_1에 대해

$$\frac{\beta_1}{100} = \frac{\partial E[y_i|x_i]}{100 \cdot \partial \log(x_{i,1})} \approx \frac{\partial E[y_i|x_i]}{\%\partial x_{i,1}}$$

가 성립한다. 즉, $\beta_1/100$은 $x_{i,1}$이 비율적으로 1% 증가할 때 종속변수 y_i의 조건부기댓값

이 절대적으로 얼마나 변화하는지를 근사하는 값이다. 이처럼 수준-로그 회귀모형은 비율 변화가 중요한 독립변수가 수준 단위의 종속변수에 미치는 영향을 해석하는 데 적합하다.

한편, 로그-로그 회귀모형 $\log(y_i) = \beta_0 + \beta_1 \log(x_{i,1}) + \varepsilon_i$에서

$$\beta_1 = \frac{\partial E[\log(y_i)|x_i]}{\partial \log(x_{i,1})} \approx \frac{\%\partial E[y_i|x_i]}{\%\partial x_{i,1}}$$

가 성립한다. 즉, β_1은 $x_{i,1}$이 비율적으로 1% 증가할 때 y_i의 조건부기댓값이 비율적으로 몇 % 변화하는지를 의미하며, 이는 탄력도(elasticity)의 정의와 일치한다. 로그-로그 회귀모형은 비율 대 비율의 관계를 모형화하며, 변수 간 상대적 민감도를 파악하는 데 적합하다.

1.7.4 적합값의 편의 보정

종속변수에 로그를 취한 후 회귀모형을 추정하는 경우, 로그함수와 지수함수의 비선형성으로 인해 적합값을 복원하는 과정에서 편의(bias)가 발생할 수 있다. 예를 들어, 로그-수준 회귀모형 $\log(y_i) = x_i'\beta + \varepsilon_i$은

$$y_i = \exp(x_i'\beta + \varepsilon_i) = \exp(\varepsilon_i)\exp(x_i'\beta)$$

로 표현된다. 이때 y_i의 조건부기댓값은

$$E[y_i|x_i] = E[\exp(\varepsilon_i)|x_i]\exp(x_i'\beta) = \alpha_0 \exp(x_i'\beta)$$

이며, 여기서 $\alpha_0 = E[\exp(\varepsilon_i)|x_i]$는 지수 오차항의 조건부기댓값이다.

만약 적합값 $\hat{y}_i$을 단순히 $\exp(x_i'b)$로 계산하면, 이는 $E[y_i|x_i]$가 아니라 $\exp(x_i'\beta)$에 해당하는 값을 추정한 것에 해당한다. 또한 볼록함수에 대한 Jensen의 부등식을 적용하면

$$\alpha_0 = E[\exp(\varepsilon_i)|x_i] \geq \exp\left(E[\varepsilon_i|x_i]\right) = 1$$

이 되므로, $\exp(x_i'\beta)$는 실제 조건부기댓값 $E[y_i|x_i] = \alpha_0 \exp(x_i'\beta)$보다 작거나 같다. 즉, $\alpha_0 \geq 1$을 반영하지 않으면 종속변수의 조건부기댓값을 체계적으로 과소추정하는 오류가 발생한다. 이러한 편의를 보정하기 위해서는 적합값은 다음과 같이 계산되어야 한다:

$$\hat{y}_i = \hat{\alpha}_0 \exp(x_i'b),$$

여기서 $\hat{\alpha}_0 = N^{-1}\sum_{i=1}^{N} \exp(e_i)$, $e_i = \log(y_i) - x_i'b$이다.

제2장 회귀모형의 추정

2.1 최소제곱 추정법

개체 i에 대해 정의된 다음과 같은 회귀모형을 고려하자:

$$y_i = \beta_0 + \beta_1 x_{i,1} + \cdots + \beta_K x_{i,K} + \varepsilon_i = x_i'\beta + \varepsilon_i,$$

여기서 y_i는 종속변수, $x_i \in \mathbb{R}^{(K+1)\times 1}$는 독립변수벡터(상수항 포함), $\beta \in \mathbb{R}^{(K+1)\times 1}$는 회귀계수벡터(절편 포함), ε_i는 오차항이다. 위 식을 모든 개체 $i = 1,\ldots,N$에 대해 적층하면 다음과 같은 행렬 표현을 얻는다:

$$y = X\beta + \varepsilon,$$

여기서 $y \in \mathbb{R}^{N\times 1}$는 전체 종속변수벡터, $X \in \mathbb{R}^{N\times(K+1)}$는 전체 독립변수행렬, $\varepsilon \in \mathbb{R}^{N\times 1}$는 전체 오차항벡터이다. 개체의 수가 독립변수의 수보다 충분히 크다(즉 $N \gg K$)라는 조건은 성립한다고 가정한다.

주어진 자료 $\{y_i, x_i'\}_{i=1}^N$를 바탕으로, 회귀계수 β에 대한 추정치 b를 구하기 위해 다양한 추정 방법이 사용될 수 있다. 대표적으로, 최소제곱(Ordinary Least Squares, OLS) 추정법, 일반화최소제곱(Generalized Least Squares, GLS) 추정법, 일반화적률법(Generalized Method of Moments, GMM), 최대우도(Maximum Likelihood, ML) 추정법, 베이지안(Bayesian) 추정법 등이 있다. 이 중 OLS는 계산이 간단하고, 다양한 상황에서 안정적이고 일관된 추정치를 제공하기 때문에 가장 널리 사용되는 추정 방법이다. 이 책의 구성에 따라, 제2장은 OLS 추정법, 제3장은 GLS 추정법, 제5장은 GMM, 제8장은 ML 추정법에 관한 내용을 설명한다.

구체적으로 OLS 추정법은 다음의 목적함수를 최소화하는 $b \in \mathbb{R}^{(K+1)\times 1}$를 선택한다:

$$\min_b \sum_{i=1}^N (y_i - x_i'b)^2 = \min_b \sum_{i=1}^N (y_i - \hat{y}_i)^2 = \min_b \sum_{i=1}^N e_i^2,$$

여기서 $\hat{y}_i = x_i'b$는 y_i의 적합값, $e_i = y_i - \hat{y}_i$는 잔차(residual)이다. 다시 말해, OLS는 실제 관측값 y_i와 적합값 $\hat{y}_i$ 간의 거리, 즉 잔차 e_i의 제곱의 합을 최소화함으로써 모수 β에 대한 가장 적절한 추정치 b를 찾는 방식이다.

위 최소화 문제의 일차조건은

$$(X'X)b = X'y$$

이며, 이를 최소제곱정규방정식(least squares normal equation)이라고 부른다. 만약 역행렬 $(X'X)^{-1}$이 존재한다면, OLS 추정량 $b_{OLS} \in \mathbb{R}^{(K+1)\times 1}$는 다음과 같이 주어진다:

$$b_{OLS} = [b_{OLS,k}]_{k=0}^{K} = (X'X)^{-1}X'y,$$

여기서 $b_{OLS,k}$는 회귀계수 β_k의 OLS 추정량이다. 이때 역행렬 $(X'X)^{-1}$이 존재하기 위해서는 행렬 X의 열 벡터들이 선형독립이어야 한다. 즉, 독립변수들 사이에 완전다중공선성이 존재해서는 안 된다. 예를 들어, 행렬 X의 두 번째 열 $x_1 = [x_{i,1}]_{i=1}^{N} \in \mathbb{R}^{N\times 1}$과 세 번째 열 $x_2 = [x_{i,2}]_{i=1}^{N} \in \mathbb{R}^{N\times 1}$ 사이에 $x_1 = 2x_2$와 같은 관계가 성립한다고 하자. 이 경우 열 벡터 x_1에 담긴 정보는 열 벡터 x_2의 정보와 완전히 중복되므로, 두 열은 선형독립적이지 않다. 결과적으로 $(X'X)^{-1}$는 존재하지 않으며, b_{OLS}를 계산할 수 없다.

2.2 OLS의 기하학적 해석

OLS 추정량 b_{OLS}가 주어졌을 때, 적합값 $\hat{y}$는 다음과 같이 표현된다:

$$\hat{y} = Xb_{OLS} = X(X'X)^{-1}X'y = P_X y,$$

여기서 $P_X = X(X'X)^{-1}X' \in \mathbb{R}^{N\times N}$는 투영행렬(projection matrix)이라 불린다. 수학적으로 행렬 P_X는 벡터 y를 행렬 X의 열공간(column space) 위로 직교투영(orthogonal projection)하는 역할을 한다. 즉, 적합값 $\hat{y} = P_X y$는 종속변수 y에서 독립변수 X의 선형결합으로 설명될 수 있는 부분만을 추출한 것이다.

잔차벡터 $e = [e_i]_{i=1}^{N} \in \mathbb{R}^{N\times 1}$를 X의 선형결합으로 설명되지 않는 y의 나머지 부분이라고 정의하면, 직교분해(orthogonal decomposition)

$$y = \hat{y} + e$$

가 성립한다. 이는 벡터 y가 두 개의 직교하는 성분, 즉 X의 열공간에 속하는 성분 $\hat{y}$와 X의 열공간에 직교하는 성분 e로 분해된다는 뜻이다. 다시 말해, y는 X에 의해 설명되는 부분과

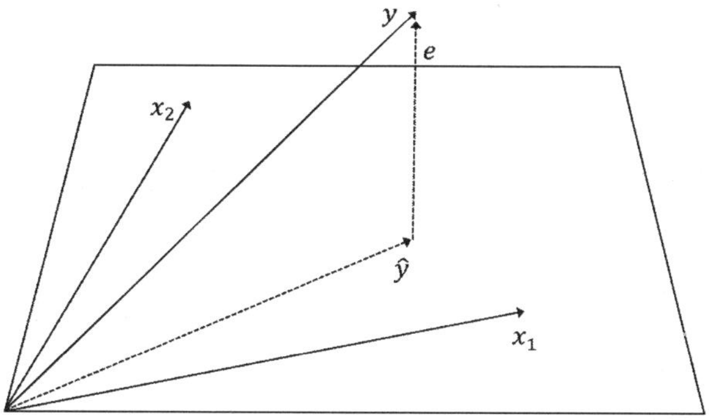

그림 2.2.1: y의 직교분해

설명되지 않는 부분으로 나뉜다.

기하학적으로 OLS는 y를 X의 열 벡터들로 생성된 공간 위로 직교투영하는 과정을 의미한다. 예를 들어, 회귀모형

$$y_i = \beta_0 + \beta_1 x_{i,1} + \beta_2 x_{i,2} + \varepsilon_i$$

에서 독립변수벡터 x_1과 x_2로 구성된 열공간은 2차원 평면을 형성한다. 그림 2.2.1에서 볼 수 있듯이, OLS는 이 평면 위에 y를 직교투영하여 $\hat{y}$를 구성하고, 이때 직교투영 후 남는 수직 성분이 e가 된다. 회귀모형의 설명력이 높다는 것은, y의 더 많은 부분이 X의 열공간 위에 위치한다는 의미이며, 이는 곧 e의 크기가 작다는 것을 뜻한다.

설명력이 높은 회귀모형을 구성하기 위해서는 종속변수 y를 잘 설명할 수 있는 독립변수를 포함하는 것이 중요하다. 만약 기존의 $x_{i,1}$과 $x_{i,2}$에 더해 유의미한 정보를 담고 있는 새로운 독립변수 $x_{i,3}$를 추가하면, X의 열공간은 기존의 2차원 평면에서 3차원 공간으로 확장된다. 그 결과, y를 투영한 후 남는 잔차 e의 크기는 더 작아질 수 있다. 중요한 점은, 새롭게 추가된 독립변수가 기존 독립변수들과 중첩되지 않는 정보를 제공해야만 설명력 증가를 기대할 수 있다는 것이다. 따라서 변수 선택 시에는 정보의 중복을 피하고, 가능한 한 다양한 측면에서 y를 설명할 수 있도록 독립적인 정보를 포함하는 것이 중요하다.

2.3 부분회귀

독립변수행렬 $X \in \mathbb{R}^{N\times(K+1)}$를 다음과 같이 두 개의 부분행렬로 분할하자:

$$X = \begin{bmatrix} X_1 & X_2 \end{bmatrix},$$

여기서 $X_1 \in \mathbb{R}^{N\times K_1}$, $X_2 \in \mathbb{R}^{N\times K_2}$, $K_1+K_2=K+1$이다. 이때 선형회귀모형은 다음과 같은 형태로 표현된다:

$$y = X\beta+\varepsilon = \begin{bmatrix} X_1 & X_2 \end{bmatrix}\begin{bmatrix} \beta_1 \\ \beta_2 \end{bmatrix} + \varepsilon = X_1\beta_1 + X_2\beta_2 + \varepsilon,$$

여기서 $\beta_1 \in \mathbb{R}^{K_1\times 1}$, $\beta_2 \in \mathbb{R}^{K_2\times 1}$이다. X_2의 회귀계수벡터 β_2의 추정은 전체 모형을 이용해 이루어질 수도 있지만, X_1의 영향을 제거한 후 X_2의 순수 효과만을 추출하는 부분회귀(partial regression) 방식을 통해서도 가능하다.

구체적으로 부분행렬 X_1과 X_2를 바탕으로 최소제곱정규방정식은

$$\begin{bmatrix} X_1'X_1 & X_1'X_2 \\ X_2'X_1 & X_2'X_2 \end{bmatrix}\begin{bmatrix} b_1 \\ b_2 \end{bmatrix} = \begin{bmatrix} X_1'y \\ X_2'y \end{bmatrix}$$

가 되며, 이를 정리하면 OLS 추정량 $b_{OLS,1}$과 $b_{OLS,2}$에 대해 다음과 같은 결과가 성립한다:

$$\begin{aligned} b_{OLS,1} &= (X_1'X_1)^{-1}X_1'(y - X_2 b_{OLS,2}), \\ b_{OLS,2} &= (X_2'M_1X_2)^{-1}(X_2'M_1y), \end{aligned}$$

여기서 $M_1 = I_N - X_1(X_1'X_1)^{-1}X_1' = I_N - P_1 \in \mathbb{R}^{N\times N}$는 잔차생성행렬(residual-making matrix)이라 불린다.

수학적으로 M_1은 멱등(idempotent)이고 대칭(symmetric)이므로, $M_1M_1 = M_1$과 $M_1' = M_1$이 성립한다. 이러한 M_1의 성질을 이용하면 $b_{OLS,2}$는 다음과 같이 정리된다:

$$\begin{aligned} b_{OLS,2} &= (X_2'M_1M_1X_2)^{-1}(X_2'M_1M_1y) \\ &= \left((M_1X_2)'(M_1X_2)\right)^{-1}\left((M_1X_2)'(M_1y)\right) \\ &= (X_2^{*\prime}X_2^*)^{-1}(X_2^{*\prime}y^*), \end{aligned} \tag{2.3.1}$$

여기서

$$X_2^* = M_1X_2 = X_2 - P_1X_2, \qquad y^* = M_1y = y - P_1y.$$

X_2^*는 X_2에서 X_1의 선형결합으로 설명되는 부분, 즉 P_1X_2를 제거한 잔차성분이다. 다시 말해, X_2^*의 열 벡터는 X_2의 열 벡터를 X_1에 대해 회귀하여 얻은 잔차벡터에 해당하므로, X_2^*는 X_1과는 독립적인 정보만을 담고 있다. 마찬가지로, y^* 역시 y에서 X_1의 선형결합으로 설명되는 부분을 제거한 잔차성분이다. 한편 식(2.3.1)에 따르면, $b_{OLS,2}$는 회귀모형 $y^* =$

$\beta_2 X_2^* + \eta$의 회귀계수 β_2에 대한 OLS 추정량에 해당한다. 결과적으로, $b_{OLS,2}$는 X_1의 영향을 통제한 상태에서 X_2가 y에 미치는 한계효과의 추정치이다.

2.4 모형 적합도

제시된 회귀모형이 표본자료를 적절하게 설명하는지, 즉 모형의 적합도를 평가하기 위해 다음과 같이 정의된 결정계수(coefficient of determination)를 이용한다:

$$R^2 = 1 - \frac{\sum_{i=1}^{N}(y_i - \hat{y}_i)^2}{\sum_{i=1}^{N}(y_i - \bar{y})^2} = 1 - \frac{\text{SSR}}{\text{SST}},$$

여기서 $\bar{y} = N^{-1}\sum_{i=1}^{N} y_i$이다. SST(Total Sum of Squares, 총제곱합)는 종속변수의 전체 변동을 의미하고, SSR(Sum of Squared Residuals, 잔차제곱합)은 종속변수의 전체 변동 중에서 모형이 설명하지 못하는 부분을 나타낸다. 따라서 R^2는 종속변수의 전체 변동 중에서 독립변수들이 집합적으로 설명하는 비율에 해당한다. 구조적으로 R^2는 반드시 0과 1 사이의 값을 가지며, 1에 가까울수록 모형의 설명력이 높다고 해석한다.

결정계수 R^2의 해석에 있어 두 가지 사실에 주의해야 한다. 첫째, 회귀식에 독립변수를 추가하면 해당 변수의 설명력이 통계적으로 유의하지 않더라도 R^2는 줄어들지 않는다. 이는 모형의 설명력을 과대평가하는 문제를 유발할 수 있다. 이러한 문제를 보완하기 위해 다음과 같이 정의된 수정결정계수(adjusted coefficient of determination) R_a^2를 사용한다:

$$R_a^2 = 1 - (1 - R^2) \times \frac{N-1}{N-K-1}.$$

결정계수 R^2과 달리, 관련성이 낮은 독립변수가 추가되면 수정결정계수 R_a^2는 감소할 수 있다. 둘째, R^2가 낮다고 해서 회귀모형 자체가 무의미하다고 단정 지을 수는 없다. 이는 모형의 설명력이 전체적으로 낮더라도, 개별 회귀계수의 추정치가 통계적으로 유의하다면 해당 독립변수는 종속변수의 조건부기댓값에 유의한 영향을 미치기 때문이다.

2.5 OLS 추정량의 점근분포

2.5.1 등분산성 아래의 점근분포

선형회귀모형 $y_i = x_i'\beta + \varepsilon_i$에 대해 다음의 가정을 한다. 첫째, 외생성조건 $E[\varepsilon_i | x_i] = 0$이 성립한다. 즉, 모든 $k = 1, \ldots, K$에 대해 독립변수 $x_{i,k}$와 오차항 ε_i 사이에 선형적 상관관계가

없다. 둘째, 모든 $i = 1,\dots,N$에 대해 $E[\varepsilon_i^2] = \sigma_\varepsilon^2$이 성립한다. $E[\varepsilon_i] = 0$이 전제되어 있으므로

$$Var[\varepsilon_i] = E[\varepsilon_i^2] - (E[\varepsilon_i])^2 = \sigma_\varepsilon^2$$

가 성립하며, 이는 모든 개체에 걸쳐 오차항의 분산이 일정함을 의미한다. 셋째, ε_i는 독립이고 동일한 분포(independent and identically distributed, i.i.d.)를 따른다. 모든 $i \neq j$에 대해 $E[\varepsilon_i \varepsilon_j]$ =0이 성립하므로, 오차항벡터 ε의 공분산행렬 $\Sigma \in \mathbb{R}^{N\times N}$은

$$\Sigma = Var[\varepsilon] = E\left[(\varepsilon - E[\varepsilon])(\varepsilon - E[\varepsilon])'\right] = E[\varepsilon\varepsilon'] = \sigma_\varepsilon^2 I_N$$

로 나타나며, 이를 등분산오차(homoskedastic error) 구조라고 부른다.

위의 가정들이 모두 충족되고 표본크기 N이 충분히 크다면, OLS 추정량 b_{OLS}의 점근분포(asymptotic distribution)는 다음과 같이 주어진다:

$$\sqrt{N}(b_{OLS} - \beta) \xrightarrow{d} N\left(0, \sigma_\varepsilon^2 E[x_i x_i']^{-1}\right),$$

여기서 $E[x_i x_i'] \in \mathbb{R}^{(K+1)\times(K+1)}$는 독립변수벡터의 2차 적률행렬(moment matrix)이다. 이 책에서 소개되는 다양한 추정량의 점근분포에 관한 결과는 모두 GMM 이론을 바탕으로 유도되며, 이에 관한 자세한 논의는 제5장에서 다룬다.

점근분포 결과는 다음 두 가지 중요한 함의를 제공한다. 첫째, OLS 추정량 b_{OLS}는 모수 β로 확률수렴(convergence in probability)하는, 즉 $b_{OLS} \xrightarrow{p} \beta$를 만족하는 일치추정량(consistent estimator)이다. 다시 말해, 모든 실수 $\delta > 0$에 대해

$$\lim_{N\to\infty} \Pr(|b_{OLS} - \beta| > \delta) = 0$$

가 성립하며, 이는 표본의 크기가 증가할수록 b_{OLS}와 β 사이의 차이는 점차 줄어들어 그 차이가 δ를 넘을 확률은 0으로 수렴한다. 따라서 표본크기가 충분하면 OLS 추정량 b_{OLS}가 모수 β를 정확하게 추정할 가능성이 매우 높다.

둘째, 표본이 충분히 크면 오차항 ε_i의 실제 분포와 무관하게 b_{OLS}는 근사적으로 정규분포를 따른다. 이때 b_{OLS}의 점근공분산행렬(asymptotic covariance matrix)은

$$AVar[b_{OLS}] = \frac{\sigma_\varepsilon^2}{N} E[x_i x_i']^{-1}$$

로 주어진다. 이 점근공분산행렬을 계산하기 위해서는, 모수 σ_ε^2과 $E[x_i x_i']^{-1}$을 먼저 추정해

야 한다. 이를 위해 다음과 같은 일치추정량 $\hat{\sigma}_\varepsilon^2$과 Σ_{xx}를 정의한다:

$$\hat{\sigma}_\varepsilon^2 = \frac{e'e}{N} \xrightarrow{p} \sigma_\varepsilon^2, \qquad \Sigma_{xx} = \frac{X'X}{N} \xrightarrow{p} E[x_i x_i'],$$

여기서 $e = y - Xb_{OLS}$이다. $\hat{\sigma}_\varepsilon^2$과 Σ_{xx}을 이용하여 점근공분산행렬의 일치추정량은

$$\widehat{AVar[b_{OLS}]} = \frac{\hat{\sigma}_\varepsilon^2}{N}\left(\frac{X'X}{N}\right)^{-1} = \hat{\sigma}_\varepsilon^2 (X'X)^{-1}$$

로 계산된다. 한편, $\widehat{AVar[b_{OLS}]}$의 k번째 대각원소의 제곱근, 즉 $\hat{\sigma}_\varepsilon \sqrt{[(X'X)^{-1}]_{(k,k)}}$는 회귀계수 β_k에 대한 OLS 추정량 $b_{OLS,k}$의 표준오차(Standard Error, SE)라 불리며, SE$(b_{OLS,k})$로 표기한다.

본서 전반의 추정량은 GMM 기반 점근이론에 의거하여 유도된다. 따라서 추정량의 일치성(consistency)과 점근정규성(asymptotic normality)을 중점적으로 논의하며, 불편성을 보장하기 위한 자유도 보정은 적용하지 않는다. 예를 들어, 위에 정의된 일치추정량 $\hat{\sigma}_\varepsilon^2 = N^{-1}e'e$는 불편추정량(unbiased estimator)이 아니며, 기댓값 기준에서 정확히 σ_ε^2를 재현하려면 N 대신 $N-K-1$을 사용해야 한다. 그러나 표본의 크기가 충분히 큰 경우, 두 추정량의 차이는 $O(1/N)$ 수준으로 점근적으로 소멸한다. 따라서 GMM 기반 점근이론에서는 $\hat{\sigma}_\varepsilon^2$이 일치성만 충족하면 충분하며, 자유도 보정 여부는 점근적 분포나 표준오차 계산에 영향을 주지 않는다. 이와 같은 이유로, 본서의 R 실습 결과에서도 대부분의 경우 자유도 보정의 적용 여부는 명시적으로 구분하지 않는다.

2.5.2 OLS 추정량의 점근효율성

추정량의 점근효율성(asymptotic efficiency)이란 동일한 조건을 만족하는 여러 추정량들 가운데 가장 작은 점근공분산행렬을 가지는 추정량이 무엇인지를 판단하는 기준이다. 점근공분산행렬이 작다는 것은 추정치가 모수 주변에 밀집되어 있다는 것을 의미하며, 효율적인 추정량은 비효율적인 추정량에 비해 같은 표본으로도 더 좁은 신뢰구간을 제공하고 더 강한 통계적 검정력을 갖는다.

외생성조건과 등분산오차 구조가 성립할 경우, OLS 추정량 b_{OLS}는 모수 β에 대한 일치추정량일 뿐만 아니라, 점근적으로 가장 효율적인 추정량이다. 다시 말해, 동일한 회귀모형에서 정의되는 임의의 일치추정량 $b^* \xrightarrow{p} \beta$에 대해 다음의 부등식이 성립한다:

$$v'\left(AVar[b^*] - AVar[b_{OLS}]\right)v \geq 0,$$

여기서 $v \in \mathbb{R}^{(K+1)\times 1}$는 임의의 비영 벡터(nonzero vector)이다. 이 부등식은 행렬 $AVar[b^*] - AVar[b_{OLS}]$가 양의 준정부호(positive semi-definite)임을 의미하며, b_{OLS}의 점근공분산행렬이 b^*보다 크지 않다는 것을 나타낸다. 즉, OLS 추정량은 모든 일치추정량 가운데 정보 활용 측면에서 가장 효율적인 추정량에 해당한다.

중요한 점은 b_{OLS}의 점근효율성은 등분산오차 구조에서만 보장된다는 점이다. 만약 오차항이 등분산오차 구조(즉 $\Sigma = \sigma_\varepsilon^2 I_N$)를 따르지 않는다면, 외생성조건에 의해 b_{OLS}는 여전히 일치추정량이지만 더 이상 효율적이지는 않다. 이와 관련한 자세한 내용은 제3장에서 다룬다.

2.5.3 추정 정밀도

OLS 추정량의 추정 정밀도는 점근공분산행렬의 크기에 의해 평가될 수 있다. 앞서 살펴본 바와 같이, 등분산오차 구조를 가정할 경우 b_{OLS}의 점근공분산행렬에 대한 일치추정량은

$$\widehat{AVar[b_{OLS}]} = \hat{\sigma}_\varepsilon^2 (X'X)^{-1}$$

가 된다. 즉, $\widehat{AVar[b_{OLS}]}$는 오차항의 분산 추정량 $\hat{\sigma}_\varepsilon^2$과 역행렬 $(X'X)^{-1}$에 의해 결정된다. 점근공분산행렬의 추정치가 작을수록 회귀계수 추정치 $b_{OLS,k}$의 표준오차도 작아지며, 이는 곧 추정의 정밀도가 향상됨을 의미한다. 따라서 공분산행렬을 구성하는 두 요소의 구조를 분석함으로써, OLS 추정의 정밀도를 높이는 방안을 모색할 수 있다.

첫째, 오차항의 분산 추정량 $\hat{\sigma}_\varepsilon^2$을 줄이는 것이 중요하다. $\hat{\sigma}_\varepsilon^2$은 잔차 제곱의 합을 표본 크기로 나눈 값이므로, 종속변수의 변동을 독립변수들을 통해 잘 설명할수록—즉 잔차의 크기가 작을수록—$\hat{\sigma}_\varepsilon^2$는 작아진다. 다시 말해, 유의미한 독립변수가 포함되면 회귀모형의 적합도가 향상되고, 그 결과 잔차가 줄어들며 $\hat{\sigma}_\varepsilon^2$ 또한 작아져 추정 정밀도가 개선된다. 반면, 설명력이 낮은 변수나 다중공선성을 유발하는 변수는 오히려 추정 결과의 안정성을 해치고 정밀도를 떨어뜨릴 수 있다. 둘째, 독립변수들이 충분히 다양한 값을 가져야 한다. 일반적으로 표본크기가 증가하면, $X'X$가 더 큰 정보량을 반영하게 되어 그 크기가 커지며, 그 결과 $(X'X)^{-1}$는 작아져 추정의 정밀도가 높아진다.

2.5.4 다중공선성

다중공선성이란 독립변수들 사이의 상관관계가 강하게 존재하는 경우를 의미한다. 즉, 특정 독립변수가 다른 독립변수들의 선형결합으로 거의 완벽하게 설명될 수 있을 때 다중공선성이 존재한다고 말한다. 독립변수의 외생성조건이 충족되는 한, 다중공선성은 OLS 추정량 $b_{OLS,k}$의 일치성에는 영향을 미치지 않는다. 그러나 다중공선성은 $b_{OLS,k}$의 표준

오차를 증가시켜 추정 정밀도에 문제를 일으킨다. 따라서 다중공선성이 심각하면, $x_{i,k}$의 한계효과 추정에 대한 신뢰도가 낮아진다.

실증분석에서 독립변수들 간의 강한 상관관계가 존재하면 다음과 같은 특징적인 현상들이 관찰된다. 첫째, 회귀계수 추정치가 표본의 경미한 변화에도 민감하게 반응하여, 추정결과가 크게 달라진다. 둘째, 개별 회귀계수는 통계적으로 유의하지 않는 반면, 회귀모형의 결정계수 R^2는 매우 높게 나타난다. 셋째, 회귀계수의 부호가 이론적으로 기대되는 방향과 반대로 나타나거나, 계수 값의 크기가 비현실적으로 크거나 작게 추정된다.

다중공선성의 존재 여부와 그 심각성을 진단하는 대표적인 지표로는 분산팽창지수 (Variance Inflation Factor, VIF)가 있다. 특정 독립변수 $x_{i,k}$에 대한 VIF는 다음과 같이 정의된다:

$$\mathrm{VIF}_k = \frac{1}{1 - R_k^2},$$

여기서 R_k^2는 $x_{i,k}$를 종속변수, 나머지 모든 독립변수(상수항 포함)를 독립변수로 하는 회귀모형으로부터 얻은 결정계수이다. 일반적으로 $\mathrm{VIF}_k > 10$이면, 해당 변수는 심각한 다중공선성을 가진 것으로 판단되어 제거 또는 변환이 필요하다.

2.6 통계적 추론

2.6.1 단일 회귀계수에 대한 검정

회귀계수 β_k는 독립변수 $x_{i,k}$의 한계효과를 의미하며, 이는 다른 모든 변수를 고정한 상태에서 $x_{i,k}$가 한 단위 증가할 때 종속변수 y_i의 조건부기댓값이 얼마나 변하는지를 나타낸다. 즉, 외생성조건 아래에서 β_k는 $x_{i,k}$(원인)와 y_i(결과) 사이의 인과관계(causality)를 파악하는 데 핵심적인 역할을 하며, 실제 분석에서 특정 독립변수의 한계효과가 통계적으로 유의한지를 검증하는 것은 매우 일반적이다.

한계효과의 유의성 검정을 위해 귀무가설 H_0와 대립가설 H_1을 각각

$$H_0 : \beta_k = 0, \qquad H_1 : \beta_k \neq 0$$

로 설정한다. 귀무가설은 "$x_{i,k}$의 한계효과는 유의하지 않다" 또는 "$x_{i,k}$와 y_i 사이에는 유의한 인과관계가 존재하지 않는다"라는 가설을 의미하며, 이러한 가설이 옳은지를 검정하기 위해 필요한 t 검정통계량은

$$t(b_k) = \frac{b_{OLS,k}}{\mathrm{SE}(b_{OLS,k})}$$

로 정의된다. 이때 t 검정통계량은 회귀계수 추정치 $b_{OLS,k}$가 0과 얼마나 다른지를 표준오

차의 단위로 측정한 것이며, 그 크기를 통해 귀무가설이 참인지 거짓인지를 판단한다.

귀무가설 H_0 아래에서, 즉, 귀무가설이 참인 경우 t 검정통계량의 점근분포는

$$t(b_k) \xrightarrow{d} N(0,1)$$

로 주어진다. 이러한 점근분포에 기반하여 t 검정통계량의 p-값(p-value)을 계산하고, 이를 사전 설정한 유의수준(significance level)과 비교한다. 만약 계산된 p-값이 유의수준보다 작으면 귀무가설을 기각하고, 그렇지 않은 경우 기각하지 않는다. 일반적으로 1%, 5%, 또는 10%의 유의수준이 사용된다. 예를 들어 p-값이 0.03이면, 귀무가설은 5% 유의수준에서 기각된다. 귀무가설이 기각되면, 대립가설이 참이라고 간주하여 $x_{i,k}$의 한계효과가 통계적으로 유의하다고 판단한다.

2.6.2 회귀계수의 선형제약에 대한 검정

실제 분석에서는 단일 회귀계수뿐만 아니라, 복수의 회귀계수 간 선형결합이 특정한 관계를 만족하는지에 대한 검정을 수행하는 경우가 자주 발생한다. 이러한 검정을 통해 회귀계수들의 동시유의성(joint significance), 회귀계수 간의 구조적 제약(예: 동일성, 비율 관계) 등이 통계적으로 유의한지를 평가할 수 있다.

구체적으로 다음과 같은 J개의 선형제약(linear restriction)을 고려하자:

$$\begin{bmatrix} R_{11} & R_{12} & \cdots & R_{1K+1} \\ R_{21} & R_{22} & \cdots & R_{2K+1} \\ \vdots & \vdots & & \vdots \\ R_{J1} & R_{J2} & \cdots & R_{JK+1} \end{bmatrix} \begin{bmatrix} \beta_0 \\ \beta_1 \\ \vdots \\ \beta_K \end{bmatrix} = \begin{bmatrix} r_1 \\ r_2 \\ \vdots \\ r_J \end{bmatrix},$$

또는

$$R\beta = r,$$

여기서 $R \in \mathbb{R}^{J\times(K+1)}$은 선형제약의 구조를 나타내는 행렬, $r \in \mathbb{R}^{J\times 1}$은 선형제약이 주장하는 값을 나타내는 벡터이다. 예를 들어, 귀무가설 $H_0 : \beta_1 = \beta_2 = \beta_3 = 0$은

$$R = \begin{bmatrix} 0 & 1 & 0 & 0 & 0 & \cdots & 0 \\ 0 & 0 & 1 & 0 & 0 & \cdots & 0 \\ 0 & 0 & 0 & 1 & 0 & \cdots & 0 \end{bmatrix} \in \mathbb{R}^{3\times(K+1)}, \qquad r = \begin{bmatrix} 0 \\ 0 \\ 0 \end{bmatrix}$$

의 형태로 나타낼 수 있다.

이와 같은 선형제약을 검정하기 위해, 귀무가설 $H_0 : R\beta = r$과 대립가설 $H_1 : R\beta \neq r$을 설정한다. 귀무가설 H_0 아래에서, Wald 검정통계량과 그 점근분포는 다음과 같이 주어진다:

$$W = (Rb_{OLS} - r)' \left(R(\hat{\sigma}_\varepsilon^2 (X'X)^{-1})R' \right)^{-1} (Rb_{OLS} - r) \xrightarrow{d} \chi^2_{(J)},$$

여기서 $\chi^2_{(J)}$는 자유도 J를 갖는 카이제곱분포(chi-square distribution)이다. Wald 검정통계량의 p-값이 설정한 유의수준보다 작으면, 귀무가설을 기각하고 제시된 선형제약이 성립하지 않다고 판단한다.

산업군, 지역, 시간, 제도변화 등 다양한 특성에 따라 경제 주체들의 행태나 구조가 달라질 수 있으며, 이에 따라 집단 간 회귀계수의 동일 여부를 검정하는 경우가 종종 발생한다. 예를 들어, 다음과 같은 기업의 수익성에 대한 회귀모형을 고려하자:

$$\begin{aligned} \text{ROA}_i = &\beta_0 + \beta_1 \text{Size}_i + \beta_2 \text{Leverage}_i + \delta_0 \text{FIN}_i + \delta_1 (\text{Size}_i \times \text{FIN}_i) \\ &+ \delta_2 (\text{Leverage}_i \times \text{FIN}_i) + \varepsilon_i, \end{aligned} \tag{2.6.1}$$

여기서 ROA_i는 기업 i의 총자산이익률, Size_i는 로그 시가총액, Leverage_i는 부채비율, FIN_i는 금융업 여부를 나타내는 가변수(금융업이면 1, 비금융업이면 0)이다. 이 회귀모형을 재표현하면

$$\text{ROA}_i = (\beta_0 + \delta_0 \text{FIN}_i) + (\beta_1 + \delta_1 \text{FIN}_i) \times \text{Size}_i + (\beta_2 + \delta_2 \text{FIN}_i) \times \text{Leverage}_i + \varepsilon_i$$

가 된다. 이때 금융업과 비금융업 사이에 회귀계수의 구조가 동일하다는 가설은 $H_0 : \delta_0 = \delta_1 = \delta_2 = 0$로 표현된다. 만약 귀무가설이 기각된다면, 두 집단 간 독립변수의 한계효과가 통계적으로 유의하게 다르다고 해석한다. 귀무가설의 유의성 여부는 Wald 검정을 통해 판단할 수 있으며, 제약행렬 R은 식(2.6.1)을 바탕으로 회귀계수 $\delta_0, \delta_1, \delta_2$의 위치에 해당하는 행만 선택하여 구성하면 된다.

2.6.3 변수의 단위 변환

종속변수나 독립변수의 단위 변환은 추정치의 크기와 표준오차의 크기에 영향을 준다. 예를 들어 종속변수 y_i에 상수 c를 곱하면, 절편 및 회귀계수 추정치만 아니라 표준오차도 모두 c배가 된다. 반면, 독립변수 $x_{i,k}$에 c를 곱하면, 해당 독립변수의 계수 추정치와 표준오차는 모두 $1/c$배가 된다. 그러나 단위 변환은 결정계수 R^2나 통계적 검정 결과(즉, t 검정통계량과 Wald 검정통계량)에는 영향을 미치지 않는다. 즉, 단위 변환을 해도 추정 결

과의 유의성, 방향성, 해석의 의미가 달라지지 않는다. 따라서 회귀계수 해석의 명확성을 높이기 위해 변수의 단위를 변환하는 것은 이론적으로 전혀 문제가 되지 않는다.

2.6.4 통계적 유의성과 경제적 유의성

통계적 유의성과 경제적 유의성은 본질적으로 서로 다른 개념이며, 회귀분석의 결과를 정확하고 실질적으로 해석하기 위해서는 이 두 개념을 명확히 구분해야 한다. 통계적 유의성은 회귀계수 추정치가 귀무가설 아래에서 관측될 확률에 기반한다. 만약 주어진 유의수준보다 p-값이 작으면 귀무가설을 기각하고, 해당 회귀계수를 통계적으로 유의하다고 판단한다. 이러한 판단은 어디까지나 표본으로부터의 확률적 추론에 기반한 것이며, 해당 회귀계수의 절대적인 크기나 현실적 중요성을 보장하지는 않는다.

이에 반해 경제적 유의성은 회귀계수 추정치의 크기나 해석상의 중요성을 바탕으로, 해당 변수가 종속변수에 미치는 실질적인 영향력을 판단하는 개념이다. 즉, 변수 간의 관계가 단순히 우연이 아닌지를 넘어, 그 효과가 정책적, 경제적, 실무적으로 무시할 수 없는 수준인가를 분석하는 것이다. 예를 들어, β_k가 통계적으로는 유의하지 않더라도, 독립변수 $x_{i,k}$가 1 표준편차만큼 증가할 때 종속변수 y_i의 조건부기댓값이 1.5 표준편차만큼 변화한다면, 이는 경제적으로 충분히 중요한 효과일 수 있다. 특히 이러한 상황은 표본 수가 적거나, $x_{i,k}$의 분산이 작아 표준오차가 크게 추정되는 경우에 흔히 발생한다.

반대로, 표본 수가 매우 큰 경우에는 경제적으로는 무시할 수 있을 정도로 작은 효과조차 통계적으로 유의하게 나타날 수 있다. 예를 들어, p-값이 0.001로 매우 작아 귀무가설이 기각되더라도, 해당 계수 추정값이 $b_{OLS,k} = 0.00001$과 같이 극히 작다면, 현실적으로는 아무런 경제적 의미가 없다고 해석할 수 있다. 대규모 데이터를 분석할 때는 이와 같은 사례가 빈번히 발생하므로, 통계적 유의성만으로 회귀분석 결과를 해석하는 것은 바람직하지 않다.

결론적으로, 회귀계수의 해석은 단순히 통계적 유의성에만 의존해서는 안 된다. 추정된 효과가 경제적으로 유의미한 수준인지, 정책적 · 실무적으로 중요한 함의를 지니는지를 함께 고려해야 한다. 이러한 접근은 분석 결과를 수치로 제시하는 것을 넘어, 이론적 설명력과 정책적 타당성을 갖춘 설득력 있는 분석을 수행하기 위한 핵심적인 요소이다.

2.6.5 t 검정과 Wald 검정의 관계

t 검정과 Wald 검정 모두 통계적 유의성을 평가하기 위한 도구이지만, 그 목적과 적용 방식에는 중요한 차이가 있다. 개별 회귀계수에 대한 t 검정은 특정 독립변수의 한계효과가 통계적으로 유의한지를 판단한다. 반면, Wald 검정은 복수의 회귀계수가 동시에 특정 조

건을 만족하는지를 평가하며, 회귀계수의 선형결합에 대한 통계적 유의성을 검정한다.

이 두 검정의 결과는 반드시 일치하지는 않는다. 예컨대, 모든 회귀계수가 개별적으로는 유의하지만, 동시에는 유의하지 않을 수 있다. 구체적으로 개별 t 검정을 통해 모든 $k = 1, \ldots, K$에 대해 귀무가설 $H_0 : \beta_k = 0$는 기각되지만, Wald 검정은 귀무가설 $H_0 : \beta_1 = \cdots = \beta_K = 0$을 기각하지 못할 수 있다. 반대로, 개별 계수들은 유의하지 않지만, 집합적으로는 유의할 수도 있다. 즉, Wald 검정에서는 $H_0 : \beta_1 = \cdots = \beta_K = 0$은 기각되지만, 개별 t 검정에서는 $H_0 : \beta_k = 0$을 기각하지 못하는 경우가 발생할 수 있다.

따라서 t 검정과 Wald 검정은 서로 대체 관계가 아닌, 상호 보완적인 도구로 해석해야 한다. 분석 목적이 특정 독립변수의 한계효과를 살펴보는 것이라면 t 검정을, 전체 모형의 설명력이나 집단 간 차이를 평가하는 것이라면 Wald 검정을 활용하는 등과 같이 검정 방법의 선택은 분석 목표와 상황에 따라 달라져야 한다.

2.6.6 결과의 보고와 해석

회귀분석 결과를 보고할 때는 종속변수의 이름, 독립변수 목록, 절편과 회귀계수 추정치, 표준오차, t 검정통계량, 통계적 유의성 표시(예: 1%는 ***, 5%는 **, 10%는 *), 수정결정계수, 사용된 관측치 수 등의 정보를 표 형태로 제시해야 한다. 이러한 정보들은 모형의 구성과 결과의 신뢰성을 판단하는 데 중요한 기초 자료가 된다.

또한 결과 해석 시에는 핵심 변수들의 부호와 크기, 통계적 유의성, 경제적 유의성 등을 함께 고려해야 한다. 만약 특정 변수의 계수가 이론적 기대와 다른 부호를 보이거나 비정상적으로 큰 값을 가진다면, 이는 모형 설정 오류나 생략변수편의(omitted-variable bias)의 가능성을 시사할 수 있다. 생략변수편의는 제4장에서 자세히 다룬다.

2.7 R의 개요와 활용

2.7.1 R의 기원과 사용 환경

R은 1990년대 초반, 뉴질랜드 오클랜드 대학교의 두 통계학자 Ross Ihaka와 Robert Gentleman에 의해 개발되었다. R이라는 이름은 두 개발자의 이름의 첫 글자에서 따온 것이며, 동시에 기존의 S 언어를 계승하는 오픈소스 구현이라는 의미도 내포하고 있다. S 언어는 벨 연구소에서 개발된 상용 통계 프로그래밍 언어로, R은 S의 문법과 구조를 대부분 유지하면서도 무료로 사용할 수 있는 대안을 제공한다. 초기에는 통계 교육과 학술 연구를 위해 주로 사용되었으나, 이후 기능성과 확장성이 크게 발전하면서 현재는 금융, 경제, 마케팅, 공공정책, 기계학습 등 다양한 분야에서 핵심적인 분석 도구로 자리 잡았다.

R은 오픈소스 소프트웨어로, Windows, macOS, Linux 등 다양한 운영체제에서 사용할 수 있다. 기본적으로 R 자체의 인터프리터를 통해 분석을 수행할 수 있지만, 대부분의 사용자는 RStudio와 같은 통합 개발 환경을 함께 사용한다. 특히 RStudio는 스크립트 작성, 코드 실행, 그래프 출력, 패키지 설치 및 관리 등을 훨씬 직관적이고 효율적으로 수행할 수 있도록 설계되어 있다.

2.7.2 R의 장단점

R은 통계분석을 위한 전용 언어로 설계되어, 거의 모든 통계적 분석 기법이 기본 내장 함수 혹은 패키지 형태로 구현되어 있다. 개방형 생태계로 인해 최신 논문에서 제안된 새로운 분석 기법들도 매우 빠르게 패키지 형태로 구현되어 배포된다. 전 세계 연구자와 개발자들이 만든 수천 개의 패키지가 CRAN(https://cran.r-project.org/)과 GitHub(https://github.com/)를 통해 공유되고 있으며, 다양한 분석 목적에 최적화된 도구를 쉽게 찾아 활용할 수 있다.

그러나 단점도 존재한다. R은 문법이 다른 언어에 비해 직관적이지 않은 부분이 있어 초심자들이 진입 장벽을 느끼기 쉽다. 특히 base R 함수와 tidyverse 계열 함수 간의 문법 차이는 많은 사용자가 혼란을 겪는 주요 원인이다. 또한 R의 객체지향 시스템(S3, S4, R6)은 유연성이 높은 대신 체계가 다소 복잡하다. R은 데이터를 메모리 기반으로 처리하기 때문에 매우 큰 데이터를 다루기에는 성능상 한계가 있다. GUI 환경에 익숙한 사용자들에게는 R의 명령어 기반 인터페이스가 낯설게 느껴질 수 있으며, 단순한 작업도 코드를 작성해야 한다는 점에서 불편함을 느낄 수 있다.

2.7.3 교재에서의 활용

주어진 자료를 분석하는 데 있어 이론과 R 코드의 균형 잡힌 이해는 매우 중요하다. R을 활용한 실습은 이러한 균형을 효과적으로 달성하는 데 있어 유용한 역할을 담당한다. 이 책에서 소개하는 분석 이론은 R을 기반으로 구현되며, 각 분석 예제는 재현할 수 있도록 구성되어 있다. 코드와 함께 해설과 시각화 자료가 단계별로 제시되어 있으므로, 독자는 R의 문법과 기능을 익히는 동시에 횡단면 · 시계열자료의 분석 방법론을 실제로 수행하고 분석 결과를 해석하는 능력을 기를 수 있다.

2.8 R 실습

본 절에서는 제2장에서 학습한 선형회귀모형의 이론을 실제 데이터 분석에 적용해 본다. 분석에 사용된 자료는 한국 거래소에 상장된 1,892개 기업들의 재무 정보와 시장가치에

관한 횡단면관측치로 구성되어 있다. 분석에 사용된 회귀모형은 다음과 같이 주어진다:

$$\ln(\text{MarketCap}_i) = \beta_0 + \beta_1 \text{ROA}_i + \beta_2 \text{Leverage}_i + \beta_3 \text{KOSPI}_i + \varepsilon_i,$$

여기서 MarketCap_i은 기업 i의 시가총액(원), ROA_i는 총자산이익률(%), Leverage_i는 부채비율(총부채/총자산, %)이며, KOSPI_i는 KOSPI 상장 여부(KOSPI에 상장된 경우 1, KOSDAQ에 상장된 경우 0)를 나타내는 가변수이다.

```
> libraries <- c("car", "data.table", "lmtest")
> lapply(libraries, library, character.only = TRUE)
```

실습에 사용되는 주요 패키지는 `car`, `data.table`, `lmtest`이다. 위 코드는 여러 패키지를 반복문 없이 한 번에 불러오는 방법을 보여준다. 이를 통해 스크립트 실행의 편의성과 가독성을 높일 수 있다.

```
> dat <- fread("data2_1.csv", header = TRUE)
> head(dat)
    Symbol   MarketCap   ROA Leverage KOSPI
    <char>       <num> <num>    <num> <int>
1: A000020 1.75968e+11  2.28    24.50     1
2: A000040 2.73000e+10 -4.41   132.71     1
3: A000050 1.74087e+11  2.76    28.66     1
4: A000070 5.76710e+11  2.44    50.95     1
5: A000080 1.38672e+12  6.12    95.01     1
6: A000100 9.70768e+12  1.91    14.16     1
> fit <- lm(log(MarketCap) ~ ROA + Leverage + KOSPI, data = dat)
> coeftest(fit, df = Inf)
z test of coefficients:
               Estimate  Std. Error  z value  Pr(>|z|)
(Intercept) 25.33113381  0.03828061 661.7222 < 2.2e-16 ***
ROA          0.02314232  0.00293948   7.8729 3.464e-15 ***
Leverage    -0.00024562  0.00024677  -0.9953    0.3196
KOSPI        1.23129164  0.06363170  19.3503 < 2.2e-16 ***
```

분석 결과, ROA와 KOSPI의 회귀계수는 5% 유의수준에서 통계적으로 유의한 것으로 나타났다. ROA의 회귀계수 추정치는 약 0.023으로, 다른 조건이 일정할 때 ROA가 1 단위(즉, 1%p) 증가하면 기업의 시가총액은 비율적으로 약 2.3% 증가하는 것으로 해석된다. 한편, 가변수 KOSPI의 한계효과는 $100(e^{1.23} - 1) \approx 242.12\%$로서, 이는 KOSPI 상장 여부가 시가총액에 미치는 영향이 매우 크다는 것을 의미한다.

```
> dat <- dat[ , ROA2 := ROA^2]
> fit <- lm(log(MarketCap) ~ ROA + ROA2 + Leverage + KOSPI, data = dat)
> coeftest(fit, df = Inf)
z test of coefficients:
               Estimate  Std. Error  z value Pr(>|z|)
(Intercept)  2.5203e+01  3.9609e-02 636.2905   <2e-16 ***
ROA          3.9717e-02  3.3328e-03  11.9169   <2e-16 ***
ROA2         9.0651e-04  9.2796e-05   9.7689   <2e-16 ***
Leverage    -1.3751e-04  2.4108e-04  -0.5704   0.5684
KOSPI        1.2480e+00  6.2121e-02  20.0890   <2e-16 ***
> linearHypothesis(fit, c("ROA = 0", "ROA2 = 0"), test = "Chisq")
Linear hypothesis test:
ROA = 0
ROA2 = 0
Model 1: restricted model
Model 2: log(MarketCap) ~ ROA + ROA2 + Leverage + KOSPI
  Res.Df    RSS Df Sum of Sq  Chisq Pr(>Chisq)
1   1889 3231.6
2   1887 2978.3  2    253.34 160.51  < 2.2e-16 ***
```

ROA가 시가총액에 미치는 영향은 반드시 선형적일 필요는 없으며, 일정 수준 이상의 수익성은 더 큰 시장가치 상승으로 이어질 가능성이 존재한다. 이러한 비선형관계를 반영하기 위해, ROA의 제곱항 ROA^2를 포함한 확장된 선형회귀모형

$$\ln(\text{MarketCap}_i) = \beta_0 + \beta_1 \text{ROA}_i + \beta_2 \text{ROA}_i^2 + \beta_3 \text{Leverage}_i + \beta_4 \text{KOSPI}_i + \varepsilon_i$$

을 고려하였다. 추정 결과, β_1과 β_2 모두 유의한 양의 값을 가지므로, ROA와 시가총액 간에는 볼록한 관계가 존재하는 것으로 나타났다. 이는 수익성이 일정 수준을 초과할 경우, ROA의 한계효과가 점점 커진다는 것을 시사한다. 또한 귀무가설 $H_0 : \beta_1 = \beta_2 = 0$에 대해 Wald 검정을 수행한 결과, 5% 유의수준에서 귀무가설을 기각하였다. 이는 ROA 및 그 제곱항이 시가총액에 대해 집합적으로 유의미한 영향을 미친다는 것을 의미한다.

```
> fit <- lm(log(MarketCap) ~ ROA*KOSPI, data = dat)
> coeftest(fit, df = Inf)
z test of coefficients:
              Estimate Std. Error  z value  Pr(>|z|)
(Intercept) 25.3185766  0.0359743 703.7965 < 2.2e-16 ***
ROA          0.0156201  0.0030528   5.1166 3.110e-07 ***
KOSPI        1.0006566  0.0689790  14.5067 < 2.2e-16 ***
ROA:KOSPI    0.0689416  0.0090238   7.6400 2.173e-14 ***
```

마지막으로 상장시장(KOSPI vs. KOSDAQ)에 따라 수익성이 시가총액에 미치는 영향

이 상이할 수 있다는 가능성을 살펴보기 위해, 상호작용항을 포함한 회귀모형

$$\ln(\text{MarketCap}_i) = \beta_0 + \beta_1 \text{ROA}_i + \beta_2 \text{KOSPI}_i + \beta_3 (\text{ROA}_i \times \text{KOSPI}_i) + \varepsilon_i$$

을 고려하였다. 추정 결과, 상호작용항의 회귀계수 β_3는 유의한 양의 값을 가지는 것으로 나타났다. 이는 ROA의 한계효과가 KOSDAQ 상장기업보다 KOSPI 상장기업에서 더 크다는 점을 시사한다.

제3장 일반화회귀모형

3.1 횡단면회귀모형

3.1.1 오차 구조

개체 i에 대해 다음과 같은 횡단면회귀모형(cross-sectional regression model)을 고려하자:

$$y_i = x_i'\beta + \varepsilon_i,$$

여기서 y_i는 개체 i의 종속변수, $x_i \in \mathbb{R}^{(K+1)\times 1}$는 독립변수(상수항 포함)벡터, $\beta \in \mathbb{R}^{(K+1)\times 1}$는 회귀계수벡터, ε_i는 오차항이다.

다음의 두 가지 가정을 한다. 첫째, 외생성조건 $E[\varepsilon_i|x_i] = 0$이 성립한다. 이는 x_i와 ε_i 사이에 상관관계가 존재하지 않으며, ε_i의 조건부분산이

$$Var[\varepsilon_i|x_i] = E[\varepsilon_i^2|x_i] - (E[\varepsilon_i|x_i])^2 = E[\varepsilon_i^2|x_i]$$

임을 의미한다. 둘째, 개체 간의 오차항은 조건부독립이다. 즉, 서로 다른 개체 $i \neq j$에 대해 $E[\varepsilon_i\varepsilon_j|x_i,x_j] = E[\varepsilon_i|x_i]E[\varepsilon_j|x_j]$가 성립한다. 이를 외생성조건 $E[\varepsilon_i|x_i] = 0$과 결합하면 $E[\varepsilon_i\varepsilon_j|x_i,x_j] = 0$가 되며, 반복기댓값의 법칙에 의해

$$Cov[\varepsilon_i,\varepsilon_j] = E[\varepsilon_i\varepsilon_j] = E[E[\varepsilon_i\varepsilon_j|x_i,x_j]] = E[0] = 0$$

이 성립한다. 즉, ε_i와 ε_j 사이에는 상관관계가 존재하지 않는다.

전체 개체 $i = 1,\ldots,N$에 대해 회귀모형을 확장하면, 다음과 같은 행렬 형태로 표현할 수 있다:

$$y = X\beta + \varepsilon,$$

여기서 $y \in \mathbb{R}^{N\times 1}$는 전체 종속변수벡터, $X \in \mathbb{R}^{N\times(K+1)}$는 전체 독립변수행렬, $\boldsymbol{\varepsilon} \in \mathbb{R}^{N\times 1}$는

전체 오차항벡터이다. 모든 $i \neq j$에 대해 $E[\varepsilon_i \varepsilon_j] = 0$이므로, 오차항벡터 ε의 공분산행렬 $\Sigma \in \mathbb{R}^{N \times N}$는 다음과 같은 대각행렬 형태로 주어진다:

$$\Sigma = E[\varepsilon\varepsilon'] = \mathrm{diag}(\sigma_1^2, \sigma_2^2, \ldots, \sigma_N^2),$$

여기서 대각원소 $\sigma_i^2 = E[\varepsilon_i^2]$는 개체 i의 오차항 분산에 해당한다. 따라서 횡단면회귀모형의 오차 구조는 개체 간 오차항 분산의 동일 여부, 즉 등분산성(homoskedasticity) 여부에 따라 두 가지 형태로 구분된다.

3.1.2 등분산성

등분산성은 전체 개체에 대해 오차항의 조건부분산이 동일하다는 가정이다. 즉, 모든 $i = 1, \ldots, N$에 대해 $E[\varepsilon_i^2 | x_i] = \sigma_\varepsilon^2$가 성립한다. 이는 독립변수 x_i의 값과 관계없이, 오차항 ε_i의 조건부분산이 일정하게 유지된다는 의미이다. 반복기댓값의 법칙을 적용하면

$$E[\varepsilon_i^2] = E\left[E[\varepsilon_i^2 | x_i]\right] = E[\sigma_\varepsilon^2] = \sigma_\varepsilon^2$$

가 되며, 결과적으로 ε의 공분산행렬은

$$\Sigma = \mathrm{diag}(\sigma_\varepsilon^2, \sigma_\varepsilon^2, \ldots, \sigma_\varepsilon^2) = \sigma_\varepsilon^2 I_N$$

로 주어진다. 앞선 제2장에서 소개된 OLS 추정량의 점근분포와 점근효율성은 모두 이러한 등분산오차 구조를 기반으로 정리된 결과들이다.

3.1.3 이분산성

이분산성(heteroskedasticity)은 개체마다 오차항의 조건부분산이 서로 다를 수 있음을 허용하는 가정이다. 즉, 일부 $i \neq j$에 대해 $E[\varepsilon_i^2 | x_i] \neq E[\varepsilon_j^2 | x_j]$가 성립한다. 양변에 반복기댓값의 법칙을 적용하면, 이는 $E[\varepsilon_i^2] \neq E[\varepsilon_j^2]$을 의미한다. 따라서 ε의 공분산행렬은

$$\Sigma = \mathrm{diag}(\sigma_1^2, \sigma_2^2, \ldots, \sigma_N^2)$$

와 같은 비균일 대각행렬의 형태를 갖는다.

등분산성과 달리, 이분산성은 오차항 ε_i의 조건부분산이 독립변수 x_i에 따라 체계적으로 달라질 수 있음을 의미한다. 횡단면자료에서는 개체의 특성, 규모, 산업군, 지역 등의 이질성으로 인해 이러한 이분산성이 존재할 가능성이 높다.

예시 3.1. 다음과 같은 회귀모형을 고려하자:

$$y_i = \beta_0 + \beta_1 x_i + \varepsilon_i,$$

여기서 y_i는 개인의 소비 수준, x_i는 소득 수준 x_i을 의미한다. 고소득자일수록 소비의 종류와 방식이 다양해지며, 예기치 못한 소비의 규모도 커질 수 있다. 반면 저소득자의 소비는 생계비 등 필수 지출 중심이기 때문에 상대적으로 안정적일 가능성이 높다. 결과적으로, 소득이 높을수록 ε_i의 분산이 커지는 경향이 있으며, 이는 이분산성이 존재함을 시사한다.

3.2 시계열회귀모형

3.2.1 오차 구조

시점 t에서 다음과 같은 시계열회귀모형(time series regression model)을 고려하자:

$$y_t = x_t'\beta + \varepsilon_t, \tag{3.2.1}$$

여기서 y_t는 시점 t의 종속변수, $x_t \in \mathbb{R}^{(K+1)\times 1}$는 독립변수벡터, $\beta \in \mathbb{R}^{(K+1)\times 1}$는 회귀계수벡터, ε_t는 오차항이다. 이때 외생성조건 $E[\varepsilon_t|x_t] = 0$이 성립한다고 가정하면, ε_t의 조건부 분산은 $Var[\varepsilon_t|x_t] = E[\varepsilon_t^2|x_t]$가 된다.

횡단면자료와 달리 시계열자료는 시간 순서에 따라 구성되므로, 서로 다른 시점의 오차항들 사이에 상관관계가 존재할 수 있다. 시점 간 오차항의 상관관계는 자기상관(autocorrelation)이라 부르며, 이는 다음과 같이 표현된다:

$$E[\varepsilon_t \varepsilon_{t-s}|x_t, x_{t-s}] \neq 0,$$

또는 반복기댓값의 법칙에 의해

$$E[\varepsilon_t \varepsilon_{t-s}] = E[E[\varepsilon_t \varepsilon_{t-s}|x_t, x_{t-s}]] \neq 0.$$

시계열회귀모형에서는 이러한 오차항의 시간적 구조를 명시적으로 고려해야 한다.

전체 시점에 걸친 오차항벡터를 $\boldsymbol{\varepsilon} = [\varepsilon_t]_{t=1}^T \in \mathbb{R}^{T\times 1}$라 하면, 공분산행렬 $\Sigma = E[\boldsymbol{\varepsilon}\boldsymbol{\varepsilon}'] \in \mathbb{R}^{T\times T}$의 구조는 두 가지 기준에 따라 분류된다. 첫째는 오차항의 분산이 시간에 따라 일정한지 여부(등분산성 vs. 이분산성), 둘째는 서로 다른 시점 간의 오차항 사이에 상관관계가 존재하는지 여부(비자기상관 vs. 자기상관)이다. 이 두 기준을 조합하면, 시계열회귀모형에서 고려할 수 있는 오차 구조는 총 세 가지 유형으로 나뉜다.

3.2.2 등분산성과 비자기상관

등분산-비자기상관오차 구조는 모든 시점 $t=1,\dots,T$에 대해 $E[\varepsilon_t^2|x_t]=\sigma_\varepsilon^2$이며, 모든 시차 $s\neq 0$에 대해 $E[\varepsilon_t\varepsilon_{t-s}|x_t,x_{t-s}]=0$이라고 가정한다. 이때 ε의 공분산행렬은 균일 대각행렬의 형태인 $\Sigma=\sigma_\varepsilon^2 I_T$로 표현된다. 이러한 오차 구조는 횡단면회귀모형에서의 등분산오차 구조와 유사하지만, 시계열회귀모형에서는 시차 간 자기상관이 없다는 추가적 가정이 필요하다.

3.2.3 이분산성과 비자기상관

이분산-비자기상관오차 구조는 일부 시점 $t\neq\tau$에 대해 $E[\varepsilon_t^2|x_t]\neq E[\varepsilon_\tau^2|x_\tau]$이며, 모든 시차 $s\neq 0$에 대해 $E[\varepsilon_t\varepsilon_{t-s}|x_t,x_{t-s}]=0$이라고 가정한다. 따라서 Σ는 시점별로 서로 다른 분산을 반영한 다음과 같은 비균일 대각행렬이 된다:

$$\Sigma=\operatorname{diag}(\sigma_1^2,\sigma_2^2,\dots,\sigma_T^2),$$

여기서 대각원소 $\sigma_t^2=E[\varepsilon_t^2]$는 시점 t의 오차항 분산이다.

3.2.4 이분산성과 자기상관

가장 일반적인 형태로서, 이분산-자기상관오차 구조는 일부 시점 $t\neq\tau$에 대해 $E[\varepsilon_t^2|x_t]\neq E[\varepsilon_\tau^2|x_\tau]$이며, 일부 시차 $s\neq 0$에 대해 $E[\varepsilon_t\varepsilon_{t-s}|x_t,x_{t-s}]\neq 0$이라고 가정한다. 이 경우, 공분산행렬 Σ는 다음과 같은 형태를 갖는다:

$$\Sigma=\begin{bmatrix}\sigma_1^2 & \sigma_{12} & \cdots & \sigma_{1T}\\ \sigma_{21} & \sigma_2^2 & \cdots & \sigma_{2T}\\ \vdots & \vdots & & \vdots\\ \sigma_{T1} & \sigma_{T2} & \cdots & \sigma_T^2\end{bmatrix},$$

여기서 $\sigma_t^2=E[\varepsilon_t^2]$는 시점 t의 오차항 분산, $\sigma_{mn}=E[\varepsilon_m\varepsilon_n]$는 서로 다른 시점 간의 오차항 공분산을 의미한다. $\sigma_{mn}\neq 0$인 경우, 오차항 ε_m과 ε_n 사이에 자기상관이 존재한다.

예시 3.2. 다음과 같은 시계열회귀모형을 생각해 보자:

$$\pi_t=\beta_0+\beta_1\pi_{t-1}+\beta_2\mathrm{UER}_t+\varepsilon_t,$$

여기서 π_t는 시점 t의 인플레이션율(예: 소비자물가지수의 전년동월 대비 상승률), π_{t-1}은 직전 시점의 인플레이션율, UER_t는 실업률, ε_t는 오차항이다. 이 모형의 오차항은 다음과 같은 이분산성과 자기상관 특성을 동시에 가질 수 있다. 첫째, 경제가 안정적인 시기에는 인플레이션의 변동이 작지만, 금융위기, 오일쇼크, 또는 팬데믹과 같은 외생적 충격이 발생하면 인플레이션율이 급등락하면서 오차항의 분산이 급격히 증가한다. 즉, 시간에 따라 $E[\varepsilon_t^2]$가 달라지는 이분산 구조를 가질 수 있다. 둘째, 오차항이 시간상으로 연속적인 영향을 받을 수도 있다. 예를 들어, 유가 상승이나 공급망 문제와 같은 외부 충격이 몇 개월 동안 지속해서 인플레이션에 영향을 미친다면, 이러한 충격이 오차항에도 이어지게 되어 $E[\varepsilon_t\varepsilon_{t-s}] \neq 0$인 자기상관 구조가 나타날 수 있다.

3.3 일반적인 오차 구조와 OLS 추정

시계열회귀모형의 오차 구조는 횡단면회귀모형의 오차 구조를 포함하는 보다 일반적인 형태로서, 횡단면회귀모형은 시계열회귀모형에서 자기상관이 없는 특수한 경우에 해당한다. 따라서 이 절에서는 시계열회귀모형만을 바탕으로 OLS 추정량의 성질을 분석하나, 유도된 결과는 횡단면회귀모형에도 그대로 적용된다.

3.3.1 OLS 추정량과 점근분포

전체 시점 $t = 1,\ldots,T$에 대해 식(3.2.1)의 시계열회귀모형을 적층하면 다음과 같은 행렬 형태를 얻는다:

$$y = X\beta + \varepsilon,$$

여기서 $y \in \mathbb{R}^{T\times 1}$는 전체 종속변수벡터, $X \in \mathbb{R}^{T\times(K+1)}$는 전체 독립변수행렬, $\varepsilon \in \mathbb{R}^{T\times 1}$는 전체 오차항벡터이다. 외생성조건 $E[\varepsilon_t|x_t] = 0$이 성립한다고 하자.

OLS 추정량 b_{OLS}와 그 점근분포는 다음과 같이 유도된다:

$$\begin{aligned} b_{OLS} &= (X'X)^{-1}X'y, \\ \sqrt{T}(b_{OLS}-\beta) &\xrightarrow{d} N\left(0, (\Sigma_{xx}'S^{-1}\Sigma_{xx})^{-1}\right), \end{aligned} \tag{3.3.1}$$

여기서

$$\begin{aligned} \Sigma_{xx} &= E[x_t x_t'] \in \mathbb{R}^{(K+1)\times(K+1)}, \\ S &= \sum_{s=-\infty}^{\infty} E[x_t\varepsilon_t\varepsilon_{t-s}x_{t-s}'] \in \mathbb{R}^{(K+1)\times(K+1)}. \end{aligned}$$

오차 구조와 무관하게 b_{OLS}는 항상 일치추정량이며, 이는 외생성조건이 성립하기 때문이다. 점근분포의 유도 과정은 제5장에서 자세히 다룬다.

OLS 추정량의 점근공분산행렬을 구성하는 행렬 Σ_{xx}와 S에 대한 일치추정량 S_{xx}와 $\hat{S}$는 각각 다음과 같이 정의된다:

$$S_{xx} = \frac{X'X}{T} \xrightarrow{p} \Sigma_{xx}, \qquad \hat{S} \xrightarrow{p} S.$$

이를 바탕으로 OLS 추정량의 점근공분산행렬의 일치추정량은

$$\widehat{AVar[b_{OLS}]} = \frac{1}{T}(S'_{xx}\hat{S}^{-1}S_{xx})^{-1} = \frac{1}{T}\left(\left(\frac{X'X}{T}\right)'\hat{S}^{-1}\left(\frac{X'X}{T}\right)\right)^{-1} \tag{3.3.2}$$

로 표현된다. 여기서 중요한 점은, $\hat{S}$의 형태가 오차 구조에 따라 달라지며, 이에 따라 점근공분산행렬의 추정치도 달라진다는 것이다.

3.3.2 등분산-비자기상관오차 구조 아래서의 $\hat{S}$

오차항의 비자기상관 구조는 모든 시차 $s \neq 0$에 대해 $E[\varepsilon_t\varepsilon_{t-s}|x_t, x_{t-s}] = 0$임을 의미하며, 반복기댓값의 법칙을 이용하면

$$E[x_t\varepsilon_t\varepsilon_{t-s}x'_{t-s}] = E\left[E[x_t\varepsilon_t\varepsilon_{t-s}x'_{t-s}|x_t, x_{t-s}]\right] = E\left[x_tE[\varepsilon_t\varepsilon_{t-s}|x_t, x_{t-s}]x'_{t-s}\right] = 0$$

가 성립한다. 따라서 앞서 정의된 행렬 S는

$$S = \sum_{s=-\infty}^{\infty} E[x_t\varepsilon_t\varepsilon_{t-s}x'_{t-s}] = E[\varepsilon_t^2x_tx'_t]$$

로 단순화된다. 또한 등분산오차 구조를 가정하면, 모든 시점 $t = 1, \ldots, T$에 대해 $E[\varepsilon_t^2|x_t] = \sigma_\varepsilon^2$이 성립하며, 이를 통해 S는

$$S = E\left[E[\varepsilon_t^2|x_t]x_tx'_t\right] = \sigma_\varepsilon^2E[x_tx'_t]$$

가 된다. 결과적으로 등분산-비자기상관오차 구조 아래서의 S에 대한 일치추정량 $\hat{S}_{CL}$은 다음과 같이 정의할 수 있다:

$$\hat{S}_{CL} = \hat{\sigma}_\varepsilon^2\left(\frac{X'X}{T}\right) \xrightarrow{p} S,$$

여기서 $\hat{\sigma}_\varepsilon^2 = T^{-1}e'e \xrightarrow{p} \sigma_\varepsilon^2$, $e = y - Xb_{OLS}$이다.

이제 $\hat{S}_{CL}$을 식(3.3.2)의 점근공분산행렬 추정식에 대입하면 다음의 결과를 얻는다:

$$\begin{aligned}\widehat{AVar[b_{OLS}]} &= \frac{1}{T}\left(\left(\frac{X'X}{T}\right)'\left(\hat{\sigma}_\varepsilon^2\left(\frac{X'X}{T}\right)\right)^{-1}\left(\frac{X'X}{T}\right)\right)^{-1} \\ &= \frac{\hat{\sigma}_\varepsilon^2}{T}\left(\frac{X'X}{T}\right)^{-1}\left(\frac{X'X}{T}\right)\left(\frac{X'X}{T}\right)^{-1} \\ &= \hat{\sigma}_\varepsilon^2(X'X)^{-1}.\end{aligned}$$

이는 제2장에서 다룬 등분산오차 구조 아래 OLS 추정량의 점근공분산행렬과 정확히 일치한다.

실제 자료에서는 오차항이 등분산오차 구조를 따르지 않거나, 자기상관을 보이는 게 일반적이다. 이러한 경우에 $\hat{\sigma}_\varepsilon^2(X'X)^{-1}$을 사용하면, 검정통계량과 p-값이 왜곡되어 잘못된 추론으로 이어진다. 따라서 이분산 구조와 자기상관 구조를 반영할 수 있는 점근공분산행렬을 사용하여 OLS 추정의 정밀도를 높이는 것이 필요하다.

3.3.3 이분산-비자기상관오차 구조 아래서의 $\hat{S}$

이분산성은 오차항의 조건부분산이 시점별로 달라질 수 있음을 의미하므로, 이분산-비자기상관오차 구조 아래

$$S = E[\varepsilon_t^2 x_t x_t']$$

가 성립한다. 이때 S는 ε_t^2이 시점에 따라 달라질 수 있음을 허용하므로, 등분산-비자기상관오차 구조의 S에 비해 보다 일반적인 형태라 볼 수 있다.

White [1980]은 시점별 오차 분산을 반영한 이분산성-일치추정량(Heteroskedasticity-Consistent estimator, HC 추정량)을 제안하였다. 구체적으로 S에 대한 HC 추정량 $\hat{S}_{HC}$은 다음과 같이 정의된다:

$$\hat{S}_{HC} = \frac{1}{T}\sum_{t=1}^{T} e_t^2 x_t x_t' \xrightarrow{p} S,$$

여기서 $e_t = y_t - x_t' b_{OLS}$는 OLS 잔차이다. 이는 각 시점별 잔차의 제곱을 독립변수의 외적 $x_t x_t'$과 결합함으로써, 이분산오차 구조가 점근공분산행렬에 미치는 영향을 개별적으로 반영하는 방식이다. HC 추정량 $\hat{S}_{HC}$를 식(3.3.2)에 대입하면, 이분산-비자기상관오차 구조를 고려한 b_{OLS}의 점근공분산행렬을 계산할 수 있다. 특히 이렇게 산출된 점근공분산행렬의 대각원소에 제곱근을 취한 값은 HC 표준오차로 불리며, 이는 이분산성에 강건한(robust) 표준오차로서 널리 활용된다.

3.3.4 이분산-자기상관오차 구조 아래서의 $\hat{S}$

오차항이 이분산성과 자기상관을 동시에 갖는 경우, b_{OLS}의 점근공분산행렬을 올바르게 추정하기 위해서는 이 두 특성을 모두 반영할 수 있는 일반적인 형태의 S가 필요하다. 이를 위해 Newey and West [1987] 등은 이분산성-자기상관-일치추정량(Heteroskedasticity-and-Autocorrelation-Consistent estimator, HAC 추정량)을 제안하였다. 구체적으로 S에 대한 HAC 추정량 $\hat{S}_{HAC}$은 다음과 같이 정의된다:

$$\hat{S}_{HAC} = \frac{1}{T}\left[\sum_{t=1}^{T} e_t^2 x_t x_t' + \sum_{s=1}^{q} w_s \sum_{t=s+1}^{T} (x_t e_t e_{t-s} x_{t-s}' + x_{t-s} e_{t-s} e_t x_t')\right],$$

여기서 $w_s \in [0,1]$는 시차 s에 대한 핵(kernel) 가중치, q는 고려할 최대 시차이다. 위 식에서 첫 번째 항은 이분산성에 대한 보정이며, 이는 White [1980]의 HC 추정량과 동일한 구조를 가진다. 반면, 두 번째 항은 자기상관에 대한 보정으로, 서로 다른 시점 t와 $t-s$의 잔차항 e_t, e_{t-s}와 대응하는 독립변수 x_t, x_{t-s}의 곱을 포함한다. 자기상관 보정은 대칭성을 갖도록 쌍방향 항을 포함하여 점근공분산행렬의 정합성을 유지한다. 일치추정량 $\hat{S}_{HAC}$를 식(3.3.2)에 대입하면 이분산-자기상관오차 구조 아래서의 점근공분산행렬을 계산할 수 있으며, 산출된 점근공분산행렬의 대각원소에 제곱근을 취한 값은 HAC 표준오차라고 불린다. 이분산성에만 강건한 HC 표준오차와 달리, HAC 표준오차는 이분산성과 자기상관 모두에 대해 강건하다.

핵함수(kernel function)는 시차에 따른 자기상관 항의 중요도를 반영하는 역할을 하며, 시차가 커질수록 가중치 w_s를 감소시켜 먼 시차의 자기상관에 덜 민감하도록 한다. 대표적인 핵함수에는 절단(truncated) 핵함수, Bartlett 핵함수, Parzen 핵함수, 이차스펙트럼(Quadratic Spectral, QS) 핵함수 등이 있다. 절단 핵함수는 일정한 시차 이상에서 가중치를 0으로 두며, Bartlett 핵함수는 선형적으로 가중치를 감소시킨다. Parzen 핵함수와 이차스펙트럼 핵함수는 복잡한 비선형 가중치를 적용하며, 특히 QS 핵함수는 이론적으로 효율성이 가장 높다고 알려져 있다. 절단 핵함수는 행렬 $\hat{S}_{HAC}$의 양의 준정부호를 보장하지 않으나, Bartlett, Parzen, QS 핵함수 등은 양의 준정부호를 보장한다. 한편, Newey and West [1987]는 Bartlett 핵함수를 사용하여 $\hat{S}_{HAC}$를 계산하였다.

대역폭(bandwidth) b_T는 최대 시차 q를 결정하는 매개변수이다. b_T가 너무 작으면 중요한 자기상관 구조를 반영하지 못하고, 너무 크면 불필요한 잡음까지 포함되어 추정 정밀도가 떨어질 수 있다. Andrews [1991]과 Newey and West [1994]은 표본 기반 정보를 활용하거나 평균제곱오차(Mean Squared Error, MSE)를 최소화하는 기준에 따른 최적 대역폭을 자동으로 결정하는 방법을 제시하였다.

3.4 일반화최소제곱 추정법

오차항벡터 ε의 공분산행렬 $\Sigma = E[\varepsilon\varepsilon']$이 등분산오차 구조가 아닌 보다 일반적인 형태를 가질 경우, OLS 추정량은 더 이상 효율적이지 않다. 이와 같은 상황에서는 보다 효율적인 추정을 위해 일반화최소제곱(GLS) 추정법을 사용할 수 있다. 본 절에서는 시계열회귀모형을 중심으로 GLS 추정량과 그 점근분포를 살펴본다.

3.4.1 GLS 추정량

공분산행렬 Σ는 양의 정부호(positive definite)인 대칭행렬이므로, 스펙트럼 분해(spectral decomposition)를 통해 $\Sigma = C\Lambda C'$로 표현할 수 있다. C의 각 열 벡터는 Σ의 고유벡터(eigenvector)로 구성되며, $C'C = CC' = I$을 만족하는 직교행렬(orthogonal matrix)이다. 한편, Λ는 Σ의 고윳값(eigenvalue)으로 구성된 대각행렬이다. $C' = C^{-1}$와 $\Lambda^{-1} = (\Lambda^{-1/2})(\Lambda^{-1/2})$을 이용하면, Σ의 역행렬은 다음과 같이 주어진다:

$$\Sigma^{-1} = (C')^{-1}\Lambda^{-1}C^{-1} = C(\Lambda^{-1/2}\Lambda^{-1/2})C' = (C\Lambda^{-1/2})(C\Lambda^{-1/2})',$$

또는 $P = (C\Lambda^{-1/2})'$라고 정의하면

$$\Sigma^{-1} = P'P.$$

원래의 회귀모형 $y = X\beta + \varepsilon$의 양변에 P를 곱하면, 다음과 같은 회귀모형을 얻을 수 있다:

$$y^* = X^*\beta + \varepsilon^*,$$

여기서 $y^* = Py$, $X^* = PX$, $\varepsilon^* = P\varepsilon$이다. 변환된 회귀모형에 OLS를 적용하면 GLS 추정량 b_{GLS}는

$$b_{GLS} = (X^{*\prime}X^*)^{-1}X^{*\prime}y^* = (X'P'PX)^{-1}X'P'Py = (X'\Sigma^{-1}X)^{-1}X'\Sigma^{-1}y$$

로 주어진다. 또한 식(3.3.1)에서 제시된 OLS 추정량의 점근분포를 적용하면, b_{GLS}의 점근분포는 다음과 같이 유도된다:

$$\sqrt{T}(b_{GLS} - \beta) \xrightarrow{d} N\left(0, (\Sigma_{xx}^{*\prime}S^{*-1}\Sigma_{xx}^*)^{-1}\right),$$

여기서 $\Sigma_{xx}^* = E[x_t^* x_t^{*\prime}]$, $S^* = \sum_{s=-\infty}^{\infty} E[x_t^*\varepsilon_t^*\varepsilon_{t-s}^* x_{t-s}^{*\prime}]$이다. 이때 x_t^*는 변환된 독립변수행렬 X^*의 t번째 행, ε_t^*는 변환된 오차항벡터 ε^*의 t번째 성분이다.

변환된 오차항벡터 $\varepsilon^* = P\varepsilon$의 공분산행렬은

$$E\left[(\varepsilon^* - E[\varepsilon^*])(\varepsilon^* - E[\varepsilon^*])'\right] = E[\varepsilon^*\varepsilon^{*\prime}] = E[P\varepsilon\varepsilon' P'] = P\cdot E[\varepsilon\varepsilon']\cdot P' = P\Sigma P'$$

이며, 이를 $P = (C\Lambda^{-1/2})'$와 $\Sigma = C\Lambda C'$을 이용하여 정리하면

$$E[\varepsilon^*\varepsilon^{*\prime}] = (C\Lambda^{-1/2})'(C\Lambda C')(C\Lambda^{-1/2}) = (\Lambda^{-1/2}C')(C\Lambda C')(C\Lambda^{-1/2}) = I_T$$

가 된다. 즉, 변환된 오차항 ε_t^*는 등분산-비자기상관오차 구조를 따른다. 따라서 이전 절의 결과에 따라 $S^* = E[x_t^* x_t^{*\prime}]$이며, S^*에 대한 일치추정량은

$$\hat{S}^*_{CL} = \left(\frac{X^{*\prime}X^*}{T}\right) \xrightarrow{p} S^*$$

로 정의된다. 일치추정량 $S^*_{xx} = T^{-1}X^{*\prime}X^* \xrightarrow{p} \Sigma^*_{xx}$와 $\hat{S}^*_{CL} \xrightarrow{p} S^*$을 이용하면, b_{GLS}의 점근공분산행렬에 대한 일치추정량은

$$\widehat{AVar[b_{GLS}]} = \frac{1}{T}\left(\frac{X^{*\prime}X^*}{T}\right)^{-1}\left(\frac{X^{*\prime}X^*}{T}\right)\left(\frac{X^{*\prime}X^*}{T}\right)^{-1} = (X^{*\prime}X^*)^{-1} = (X'\Sigma^{-1}X)^{-1}$$

로 주어진다.

실제 분석에서는 Σ를 알 수 없기 때문에, 이를 추정치 $\hat{\Sigma}$로 대체하는 실현가능일반화최소제곱(Feasible GLS, FGLS) 추정이 필요하다. 따라서 Σ의 일치추정량 $\hat{\Sigma} \xrightarrow{p} \Sigma$이 주어지면, FGLS 추정량과 점근공분산행렬은 각각 다음과 같이 계산된다:

$$b_{FGLS} = (X'\hat{\Sigma}^{-1}X)^{-1}X'\hat{\Sigma}^{-1}y,$$
$$\widehat{AVar[b_{FGLS}]} = (X'\hat{\Sigma}^{-1}X)^{-1}.$$

3.4.2 OLS와 GLS 비교

외생성조건 $E[\varepsilon_t|x_t] = 0$이 성립하면, OLS 추정량 b_{OLS}와 GLS 추정량 b_{GLS}은 모수 β에 대해 일치성을 가진다. 즉, 표본크기 T가 충분히 커지면 두 추정량 모두 확률적으로 β에 수렴한다. 그러나 b_{GLS}는 오차 구조에 관한 정보를 보다 효율적으로 활용하기 때문에, b_{OLS}보다 항상 효율적이다. 즉, 임의의 비영 벡터 v에 대해 $v'\left(AVar[b_{OLS}] - AVar[b_{GLS}]\right)v \geq 0$가 성립한다. 단, 등분산-비자기상관오차 구조 아래서는 b_{GLS}와 b_{OLS}의 점근공분산행렬이 일치하므로 효율성의 차이가 사라진다.

문제는 GLS 추정을 실행하기 위해서는 오차항의 공분산행렬 Σ를 정확히 알아야 한다

는 점이다. 많은 경우에 Σ의 정확한 형태를 알 수 없고, 그 결과 추정치 $\hat{\Sigma}$의 계산 과정에 있어 상당한 불확실성이 존재한다. 만약 $\hat{\Sigma}$가 매우 부정확하게 추정되면, b_{FGLS}의 점근효율성은 크게 떨어질 수 있다. 다시 말해, 이론적으로는 GLS 추정량이 최적이지만, 현실에서는 오차 구조에 대한 추정의 불확실성이 주요한 한계로 작용한다. 반면, OLS 추정은 오차 구조의 구체적인 형태를 가정할 필요가 없다는 점에서 강건한 추정량이다. 특히 White [1980]의 HC 표준오차나 Newey and West [1987]의 HAC 표준오차와 결합하면, 오차항이 이분산성을 가지거나 자기상관 구조를 보이는 경우에도 신뢰할 수 있는 추론이 가능하다.

정리하면, GLS는 이론적으로 OLS보다 우수한 추정량이지만, 실무에서는 FGLS 계산 과정에서 오차 구조의 추정 오차가 점근효율성을 크게 저해할 수 있다. 따라서 오차 구조가 분명히 알려져 있을 때는 GLS를 사용하는 것이 바람직하나, 오차 구조를 정확히 알 수 없는 일반적 상황에서는 HC 또는 HAC 표준오차를 적용한 OLS 추정이 보다 안정적인 선택으로 널리 활용된다.

3.5 가중최소제곱 추정법

이 절에서는 다음과 같은 횡단면회귀모형을 고려한다:

$$y_i = \beta_0 + \beta_1 x_{i,1} + \cdots + \beta_K x_{i,K} + \varepsilon_i = x_i'\beta + \varepsilon_i,$$

여기서 $x_i \in \mathbb{R}^{(K+1)\times 1}$, $\beta \in \mathbb{R}^{(K+1)\times 1}$이다. 오차항 ε_i는 서로 독립이며, 오차항 분산 $\sigma_i^2 = E[\varepsilon_i^2]$은 개체별로 서로 다른 이분산오차 구조를 따른다고 가정한다. 외생성조건 $E[\varepsilon_i|x_i] = 0$ 역시 성립한다고 가정한다.

3.5.1 이분산성 검정

White 검정 White [1980]은 이분산성을 검정하기 위해 다음과 같은 2단계 접근법을 제안하였다. 1단계에서는 y_i를 종속변수, x_i를 독립변수로 하는 회귀모형에 OLS를 적용하여 잔차 e_i를 계산한다. 2단계에서는 잔차 제곱 e_i^2를 종속변수로, x_i, x_i의 제곱항, x_i의 교차항을 독립변수로 하는 회귀모형에 OLS를 적용하여 결정계수 R^2를 계산한다. 귀무가설 $H_0: \sigma_1^2 = \cdots = \sigma_N^2$, 즉 "오차 구조는 등분산성을 따른다" 가 참인 경우, 검정통계량과 점근분포는 다음과 같다:

$$N \cdot R^2 \xrightarrow{d} \chi^2_{(P-1)},$$

여기서 N은 표본크기, P는 2단계 회귀모형에서 사용된 모든 독립변수(상수항 포함)의 개수이다. 만약 귀무가설이 기각되면, 이는 이분산오차 구조를 의미한다.

Breusch-Pagan 검정 개체 i의 오차항 분산 σ_i^2이 외생변수 $z_i \in \mathbb{R}^{P\times 1}$의 함수라 가정하며, 이를 다음과 같이 표현한다:

$$\sigma_i^2 = \sigma_\varepsilon^2 f(\alpha_0 + \alpha' z_i),$$

여기서 $f(\cdot)$는 일반적으로 지수함수나 선형함수의 형태를 가진다. 이때 귀무가설과 대립가설은

$$H_0 : \alpha = 0, \qquad H_1 : \alpha \neq 0$$

로 주어진다. 즉, 귀무가설 H_0는 등분산오차 구조, 대립가설 H_1는 이분산오차 구조를 나타낸다. 귀무가설 H_0 아래에서, Breusch and Pagan [1979]는 다음의 결과가 성립함을 보였다:

$$\frac{1}{2}\left[g'Z(Z'Z)^{-1}Z'g\right] \xrightarrow{d} \chi^2_{(P)},$$

여기서

$$g = \begin{bmatrix} g_1 \\ g_2 \\ \vdots \\ g_N \end{bmatrix} \in \mathbb{R}^{N\times 1}, \qquad g_i = \frac{e_i^2}{N^{-1}e'e} - 1, \qquad Z = \begin{bmatrix} 1 & z_1' \\ 1 & z_2' \\ \vdots & \vdots \\ 1 & z_N' \end{bmatrix} \in \mathbb{R}^{N\times(P+1)},$$

$e = [e_i]_{i=1}^N$, $e_i = y_i - x_i' b_{OLS}$이다. 주어진 유의수준보다 p-값이 작으면 귀무가설을 기각하고, 이분산오차 구조라고 판단한다.

3.5.2 가중최소제곱 추정법의 이해

이분산오차 구조를 갖는 횡단면회귀모형에서 $\varepsilon \in \mathbb{R}^{N\times 1}$의 공분산행렬 $\Sigma \in \mathbb{R}^{N\times N}$은 $E[\varepsilon\varepsilon'] = \text{diag}(\sigma_1^2, \sigma_2^2, \ldots, \sigma_N^2)$이며, Σ의 역행렬은 다음과 같이 표현된다:

$$\Sigma^{-1} = \text{diag}(\sigma_1^{-2}, \sigma_2^{-2}, \ldots, \sigma_N^{-2}) = \Sigma^{-1/2}\Sigma^{-1/2},$$

여기서 $\Sigma^{-1/2} = \text{diag}(\sigma_1^{-1}, \sigma_2^{-1}, \ldots, \sigma_N^{-1})$, σ_i^{-1}는 ε_i의 표준편차의 역수이다. 이때 GLS 추정량은

$$b_{GLS} = (X'\Sigma^{-1}X)^{-1}X'\Sigma^{-1}y = (X^{*\prime}X^*)^{-1}X^{*\prime}y^*$$

이며, 여기서 $X^* = \Sigma^{-1/2}X$, $y^* = \Sigma^{-1/2}y$ 이다. 즉, 원래의 y_i와 x_i를 ε_i의 표준편차 σ_i로 나누어 변환한 뒤, 변환된 y_i^*를 종속변수, 변환된 x_i^*를 독립변수로 하는 회귀모형에 대해 OLS

를 적용하면 b_{GLS}를 얻을 수 있다.

한편, 변환된 회귀모형 $y_i^* = x_i^{*\prime}\beta + \varepsilon_i^*$에 대한 OLS 추정은 다음의 목적함수를 최소화하는 b를 찾는 것을 의미한다:

$$\sum_{i=1}^{N}(y_i^* - x_i^{*\prime}b)^2 = \sum_{i=1}^{N}(\sigma_i^{-1}y_i - \sigma_i^{-1}x_i'b)^2 = \sum_{i=1}^{N}\frac{1}{\sigma_i^2}(y_i - x_i'b)^2 = \sum_{i=1}^{N}w_i e_i^2,$$

여기서 $w_i = \sigma_i^{-2}$는 개체 i에 부여되는 가중치이고, $e_i = y_i - x_i'b$는 OLS 잔차이다. 추정량의 계산은 분산이 작은(신뢰도가 높은) 관측치에 큰 가중치를 부여하고, 분산이 큰(신뢰도가 낮은) 관측치에는 작은 가중치를 부여하는 방식으로 진행된다. 이와 같이, 각 관측치에서로 다른 가중치를 적용하는 최소제곱 추정법을 가중최소제곱(Weighted Least Squares, WLS) 추정법이라 하며, 그 추정량은 b_{WLS}로 표기한다.

3.5.3 FWLS 추정

실제 분석에서는 오차항의 분산 σ_i^2을 알 수 없기 때문에, 일치추정량 $\hat{\sigma}_i^2 \xrightarrow{p} \sigma_i^2$을 사용하여 실현가능가중최소제곱(Feasible WLS, FWLS) 추정량을 구성해야 한다. 우선 $E[\varepsilon_i^2] = \sigma_i^2$로부터 오차항의 제곱은 $\varepsilon_i^2 = \sigma_i^2 + v_i$로 표현할 수 있으며, 여기서 v_i는 $E[v_i] = 0$을 만족한다고 가정한다. OLS 잔차 e_i는

$$e_i = y_i - x_i'b_{OLS} = (x_i'\beta + \varepsilon_i) - x_i'b_{OLS} = \varepsilon_i - x_i'(b_{OLS} - \beta)$$

로 표현되며, 외생성조건은 $b_{OLS} \xrightarrow{p} \beta$을 의미한다. 따라서 Slutsky 정리에 의해, $e_i \xrightarrow{p} \varepsilon_i$와 $e_i^2 \xrightarrow{p} \varepsilon_i^2$가 성립한다. 표본크기 N이 충분히 크면, 결과적으로 근사식 $e_i^2 \approx \sigma_i^2 + v_i$가 성립한다.

구체적으로 Harvey [1976]은 오차항의 분산 σ_i^2을 다음과 같이 지수함수 형태로 가정하였다:

$$\sigma_i^2 = \exp(z_i'\alpha),$$

여기서 z_i는 σ_i^2를 설명할 수 있는 외생변수벡터이며, 독립변수 x_i와 반드시 동일할 필요는 없다. 위 식을 $e_i^2 \approx \sigma_i^2 + v_i$에 대입하고 양변에 로그를 취하면, 다음의 선형 근사식을 얻는다:

$$\ln(e_i^2) \approx \ln\left(\exp(z_i'\alpha) + v_i\right) \approx z_i'\alpha + u_i,$$

여기서 u_i는 로그변환 과정에서 발생하는 새로운 오차항이다. 이는 $\ln(e_i^2)$가 z_i를 독립변수로 하는 회귀모형으로 근사될 수 있음을 보여준다.

실제 FWLS 추정은 다음의 2단계 절차를 통해 이루어진다. 1단계에서는 y_i를 종속변수, x_i를 독립변수로 하는 회귀모형으로부터 OLS 잔차 e_i를 구한다. 다음으로, $\ln(e_i^2)$을 종속변수, z_i를 독립변수로 하는 회귀모형으로부터 α의 OLS 추정치 a를 얻고, 이를 바탕으로 $\hat{\sigma}_i^{-2} = \exp(-z_i'a)$를 계산한다. 2단계에서는 각 개체의 관측치에 $\hat{\sigma}_i^{-1}$을 곱하여 변환된 자료 $y^* = \hat{\Sigma}^{-1/2}y$와 $X^* = \hat{\Sigma}^{-1/2}X$를 구성하며, 여기서 $\hat{\Sigma}^{-1/2} = \text{diag}(\hat{\sigma}_1^{-1}, \hat{\sigma}_2^{-1}, \dots, \hat{\sigma}_N^{-1})$이다. 변환된 y^*를 종속변수, 변환된 X^*를 독립변수로 하는 회귀모형에 OLS를 적용하면, FWLS 추정량과 그 점근공분산행렬의 추정량은 각각 다음과 같이 주어진다:

$$b_{FWLS} = (X^{*\prime}X^*)^{-1}X^{*\prime}y^*, \qquad \widehat{AVar[b_{FWLS}]} = (X^{*\prime}X^*)^{-1}.$$

3.6 R 실습

실습에 사용된 자료는 총 1,892개 한국 상장기업의 재무 정보와 시장가치에 관한 횡단면관측치로 구성되어 있다. 각 기업 i에 대해 다음의 선형회귀모형을 고려하자:

$$\ln(\text{MarketCap}_i) = \beta_0 + \beta_1\text{ROA}_i + \beta_2\text{Leverage}_i + \beta_3\text{KOSPI}_i + \varepsilon_i,$$

여기서 MarketCap_i은 기업 i의 시가총액(원), ROA_i는 총자산이익률(%), Leverage_i는 부채비율(총부채/총자산, %), KOSPI_i는 KOSPI 상장 여부를 나타내는 가변수(1: KOSPI 상장, 0: KOSDAQ 상장)이다.

```
> libraries <- c("car", "data.table", "lmtest", "sandwich", "skedastic")
> lapply(libraries, library, character.only = TRUE)
> dat <- fread("data2_1.csv", header = TRUE)
> fit <- lm(log(MarketCap) ~ ROA + Leverage + KOSPI, data = dat)
> e <- resid(fit)
> plot(cbind(dat$ROA, e), pch = 16, xlab = "ROA", ylab = "Residual")
```

그림 3.6.1은 OLS 잔차 e_i가 ROA에 따라 체계적으로 변화하는 패턴을 보여준다. 이는 모든 개체에서 오차항 분산이 동일하다는 등분산오차 구조가 성립하지 않을 가능성을 시사한다.

```
> white(fit, interactions = TRUE)
  statistic  p.value parameter method        alternative
1      140. 8.68e-26         9 White's Test greater
> Z <- cbind(1, dat$ROA, dat$Lverage, dat$KOSPI)
> breusch_pagan(fit, auxdesign = Z)
  statistic  p.value parameter method                  alternative
```

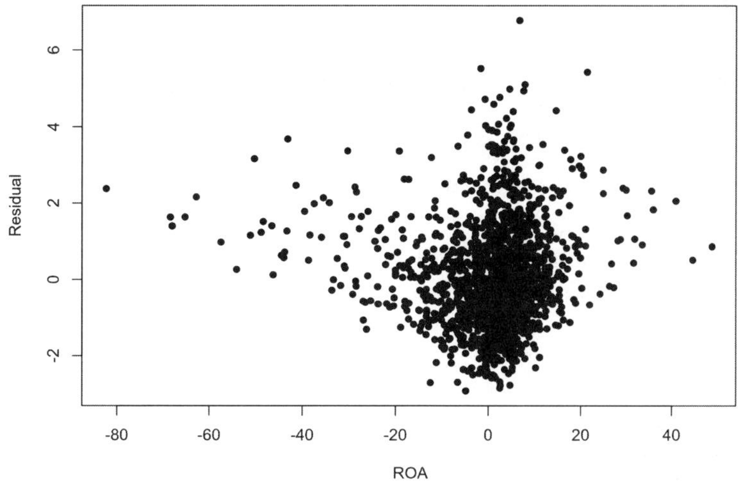

그림 3.6.1: ROA에 따른 잔차 산점도

```
1       129. 8.20e-29         2 Koenker (studentised) greater
```

White 검정 결과, 유의수준 5%에서 등분산성에 대한 귀무가설이 기각되었다. 이는 오차항 분산이 ROA, Leverage, KOSPI 등의 변수와 체계적으로 관련되어 있을 가능성을 의미한다. 마찬가지로, 오차항 분산이 ROA, Leverage, KOSPI의 함수로 표현될 수 있다고 가정하는 Breusch-Pagan 검정도 유의수준 5%에서 귀무가설을 기각하였다. 두 검정 모두 오차 구조에 이분산성이 존재함을 뒷받침한다.

```
> coeftest(fit, df = Inf, vcov. = vcovHC(fit, type = "HC0"))
z test of coefficients:
               Estimate  Std. Error  z value  Pr(>|z|)
(Intercept) 25.33113381  0.03145924 805.2048 < 2.2e-16 ***
ROA          0.02314232  0.00332354   6.9632 3.327e-12 ***
Leverage    -0.00024562  0.00022666  -1.0837    0.2785
KOSPI        1.23129164  0.07205692  17.0878 < 2.2e-16 ***
> linearHypothesis(fit, c("ROA = 0", "Leverage = 0", "KOSPI = 0"),
+                 test = "Chisq", vcov. = vcovHC(fit, type = "HC0"))
Linear hypothesis test:
ROA = 0
Leverage = 0
KOSPI = 0
Model 1: restricted model
Model 2: log(MarketCap) ~ ROA + Leverage + KOSPI
Note: Coefficient covariance matrix supplied.
  Res.Df Df  Chisq Pr(>Chisq)
1   1891
```

```
2   1888  3 379.81  < 2.2e-16 ***
```

OLS 추정량의 점근공분산행렬은 $\hat{S}_{HC}$를 이용하여 계산하였고, 유의수준 5%에서 귀무가설

$$H_0 : \beta_1 = \beta_2 = \beta_3 = 0$$

이 기각되었다. 즉, ROA, Leverage, KOSPI 변수는 집합적으로 시가총액의 결정에 유의한 영향을 미친다고 해석할 수 있다.

```
> fit1 <- lm(log(e^2) ~ ROA + Leverage + KOSPI, data = dat)
> w <- exp(-fitted(fit1))
> fit2 <- lm(log(MarketCap) ~ ROA + Leverage + KOSPI, weights = w,
+            data = dat)
> coeftest(fit2, df = Inf)
z test of coefficients:
              Estimate  Std. Error  z value Pr(>|z|)
(Intercept) 25.32089376  0.03294804 768.5098   <2e-16 ***
ROA          0.02896907  0.00268747  10.7793   <2e-16 ***
Leverage    -0.00035323  0.00037354  -0.9456   0.3443
KOSPI        1.25583450  0.07495996  16.7534   <2e-16 ***
```

이분산성으로 인한 비효율성을 보정하기 위해 Harvey [1976]의 방법론에 따라 WLS 추정을 수행하였다. 구체적으로 오차 분산은

$$\sigma_i^2 = \exp(\alpha_0 + \alpha_1 \text{ROA}_i + \alpha_2 \text{Leverage}_i + \alpha_3 \text{KOSPI}_i)$$

로 가정하였다. WLS 추정 결과는 OLS 결과와 수치상으로 매우 유사하였으나, 표준오차는 다소 감소하는 경향을 보였다. 이는 WLS가 각 관측치의 오차 분산을 명시적으로 보정하여 효율적인 추정을 가능하게 한다는 이론적 기대와 일치한다.

제4장 내생성

4.1 내생성편의

다음과 같은 횡단면회귀모형을 고려하자:

$$y_i = \beta_0 + \beta_1 x_{i,1} + \cdots + \beta_K x_{i,K} + \varepsilon_i = x_i'\beta + \varepsilon_i,$$

여기서 y_i는 개체 i의 종속변수, $x_i \in \mathbb{R}^{(K+1)\times 1}$는 독립변수벡터, $\beta \in \mathbb{R}^{(K+1)\times 1}$는 회귀계수 벡터, ε_i는 $E[\varepsilon_i] = 0$을 만족하는 오차항이다.

외생성조건 $E[\varepsilon_i|x_i] = 0$이 성립하면, 모든 $k = 1,\ldots,K$에 대해 $Cov[x_{i,k},\varepsilon_i] = E[x_{i,k}\varepsilon_i] = 0$이 되며, 이는 독립변수 $x_{i,k}$와 오차항 ε_i 사이에 선형적인 상관관계가 존재하지 않음을 의미한다. 이 경우, 제시된 회귀모형에서 독립변수 $x_{i,k}$가 종속변수 y_i에 영향을 미칠 수 있지만, y_i는 $x_{i,k}$에 영향을 미칠 수 없다. 즉, 인과성의 방향이 한 방향으로만 작용한다고 볼 수 있으며, 이에 따라 $x_{i,k}$는 외생변수(exogenous variable)라 불린다. 그러나 실제 분석에서는 외생성조건이 성립하지 않는 경우, 즉 $E[x_{i,k}\varepsilon_i] \neq 0$가 자주 발생한다. 이때 $x_{i,k}$는 y_i에 영향을 미칠 뿐 아니라, y_i 역시 ε_i를 매개로 $x_{i,k}$에 영향을 줄 수 있는 양 방향적 인과성이 존재할 수 있다. 이런 의미에서 $x_{i,k}$와 ε_i 사이에 상관관계가 존재하면, $x_{i,k}$는 내생변수(endogenous variable)로 간주된다.

외생성조건 아래에서 OLS 추정량 b_{OLS}는 일치성을 가진다. 즉, 표본의 크기가 충분히 크면 $b_{OLS} \xrightarrow{p} \beta$가 성립한다. 그러나 외생성조건이 위배되면, b_{OLS}는 일치성을 상실하여 모수 β로 확률수렴하지 않는다. 이와 같은 추정량의 왜곡을 내생성편의(endogeneity bias)라 부른다. 내생성편의가 존재할 경우, 회귀계수의 OLS 추정치는 한계효과를 올바르게 반영하지 못하며, 이는 통계적 추론에 심각한 왜곡을 초래한다. 따라서 내생성이 존재할 가능성이 있다면, OLS를 그대로 적용하는 것은 부적절하다.

4.2 생략변수편의

4.2.1 설명력이 있는 독립변수의 생략

참인 회귀모형이 다음과 같다고 하자:

$$y_i = \beta_0 + \beta_1 x_{i,1} + \beta_2 x^*_{i,2} + \varepsilon_i, \tag{4.2.1}$$

여기서 $x_{i,1}$과 $x^*_{i,2}$는 $E[x_{i,1}\varepsilon_i] = E[x^*_{i,2}\varepsilon_i] = 0$을 만족하는 외생변수이다. 만약 $x^*_{i,2}$가 관측되지 않거나 회귀모형에서 실수로 생략된다면, 실제 추정에 사용되는 회귀모형은 다음과 같다:

$$y_i = \beta_0 + \beta_1 x_{i,1} + u_i, \tag{4.2.2}$$

여기서 $u_i = \beta_2 x^*_{i,2} + \varepsilon_i$는 새롭게 정의된 오차항이다. 분석의 단순화를 위해 $E[x^*_{i,2}] = 0$이라고 가정하면, $E[u_i] = 0$이 성립한다.

식(4.2.2)에서 제시된 회귀모형에서 독립변수 $x_{i,1}$과 오차항 u_i 사이에는

$$E[x_{i,1}u_i] = E\left[x_{i,1}(\beta_2 x^*_{i,2} + \varepsilon_i)\right] = \beta_2 E[x_{i,1}x^*_{i,2}]$$

가 성립한다. 이때 다음 두 조건이 동시에 만족하면, $E[x_{i,1}u_i] \neq 0$가 되어 내생성이 발생하게 된다. 첫째, 포함된 독립변수 $x_{i,1}$과 생략된 독립변수 $x^*_{i,2}$ 사이에 선형적 상관관계가 존재한다. 즉, $E[x_{i,1}x^*_{i,2}] \neq 0$이다. 둘째, 생략된 변수 $x^*_{i,2}$가 종속변수 y_i에 대해 설명력을 가진다. 즉, $\beta_2 \neq 0$이다. 이 두 조건이 성립하는 경우, 식(4.2.1)의 회귀모형에서는 외생변수인 $x_{i,1}$이 식(4.2.2)의 회귀모형에서는 오차항 u_i에 흡수된 $x^*_{i,2}$와의 상관관계로 인해 내생변수로 작동한다. 이처럼 중요한 독립변수가 생략됨으로써 발생하는 내생성편의를 생략변수편의라고 부른다.

예시 4.1. 경영자 보상에 대한 회귀모형

$$\text{경영자 보상}_i = \beta_0 + \beta_1 \text{기업규모}_i + \varepsilon_i$$

을 고려하자. 유능한 경영자일수록 더 큰 기업에서 일할 가능성이 높고, 더 큰 보상을 받을 가능성도 높다. 즉 "경영자 능력"은 기업규모와 경영자 보상 모두에 영향을 미칠 수 있다. 하지만 경영자 능력은 관측되지 않기 때문에 회귀모형에 포함되지 않고, 그 효과는 오차항 ε_i에 흡수된다. 이에 따라 기업규모와 오차항 사이에 상관관계가 존재하며, 결과적으로

생략변수편의가 발생할 수 있다.

4.2.2 대리변수의 사용

종속변수에 영향을 미치는 중요한 독립변수가 관측 불가능하여 회귀모형에서 생략되는 상황에서는 생략변수편의가 발생하여 OLS 추정량이 일치성을 잃을 수 있다. 이러한 문제를 완화하기 위해 대리변수(proxy variable) 접근법을 사용한다.

대리변수는 관측 불가능한 독립변수의 정보를 일부 반영하는 변수로 정의된다. 생략된 독립변수 $x^*_{i,2}$를 관측 가능한 대리변수 $x_{i,2}$를 통해 근사할 수 있다고 가정하자. 이때 $x^*_{i,2}$와 $x_{i,2}$ 사이의 관계는 다음과 같이 표현할 수 있다:

$$x^*_{i,2} = \delta_0 + \delta_1 x_{i,2} + v_i,$$

여기서 v_i는 $E[v_i] = 0$을 만족하는 근사오차(approximation error)이다. 만약 $\delta_1 \neq 0$이면, $x_{i,2}$는 $x^*_{i,2}$의 유효한 대리변수로 간주한다. 예를 들어, 관측이 불가능한 경영자 능력을 설명하기 위해 관측 가능한 대학수학능력(수능)시험의 점수를 대리변수로 사용하는 경우,

$$\text{경영자 능력}_i = \delta_0 + \delta_1 \text{수능 점수}_i + v_i$$

에서 $\delta_1 \neq 0$임을 전제로 한다.

생략변수 $x^*_{i,2}$에 대한 대리변수 $x_{i,2}$를 이용하면, 식(4.2.1)의 참 회귀모형을 다음과 같이 재구성할 수 있다:

$$\begin{aligned} y_i &= \beta_0 + \beta_1 x_{i,1} + \beta_2(\delta_0 + \delta_1 x_{i,2} + v_i) + \varepsilon_i \\ &= (\beta_0 + \beta_2\delta_0) + \beta_1 x_{i,1} + \beta_2\delta_1 x_{i,2} + (\beta_2 v_i + \varepsilon_i) \\ &= \alpha_0 + \beta_1 x_{i,1} + \alpha_2 x_{i,2} + u_i, \end{aligned} \tag{4.2.3}$$

여기서 $\alpha_0 = \beta_0 + \beta_2\delta_0$, $\alpha_2 = \beta_2\delta_1$, $u_i = \beta_2 v_i + \varepsilon_i$이다. 이때 대리변수를 포함한 새로운 회귀모형에서 α_2는 식별되지만, β_2와 δ_1은 개별적으로 식별되지 않는다. 단, δ_1의 부호에 대한 사전 지식이 있다면, 추정된 α_2의 부호로부터 β_2의 방향성은 유추할 수 있다. 예컨대, 경영자 능력이 수능 점수와 양의 상관관계(즉 $\delta_1 > 0$)를 가질 가능성이 높다면, β_2의 부호는 α_2의 부호와 일치하게 된다.

식(4.2.3)에서 제시된 회귀모형의 OLS 추정량이 일치성을 갖기 위해서는, 다음의 외생

성조건이 성립해야 한다:

$$E[x_{i,1}u_i] = E\left[x_{i,1}(\beta_2 v_i + \varepsilon_i)\right] = \beta_2 E[x_{i,1}v_i] + E[x_{i,1}\varepsilon_i] = \beta_2 E[x_{i,1}v_i] = 0,$$
$$E[x_{i,2}u_i] = \beta_2 E[x_{i,2}v_i] + E[x_{i,2}\varepsilon_i] = 0.$$

조건 $E[x_{i,1}v_i] = E[x_{i,2}v_i] = 0$ 아래에서 생략변수 $x^*_{i,2}$의 조건부기댓값은 $E[x^*_{i,2}|x_{i,1}, x_{i,2}] = \delta_0 + \delta_1 x_{i,2}$가 된다. 즉, $x^*_{i,2}$의 조건부기댓값은 대리변수 $x_{i,2}$에만 의존하고 포함된 독립변수 $x_{i,1}$에는 의존하지 않는다. 이는 $x_{i,2}$가 $x^*_{i,2}$를 설명하는 데 충분한 정보를 제공해야 함을 의미한다. 한편, 조건 $E[x_{i,2}\varepsilon_i] = 0$은 대리변수 $x_{i,2}$가 오차항 ε_i와 무상관임을 의미한다. 그러나 ε_i는 생략변수 $x^*_{i,2}$가 포함된 식(4.2.1)의 참인 회귀모형에서 정의되며, $x^*_{i,2}$가 관측되지 않기 때문에 ε_i도 추정될 수 없다. 따라서 $E[x_{i,2}\varepsilon_i] = 0$의 성립 여부를 직접적으로 검증하기는 어렵다.

4.2.3 설명력이 없는 독립변수의 포함

이번에는 종속변수에 대해 아무런 설명력을 가지지 못하는 외생적 독립변수가 회귀모형에 포함되는 경우를 살펴보자. 이를 위해 다음과 같은 회귀모형을 고려하자:

$$y_i = \beta_0 + \beta_1 x_{i,1} + \beta_2 x_{i,2} + \varepsilon_i,$$

여기서 $x_{i,1}$와 $x_{i,2}$는 $E[x_{i,1}\varepsilon_i] = E[x_{i,2}\varepsilon_i] = 0$을 만족하는 외생변수이다. 이때 $\beta_2 = 0$이라 가정하면, $x_{i,2}$는 설명력이 전혀 없는 독립변수에 해당한다.

외생성조건이 성립하므로, OLS 추정량은 일치성을 유지한다. 그러나 설명력이 없는 변수 $x_{i,2}$를 회귀모형에 포함하면, OLS 추정량의 효율성이 저하된다. 수학적으로 보면, $x_{i,1}$로만 구성된 독립변수행렬 X의 열공간에 $x_{i,2}$가 추가되더라도 실질적인 정보 차원이 증가하지 않는다. 오히려, 기존의 열공간에 불필요한 잡음이 유입되면서 $x_{i,1}$의 회귀계수를 식별하는 데 오차가 커진다. 이에 따라 OLS 추정량의 점근공분산행렬이 증가하게 되며, OLS 추정량은 보다 큰 표준오차를 가지게 된다.

따라서 회귀모형을 구성할 때, 일반적으로 포괄적 모형에서 출발하여 단순화해 가는 전략, 즉 일반-단순 접근법(general-to-simple approach)이 널리 사용된다. 먼저 이론, 직관, 경험적 근거 등을 바탕으로 가능한 모든 독립변수를 포함한 포괄적 모형을 설정한다. 이후 통계적으로 유의하지 않은 변수를 차례로 제거하면서, 보다 간결하고 효율적인 모형으로 정제해 나간다. 일반-단순 접근법의 논리적 기반은 다음과 같다. 설명력이 있는 변수를 회귀모형에서 생략하면 생략변수편의가 발생하여 OLS 추정량이 더 이상 일치성을 유지하지 못하게 된다. 반면 설명력이 없는 변수를 포함했을 때는 추정량의 효율성이 떨어질 수는 있지만, 여전히 일치성은 유지된다. 두 오류의 결과를 비교해 보면, 전자의 경우에는 추정 자체가 왜곡되어 계수 해석이 잘못되며, 이는 실증 분석의 신뢰성을 심각하게 훼손할 수 있다. 반면 후자의 경우에는 다소 비효율적일 수는 있으나, 표본 수가 충분히 클 경우 의미 있는 추정을 제공할 수 있다.

4.3 측정오차

4.3.1 측정오차의 개념

측정오차(measurement error)는 종속변수 또는 독립변수를 관측하는 과정에서 오차가 섞여 관측치가 왜곡되는 현상을 의미한다. 이를 구체적으로 살펴보기 위해, 참인 종속변수 y_i^*와 참인 독립변수 $x_{i,1}^*$에 대한 다음의 회귀모형을 고려하자:

$$y_i^* = \beta_0 + \beta_1 x_{i,1}^* + \varepsilon_i, \tag{4.3.1}$$

여기서 $x_{i,1}^*$은 $E[x_{i,1}^*\varepsilon_i] = 0$을 만족하는 외생변수이다. 이제 y_i^*와 $x_{i,1}^*$을 정확히 관측할 수 없고, 대신 측정오차가 포함된 관측치 y_i와 $x_{i,1}$만 사용할 수 있는 경우를 고려하자. 이러한 상황을 수학적으로 표현하면 다음과 같다:

$$y_i = y_i^* + u_i, \; x_{i,1} = x_{i,1}^* + v_i,$$

여기서 u_i와 v_i는 각각 종속변수와 독립변수의 측정오차를 의미한다.

분석의 단순화를 위해, 다음의 조건들이 모두 성립한다고 가정한다:

$$E[u_i] = E[v_i] = 0, \qquad E[u_i\varepsilon_i] = E[v_i\varepsilon_i] = 0, \qquad E[y_i^* u_i] = E[x_{i,1}^* v_i] = 0.$$

이 조건들은 측정오차가 비체계적이며, 참값이나 오차항과 선형적으로 무상관임을 의미한다. 즉, 측정오차는 예측 불가능한 잡음으로 간주할 수 있으며, 특정한 방향이나 패턴 없이 우연히 발생하는 오류라는 가정에서 분석은 이루어진다.

측정오차는 대리변수와 유사한 수식 구조를 갖지만, 개념적으로는 명확히 구분된다. 대리변수는 관측이 불가능한 변수를 대신하여 사용하는 것으로, 예를 들어 경영자 능력을 직접 측정할 수 없기에 관측할 수 있는 수능 점수를 대리변수로 사용하는 경우가 이에 해당한다. 반면 측정오차는 해당 변수를 관측하긴 하지만 관측 과정에서 잡음이 섞여 실제 값이 왜곡되는 경우를 의미한다. 예를 들어, Altman Z-점수는 기업의 부도 확률을 추정하기 위한 지표이지만, 측정오차로 인해 실제 부도 확률을 정확히 반영하지 못한다.

4.3.2 종속변수의 측정오차

참인 종속변수 y_i^* 대신 부정확한 관측값 y_i를 사용하는 상황을 생각해 보자. 이 경우 $y_i^* = y_i - u_i$를 식(4.3.1)에 대입하면

$$y_i = \beta_0 + \beta_1 x_{i,1}^* + (u_i + \varepsilon_i) = \beta_0 + \beta_1 x_{i,1}^* + \eta_i$$

가 된다. 합성 오차항 $\eta_i = u_i + \varepsilon_i$와 독립변수 $x_{i,1}^*$ 사이에는 $E[x_{i,1}^* \eta_i] = E[x_{i,1}^* u_i] + E[x_{i,1}^* \varepsilon_i] = E[x_{i,1}^* u_i]$가 성립한다.

일반적으로 종속변수는 독립변수에 의해 설명되는 변수라는 특성상, 측정오차 u_i와 독립변수 $x_{i,1}^*$ 사이에는 상관관계가 존재하지 않다고 가정한다. 즉, 무상관 조건 $E[x_{i,1}^* u_i] = 0$이 성립한다고 간주하며, 이에 따라 측정오차가 종속변수에 존재하더라도 OLS 추정량은 여전히 일치성을 유지한다. 다만 종속변수의 측정오차로 인해

$$Var[\eta_i] = Var[u_i] + Var[\varepsilon_i] > Var[\varepsilon_i]$$

가 되며, 이는 오차항의 분산이 증가하여 OLS 추정량의 공분산행렬이 커지게 됨을 의미한다. 다시 말해, 종속변수의 측정오차는 추정량의 효율성을 감소시킨다.

4.3.3 독립변수의 측정오차

이번에는 참인 독립변수 $x_{i,1}^*$가 부정확하게 측정된 경우를 살펴보자. 측정오차 v_i를 포함한 관측값 $x_{i,1}$, 즉 $x_{i,1}^* = x_{i,1} - v_i$를 식(4.3.1)에 대입하면 다음의 회귀모형을 얻는다:

$$y_i^* = \beta_0 + \beta_1 x_{i,1} + (\varepsilon_i - \beta_1 v_i) = \beta_0 + \beta_1 x_{i,1} + \eta_i,$$

여기서 $\eta_i = \varepsilon_i - \beta_1 v_i$는 합성 오차항이다. 앞선 가정에 따라 다음의 결과가 성립한다:

$$E[x_{i,1}\varepsilon_i] = E[x_{i,1}^*\varepsilon_i] + E[v_i\varepsilon_i] = 0,$$
$$E[x_{i,1}v_i] = E\left[(x_{i,1}^* + v_i)v_i\right] = E[v_i^2] > 0.$$

따라서 $x_{i,1}$와 η_i 사이의 상관관계는

$$E[x_{i,1}\eta_i] = E[x_{i,1}\varepsilon_i] - \beta_1 E[x_{i,1}v_i] = -\beta_1 E[v_i^2] \neq 0$$

이며, 이는 독립변수의 측정오차로 인해 $x_{i,1}$이 내생변수가 됨을 의미한다. 따라서 OLS 추정량은 일치성을 상실한다.

종속변수의 측정오차와 달리, 독립변수의 측정오차는 OLS 추정량의 일치성을 훼손하는 심각한 문제를 초래한다. 구체적으로 살펴보면, OLS 추정량은 다음과 같이 확률수렴한다:

$$b_{OLS,1} \xrightarrow{p} \beta_1 \cdot \left(\frac{Q^*}{Q^* + E[v_i^2]} \right),$$

여기서 $Q^* = Var[x_{i,1}^*]$이다. 괄호 안의 비율은 항상 1보다 작으므로, $b_{OLS,1}$은 β_1과 같은 부호를 유지하지만 절댓값 기준으로 항상 β_1보다 작아진다. 즉, $x_{i,1}$의 한계효과가 과소추정되는 감쇄편의(attenuation bias)가 발생한다.

일반적 형태의 회귀모형 $y_i = \beta_0 + \beta_1 x_{i,1} + \cdots + \beta_K x_{i,K} + \varepsilon_i$에서는 감쇄편의의 양상이 매우 복잡하다. 독립변수 중 하나, 예컨대 $x_{i,1}$에만 측정오차가 존재한다고 하자. 만약 $x_{i,1}$이 다른 독립변수들과 상관되어 있다면, 다른 계수 추정치들 역시 일치성을 상실할 수 있다. 즉, 독립변수 $x_{i,1}$의 측정오차는 해당 변수의 계수 추정치뿐 아니라, 공선성을 통해 다른 변수의 계수 추정치에도 영향을 미친다. 결과적으로 측정오차가 만들어내는 편의의 크기와 방향이 독립변수들 간의 상관 구조에 따라 달라지므로, 그 효과를 일반화하기 어렵다.

4.4 동시성편의

구조적으로 종속변수와 독립변수 사이에 양 방향적 인과성이 존재하는 경우, 외생성조건은 위배되고 OLS 추정량은 일치성을 잃는다. 이와 같은 문제를 동시성편의(simultaneity bias)라고 부른다. 예를 들어, 다음과 같은 연립방정식 체계의 회귀모형을 고려하자:

$$y_{i,1} = \alpha_0 + \alpha_1 y_{i,2} + \alpha_2 x_{i,1} + u_i, \tag{4.4.1}$$

$$y_{i,2} = \beta_0 + \beta_1 y_{i,1} + \beta_2 x_{i,2} + v_i, \tag{4.4.2}$$

여기서 $x_{i,1}$과 $x_{i,2}$는 $E[x_{i,1}u_i] = E[x_{i,2}v_i] = E[x_{i,1}v_i] = E[x_{i,2}u_i] = 0$을 만족하는 외생변수이며, $E[u_i] = E[v_i] = E[u_i v_i] = 0$이다.

식(4.4.1)과 식(4.4.2)에서 제시된 구조형(structural form) 회귀모형은 다음과 같은 축약형(reduced form) 회귀모형으로 표현할 수 있다:

$$\begin{aligned} y_{i,1} &= \alpha_0^* + \frac{\alpha_2}{1-\alpha_1\beta_1}x_{i,1} + \frac{\alpha_1\beta_2}{1-\alpha_1\beta_1}x_{i,2} + \frac{u_i + \alpha_1 v_i}{1-\alpha_1\beta_1}, \\ y_{i,2} &= \beta_0^* + \frac{\alpha_2\beta_1}{1-\alpha_1\beta_1}x_{i,1} + \frac{\beta_2}{1-\alpha_1\beta_1}x_{i,2} + \frac{\beta_1 u_i + v_i}{1-\alpha_1\beta_1}. \end{aligned}$$

이때 축약형 회귀모형의 오차항은 구조형 회귀모형의 오차항 u_i와 v_i가 결합한 형태로 구성된다. 한편, 축약형 표현으로부터 다음이 성립한다:

$$E[y_{i,1}v_i] = E\left[\left(\frac{u_i + \alpha_1 v_i}{1-\alpha_1\beta_1}\right)v_i\right] = \frac{\alpha_1 E[v_i^2]}{1-\alpha_1\beta_1} \neq 0,$$
$$E[y_{i,2}u_i] = E\left[\left(\frac{\beta_1 u_i + v_i}{1-\alpha_1\beta_1}\right)u_i\right] = \frac{\beta_1 E[u_i^2]}{1-\alpha_1\beta_1} \neq 0.$$

이는 $y_{i,1}$은 v_i를 통해 $y_{i,2}$의 영향을 받고, $y_{i,2}$는 u_i를 통해 $y_{i,1}$의 영향을 받는 구조임을 뜻한다. 즉, 두 변수 $y_{i,1}$과 $y_{i,2}$는 서로의 오차항을 매개로 상호 영향을 주고받는 동시적 인과성을 가진다.

이러한 상황에서 구조형 회귀모형을 각각 추정해서 얻은 OLS 추정량은 일치성을 상실한다. 예를 들어, 식(4.4.1)을 OLS로 추정하면, 독립변수로 사용된 $y_{i,2}$가 오차항 u_i와 상관되어 있기 때문에 내생성편의가 발생한다. 유사하게 식(4.4.2)를 추정할 때도 $y_{i,1}$과 v_i가 상관되어 있어 내생성편의가 발생한다.

예시 4.2. 기관투자자는 정보분석 능력이 뛰어나고 거래비용이 낮기 때문에, 기관투자자의 지분율은 개별 주식의 가격효율성(pricing efficiency)에 긍정적인 영향을 미칠 것으로 예상할 수 있다. 이를 검증하기 위해 회귀모형

$$\text{가격효율성 지표}_i = \beta_0 + \beta_1 \text{기관투자자 지분율}_i + \varepsilon_i$$

을 고려하자. 이때 주의할 점은 역인과성(reverse causality)의 가능성이다. 만약 기관투자자가 가격이 효율적으로 결정되는 주식을 선호한다면, 이러한 선택이 기관투자자의 지분율에 영향을 미칠 수 있다. 이처럼 가격효율성이 기관투자자 지분율에 영향을 주는 인과성이 존재한다면, 동시성편의가 발생하여 OLS 추정량은 일치성을 잃게 된다.

4.5 도구변수 접근법

4.5.1 모형의 구성

개체 i에 대한 횡단면회귀모형 $y_i = x_i'\beta + \varepsilon_i$을 고려하자. 여기서 독립변수벡터 $x_i \in \mathbb{R}^{(K+1)\times 1}$는 두 개의 부분벡터로 나눌 수 있다. 첫 번째 부분벡터는 외생변수(상수항 포함)로만 구성된 $x_{i,1} \in \mathbb{R}^{K_1\times 1}$이고, 두 번째 부분벡터는 내생변수로만 구성된 $x_{i,2} \in \mathbb{R}^{K_2\times 1}$이다. 이에 따라

$$E[x_{i,1}\varepsilon_i] = 0_{K_1\times 1}, \qquad E[x_{i,2}\varepsilon_i] \neq 0_{K_2\times 1}, \qquad K_1 + K_2 = K+1$$

가 성립한다. 내생변수가 존재하면 OLS 추정량은 일치성을 상실하게 되며, 이를 해결하기 위해 도구변수(Instrumental Variable, IV)를 사용하는 접근법이 필요하다.

도구변수벡터 $z_i \in \mathbb{R}^{L\times 1}$는 두 가지 조건을 만족해야 한다. 첫째, z_i에 포함된 모든 변수는 오차항 ε_i와 무상관이다. 즉, $E[z_i\varepsilon_i] = 0_{L\times 1}$이 성립한다. 둘째, 식별성을 보장하기 위해 도구변수의 개수 L은 독립변수의 개수 $K+1$보다 크거나 같다. 즉, $L \geq K+1$을 만족한다.

일반적으로 도구변수벡터 z_i는 내부 외생변수벡터 $x_{i,1}$과 내생변수벡터 $x_{i,2}$에 대한 외부 도구변수벡터 $z_{i,2} \in \mathbb{R}^{(L-K_1)\times 1}$를 결합하여

$$z_i = \begin{bmatrix} x_{i,1} \\ z_{i,2} \end{bmatrix}$$

로 구성한다. 외생변수 $x_{i,1}$은 이미 오차항과 무상관이므로, 도구변수의 일부로 사용할 수 있다. 내생변수 $x_{i,2}$에 대해서는 외생성조건 $E[z_{i,2}\varepsilon_i] = 0_{(L-K_1)\times 1}$을 만족하는 적절한 도구변수 $z_{i,2}$를 찾아야 한다.

모든 $i = 1,\ldots,N$에 대해 독립변수의 행 벡터 x_i'와 도구변수의 행 벡터 z_i'를 행 단위로 쌓아, 독립변수행렬 $X \in \mathbb{R}^{N\times(K+1)}$와 도구변수행렬 $Z \in \mathbb{R}^{N\times L}$를 정의하면 다음과 같다:

$$X = \begin{bmatrix} X_1 & X_2 \end{bmatrix}, \qquad Z = \begin{bmatrix} X_1 & Z_2 \end{bmatrix},$$

여기서 $X_1 \in \mathbb{R}^{N\times K_1}$은 외생변수로만 구성된 행렬, $X_2 \in \mathbb{R}^{N\times K_2}$은 내생변수로만 구성된 행렬, $Z_2 \in \mathbb{R}^{N\times(L-K_1)}$는 내생변수에 대한 도구변수로 구성된 행렬이다.

4.5.2 도구변수 추정법

도구변수의 개수 L이 독립변수(상수항 포함)의 개수 $K+1$과 같다고 가정하자. 이 경우를 정확식별(exact identification)된 상황이라고 부르며, 도구변수의 외생성조건 $E[z_i\varepsilon_i] = 0_{(K+1)\times 1}$은

$$E\left[z_i(y_i - x_i'\beta)\right] = E[z_iy_i] - E[z_ix_i']\beta = 0_{(K+1)\times 1}$$

을 의미한다. 기댓값 $E[\cdot]$을 표본평균 $E_N[\cdot]$으로 대체하면, 다음과 같은 표본적률(sample moment)을 얻는다:

$$E_N[z_iy_i] - E_N[z_ix_i']b = 0_{(K+1)\times 1},$$

여기서

$$E_N[z_iy_i] = \frac{Z'y}{N}, \qquad E_N[z_ix_i'] = \frac{Z'X}{N}.$$

이러한 과정은 일반화적률법(GMM)에 기반하며, GMM에 관한 자세한 논의는 제5장에서 이루어진다.

표본적률은 $K+1$개의 방정식으로 구성되어 있으며, 이 조건을 만족하는 고유한 해 $b \in \mathbb{R}^{(K+1)\times 1}$를 β의 도구변수 추정량 b_{IV}라고 한다. 구체적으로 IV 추정량은

$$b_{IV} = E_N[z_i x_i']^{-1} E_N[z_i y_i] = \left(\frac{Z'X}{N}\right)^{-1} \left(\frac{Z'y}{N}\right) = (Z'X)^{-1} Z'y \tag{4.5.1}$$

로 유도된다. 단, b_{IV}가 존재하기 위해서는 행렬 $Z'X \in \mathbb{R}^{(K+1)\times(K+1)}$은 가역적이어야 한다.

횡단면회귀모형의 오차항 ε_i는 자기상관이 존재하지 않으므로, 제3장의 내용을 바탕으로 IV 추정량의 점근분포는 다음과 같이 유도된다:

$$\sqrt{N}(b_{IV} - \beta) \xrightarrow{d} N\left(0, (\Sigma_{zx}' S^{-1} \Sigma_{zx})^{-1}\right),$$

여기서 $\Sigma_{zx} = E[z_i x_i']$, $S = E[\varepsilon_i^2 z_i z_i']$이다. 일치추정량 $S_{zx} = (1/N)Z'X \xrightarrow{p} \Sigma_{zx}$와 $\hat{S} \xrightarrow{p} S$를 이용하면, b_{IV}의 점근공분산행렬의 일치추정량은

$$\widehat{AVar[b_{IV}]} = \frac{1}{N}\left(\left(\frac{Z'X}{N}\right)' \hat{S}^{-1} \left(\frac{Z'X}{N}\right)\right)^{-1} \tag{4.5.2}$$

가 된다.

만약 오차항의 등분산성을 가정하면, $\hat{S}$는

$$\hat{S}_{CL} = \hat{\sigma}_\varepsilon^2 \left(\frac{Z'Z}{N}\right)$$

로 계산되며, 여기서 $\hat{\sigma}_\varepsilon^2 = N^{-1}e'e$, $e = y - Xb_{IV}$이다. $\hat{S}_{CL}$을 식(4.5.2)에 대입하면 점근공분산행렬의 일치추정량은 다음과 같이 정리된다:

$$\begin{aligned}\widehat{AVar[b_{IV}]} &= \frac{1}{N}\left(\left(\frac{Z'X}{N}\right)' \left(\hat{\sigma}_\varepsilon^2 \left(\frac{Z'Z}{N}\right)\right)^{-1} \left(\frac{Z'X}{N}\right)\right)^{-1} \\ &= \hat{\sigma}_\varepsilon^2 \left((Z'X)'(Z'Z)^{-1}(Z'X)\right)^{-1} \\ &= \hat{\sigma}_\varepsilon^2 (Z'X)^{-1}(Z'Z)(X'Z)^{-1}.\end{aligned}$$

반면, 오차항의 이분산성을 가정하는 경우에는 다음과 같이 정의된 $\hat{S}_{HC}$를 사용한다:

$$\hat{S}_{HC} = \frac{1}{N}\sum_{i=1}^{N} e_i^2 z_i z_i',$$

여기서 $e_i = y_i - x_i' b_{IV}$이다. 실제 분석에서는 등분산성이 성립하지 않을 가능성이 높기 때문에, 오차항의 이분산성을 허용한 $\hat{S}_{HC}$ 기반 점근공분산행렬을 사용하는 것이 일반적이다.

4.5.3 2단계 최소제곱 추정법

이번에는 L이 $K+1$보다 크거나 같은 일반적인 경우를 고려하자. 특히 $L > K+1$인 경우에는, $Z'X \in \mathbb{R}^{L\times(K+1)}$는 정방행렬이 아니므로 역행렬이 존재하지 않는다. 따라서 식(4.5.1)에서 제시된 IV 추정량 b_{IV}를 계산할 수 없다. 이처럼 과잉식별(overidentification) 상황에서는 2단계 최소제곱(Two-Stage Least Squares, 2SLS) 추정법을 사용해야 한다.

먼저 각 독립변수 $x_{i,k}$(상수항 포함)에 대해 다음과 같은 회귀모형을 고려하자:

$$x_{i,k} = z_i' \gamma_k + v_{i,k}, \tag{4.5.3}$$

여기서 $z_i \in \mathbb{R}^{L\times 1}$는 도구변수벡터, $\gamma_k \in \mathbb{R}^{L\times 1}$은 회귀계수벡터이며, 오차항 $v_{i,k}$는 $E[z_i v_{i,k}] = 0_{L\times 1}$을 만족한다. 위 식을 모든 $i = 1, \ldots, N$에 대해 적층하여 다음과 같은 행렬 형태로 정리한다:

$$x_k = Z\gamma_k + v_k,$$

여기서 $x_k = [x_{i,k}]_{i=1}^N \in \mathbb{R}^{N\times 1}$, $Z = [z_i']_{i=1}^N \in \mathbb{R}^{N\times L}$, $v_k \in \mathbb{R}^{N\times 1}$이다. 이때 γ_k의 OLS 추정량은

$$\hat{\gamma}_k = (Z'Z)^{-1} Z' x_k$$

가 된다.

모든 $k = 0, 1, \ldots, K$에 대한 OLS 추정량 $\hat{\gamma}_k$를 열 단위로 쌓아 행렬 $\Gamma \in \mathbb{R}^{L\times(K+1)}$를

$$\Gamma = \begin{bmatrix} \hat{\gamma}_0 & \hat{\gamma}_1 & \cdots & \hat{\gamma}_K \end{bmatrix} = (Z'Z)^{-1} Z'X$$

로 정의하자. 도구변수의 외생성조건 $E[z_i \varepsilon_i] = 0_{L\times 1}$은

$$E[\Gamma' z_i \varepsilon_i] = E\left[\Gamma' z_i (y_i - x_i'\beta)\right] = E[\Gamma' z_i y_i] - E[\Gamma' z_i x_i']\beta = 0_{(K+1)\times 1}$$

을 의미하며, 이를 표본 기반으로 표현하면 표본적률조건

$$E_N[\Gamma' z_i y_i] - E_N[\Gamma' z_i x_i'] b = \frac{\Gamma'(Z'y)}{N} - \left(\frac{\Gamma'(Z'X)}{N}\right) b = 0_{(K+1)\times 1}$$

을 얻는다. 이때 $\Gamma'(Z'X) \in \mathbb{R}^{(K+1)\times(K+1)}$은 정방행렬이므로 역행렬이 존재할 수 있다. 따라

서, 2SLS 추정량은

$$b_{2SLS} = \left(\frac{\Gamma'(Z'X)}{N}\right)^{-1}\left(\frac{\Gamma'(Z'y)}{N}\right) = \left((Z\Gamma)'X\right)^{-1}(Z\Gamma)'y \tag{4.5.4}$$

로 주어진다.

만약 $L = K+1$인 경우, $\Gamma \in \mathbb{R}^{(K+1)\times(K+1)}$는 정방행렬이 되어 역행렬 Γ^{-1}이 존재할 수 있다. 이때 식(4.5.4)를 정리하면

$$b_{2SLS} = (Z'X)^{-1}\Gamma'^{-1}\Gamma'Z'y = (Z'X)^{-1}Z'y$$

가 되며, 이는 앞서 정의한 IV 추정량 b_{IV}와 정확히 일치한다. 따라서 IV 추정량은 2SLS 추정량의 특수한 경우로 해석된다.

한편, 2SLS 추정량 b_{2SLS}의 점근분포는 다음과 같이 유도된다:

$$\sqrt{N}(b_{2SLS} - \beta) \xrightarrow{d} N\left(0, (\Sigma_{zx}'\Sigma_{zz}^{-1}\Sigma_{zx})^{-1}(\Sigma_{zx}'\Sigma_{zz}^{-1}S\Sigma_{zz}^{-1}\Sigma_{zx})(\Sigma_{zx}'\Sigma_{zz}^{-1}\Sigma_{zx})^{-1}\right),$$

여기서

$$\Sigma_{zx} = E[z_i x_i'] \in \mathbb{R}^{L\times(K+1)}, \qquad \Sigma_{zz} = E[z_i z_i'] \in \mathbb{R}^{L\times L}, \qquad S = E[\varepsilon_i^2 z_i z_i'] \in \mathbb{R}^{L\times L}.$$

일치추정량

$$S_{zx} = \frac{Z'X}{N} \xrightarrow{p} \Sigma_{zx}, \qquad S_{zz} = \frac{Z'Z}{N} \xrightarrow{p} \Sigma_{zz}, \qquad \hat{S} \xrightarrow{p} S$$

을 이용하면, b_{2SLS}의 점근공분산행렬의 일치추정량은 다음과 같이 주어진다:

$$\widehat{AVar[b_{2SLS}]} = N(X'P_ZX)^{-1}(X'P_ZZ^{-1\prime}\hat{S}Z^{-1}P_ZX)(X'P_ZX)^{-1}, \tag{4.5.5}$$

여기서 $P_Z = Z(Z'Z)^{-1}Z'$는 도구변수행렬 Z를 바탕으로 정의된 투영행렬로, 대칭성($P_Z' = P_Z$)과 멱등성($P_ZP_Z = P_Z$)을 만족한다.

오차항의 등분산성이 성립한다고 가정하면, $\hat{S}$는

$$\hat{S}_{CL} = \hat{\sigma}_\varepsilon^2\left(\frac{Z'Z}{N}\right)$$

가 되며, 여기서 $\hat{\sigma}_\varepsilon^2 = N^{-1}e'e$, $e = y - Xb_{2SLS}$이다. $\hat{S}_{CL}$을 식(4.5.5)에 대입하면 점근공분산

행렬의 일치추정량은 다음과 같이 정리된다:

$$\begin{aligned}\widehat{AVar[b_{2SLS}]} &= \hat{\sigma}_\varepsilon^2 (X'P_ZX)^{-1} \left(X'P_ZZ^{-1\prime}(Z'Z)Z^{-1}P_ZX\right)(X'P_ZX)^{-1} \\ &= \hat{\sigma}_\varepsilon^2 (X'P_ZX)^{-1}(X'P_ZP_ZX)(X'P_ZX)^{-1} \\ &= \hat{\sigma}_\varepsilon^2 (X'P_ZX)^{-1}.\end{aligned}$$

한편, 이분산오차 구조를 가정하면 다음과 같은 $\hat{S}_{HC}$를 이용하여 점근공분산행렬의 일치추정량을 계산한다:

$$\hat{S}_{HC} = \frac{1}{N}\sum_{i=1}^{N} e_i^2 z_i z_i',$$

여기서 $e_i = y_i - x_i' b_{2SLS}$이다.

4.5.4 2SLS 추정의 이해

앞서 정의한 $P_Z = Z(Z'Z)^{-1}Z'$와 $\Gamma = (Z'Z)^{-1}Z'X$로부터 다음의 결과가 성립한다:

$$P_ZX = Z(Z'Z)^{-1}Z'X = Z\Gamma = \begin{bmatrix} Z\hat{\gamma}_0 & Z\hat{\gamma}_1 & \cdots & Z\hat{\gamma}_K \end{bmatrix},$$

여기서 $Z\hat{\gamma}_k$는 식(4.5.3)의 회귀모형에서 얻은 OLS 적합값 $\hat{x}_{i,k} = z_i'\hat{\gamma}_k$으로 구성된 N차원 열벡터 $[\hat{x}_{i,k}]_{i=1}^N$에 해당한다. 즉, P_ZX는 독립변수의 적합값들로 구성된 행렬이며, 이를 간단히 $P_ZX = \hat{X}$로 표기한다. 도구변수행렬 Z에는 외생변수행렬 X_1이 포함되어 있다. 따라서 X_1의 각 열을 Z의 열공간에 직교투영하면, 적합값 P_ZX_1은 본래의 X_1과 정확히 일치한다. 반면, 내생변수행렬 X_2의 각 열에 대해서는 도구변수를 이용해 얻은 적합값을 $P_ZX_2 = \hat{X}_2$로 나타낸다. 따라서 행렬 $\hat{X}$는

$$\hat{X} = \begin{bmatrix} P_ZX_1 & P_ZX_2 \end{bmatrix} = \begin{bmatrix} X_1 & \hat{X}_2 \end{bmatrix}$$

와 같은 형태를 가진다.

$Z\Gamma = P_ZX = \hat{X}$를 이용하면 식(4.5.4)에서 제시된 b_{2SLS}는

$$b_{2SLS} = \left((P_ZX)'X\right)^{-1}(P_ZX)'y = \left((P_ZX)'(P_ZX)\right)^{-1}(P_ZX)'y = (\hat{X}'\hat{X})^{-1}\hat{X}'y$$

로 정리된다. 즉, 2SLS 추정량은 y를 종속변수, $\hat{X}$을 독립변수로 하는 회귀모형에 OLS를 적용하여 얻은 회귀계수 추정량에 해당한다. 따라서 실제 분석에서 2SLS 추정량은 다음의 두 단계를 통해 계산된다. 1단계에서는 각 $k = 0, 1 \ldots, K$에 대해 $x_{i,k}$를 종속변수, z_i를

독립변수로 하는 회귀모형에서 적합값 $\hat{x}_{i,k}$를 구하고, 이를 바탕으로 행렬 $\hat{X}$을 구성한다. 2단계에서는 y_i를 종속변수, $\hat{X}$의 i번째 행 $[\hat{X}]_{(i)}$를 독립변수로 하는 회귀모형에 OLS를 적용하여 b_{2SLS}를 구한다. 요약하면, 2SLS는 내생변수 $x_{i,2}$를 도구변수 z_i에 회귀하여 적합값 $\hat{x}_{i,2}$을 얻은 후, 외생변수 $x_{i,1}$와 적합값 $\hat{x}_{i,2}$를 독립변수로 삼아 종속변수 y_i에 대해 회귀를 수행하는 2단계 절차이다.

4.5.5 도구변수의 유효성

도구변수벡터 z_i가 유효하기 위해서는 다음의 두 가지 조건을 모두 충족해야 한다. 첫째, 관련성조건(relevance condition)이다. 이는 z_i가 외생변수 $x_{i,1}$의 영향을 통제한 이후에도 내생변수 $x_{i,2}$와 상관되어 있어야 함을 의미한다. 이 조건의 성립 여부를 검증하기 위해 다음의 회귀모형을 고려한다:

$$x_{i,2,k} = x'_{i,1}\gamma_1 + z'_{i,2}\gamma_2 + v_i,$$

여기서 $x_{i,2,k}$는 내생변수벡터 $x_{i,2}$의 k번째 성분을 의미한다. 만약 $H_0 : \gamma_2 = 0_{(L-K_1)\times 1}$이 기각된다면 $z_{i,2}$가 $x_{i,2,k}$에 대해 통계적으로 유의한 설명력을 가지므로, 관련성조건이 충족한다고 판단한다.

둘째, 배제성조건(exclusion condition)이다. 이는 도구변수 z_i와 오차항 ε_i 사이에 상관관계가 존재하지 않아야 함을 의미하며, 따라서 $E[z_i\varepsilon_i] = 0_{L\times 1}$가 성립해야 한다. 다시 말해, 도구변수는 내생변수의 변동을 설명하는 역할만 수행해야 하며, 종속변수에 직접적인 영향을 미쳐서는 안 된다. 그러나 ε_i가 관측되지 않기 때문에, OLS 접근법으로는 이 조건의 성립 여부를 직접적으로 검정할 수 없다. 도구변수에 대한 외생성의 성립 여부는 GMM 기반의 J 검정을 통해 평가할 수 있으며, 이에 대한 구체적인 논의는 제5장에서 다루어진다. 또한 배제성조건은 이론의 정합성, 변수 간 인과관계에 대한 사전적 지식, 연구 설계의 논리적 타당성 등에 근거해 판단할 수도 있다.

예시 4.3. 다음과 같은 시계열회귀모형을 고려하자:

$$y_t = x'_{t,1}\beta_1 + x'_{t,2}\beta_2 + \varepsilon_t,$$

여기서 $x_{t,1}$은 외생변수이며, $x_{t,2}$는 내생변수이다. 이 경우 $x_{t,2}$의 과거 값, 즉 $x_{t-1,2}, x_{t-2,2}, \ldots$가 도구변수로서 자주 사용된다. 시계열자료의 특성인 자기상관에 따라, 내생변수의 과거 값은 자신의 현재 값을 설명하는 데 유효한 경향이 있다. 따라서 관련성조건은 쉽게 충족될 수 있다. 그러나 문제는 배제성조건의 충족 여부다. 이를 위해서는 도구변수로 사용되는 과거 값 $x_{t-k,2}$가 현재 오차항 ε_t와 상관되지 않아야 한다. 만약 오차항이 시점 간에 누적되는 구조를 가진다면, 내생변수의 과거 값이 현재의 오차항과 정보를 공유할 가능성이 있다. 이때에는 배제성조건이 위배되어, 도구변수의 유효성이 손상된다.

4.6 R 실습

한국 상장기업의 배당 성향이 기업가치에 어떤 영향을 미치는지를 분석하기 위해, 다음과 같은 회귀모형을 고려하자:

$$\text{TOBINQ}_i = \beta_0 + \beta_1 \text{PAYOUT}_i + \beta_2 \text{ROA}_i + \beta_3 \text{LEV}_i + \varepsilon_i,$$

여기서 TOBINQ는 기업가치의 대리변수인 Tobin's Q, PAYOUT는 배당 성향(배당/순이익), ROA는 총자산이익률, LEV는 부채비율(총부채/총자산)이다.

```
> libraries <- c("data.table", "ivreg", "lmtest", "sandwich")
> lapply(libraries, library, character.only = TRUE)
> dat <- fread("data4_1.csv", header = TRUE)
> head(dat)
    Symbol      TOBINQ PAYOUT PAYOUT1    ROA    LEV
    <char>       <num>  <num>   <num>  <num>  <num>
1: A000020 0.02438241 0.8968  0.1818 0.0228 0.5426
2: A000100 2.34897806 0.5302  0.2360 0.0191 0.3680
3: A000240 0.16905358 0.2701  0.3541 0.0856 0.1535
4: A000270 0.06858614 0.2618  0.2500 0.1461 0.6611
5: A000590 0.10335722 0.0166  0.0325 0.0560 0.0930
6: A000700 0.15862710 0.5536  0.8397 0.0369 0.1629
> fit  <- lm(TOBINQ ~ PAYOUT + ROA + LEV, data = dat)
> coeftest(fit, df = Inf)
z test of coefficients:
          Estimate Std. Error z value  Pr(>|z|)
(Intercept) -0.14935    0.12189 -1.2252 0.2204844
PAYOUT       1.11520    0.23938  4.6586 3.183e-06 ***
ROA         10.70346    0.71311 15.0096 < 2.2e-16 ***
LEV         -0.70811    0.18810 -3.7646 0.0001668 ***
> coeftest(fit, df = Inf, vcov. = vcovHC(fit, type = "HC0"))
z test of coefficients:
            Estimate Std. Error z value  Pr(>|z|)
(Intercept) -0.14935    0.21624 -0.6907  0.489779
PAYOUT       1.11520    0.35080  3.1790  0.001478 **
ROA         10.70346    2.14859  4.9816 6.305e-07 ***
LEV         -0.70811    0.15415 -4.5937 4.354e-06 ***
```

OLS 추정을 수행한 결과, PAYOUT의 회귀계수는 오차항의 등분산성 가정과 이분산성

가정 모두에서 양의 값을 가지며 통계적으로 유의하게 나타났다. 이는 배당 성향이 높을수록 기업가치가 상승하는 경향이 있음을 보여준다.

```
> fit <- ivreg(TOBINQ ~ PAYOUT + ROA + LEV | ROA + LEV + PAYOUT1, data = dat)
> coeftest(fit, df = Inf)
z test of coefficients:
             Estimate Std. Error z value  Pr(>|z|)
(Intercept) -0.057317   0.160627 -0.3568 0.7212142
PAYOUT       0.823435   0.408637  2.0151 0.0438968 *
ROA         10.561289   0.732267 14.4227 < 2.2e-16 ***
LEV         -0.721391   0.189012 -3.8166 0.0001353 ***
> coeftest(fit, df = Inf, vcov. = vcovHC(fit, type = "HC0"))
z test of coefficients:
              Estimate Std. Error z value  Pr(>|z|)
(Intercept) -0.057317   0.164551 -0.3483   0.72760
PAYOUT       0.823435   0.339903  2.4226   0.01541 *
ROA         10.561289   2.044345  5.1661 2.390e-07 ***
LEV         -0.721391   0.157750 -4.5730 4.808e-06 ***
```

기업재무 이론에 따르면 ROA와 LEV는 기업가치에 영향을 미치는 외생변수인 반면, PAYOUT과 기업가치 사이에는 역인과성이 존재할 수 있다. 즉, 배당 성향이 기업가치에 영향을 줄 뿐 아니라, 기업가치가 높은 기업일수록 더 많은 배당금을 지급하는 경향이 있을 수 있다. 이러한 양 방향 인과성은 PAYOUT이 내생변수임을 시사한다. PAYOUT으로 인한 내생성 문제를 해결하기 위해, 다음과 같은 도구변수벡터를 고려한다:

$$z_i = (1, \mathrm{ROA}_i, \mathrm{LEV}_i, \mathrm{PAYOUT1}_i)',$$

여기서 PAYOUT1는 직전 연도의 배당 성향을 의미한다. 일반적으로 기업의 배당정책은 일정한 연속성을 가지므로, 과거의 배당 성향은 현재의 배당 성향에 유의한 설명력을 가질 가능성이 높다. 따라서 PAYOUT1은 PAYOUT의 도구변수로서 관련성조건을 충족할 수 있다. 또한, 과거 배당 성향이 현재의 기업가치 오차항과 상관되어 있지 않다면, 배제성조건도 만족할 수 있다.

2SLS 추정 결과, PAYOUT 적합값에 대한 회귀계수는 약 0.8234로 추정되었으며, 이는 5% 유의수준에서 통계적으로 유의하게 나타났다. 따라서 PAYOUT의 내생성을 통제하더라도 배당 성향이 기업가치에 미치는 양의 효과는 여전히 유효함을 알 수 있다.

```
> fit <- lm(PAYOUT ~ ROA + LEV + PAYOUT1, data = dat)
> coeftest(fit, df = Inf)
z test of coefficients:
            Estimate Std. Error z value  Pr(>|z|)
```

```
(Intercept)  0.138584   0.019216  7.2119 5.518e-13 ***
ROA         -0.237625   0.113982 -2.0847   0.03709 *
LEV         -0.038697   0.030114 -1.2850   0.19879
PAYOUT1      0.616518   0.040330 15.2868 < 2.2e-16 ***
> coeftest(fit, df = Inf, vcov. = vcovHC(fit, type = "HC0"))
z test of coefficients:
             Estimate Std. Error z value  Pr(>|z|)
(Intercept)  0.138584   0.021945  6.3150 2.701e-10 ***
ROA         -0.237625   0.128582 -1.8480    0.0646 .
LEV         -0.038697   0.028609 -1.3526    0.1762
PAYOUT1      0.616518   0.058892 10.4686 < 2.2e-16 ***
```

마지막으로 PAYOUT1과 PAYOUT 사이의 관계를 확인하기 위해, PAYOUT을 종속변수로, ROA, LEV, PAYOUT1을 독립변수로 하는 회귀모형을 추정하였다. 추정 결과, PAYOUT에 대한 PAYOUT1의 한계효과는 통계적으로 유의하였으며, 이는 PAYOUT1이 도구변수로서 요구되는 관련성조건을 충족함을 의미한다.

제5장 일반화적률법

5.1 GMM 추정법의 이해

시계열자료의 오차 구조는 횡단면자료의 오차 구조를 포함하는 보다 일반적인 형태이다. 따라서 본 장에서는 시계열자료를 중심으로 논의를 전개하지만, 도출되는 모든 결과는 횡단면자료에도 동일하게 적용된다.

먼저 이론 모형에서 제시되는 다음과 같은 모집단적률조건(population moment condition)을 고려하자:

$$E[f(z_t,\beta)] = 0_{L\times 1},$$

여기서 $f(z_t,\beta) \in \mathbb{R}^{L\times 1}$는 모집단적률벡터, z_t는 시점 t에서의 관측값, $\beta \in \mathbb{R}^{K^*\times 1}$는 모수벡터이다. 모집단적률조건을 만족하는 모수 β를 식별하기 위해서는 모집단적률의 수 L이 모수의 수 K^*보다 크거나 같아야 한다.

표본 $\{z_1,z_2,\ldots,z_T\}$가 주어진 경우, 모집단적률조건에 대응하는 표본적률 $g_T(b) \in \mathbb{R}^{L\times 1}$는 다음과 같이 정의된다:

$$g_T(b) = E_T[f(z_t,b)] = \frac{1}{T}\sum_{t=1}^{T} f(z_t,b),$$

여기서 b는 β의 추정치이다. 모집단적률조건이 참이라면, 표본적률벡터는 영 벡터이거나 그에 매우 근접한 값을 가져야 한다.

일반화적률법(GMM)은 $g_T(b)$의 크기를 최소화하는 b를 찾아, 이를 β의 GMM 추정량 b_{GMM}으로 간주한다. 정확식별($L = K^*$)인 경우, 수학적으로

$$g_T(b) = 0_{L\times 1}$$

을 만족하는 고유한 해 b가 존재한다. 반면 과잉식별($L > K^*$) 상태가 되면, $g_T(b) = 0_{L\times 1}$을 만족하는 고유한 해가 존재하지 않는다. 이때에는 다음의 목적함수를 최소화하여 b를

구한다:

$$\min_b g_T(b)' W g_T(b),$$

여기서 $W \in \mathbb{R}^{L\times L}$는 대칭이고 양의 정부호인 가중행렬이다. 이 최소화 문제의 일차조건은

$$\left(\frac{\partial g_T(b)}{\partial b'}\right)' W g_T(b) = 0_{K^*\times 1} \tag{5.1.1}$$

로 주어진다. 요약하면, GMM 추정량 b_{GMM}은 다음의 조건을 만족하는 b로 정의된다:

$$a_T g_T(b) = 0_{K^*\times 1},$$

여기서 $L = K^*$이면 $a_T = I_L$, $L > K^*$이면 $a_T = (\partial g_T(b)/\partial b')'W \in \mathbb{R}^{K^*\times L}$이다.

예시 5.1. Student 분포에서 자유도 θ를 추정하는 문제를 생각해 보자. 이때 확률밀도함수 (Probability Density Function, PDF)는 다음과 같이 주어진다 :

$$f(x_t;\theta) = \frac{\Gamma[(\theta+1)/2]}{(\pi\theta)^{1/2}\Gamma(\theta/2)}\left(1+\frac{x_t^2}{\theta}\right)^{-(\theta+1)/2},$$

여기서 $\Gamma(\cdot)$는 감마함수이다. 이론적으로 $\theta > 4$인 경우,

$$E[x_t^2] = \frac{\theta}{\theta-2}, \qquad E[x_t^4] = \frac{3\theta^2}{(\theta-2)(\theta-4)}$$

가 성립한다. 이에 따라 모집단적률조건과 표본적률은 각각 다음과 같이 주어진다:

$$E[f(x_t,\theta)] = E\begin{bmatrix} x_t^2 - \frac{\theta}{\theta-2} \\ x_t^4 - \frac{3\theta^2}{(\theta-2)(\theta-4)} \end{bmatrix} = 0_{2\times 1}, \quad g_T(\theta) = \begin{bmatrix} E_T[x_t^2] - \frac{\theta}{\theta-2} \\ E_T[x_t^4] - \frac{3\theta^2}{(\theta-2)(\theta-4)} \end{bmatrix},$$

여기서 $E_T[x_t^2] = T^{-1}\sum_{t=1}^T x_t^2$, $E_T[x_t^4] = T^{-1}\sum_{t=1}^T x_t^4$이다. 이 경우 $L = 2$, $K^* = 1$이다.

5.2 효율적 GMM 추정량

5.2.1 Hansen [1982]의 정리

Hansen [1982]에 따르면 GMM 추정량 b_{GMM}의 점근분포는 다음과 같이 주어진다:

$$\sqrt{T}(b_{GMM} - \beta) \xrightarrow{d} N\left(0, (ad)^{-1} aSa'(ad)^{-1\prime}\right), \tag{5.2.1}$$

여기서

$$a_T \xrightarrow{p} a, \quad d = E\left[\frac{\partial f(z_t,\beta)}{\partial \beta'}\right] \in \mathbb{R}^{L\times K^*}, \quad S = \sum_{s=-\infty}^{\infty} E[f(z_t,\beta)f(z_{t-s},\beta)'] \in \mathbb{R}^{L\times L}.$$

특히 d는 모집단적률 $f(z_t,\beta)$의 β에 대한 도함수, 즉 Jacobian 행렬의 기댓값이다.

과잉식별된 경우, Hansen [1982]는 GMM 추정량의 효율성과 그 점근적 특성에 대한 다음과 같은 중요한 이론적 결과를 제시하였다. 첫째, GMM 추정량의 점근효율성을 극대화하기 위해서는 식(5.1.1)에서 가중행렬 W를 적률조건의 공분산행렬 S의 역행렬로 설정해야 한다. 즉, $W = S^{-1}$이다. 이때 얻어지는 GMM 추정량은 효율적 GMM 추정량(efficient GMM estimator)으로 불리며, 이는 모든 가능한 GMM 추정량들 중에서 점근적으로 최소의 공분산행렬을 갖는다.

둘째, $W = S^{-1}$를 사용해 얻은 효율적 GMM 추정량의 점근분포는

$$\sqrt{T}(b_{GMM} - \beta) \xrightarrow{d} N(0,(d'S^{-1}d)^{-1}) \tag{5.2.2}$$

로 주어진다. 실제 분석에서는 d 와 S를 알 수 없기 때문에, 이들은 표본 기반의 일치추정량 $\hat{d} \xrightarrow{p} d$과 $\hat{S} \xrightarrow{p} S$으로 대체한다. 따라서 효율적 GMM 추정량의 점근공분산행렬에 대한 일치추정량은

$$\widehat{AVar[b_{GMM}]} = \frac{1}{T}(\hat{d}'\hat{S}^{-1}\hat{d})^{-1}$$

가 된다.

5.2.2 효율적 GMM 추정량의 계산

실제 응용에서 효율적 GMM 추정량은 S의 구조 및 계산 방식에 따라 다양하게 구현된다. 우선 $f(z_t,\beta)$가 내포하는 오차 구조(예: 등분산성, 이분산성, 자기상관)에 따라 S의 구조가 달라진다. 또한 효율적 GMM 추정량을 계산하는 방법으로는 2단계 추정법, 반복 추정법, 연속업데이트(Continuous Updating Estimation, CUE) 추정법 등이 있다.

2단계 추정법 2단계 추정법은 효율적 GMM 추정량을 계산하는 가장 기본적인 방법으로, 계산 절차가 단순하기 때문에 실제 분석에서 널리 활용된다. 먼저 1단계에서는 가중행렬 W를 단위행렬 I_L로 설정한 후, 1단계 GMM 추정량

$$b_{(1)} = \arg\min_b g_T(b)'g_T(b)$$

을 계산한다. 2단계에서는 1단계 GMM 추정량 $b_{(1)}$을 바탕으로 $\hat{S}_{(1)}$을 계산한 후, 역행렬 $\hat{S}_{(1)}^{-1}$을 가중행렬로 사용하여 2단계 GMM 추정량을 다음과 같이 계산한다:

$$b_{GMM} = \arg\min_{b} g_T(b)'\hat{S}_{(1)}^{-1} g_T(b).$$

반복 추정법 반복 추정법은 GMM 추정량과 가중행렬을 교대로 갱신하여 둘 사이의 일치성을 확보하는 방식이며, 표본 수가 적거나 오차 구조가 복잡한 상황에서 2단계 추정법과 비교하여 보다 안정적인 결과를 제공한다. 먼저 단위행렬 I_L을 가중행렬로 사용하여 초기 추정량

$$b_{(1)} = \arg\min_{b} g_T(b)' g_T(b)$$

을 계산한다. 다음 단계에서는 $b_{(1)}$을 이용하여 $\hat{S}_{(1)}$을 추정하고, 이를 바탕으로 새로운 추정량

$$b_{(2)} = \arg\min_{b} g_T(b)'\hat{S}_{(1)} g_T(b)$$

을 계산한다. 이 과정을 반복하여 $\hat{S}_{(2)} \to b_{(3)} \to \hat{S}_{(3)} \to b_{(4)} \to \cdots$ 식으로 $b_{(n)}$과 $\hat{S}_{(n)}$을 순차적으로 갱신한다. $b_{(n)}$이 수렴하면, 그 수렴 값을 b_{GMM}의 추정치로 간주한다.

CUE 추정법 2단계 추정법이나 반복 추정법이 "b의 추정→S의 추정"이라는 순차적 절차를 따르는 것과 달리, CUE 추정법은 b와 S를 하나의 최적화 문제로 통합하여 동시에 추정하는 방식이다. 즉, 다음과 같은 목적함수를 최소화하여 b를 추정한다:

$$\min_{b} g_T(b)' S(b)^{-1} g_T(b),$$

여기서 $S(b)$는 b의 함수 형태로 정의된 공분산행렬이다. CUE 추정법은 GMM의 이론적 구조—즉, GMM 추정량과 적률조건의 공분산행렬 간의 상호 의존성—을 충실하게 반영한다는 점에서 높은 평가를 받는다. 그러나 b가 갱신될 때마다 $S(b)$와 그 역행렬을 반복적으로 계산해야 하므로, 계산 비용이 증가하고 수치적 불안정성이 발생할 수 있다.

5.3 GMM 검정

5.3.1 J 검정

J 검정은 이론 모형이 실제 자료에 잘 부합하는지를 평가하기 위해 사용되며, 특히 과잉식별 상황에서 모집단적률조건의 타당성을 확인하는 데 유용하다. J 검정의 귀무가설은

"모집단적률조건이 충족된다"이다. 만약 귀무가설이 참이라면, GMM 추정량 b_{GMM}을 대입하여 계산된 표본적률벡터 $g_T(b_{GMM})$는 이론적으로 영 벡터에 근접해야 한다. 반대로, 모집단적률조건이 자료에 적합하지 않다면, $g_T(b_{GMM})$는 영 벡터에서 유의하게 벗어난 값을 가지게 된다.

이러한 직관에 따라 검정통계량은 $g_T(b_{GMM})$와 영 벡터 간의 표준화된 거리의 형태인

$$J_T = T \cdot g_T(b_{GMM})'\hat{S}^{-1}g_T(b_{GMM})$$

로 정의된다. 귀무가설 H_0 아래에서, 검정통계량의 점근분포는

$$J_T \xrightarrow{d} \chi^2_{(L-K^*)}$$

로 주어진다. 만약 귀무가설이 타당하다면 J_T 값은 0에 근접해야 하며, 이 경우 큰 p-값이 나타난다. 귀무가설이 기각되지 않으면, 이론 모형이 실제 자료와 잘 부합한다고 판단한다.

5.3.2 Wald 검정과 우도비검정

모수 β에 대한 선형제약을 검정하는 경우를 살펴보자. 이때 귀무가설은 다음과 같은 일반적인 형태로 표현된다:

$$H_0 : R\beta = r,$$

여기서 $R \in \mathbb{R}^{J\times K^*}$은 선형제약의 구조를 나타내는 행렬, $r \in \mathbb{R}^{J\times 1}$은 제약이 주장하는 값을 나타내는 벡터이다.

Wald 검정 Wald 검정은 선형제약 아래의 추정값과 귀무가설이 주장하는 값 사이의 차이를 표준화하여 귀무가설을 검정한다. 귀무가설 H_0이 참인 경우, Wald 검정통계량과 그 점근분포는

$$W = (Rb_{GMM} - r)'\left(R\widehat{AVar[b_{GMM}]}R'\right)^{-1}(Rb_{GMM} - r) \xrightarrow{d} \chi^2_{(J)}$$

로 주어진다. 여기서 벡터 $Rb_{GMM} - r$은 GMM 추정량 b_{GMM}에 기반한 선형제약 $R\beta$의 추정값과 귀무가설이 요구하는 이론적 값 r 사이의 거리를 나타낸다. 귀무가설이 타당한 경우, Rb_{GMM}과 r 사이의 거리는 0에 근접하며, 이에 따라 W 값은 작아지게 되고 검정통계량의 p-값은 커지게 된다. 만약 p-값이 유의수준보다 크다면 귀무가설을 기각하지 않고, 제약조건 $R\beta = r$이 자료에 잘 부합한다고 판단한다.

우도비검정 우도비(Likelihood Ratio, LR)검정은 제약조건이 있는 모형과 없는 모형의 GMM 목적함수 값을 비교하여, 제약조건이 자료에 부합하는지를 검정하는 방법이다. 귀무가설 H_0 아래에서, LR 검정통계량과 그 점근분포는

$$LR = T \cdot g_T(b^R_{GMM})'\hat{S}^{-1}g_T(b^R_{GMM}) - T \cdot g_T(b_{GMM})'\hat{S}^{-1}g_T(b_{GMM}) \xrightarrow{d} \chi^2_{(J)}$$

로 주어진다. 여기서 b_{GMM}는 제약조건이 없는 상황에서 추정된 일반 GMM 추정량이며, 일차조건

$$\left(\frac{\partial g_T(b)}{\partial b'}\right)' S^{-1}g_T(b) = 0_{K^*\times 1}$$

을 만족한다. 한편, b^R_{GMM}은 제약조건 $R\beta = r$을 만족하는 GMM 추정량으로, 위 일차조건에 더해 해당 제약조건도 함께 고려하여 추정한다. 이때 두 추정량 b_{GMM}와 b^R_{GMM}는 반드시 동일한 가중행렬 $\hat{S}^{-1}$을 사용하여 계산되어야 한다. 만약 제약조건 $R\beta = r$이 타당하다면, 제약 유무에 따른 목적함수 값의 차이인 LR의 값은 작아야 한다. 이 경우 큰 p-값이 나타나므로, 귀무가설은 기각되지 않는다.

검정 비교 표본크기가 충분히 큰 경우, Wald 검정과 LR 검정은 점근적으로 동일한 검정 결과를 도출한다. 다시 말해, $W - LR \xrightarrow{p} 0$이며, 두 검정통계량의 차이가 점근적으로 0에 수렴한다. 그러나 유한 표본에서는 두 검정이 상이한 결론을 내릴 수 있다. 특히 제약조건이 비선형이거나 표본크기가 작은 경우, LR 검정이 Wald 검정보다 더 우수한 성질을 갖는 것으로 알려져 있다. 그 이유는 LR 검정이 불변성(invariance) 속성을 지니기 때문이다. 즉, LR 검정은 제약조건의 수학적 표현 방식(예: 변수 재정의, 척도 변경)에 영향을 받지 않으며, 동일한 논리적 제약조건이라면 어떤 표현을 사용하더라도 동일한 검정 결과를 도출한다. 반면, Wald 검정은 비선형 제약조건을 국소적으로 선형화하는 델타(delta) 방법에 기반하므로, 제약조건의 표현 방식에 따라 검정 결과가 달라질 수 있다. Wald 검정과 LR 검정의 차이에 대한 추가적인 논의는 제8장에서 다룬다.

5.4 외생변수로 구성된 선형회귀모형

5.4.1 GMM 추정량과 점근분포

다음과 같은 시계열회귀모형을 고려하자:

$$y_t = \beta_0 + \beta_1 x_{t,1} + \cdots + \beta_K x_{t,K} + \varepsilon_t = x_t'\beta + \varepsilon_t,$$

여기서 y_t는 시점 t에서의 종속변수, $x_t \in \mathbb{R}^{(K+1)\times 1}$는 독립변수벡터, $\beta \in \mathbb{R}^{(K+1)\times 1}$는 회귀계수벡터, ε_t는 오차항이다. 모든 시점 $t = 1,\ldots,T$에 걸쳐 위 식을 적층하면,

$$y = X\beta + \varepsilon$$

로 표현 가능하며, 여기서 $y = [y_t]_{t=1}^{T} \in \mathbb{R}^{T\times 1}$, $X = [x_t']_{t=1}^{T} \in \mathbb{R}^{T\times(K+1)}$, $\varepsilon = [\varepsilon_t]_{t=1}^{T} \in \mathbb{R}^{T\times 1}$이다.

이제 외생성조건 $E[\varepsilon_t|x_t] = 0$을 가정한다. 이때 $E[x_t\varepsilon_t] = 0_{(K+1)\times 1}$이 성립하며, 모집단 적률조건은

$$E[x_t\varepsilon_t] = E[x_t(y_t - x_t'\beta)] = E[x_t y_t] - E[x_t x_t']\beta = 0_{(K+1)\times 1}$$

로 주어진다. 이에 따라 표본적률은 다음과 같이 유도된다:

$$g_T(b) = E_T[x_t y_t] - E_T[x_t x_t']b,$$

여기서 $E_T[x_t y_t] = T^{-1}\sum_{t=1}^{T} x_t y_t = T^{-1}(X'y)$, $E_T[x_t x_t'] = T^{-1}\sum_{t=1}^{T} x_t x_t' = T^{-1}(X'X)$이다.

표본적률의 수 L과 모수의 수 $K+1$이 같으므로, GMM 추정량은

$$g_T(b) = E_T[x_t y_t] - E_T[x_t x_t']b = 0_{(K+1)\times 1}$$

을 만족하는 고유한 해 b로 정의되며, 이를 b에 관해 풀면

$$b_{GMM} = \left(E_T[x_t x_t']\right)^{-1} E_T[x_t y_t] = \left(\frac{X'X}{T}\right)^{-1}\left(\frac{X'y}{T}\right) = (X'X)^{-1}X'y$$

를 얻는다. 즉, GMM 추정량은 OLS 추정량과 정확히 일치한다.

GMM 추정량의 점근분포를 유도하기 위해 Jacobian 행렬의 기댓값 d를

$$d = E\left[\frac{\partial x_t\varepsilon_t}{\partial\beta'}\right] = E\left[\frac{\partial x_t(y_t - x_t'\beta)}{\partial\beta'}\right] = -E[x_t x_t'] \in \mathbb{R}^{(K+1)\times(K+1)}$$

로 정리한다. 정확식별 상황에서는 $a_T = a = I_L$이므로, 식(5.2.1)을 바탕으로 GMM 추정량의 점근분포는 다음과 같이 유도된다:

$$\sqrt{T}(b_{GMM} - \beta) \xrightarrow{d} N\left(0, (\Sigma_{xx}' S^{-1}\Sigma_{xx})^{-1}\right),$$

여기서 $\Sigma_{xx} = E[x_t x_t']$, $S = \sum_{s=-\infty}^{\infty} E[x_t \varepsilon_t \varepsilon_{t-s} x_{t-s}']$이다. 이 분포는 제2장과 제3장에서 살펴본 OLS 추정량의 점근분포와 동일하다.

정리하면, 모든 독립변수가 외생변수로 구성된 회귀모형에 있어 GMM 추정량과 OLS 추정량은 동일하며, OLS 추정량은 GMM 추정량의 특수한 경우로 해석할 수 있다.

5.4.2 점근공분산행렬의 추정

일치추정량 $S_{xx} = T^{-1}X'X \xrightarrow{p} \Sigma_{xx}$와 $\hat{S} \xrightarrow{p} S$을 바탕으로 b_{GMM}의 점근공분산행렬의 일치추정량은 다음과 같이 주어진다:

$$\widehat{AVar[b_{GMM}]} = \frac{1}{T}(S_{xx}'\hat{S}^{-1}S_{xx})^{-1} = \frac{1}{T}\left(\left(\frac{X'X}{T}\right)'\hat{S}^{-1}\left(\frac{X'X}{T}\right)\right)^{-1},$$

여기서 $\hat{S}$의 구조는 오차 구조에 따라 결정된다.

등분산-비자기상관오차 구조에서는

$$S = E[\varepsilon_t^2 x_t x_t'] = \sigma_\varepsilon^2 E[x_t x_t']$$

이 성립하며, 여기서 $\sigma_\varepsilon^2 = E[\varepsilon_t^2]$이다. 따라서 S의 일치추정량은 다음과 같이 주어진다:

$$\hat{S}_{CL} = \hat{\sigma}_\varepsilon^2 E_T[x_t x_t'] = \hat{\sigma}_\varepsilon^2\left(\frac{X'X}{T}\right),$$

여기서 $\hat{\sigma}_\varepsilon^2 = T^{-1}(y - Xb_{GMM})'(y - Xb_{GMM})$이다.

이분산-비자기상관오차 구조에서는 $S = E[\varepsilon_t^2 x_t x_t']$이며, S의 일치추정량은 다음과 같다:

$$\hat{S}_{HC} = E_T[\varepsilon_t^2 x_t x_t'] = \frac{1}{T}\sum_{t=1}^{T} e_t^2 x_t x_t',$$

여기서 $e_t = y_t - x_t' b_{GMM}$이다.

마지막으로, 이분산-자기상관오차 구조에서는 S의 일치추정량은 다음과 같이 계산된다:

$$\hat{S}_{HAC} = \sum_{s=-q}^{q} E_T[x_t \varepsilon_t \varepsilon_{t-s} x_{t-s}'] = \frac{1}{T}\left[\sum_{t=1}^{T} e_t^2 x_t x_t' + \sum_{s=1}^{q} w_s \sum_{t=s+1}^{T}(x_t e_t e_{t-s} x_{t-s}' + x_{t-s} e_{t-s} e_t x_t')\right],$$

여기서 w_s는 핵함수 가중치이며, 주어진 자료를 바탕으로 선택된 대역폭 b_T에 의해 최대시차 q가 결정된다.

5.5 내생변수를 포함하는 선형회귀모형

5.5.1 GMM 추정량과 점근분포

이제 시계열회귀모형 $y_t = x_t'\beta + \varepsilon_t$에서 독립변수벡터 x_t에 내생변수가 존재한다고 가정하자. 이 경우, 일부 독립변수들과 오차항 ε_t 사이에 상관관계가 존재하여 내생성편의가 발생한다. 내생성편의를 해결하기 위해, 외생성조건 $E[z_t\varepsilon_t] = 0_{L\times 1}$을 만족하는 도구변수벡터 $z_t \in \mathbb{R}^{L\times 1}$를 구성한다. 이때 식별조건이 충족되기 위해서는 $L \geq K+1$이 성립해야 한다. 외생성조건에 기반한 모집단적률조건과 표본적률은 각각 다음과 같이 유도된다:

$$E[z_t\varepsilon_t] = E[z_t(y_t - x_t'\beta)] = E[z_ty_t] - E[z_tx_t']\beta = 0_{L\times 1},$$
$$g_T(b) = E_T[z_ty_t] - E_T[z_tx_t']b,$$

여기서 $E_T[z_ty_t] = T^{-1}Z'y$, $E_T[z_tx_t'] = T^{-1}Z'X$, $Z = [z_t']_{t=1}^{T} \in \mathbb{R}^{T\times L}$이다.

만약 적률조건의 수 L이 모수의 수 $K+1$과 같다면, GMM 추정량은 다음 조건을 만족하는 b로 정의된다:

$$g_T(b) = E_T[z_ty_t] - E_T[z_tx_t']b = 0_{(K+1)\times 1}$$

또는 b에 대해 풀면

$$b_{GMM} = \left(\frac{Z'X}{T}\right)^{-1}\left(\frac{Z'y}{T}\right) = (Z'X)^{-1}(Z'y). \tag{5.5.1}$$

이는 제4장의 IV 추정량과 동일하며, IV 추정량이 GMM 추정량의 특수한 경우임을 알 수 있다.

반면 적률조건의 수 L이 모수의 수 $K+1$보다 큰 경우, 효율적 GMM 추정량은 식(5.1.1)에서 제시된 일차조건($W = S^{-1}$)을 만족하는 b로서, 다음과 같이 정의된다:

$$\left(\frac{\partial g_T(b)}{\partial b'}\right)' S^{-1}g_T(b) = \left(-E_T[z_tx_t']\right)' S^{-1}\left(E_T[z_ty_t] - E_T[z_tx_t']b\right) = 0_{(K+1)\times 1}.$$

이 식을 b에 대해 풀면

$$b_{GMM} = \left((Z'X)'S^{-1}(Z'X)\right)^{-1}(Z'X)'S^{-1}(Z'y) \tag{5.5.2}$$

가 된다. 식(5.5.1)의 GMM 추정량과 달리, 식(5.5.2)의 GMM 추정량은 S의 일치추정량 $\hat{S}$를 필요로 한다. 오차항의 특성에 따라 $\hat{S}_{CL}$, $\hat{S}_{HC}$, $\hat{S}_{HAC}$ 중 하나를 선택하며, $\hat{S}$의 선택은 b_{GMM}

의 값과 효율성 모두에 영향을 미친다.

GMM 추정량의 점근분포를 유도하기 위해 Jacobian 행렬의 기댓값 $d \in \mathbb{R}^{L\times(K+1)}$를

$$d = E\left[\frac{\partial z_t(y_t - x_t'\beta)}{\partial\beta}\right] = -E[z_t x_t']$$

로 정리한다. 식(5.2.2)에 따라 효율적 GMM 추정량의 점근분포는 다음과 같다:

$$\sqrt{T}(b_{GMM} - \beta) \xrightarrow{d} N\left(0, (\Sigma_{zx}' S^{-1}\Sigma_{zx})^{-1}\right),$$

여기서 $\Sigma_{zx} = E[z_t x_t']$, $S = \sum_{s=-\infty}^{\infty} E[z_t\varepsilon_t\varepsilon_{t-s}z_{t-s}']$이다. 일치추정량 $S_{zx} = T^{-1}Z'X \xrightarrow{p} \Sigma_{zx}$와 $\hat{S} \xrightarrow{p} S$을 이용하여 b_{GMM}의 점근공분산행렬을 추정할 수 있다.

5.5.2 GMM 추정량과 2SLS 추정량의 비교

오차항 ε_t이 등분산-비자기상관오차 구조를 가지는 경우, $S = E[\varepsilon_t^2 z_t z_t'] = \sigma_\varepsilon^2 E[z_t z_t']$이며, 여기서 $\sigma_\varepsilon^2 = E[\varepsilon_t^2]$이다. 따라서 S의 일치추정량 $\hat{S}$은

$$\hat{S}_{CL} = \hat{\sigma}_\varepsilon^2\left(\frac{Z'Z}{T}\right)$$

가 되며, 여기서 $\hat{\sigma}_\varepsilon^2 = T^{-1}\sum_{t=1}^{T} e_t^2$, $e_t = y_t - x_t' b_{GMM}$이다. 이제 $\hat{S}_{CL}$를 식(5.5.2)에 대입하면, 다음과 같은 형태를 얻게 된다:

$$\begin{aligned}
b_{GMM} &= \left((Z'X)'\left(\hat{\sigma}_\varepsilon^2\left(T^{-1}Z'Z\right)\right)^{-1}(Z'X)\right)^{-1}(Z'X)'\left(\hat{\sigma}_\varepsilon^2\left(T^{-1}Z'Z\right)\right)^{-1}(Z'y) \\
&= \left((Z'X)'(Z'Z)^{-1}(Z'X)\right)^{-1}(Z'X)'(Z'Z)^{-1}(Z'y) \\
&= (X'P_Z X)^{-1}(X'P_Z y),
\end{aligned}$$

여기서 $P_Z = Z(Z'Z)^{-1}Z'$는 도구변수행렬의 투영행렬이다. 이는 등분산-비자기상관오차 구조에서 GMM 추정량은 제4장의 2SLS 추정량과 동일하며, 2SLS는 GMM의 특수한 형태임을 의미한다.

5.5.3 도구변수의 배제성조건 검정

도구변수 z_t가 유효하기 위해서는 관련성조건과 배제성조건을 동시에 충족해야 한다. 관련성조건은 도구변수가 내생변수와 유의한 상관관계를 가져야 한다는 것을 의미한다. 내생변수를 종속변수로, 도구변수를 독립변수로 이용하는 회귀분석을 통해 관련성조건의 충족

여부는 검증할 수 있다.

한편, 배제성조건은 도구변수와 오차항 사이에는 상관관계가 존재하지 않아야 한다는 것을 의미한다. 이를 검정하기 위해 귀무가설

$$H_0 : E[z_t \varepsilon_t] = 0_{L\times 1}$$

을 설정한다. 즉, H_0는 내생변수가 존재하는 선형회귀모형의 모집단적률조건에 해당하며, J 검정을 통해 성립 여부를 살펴볼 수 있다. 귀무가설이 기각되지 않는다면, z_t는 배제성조건을 충족하는 유효한 도구변수로 간주한다.

5.6 소비기반자산가격결정모형

5.6.1 모형 구성

소비기반자산가격결정모형(consumption-based capital asset pricing model, CCAPM)은 자산의 기대수익률이 소비의 한계효용에 의해 결정된다는 이론이다. CCAPM은 투자자가 현재 소비와 미래 소비 사이에서 최적의 균형을 찾고자 한다는 효용극대화(utility maximization) 이론에 기반하며, 거시경제 변수와 자산 가격을 연결하는 핵심적 이론으로 평가된다.

투자자가 시점 t에서 자산 i를 가격 $p_{i,t}$에 ξ만큼 매수한다고 하자. 이때 시점 t의 소비 c_t는 자산을 매수하지 않았을 때의 외생적 소비 수준 e_t에서 자산 구매에 지출한 금액 $p_{i,t}\xi$만큼 감소한 값, 즉 $c_t = e_t - p_{i,t}\xi$로 정의된다. 자산 i는 시점 $t+1$에서 수익 $x_{i,t+1}$을 지급한다. 따라서 시점 $t+1$의 소비 c_{t+1}는 자산을 매수하지 않았을 때의 외생적 소비 수준 e_{t+1}에서 구매한 자산으로부터 발생한 수익 $x_{i,t+1}\xi$만큼 증가한 값, 즉 $c_{t+1} = e_{t+1} + x_{i,t+1}\xi$로 정의된다.

균형상태에서 투자자는 c_t와 c_{t+1}의 효용을 고려하여 최적의 자산 매수량 ξ를 선택하기 위해 다음과 같은 효용극대화 문제를 고려한다:

$$\max_{\xi} u(c_t) + \delta E_t[u(c_{t+1})],$$

여기서 $u(\cdot)$는 효용함수, $\delta \in (0,1)$는 할인 인자이다. 최적화 문제의 일차조건은

$$p_{i,t}u'(c_t) = E_t[\delta u'(c_{t+1})x_{i,t+1}]$$

이며, 양변을 $p_{i,t}$로 나누어 정리하면 다음과 같은 가격결정방정식(pricing equation)을 얻을

수 있다:

$$E_t\left[\delta\frac{u'(c_{t+1})}{u'(c_t)}R_{i,t+1}\right]=1, \tag{5.6.1}$$

여기서 $R_{i,t+1}=x_{i,t+1}/p_{i,t}$는 자산 i의 총수익률을 나타낸다.

가격결정방정식을 구체화하기 위해서는 효용함수에 대한 형태를 가정해야 한다. 예를 들어, 다음과 같은 CRRA(Constant Relative Risk Aversion) 형태의 효용함수를 고려하자:

$$u(c)=\frac{c^{1-\gamma}}{1-\gamma},$$

여기서 γ는 위험회피계수(coefficient of risk aversion)이다. 이때 한계효용은 $u'(c)=c^{-\gamma}$이므로, 식(5.6.1)은 다음과 같이 표현된다:

$$E_t\left[R_{i,t+1}\cdot\delta\left(\Delta c_{t+1}\right)^{-\gamma}\right]=1,$$

여기서 $\Delta c_{t+1}=c_{t+1}/c_t$는 소비 성장률이다. 실제 분석에서는 단순화를 위해 조건부기댓값 대신 기댓값을 사용한 형태의 가격결정식

$$E\left[R_{i,t+1}\cdot\delta\left(\Delta c_{t+1}\right)^{-\gamma}\right]=1 \tag{5.6.2}$$

을 사용하기도 한다.

5.6.2 GMM 추정법

1개의 무위험자산(riskless asset)과 N개의 위험자산(risky asset)이 존재하다고 하자. 이론상 무위험자산의 수익률 $R_{f,t+1}$은 확정적이므로 상수로 취급하나, 모든 $i=1,\ldots,N$에 대해 위험자산의 수익률 $R_{i,t+1}$은 확률변수로 간주한다.

식(5.6.2)에서 제시된 가격결정방정식을 무위험자산과 위험자산에 각각 적용하면 다음의 결과를 얻는다:

$$E[R_{f,t+1}\cdot\delta(\Delta c_{t+1})^{-\gamma}]=1, \tag{5.6.3}$$

$$E[R_{i,t+1}\cdot\delta(\Delta c_{t+1})^{-\gamma}]=1. \tag{5.6.4}$$

이때 식(5.6.4)에서 식(5.6.3)을 빼면, 위험자산 i의 초과수익률(excess return)에 대한 적률조건은

$$E[(R_{i,t+1}-R_{f,t+1})\cdot\delta(\Delta c_{t+1})^{-\gamma}]=0 \tag{5.6.5}$$

가 된다.

식(5.6.3)과 식(5.6.5)를 바탕으로 다음과 같은 모집단적률조건을 구성할 수 있다:

$$E[f(z_t,\beta)] = E\begin{bmatrix} R_{f,t+1}\cdot\delta(\Delta c_{t+1})^{-\gamma}-1 \\ (R_{1,t+1}-R_{f,t+1})\cdot\delta(\Delta c_{t+1})^{-\gamma} \\ \vdots \\ (R_{N,t+1}-R_{f,t+1})\cdot\delta(\Delta c_{t+1})^{-\gamma} \end{bmatrix} = 0_{(N+1)\times 1},$$

여기서 추정해야할 모수는 $\beta=(\delta,\gamma)'\in\mathbb{R}^{2\times 1}$이다.

이러한 모집단적률조건에 대한 표본적률 $g_T(b)\in\mathbb{R}^{(N+1)\times 1}$는

$$g_T(b) = \begin{bmatrix} (1/T)\sum_{t=1}^{T}(R_{f,t+1}\cdot\delta(\Delta c_{t+1})^{-\gamma}-1) \\ (1/T)\sum_{t=1}^{T}((R_{1,t+1}-R_{f,t+1})\cdot\delta(\Delta c_{t+1})^{-\gamma}) \\ \vdots \\ (1/T)\sum_{t=1}^{T}((R_{N,t+1}-R_{f,t+1})\cdot\delta(\Delta c_{t+1})^{-\gamma}) \end{bmatrix}$$

가 된다. 일반적으로 $N+1\gg 2$이므로, 적률조건은 과잉식별된 경우에 해당한다.

5.6.3 OLS 추정법

OLS 추정은 종속변수와 독립변수 사이에 선형성이 존재한다는 가정을 전제로 진행한다. 그러나 CCAPM은 이론상 비선형 구조이므로, OLS를 적용하여 모수를 추정하기 위해서는 선형근사(linear approximation)가 필요하다. 예를 들어, 식(5.6.2)의 양변에 로그를 취하고, 기댓값 연산을 단순화하면 다음과 같은 선형모형을 구성할 수 있다:

$$\ln(R_{i,t+1})\approx\alpha-\gamma\ln(\Delta c_{t+1})+\varepsilon_t,$$

여기서 α는 $\ln\delta$와 근사화 과정에서 생성된 상수를 포함한다. 이 모형은 선형회귀모형의 형태를 따르므로, OLS를 직접 적용할 수 있다.

문제는 기댓값 연산과 로그함수의 순서를 교환할 수 없기 때문에, 로그 선형화를 통해 얻어진 근사 모형은 원래의 이론적 구조를 정확히 반영하지 못한다는 점이다. 이 과정에서 발생하는 구조적 왜곡은 추정값의 해석을 모호하게 만들고, 실증 결과와 이론 간의 일치성을 저하시킬 수 있다. 이러한 이유로, CCAPM과 같은 비선형모형을 분석할 때는 GMM 추정을 사용하는 것이 적합하다. GMM은 모형이 선형이든 비선형이든 관계없이, 이론에서 직접 유도된 적률조건을 그대로 활용할 수 있다. 따라서 별도의 선형근사 없이 원래 모형의

구조를 유지한 채 추정을 수행할 수 있으며, 이로 인해 이론적 정합성이 보장된다.

5.7 R 실습

```
> libraries <- c("car", "data.table", "ivreg", "lmtest", "gmm", "sandwich")
> lapply(libraries, library, character.only = TRUE)
```

5.7.1 예제 1

2015년 4월부터 2025년 3월까지의 자료를 바탕으로, 삼성전자의 월별 수익률이 KOSPI 지수의 월별 수익률에 의해 어떻게 설명되는지를 분석하고자 한다. 이를 위해 다음과 같은 회귀모형을 고려한다:

$$\text{SAMSUNG}_t = \beta_0 + \beta_1 \text{KOSPI}_t + \varepsilon_t,$$

여기서 SAMSUNG_t는 삼성전자의 수익률, KOSPI_t는 KOSPI 지수의 수익률을 나타낸다. KOSPI 수익률을 외생변수로 가정하면, 모집단적률조건은 다음과 같이 주어진다:

$$E\begin{bmatrix} \varepsilon_t \\ \text{KOSPI}_t \cdot \varepsilon_t \end{bmatrix} = 0_{2\times 1}.$$

이때 표본적률 수는 $L = 2$, 추정할 모수 수는 $K^* = 2$이므로, 정확식별 상황이다.

```
> dat <- read.csv("data5_1.csv", header = TRUE)
> head(dat)
      TRD_DD SAMSUNG KOSPI
1 2015-04-30   -1.26  4.78
2 2015-06-30   -2.98 -1.92
3 2015-07-31   -6.55 -2.12
4 2015-08-31   -8.10 -4.37
5 2015-09-30    4.90  1.30
6 2015-11-30   -6.41 -1.85
> fit_ols <- lm(SAMSUNG ~ KOSPI, data = dat)
> coeftest(fit_ols, df = Inf,
+          vcov. = kernHAC(fit_ols, kernel = "Bartlett", adjust = FALSE))
z test of coefficients:
            Estimate Std. Error z value Pr(>|z|)
(Intercept) 0.164961   0.585719  0.2816   0.7782
KOSPI       1.006497   0.085222 11.8103   <2e-16 ***
> fit_gmm <- gmm(SAMSUNG ~ KOSPI, ~ KOSPI, vcov = "HAC", kernel = "Bartlett",
+                data = dat)
```

```
> coeftest(fit_gmm, df = Inf)
z test of coefficients:
            Estimate Std. Error z value Pr(>|z|)
(Intercept) 0.164961   0.585719  0.2816   0.7782
KOSPI       1.006497   0.085222 11.8103   <2e-16 ***
```

OLS 추정과 GMM 추정 모두에 있어 추정량의 점근공분산행렬은 HAC 추정량 $\hat{S}_{HAC}$을 사용하여 계산하였다. $\hat{S}_{HAC}$의 계산을 위해, Bartlett 핵함수와 Andrews [1991]의 대역폭 결정 방식을 적용하였다. 추정 결과, 두 추정법은 동일한 추정치와 표준오차를 가지는 것으로 나타났다. 이는 GMM 추정량이 OLS 추정량의 일반화된 형태이며, 모든 독립변수가 외생변수로 구성된 회귀모형에서는 두 추정량이 동일하기 때문이다.

5.7.2 예제 2

소비의 변화가 소득 변화와 실질이자율에 의해 어떻게 영향을 받는지를 분석하기 위해, 다음과 같은 선형회귀모형을 고려하자:

$$\Delta c_t = \beta_1 + \beta_2 \Delta y_t + \beta_3 r_t + \varepsilon_t,$$

여기서 c_t는 실질일인당소비의 로그값, y_t는 실질가처분소득의 로그값, r_t는 실질이자율을 나타낸다. 거시경제 이론에 따르면, 소비, 소득, 이자율은 서로 영향을 주고받는 동시적 결정변수다. 따라서 독립변수 Δy_t와 r_t는 오차항 ε_t와 상관되어 있을 가능성이 있으며, 이에 따라 내생성편의가 발생할 수 있다.

내생성 문제를 해결하기 위해 도구변수 $z_t = (1, \Delta y_{t-1}, r_{t-1}, \Delta c_{t-1})'$를 사용하자. 시계열 자료의 특성상, 도구변수로 사용된 내생변수의 과거 관측치(즉 Δc_{t-1}, Δy_{t-1}, r_{t-1})는 내생변수의 현재 관측치(즉 Δy_t, r_t)와 상관되어 있을 가능성이 높으므로, 관련성조건은 충족된다고 가정할 수 있다. 도구변수의 배제성조건이 만족한다고 가정하면 모집단적률조건은

$$E \begin{bmatrix} \varepsilon_t \\ \Delta y_{t-1} \cdot \varepsilon_t \\ r_{t-1} \cdot \varepsilon_t \\ \Delta c_{t-1} \cdot \varepsilon_t \end{bmatrix} = 0_{4\times 1}$$

가 된다. 이때 표본적률의 수는 $L = 4$, 추정할 모수 수는 $K^* = 3$이므로, 과잉식별된 상황이다.

이 예제에서 사용된 데이터는 1961년부터 1995년까지의 미국 거시경제 변수들로 구

성되어 있다. 포함된 변수들은 실질소비 성장률(GC)과 직전 값(LagGC), 실질가처분소득 성장률(GY)과 직전 값(LagGY), 실질이자율(R3)과 직전 값(LagR3)이다.

```
> dat <- fread("data5_2.csv", header = TRUE)
> head(dat)
    Year        GC        GY     R3     LagGC     LagGY  LagR3
   <int>     <num>     <num>  <num>     <num>     <num>  <num>
1:  1961 0.0132847 0.0151110 0.0138 0.0139256 0.0069590 0.0123
2:  1962 0.0250807 0.0317059 0.0178 0.0132847 0.0151110 0.0138
3:  1963 0.0191669 0.0214462 0.0186 0.0250807 0.0317059 0.0178
4:  1964 0.0402088 0.0556374 0.0225 0.0191669 0.0214462 0.0186
5:  1965 0.0393076 0.0494633 0.0235 0.0402088 0.0556374 0.0225
6:  1966 0.0396166 0.0392799 0.0198 0.0393076 0.0494633 0.0235
> fit_2sls <- ivreg(GC ~ GY + R3 | LagGC + LagGY + LagR3, data = dat)
> coeftest(fit_2sls, df = Inf)
z test of coefficients:
             Estimate Std. Error z value  Pr(>|z|)
(Intercept)  0.0080597  0.0032327  2.4931   0.01266 *
GY           0.5861876  0.1345736  4.3559 1.325e-05 ***
R3          -0.0269403  0.0764035 -0.3526   0.72438
> fit_gmm1 <- gmm(GC ~ GY + R3, ~ LagGC + LagGY + LagR3, vcov = "iid",
+                 data = dat)
> coeftest(fit_gmm1, df = Inf)
z test of coefficients:
              Estimate Std. Error z value  Pr(>|z|)
(Intercept)  0.0080597  0.0030911  2.6074  0.009123 **
GY           0.5861876  0.1286769  4.5555 5.226e-06 ***
R3          -0.0269403  0.0730557 -0.3688  0.712304
> fit_gmm2 <- gmm(GC ~ GY + R3, ~ LagGC + LagGY + LagR3, vcov = "HAC",
+                 kernel = "Bartlett", data = dat)
> coeftest(fit_gmm2, df = Inf)
z test of coefficients:
              Estimate Std. Error z value  Pr(>|z|)
(Intercept)  0.0075907  0.0044328  1.7124 0.0868256 .
GY           0.6354014  0.1778879  3.5719 0.0003544 ***
R3          -0.0437904  0.0613618 -0.7136 0.4754480
```

오차항이 등분산이고 자기상관이 없다고 가정했을 때, 2SLS와 GMM의 회귀계수 추정치는 동일하게 나타났다. 이는 등분산-비자기상관 구조에서 2SLS 추정량이 GMM 추정량의 특수한 경우로 해석될 수 있기 때문이다. 그러나 오차항의 이분산성과 자기상관을 허용한 경우, GMM의 회귀계수 추정치는 2SLS의 추정치와 다른 결과를 보였다. 이는 행렬 S의 추정 방식에 따라 GMM 추정량이 달라지기 때문이다. GMM은 적률조건의 공분산 구조에 대한 정보를 활용함으로써, 2SLS에 비해 보다 효율적인 추정량을 제공한다.

```
> # J Test
> summary(fit_gmm2)
Call:
gmm(g = GC ~ GY + R3, x = ~LagGC + LagGY + LagR3, vcov = "HAC", data = dat)
Method:  twoStep
Kernel:  Bartlett(with bw =  0.83916 )
Coefficients:
             Estimate     Std. Error   t value      Pr(>|t|)
(Intercept)   0.00759071   0.00443283   1.71238585   0.08682559
GY            0.63540136   0.17788792   3.57191970   0.00035437
R3           -0.04379043   0.06136182  -0.71364297   0.47544798
J-Test: degrees of freedom is 1
                J-test   P-value
Test E(g)=0:    1.83510  0.17553
> # Wald test
> linearHypothesis(fit_gmm2, c("GY = 0", "R3 = 0"), test = "Chisq")
Linear hypothesis test:
GY = 0
R3 = 0
Model 1: restricted model
Model 2: GC ~ GY + R3
  Res.Df Df Chisq Pr(>Chisq)
1     34
2     32  2  12.9    0.00158 **
> # LR test
> S_mat <- fit_gmm2$w
> fit_gmm2r <- gmm(GC ~ 1, ~ LagGC + LagGY + LagR3,  vcov = "HAC",
+                  kernel = "Bartlett", weightsMatrix = S_mat, data = dat)
> JT <- as.numeric(specTest(fit_gmm2)[[2]][1])
> JT_r <- as.numeric(specTest(fit_gmm2r)[[2]][1])
> 1 - pchisq(JT_r - JT, 2)
[1] 0.02333688
```

J 검정 결과, 귀무가설인 "모집단적률조건이 타당하다"는 5% 유의수준에서 기각되지 않았다. 이는 도구변수가 배제성조건을 만족한다는 것을 의미한다. 또한 Wald 검정과 LR 검정을 통해 귀무가설 $H_0 : \beta_2 = \beta_3 = 0$을 평가하였다. 두 검정 모두에서 귀무가설이 5% 유의수준에서 기각되었다. 이는 실질 소비의 변화가 실질가처분소득의 변화와 실질이자율에 의해 집합적으로 유의하게 설명된다는 것을 시사한다.

5.7.3 예제 3

이 예제에서는 CCAPM을 추정하기 위해 1959년 2월부터 1993년 11월까지의 월간 시계열자료를 활용한다. 위험자산의 수익률로는 미국 CRSP(Center for Research in Security Prices)에서 제공하는 자료를 바탕으로 구성된 규모별 10개 주식 포트폴리오의 수익률이 사용된다. 무위험자산의 수익률로는 3개월 만기 미국 단기국채의 월간 수익률이 사용되며, 소비 변수로는 비내구재와 서비스에 대한 총개인소비지출이 활용된다.

```
> dat <- fread("data5_3.csv", header = TRUE)
> head(dat)
     Date        R1       R2        R3       R4       R5        R6
   <char>     <num>    <num>     <num>    <num>    <num>     <num>
1: Feb-59  0.032754 0.017294  0.031547 0.025391 0.038211  0.034982
2: Mar-59  0.016348 0.021230  0.023306 0.020960 0.007620  0.010083
3: Apr-59  0.026965 0.014533  0.010366 0.034431 0.028731  0.034575
4: May-59  0.001786 0.020739 -0.005343 0.004528 0.014246 -0.000680
5: Jun-59 -0.010474 0.004005  0.005863 0.008635 0.007676  0.014163
6: Jul-59  0.034917 0.039262  0.020682 0.033849 0.030553  0.029486
         R7       R8        R9       R10        RF      CG
      <num>    <num>     <num>     <num>     <num>   <num>
1: 0.024625 0.035583  0.017122  0.004037 0.0022227 1.00203
2: 0.012738 0.003211  0.007321  0.002989 0.0023040 1.01293
3: 0.036312 0.042527  0.018228  0.044662 0.0024257 0.99169
4: 0.017128 0.009693 -0.003238  0.027943 0.0023364 1.00867
5: 0.009478 0.004531  0.014151 -0.003220 0.0026364 0.99797
6: 0.029507 0.028410  0.023119  0.037957 0.0026283 0.99853
> # Computing excess returns for 10 risky assets
> ER <-  as.matrix(dat[, 2:11])
> ER <- ER - matrix(dat[[12]], nrow = nrow(dat), ncol = 10)
> ER <- as.data.table(ER)
> names(ER) <- paste("E", names(dat[ , 2:11]), sep = "")
> RF <- dat[ , 12] + 1
> CG <- dat[ , 13]
> dat <- cbind(ER, RF, CG)
> head(dat)
          ER1       ER2        ER3       ER4       ER5        ER6
        <num>     <num>      <num>     <num>     <num>      <num>
1:  0.0305313 0.0150713  0.0293243 0.0231683 0.0359883  0.0327593
2:  0.0140440 0.0189260  0.0210020 0.0186560 0.0053160  0.0077790
3:  0.0245393 0.0121073  0.0079403 0.0320053 0.0263053  0.0321493
4: -0.0005504 0.0184026 -0.0076794 0.0021916 0.0119096 -0.0030164
5: -0.0131104 0.0013686  0.0032266 0.0059986 0.0050396  0.0115266
6:  0.0322887 0.0366337  0.0180537 0.0312207 0.0279247  0.0268577
         ER7       ER8        ER9       ER10       RF      CG
       <num>     <num>      <num>      <num>    <num>   <num>
1: 0.0224023 0.0333603  0.0148993  0.0018143 1.002223 1.00203
2: 0.0104340 0.0009070  0.0050170  0.0006850 1.002304 1.01293
3: 0.0338863 0.0401013  0.0158023  0.0422363 1.002426 0.99169
4: 0.0147916 0.0073566 -0.0055744  0.0256066 1.002336 1.00867
5: 0.0068416 0.0018946  0.0115146 -0.0058564 1.002636 0.99797
6: 0.0268787 0.0257817  0.0204907  0.0353287 1.002628 0.99853
> # Setting sample moments
> moment <- function(parms, x) {
```

```
+   SDF <- parms[2]*x[ , 12]^(-parms[1])
+   g1 <- x[ , 11]*SDF - 1
+   g2 <- rep(SDF, 10)*x[ , 1:10]
+   return(cbind(g1, g2))}
> # Estimation
> start.vals <- c(0, 0)
> names(start.vals) <- c("gammma", "delta")
> fit <- gmm(g = moment, x = as.matrix(dat), type = "twoStep",
+            t0 = start.vals)
> summary(fit)
Call:
gmm(g = moment, x = as.matrix(dat), t0 = start.vals, type = "twoStep")
Method:  twoStep
Kernel:  Quadratic Spectral(with bw =  1.69955 )
Coefficients:
        Estimate    Std. Error  t value     Pr(>|t|)
gammma  5.1999e+01  3.4352e+01  1.5137e+00  1.3010e-01
delta   8.5527e-01  1.1317e-01  7.5571e+00  4.1203e-14
J-Test: degrees of freedom is 9
                J-test   P-value
Test E(g)=0:    5.44528  0.79389
> fit <- gmm(g = moment, x = as.matrix(dat), type = "iterative",
+            t0 = start.vals)
> summary(fit)
Call:
gmm(g = moment, x = as.matrix(dat), t0 = start.vals, type = "iterative")
Method:  iterative
Kernel:  Quadratic Spectral(with bw =  1.75278 )
Coefficients:
        Estimate    Std. Error  t value     Pr(>|t|)
gammma  4.4439e+01  3.5582e+01  1.2489e+00  2.1169e-01
delta   8.7411e-01  1.1246e-01  7.7725e+00  7.6961e-15
J-Test: degrees of freedom is 9
                J-test   P-value
Test E(g)=0:    7.28333  0.60765
```

우선 2단계 추정을 통해 $\hat{\gamma} = 51.99$, $\hat{\delta} = 0.85$를 얻었다. 같은 모형을 반복 추정 방식으로 다시 추정한 결과, $\hat{\gamma} = 44.44$와 $\hat{\delta} = 0.87$을 얻었다. 경제학 및 심리학 연구에 따르면 현실적인 위험회피계수 γ는 일반적으로 2에서 10 사이로 간주한다. 그에 비해 두 추정 방식에서 얻어진 γ 값은 현저하게 크다. 이렇게 비현실적으로 높은 위험회피계수의 추정 결과는 자본자산가격결정이론에서 잘 알려진 문제인 주식 프리미엄 퍼즐(equity premium puzzle)을 반영한다.

주식 프리미엄 퍼즐이란, 미국 등 선진국의 자본시장에서 관찰되는 주식 수익률이 무위험 수익률에 비해 지나치게 높은 현상을 의미한다. CCAPM은 이러한 높은 주식 프리미엄을 설명하기 위해, 과도한 수준의 위험회피계수를 필요로 한다. 그러나 이렇게 높은 위험회피계수는 현실적으로 받아들여지기 어렵다. 따라서 이러한 퍼즐은 CCAPM이 위험자산의 실제 기대수익률을 충분히 설명하지 못한다는 점을 시사하며, 보다 나은 자본자산가격결정모형의 필요성을 제기한다.

제6장 패널회귀모형

6.1 패널자료와 생략변수편의

패널자료는 개체 $i = 1, \ldots, N$에 대해 시점 $t = 1, \ldots, T$에 걸쳐 수집된 종속변수와 독립변수의 관측치들로 구성된다. 예를 들어, KOSPI 100에 속한 상장기업 100개를 대상으로 2001년부터 2020년까지 매년 기업별 투자율(투자/자산), 총자산이익률(ROA), 부채비율, 기업규모(총자산의 로그값)를 수집한 경우가 패널자료의 대표적 사례다. 모든 개체가 동일한 시점에 대해 관측되었다면 이를 균형 패널이라 하고, 일부 개체에 대해 특정 시점의 관측치가 누락된 경우는 불균형 패널이라 한다. 본 장에서는 균형 패널을 중심으로 설명한다.

6.1.1 패널회귀모형의 이해

다음과 같은 회귀모형을 고려하자:

$$y_{i,t} = \alpha_0 + \gamma_1 c_i^* + \gamma_2 \delta_t^* + x_{i,t}' \beta_1 + \varepsilon_{i,t},$$

여기서 c_i^*는 시간에 따라 변하지 않는 개체 i의 고유한 특성, δ_t^*는 모든 개체에 동일하게 작용하는 시점 t의 시간 요인, $x_{i,t} \in \mathbb{R}^{K \times 1}$는 개체 i에 대해 시점 t에서 관측할 수 있는 독립변수들(상수항 제외)의 벡터, $\beta_1 \in \mathbb{R}^{K \times 1}$는 회귀계수벡터, $\varepsilon_{i,t}$는 $E[\varepsilon_{i,t}] = 0$을 만족하는 오차항이다. 외생성조건, 즉 $E[x_{i,t}\varepsilon_{i,t}] = 0_{K \times 1}$이 성립한다고 가정한다.

변수 c_i^*와 δ_t^*가 관측되지 않는 경우, 실제 추정에는 이 두 변수를 생략한 아래와 같은 회귀모형을 이용한다:

$$y_{i,t} = \alpha_0 + x_{i,t}' \beta_1 + u_{i,t}, \tag{6.1.1}$$

여기서 $u_{i,t} = \gamma_1 c_i^* + \gamma_2 \delta_t^* + \varepsilon_{i,t}$는 생략된 변수들을 포함하는 오차항이다. 수학적 편의를 위해 $E[c_i^*] = E[\delta_t^*] = 0$을 가정하면, $E[u_{i,t}] = 0$이 성립한다. 독립변수 $x_{i,t}$와 오차항 $u_{i,t}$ 사이의 공분산은

$$E[x_{i,t}u_{i,t}] = E[x_{i,t}(\gamma_1 c_i^* + \gamma_2 \delta_t^* + \varepsilon_{i,t})] = \gamma_1 E[x_{i,t}c_i^*] + \gamma_2 E[x_{i,t}\delta_t^*]$$

가 된다. 만약 c_i^* 또는 δ_t^*가 $x_{i,t}$와 상관되어 있으면, 생략변수편의가 발생하며 OLS 추정량은 일치성을 잃는다.

순수 횡단면자료에서는 이러한 생략변수편의를 효과적으로 해결하기 어렵다. 이는 관측되지 않는 개체 고유의 특성이나 시점별 요인이 오차항에 포함되어 있더라도, 이들을 식별할 수 있는 추가 정보가 존재하지 않기 때문이다. 반면, 패널자료는 개체와 시점의 정보를 모두 포함하고 있기 때문에, 다음과 같은 패널회귀모형을 통해 생략변수편의를 구조적으로 통제할 수 있다:

$$y_{i,t} = \alpha_0 + c_i + \delta_t + x_{i,t}'\beta_1 + \varepsilon_{i,t}, \tag{6.1.2}$$

여기서 c_i는 시간에 따라 변하지 않는 개체 고유의 특성(개체효과), δ_t는 모든 개체에 공통된 시점별 요인(시점효과)을 나타낸다. 다시 말해, 패널회귀모형은 관측되지 않는 c_i^*와 δ_t^*의 영향을 각각 c_i와 δ_t라는 추정 가능한 변수를 통해 효과적으로 통제한다. 결과적으로 식(6.1.1)의 오차항 $u_{i,t}$에 내재된 c_i^*와 δ_t^*의 영향을 회귀모형 내에 명시적으로 포함함으로써, 생략변수편의로 인한 왜곡을 줄일 수 있다.

예시 6.1. 2001년부터 2020년까지 KOSPI 100에 속한 기업을 대상으로 다음의 회귀모형을 고려하자:

$$\text{INV}_{i,t} = \alpha_0 + \beta_1 \text{ROA}_{i,t} + \beta_2 \text{LEV}_{i,t} + \beta_3 \text{SIZE}_{i,t} + \varepsilon_{i,t},$$

여기서 $\text{INV}_{i,t}$는 기업 i의 t년도 투자율, $\text{ROA}_{i,t}$는 총자산이익률, $\text{LEV}_{i,t}$는 부채비율, $\text{SIZE}_{i,t}$는 기업규모이다. 기업 고유의 관측되지 않는 특성이 독립변수들과 상관되어 있다면 내생성 문제가 발생한다. 예를 들어, 특정 기업은 브랜드 가치, 경영진의 역량, 연구개발 능력 등 관측되지 않는 요인으로 인해 높은 투자율과 ROA를 동시에 보일 수 있다. 이러한 생략변수편의를 줄이기 위해, 개체효과를 포함한 다음과 같은 패널회귀모형을 사용할 수 있다:

$$\text{INV}_{i,t} = \alpha_0 + c_i + \beta_1 \text{ROA}_{i,t} + \beta_2 \text{LEV}_{i,t} + \beta_3 \text{SIZE}_{i,t} + \varepsilon_{i,t},$$

여기서 c_i는 개별 기업의 고유 특성을 나타낸다.

6.1.2 불균형 패널자료와 표본선택편의

패널자료에서 일부 개체에 대해 특정 시점에서의 관측치가 누락되면, 해당 자료는 불균형 패널자료가 된다. 불균형 패널자료라고 해서 반드시 문제가 되는 것은 아니다. 만약 관측치의 누락이 무작위로 발생한다면, 불균형 패널자료는 여전히 전체 모집단을 대표할 수 있으며, 균형 패널자료를 전제로 한 분석 방법을 그대로 적용해도 무리가 없다.

그러나 관측치 누락이 체계적이라면 상황은 달라진다. 예를 들어, 2001년부터 2020년까지 한국 상장기업 100개를 대상으로 수집한 패널자료에서 일부 기업이 파산, 인수합병, 상장폐지 등의 이유로 표본에서 이탈했다고 가정하자. 이러한 누락은 무작위가 아니라, 기업의 재무 건전성, 부실 위험, 산업구조 변화 등과 밀접하게 관련되어 체계적으로 발생했을 가능성이 높다.

만약 관측치 누락을 결정하는 관측 불가능한 요인이 독립변수와 상관되어 있다면, 실질적으로 오차항은 이러한 누락 요인을 포함하게 된다. 그 결과, 오차항과 독립변수 사이에 상관관계가 존재하여 내생성편의가 발생하게 된다. 이러한 현상을 표본선택편의(sample selection bias)라고 부르며, 불균형 패널자료를 분석할 때 반드시 고려해야 할 중요한 문제다. 보다 심층적인 논의는 Wooldridge [2010] 등을 참고하기 바란다.

6.2 결합모형

결합모형(pooled model)의 주요 가정은 다음과 같다. 첫째, 모든 개체 i에 대해 개체효과 c_i는 상수 c로 동일하다. 둘째, 모든 시점 t에 대해 시점효과 δ_t는 상수 δ로 동일하다. 이러한 가정을 반영하면, 식(6.1.2)에서 제시된 패널회귀모형은 다음과 같이 단순화된다:

$$y_{i,t} = (\alpha_0 + c + \delta) + x'_{i,t}\beta_1 + \varepsilon_{i,t} = \beta_0 + x'_{i,t}\beta_1 + \varepsilon_{i,t} = z'_{i,t}\beta + \varepsilon_{i,t}, \qquad (6.2.1)$$

여기서 $\beta_0 = \alpha_0 + c + \delta$, $z'_{i,t} = (1, x'_{i,t}) \in \mathbb{R}^{(K+1)\times 1}$, $\beta' = (\beta_0, \beta'_1) \in \mathbb{R}^{(K+1)\times 1}$이다.

모든 시점 $t = 1, \ldots, T$에 대해 식(6.2.1)을 적층하면 다음과 같은 형태로 표현된다:

$$\begin{bmatrix} y_{i,1} \\ y_{i,2} \\ \vdots \\ y_{i,T} \end{bmatrix} = \begin{bmatrix} z'_{i,1} \\ z'_{i,2} \\ \vdots \\ z'_{i,T} \end{bmatrix} \beta + \begin{bmatrix} \varepsilon_{i,1} \\ \varepsilon_{i,2} \\ \vdots \\ \varepsilon_{i,T} \end{bmatrix},$$

또는 간단히

$$y_i = Z_i\beta + \varepsilon_i, \qquad (6.2.2)$$

여기서 $y_i \in \mathbb{R}^{T\times 1}$, $Z_i \in \mathbb{R}^{T\times(K+1)}$, $\varepsilon_i \in \mathbb{R}^{T\times 1}$이다. 모든 개체 $i = 1, \ldots, N$에 대해 식(6.2.2)를 적층하면

$$y = Z\beta + \varepsilon$$

가 되며, 여기서 $y = [y_i]_{i=1}^N \in \mathbb{R}^{NT\times 1}$, $Z = [Z_i]_{i=1}^N \in \mathbb{R}^{NT\times(K+1)}$, $\varepsilon = [\varepsilon_i]_{i=1}^N \in \mathbb{R}^{NT\times 1}$이다.

제5장에서 살펴본 외생변수로만 구성된 회귀모형에 대한 GMM 결과를 바탕으로, 결합모형의 OLS 추정량 $b_{PL} \in \mathbb{R}^{(K+1)\times 1}$과 그 점근분포는 다음과 같이 유도된다:

$$b_{PL} = (Z'Z)^{-1}Z'y,$$
$$\sqrt{NT}(b_{PL} - \beta) \xrightarrow{d} N\left(0, (\Sigma'_{ZZ}S^{-1}\Sigma_{ZZ})^{-1}\right),$$

여기서 $\Sigma_{ZZ} = E[Z_i'Z_i] \in \mathbb{R}^{(K+1)\times(K+1)}$, $S = \sum_{s=-\infty}^{\infty} E[Z_i'\varepsilon_i\varepsilon_{i-s}'Z_{i-s}] \in \mathbb{R}^{(K+1)\times(K+1)}$이다. 일치추정량 $S_{ZZ} \xrightarrow{p} \Sigma_{ZZ}$와 $\hat{S} \xrightarrow{p} S$을 이용하면, b_{PL}의 점근공분산행렬을 추정할 수 있다.

요약하면, 결합모형은 개체효과와 시점효과를 모두 무시하고 분석을 진행하는 단순한 방식이다. 이러한 단순화는 실제 데이터를 과도하게 일반화하는 오류를 범할 수 있으며, 중요한 구조적 정보를 반영하지 못한다는 점에서 주의가 필요하다.

6.3 고정효과모형

고정효과모형(Fixed Effect model, FE 모형)은 개체효과 c_i와 시점효과 δ_t를 개체별 절편과 시점별 절편의 형태로 모형에 포함하는 방식이다. 이를 통해 패널자료에 내포된 개체 및 시점 간 이질성을 구조적으로 통제할 수 있다.

6.3.1 개체효과

개체효과 c_i만 존재하는 경우, FE 모형은 다음의 가정을 한다. 첫째, 모든 개체 i에 대해 고유한 c_i가 존재하며, 이는 개체마다 상이할 수 있다. 둘째, c_i는 독립변수 $x_{i,t}$와 상관되어 있다. 이러한 가정 아래, 패널회귀모형은 다음과 같이 표현된다:

$$y_{i,t} = (\alpha_0 + c_i) + x_{i,t}'\beta_1 + \varepsilon_{i,t} = \alpha_i + x_{i,t}'\beta_1 + \varepsilon_{i,t}, \tag{6.3.1}$$

여기서 $\alpha_i = \alpha_0 + c_i$는 개체별 절편으로, 각 개체가 가지는 고유한 불변 특성을 반영한다. 즉, 개체효과 FE 모형은 개체효과를 개체별 절편 α_i를 통해 모형 내에 명시적으로 포함함으로써, 개체 간 이질성의 생략으로 인해 발생하는 편의를 방지한다. 일반적으로 c_i는 개체 i의 모든 불변 특성을 포함한다고 간주한다. 따라서 시간에 따라 변하지 않는 변수(예: 기업의 설립 연도, CEO의 성별 등)는 독립변수 $x_{i,t}$에 포함할 수 없다. 만약 이러한 불변변수(invariant variable)를 포함하면, $x_{i,t}$와 α_i 사이에 완전다중공선성이 발생한다. 이는 특정 독립변수의 정보가 절편 α_i에 의해 완벽하게 설명되어, 회귀계수의 식별이 불가능해진다는 것을 의미한다.

6.3.2 시점효과

시점효과 δ_t만 존재할 때 FE 모형은 다음과 같은 가정을 전제로 한다. 첫째, δ_t는 시점마다 서로 다른 값을 가질 수 있다. 둘째, δ_t와 독립변수 $x_{i,t}$ 사이에 상관관계가 존재한다. 이때 패널회귀모형은

$$y_{i,t} = (\alpha_0 + \delta_t) + x'_{i,t}\beta_1 + \varepsilon_{i,t} = \alpha_t + x'_{i,t}\beta_1 + \varepsilon_{i,t}$$

가 된다. 여기서 $\alpha_t = \alpha_0 + \delta_t$는 시점별 절편이며, 특정 시점에서 모든 개체에 영향을 미치는 공통 요인(예: 거시경제 상황, 정책 변화)을 반영한다. 시점효과 FE 모형은 시점효과를 시점별 절편 α_t를 통해 명시적으로 포함함으로써, 시점 간 이질성이 생략되어 발생할 수 있는 생략변수편의를 통제한다. 개체효과와 마찬가지로, 시점별로 불변하는 변수(예: 특정 연도의 GDP 성장률)를 $x_{i,t}$에 포함시키면 완전다중공선성이 발생한다.

6.3.3 이중효과

이중효과 FE 모형은 개체효과 c_i와 시점효과 δ_t를 동시에 고려하는 모형이다. 주요 가정은 다음과 같다. 첫째, c_i는 개체마다 다르다. 둘째, δ_t는 시점마다 다르다. 셋째, c_i와 δ_t 중 적어도 하나는 독립변수 $x_{i,t}$와 상관되어 있다. 이러한 가정 아래에서 패널회귀모형은 다음과 같이 표현된다:

$$y_{i,t} = \alpha_i + \alpha_t + x'_{i,t}\beta_1 + \varepsilon_{i,t},$$

여기서 개체별 절편 α_i는 개체 i의 불변 특성을, 시점별 절편 α_t는 시점 t에 발생한 공통 충격을 반영한다. 생략변수편의를 제거하기 위해 이중효과 FE 모형은 개체 및 시점효과를 동시에 포함하므로, 완전다중공선성을 피하기 위해서 $x_{i,t}$는 개체 및 시점별 불변변수를 포함할 수 없다.

패널자료에서는 개체 수 N이 매우 크고, 시점 수 T는 상대적으로 작은 경우가 일반적이다. 따라서 개체효과를 FE 모형에 포함하는 것은 필수적이다. 한편, T가 충분히 클 뿐 아니라 특정 시점에 외생적 충격이나 구조적 변화가 존재한다는 근거가 충분한 경우, 시점효과도 FE 모형에 포함할 수 있다.

6.3.4 OLS 추정

이번 절에서는 개체효과만 포함된 FE 모형의 OLS 추정을 살펴본다. 동일한 논리는 시점효과만 포함된 FE 모형이나, 개체 및 시점효과를 모두 포함하는 이중효과 FE 모형에도

적용된다. 먼저 개체 i에 대해 시점 $t=1,\ldots,T$에 걸쳐 식(6.3.1)을 적층하면 다음과 같다:

$$\begin{bmatrix} y_{i,1} \\ y_{i,2} \\ \vdots \\ y_{i,T} \end{bmatrix} = \begin{bmatrix} \alpha_i \\ \alpha_i \\ \vdots \\ \alpha_i \end{bmatrix} + \begin{bmatrix} x'_{i,1} \\ x'_{i,2} \\ \vdots \\ x'_{i,T} \end{bmatrix} \beta_1 + \begin{bmatrix} \varepsilon_{i,1} \\ \varepsilon_{i,2} \\ \vdots \\ \varepsilon_{i,T} \end{bmatrix},$$

또는

$$y_i = i_T\alpha_i + X_i\beta_1 + \varepsilon_i, \tag{6.3.2}$$

여기서 $y_i \in \mathbb{R}^{T\times 1}, X_i \in \mathbb{R}^{T\times K}, \varepsilon_i \in \mathbb{R}^{T\times 1}$이다. 이후 모든 개체 $i=1,\ldots,N$에 대해 식(6.3.2)를 적층하면 다음과 같은 형태가 된다:

$$\begin{bmatrix} y_1 \\ y_2 \\ \vdots \\ y_N \end{bmatrix} = \begin{bmatrix} i_T & 0 & \cdots & 0 \\ 0 & i_T & \cdots & 0 \\ \vdots & \vdots & & \vdots \\ 0 & 0 & \cdots & i_T \end{bmatrix} \begin{bmatrix} \alpha_1 \\ \alpha_2 \\ \vdots \\ \alpha_N \end{bmatrix} + \begin{bmatrix} X_1 \\ X_2 \\ \vdots \\ X_N \end{bmatrix} \beta_1 + \begin{bmatrix} \varepsilon_1 \\ \varepsilon_2 \\ \vdots \\ \varepsilon_N \end{bmatrix},$$

또는

$$y = D\alpha + X\beta_1 + \varepsilon = \begin{bmatrix} D & X \end{bmatrix} \begin{bmatrix} \alpha \\ \beta_1 \end{bmatrix} + \varepsilon = Z\beta + \varepsilon,$$

여기서 $y \in \mathbb{R}^{NT\times 1}, D \in \mathbb{R}^{NT\times N}, X \in \mathbb{R}^{NT\times K}, Z \in \mathbb{R}^{NT\times(K+N)}, \varepsilon \in \mathbb{R}^{NT\times 1}$이다. 이 회귀모형은 가변수행렬 D를 포함하고 있기 때문에 최소제곱가변수(Least Squares Dummy Variable, LSDV) 모형이라 불린다.

GMM 결과를 적용하면, OLS 추정량 $b_{FE} \in \mathbb{R}^{(K+N)\times 1}$와 그 점근분포는 다음과 같다:

$$b_{FE} = (Z'Z)^{-1}Z'y, \tag{6.3.3}$$
$$\sqrt{NT}(b_{FE} - \beta) \xrightarrow{d} N\left(0, (\Sigma'_{ZZ}S^{-1}\Sigma_{ZZ})^{-1}\right),$$

여기서 $\Sigma_{ZZ} = E[Z_i'Z_i] \in \mathbb{R}^{(K+N)\times(K+N)}$, $S = \sum_{s=-\infty}^{\infty} E[Z_i'\varepsilon_i\varepsilon_{i-s}'Z_{i-s}] \in \mathbb{R}^{(K+N)\times(K+N)}$, $Z_i = \begin{bmatrix} d_1 & d_2 & \ldots & d_N & X_i \end{bmatrix} \in \mathbb{R}^{T\times(K+N)}$, $d_j \in \mathbb{R}^{T\times 1}$는 j번째 개체에 대해 i_T, 나머지에는 $0_{T\times 1}$을 가지는 가변수벡터이다. 일치추정량 $S_{ZZ} \xrightarrow{p} \Sigma_{ZZ}$와 $\hat{S} \xrightarrow{p} S$을 이용하면, b_{FE}의 점근공분산행렬을 추정할 수 있다.

결합모형과 FE 모형은 표면적으로 동일한 OLS 추정 공식을 갖지만, 두 모형에서 정의된 Z_i의 구성은 다르다. 결합모형에서는 $Z_i = [\ i_T \quad X_i\ ] \in \mathbb{R}^{T\times(K+1)}$로 정의되어, 개체 간 이질성을 고려하지 않는다. 반면, FE 모형은 Z_i를 개체별 가변수벡터 $d_1,\ldots,d_N$를 포함하는 형태로 정의하여, 개체 간 이질성을 명시적으로 나타낸다. 결과적으로, 결합모형의 추정치 b_{PL}과 FE 모형의 추정치 b_{FE}는 서로 다른 값을 가진다.

6.3.5 OLS 추정량의 효율적인 계산

식(6.3.3)에서 제시된 표준 OLS 공식은 고정효과벡터 $\alpha \in \mathbb{R}^{N\times 1}$와 회귀계수벡터 $\beta_1 \in \mathbb{R}^{K\times 1}$을 동시에 추정하는 방식을 의미한다. 이때 개체 수 N이 큰 경우, 모수 β의 추정에 있어 높은 계산 비용이 발생한다. 일반적으로 패널자료는 N이 매우 크기에, 이러한 계산 부담은 실질적인 제약으로 작용한다.

제2장에서 살펴본 부분회귀 접근법을 이용하면 α와 β_1을 동시에 추정하지 않고도 동일한 결과를 훨씬 효율적으로 계산할 수 있다. 구체적으로 β_1의 OLS 추정량 $b_{FE,1}$는 다음과 같이 유도된다:

$$b_{FE,1} = (X'M_DX)^{-1}(X'M_Dy),$$

여기서 $M_D = I - D(D'D)^{-1}D'$는 고정효과행렬 D로 구성된 잔차생성행렬이다. 즉, M_Dy와 M_DX는 종속변수 y와 독립변수 X에서 개체별 고정효과의 선형적 영향을 제거한 잔차 성분으로 해석할 수 있다.

실제 분석에서는 M_Dy를 종속변수, M_DX를 독립변수로 간주하여 OLS를 적용하면 $b_{FE,1}$을 계산할 수 있다. 일단 $b_{FE,1}$이 계산되면, 이를 이용해 고정효과 α의 OLS 추정량 a_{FE}는

$$a_{FE} = (D'D)^{-1}D'(y - Xb_{FE,1})$$

로 계산한다. 이러한 부분회귀 접근법은 표준 OLS 공식을 사용하는 방식보다 계산 효율성이 매우 높고, 특히 개체 수 N이 큰 대규모 패널자료 분석에서 필수적인 기법으로 활용된다.

6.4 OLS 추정량의 점근공분산행렬

6.4.1 오차 구조의 일반 형태

OLS 추정량의 점근효율성을 위해서는, 오차 구조를 정확히 반영하는 행렬 S의 일치추정량 $\hat{S}$을 사용하여 점근공분산행렬을 계산해야 한다. 횡단면자료의 경우, 오차항의 등분산성을 가정하여 $\hat{S}_{CL}$을 사용하거나, 이분산성을 허용하여 $\hat{S}_{HC}$를 사용한다. 한편, 시계열자료의 경우에는 $\hat{S}_{CL}$과 $\hat{S}_{HC}$와 더불어, 이분산성과 자기상관을 모두 보정하는 $\hat{S}_{HAC}$를 사용한다.

패널자료는 개체와 시점의 두 차원을 모두 포함하기 때문에, 제3장에서 살펴본 횡단면 자료나 시계열자료에 비해 훨씬 더 복잡한 오차 구조를 가진다. 따라서 기존의 일치추정량 $\hat{S}_{CL}$, $\hat{S}_{HC}$, $\hat{S}_{HAC}$은 패널자료의 오차 구조를 충분히 반영하지 못하며, 이들을 적용할 경우 결합모형이나 FE 모형에서 OLS 추정량의 점근효율성이 떨어지게 된다.

구체적으로 살펴보면, 개체 i의 오차항벡터 $\varepsilon_i = [\varepsilon_{i,t}]_{t=1}^{T} \in \mathbb{R}^{T\times 1}$와 개체 j의 오차항벡터 $\varepsilon_j = [\varepsilon_{j,t}]_{t=1}^{T} \in \mathbb{R}^{T\times 1}$ 간의 공분산행렬 $\Sigma_{ij} \in \mathbb{R}^{T\times T}$는

$$\Sigma_{ij} = E[\varepsilon_i \varepsilon_j'] = \begin{bmatrix} E[\varepsilon_{i,1}\varepsilon_{j,1}] & E[\varepsilon_{i,1}\varepsilon_{j,2}] & \cdots & E[\varepsilon_{i,1}\varepsilon_{j,T}] \\ E[\varepsilon_{i,2}\varepsilon_{j,1}] & E[\varepsilon_{i,2}\varepsilon_{j,2}] & \cdots & E[\varepsilon_{i,2}\varepsilon_{j,T}] \\ \vdots & \vdots & & \vdots \\ E[\varepsilon_{i,T}\varepsilon_{j,1}] & E[\varepsilon_{i,T}\varepsilon_{j,2}] & \cdots & E[\varepsilon_{i,T}\varepsilon_{j,T}] \end{bmatrix}$$

로 주어진다.

전체 오차항벡터 $\varepsilon = [\varepsilon_i]_{i=1}^{N} \in \mathbb{R}^{NT\times 1}$의 공분산행렬 $\Sigma \in \mathbb{R}^{NT\times NT}$는

$$\Sigma = E[\varepsilon\varepsilon'] = \begin{bmatrix} \Sigma_{11} & \Sigma_{12} & \cdots & \Sigma_{1N} \\ \Sigma_{21} & \Sigma_{22} & \cdots & \Sigma_{2N} \\ \vdots & \vdots & & \vdots \\ \Sigma_{N1} & \Sigma_{N2} & \cdots & \Sigma_{NN} \end{bmatrix}$$

이며, 이는 블록행렬(block matrix)의 형태를 가진다.

Σ의 구조에서 확인할 수 있듯이, 패널자료의 오차 구조는 이분산성이나 자기상관을 넘어선 매우 복합적인 형태이다. 기존의 $\hat{S}_{HC}$나 $\hat{S}_{HAC}$는 이러한 오차 구조를 충분히 반영하는 데 한계가 있기 때문에, 패널자료에 특화된 $\hat{S}$의 사용이 요구된다. 실제 분석에서는 오차 구조가 개체군집, 시점군집, 또는 이중군집 중 하나를 따른다고 가정한다. 군집화 방식은 Σ의 구조를 결정하며, 이를 기반으로 한 S의 형태 역시 결정한다. 일단 S의 형태가 결정되면, S의 각 원소 $E[\varepsilon_{i,t}\varepsilon_{j,s}]$를 표본 추정치 $E_T[e_{i,t}e_{j,s}]$로 근사하여 $\hat{S}$을 계산한다.

6.4.2 개체군집

개체군집은 같은 개체 내에서는 오차항이 시계열적 자기상관을 가질 수 있지만, 서로 다른 개체 간에는 모든 시점에서 오차항이 독립이라고 가정한다. 즉, 시계열 단위(개체 기준)에서는 종속성을 허용하고, 횡단면 단위(시점 기준)에서는 독립성을 유지하는 구조이다. 수학적으로 표현하면, 모든 $i = 1,\ldots,N$에 대해 개체 i의 오차항벡터 ε_i는 자기상관을 가지

므로, $\Sigma_{ii} = E[\varepsilon_i \varepsilon_i']$은

$$\Sigma_{ii} = \begin{bmatrix} E[\varepsilon_{i,1}\varepsilon_{i,1}] & E[\varepsilon_{i,1}\varepsilon_{i,2}] & \cdots & E[\varepsilon_{i,1}\varepsilon_{i,T}] \\ E[\varepsilon_{i,2}\varepsilon_{i,1}] & E[\varepsilon_{i,2}\varepsilon_{i,2}] & \cdots & E[\varepsilon_{i,2}\varepsilon_{i,T}] \\ \vdots & \vdots & & \vdots \\ E[\varepsilon_{i,T}\varepsilon_{i,1}] & E[\varepsilon_{i,T}\varepsilon_{i,2}] & \cdots & E[\varepsilon_{i,T}\varepsilon_{i,T}] \end{bmatrix} \tag{6.4.1}$$

가 되는 반면, 서로 다른 개체 $i \neq j$ 간의 오차항벡터 ε_i와 ε_j는 모든 시점에서 독립이므로 $\Sigma_{ij} = 0_{T\times T}$가 된다.

예시 6.2. 2001년부터 2020년까지 100개 기업의 연도별 매출(종속변수)과 연구개발(R&D) 지출(독립변수) 간의 관계를 분석한다고 하자. 이때 같은 기업 내의 오차항은 자기상관을 가질 가능성이 높다. 예컨대, 기업 A가 2017년에 저조한 매출을 기록했다면, 이 영향은 2018년에도 일부 지속될 수 있다. 이는 기업의 경영 전략, 기술력, 시장 점유율 등 시간에 걸쳐 연속성을 가지는 요인들이 존재하기 때문이다. 반면, 서로 다른 기업의 오차항은 독립적이라고 가정할 수 있다. 예를 들어, 기업 A와 기업 B가 전혀 다른 산업군에 속해 있거나, 독립적인 시장과 공급망을 통해 운영되고 있다면, 두 기업의 오차항이 같은 시점 또는 다른 시점에서 상관될 이유는 없다.

6.4.3 시점군집

시점군집은 같은 시점에 존재하는 서로 다른 개체들의 오차항은 상관될 수 있지만, 개체별로는 자기상관이 존재하지 않는다고 가정한다. 즉, 횡단면 단위(시점 기준)에서는 종속성을 허용하되, 시계열 단위(개체 기준)에서는 독립성을 유지하는 구조이다. 이러한 오차구조는 특정 시점에서 모든 개체에 공통으로 작용하는 충격의 존재를 반영하기 위한 군집화 방식이다. 수학적으로 표현하면, 모든 $i, j = 1, \ldots, N$에 대해 Σ의 각 블록 Σ_{ij}는 대각행렬 형태인

$$\Sigma_{ij} = \text{diag}\left(E[\varepsilon_{i,1}\varepsilon_{j,1}], E[\varepsilon_{i,2}\varepsilon_{j,2}], \ldots, E[\varepsilon_{i,T}\varepsilon_{j,T}]\right) \tag{6.4.2}$$

가 된다. 즉, 각 시점 t에서는 서로 다른 개체 i와 j의 오차항이 상관될 수 있지만, 서로 다른 시점 간에는 어떠한 상관관계도 존재하지 않는다.

예시 6.3. 2001년부터 2020년까지 KOSPI에 상장된 100개 기업의 연도별 Altman Z-점수(종속변수)와 재무 건정성 지표(독립변수) 간의 관계를 분석한다고 하자. 같은 연도에는 모든 기업이 공통된 거시경제적 충격을 받는다. 예컨대, 금융위기, 기준금리 인상, 글로벌 팬데믹과 같은 사건은 특정 연도에 상장기업 전반의 부도 위험에 동시에 영향을 미칠 수

있다. 따라서 같은 시점에 관측된 서로 다른 기업의 오차항은 상관될 가능성이 있다.

6.4.4 이중군집

이중군집은 패널자료의 오차 구조에 대한 가장 일반적이며 포괄적인 가정으로서, 개체 내의 시계열 자기상관을 허용할 뿐 아니라 같은 시점에서 개체 간의 횡단면 상관관계도 허용한다. 따라서 전체 오차항벡터 ε의 공분산행렬 Σ를 구성하는 각 블록은 두 가지 방향의 상관관계를 모두 반영한다.

모든 $i = 1, \ldots, N$에 대해 Σ_{ii}은 개체 i의 시계열적 자기상관을 포함하며, 이는 앞서 정의한 식(6.4.1)의 형태를 따른다. 반면, Σ_{ij}는 서로 다른 개체 i와 j 사이의 횡단면적 상관관계를 포함하되, 이는 시점 단위로 동기화된 관계만 반영한다. 따라서 모든 $i \neq j$에 대해 Σ_{ij}는 식(6.4.2)의 대각행렬 구조를 따른다. 이중군집은 가장 유연하고 현실적인 가정이지만, 그만큼 S의 추정도 복잡해 진다. 특히 개체 수 N과 시점 수 T 모두 충분히 커야만, 이론적 점근분포가 안정적으로 작동한다는 점을 유념해야 한다.

예시 6.4. 2010년부터 2020년까지 30개 국가의 주가지수의 월별 수익률과 거시경제 변수 간의 관계를 분석한다고 하자. 각 국가 내에서는 정책효과, 경제구조, 경기순환 등의 요인으로 인해 수익률이 시계열적으로 자기상관을 보일 수 있다. 동시에, 글로벌 금융위기, 유가 폭락, 코로나19 팬데믹과 같은 국제적 충격은 같은 시점에 모든 국가의 수익률에 동시적으로 영향을 미치므로, 시점별 횡단면 상관관계 역시 존재할 가능성이 높다.

6.5 랜덤효과모형

6.5.1 모형의 정의

개체효과만을 고려한 다음과 같은 패널회귀모형을 생각해 보자:

$$y_{i,t} = \alpha_0 + c_i + x_{i,t}'\beta_1 + \varepsilon_{i,t},$$

여기서 $x_{i,t} \in \mathbb{R}^{K\times 1}$은 독립변수벡터, $\varepsilon_{i,t}$는 $E[\varepsilon_{i,t}^2] = \sigma_{\varepsilon,i}^2$를 만족하는 오차항이다. 랜덤효과모형(Random Effect model, RE 모형)은 개체효과 c_i를 확률변수로 삼아 개체 간 이질성을 설명한다. 본 절에서의 논의는 시점효과만 포함된 경우, 개체 및 시점효과를 모두 포함한 경우에도 동일하게 적용될 수 있다.

RE 모형의 주요 가정은 다음과 같다. 첫째, 개체효과 c_i는 개체별 무작위충격(random shock)으로서 $E[c_i] = 0$와 $E[c_i^2] = \sigma_{c,i}^2$를 만족한다. 둘째, 개체효과 c_i와 독립변수 $x_{i,t}$ 사이에는 상관관계가 존재하지 않는다. 특히, 무상관 가정은 FE 모형과 RE 모형의 가장 본질적인

차이점이다. 이러한 가정 아래에서 패널회귀모형은 다음과 같이 재표현된다:

$$y_{i,t} = \alpha_0 + x'_{i,t}\beta_1 + (c_i + \varepsilon_{i,t}) = \alpha_0 + x'_{i,t}\beta_1 + \eta_{i,t} = z'_{i,t}\beta + \eta_{i,t}, \tag{6.5.1}$$

여기서 $\eta_{i,t} = c_i + \varepsilon_{i,t}$, $z'_{i,t} = (1, x'_{i,t}) \in \mathbb{R}^{(K+1)\times 1}$, $\beta' = (\alpha_0, \beta'_1) \in \mathbb{R}^{(K+1)\times 1}$이다. 이때 복합 오차항 $\eta_{i,t}$는 강한 외생성조건, 즉

$$E[\eta_{i,t}|x_{i,1}, x_{i,2}, \ldots, x_{i,T}] = 0$$

을 만족한다고 가정하며, 이는 개체 i의 모든 시점에 걸쳐 관측된 독립변수와 $\eta_{i,t}$ 사이에는 상관관계가 없음을 의미한다.

모든 시점 $t = 1, \ldots, T$에 대해 식(6.5.1)을 적층하면 다음과 같다:

$$\begin{bmatrix} y_{i,1} \\ y_{i,2} \\ \vdots \\ y_{i,T} \end{bmatrix} = \begin{bmatrix} z'_{i,1} \\ z'_{i,2} \\ \vdots \\ z'_{i,T} \end{bmatrix} \beta + \begin{bmatrix} \eta_{i,1} \\ \eta_{i,2} \\ \vdots \\ \eta_{i,T} \end{bmatrix},$$

또는 간단히

$$y_i = Z_i\beta + \eta_i, \tag{6.5.2}$$

여기서 $y_i \in \mathbb{R}^{T\times 1}$, $Z_i \in \mathbb{R}^{T\times(K+1)}$, $\eta_i \in \mathbb{R}^{T\times 1}$이다. 모든 개체 $i = 1, \ldots, N$에 대해 식(6.5.2)를 적층하면 다음과 같다:

$$\begin{bmatrix} y_1 \\ y_2 \\ \vdots \\ y_N \end{bmatrix} = \begin{bmatrix} Z_1 \\ Z_2 \\ \vdots \\ Z_N \end{bmatrix} \beta + \begin{bmatrix} \eta_1 \\ \eta_2 \\ \vdots \\ \eta_N \end{bmatrix},$$

또는 간단히

$$y = Z\beta + \eta,$$

여기서 $y \in \mathbb{R}^{NT\times 1}$, $Z \in \mathbb{R}^{NT\times(K+1)}$, $\eta \in \mathbb{R}^{NT\times 1}$이다.

FE 모형은 개체효과 c_i를 개체별 상수항 α_i를 통해 통제하기 때문에, 성별과 같은 불변변수는 완전다중공선성으로 인해 독립변수에 포함될 수 없다. 반면, RE 모형은 c_i를 오차항 η_i의 일부로 삼아 개체 간 이질성을 통제한다. 따라서 불변변수는 개체효과와 무상관임을 전제로 독립변수에 포함될 수 있으며, 해당 불변변수의 한계효과를 추정할 수 있다. 이러한

특성으로 인해, 시간 불변적 변수들의 한계효과가 주요 분석 대상인 경우에는 RE 모형의 활용 가치가 높다.

6.5.2 오차 구조와 GLS 추정

RE 모형의 식별성을 확보하기 위해서는 다음의 추가적인 가정이 필요하다. 첫째, 모든 t에 대해 $E[c_i\varepsilon_{i,t}] = 0$이다. 즉, 모든 시점에서 c_i와 $\varepsilon_{i,t}$는 서로 독립이다. 둘째, 모든 $s \neq 0$에 대해 $E[\varepsilon_{i,t}\varepsilon_{i,t-s}] = 0$이며, 이는 $\varepsilon_{i,t}$가 모든 시차에 걸쳐 자기상관을 갖질 않는다는 것을 의미한다.

이러한 가정 아래에서, 복합 오차항 $\eta_{i,t} = c_i + \varepsilon_{i,t}$의 분산과 공분산은 각각 다음과 같이 계산된다:

$$E[\eta_{i,t}^2] = E[(c_i + \varepsilon_{i,t})^2] = \sigma_{c,i}^2 + \sigma_{\varepsilon,i}^2,$$
$$E[\eta_{i,t}\eta_{i,t-s}] = E[(c_i + \varepsilon_{i,t})(c_i + \varepsilon_{i,t-s})] = \sigma_{c,i}^2.$$

모든 $i = 1, \ldots, N$에 대해 개체 i의 오차항벡터 η_i에 대한 공분산행렬 $\Sigma_{ii} \in \mathbb{R}^{T\times T}$은

$$\Sigma_{ii} = E[\eta_i\eta_i'] = \begin{bmatrix} \sigma_{c,i}^2 + \sigma_{\varepsilon,i}^2 & \sigma_{c,i}^2 & \cdots & \sigma_{c,i}^2 \\ \sigma_{c,i}^2 & \sigma_{c,i}^2 + \sigma_{\varepsilon,i}^2 & \cdots & \sigma_{c,i}^2 \\ \vdots & \vdots & & \vdots \\ \sigma_{c,i}^2 & \sigma_{c,i}^2 & \cdots & \sigma_{c,i}^2 + \sigma_{\varepsilon,i}^2 \end{bmatrix}$$

로 주어진다.

한편, 모든 시점에서 서로 다른 개체의 오차항벡터 η_i와 η_j 사이에는 독립성을 가정하므로, 모든 $i \neq j$에 대해 $E[\eta_i\eta_j'] = 0_{T\times T}$이 성립한다. 종합하면, 전체 오차항벡터 η의 공분산행렬 $\Sigma \in \mathbb{R}^{NT\times NT}$은

$$\Sigma = E[\eta\eta'] = \begin{bmatrix} \Sigma_{11} & 0_{T\times T} & \cdots & 0_{T\times T} \\ 0_{T\times T} & \Sigma_{22} & \cdots & 0_{T\times T} \\ \vdots & \vdots & & \vdots \\ 0_{T\times T} & 0_{T\times T} & \cdots & \Sigma_{NN} \end{bmatrix}$$

로 표현되며, 이는 블록대각 형태이다.

강한 외생성조건이 성립하기 때문에, RE 모형의 OLS 추정량과 GLS 추정량 모두 일치성을 가진다. 그러나 Σ_{ii}의 구조에서 알 수 있듯, RE 모형의 오차 구조는 등분산이 아니므로,

GLS 추정량이 보다 효율적이다. 제3장의 결과를 바탕으로 GLS 추정량 b_{RE}와 그 점근분포는 다음과 같이 주어진다:

$$b_{RE} = (Z'\Sigma^{-1}Z)^{-1}Z'\Sigma^{-1}y,$$
$$b_{RE} \xrightarrow{d} N\left(\beta, (Z'\Sigma^{-1}Z)^{-1}\right).$$

실제 분석에서는 일치추정량 $\hat{\sigma}^2_{c,i} \xrightarrow{p} \sigma^2_{c,i}$과 $\hat{\sigma}^2_{\varepsilon,i} \xrightarrow{p} \sigma^2_{\varepsilon,i}$을 이용하여 각 $\hat{\Sigma}_{ii}$를 구성한 후, 이를 바탕으로 전체 공분산행렬의 추정치 $\hat{\Sigma}$을 구성하여 FGLS 추정을 수행한다. 추정 절차에 관한 보다 구체적인 논의는 Greene [2017], Wooldridge [2010] 등을 참조하길 바란다.

6.6 FE 모형과 RE 모형의 비교

6.6.1 Hausman 검정

FE 모형과 RE 모형의 가장 핵심적인 차이는 개체효과 c_i와 독립변수 $x_{i,t}$ 사이의 상관관계에 대한 가정이다. 만약 c_i와 $x_{i,t}$가 상관되어 있다면, FE 모형의 OLS 추정량 b_{FE}는 일치추정량이 되지만, RE 모형의 GLS 추정량 b_{RE}는 생략변수편의로 인해 일치성을 상실한다. 반대로 c_i와 $x_{i,t}$ 사이에 상관관계가 존재하지 않는다면, b_{FE}와 b_{RE} 모두 일치추정량이며, 이 경우 RE 모형이 보다 효율적인 추정량을 제공한다.

패널자료의 분석에서 FE 모형과 RE 모형 중 어느 것이 더 적합한지를 판단하기 위해 Hausman 검정이 사용된다. 이때 귀무가설과 대립가설은 각각

$$H_0 : \text{RE 모형이 적합하다}, \qquad H_1 : \text{FE 모형이 적합하다}$$

이다. Hausman [1978]은 귀무가설 H_0 아래에서 다음의 결과가 성립함을 보였다:

$$H = (b_{RE} - b_{FE})' \left(\widehat{AVar[b_{FE}]} - \widehat{AVar[b_{RE}]}\right)^{-1} (b_{RE} - b_{FE}) \xrightarrow{d} \chi^2_{(K)},$$

여기서 K는 독립변수(상수항 제외)의 개수이다.

만약 b_{FE}와 b_{RE}의 차이가 유의하지 않다면, 이는 외생성조건 $E[x_{i,t}c_i] = 0$이 성립함을 의미한다. 이 경우 b_{RE}는 일치성과 효율성을 동시에 갖는 최적 추정량이므로, 귀무가설이 기각되지 않아야 한다. 반면, 두 추정량의 차이가 통계적으로 유의미하게 크다면, 이는 외생성조건이 위배되어 b_{RE}가 생략변수편의로 인해 왜곡됨을 의미한다. 이때에는 귀무가설이 기각되고, FE 모형이 적합하다는 대립가설이 채택되어야 한다. Hausman 검정의 p-값은 이

러한 직관에 기반하여 결정되며, p-값이 유의수준보다 크면 귀무가설을 기각하지 않는다.

6.6.2 FE 모형의 상대적 장점

실제 분석에서는 Hausman 검정 결과와는 무관하게 FE 모형이 선호되는 경향이 있다. 그 이유는 다음과 같다. 첫째, RE 모형은 개체효과 c_i와 독립변수 $x_{i,t}$ 사이에 상관관계가 존재하지 않아야 한다는 것을 전제로 한다. 그러나 패널자료에서는 개체 고유 특성과 독립변수 간 상관관계가 존재하는 경우가 일반적이다. FE 모형은 이러한 상관관계를 허용하므로, 현실의 데이터 구조에 더 잘 부합한다.

둘째, FE 모형은 시간에 따른 변화의 영향을 분석하는 데 적합하다. FE 모형은 개체별 불변 특성을 통제하고, 시간에 따라 변하는 변수들의 변화를 활용하여 정책효과나 제도변화의 순수 효과를 식별할 수 있다. 예를 들어, 정부가 기업규제를 완화하는 정책을 시행한 경우를 생각해 보자. FE 모형은 각 기업의 고정된 특성(예: 기업문화, 생산성 수준)을 통제한 상태에서, 규제 완화가 기업성과에 미치는 순수한 인과 효과를 추정할 수 있다. 반면, RE 모형은 개체효과와 독립변수 간 상관관계를 반영하지 못하므로, "원래 성과가 좋은 기업이 규제 완화의 혜택을 더 본 것인지" 아니면 "규제 완화 자체가 성과 향상을 유발했는지"를 명확히 구분하기 어렵다.

셋째, FE 모형은 RE 모형에 비해 효율성은 낮을 수 있지만, 편향되지 않은 추정량을 제공한다. FE 모형의 OLS 추정량은 외생성조건 $E[x_{i,t}c_i] = 0$이 성립하지 않아도 일치성을 유지하며, 모수 β에 확률적으로 수렴한다. 반면, RE 모형의 GLS 추정량은 외생성조건이 성립하는 경우에만 일치성과 효율성을 동시에 만족한다. 실제 분석에서는 효율성보다 일치성이 더 중요하게 평가되기 때문에, 보수적인 관점에서 FE 모형이 선호된다.

6.7 Fama–MacBeth 모형

6.7.1 FM 추정량의 정의

다음과 같은 회귀모형을 고려하자:

$$y_{i,t} = \beta_0 + \beta_1 x_{i,t,1} + \cdots + \beta_K x_{i,t,K} + \varepsilon_{i,t} = x_{i,t}'\beta + \varepsilon_{i,t}, \tag{6.7.1}$$

여기서 $x_{i,t} \in \mathbb{R}^{(K+1)\times 1}$은 개체 i에 대한 시점 t의 독립변수(상수항 포함)벡터, $\beta \in \mathbb{R}^{(K+1)\times 1}$은 절편과 회귀계수로 구성된 벡터이다. 이 모형은 앞서 살펴본 일반적인 패널회귀모형과 달리 개체효과나 시점효과를 별도로 포함하지 않는다. 외생성조건 $E[x_{i,t}\varepsilon_{i,t}] = 0_{(K+1)\times 1}$이 성립한다고 가정하자.

Fama and MacBeth [1973]는 식(6.7.1)을 바탕으로, 시점별 횡단면회귀모형의 추정량을 계산한 뒤 이를 평균하여 β를 추정하는 방법론을 제시하였다. 우선 시점 t에서 식(6.7.1)을 적층하면 다음과 같다:

$$\begin{bmatrix} y_{1,t} \\ y_{2,t} \\ \vdots \\ y_{N,t} \end{bmatrix} = \begin{bmatrix} x'_{1,t} \\ x'_{2,t} \\ \vdots \\ x'_{N,t} \end{bmatrix} \beta + \begin{bmatrix} \varepsilon_{1,t} \\ \varepsilon_{2,t} \\ \vdots \\ \varepsilon_{N,t} \end{bmatrix},$$

또는 간단히

$$y_t = X_t\beta + \varepsilon_t,$$

여기서 $y_t \in \mathbb{R}^{N\times 1}$, $X_t \in \mathbb{R}^{N\times(K+1)}$, $\varepsilon_t \in \mathbb{R}^{N\times 1}$이다. 시점별 OLS 추정치 $b_t \in \mathbb{R}^{(K+1)\times 1}$는 OLS 공식을 바탕으로

$$b_t = [b_{k,t}]_{k=0}^{K} = (X_t'X_t)^{-1}X_t'y_t$$

로 계산된다. 이 과정을 모든 시점 $t = 1,\ldots,T$에 대해 반복하면, 횡단면 OLS 추정치의 시계열자료 $\{b_1, b_2, \ldots, b_T\}$를 얻게 된다. 마지막으로 각 $k = 0,1,\ldots,K$에 대해 회귀계수 β_k의 Fama–MacBeth(FM) 추정량은 다음과 같이 정의된다:

$$b_{FM,k} = \frac{1}{T}\sum_{t=1}^{T} b_{k,t}. \tag{6.7.2}$$

6.7.2 FM 추정량의 점근분포

FM 추정량 $b_{FM,k}$의 점근분포를 유도하기 위해, 다음의 회귀모형을 고려하자:

$$b_{k,t} = \delta_k + \xi_{k,t},$$

여기서 δ_k는 상수항, $\xi_{k,t}$는 오차항이다. 이를 시점 $t = 1,\ldots,T$에 대해 적층하면 다음과 같다:

$$b_k = i_T\delta_k + \xi_k,$$

여기서 $b_k = [b_{k,t}]_{t=1}^{T} \in \mathbb{R}^{T\times 1}$, $\xi_k = [\xi_{k,t}]_{t=1}^{T} \in \mathbb{R}^{T\times 1}$이다. 절편 δ_k의 OLS 추정량은

$$\hat{\delta}_k = (i_T'i_T)^{-1}i_T'b_k = \frac{1}{T}\sum_{t=1}^{T} b_{k,t}$$

이며, 이는 식(6.7.2)의 FM 추정량 $b_{FM,k}$와 정확히 일치한다. 따라서 OLS 추정량 $\hat{\delta}_k$의 점근분포의 결과가 FM 추정량 $b_{FM,k}$에도 그대로 적용될 수 있다.

구체적으로 FM 추정량 $b_{FM,k}$의 점근분포는 다음과 같다:

$$\sqrt{T}(b_{FM,k} - \beta_k) \xrightarrow{d} N(0, S),$$

여기서 $S = \sum_{s=-\infty}^{\infty} E[\xi_{k,t}\xi_{k,t-s}]$이다. 실제 분석에서는 오차항 $\xi_{t,k}$이 이분산성과 자기상관을 동시에 가질 가능성이 높으므로, S의 일치추정량으로 다음과 같은 $\hat{S}_{HAC}$를 사용한다:

$$\hat{S}_{HAC} = \frac{1}{T}\left[\sum_{t=1}^{T} \hat{\xi}_{k,t}^2 + \sum_{s=1}^{q} w_s \sum_{t=s+1}^{T} (\hat{\xi}_{k,t}\hat{\xi}_{k,t-s} + \hat{\xi}_{k,t-s}\hat{\xi}_{k,t})\right],$$

여기서 $\hat{\xi}_{k,t} = b_{k,t} - T^{-1}\sum_{t=1}^{T} b_{k,t}$이다.

6.7.3 FM 모형의 장단점

FM 모형의 장점은 다음과 같다. 첫째, 고정효과를 별도로 고려하지 않기에 계산이 간편하다. 이는 분석의 초점이 개체 고유 특성이 아닌 독립변수의 한계효과에 있을 경우, 고정효과를 처리하는 복잡한 과정을 생략할 수 있어 유용하다. 둘째, 시간에 따른 시장 상황이나 정책 변동의 영향을 자연스럽게 반영한다. FM 모형은 시점마다 독립변수가 종속변수에 미치는 영향을 추정하고 이를 평균하는 방식이므로, 시계열적 변화를 효과적으로 포착할 수 있다. 셋째, 패널자료의 구조상 FM 모형이 적합한 경우가 많다. 예를 들어, 개체 수 N은 매우 크고 시점 수 T는 상대적으로 작은 경우, FE 모형은 개체 내 변동성 부족으로 인해 추정이 불안정해질 수 있다. 그러나, FM 모형은 시점별 횡단면 변동을 활용하므로 안정적인 추정 결과를 제공한다.

반면 FM 모형에는 다음과 같은 단점도 존재한다. 첫째, 자료 사용의 효율성이 낮다. FM 모형은 시점별로 별도의 횡단면회귀모형을 추정하고 이를 단순히 평균하기 때문에, 전체 패널자료를 이용해서 한 번에 추정하는 FE 모형과 RE 모형에 비해 자료 사용의 효율성이 떨어진다. 특히 시점 수 T가 매우 작은 경우 표본분산이 커져 추정의 정확도가 낮아질 수 있다. 둘째, 개체효과를 통제하지 못한다. FM 모형은 개체별 고정효과를 모형에 포함하지 않으므로, 개체효과와 독립변수가 상관되어 있는 경우 생략변수편의로 인해 추정량의 왜곡이 발생한다. 셋째, 시점별 표본크기와 분포의 안정성이 요구된다. FM 모형은 시점별 횡단면회귀모형의 추정치를 평균하는 방식이므로, 시점별 표본크기가 지나치게 작거나 독립변수의 분산이 부족하면 특정 시점의 회귀계수 추정치가 극단값을 가지거나 추정 자체가 불가능해질 수 있다.

요약하면, FM 모형은 계산 편의성과 시간 평균을 통한 단순화라는 장점을 가지지만, 생략변수편의와 효율성 저하라는 한계를 수반한다. 따라서 패널자료의 구조와 분석 목적에 따라 적용 여부를 신중하게 선택해야 한다.

6.8 R 실습

이 예제에서는 KOSPI 100에 포함된 기업들의 2001년부터 2020년까지 패널자료를 이용해, 기업의 투자율에 영향을 미치는 요인을 분석한다. 분석에 사용할 패널회귀모형은 다음과 같다:

$$\text{INV}_{i,t} = \alpha_0 + c_i + \delta_t + \beta_1 \text{ROA}_{i,t} + \beta_2 \text{LEV}_{i,t} + \beta_3 \text{SIZE}_{i,t} + \varepsilon_{i,t},$$

여기서 $\text{INV}_{i,t}$는 기업 i의 t년도 투자율, $\text{ROA}_{i,t}$는 총자산이익률, $\text{LEV}_{i,t}$는 부채비율, $\text{SIZE}_{i,t}$는 기업규모이며, c_i와 δ_t는 개체효과와 시점효과를 각각 나타낸다.

```
> libraries <- c("data.table", "fixest", "lmtest", "sandwich", "plm")
> lapply(libraries, library, character.only = TRUE)
> dat <- fread("data6_1.csv", header = TRUE)
> head(dat)
           FIRM  YEAR        INV   ROA   LEV     SIZE
         <char> <int>      <num> <num> <num>    <num>
1: KR7005930003  2001 0.09571939  7.81 60.86 31.10590
2: KR7005930003  2002 0.07326754 12.07 60.75 31.65977
3: KR7005930003  2003 0.10935837  9.25 55.67 31.73945
4: KR7005930003  2004 0.14379585 14.12 47.25 31.99263
5: KR7005930003  2005 0.15169207  9.98 44.12 32.10354
6: KR7005930003  2006 0.14002735 10.63 41.08 32.28645
> fit <- feols(INV ~ ROA + LEV + SIZE, data = dat)
> summary(fit, cluster = ~ FIRM)
OLS estimation, Dep. Var.: INV
Observations: 1,355
Standard-errors: Clustered (FIRM)
             Estimate Std. Error   t value   Pr(>|t|)
(Intercept)  0.008697   0.074901  0.116116 9.0783e-01
ROA          0.000826   0.000380  2.173807 3.2405e-02 *
LEV         -0.000630   0.000154 -4.086104 9.6572e-05 ***
SIZE         0.002539   0.002617  0.970151 3.3463e-01
RMSE: 0.050626   Adj. R2: 0.116627
> summary(fit, cluster = ~ YEAR)
OLS estimation, Dep. Var.: INV
Observations: 1,355
Standard-errors: Clustered (YEAR)
             Estimate Std. Error   t value   Pr(>|t|)
(Intercept)  0.008697   0.030861  0.281821 7.8113e-01
ROA          0.000826   0.000276  2.993215 7.4731e-03 **
```

```
LEV          -0.000630   0.000086 -7.331020 5.9790e-07 ***
SIZE          0.002539   0.001061  2.392399 2.7232e-02 *
RMSE: 0.050626   Adj. R2: 0.116627
> summary(fit, cluster = ~ FIRM + YEAR)
OLS estimation, Dep. Var.: INV
Observations: 1,355
Standard-errors: Clustered (FIRM & YEAR)
             Estimate Std. Error   t value  Pr(>|t|)
(Intercept)  0.008697   0.075580  0.115072 0.9095951
ROA          0.000826   0.000402  2.051748 0.0542361 .
LEV         -0.000630   0.000167 -3.771816 0.0012901 **
SIZE         0.002539   0.002640  0.961938 0.3481644
RMSE: 0.050626   Adj. R2: 0.116627
```

우선, 결합모형을 사용하여 패널회귀모형을 추정하였다. 표준오차는 개체군집, 시점군집, 개체와 시점을 모두 고려한 이중군집을 통해 각각 계산하였다. 모든 군집화 방식에서 ROA는 투자율에 대해 양의 한계효과, LEV는 투자율에 대해 음의 한계효과를 가지는 것으로 나타났다. 이중군집 표준오차를 적용한 경우를 제외하면, ROA와 LEV의 회귀계수는 모두 5% 유의수준에서 통계적으로 유의하였다. 이는 기업의 수익성(ROA)이 증가하거나 부채비율(LEV)이 감소할수록 투자가 증가하는 경향이 있음을 보여준다.

```
> fit <- feols(INV ~ ROA + LEV + SIZE | FIRM, data = dat)
> summary(fit, cluster = ~ FIRM + YEAR)
OLS estimation, Dep. Var.: INV
Observations: 1,355
Fixed-effects: FIRM: 89
Standard-errors: Clustered (FIRM & YEAR)
     Estimate Std. Error  t value Pr(>|t|)
ROA  0.001291   0.000487 2.653009 0.015699 *
LEV  0.000292   0.000224 1.306238 0.207065
SIZE 0.002002   0.004068 0.492211 0.628209
RMSE: 0.035635     Adj. R2: 0.531852
                Within R2: 0.035225
> fit <- feols(INV ~ ROA + LEV + SIZE | YEAR, data = dat)
> summary(fit, cluster = ~ FIRM + YEAR)
OLS estimation, Dep. Var.: INV
Observations: 1,355
Fixed-effects: YEAR: 20
Standard-errors: Clustered (FIRM & YEAR)
      Estimate Std. Error   t value   Pr(>|t|)
ROA   0.000360   0.000425  0.848179 0.40689721
LEV  -0.000712   0.000168 -4.244462 0.00043852 ***
SIZE  0.004545   0.002966  1.532732 0.14182441
RMSE: 0.049161     Adj. R2: 0.155133
                Within R2: 0.12487
```

```
> fit <- feols(INV ~ ROA + LEV + SIZE | FIRM + YEAR, data = dat)
> summary(fit, cluster = ~ FIRM + YEAR)
OLS estimation, Dep. Var.: INV
Observations: 1,355
Fixed-effects: FIRM: 89,  YEAR: 20
Standard-errors: Clustered (FIRM & YEAR)
     Estimate Std. Error  t value Pr(>|t|)
ROA  0.000909   0.000520 1.750327 0.096194 .
LEV  0.000234   0.000199 1.176350 0.253984
SIZE 0.005498   0.006401 0.858955 0.401073
RMSE: 0.034593     Adj. R2: 0.552069
                Within R2: 0.027412
```

다음으로, 개체효과, 시점효과, 이중효과를 고려한 FE 모형을 각각 추정하였다. 모든 경우에 대해 이중군집 표준오차를 계산하였다. 추정 결과, 개체효과와 이중효과를 고려한 경우 ROA의 한계효과는 각각 5%, 10% 유의수준에서 통계적으로 유의하였다. 반면, 시점효과만을 고려한 경우에는 LEV의 한계효과가 1% 유의수준에서 유의하게 나타났다. 이러한 결과는 고정효과의 설정 방식에 따라 주요 독립변수들의 통계적 유의성이 달라질 수 있음을 시사한다.

```
> fit <- plm(INV ~ ROA + LEV + SIZE, index = c("FIRM", "YEAR"),
+            model = "random", effect = "individual", data = dat)
> summary(fit)
Oneway (individual) effect Random Effect Model
   (Swamy-Arora's transformation)
Call:
plm(formula = INV ~ ROA + LEV + SIZE, data = dat, effect = "individual",
    model = "random", index = c("FIRM", "YEAR"))
Unbalanced Panel: n = 89, T = 1-19, N = 1355
Effects:
                   var  std.dev share
idiosyncratic 0.001362 0.036910 0.538
individual    0.001171 0.034218 0.462
Coefficients:
              Estimate Std. Error z-value  Pr(>|z|)
(Intercept) 1.8241e-03 3.6534e-02  0.0499    0.9602
ROA         1.1637e-03 1.8308e-04  6.3563 2.067e-10 ***
LEV         7.8378e-06 1.0468e-04  0.0749    0.9403
SIZE        1.4076e-03 1.1857e-03  1.1871    0.2352
Total Sum of Squares:    1.9188
Residual Sum of Squares: 1.8622
R-Squared:      0.029793
Adj. R-Squared: 0.027638
Chisq: 46.7175 on 3 DF, p-value: 3.9913e-10
> fit <- plm(INV ~ ROA + LEV + SIZE, index = c("FIRM", "YEAR"),
```

```
+             model = "random", effect = "time", data = dat)
> summary(fit)
Oneway (time) effect Random Effect Model
   (Swamy-Arora's transformation)
Call:
plm(formula = INV ~ ROA + LEV + SIZE, data = dat, effect = "time",
    model = "random", index = c("FIRM", "YEAR"))
Unbalanced Panel: n = 89, T = 1-19, N = 1355
Effects:
                    var   std.dev share
idiosyncratic 2.459e-03 4.958e-02 0.986
time          3.386e-05 5.819e-03 0.014
Coefficients:
               Estimate  Std. Error z-value  Pr(>|z|)
(Intercept) -1.4009e-02  2.9024e-02 -0.4827 0.6293220
ROA          6.2726e-04  2.1773e-04  2.8809 0.0039657 **
LEV         -6.6784e-04  7.2473e-05 -9.2149 < 2.2e-16 ***
SIZE         3.4606e-03  9.8870e-04  3.5002 0.0004649 ***
Total Sum of Squares:    3.8926
Residual Sum of Squares: 3.3885
R-Squared:      0.12968
Adj. R-Squared: 0.12774
Chisq: 187.862 on 3 DF, p-value: < 2.22e-16
> fit <- plm(INV ~ ROA + LEV + SIZE, index = c("FIRM", "YEAR"),
+             model = "random", effect = "twoways", data = dat)
> summary(fit)
Twoways effects Random Effect Model
   (Swamy-Arora's transformation)
Call:
plm(formula = INV ~ ROA + LEV + SIZE, data = dat, effect = "twoways",
    model = "random", index = c("FIRM", "YEAR"))
Unbalanced Panel: n = 89, T = 1-19, N = 1355
Effects:
                    var   std.dev share
idiosyncratic 1.303e-03 3.610e-02 0.516
individual    1.174e-03 3.427e-02 0.465
time          4.952e-05 7.037e-03 0.020
Coefficients:
               Estimate  Std. Error z-value Pr(>|z|)
(Intercept) -4.9229e-02  1.1626e+00 -0.0423   0.9662
ROA          9.3695e-04  5.1144e-03  0.1832   0.8546
LEV         -2.3346e-05  2.8629e-03 -0.0082   0.9935
SIZE         3.3110e-03  3.8857e-02  0.0852   0.9321
Total Sum of Squares:    3.9402
Residual Sum of Squares: 3.6975
R-Squared:      0.071213
Adj. R-Squared: 0.06915
Chisq: 0.0521864 on 3 DF, p-value: 0.99688
```

개체효과, 시점효과, 그리고 이중효과를 고려한 RE 모형으로 분석한 결과는 다음과 같다. 첫째, 개체효과가 시점효과에 비해 훨씬 큰 영향력을 가지는 것으로 나타났다. 예를 들어, 이중효과 RE 모형에서 독립변수로 설명되지 않는 종속변수의 변동성 중 52%는 개별 오차항 $\varepsilon_{i,t}$, 47%는 개체효과 c_i, 그리고 나머지 2%는 시점효과 δ_t에 의해 설명되었다. 즉, 종속변수의 비체계적 변동성 대부분이 개체 고유 특성과 개별 오차에 의해 설명되며, 시점별 요인의 영향은 상대적으로 매우 작음을 알 수 있다. 둘째, 모형 설정에 따라 주요 독립변수의 통계적 유의성이 달라졌다. 개체효과만 고려한 경우 ROA만이 유의미한 변수로 나타났고, 시점효과를 고려한 경우 ROA, LEV, SIZE 모두 유의미하였다. 이중효과를 고려한 경우에는 모든 독립변수의 유의성이 사라졌다.

```
> form <- INV ~ ROA + LEV + SIZE
> phtest(form, data = dat, index = c("FIRM", "YEAR"))
        Hausman Test
data:  form
chisq = 21.16, df = 3, p-value = 9.751e-05
alternative hypothesis: one model is inconsistent
```

Hausman 검정을 실시한 결과, 5% 유의수준에서 귀무가설이 기각되었다. 이는 RE 모형보다는 FE 모형이 더 적합하다는 결론을 지지한다. 따라서 주어진 패널자료의 특성을 고려할 때, FE 모형을 기반으로 한 추정 결과를 중심으로 해석하는 것이 바람직하다.

```
> fit <- feols(INV ~ ROA + LEV + SIZE, fsplit = ~ YEAR,  data = dat)
> dat1 <- as.data.table(coef(fit)[4:7])
> names(dat1)[1] <- "Intercept"
> head(dat1)
      Intercept           ROA           LEV        SIZE
          <num>         <num>         <num>       <num>
1:  0.008697190  8.258253e-04 -0.0006296105 0.002539258
2: -0.006218321  1.742382e-03 -0.0006645281 0.003291794
3: -0.240382012 -4.688935e-04 -0.0014439727 0.013285506
4: -0.202369947  2.441319e-05 -0.0008637840 0.010860590
5: -0.329386432  1.477034e-03 -0.0006443629 0.014811993
6:  0.060137922  4.391208e-04 -0.0014390697 0.003132728
> fit <- lm(Intercept ~ 1, data = dat1)
> coeftest(fit, df = Inf,
+          vcov. = kernHAC(fit, adjust = FALSE, kernel = "Bartlett"))
z test of coefficients:
             Estimate Std. Error z value Pr(>|z|)
(Intercept) -0.058076   0.028405 -2.0446  0.04089 *
> fit <- lm(ROA ~ 1, data = dat1)
> coeftest(fit, df = Inf,
+          vcov. = kernHAC(fit, adjust = FALSE, kernel = "Bartlett"))
```

```
z test of coefficients:
              Estimate Std. Error z value Pr(>|z|)
(Intercept) 0.00010207 0.00031886  0.3201   0.7489
> fit <- lm(LEV ~ 1, data = dat1)
> coeftest(fit, df = Inf,
+          vcov. = kernHAC(fit, adjust = FALSE, kernel = "Bartlett"))
z test of coefficients:
               Estimate  Std. Error z value Pr(>|z|)
(Intercept) -0.00065992  0.00019822 -3.3292 0.000871 ***
> fit <- lm(SIZE ~ 1, data = dat1)
> coeftest(fit, df = Inf,
+          vcov. = kernHAC(fit, adjust = FALSE, kernel = "Bartlett"))
z test of coefficients:
             Estimate Std. Error z value  Pr(>|z|)
(Intercept) 0.0052785  0.0010644  4.9591 7.082e-07 ***
```

마지막으로, FM 모형을 적용하여 투자율의 결정요인을 분석하였다. 이분산성과 자기상관 문제를 보정하기 위해 Newey-West 방식을 사용하여 표준오차를 계산하였다. 분석 결과, 5% 유의수준에서 LEV는 투자율에 대해 음의 한계효과, SIZE는 투자율에 대해 양의 한계효과를 가지는 것으로 나타났다. 이는 부채비율이 높을수록 투자활동이 위축되고, 기업규모가 클수록 투자활동이 활발해지는 경향이 있음을 의미한다.

요약하면, Hausman 검정 결과 RE 모형보다 FE 모형이 더 적합한 것으로 나타났으며, FE 모형과 FM 모형 모두에서 부채비율은 투자율에 대해 유의미한 음의 한계효과를 가지는 것으로 나타났다. 이는 재무구조가 건전할수록 기업이 보다 적극적으로 투자에 나설 수 있다는 경제적 해석과 부합하는 결과로 해석된다.

제7장 회귀모형 체계

7.1 회귀모형 체계의 이해

회귀모형 체계란 통계적 혹은 구조적 연관성을 가진 복수의 회귀모형들을 하나의 분석 단위로 통합하여 동시에 추정하는 구조를 의미한다. 이러한 접근법은 오차항 간의 상관관계를 고려한 효율적 추정, 동시성으로 인한 내생성 문제의 해결, 그리고 정책 충격의 전이 효과 분석 등에서 유용하게 활용된다.

첫째, 회귀모형 체계는 추정의 효율성을 향상할 수 있다. 예를 들어, 회귀모형 A는 소비, 회귀모형 B는 투자를 각각 종속변수로 포함하고 있는 경우를 생각해 보자. 소비와 투자는 금리 변화와 같은 공통의 거시경제 충격에 동시적으로 반응할 수 있으며, 이에 따라 회귀모형 A와 B의 오차항 사이에 상관관계가 존재할 수 있다. 이러한 상황에서 각 회귀모형을 개별적으로 추정하면, 공통 충격에 대한 정보를 반영하지 못해 추정량의 효율성이 저하된다. 반면, 회귀모형의 오차항 간 공분산 구조를 명시적으로 고려하는 겉보기무상관회귀모형(Seemingly Unrelated Regression model, SUR 모형)을 사용하면 보다 효율적인 추정이 가능해진다.

둘째, 회귀모형 체계는 동시성편의를 제거하는 데 효과적이다. 예를 들어, $y_{i,1}$과 $y_{i,2}$에 대해 다음과 같은 회귀모형을 고려하자:

$$y_{i,1} = \alpha_0 + \alpha_1 y_{i,2} + \varepsilon_{i,1},$$
$$y_{i,2} = \beta_0 + \beta_1 y_{i,1} + \varepsilon_{i,2}.$$

즉, $y_{i,1}$은 $y_{i,2}$에 영향을 미치고, $y_{i,2}$ 역시 $y_{i,1}$에 영향을 주는 구조이다. 이 경우 변수 $y_{i,1}$과 $y_{i,2}$ 사이의 상호의존성으로 인해 동시성편의가 발생하며, 이는 단일 회귀모형 접근법으로 해결할 수 없다. 내생변수의 영향을 통제하기 위해서는 동시방정식모형(simultaneous equation model)을 이용해 변수들 사이의 인과 구조를 명확히 정의하고, 적절한 식별조건 아래에서 추정을 진행해야 한다.

셋째, 회귀모형 체계는 하나의 외생변수가 복수의 종속변수에 동시에 영향을 미치는 상황을 구조적으로 분석할 수 있다. 예를 들어, 기준금리의 인상은 소비 위축, 투자 감소, 물가 안정 등 여러 거시경제 변수에 다양한 경로로 영향을 미친다. 이처럼 특정 정책 변수의 파급 효과가 복수의 경제 변수에 걸쳐 나타날 경우, 개별 회귀모형의 분석만으로는 정책 효과의 전체적인 전개 양상을 파악하기 어렵다. 반면, 회귀모형 체계를 이용하면 각 종속변수가 어떻게 상호작용하며 해당 외생변수에 반응하는 지를 체계적으로 모형화할 수 있고, 이를 통해 정책 충격의 전달 경로와 그 강도를 정량적으로 추정할 수 있다.

7.2 SUR 모형

7.2.1 개별 회귀모형에 대한 OLS 접근법

다음과 같은 개별 회귀모형을 고려하자:

$$y_{i,t} = x'_{i,t}\beta_i + \varepsilon_{i,t},$$

여기서 $y_{i,t}$는 회귀모형 i의 시점 t에서 관측된 종속변수, $x_{i,t} \in \mathbb{R}^{K_i \times 1}$은 독립변수벡터, $\beta_i \in \mathbb{R}^{K_i \times 1}$은 회귀계수벡터, $\varepsilon_{i,t}$는 오차항이다. 전체 시점 $t = 1, \ldots, T$에 대해 회귀모형을 적층하면, 회귀모형은 행렬 형태

$$y_i = X_i\beta_i + \varepsilon_i$$

로 표현된다. 여기서 $y_i = [y_{i,t}]_{t=1}^{T} \in \mathbb{R}^{T \times 1}$, $X_i = [x'_{i,t}]_{t=1}^{T} \in \mathbb{R}^{T \times K_i}$, $\varepsilon_i = [\varepsilon_{i,t}]_{t=1}^{T} \in \mathbb{R}^{T \times 1}$이다.

이제 다음의 2가지 가정을 한다. 첫째, 강한 외생성조건, 즉 $E[\varepsilon_{i,t}|x_{i,1}, x_{i,2}, \ldots, x_{i,T}] = 0$이 성립한다. 둘째, 오차항 $\varepsilon_{i,t}$는 등분산-비자기상관오차 구조를 가진다. 즉, ε_i의 공분산행렬은 $\Sigma_{ii} = E[\varepsilon_i\varepsilon'_i] = \sigma_{ii}I_T$이며, 여기서 $\sigma_{ii} = E[\varepsilon_{i,t}^2]$이다.

제2장에서 살펴본 바와 같이, 이러한 가정 아래에서 OLS 추정량과 그 점근분포는 다음과 같이 주어진다:

$$b_{OLS,i} = (X'_iX_i)^{-1}X'_iy_i,$$
$$\sqrt{T}(b_{OLS,i} - \beta_i) \xrightarrow{d} N\left(0, \sigma_{ii}E[x_{i,t}x'_{i,t}]^{-1}\right).$$

이때 일치추정량 $\hat{\sigma}_{ii} = T^{-1}\sum_{t=1}^{T}(y_{i,t} - x'_{i,t}b_{OLS,i})^2 \xrightarrow{p} \sigma_{ii}$와 $\Sigma_{xx}^{i} = T^{-1}X'_iX_i \xrightarrow{p} E[x_{i,t}x'_{i,t}]$을 이용하면, $b_{OLS,i}$의 점근공분산행렬에 대한 일치추정량은 다음과 같이 계산된다:

$$\widehat{AVar[b_{OLS,i}]} = \hat{\sigma}_{ii}(X'_iX_i)^{-1}. \tag{7.2.1}$$

7.2.2 SUR 모형의 설정

이제 M개의 개별 회귀모형으로 구성된 다음과 같은 회귀모형 체계를 고려하자:

$$\begin{aligned} y_1 &= X_1\beta_1 + \varepsilon_1, \\ y_2 &= X_2\beta_2 + \varepsilon_2, \\ &\vdots \\ y_M &= X_M\beta_M + \varepsilon_M. \end{aligned}$$

개별 회귀모형은 구조적으로 독립이므로, 회귀모형 i와 j는 서로 다른 종속변수와 독립변수를 가질 수 있다. 주어진 회귀모형 체계를 행렬 형태로 표현하면 다음과 같다:

$$\begin{bmatrix} y_1 \\ y_2 \\ \vdots \\ y_M \end{bmatrix} = \begin{bmatrix} X_1 & 0_{T\times K_2} & \cdots & 0_{T\times K_M} \\ 0_{T\times K_1} & X_2 & \cdots & 0_{T\times K_M} \\ \vdots & \vdots & & \vdots \\ 0_{T\times K_1} & 0_{T\times K_2} & \cdots & X_M \end{bmatrix} \begin{bmatrix} \beta_1 \\ \beta_2 \\ \vdots \\ \beta_M \end{bmatrix} + \begin{bmatrix} \varepsilon_1 \\ \varepsilon_2 \\ \vdots \\ \varepsilon_M \end{bmatrix},$$

또는

$$y = Z\beta + \varepsilon, \tag{7.2.2}$$

여기서 $y \in \mathbb{R}^{MT\times 1}$, $Z \in \mathbb{R}^{MT\times K^*}$, $\beta \in \mathbb{R}^{K^*\times 1}$, $\varepsilon \in \mathbb{R}^{MT\times 1}$, $K^* = \sum_{i=1}^{M} K_i$이다.

SUR 모형의 핵심은 회귀모형 간에 공통된 잠재 요인을 가정하는 것이다. 즉, 모든 $i \neq j$에 대해 오차항벡터 ε_i와 오차항벡터 ε_j 사이의 공분산행렬이 다음과 같은 형태임을 전제로 한다:

$$E[\varepsilon_i \varepsilon_j'] = \sigma_{ij} I_T,$$

여기서 $\sigma_{ij} = E[\varepsilon_{i,t}\varepsilon_{j,t}]$는 관측되지 않는 공통 요인의 영향을 나타낸다. 따라서 SUR 모형에서는 개별 회귀모형이 겉보기에는 독립적(또는 무상관)으로 보이지만, 오차항 간의 상관관계, 즉 공분산 σ_{ij}를 통해 실질적으로 서로 연결되어 있다고 간주한다. 예를 들어, 부채비율, 현금 보유율, 배당 성향은 각각 자본구조, 유동성, 배당정책을 나타내는 주요 재무 변수이며, 이들은 독립된 회귀모형을 통해 설명될 수 있다. 그러나 이러한 변수들은 최고경영자의 위험회피 성향과 같은 관측되지 않는 공통 요인의 영향을 받을 수도 있다. 이러한 잠재 요인은 각 회귀모형의 오차항에 동시에 작용하며, 결과적으로 오차항 간의 상관관계를 발생시킨다.

SUR 모형에서 전체 오차항벡터 ε의 공분산행렬 $\Omega \in \mathbb{R}^{MT\times MT}$는 다음과 같이 표현된다:

$$\Omega = E[\varepsilon\varepsilon'] = \begin{bmatrix} \sigma_{11}I_T & \sigma_{12}I_T & \cdots & \sigma_{1M}I_T \\ \sigma_{21}I_T & \sigma_{22}I_T & \cdots & \sigma_{2M}I_T \\ \vdots & \vdots & & \vdots \\ \sigma_{M1}I_T & \sigma_{M2}I_T & \cdots & \sigma_{MM}I_T \end{bmatrix} = \Sigma \otimes I_T,$$

여기서 $\Sigma = [\sigma_{ij}]_{i,j}^M \in \mathbb{R}^{M\times M}$이며, $\otimes$는 Kronecker 곱이다.

7.2.3 SUR 모형의 GLS 접근법

회귀모형 간 오차항에 상관관계가 존재하는 경우, 개별 회귀모형의 독립적 OLS 추정은 회귀모형 사이의 상관관계를 반영하지 못하여 효율적이지 않다. 보다 효율적인 추정을 위해서는 오차 구조 $\Omega = \Sigma \otimes I_T$를 올바르게 반영하여 회귀모형 체계에 포함된 회귀모형들을 동시에 추정하는 GLS 접근법이 필요하다.

제3장의 결과를 식(7.2.2)에 적용하면, 전체 회귀계수벡터 $\beta = [\beta_i]_{i=1}^M$의 GLS 추정량 $b_{GLS} \in \mathbb{R}^{K^*\times 1}$과 그 점근분포는 다음과 같이 주어진다:

$$b_{GLS} = (Z'\Omega^{-1}Z)^{-1}Z'\Omega^{-1}y,$$
$$b_{GLS} \xrightarrow{d} N\left(\beta, (Z'\Omega^{-1}Z)^{-1}\right).$$

이때 $\Omega = \Sigma \otimes I_T$를 이용해 b_{GLS}의 점근공분산행렬을 전개하면 다음과 같이 정리된다:

$$AVar[b_{GLS}] = \left(Z'(\Sigma \otimes I_T)^{-1}Z\right)^{-1}$$
$$= \begin{bmatrix} \sigma^{11}X_1'X_1 & \sigma^{12}X_1'X_2 & \cdots & \sigma^{1M}X_1'X_M \\ \sigma^{21}X_2'X_1 & \sigma^{22}X_2'X_2 & \cdots & \sigma^{2M}X_2'X_M \\ \vdots & \vdots & & \vdots \\ \sigma^{M1}X_M'X_1 & \sigma^{M2}X_M'X_2 & \cdots & \sigma^{MM}X_M'X_M \end{bmatrix}^{-1},$$

여기서 σ^{ij}는 역행렬 Σ^{-1}의 (i,j)번째 원소를 나타낸다.

실제 분석에서는 Σ가 알려져 있지 않기 때문에, 다음과 같은 절차를 통해 FGLS 추정량을 구한다. 먼저 개별 회귀모형 i에 OLS를 적용하여 잔차벡터 e_i를 계산한다. 이후 모든 $i, j = 1, \ldots, M$에 대해 일치추정량 $\hat{\sigma}_{ij} = T^{-1}e_i'e_j \xrightarrow{p} \sigma_{ij}$을 계산하고, 이를 바탕으로 행렬 $\hat{\Sigma} = [\hat{\sigma}_{ij}]_{i,j=1}^M$을 구성한다. 역행렬 $\hat{\Sigma}^{-1}$을 이용하여 일치추정량 $\hat{\Omega}^{-1} = \hat{\Sigma}^{-1} \otimes I_T$를 계산한

다. 마지막으로 $\hat{\Omega}^{-1}$을 이용해 b_{FGLS}와 $\widehat{AVar[b_{FGLS}]}$을 계산한다.

7.2.4 동일한 독립변수로 구성된 SUR 모형

이번에는 회귀모형 체계에 포함된 개별 회귀모형의 독립변수가 모두 동일한 경우를 살펴보자. 예를 들어, 시장모형(market model)은 자산 i의 시점 t 수익률 $r_{i,t}$에 대해 회귀모형 $r_{i,t} = \alpha_i + \beta_i r_{M,t} + \varepsilon_{i,t}$을 제시하며, 여기서 $r_{M,t}$는 시장 포트폴리오의 수익률이다. 이때 각 회귀모형은 동일한 독립변수벡터 $(1, r_{M,t})' \in \mathbb{R}^{2\times 1}$를 가지며, 복수의 자산에 대한 회귀모형 체계는 동일한 독립변수를 공유하는 SUR 구조로 해석할 수 있다.

모든 $i \neq j$에 대해 $X_i = X_j = X \in \mathbb{R}^{T\times K}$인 구조에서 식(7.2.2)의 행렬 $Z \in \mathbb{R}^{MT\times KM}$는

$$Z = \begin{bmatrix} X & 0_{T\times K} & \cdots & 0_{T\times K} \\ 0_{T\times K} & X & \cdots & 0_{T\times K} \\ \vdots & \vdots & & \vdots \\ 0_{T\times K} & 0_{T\times K} & \cdots & X \end{bmatrix} = I_M \otimes X$$

가 되며, 이를 바탕으로 GLS 추정량 $b_{GLS} \in \mathbb{R}^{KM\times 1}$는 다음과 같이 정리된다:

$$\begin{aligned} b_{GLS} &= \left((I_M \otimes X)'(\Sigma^{-1} \otimes I_T)(I_M \otimes X)\right)^{-1} (I_M \otimes X)'(\Sigma^{-1} \otimes I_T)y \\ &= \left(\Sigma \otimes (X'X)^{-1}\right)(\Sigma^{-1} \otimes X')y \end{aligned}$$

이때 GLS 추정량을 구성하는 행렬 $\Sigma \otimes (X'X)^{-1} \in \mathbb{R}^{KM\times KM}$와 벡터 $(\Sigma^{-1} \otimes X')y \in \mathbb{R}^{KM\times 1}$는 각각 다음과 같이 전개된다:

$$\Sigma \otimes (X'X)^{-1} = \begin{bmatrix} \sigma_{11}(X'X)^{-1} & \sigma_{12}(X'X)^{-1} & \cdots & \sigma_{1M}(X'X)^{-1} \\ \sigma_{21}(X'X)^{-1} & \sigma_{22}(X'X)^{-1} & \cdots & \sigma_{2M}(X'X)^{-1} \\ \vdots & \vdots & & \vdots \\ \sigma_{M1}(X'X)^{-1} & \sigma_{M2}(X'X)^{-1} & \cdots & \sigma_{MM}(X'X)^{-1} \end{bmatrix}, \tag{7.2.3}$$

$$(\Sigma^{-1} \otimes X')y = \begin{bmatrix} \sum_{j=1}^{M} \sigma^{1j} X' y_j \\ \sum_{j=1}^{M} \sigma^{2j} X' y_j \\ \vdots \\ \sum_{j=1}^{M} \sigma^{Mj} X' y_j \end{bmatrix}. \tag{7.2.4}$$

GLS 추정량 b_{GLS}의 i번째 블록 $b_{GLS,i} \in \mathbb{R}^{K\times 1}$는 식(7.2.3)에서 제시된 행렬의 i번째 행과

식(7.2.4)에서 제시된 열 벡터 간의 내적에 해당하며, 이는 다음과 같이 전개된다:

$$
\begin{aligned}
b_{GLS,i} =& \sigma_{i1}(X'X)^{-1}\left(\sum_{j=1}^{M}\sigma^{1j}X'y_j\right)+\sigma_{i2}(X'X)^{-1}\left(\sum_{j=1}^{M}\sigma^{2j}X'y_j\right)+\cdots \\
&+\sigma_{iM}(X'X)^{-1}\left(\sum_{j=1}^{M}\sigma^{Mj}X'y_j\right) \\
=& \sigma_{i1}\sum_{j=1}^{M}\sigma^{1j}b_{OLS,j}+\sigma_{i2}\sum_{j=1}^{M}\sigma^{2j}b_{OLS,j}+\cdots+\sigma_{iM}\sum_{j=1}^{M}\sigma^{Mj}b_{OLS,j} \\
=& b_{OLS,1}\sum_{j=1}^{M}\sigma_{ij}\sigma^{j1}+b_{OLS,2}\sum_{j=1}^{M}\sigma_{ij}\sigma^{j2}+\cdots+b_{OLS,M}\sum_{j=1}^{M}\sigma_{ij}\sigma^{jM},
\end{aligned}
\tag{7.2.5}
$$

여기서 $b_{OLS,i}=(X'X)^{-1}X'y_i$는 회귀모형 i에 대한 OLS 추정량을 나타낸다. $\sum_{j=1}^{M}\sigma_{ij}\sigma^{jk}$는 행렬 곱 $\Sigma\Sigma^{-1}=I_M$의 (i,k)번째 원소에 해당한다. 따라서 $i=k$에 대해 $\sum_{j=1}^{M}\sigma_{ij}\sigma^{jk}=1$, $i\neq k$에 대해 $\sum_{j=1}^{M}\sigma_{ij}\sigma^{jk}=0$이 성립한다. 이를 식(7.2.5)에 적용하면 모든 $i=1,\ldots,M$에 대해

$$b_{GLS,i}=b_{OLS,i}$$

가 된다. 즉, SUR 모형의 GLS 추정량과 개별 회귀모형의 OLS 추정량은 정확히 일치한다.

한편, GLS 추정량 $b_{GLS,i}$의 점근공분산행렬은 식(7.2.3)에서 제시된 행렬 $\Sigma\otimes(X'X)^{-1}$의 i번째 대각블록인 $\sigma_{ii}(X'X)^{-1}$이며, 이에 대한 일치추정량은 다음과 같다:

$$\widehat{AVar[b_{GLS,i}]}=\hat{\sigma}_{ii}(X'X)^{-1},$$

여기서 $\hat{\sigma}_{ii}=T^{-1}\sum_{t=1}^{T}(y_{i,t}-x_{i,t}'b_{GLS,i})^2$이다. 앞선 결과 $b_{GLS,i}=b_{OLS,i}$에 따라, $\widehat{AVar[b_{GLS,i}]}$는 식(7.2.1)에서 제시된 OLS 추정량 $b_{OLS,i}$의 점근공분산행렬 추정량과 일치한다.

요약하면, 각 회귀모형이 동일한 독립변수를 공유하는 경우에는 개별 회귀모형에 OLS를 적용해 추정한 결과와 SUR 모형에 GLS를 적용해 추정한 결과는 회귀계수 추정량과 표준오차 모두에 대해 정확히 동일하다.

7.2.5 가설검정

회귀모형 체계에서 개별 회귀모형들 사이에 특정한 선형제약이 성립하는지를 검정하고자 할 때, 다음과 같은 형태의 귀무가설을 고려한다:

$$H_0: R\beta=r,$$

여기서 $R \in \mathbb{R}^{J\times K^*}$은 선형제약의 구조를 나타내는 행렬, $\beta \in \mathbb{R}^{K^*\times 1}$는 전체 회귀계수벡터, $r \in \mathbb{R}^{J\times 1}$은 제약이 주장하는 값을 나타내는 벡터이다.

예를 들어, 각 $i = 1,\dots,M$에 대해 다음과 같은 개별 회귀모형을 고려하자:

$$y_{i,t} = x_{i,t}'\beta_i + \varepsilon_{i,t},$$

여기서 $x_{i,t} \in \mathbb{R}^{K\times 1}$이다. 이때 모든 회귀모형의 회귀계수가 동일하다는 동질성(homogeneity) 제약, 즉 모든 $i = 1,\dots,M-1$에 대해 $\beta_i - \beta_M = 0$가 성립하는지를 검정한다고 하자. 이러한 동질성 가설을 검정하기 위해서는 귀무가설의 $R \in \mathbb{R}^{K(M-1)\times KM}$과 $r \in \mathbb{R}^{K(M-1)\times 1}$를 각각 다음과 같이 구성하면 된다:

$$R = \begin{bmatrix} I_K & 0_{K\times K} & \cdots & 0_{K\times K} & -I_K \\ 0_{K\times K} & I_K & \cdots & 0_{K\times K} & -I_K \\ \vdots & \vdots & & \vdots & \vdots \\ 0_{K\times K} & 0_{K\times K} & \cdots & I_K & -I_K \end{bmatrix}, \qquad r = \begin{bmatrix} 0_{K\times 1} \\ 0_{K\times 1} \\ \vdots \\ 0_{K\times 1} \end{bmatrix}.$$

귀무가설 H_0 아래에서 Wald 검정통계량과 점근분포는

$$W = (Rb_{GLS} - r)' \left(R \cdot AVar[b_{GLS}] \cdot R'\right)^{-1} (Rb_{GLS} - r) \xrightarrow{d} \chi^2_{(J)}$$

로 주어진다. 실제 분석에서는 FGLS 추정량 b_{FGLS}와 $\widehat{AVar[b_{FGLS}]}$을 이용하여 Wald 통계량을 계산한다.

7.3 동시방정식모형

7.3.1 모형의 설정

M개의 구조방정식(structural equation)으로 구성된 다음과 같은 동시방정식모형을 고려하자:

$$\begin{gathered} \gamma_{1,1}y_{1,t} + \cdots + \gamma_{1,M}y_{M,t} + \beta_{1,1}x_{1,t} + \cdots + \beta_{1,K}x_{K,t} = u_{1,t}, \\ \gamma_{2,1}y_{1,t} + \cdots + \gamma_{2,M}y_{M,t} + \beta_{2,1}x_{1,t} + \cdots + \beta_{2,K}x_{K,t} = u_{2,t}, \\ \vdots \\ \gamma_{M,1}y_{1,t} + \cdots + \gamma_{M,M}y_{M,t} + \beta_{M,1}x_{1,t} + \cdots + \beta_{M,K}x_{K,t} = u_{M,t}, \end{gathered}$$

여기서 $y_{i,t}$는 시점 t에서의 내생변수, $x_{k,t}$는 외생변수, $u_{i,t}$는 구조형 오차항이다. 이러한 구조방정식은 제시된 이론에 기반하여 변수 간의 인과성을 명시적으로 나타내며, 여러 변수가 동시에 영향을 주고받는 일반균형 상태를 수학적으로 설명하는 데 활용된다.

동시방정식모형을 바탕으로, 각 $i = 1, \ldots, M$에 대해 내생변수 $y_{i,t}$에 대한 축약형 회귀모형을 다음과 같이 유도할 수 있다:

$$y_{i,t} = Y_{i,t}'\gamma_i + Y_{i,t}^{*\prime}\gamma_i^* + X_{i,t}'\beta_i + X_{i,t}^{*\prime}\beta_i^* + \varepsilon_{i,t} = Y_{i,t}'\gamma_i + X_{i,t}'\beta_i + \varepsilon_{i,t}, \tag{7.3.1}$$

여기서 $Y_{i,t} \in \mathbb{R}^{M_i \times 1}$는 모형 i에 포함된 내생변수벡터, $Y_{i,t}^* \in \mathbb{R}^{M_i^* \times 1}$는 모형 i에서 제외된 내생변수벡터, $X_{i,t} \in \mathbb{R}^{K_i \times 1}$은 포함된 외생변수벡터, $X_{i,t}^* \in \mathbb{R}^{K_i^* \times 1}$은 제외된 외생변수벡터, $\varepsilon_{i,t}$는 축약형 오차항이다. 이때 배제제약은 $\gamma_i^* = 0_{M_i^* \times 1}$와 $\beta_i^* = 0_{K_i^* \times 1}$로 표현된다.

대표적인 예로서 Klein [1950]의 거시경제 모형은 6개의 구조방정식으로 구성된 동시방정식모형이다. 우선 추정 대상인 소비(C_t), 투자(I_t), 민간임금(W_t^p)에 대한 축약형 회귀모형은 다음과 같이 주어진다:

$$C_t = \alpha_0 + \alpha_1 P_t + \alpha_2 P_{t-1} + \alpha_3 (W_t^p + W_t^g) + \varepsilon_{1,t}, \tag{7.3.2}$$

$$I_t = \beta_0 + \beta_1 P_t + \beta_2 P_{t-1} + \beta_3 K_{t-1} + \varepsilon_{2,t}, \tag{7.3.3}$$

$$W_t^p = \gamma_0 + \gamma_1 X_t + \gamma_2 X_{t-1} + \gamma_3 A_t + \varepsilon_{3,t}, \tag{7.3.4}$$

여기서 P_t와 P_{t-1}은 기업이익과 전기 기업이익, W_t^g는 정부임금, K_{t-1}은 전기 자본, X_t와 X_{t-1}는 국민총생산(GNP)과 전기 GNP, A_t는 시간추세이다. 한편, 국민총생산, 기업이익, 자본의 정의에 관한 항등식은 다음과 같다:

$$X_t = C_t + I_t + G_t, \tag{7.3.5}$$

$$P_t = X_t - T_t - W_t^p, \tag{7.3.6}$$

$$K_t = K_{t-1} + I_t, \tag{7.3.7}$$

여기서 G_t는 정부지출, T_t 는 법인세이다. 항등식은 모형을 구성하는 데 필수적이지만, 추정의 대상은 아니다.

Klein 모형에서 전체 내생변수는 $C_t, I_t, W_t^p, X_t, P_t, K_t$이며, 전체 외생변수는 $1, P_{t-1}, W_t^g$, $K_{t-1}, X_{t-1}, G_t, T_t, A_t$이다. 예를 들어 식(7.3.2)의 소비 회귀모형의 경우, 포함된 내생변수는 P_t, W_t^p, 제외된 내생변수는 I_t, X_t, K_t, 포함된 외생변수는 1, P_{t-1}, W_t^g, 제외된 외생변수는 $K_{t-1}, X_{t-1}, G_t, T_t, A_t$이다. 따라서 $M = 2, M^* = 3, K = 3, K^* = 5$가 된다.

7.3.2 회귀모형별 OLS 추정과 동시성편의

식(7.3.1)에서 제시된 축약형 회귀모형을 전체 시점 $t = 1, \ldots, T$에 걸쳐 적층하면 다음과 같은 형태로 나타낼 수 있다:

$$\begin{bmatrix} y_{i,1} \\ y_{i,2} \\ \vdots \\ y_{i,T} \end{bmatrix} = \begin{bmatrix} Y'_{i,1} \\ Y'_{i,2} \\ \vdots \\ Y'_{i,T} \end{bmatrix} \gamma_i + \begin{bmatrix} X'_{i,1} \\ X'_{i,2} \\ \vdots \\ X'_{i,T} \end{bmatrix} \beta_i + \begin{bmatrix} \varepsilon_{i,1} \\ \varepsilon_{i,2} \\ \vdots \\ \varepsilon_{i,T} \end{bmatrix},$$

또는

$$y_i = Y_i \gamma_i + X_i \beta_i + \varepsilon_i = Z_i \delta_i + \varepsilon_i, \tag{7.3.8}$$

여기서 $y_i \in \mathbb{R}^{T \times 1}$는 종속변수벡터, $Y_i \in \mathbb{R}^{T \times M_i}$는 내생변수행렬, $X_i \in \mathbb{R}^{T \times K_i}$는 외생변수행렬, $Z_i = \begin{bmatrix} Y_i & X_i \end{bmatrix} \in \mathbb{R}^{T \times (K_i + M_i)}$는 독립변수행렬, $\delta'_i = (\gamma'_i, \beta'_i) \in \mathbb{R}^{(K_i + M_i) \times 1}$는 회귀계수벡터, $\varepsilon_i \in \mathbb{R}^{T \times 1}$는 오차항벡터이다.

등분산-비자기상관오차 구조 아래에서 OLS 추정량과 점근공분산행렬은 다음과 같다:

$$\hat{\delta}_{OLS,i} = (Z'_i Z_i)^{-1} Z'_i y_i,$$
$$AVar[\hat{\delta}_{OLS,i}] = \sigma_{ii} (Z'_i Z_i)^{-1},$$

여기서 $\sigma_{ii} = E[\varepsilon^2_{i,t}]$이다. 중요한 점은, 동시방정식모형의 경우 내생변수 Y_i가 오차항 ε_i와 구조적으로 상관되어 있다는 것이다. 따라서 독립변수 Z_i와 ε_i 사이에 상관관계가 존재하며, 이러한 동시성편의로 인해 OLS 추정량 $\hat{\delta}_{OLS,i}$는 일치성을 상실한다.

예시 7.1. 식(7.3.2)의 소비 회귀모형은 다음의 내생성을 내포한다. 첫째, 식(7.3.6)에 따라 P_t는 X_t에 의존하고, 식(7.3.5)에 따라 X_t는 C_t에 의존한다. 따라서 P_t는 C_t의 영향을 받는다. 둘째, 식(7.3.4)에 따라 W^p_t는 X_t에 의존하므로, W^p_t 역시 C_t의 영향을 받는다. 종합하면, 종속변수 C_t와 독립변수 P_t, W^p_t 사이에는 동시적 인과관계가 존재한다.

7.3.3 회귀모형별 2SLS 추정과 비효율성

내생성 문제를 해결하기 위해, 식(7.3.8)에서 제시된 축약형 회귀모형에 대해 도구변수행렬 $X \in \mathbb{R}^{T \times (K_i + K^*_i)}$를 다음과 같이 정의한다:

$$X = \begin{bmatrix} X_i & X^*_i \end{bmatrix},$$

여기서 $X_i \in \mathbb{R}^{T\times K_i}$는 회귀모형 i에 포함된 외생변수들로 구성된 행렬, $X_i^* \in \mathbb{R}^{T\times K_i^*}$는 회귀모형 i에서 제외된 외생변수들로 구성된 행렬이다. 각 $i = 1,\ldots,M$에 대해 축약형 회귀모형 i의 부분행렬 X_i와 X_i^*의 구성은 상이할 수 있으나, 모든 회귀모형은 동시방정식모형에 포함된 전체 외생변수들로 구성된 동일한 형태의 X를 가진다. 단, 식별성을 위해서는 도구변수의 수 K_i^*가 포함된 내생변수의 수 M_i보다 크거나 같아야 한다.

이러한 구조 아래에서 2SLS 추정량과 점근공분산행렬은 다음과 같이 주어진다:

$$\hat{\delta}_{2SLS,i} = (\hat{Z}_i'\hat{Z}_i)^{-1}\hat{Z}_i'y_i,$$
$$AVar[\hat{\delta}_{2SLS,i}] = \sigma_{ii}(\hat{Z}_i'\hat{Z}_i)^{-1},$$

여기서 $\hat{Z}_i = X(X'X)^{-1}X'Z_i \in \mathbb{R}^{T\times(K_i+M_i)}$은 독립변수행렬 Z_i를 도구변수행렬 X의 열공간에 직교투영하여 얻은 값이다. 실제 분석에서 2SLS 추정은 다음의 2단계 절차를 따라 진행된다. 1단계에서는 내생변수행렬 Y_i의 각 열 벡터를 종속변수, 도구변수행렬 X를 독립변수로 하는 회귀모형에 OLS를 적용하여 적합값행렬 $\hat{Y}_i$를 구성한다. 2단계에서는 y_i를 종속변수, 포함된 외생변수행렬 X_i와 $\hat{Y}_i$를 독립변수로 삼아 OLS 회귀를 수행한다. 이때 추정된 회귀계수벡터가 $\hat{\delta}_{2SLS,i}$이 된다.

회귀모형별로 추정하는 2SLS는 내생성을 보정하여 추정량의 일치성을 유지한다는 점에서 유용하다. 하지만 개별 추정은 회귀모형 간 오차항의 공분산 구조를 반영하지 않는다는 한계가 있다. 즉, 만약 서로 다른 회귀모형들의 오차항이 상관되어 있다면—예를 들어 소비 방정식과 투자 방정식이 공통된 거시적 충격에 반응한다면—회귀모형별로 적용한 독립적인 2SLS 추정은 정보의 일부를 활용하지 못하게 되며, 이에 따라 추정의 효율성이 저하된다.

예시 7.2. 식(7.3.2)의 내생변수 P_t와 W_t^p, 식(7.3.3)의 내생변수 P_t, 식(7.3.4)의 내생변수 X_t에 대한 도구변수는 각각 다음과 같이 구성된다:

$$\text{소비 모형: } \big(1, P_{t-1}, W_t^g | K_{t-1}, X_{t-1}, G_t, T_t, A_t\big)',$$
$$\text{투자 모형: } \big(1, P_{t-1}, K_{t-1} | W_t^g, X_{t-1}, G_t, T_t, A_t\big)',$$
$$\text{임금 모형: } \big(1, X_{t-1}, A_t | P_{t-1}, K_{t-1}, W_t^g, G_t, T_t\big)'.$$

개별 회귀모형에 있어 순서만 다를 뿐, 도구변수는 전체 외생변수들로 구성된 동일한 형태를 가진다. 식별조건 $K^* \geq M$이 충족하므로, 회귀모형별 2SLS 추정이 가능하다.

7.3.4 3SLS와 I3SLS 추정법

동시방정식모형에서는 회귀모형별로 OLS를 적용할 경우 내생성 문제로 인해 추정량이 일치성을 가지지 않는다. 반면, 회귀모형별 2SLS를 적용하면 내생성 문제는 해결되어 일치성을 확보할 수 있지만, 회귀모형 간 오차항에 존재할 수 있는 공분산 구조를 반영하지 않기 때문에 효율성 측면에서는 최적이 아니다. 이러한 한계를 극복하고자, 도구변수를 활용한 추정의 일치성과 오차 공분산을 고려한 GLS 추정의 효율성을 결합한 3단계 최소제곱법(Three-Stage Least Squares, 3SLS) 추정법이 사용된다.

식(7.3.8)에서 제시된 축약형 회귀모형을 $i = 1,\ldots,M$에 걸쳐 적층하면, 다음과 같은 블록행렬 형태를 얻는다:

$$\begin{bmatrix} y_1 \\ y_2 \\ \vdots \\ y_M \end{bmatrix} = \begin{bmatrix} Z_1 & 0_{T\times(K_2+M_2)} & \cdots & 0_{T\times(K_M+M_M)} \\ 0_{T\times(K_1+M_1)} & Z_2 & \cdots & 0_{T\times(K_M+M_M)} \\ \vdots & \vdots & & \vdots \\ 0_{T\times(K_1+M_1)} & 0_{T\times(K_2+M_2)} & \cdots & Z_M \end{bmatrix} \begin{bmatrix} \delta_1 \\ \delta_2 \\ \vdots \\ \delta_M \end{bmatrix} + \begin{bmatrix} \varepsilon_1 \\ \varepsilon_2 \\ \vdots \\ \varepsilon_M \end{bmatrix},$$

또는 간단히

$$y = Z\delta + \varepsilon,$$

여기서 $y \in \mathbb{R}^{MT\times 1}$, $Z \in \mathbb{R}^{MT\times(K^*+M^*)}$, $\delta \in \mathbb{R}^{(K^*+M^*)\times 1}$, $\varepsilon \in \mathbb{R}^{MT\times 1}$, $K^* = \sum_{i=1}^{M} K_i$, $M^* = \sum_{i=1}^{M} M_i$이다. 전체 오차항벡터 ε의 공분산행렬 $\Omega \in \mathbb{R}^{MT\times MT}$는

$$\Omega = E[\varepsilon\varepsilon'] = \Sigma \otimes I_T$$

라 가정한다. 여기서 $\Sigma = [\sigma_{ij}]_{i,j=1}^{M} \in \mathbb{R}^{M\times M}$는 모형 간 오차항의 공분산으로 구성된 행렬이며, $\sigma_{ij} = E[\varepsilon_{i,t}\varepsilon_{j,t}]$는 회귀모형 i와 j 사이의 오차 공분산을 의미한다.

모든 $i = 1,\ldots,M$에 대해 식별조건 $K_i^* \geq M_i$이 만족하는 경우, 3SLS 추정량과 그 점근 공분산행렬은 다음과 같이 주어진다:

$$\hat{\delta}_{3SLS} = \left(\hat{Z}'(\Sigma\otimes I_T)^{-1}\hat{Z}\right)^{-1}\hat{Z}'(\Sigma\otimes I_T)^{-1}y,$$
$$AVar[\hat{\delta}_{3SLS}] = \left(\hat{Z}'(\Sigma\otimes I_T)^{-1}\hat{Z}\right)^{-1},$$

여기서 $\hat{Z}$는 행렬 Z의 블록행렬 Z_i를 그 추정치 $\hat{Z}_i = X(X'X)^{-1}X'Z_i$로 대체하여 구성한다.

실제 분석에서는 다음과 같은 절차를 통해 3SLS 추정을 진행한다. 1단계에서는 각 $i = 1,\ldots,M$에 대해 내생변수 Y_i를 종속변수, 도구변수 X를 독립변수로 하는 회귀모형으로부

터 OLS 적합값 $\hat{Y}_i$를 계산한다. 2단계에서는 y_i를 종속변수, $\hat{Y}_i$와 외생변수 X_i를 독립변수로 하는 회귀모형으로부터 2SLS 추정량 $\hat{\delta}_{2SLS,i}$를 계산한다. 3단계에서는 모든 $i, j = 1, \ldots, M$에 대해

$$\hat{\sigma}_{ij} = \frac{1}{T}(y_i - Z_i\hat{\delta}_{2SLS,i})'(y_j - Z_j\hat{\delta}_{2SLS,j})$$

를 계산한다. 이를 바탕으로 일치추정량 $\hat{\Sigma} = [\hat{\sigma}_{ij}]_{i,j=1}^{M} \xrightarrow{p} \Sigma$을 구성하고, 3SLS 추정량과 점근공분산행렬은 다음과 같이 계산한다:

$$\hat{\hat{\delta}}_{3SLS} = \left(\hat{Z}'(\hat{\Sigma} \otimes I_T)^{-1}\hat{Z}\right)^{-1} \hat{Z}'(\hat{\Sigma} \otimes I_T)^{-1}y,$$
$$\widehat{AVar[\hat{\hat{\delta}}_{3SLS}]} = \left(\hat{Z}'(\hat{\Sigma} \otimes I_T)^{-1}\hat{Z}\right)^{-1}.$$

반복 3단계 최소제곱(Iterated 3SLS, I3SLS) 추정법은 3SLS 추정의 효율성을 더욱 향상하기 위해, $\hat{\Sigma}$을 반복적으로 갱신하는 방식이다. 구체적인 I3SLS 추정 절차는 다음과 같다. 1단계에서는 도구변수 X를 이용해 OLS 적합값 $\hat{Y}_i$를 계산한다. 2단계에서는 $\hat{Y}_i$와 X를 이용해 2SLS 추정량 $\hat{\delta}_{2SLS,i}$를 계산한다. 3단계에서는 $\hat{\delta}_{2SLS,i}$를 이용해 $\hat{\Sigma}^{(1)}$와 $\hat{\hat{\delta}}_{3SLS}^{(1)}$을 계산한다. 4단계에서는 $\hat{\hat{\delta}}_{3SLS}^{(1)}$를 이용해 $\hat{\Sigma}^{(1)}$을 $\hat{\Sigma}^{(2)}$로 갱신하고, $\hat{\Sigma}^{(2)}$를 이용해 $\hat{\hat{\delta}}_{3SLS}^{(1)}$을 $\hat{\hat{\delta}}_{3SLS}^{(2)}$로 갱신한다. 이러한 갱신 과정을 m회 반복하여 추정량 $\hat{\hat{\delta}}_{3SLS}^{(m)}$이 수렴하면, I3SLS 추정량과 점근공분산행렬은 다음과 같이 주어진다:

$$\hat{\hat{\delta}}_{I3SLS}^{(m)} = \left(\hat{Z}'(\hat{\Sigma}^{(m)} \otimes I_T)^{-1}\hat{Z}\right)^{-1} \hat{Z}'(\hat{\Sigma}^{(m)} \otimes I_T)^{-1}y,$$
$$\widehat{AVar[\hat{\hat{\delta}}_{I3SLS}^{(m)}]} = \left(\hat{Z}'(\hat{\Sigma}^{(m)} \otimes I_T)^{-1}\hat{Z}\right)^{-1},$$

여기서 $\hat{\Sigma}^{(m)}$는 m번째 반복에서 얻어진 $\hat{\Sigma}$이다.

예시 7.3. Klein 모형의 소비, 투자, 민간임금에 관한 축약형 회귀모형들은 모두 식별조건을 충족한다. 따라서 해당 모형에 대해 3SLS 및 I3SLS 추정을 진행할 수 있으며, 이를 통해 모형 간 변수 상호의존성과 오차 간 상관관계를 반영하는 더욱 효율적인 일치추정량을 얻을 수 있다.

7.4 R 실습

```
> libraries <- c("data.table", "plm", "systemfit")
> lapply(libraries, library, character.only = TRUE)
```

7.4.1 예제 1

2000년부터 2024년까지의 기간 동안, 9개 KOSPI 상장기업에 대해 다음과 같은 개별 회귀모형을 고려하자:

$$INV_{i,t} = \alpha_i + \beta_{i,1} MV_{i,t} + \beta_{i,2} CA_{i,t} + \varepsilon_{i,t},$$

여기서 $INV_{i,t}$는 기업 i의 t년도 총투자(투자활동으로 인한 현금흐름을 총자산으로 나눈 값), $MV_{i,t}$는 기업규모(시가총액의 로그값), $CA_{i,t}$는 설비자산의 비중(총자산 대비 설비자산의 비율)이다.

```
> dat <- fread("data7_1.csv", header = TRUE)
> head(dat)
          ISIN   TRD_DD        INV       MV        CA
        <char>    <int>      <num>    <num>     <num>
1: KR7005930003 20001231 0.2300354 31.40549 0.3458937
2: KR7005930003 20011231 0.1514503 31.10590 0.3768380
3: KR7005930003 20021231 0.2457078 31.65977 0.3189867
4: KR7005930003 20031231 0.1872948 31.73945 0.3511950
5: KR7005930003 20041231 0.2006470 31.99263 0.3748960
6: KR7005930003 20051231 0.1967848 32.10354 0.3646115
> dat <- pdata.frame(dat, index = c("ISIN", "TRD_DD"))
> fit <- systemfit(INV ~ MV + CA, method = "OLS", data = dat)
> print(summary(fit, residCov = FALSE, equations = FALSE), digits = 3)
systemfit results
method: OLS
         N  DF   SSR detRCov OLS-R2 McElroy-R2
system 225 198 0.511       0  0.173      0.316
              N DF   SSR   MSE  RMSE    R2 Adj R2
KR7000270009 25 22 0.024 0.001 0.033 0.067 -0.017
KR7000660001 25 22 0.145 0.007 0.081 0.239  0.170
KR7005380001 25 22 0.013 0.001 0.024 0.600  0.564
KR7005490008 25 22 0.045 0.002 0.045 0.002 -0.089
KR7005930003 25 22 0.036 0.002 0.040 0.385  0.329
KR7009540006 25 22 0.049 0.002 0.047 0.058 -0.028
KR7012330007 25 22 0.032 0.001 0.038 0.004 -0.087
KR7012450003 25 22 0.056 0.003 0.050 0.130  0.051
KR7034020008 25 22 0.113 0.005 0.072 0.060 -0.025
Coefficients:
                          Estimate Std. Error t value Pr(>|t|)
KR7000270009_(Intercept)  0.17338    0.53524    0.32    0.749
KR7000270009_MV          -0.00363    0.01651   -0.22    0.828
KR7000270009_CA           0.07519    0.20952    0.36    0.723
KR7000660001_(Intercept) -1.00477    0.45660   -2.20    0.039 *
KR7000660001_MV           0.03556    0.01381    2.57    0.017 *
KR7000660001_CA           0.20086    0.34248    0.59    0.564
KR7005380001_(Intercept)  0.48508    0.52958    0.92    0.370
```

```
KR7005380001_MV          -0.01476    0.01643   -0.90     0.379
KR7005380001_CA           0.19714    0.15375    1.28     0.213
KR7005490008_(Intercept) -0.05346    0.83236   -0.06     0.949
KR7005490008_MV           0.00451    0.02510    0.18     0.859
KR7005490008_CA           0.00527    0.28148    0.02     0.985
KR7005930003_(Intercept)  1.59260    0.57608    2.76     0.011 *
KR7005930003_MV          -0.04297    0.01575   -2.73     0.012 *
KR7005930003_CA          -0.11681    0.25519   -0.46     0.652
KR7009540006_(Intercept) -0.52112    0.52913   -0.98     0.335
KR7009540006_MV           0.01673    0.01650    1.01     0.322
KR7009540006_CA           0.28580    0.25415    1.12     0.273
KR7012330007_(Intercept)  0.18585    0.52616    0.35     0.727
KR7012330007_MV          -0.00385    0.01508   -0.26     0.801
KR7012330007_CA          -0.13873    0.78045   -0.18     0.861
KR7012450003_(Intercept) -0.73713    0.44199   -1.67     0.110
KR7012450003_MV           0.02652    0.01506    1.76     0.092 .
KR7012450003_CA           0.24252    0.17877    1.36     0.189
KR7034020008_(Intercept)  0.11484    0.70868    0.16     0.873
KR7034020008_MV          -0.00132    0.02315   -0.06     0.955
KR7034020008_CA          -0.42087    0.54062   -0.78     0.445
> fit <- systemfit(INV ~ MV + CA, method = "SUR", data = dat)
> print(summary(fit, residCov = FALSE, equations = FALSE), digits = 3)
systemfit results
method: SUR
         N  DF   SSR detRCov OLS-R2 McElroy-R2
system 225 198 0.522       0  0.157      0.347
             N DF   SSR   MSE  RMSE     R2 Adj R2
KR7000270009 25 22 0.024 0.001 0.033  0.040 -0.047
KR7000660001 25 22 0.147 0.007 0.082  0.228  0.158
KR7005380001 25 22 0.013 0.001 0.024  0.591  0.554
KR7005490008 25 22 0.045 0.002 0.045 -0.006 -0.097
KR7005930003 25 22 0.036 0.002 0.040  0.381  0.325
KR7009540006 25 22 0.049 0.002 0.047  0.047 -0.039
KR7012330007 25 22 0.032 0.001 0.038  0.003 -0.087
KR7012450003 25 22 0.057 0.003 0.051  0.118  0.038
KR7034020008 25 22 0.119 0.005 0.073  0.016 -0.073
Coefficients:
                         Estimate Std. Error t value Pr(>|t|)
KR7000270009_(Intercept)  0.28172    0.41318    0.68   0.5025
KR7000270009_MV          -0.00651    0.01277   -0.51   0.6152
KR7000270009_CA          -0.03086    0.16630   -0.19   0.8545
KR7000660001_(Intercept) -1.10067    0.43922   -2.51   0.0201 *
KR7000660001_MV           0.03567    0.01346    2.65   0.0146 *
KR7000660001_CA           0.39386    0.29800    1.32   0.1999
KR7005380001_(Intercept)  0.70824    0.42637    1.66   0.1109
KR7005380001_MV          -0.02152    0.01325   -1.62   0.1185
KR7005380001_CA           0.10532    0.12185    0.86   0.3967
KR7005490008_(Intercept) -0.03816    0.69476   -0.05   0.9567
KR7005490008_MV           0.00316    0.02126    0.15   0.8832
```

```
KR7005490008_CA             0.08645     0.21806    0.40    0.6956
KR7005930003_(Intercept)  1.69271     0.49366    3.43    0.0024 **
KR7005930003_MV            -0.04525     0.01369   -3.31    0.0032 **
KR7005930003_CA            -0.20131     0.20797   -0.97    0.3436
KR7009540006_(Intercept) -0.77696     0.44803   -1.73    0.0969 .
KR7009540006_MV             0.02478     0.01404    1.77    0.0914 .
KR7009540006_CA             0.36836     0.22013    1.67    0.1084
KR7012330007_(Intercept)  0.19005     0.36127    0.53    0.6041
KR7012330007_MV            -0.00389     0.01046   -0.37    0.7137
KR7012330007_CA            -0.16974     0.53361   -0.32    0.7534
KR7012450003_(Intercept) -0.83461     0.34940   -2.39    0.0259 *
KR7012450003_MV             0.02947     0.01195    2.47    0.0220 *
KR7012450003_CA             0.33791     0.15351    2.20    0.0385 *
KR7034020008_(Intercept) -0.58430     0.61918   -0.94    0.3556
KR7034020008_MV             0.02124     0.02031    1.05    0.3070
KR7034020008_CA             0.08826     0.47048    0.19    0.8529
```

우선 개별 회귀모형에 OLS를 독립적으로 적용하였다. OLS 추정량은 일치성을 유지하나, 회귀모형 간 오차항들에 상호 연관성이 존재할 경우, 즉 $E[\varepsilon_{i,t}\varepsilon_{j,t}] \neq 0$이면 효율적이지는 않다. 회귀모형 간 오차항들이 서로 상관되어 있는 경우, GLS 추정량이 OLS 추정량보다 효율적이다. SUR 모형에 GLS를 적용해 분석한 결과, 공분산 구조를 고려한 GLS 추정량은 OLS 추정량과 상이한 값을 보였다.

```
> K <- 3
> M <- 9
> Rmat <- matrix(0, nrow = K*(M - 1), ncol = K*M)
> for (i in 1:(M - 1)){
+   Rmat[((i - 1)*K + 1):(i*K), ((i - 1)*K + 1):(i*K)] <- diag(K)
+   Rmat[((i - 1)*K + 1):(i*K), ((M - 1)*K + 1):(M*K)] <- -diag(K)
+ }
> linearHypothesis(fit_gls, Rmat, test = "Chisq")
Linear hypothesis test (Chi^2 statistic of a Wald test)
Hypothesis:
KR7000270009_((Intercept) - KR7034020008_(Intercept) = 0
KR7000270009_MV - KR7034020008_MV = 0
KR7000270009_CA - KR7034020008_CA = 0
KR7000660001_((Intercept) - KR7034020008_(Intercept) = 0
KR7000660001_MV - KR7034020008_MV = 0
KR7000660001_CA - KR7034020008_CA = 0
KR7005380001_((Intercept) - KR7034020008_(Intercept) = 0
KR7005380001_MV - KR7034020008_MV = 0
KR7005380001_CA - KR7034020008_CA = 0
KR7005490008_((Intercept) - KR7034020008_(Intercept) = 0
KR7005490008_MV - KR7034020008_MV = 0
KR7005490008_CA - KR7034020008_CA = 0
KR7005930003_((Intercept) - KR7034020008_(Intercept) = 0
```

```
KR7005930003_MV - KR7034020008_MV = 0
KR7005930003_CA - KR7034020008_CA = 0
KR7009540006_((Intercept) - KR7034020008_(Intercept) = 0
KR7009540006_MV - KR7034020008_MV = 0
KR7009540006_CA - KR7034020008_CA = 0
KR7012330007_((Intercept) - KR7034020008_(Intercept) = 0
KR7012330007_MV - KR7034020008_MV = 0
KR7012330007_CA - KR7034020008_CA = 0
KR7012450003_((Intercept) - KR7034020008_(Intercept) = 0
KR7012450003_MV - KR7034020008_MV = 0
KR7012450003_CA - KR7034020008_CA = 0
Model 1: restricted model
Model 2: fit
  Res.Df Df Chisq Pr(>Chisq)
1    222
2    198 24 110.2  5.197e-13 ***
```

회귀계수 $\beta_i = (\alpha_i, \beta_{i,1}, \beta_{i,2})' \in \mathbb{R}^{3\times 1}$에 대해 동질성 제약 $H_0 : \beta_1 = \beta_2 = \cdots = \beta_9$을 검정하였다. 검정 결과, 귀무가설 H_0는 5% 유의수준에서 기각되었으며, 이는 개별 모형의 회귀계수가 서로 상이하다는 점을 의미한다.

7.4.2 예제 2

2000년부터 2024년까지의 기간 동안, 8개 KOSPI 상장기업에 대해 다음과 같은 시장모형을 고려하자:

$$\text{RTN}_{i,t} = \alpha_i + \beta_i \text{MKT}_t + \varepsilon_{i,t},$$

여기서 $\text{RTN}_{i,t}$는 기업 i의 t월 수익률, MKT_t는 KOSPI 지수의 월별 수익률이다.

```
> dat <- fread("data7_2.csv", header = TRUE)
> head(dat)
           ISIN   TRD_DD    RTN    MKT
         <char>    <int>  <num>  <num>
1: KR7005930003 20000131   4.89  -8.19
2: KR7005930003 20000229 -12.03 -12.03
3: KR7005930003 20000331  30.86   3.93
4: KR7005930003 20000430 -14.65 -18.61
5: KR7005930003 20000531   2.67   0.89
6: KR7005930003 20000630  27.24  18.80
> dat <- pdata.frame(dat, index = c("ISIN", "TRD_DD"))
> # OLS estimation
> fit <- systemfit(RTN ~ MKT, method = "OLS", data = dat)
> print(summary(fit, residCov = FALSE, equations = FALSE), digits = 3)
systemfit results
method: OLS
```

```
          N   DF    SSR  detRCov OLS-R2 McElroy-R2
system 2400 2384 244015 1.28e+15  0.344      0.361
              N  DF   SSR   MSE  RMSE    R2 Adj R2
KR7000270009 300 298 25444  85.4  9.24 0.287  0.284
KR7000660001 300 298 71585 240.2 15.50 0.335  0.333
KR7005380001 300 298 20163  67.7  8.23 0.402  0.400
KR7005490008 300 298 17754  59.6  7.72 0.365  0.363
KR7005930003 300 298 12902  43.3  6.58 0.510  0.508
KR7009540006 300 298 30287 101.6 10.08 0.340  0.337
KR7012330007 300 298 23537  79.0  8.89 0.367  0.365
KR7012450003 300 298 42342 142.1 11.92 0.264  0.262
Coefficients:
                         Estimate Std. Error t value Pr(>|t|)
KR7000270009_(Intercept)   0.9648     0.5353    1.80    0.073 .
KR7000270009_MKT           0.9217     0.0842   10.94   <2e-16 ***
KR7000660001_(Intercept)   0.5519     0.8978    0.61    0.539
KR7000660001_MKT           1.7316     0.1412   12.26   <2e-16 ***
KR7005380001_(Intercept)   0.9889     0.4765    2.08    0.039 *
KR7005380001_MKT           1.0618     0.0750   14.16   <2e-16 ***
KR7005490008_(Intercept)   0.2254     0.4471    0.50    0.615
KR7005490008_MKT           0.9208     0.0703   13.09   <2e-16 ***
KR7005930003_(Intercept)   0.6438     0.3812    1.69    0.092 .
KR7005930003_MKT           1.0553     0.0600   17.60   <2e-16 ***
KR7009540006_(Intercept)   0.8467     0.5840    1.45    0.148
KR7009540006_MKT           1.1375     0.0919   12.38   <2e-16 ***
KR7012330007_(Intercept)   1.1975     0.5148    2.33    0.021 *
KR7012330007_MKT           1.0646     0.0810   13.14   <2e-16 ***
KR7012450003_(Intercept)   1.5711     0.6905    2.28    0.024 *
KR7012450003_MKT           1.1233     0.1086   10.34   <2e-16 ***
> # GLS estimation
> fit <- systemfit(RTN ~ MKT, method = "SUR", data = dat)
> print(summary(fit, residCov = FALSE, equations = FALSE), digits = 3)
systemfit results
method: SUR
          N   DF    SSR  detRCov OLS-R2 McElroy-R2
system 2400 2384 244015 1.28e+15  0.344      0.361
              N  DF   SSR   MSE  RMSE    R2 Adj R2
KR7000270009 300 298 25444  85.4  9.24 0.287  0.284
KR7000660001 300 298 71585 240.2 15.50 0.335  0.333
KR7005380001 300 298 20163  67.7  8.23 0.402  0.400
KR7005490008 300 298 17754  59.6  7.72 0.365  0.363
KR7005930003 300 298 12902  43.3  6.58 0.510  0.508
KR7009540006 300 298 30287 101.6 10.08 0.340  0.337
KR7012330007 300 298 23537  79.0  8.89 0.367  0.365
KR7012450003 300 298 42342 142.1 11.92 0.264  0.262
Coefficients:
                         Estimate Std. Error t value Pr(>|t|)
KR7000270009_(Intercept)   0.9648     0.5353    1.80    0.073 .
KR7000270009_MKT           0.9217     0.0842   10.94   <2e-16 ***
```

```
KR7000660001_(Intercept)  0.5519     0.8978    0.61     0.539
KR7000660001_MKT          1.7316     0.1412   12.26    <2e-16 ***
KR7005380001_(Intercept)  0.9889     0.4765    2.08     0.039 *
KR7005380001_MKT          1.0618     0.0750   14.16    <2e-16 ***
KR7005490008_(Intercept)  0.2254     0.4471    0.50     0.615
KR7005490008_MKT          0.9208     0.0703   13.09    <2e-16 ***
KR7005930003_(Intercept)  0.6438     0.3812    1.69     0.092 .
KR7005930003_MKT          1.0553     0.0600   17.60    <2e-16 ***
KR7009540006_(Intercept)  0.8467     0.5840    1.45     0.148
KR7009540006_MKT          1.1375     0.0919   12.38    <2e-16 ***
KR7012330007_(Intercept)  1.1975     0.5148    2.33     0.021 *
KR7012330007_MKT          1.0646     0.0810   13.14    <2e-16 ***
KR7012450003_(Intercept)  1.5711     0.6905    2.28     0.024 *
KR7012450003_MKT          1.1233     0.1086   10.34    <2e-16 ***
```

개별 회귀모형이 모두 동일한 독립변수를 공유하므로, GLS 추정 결과와 OLS 추정 결과는 완전히 동일하게 나타났다.

7.4.3 예제 3

이 예제에서 사용하는 자료는 미국의 연도별 거시경제 지표로서 Klein 모형의 추정을 목적으로 구성되어 있다. 자료에 포함된 변수들은 다음과 같다. 관측 연도(year), 소비(consump), 기업이익(corpProf), 전년도 기업이익(corpProfLag), 민간임금(privWage), 투자(invest), 전년도 자본(capitalLag), GNP(gnp), 전년도 GNP(gnpLag), 정부임금(govWage), 정부지출(govExp), 법인세(taxes), 민간임금과 정부임금의 합(wages), 시간추세(trend)이다. 시간 추세는 1931년을 기준으로 한 경과 연도 수로 정의된다. Klein 모형에서는 consump, invest, wages, gnp, corpProf는 내생변수로 간주하며, corpProfLag, capitalLag, gnpLag, govWage, govExp, taxes, trend는 외생변수로 간주한다.

```
> dat <- read.csv("data7_3.csv", header = TRUE)
> head(dat)
  year consump corpProf corpProfLag privWage invest capitalLag  gnp
1 1920    39.8     12.7          NA     28.8    2.7      180.1 44.9
2 1921    41.9     12.4        12.7     25.5   -0.2      182.8 45.6
3 1922    45.0     16.9        12.4     29.3    1.9      182.6 50.1
4 1923    49.2     18.4        16.9     34.1    5.2      184.5 57.2
5 1924    50.6     19.4        18.4     33.9    3.0      189.7 57.1
6 1925    52.6     20.1        19.4     35.4    5.1      192.7 61.0
  gnpLag govWage govExp taxes wages trend
1     NA     2.2    2.4   3.4  31.0   -11
2   44.9     2.7    3.9   7.7  28.2   -10
3   45.6     2.9    3.2   3.9  32.2    -9
4   50.1     2.9    2.8   4.7  37.0    -8
```

```
5   57.2     3.1    3.5   3.8  37.0     -7
6   57.1     3.2    3.3   5.5  38.6     -6
> # System construction
> eq1 <- consump ~ corpProf + corpProfLag + wages
> eq2 <- invest ~ corpProf + corpProfLag + capitalLag
> eq3 <- privWage ~ gnp + gnpLag + trend
> eq_system <- list(C = eq1, I = eq2, W = eq3)
> # Equation-by-equation OLS
> fit <- systemfit(eq_system, method = "OLS", data = dat)
> summary(fit, residCov = FALSE, equations = FALSE)
systemfit results
method: OLS
        N DF     SSR detRCov   OLS-R2 McElroy-R2
system 63 51 45.2069 0.37084 0.977268   0.991302
   N DF     SSR      MSE     RMSE       R2   Adj R2
C 21 17 17.8794 1.051732 1.025540 0.981008 0.977657
I 21 17 17.3227 1.018982 1.009447 0.931348 0.919233
W 21 17 10.0047 0.588515 0.767147 0.987414 0.985193
Coefficients:
                Estimate Std. Error  t value   Pr(>|t|)
C_(Intercept) 16.2366003  1.3026983 12.46382 5.6208e-10 ***
C_corpProf     0.1929344  0.0912102  2.11527 0.04947352 *
C_corpProfLag  0.0898849  0.0906479  0.99158 0.33530613
C_wages        0.7962187  0.0399439 19.93342 3.1619e-13 ***
I_(Intercept) 10.1257885  5.4655465  1.85266 0.08137418 .
I_corpProf     0.4796356  0.0971146  4.93886 0.00012456 ***
I_corpProfLag  0.3330387  0.1008592  3.30202 0.00421173 **
I_capitalLag  -0.1117947  0.0267276 -4.18275 0.00062445 ***
W_(Intercept)  1.4970438  1.2700320  1.17874 0.25473559
W_gnp          0.4394770  0.0324076 13.56093 1.5169e-10 ***
W_gnpLag       0.1460899  0.0374231  3.90373 0.00114240 **
W_trend        0.1302452  0.0319103  4.08160 0.00077703 ***
> # Equation-by-equation 2SLS
> X <- ~ corpProfLag + capitalLag + gnpLag + govWage + govExp + taxes + trend
> fit <- systemfit(eq_system, method = "2SLS", inst = X, data = dat)
> summary(fit, residCov = FALSE, equations = FALSE)
systemfit results
method: 2SLS
        N DF     SSR detRCov   OLS-R2 McElroy-R2
system 63 51 60.9771 0.54234 0.969338   0.992418
   N DF     SSR      MSE     RMSE       R2   Adj R2
C 21 17 21.9252 1.289720 1.135659 0.976711 0.972601
I 21 17 29.0469 1.708639 1.307149 0.884884 0.864569
W 21 17 10.0050 0.588527 0.767155 0.987414 0.985193
Coefficients:
                Estimate Std. Error  t value   Pr(>|t|)
C_(Intercept) 16.5547558  1.4679787 11.27725 2.5869e-09 ***
C_corpProf     0.0173022  0.1312046  0.13187 0.89663371
C_corpProfLag  0.2162340  0.1192217  1.81371 0.08741342 .
```

```
C_wages         0.8101827  0.0447351 18.11069 1.5050e-12 ***
I_(Intercept) 20.2782089  8.3832489  2.41890 0.02707053 *
I_corpProf      0.1502218  0.1925336  0.78024 0.44597984
I_corpProfLag   0.6159436  0.1809258  3.40440 0.00337550 **
I_capitalLag   -0.1577876  0.0401521 -3.92975 0.00107972 **
W_(Intercept)   1.5002969  1.2756864  1.17607 0.25577411
W_gnp           0.4388591  0.0396027 11.08155 3.3679e-09 ***
W_gnpLag        0.1466738  0.0431639  3.39806 0.00342209 **
W_trend         0.1303957  0.0323884  4.02600 0.00087642 ***
> # 3SLS estimation
> fit <- systemfit(eq_system, method = "3SLS", inst = X, data = dat)
> summary(fit, residCov = FALSE, equations = FALSE)
systemfit results
method: 3SLS
        N DF     SSR  detRCov  OLS-R2 McElroy-R2
system 63 51 73.6015 0.533448 0.96299   0.994951
   N DF     SSR      MSE    RMSE       R2   Adj R2
C 21 17 18.7270 1.101586 1.04957 0.980108 0.976598
I 21 17 43.9540 2.585528 1.60796 0.825805 0.795065
W 21 17 10.9206 0.642386 0.80149 0.986262 0.983838
Coefficients:
                Estimate Std. Error  t value   Pr(>|t|)
C_(Intercept) 16.4407901  1.4499249 11.33906 2.3819e-09 ***
C_corpProf      0.1248905  0.1201787  1.03921 0.31326448
C_corpProfLag   0.1631441  0.1116308  1.46146 0.16212730
C_wages         0.7900809  0.0421656 18.73756 8.6642e-13 ***
I_(Intercept) 28.1778469  7.5508534  3.73174 0.00165942 **
I_corpProf     -0.0130792  0.1799376 -0.07269 0.94290331
I_corpProfLag   0.7557240  0.1699757  4.44607 0.00035439 ***
I_capitalLag   -0.1948482  0.0361558 -5.38912 4.8954e-05 ***
W_(Intercept)   1.7972177  1.2402035  1.44913 0.16549705
W_gnp           0.4004919  0.0353586 11.32657 2.4219e-09 ***
W_gnpLag        0.1812910  0.0379654  4.77517 0.00017585 ***
W_trend         0.1496741  0.0310483  4.82069 0.00015973 ***
> # I3SLS estimation
> fit <- systemfit(eq_system, method = "3SLS", inst = X, maxit = 1000,
+                  data = dat)
> summary(fit, residCov = FALSE, equations = FALSE)
systemfit results
method: iterated 3SLS
convergence achieved after 20 iterations
        N DF     SSR  detRCov  OLS-R2 McElroy-R2
system 63 51 127.592 0.959805 0.93584   0.996225
   N DF     SSR      MSE     RMSE       R2   Adj R2
C 21 17 19.2131 1.130180 1.063099 0.979592 0.975990
I 21 17 95.6608 5.627107 2.372152 0.620885 0.553982
W 21 17 12.7186 0.748151 0.864957 0.984000 0.981176
Coefficients:
                Estimate Std. Error  t value   Pr(>|t|)
```

```
C_(Intercept) 16.5589839  1.3608444 12.16817 8.1303e-10 ***
C_corpProf     0.1645088  0.1069179  1.53865 0.14229591
C_corpProfLag  0.1765637  0.1001407  1.76316 0.09583897 .
C_wages        0.7658016  0.0386335 19.82223 3.4639e-13 ***
I_(Intercept) 42.8959233 11.7742815  3.64319 0.00201123 **
I_corpProf    -0.3565237  0.2891445 -1.23303 0.23434394
I_corpProfLag  1.0112935  0.2764940  3.65756 0.00194944 **
I_capitalLag  -0.2601984  0.0565375 -4.60222 0.00025385 ***
W_(Intercept)  2.6247475  1.3287877  1.97529 0.06470083 .
W_gnp          0.3747796  0.0345687 10.84158 4.6773e-09 ***
W_gnpLag       0.1936505  0.0360126  5.37730 5.0154e-05 ***
W_trend        0.1679257  0.0321528  5.22274 6.8944e-05 ***
```

동시방정식모형의 개별 회귀모형에는 내생변수가 독립변수로 포함되어 있기 때문에, 회귀모형별 OLS 추정량은 동시성편의로 인해 일치성을 상실하게 된다. 회귀모형별 2SLS 추정은 내생변수가 포함되어 있더라도 일치추정량을 제공한다. 하지만 각 회귀모형을 개별적으로 추정하므로, 모형 간 오차항의 상관 구조를 고려하지 않아 효율성 측면에서는 한계가 있다. 3SLS 추정은 2SLS의 구조적 식별 기반을 유지하면서, 회귀모형 체계 전체의 오차 공분산 구조를 함께 고려한다. 따라서 3SLS는 내생성과 오차 간 상관을 동시에 반영하는 효율적이고 일치된 추정량을 제공한다. 마지막으로 I3SLS 추정은 3SLS 추정을 반복적으로 수행하여, 추정값이 수렴할 때까지 갱신한다. 일반적으로 I3SLS 추정량은 3SLS 추정량보다 더 효율적인 것으로 알려져 있다.

제8장 최대우도 추정법

8.1 우도함수의 정의

시계열자료의 오차 구조는 횡단면자료의 오차 구조를 포함하는 보다 일반적인 형태이므로, 본 장에서는 시계열자료를 중심으로 최대우도(ML) 추정법에 관한 이론을 전개한다. 여기서 도출되는 모든 결과는 시간 의존성이 없는 횡단면자료에도 동일하게 적용될 수 있다. ML 추정법은 제9장과 제10장에서 다룰 방법론뿐 아니라, 제II부에서 전개할 시계열 분석의 주요 추정 방식이다.

표본 $x = \{x_1, \ldots, x_T\}$는 조건부확률밀도함수(conditional PDF) $f(x_t|x_{t-1}, \ldots, x_1, \beta)$를 따르는 모집단으로부터 추출되었다고 가정하자. 이때, 주어진 표본 x가 모수 $\beta \in \mathbb{R}^{K\times 1}$ 아래에서 관측될 가능도(likelihood)를 수치화하기 위해 우도함수(Likelihood Function, LF) $L(\beta|x)$를 다음과 같이 정의한다:

$$L(\beta|x) = f(x|\beta),$$

여기서 $f(x|\beta)$는 표본 전체에 대한 결합확률밀도함수이다. 중요한 점은, 우도함수와 조건부 PDF의 함수적 관점이 서로 다르다는 것이다. 조건부 PDF는 β를 고정한 상태에서, 확률변수벡터 x의 값을 변화시키며 해당 확률을 설명하는 함수이다. 반면, LF는 표본 x가 주어진 상태에서, 그 표본이 관측되는 가능도를 β의 함수로 해석한다.

결합 PDF와 조건부 PDF 사이의 관계식 $f(x,y) = f(x|y)f(y)$를 반복 적용하면 LF는 다음과 같이 표현할 수 있다:

$$\begin{aligned}
L(\beta|x) =& f(x_T|x_{T-1}, \ldots, x_1, \beta) \times f(x_{T-1}, \ldots, x_1, \beta) \\
=& f(x_T|x_{T-1}, \ldots, x_1, \beta) \times f(x_{T-1}|x_{T-2}, \ldots, x_1, \beta) \times f(x_{T-2}, \ldots, x_1, \beta) \\
=& f(x_T|x_{T-1}, \ldots, x_1, \beta) \times f(x_{T-1}|x_{T-2}, \ldots, x_1, \beta) \times \cdots \times f(x_2|x_1, \beta) \times f(x_1|\beta),
\end{aligned}$$

또는 간단히

$$L(\beta|x) = \prod_{t=1}^{T} f(x_t|x_{t-1},\ldots,x_1,\beta),$$

여기서 $f(x_1|\beta)$는 첫 번째 관측치 x_1의 PDF이다. LF에 자연로그를 취하면, 로그우도함수는 다음과 같이 주어진다:

$$\ln L(\beta|x) = \sum_{t=1}^{T} \ln f(x_t|x_{t-1},\ldots,x_1,\beta).$$

즉, 로그 LF는 각 시점에서의 조건부 PDF 로그값을 시간 순서대로 합한 형태이다.

한편 횡단면자료와 같이 모든 관측치 x_t가 서로 독립이고 동일한 확률분포(i.i.d.)를 따르는 경우, 조건부 PDF는 $f(x_t|x_{t-1},\ldots,x_1,\beta) = f(x_t|\beta)$가 되며, 이에 따라 LF와 로그 LF는 각각 다음과 같이 주어진다:

$$L(\beta|x) = \prod_{t=1}^{T} f(x_t|\beta), \qquad \ln L(\beta|x) = \sum_{t=1}^{T} \ln f(x_t|\beta).$$

예시 8.1. 표본 $x = \{x_1,\ldots,x_T\}$은 서로 독립이며, 동일한 정규분포 $x_t \sim N(\mu,\sigma^2)$를 따른다고 가정하자. 이때 x_t의 PDF는

$$f(x_t|\mu,\sigma^2) = \frac{1}{\sqrt{2\pi\sigma^2}} \exp\left(-\frac{(x_t-\mu)^2}{2\sigma^2}\right)$$

이며, 이를 바탕으로 LF와 로그 LF는 각각 다음과 같이 유도된다:

$$\begin{aligned} L(\mu,\sigma^2|x) &= \prod_{t=1}^{T} f(x_t|\beta) = \frac{1}{(2\pi\sigma^2)^{T/2}} \exp\left(-\frac{1}{2}\sum_{t=1}^{T}\frac{(x_t-\mu)^2}{\sigma^2}\right), \\ \ln L(\mu,\sigma^2|x) &= -\frac{T}{2}\ln(2\pi) - \frac{T}{2}\ln\sigma^2 - \frac{1}{2}\sum_{t=1}^{T}\frac{(x_t-\mu)^2}{\sigma^2}. \end{aligned} \tag{8.1.1}$$

8.2 최대우도 추정법의 이해

최대우도 추정법은 주어진 표본 x가 관측되는 가능도를 최대화하는 모수 β를 선택하는 방식이다. 수학적으로, ML 추정량 b_{ML}은

$$b_{ML} = \arg\max_{b} L(b|x)$$

로 정의된다. 만약 $L(\beta|x)$가 β에 대해 미분 가능하다면, b_{ML}은 일차조건

$$\frac{\partial L(b|x)}{\partial b} = 0_{K\times 1}$$

을 만족해야 한다.

LF는 PDF의 곱으로 구성되어 있기 때문에, 미분을 하게 되면 계산이 매우 복잡해진다. 이를 해결하기 위해, 로그 LF를 사용하는 것이 일반적이다. 로그함수는 양의 실수 영역에서 단조증가(monotone increasing)하므로, $L(\beta|x)$와 $\ln L(\beta|x)$는 동일한 점에서 최댓값을 갖는다. 따라서 ML 추정량은 다음 조건을 만족하는 b로 정의할 수 있다:

$$\frac{\partial \ln L(b|x)}{\partial b} = 0_{K\times 1}. \tag{8.2.1}$$

위의 일차조건을 만족하는 폐쇄형 해(closed-form solution)를 항상 얻을 수 있는 것은 아니다. 많은 경우, 로그 LF를 미분한 식이 비선형이거나 고차 방정식이 되어, 해를 직접 구하기 어렵다. 이럴 때는 수치적 최적화 기법을 사용하여 근사해를 계산해야 한다.

ML 추정을 위한 수치적 최적화는 일반적으로 다음 절차를 따른다. 1단계에서는 모수 β에 대한 초기 추정값 b_0를 설정한 뒤 이를 기반으로 $\ln L(b_0|x)$를 계산한다. 2단계에서는 최적화 알고리즘(예: Newton-Raphson, BFGS, EM 알고리즘 등)을 사용하여 새로운 모수 추정값 b_1을 계산한다. 3단계에서는 갱신된 추정값 b_1을 이용해 $\ln L(b_1|x)$를 계산하고, 이전 단계와 비교하여 수렴조건을 만족하는지를 확인한다. 로그 LF의 값이 충분히 안정될 때까지(즉, 수렴조건이 만족할 때까지) 2–3단계를 반복 수행한다. 최종적으로 로그 LF가 수렴한 시점의 b를 ML 추정치로 채택한다.

예시 8.2. 식(8.1.1)에서 제시된 로그 LF를 모수 $\beta = (\mu, \sigma^2)' \in \mathbb{R}^{2\times 1}$에 대해 미분하면, 다음과 같은 일차조건이 도출된다:

$$\frac{\partial \ln L(\mu, \sigma^2|x)}{\partial \mu} = \frac{1}{\sigma^2}\sum_{t=1}^{T}(x_t - \mu) = 0,$$
$$\frac{\partial \ln L(\mu, \sigma^2|x)}{\partial \sigma^2} = -\frac{T}{2\sigma^2} + \frac{1}{2\sigma^4}\sum_{t=1}^{T}(x_t - \mu)^2 = 0.$$

위 식들을 각각 μ와 σ^2에 대해 풀면, 다음과 같은 닫힌 형태의 ML 추정량을 얻을 수 있다:

$$\hat{\mu}_{ML} = \frac{1}{T}\sum_{t=1}^{T} x_t, \qquad \hat{\sigma}^2_{ML} = \frac{1}{T}\sum_{t=1}^{T}(x_t - \bar{x})^2.$$

8.3 ML 추정량의 점근분포

8.3.1 ML 추정량의 이해

점수함수(score function) $g_t(\beta)$는 시점 t에서의 조건부 PDF 로그값이 모수 β의 변화에 얼마나 민감한지를 나타내며, 이는

$$g_t(\beta) = \frac{\partial \ln f(x_t|x_{t-1},\ldots,x_1,\beta)}{\partial \beta} \in \mathbb{R}^{K\times 1}$$

로 정의된다. 한편, $\ln L(\beta|x)$는 β에 대해 연속적으로 미분 가능하며, 기댓값과 미분 연산의 순서를 교환할 수 있다고 가정한다. 이러한 가정을 정규성조건(regularity condition)이라고 하며, ML 추정량의 점근분포를 유도하는 데 필수적인 요소이다. 정규성조건 아래에서 점수함수는 다음과 같은 기댓값 조건을 만족한다:

$$E[g_t(\beta)] = 0_{K\times 1}, \tag{8.3.1}$$

$$E[g_t(\beta)g_{t-s}(\beta)'] = 0_{K\times K} \text{ (모든 } s \neq 0). \tag{8.3.2}$$

식(8.3.1)은 점수함수의 기댓값이 0임을 의미하며, 식(8.3.2)는 모든 시차에 걸쳐 점수함수들 사이에는 상관관계가 없음을 나타낸다.

이제 식(8.3.1)을 모집단적률조건이라고 간주하면, 이에 대응하는 표본적률은

$$g_T(b) = \frac{1}{T}\sum_{t=1}^{T} g_t(b) = \frac{1}{T}\sum_{t=1}^{T} \frac{\partial \ln f(x_t|x_{t-1},\ldots,x_1,b)}{\partial b} \in \mathbb{R}^{K\times 1} \tag{8.3.3}$$

가 된다. 한편, 식(8.2.1)에서 제시된 로그 LF에 대한 일차조건은

$$\frac{\partial \ln L(b|x)}{\partial b} = \sum_{t=1}^{T} \frac{\partial \ln f(x_t|x_{t-1},\ldots,x_1,b)}{\partial b} = 0_{K\times 1} \tag{8.3.4}$$

로 표현할 수 있다. 식(8.3.3)과 식(8.3.4)를 결합하면, ML 추정량 b_{ML}은 다음 조건을 만족하는 값으로 정의된다:

$$a_T g_T(b) = 0,$$

여기서 $a_T = I_K$이다. 따라서 ML 추정은 K개의 모수와 K개의 적률조건을 갖는 정확히 식별된 형태의 GMM 추정임을 알 수 있다. 다시 말해, ML 추정은 점수함수의 기댓값을 적률조건으로 설정한 GMM 추정의 특수한 형태이며, 이에 따라 ML 추정량의 점근분포는 GMM의 점근분포 이론을 적용하여 자연스럽게 도출된다.

8.3.2 점근분포의 유도

제5장에서 살펴보았던 GMM의 점근이론과 식(8.3.2)의 결과를 바탕으로, b_{ML}의 점근분포는 다음과 같이 유도된다:

$$\sqrt{T}(b_{ML}-\beta) \xrightarrow{d} N\left(0, (ad)^{-1}aSa'(ad)^{-1\prime}\right),$$

여기서

$$a_T \xrightarrow{p} a, \qquad d = E\left[\frac{\partial g_t(\beta)}{\partial \beta'}\right], \qquad S = E[g_t(\beta)g_t(\beta)'].$$

이때 $d \in \mathbb{R}^{K\times K}$와 $S \in \mathbb{R}^{K\times K}$는 모두 대칭행렬이므로, $d = d'$과 $S = S'$가 성립한다. 또한, 정규성조건이 만족한다면 정보행렬등식(information matrix equality), 즉 $-d = S$가 성립한다.

이제 $a = I_K$, $d = d'$, $-d = S$을 대입하면, ML 추정량의 점근분포는 다음과 같이 단순화된다:

$$\sqrt{T}(b_{ML}-\beta) \xrightarrow{d} N\left(0, [I(\beta)]^{-1}\right),$$

또는

$$b_{ML} \xrightarrow{d} N\left(\beta, \frac{1}{T}[I(\beta)]^{-1}\right).$$

여기서 $I(\beta)$는 정보행렬(information matrix)로 불리며, 정보행렬등식($-d = S$)에 따라 다음과 같이 두 가지 등가 표현을 갖는다:

$$I(\beta) = -E\left[\frac{\partial g_t(\beta)}{\partial \beta'}\right] = E[g_t(\beta)g_t(\beta)']. \tag{8.3.5}$$

ML 추정량은 점근효율성을 만족하는 일치추정량이다. 즉, 동일한 조건에서 정의된 모든 일치추정량 중에서 b_{ML}는 가장 작은 점근공분산행렬을 가진다. 특히 ML 추정량은 Cramér-Rao 하한(lower bound)을 달성하는데, 이는 추정량이 가질 수 있는 이론적 최소 분산에 해당한다. ML 추정량의 점근효율성에 관한 보다 상세한 논의와 증명은 Greene [2017], Hayashi [2011] 등을 참고하기 바란다.

8.3.3 점근공분산행렬의 추정

ML 추정량의 점근공분산행렬의 계산은 정보행렬 $I(\beta)$의 추정을 통해 이루어지며, 이를 위해 실제 분석에서는 식(8.3.5)를 바탕으로 다음의 두 가지 접근 방법이 사용된다.

첫 번째 방법은 점수함수의 일차 도함수를 이용하여 정보행렬을 계산하는 방식이다.

구체적으로 정보행렬은

$$\widehat{I(b)} = -E_T\left[\frac{\partial g_t(b)}{\partial b'}\right] = -\frac{1}{T}\sum_{t=1}^{T}\frac{\partial^2 \ln f(x_t|x_{t-1},\ldots,x_1,b)}{\partial b \partial b'} = -\frac{1}{T}\frac{\partial^2 \ln L(b|x)}{\partial b \partial b'}$$

로 추정된다. 즉, $\widehat{I(b)}$는 로그 LF의 이차 도함수 형태로 나타난다. 결과적으로 점근공분산 행렬은

$$\widehat{AVar[b_{ML}]} = \frac{1}{T}\left[-\frac{1}{T}\frac{\partial^2 \ln L(b|x)}{\partial b \partial b'}\right]^{-1} = \left[-\frac{\partial^2 \ln L(b|x)}{\partial b \partial b'}\right]^{-1}$$

로 계산된다. 이 방식은 로그 LF의 이차 도함수에 기반하므로, LF의 형태가 복잡하거나 추정해야 할 모수의 차원 K가 클 경우에 계산이 어렵다는 단점이 있다.

두 번째 추정 방법은 점수함수의 외적(outer product)을 이용하는 BHHH(Berndt, Hall, Hall, and Hausman) 방식이며, 이때 정보행렬의 추정치는

$$\widehat{I(b)} = E_T[g_t(b)g_t(b)'] = \frac{1}{T}\sum_{t=1}^{T} g_t(b)g_t(b)'$$

로 계산된다. 즉, 시점별로 계산된 벡터 $g_t(b)$의 외적을 시간에 따라 평균한 값이 정보행렬의 추정치가 된다. BHHH 점근공분산행렬은

$$\widehat{AVar[b_{ML}]} = \frac{1}{T}\left[\frac{1}{T}\sum_{t=1}^{T} g_t(b)g_t(b)'\right]^{-1} = \left[\sum_{t=1}^{T} g_t(b)g_t(b)'\right]^{-1}$$

로 추정되며, 이는 로그 LF의 이차 도함수를 요구하지 않기 때문에 계산이 훨씬 단순하다. 그러나 표본크기가 작거나 점수함수의 분산이 큰 경우, 추정량의 정확도와 안정성이 저하되는 단점이 존재한다.

8.4 가설검정

이 절에서는 모수에 대한 제약조건을 검정하는 방법을 살펴본다. 이를 위해 다음과 같은 귀무가설을 고려하자:

$$H_0 : c(\beta) = r,$$

여기서 $c(\cdot) : \mathbb{R}^{K\times 1} \to \mathbb{R}^{J\times 1}$은 연속적이고 미분 가능한 함수이며, $r \in \mathbb{R}^{J\times 1}$은 제약조건이 요구하는 고정값이다. 이때 $c(\beta)$는 모수 β에 대한 J개의 선형제약뿐 아니라 비선형제약도 나타낸다.

귀무가설 H_0을 검정하기 위해 LR 검정, Wald 검정, 라그랑주 승수(Lagrange Multiplier,

LM) 검증 등을 이용한다. 표본크기가 충분히 큰 경우, 이들 검정은 이론적으로 모두 동일한 결론을 도출한다. 그러나 표본크기가 작거나 모형 구조가 복잡한 경우, 이들 검정의 결과는 서로 상이할 수 있다. 따라서 실제 분석에서는 계산의 용이성, 모형의 구조 등을 고려하여 적절한 검정 방법을 선택해야 한다.

8.4.1 LR 검정

LR 검정은 제약조건이 없는 완전모형과 제약조건이 있는 제한모형 사이의 로그 LF를 비교하는 방식이다. 귀무가설 H_0 아래에서, LR 검정통계량과 그 점근분포는 다음과 같이 주어진다:

$$LR = 2\left(\ln L(b_{ML}|x) - \ln L(b_{ML}^R|x)\right) \xrightarrow{d} \chi^2_{(J)},$$

여기서 b_{ML}은 완전모형의 ML 추정량, b_{ML}^R은 제약조건 $c(\beta) = r$을 만족하는 ML 추정량이다. 주어진 제약조건이 참이라면, 제한모형의 적합도는 크게 손상되지 않으며, 결과적으로 $\ln L(b_{ML}|x)$와 $\ln L(b_{ML}^R|x)$은 서로 유사한 값을 가진다. 따라서 LR의 값이 충분히 작은 경우, 귀무가설을 기각하지 않는다.

8.4.2 Wald 검정

Wald 검정은 완전모형에서 얻은 추정량 b_{ML}이 제약조건 $c(\beta) = r$을 얼마나 잘 만족하는지를 검정하는 방식이다. 일반적으로 Wald 검정을 적용하기 위해서는 $c(\beta)$의 점근분포가 필요하다. 이때 주의할 점은 $c(\beta)$는 β에 대한 선형 및 비선형제약 모두를 포함하기 때문에, 그 점근분포를 얻기 위해서는 선형근사 기반인 델타 방법을 이용해야 한다는 점이다.

구체적으로 델타 방법에 따르면 $c(b_{ML})$의 점근분포는 다음과 같이 유도된다:

$$c(b_{ML}) \xrightarrow{d} N\left(c(\beta), C\left[\frac{1}{T}I(\beta)^{-1}\right]C'\right),$$

여기서 $C = \partial c(\beta)/\partial \beta' \in \mathbb{R}^{J\times K}$는 Jacobian 행렬이다. 추정치 b_{ML}을 바탕으로 $c(b_{ML})$의 점근공분산행렬은 다음과 같이 계산한다:

$$\widehat{AVar[c(b_{ML})]} = \hat{C}\left[\frac{1}{T}\widehat{I(b_{ML})}^{-1}\right]\hat{C}',$$

여기서

$$\hat{C} = \left.\frac{\partial c(\beta)}{\partial \beta'}\right|_{\beta = b_{ML}}.$$

귀무가설 H_0 아래에서, Wald 검정통계량과 그 점근분포는

$$W = (c(b_{ML}) - r)' \left(\widehat{AVar[c(b_{ML})]}\right)^{-1} (c(b_{ML}) - r) \xrightarrow{d} \chi^2_{(J)}$$

로 주어진다. ML 추정량 b_{ML}은 일치성을 가지므로 $b_{ML} \xrightarrow{p} \beta$가 성립한다. Slutsky 정리에 의해 $c(b_{ML}) \xrightarrow{p} c(\beta)$이며, 귀무가설이 성립하면 $c(b_{ML}) \xrightarrow{p} r$이다. 즉, Wald 검정통계량 W는 b_{ML}에 기반한 제약 $c(\beta)$의 추정값 $c(b_{ML})$과 귀무가설이 요구하는 값 r 사이의 표준화된 거리로 해석되며, 만약 이 값이 충분히 작으면 귀무가설을 기각하지 않는다.

8.4.3 LM 검정

LM 검정은 제한모형을 추정한 후, 해당 추정치가 로그 LF를 충분히 최적화하고 있는지를 검정하는 방식이다. 귀무가설 H_0 아래에서, LM 검정통계량과 그 점근분포는

$$LM = \left(\frac{\partial \ln L(b|x)}{\partial b} \bigg|_{b=b^R_{ML}} \right)' \left[\widehat{I(b^R_{ML})}\right]^{-1} \left(\frac{\partial \ln L(b|x)}{\partial b} \bigg|_{b=b^R_{ML}} \right) \xrightarrow{d} \chi^2_{(J)}$$

로 주어진다. 여기서 정보행렬의 추정치 $\widehat{I(b^R_{ML})}$는

$$\widehat{I(b^R_{ML})} = -E_T \left[\frac{\partial g_t(b^R_{ML})}{\partial b^{R\prime}_{ML}} \right] \quad \text{또는} \quad \widehat{I(b^R_{ML})} = E_T[g_t(b^R_{ML}) g_t(b^R_{ML})']$$

중 하나로 계산한다.

만약 제약조건 $c(\beta) = r$이 참이면 로그 LF의 기울기 벡터, 즉

$$\frac{\partial \ln L(b|x)}{\partial b}$$

는 제한모형의 추정치 b^R_{ML}에서 $0_{K\times 1}$에 근접해야 한다. LM 검정통계량은 이 기울기 벡터가 영 벡터에서 얼마나 떨어져 있는지를 측정하는 표준화된 거리라고 해석할 수 있다. 따라서 LM의 값이 충분히 작으면, 귀무가설을 기각하지 않는다.

제9장 이산선택모형

9.1 이산선택모형의 정의

이산선택모형(discrete choice model)은 개체 i가 J개의 범주형 대안 중 하나를 선택하는 상황을 분석하기 위해 사용된다. 각 대안 $j = 1, \ldots, J$에 대해 개체 i의 선택 결과는 $y_i = j$의 형태로 관측된다. 이때 y_i는 이산변수로서, 단지 개체가 선택한 대안을 식별하기 위한 코드값일 뿐이며, 어떠한 수치적 의미나 대안들 사이의 간격 정보를 내포하지 않는다.

이산선택은 대안의 개수와 그 속성에 따라 다음 세 가지 주요 유형으로 구분된다. 첫째, 이항선택(binary choice)은 두 개의 상호 배타적인 대안, 예컨대 YES와 NO 중 하나를 선택하는 경우를 의미한다. 이때 선택 결과는 $y_i \in \{0, 1\}$와 같은 이진변수로 표현된다. 예를 들어, 개체 i가 어떤 보험 상품에 가입했다면 $y_i = 1$, 가입하지 않았다면 $y_i = 0$으로 기록된다.

둘째, 순서형 선택은 순서가 존재하는 J개의 대안 중 하나를 선택하는 경우를 의미한다. 예를 들어, 소비자 i의 제품 만족도 평가는 $y_i \in \{1:$ 매우 만족$, 2:$ 만족$, 3:$ 보통$, 4:$ 불만족$, 5:$ 매우 불만족$\}$로 표현될 수 있다. 이때 각 대안에 매겨진 값은 순서 정보를 반영하지만, 대안들 사이의 간격에 대한 정보는 제공하지 않는다. 즉, "만족"과 "보통" 사이의 만족도 차이가 "매우 만족"과 "만족" 사이의 만족도 차이와 같다고 해석해서는 안 된다.

셋째, 다항선택(multinomial choice)은 세 개 이상의 상호 배타적이고 포괄적인 대안 중 하나를 선택하는 경우로서, 이항선택의 일반화된 형태에 해당한다. 다항선택은 대안들 사이의 순서가 없다는 점에서 순서형 선택과는 구별된다. 예를 들어, 투자자 i가 채권, 주식, 암호화폐 중 하나에만 투자한다고 하자. 이때 투자자의 선택은 $y_i \in \{1:$ 채권$, 2:$ 주식$, 3:$ 암호화폐$\}$로 기록된다. 만약 각 자산의 위험조정 수익률이 동일하다면, 이들 자산 간에는 '좋다–나쁘다' 혹은 '높다–낮다'와 같은 순서가 존재하지 않는다. 즉, 채권이 주식보다 우월하거나, 암호화폐가 주식보다 뒤떨어진다고 말할 수 있는 기준이 없는 상황이다. 이 경우, 투자자는 자신의 고유한 특성(예: 위험회피 성향, 유동성 선호 등)에 따라 세 개의 위험자산 중에서 자신에게 가장 높은 효용을 주는 자산을 선택한다.

수학적으로, 이산선택모형은 개체 i가 대안 j를 선택할 조건부확률 π_{ij}가 다음의 형태를 따른다고 가정한다:

$$\pi_{ij} = \Pr(y_i = j|x_i) = F(x_i, \beta_j),$$

여기서 $x_i \in \mathbb{R}^{(K+1)\times 1}$는 개체 i의 특성을 담은 관측 가능한 벡터, $\beta_j \in \mathbb{R}^{(K+1)\times 1}$는 대안 j에 대한 계수벡터, $F(\cdot) : \mathbb{R}^{(K+1)\times 1} \to [0,1]$는 선택 확률을 반환하는 함수이다. 이산선택모형은 개체별 특성 x_i가 대안 j의 선택 확률에 미치는 영향을 분석하며, 이때 β_j의 각 성분은 x_i의 해당 항목이 대안 j의 선택 확률에 미치는 방향과 강도를 나타낸다. 실제 분석에서는 함수 $F(\cdot)$의 형태에 따라 다양한 이산선택모형의 적용이 가능하다.

이산선택모형은 횡단면자료만 아니라 패널자료에도 적용이 가능하다. 다만 본 장에서는 기본 개념의 명료한 설명과 수학적 전개의 단순화를 위해 횡단면자료를 중심으로 논의를 진행한다. 패널자료에서의 이산선택모형은 개체별 고정효과와 시간 의존성으로 인해 복잡한 구조를 가지며, 이에 관한 자세한 내용은 Greene [2017] 등을 참고하기를 바란다.

9.2 이항선택모형

9.2.1 이항선택모형의 구성

이항선택모형(binary choice model)은 개체 i가 두 가지 상호 배타적인 대안, 즉 YES ($y_i = 1$)와 NO ($y_i = 0$) 중 하나를 선택하는 상황을 분석하는 데 사용된다. 이때 개체 i가 YES를 선택할 조건부확률 π_i는 다음과 같이 정의한다:

$$\pi_i = \Pr(y_i = 1|x_i) = F(x_i, \beta),$$

여기서 $x_i \in \mathbb{R}^{(K+1)\times 1}$은 개체 i의 특성을 나타내는 벡터, $\beta \in \mathbb{R}^{(K+1)\times 1}$는 추정하고자 하는 계수벡터이다. NO의 선택 확률은 $1 - \pi_i$이므로, y_i의 조건부기댓값과 조건부분산은 각각 다음과 같이 주어진다:

$$E[y_i|x_i] = 1 \times F(x_i, \beta) + 0 \times (1 - F(x_i, \beta)) = F(x_i, \beta),$$
$$Var[y_i|x_i] = E[y_i^2|x_i] - (E[y_i|x_i])^2 = F(x_i, \beta) - (F(x_i, \beta))^2 = F(x_i, \beta)(1 - F(x_i, \beta)).$$

선형확률모형(Linear Probability Model, LPM)은 조건부확률 $F(x_i, \beta)$의 형태를

$$F(x_i, \beta) = \beta_0 + \beta_1 x_{i,1} + \cdots + \beta_K x_{i,K} = x_i'\beta$$

라 가정한다. 이때 종속변수 y_i는 조건부기댓값과 오차항의 합으로 표현되며, 다음과 같이 일반적인 선형회귀모형과 동일한 구조를 가진다:

$$y_i = E[y_i|x_i] + (y_i - E[y_i|x_i]) = F(x_i, \beta) + \varepsilon_i = x_i'\beta + \varepsilon_i,$$

여기서 $\varepsilon_i = y_i - E[y_i|x_i]$은 $E[\varepsilon_i] = 0$을 만족하는 오차항이다.

LPM은 선형회귀모형의 결과를 그대로 적용할 수 있기에 다음과 같은 장점을 가진다. 첫째, OLS를 사용한 추정이 가능하므로 계산이 간단하다. 둘째, 계수의 해석이 직관적이다. 특히 $E[y_i|x_i] = \pi_i = x_i'\beta$이므로, y_i의 조건부기댓값을 독립변수 $x_{i,k}$에 대해 편미분하면

$$\frac{\partial E[y_i|x_i]}{\partial x_{i,k}} = \frac{\partial \pi_i}{\partial x_{i,k}} = \beta_k$$

를 얻는다. 즉, β_k는 다른 모든 변수가 일정한 상태에서 $x_{i,k}$가 한 단위 증가할 때 조건부확률 π_i가 얼마나 변하는지를 나타낸다.

그러나 LPM은 구조가 단순하다는 장점에도 불구하고, 다음과 같은 이론적 결함을 갖는다. 첫째, $x_i'\beta$는 실수 전체 범위 $(-\infty, \infty)$에서 정의되므로, 선택 확률 $\pi_i = x_i'\beta$가 0보다 작거나 1보다 클 수 있다. 즉, 확률은 반드시 $[0, 1]$ 범위에 있어야 한다는 기본 조건이 위반될 수 있다. 둘째, LPM에서의 조건부분산은 $Var[y_i|x_i] = x_i'\beta(1 - x_i'\beta)$이므로, $x_i'\beta \notin [0, 1]$인 경우에서 $Var[y_i|x_i]$는 음수가 된다. 이러한 문제들을 보완하기 위해서는 선택 확률 $F(x_i, \beta)$가 항상 $[0, 1]$ 구간에 존재하도록 구조적으로 제한하는 비선형확률모형(nonlinear probability model)인 로짓모형(logit model)과 프로빗모형(probit model)을 사용해야 한다.

9.2.2 로짓모형

로지스틱분포(logistic distribution)의 확률밀도함수(PDF)는 다음과 같이 정의된다:

$$f(x) = \frac{e^{-(x-\mu)/s}}{s\left(1 + e^{-(x-\mu)/s}\right)^2},$$

여기서 μ는 위치모수(location parameter), s는 척도모수(scale parameter)이며, $-\infty < x < \infty$이다. 특히 $\mu = 0$, $s = 1$일 때의 분포를 표준로지스틱분포라 하며, 누적분포함수(Cumulative Distribution Function, CDF)는

$$\Lambda(x) = \int_{-\infty}^{x} \frac{e^{-t}}{(1 + e^{-t})^2} dt = \frac{e^x}{1 + e^x}$$

로 주어진다.

개체 i가 YES를 선택할 조건부확률을 π_i라 하고, NO는 기준대안으로 설정하자. 이 경우 승산비(odds ratio)는

$$\frac{\Pr(y_i = 1|x_i)}{\Pr(y_i = 0|x_i)} = \frac{\pi_i}{1-\pi_i}$$

로 정의되며, 승산비에 자연로그를 취한 값을 로짓이라고 한다. 로짓모형은 로짓이 x_i의 선형결합의 형태, 즉

$$\ln\left(\frac{\pi_i}{1-\pi_i}\right) = x_i'\beta \tag{9.2.1}$$

로 표현된다고 가정한다. 식(9.2.1)을 변형하면 조건부확률 π_i는

$$\pi_i = \frac{e^{x_i'\beta}}{1+e^{x_i'\beta}} = \Lambda(x_i'\beta) \tag{9.2.2}$$

가 된다. 즉, 로짓모형은 YES를 선택할 조건부확률 π_i를 표준로지스틱분포의 CDF를 통해 $\Lambda(x_i'\beta)$로 설정하며, 그 결과 π_i는 항상 $[0,1]$ 구간 내에 존재한다.

식(9.2.1)에 따르면, β_k는 $x_{i,k}$가 한 단위 증가할 때 로짓이 얼마나 변화하는지를 나타낸다. 그러나 실제 관심 대상은 선택 확률 π_i에 대한 $x_{i,k}$의 한계효과이며, 이는 식(9.2.2)를 편미분하면

$$\frac{\partial \pi_i}{\partial x_{i,k}} = \frac{\beta_k e^{x_i'\beta}}{(1+e^{x_i'\beta})^2} = \beta_k \Lambda(x_i'\beta)\left[1-\Lambda(x_i'\beta)\right]$$

로 계산된다. 이때 $\partial\pi_i/\partial x_{i,k}$의 값은 $\Lambda(x_i'\beta)$의 값, 곧 x_i의 값에 따라 달라지므로, $x_{i,k}$의 한계효과는 일정한 상수가 아니다. 그러나 $\Lambda(x_i'\beta)$와 $1-\Lambda(x_i'\beta)$는 모두 양수이므로, β_k의 부호는 $x_{i,k}$의 한계효과의 방향과 항상 일치한다. 예를 들어 $\beta_k > 0$이면, 한계효과의 구체적인 계산 없이 $x_{i,k}$가 증가할수록 π_i는 증가한다는 것을 알 수 있다.

실제 분석에서는 한계효과를 두 가지 방식으로 계산한다. 첫째, 평균값 대입 방식은 $x_1,\ldots,x_N$의 평균값벡터 $\bar{x}$를 대입하여 다음과 같이 한계효과를 계산한다:

$$\text{한계효과 추정치} = b_k\Lambda(\bar{x}'b)\left[1-\Lambda(\bar{x}'b)\right],$$

여기서 $b \in \mathbb{R}^{(K+1)\times 1}$는 β의 추정치이며, b_k는 b의 k번째 성분이다. 둘째, 개별값 평균 방식은 각 개체 i에 대해 한계효과를 먼저 계산한 후 이들의 평균을 내는 방식이다. 즉, 한계효과는

$$\text{한계효과 추정치} = \frac{1}{N}\sum_{i=1}^{N} b_k\Lambda(x_i'b)\left[1-\Lambda(x_i'b)\right]$$

로 계산된다.

한편, $x_{i,k}$가 가변수일 경우에는 위의 도함수 기반 계산이 적절하지 않다. 이 경우 한계

효과는 한계확률의 차이를 이용해 다음과 같이 계산한다:

$$\text{한계효과 추정치} = \Lambda(\bar{x}_{(k)}, x_{i,k} = 1|b) - \Lambda(\bar{x}_{(k)}, x_{i,k} = 0|b),$$

여기서 $\bar{x}_{(k)}$는 가변수 $x_{i,k}$를 제외한 나머지 x_i의 평균값을 의미한다. 즉, 다른 모든 값들을 평균값으로 고정한 상태에서 가변수가 0에서 1로 바뀔 때 선택 확률이 얼마나 변하는지를 계산하는 방식이다.

9.2.3 프로빗모형

프로빗모형은 개체 i가 YES를 선택할 조건부확률 π_i을 다음과 같이 정의한다:

$$\pi_i = \Phi(x_i'\beta),$$

여기서 $\Phi(\cdot)$는 표준정규분포의 CDF이다. 구조적으로 선택 확률 π_i는 항상 0과 1 사이의 값을 가지며, 이는 확률의 기본 성질을 만족시킨다. 한편, $x_{i,k}$의 선택 확률에 대한 한계효과는 다음과 같다:

$$\frac{\partial \pi_i}{\partial x_{i,k}} = \beta_k \phi(x_i'\beta),$$

여기서 $\phi(\cdot)$는 표준정규분포의 PDF이다. 로짓모형과 마찬가지로, $x_{i,k}$의 한계효과는 x_i의 수준 값에 따라 달라지나, $\phi(z) > 0$이므로 그 방향은 계수 β_k의 부호와 항상 일치한다.

9.2.4 로짓모형과 프로빗모형의 ML 추정

로짓모형과 프로빗모형의 개체별 관측치 y_i는 1(YES) 또는 0(NO)의 값을 가지며, 이는 다음과 같은 Bernoulli 분포로부터의 실현값으로 간주할 수 있다:

$$y_i = \begin{cases} 1 & \text{성공 확률 } F(x_i, \beta), \\ 0 & \text{실패 확률 } 1 - F(x_i, \beta). \end{cases}$$

N개의 관측치 $\{y_1, \ldots, y_N\}$가 서로 독립이라고 가정하면, 로그 LF는 다음과 같이 구성된다:

$$\begin{aligned} \ln L(\beta|y) &= \ln\left(\prod_{i=1}^{N} [F(x_i, \beta)]^{y_i} [1 - F(x_i, \beta)]^{1-y_i}\right) \\ &= \sum_{i=1}^{N} [y_i \ln F(x_i, \beta) + (1 - y_i) \ln(1 - F(x_i, \beta))], \end{aligned}$$

여기서 로짓모형의 경우 $F(x_i,\beta) = \Lambda(x_i'\beta)$, 프로빗모형의 경우 $F(x_i,\beta) = \Phi(x_i'\beta)$이다. 이때 ML 추정량 b_{ML}은 다음의 일차조건을 만족하는 b로 정의된다:

$$\frac{\partial \ln L(b|y)}{\partial b} = \sum_{i=1}^{N} \left[\frac{y_i f_i}{F_i} - (1-y_i)\frac{f_i}{1-F_i} \right] x_i = 0,$$

여기서 $F_i = F(x_i, b)$, $f_i = \partial F_i/\partial b$이다. 이 일차조건은 b에 대해 비선형이므로, 닫힌 해를 구할 수 없고 수치적 최적화 방법을 사용해 b를 찾아야 한다.

제8장에서 살펴본 바와 같이, 로짓 및 프로빗모형의 ML 추정량은 다음과 같은 점근분포를 따른다:

$$b_{ML} \xrightarrow{d} N\left(\beta, \frac{1}{N}[I(\beta)]^{-1}\right),$$

여기서 $I(\beta)$는 정보행렬이다. 이때 점근공분산행렬은 다음 두 가지 방식 중 하나로 추정된다:

$$\widehat{AVar[b_{ML}]} = \left[-\frac{\partial^2 \ln L(b|y)}{\partial b \partial b'} \right]^{-1} \quad \text{또는} \quad \widehat{AVar[b_{ML}]} = \left[\sum_{i=1}^{N} g_i(b) g_i(b)' \right]^{-1},$$

여기서 $g_i(b)$는 점수함수이다.

추정 결과를 요약할 때, 전체 x_i를 포함한 완전모형의 로그 LF와 상수항만 포함된 제한모형의 로그 LF를 함께 보고해야 한다. 귀무가설 $H_0 : \beta_1 = \cdots = \beta_K = 0$, 즉 "절편을 제외한 모든 계수가 0이다"라는 가설의 성립 여부는 다음과 같은 LR 검정을 통해 확인할 수 있다:

$$LR = 2(\ln L - \ln L^0) \xrightarrow{d} \chi^2_{(K)},$$

여기서 $\ln L$은 완전모형의 로그 LF, $\ln L^0$는 제한모형의 로그 LF를 나타낸다.

로짓모형과 프로빗모형 모두 비선형 구조이므로, 선형회귀모형에서 정의된 결정계수 R^2를 직접 적용할 수 없다. 대신 모형의 적합도를 평가하기 위해 의사결정계수(pseudo-R^2)를 사용하며, 이는

$$\text{pseudo-}R^2 = 1 - \frac{\ln L}{\ln L^0}$$

로 정의된다. 즉, 의사결정계수는 상수항만 포함된 제한모형 대비 완전모형이 얼마나 로그 LF를 개선했는지를 측정하는 지표이다. $\ln L > \ln L^0$이므로 의사결정계수는 항상 0 이상이며, 그 값이 1에 가까울수록 모형의 적합도가 높다는 것을 의미한다. 단, 의사결정계수의 해석은 주의를 요구한다. 예를 들어, pseudo-$R^2 = 0.3$이라는 결과는 "x_i가 조건부확률 π_i의 30%를 설명한다"는 의미가 아니라, "로그 LF 기준으로 제한모형보다 30% 정도 더 잘 설명한다"는 의미이다.

9.3 순서형선택모형

예를 들어, 어떤 투자자가 삼성전자 주식 1주를 매수할지 여부를 고민한다고 하자. 이때 투자자의 머릿속에는 해당 주식을 매수함으로써 얻게 될 경제적 · 심리적 만족감이 하나의 수치로 존재한다고 가정할 수 있다. 이러한 직접 관찰할 수 없는 만족감 수치를 잠재효용(latent utility)이라고 부른다. 투자자의 선택 규칙은 잠재효용이 일정한 기준점과 비교되는 방식에 기반한다. 즉, 잠재효용이 기준점을 초과하면 투자자는 "사겠다"를, 그렇지 않으면 "사지 않겠다"를 선택한다.

잠재효용은 투자자의 특성(예: 나이, 소득, 교육 수준 등), 외부 환경(예: 주식시장 상황, 금리 수준 등) 등과 같은 관측 가능한 요인들로부터 영향을 받는다. 또한 일시적인 기분 변화, 예상치 못한 뉴스와 같은 우연적 요인 역시 잠재효용에 작용한다. 따라서 잠재효용은 관측할 수 있는 체계적 요소와 관측 불가능한 우연적 요소의 결합을 통해 결정된다고 볼 수 있다.

일반적으로 개체 i의 잠재효용 y_i^*는 다음의 회귀모형을 따른다고 가정한다:

$$y_i^* = x_i'\beta + \varepsilon_i,$$

여기서 $x_i \in \mathbb{R}^{(K+1)\times 1}$는 개체 i의 특성을 나타내는 독립변수벡터, $\beta \in \mathbb{R}^{(K+1)\times 1}$는 회귀계수벡터이며, 오차항 $\varepsilon_i \overset{i.i.d.}{\sim} N(0,1)$는 관측되지 않는 우연적 요인을 나타낸다. 이 모형에서는 외부 환경 요인이 모든 개체에 동일하게 작용하므로, 그 효과는 상수항에 흡수된다.

앞서 살펴본 프로빗모형의 경우, 관측치 y_i는 다음과 같은 선택 규칙에 의해 결정된다고 간주할 수 있다:

$$y_i = \begin{cases} 1 & y_i^* > c\text{인 경우}, \\ 0 & y_i^* \le c\text{인 경우}. \end{cases}$$

즉, 개체 i는 잠재효용이 기준값 c 이상이면 YES, 그렇지 않으면 NO를 선택한다. 이때 NO를 선택할 조건부확률은 다음과 같이 계산된다:

$$\Pr(y_i = 0|x_i) = \Pr(y_i^* \le c|x_i) = \Pr(\varepsilon_i \le c - x_i'\beta|x_i) = \Phi(c - x_i'\beta),$$

여기서 $\Phi(\cdot)$는 표준정규분포의 CDF이다.

이제 순서형 선택의 경우로 확장해 보자. 순서형 선택에서는 선택 가능한 대안이 3개 이상이며, 대안들 사이에는 선호도에 따른 서열이 존재한다. 따라서 개체 i가 J개의 순서형 대안 중 하나를 선택하는 경우, 관측치 y_i는 다음과 같은 선택 규칙에 의해 결정된다고

가정할 수 있다:

$$y_i = \begin{cases} 1 & y_i^* \le \mu_1 \text{인 경우}, \\ 2 & \mu_1 < y_i^* \le \mu_2 \text{인 경우}, \\ \vdots & \\ J & \mu_{J-1} < y_i^* \text{인 경우}, \end{cases}$$

여기서 $\mu_1 < \mu_2 < \cdots < \mu_{J-1}$는 절단값(threshold)이며, β와 함께 추정해야 할 모수로 간주된다. 이는 이항선택 상황에서의 선택 규칙을 여러 구간으로 일반화한 것으로, 개체 i는 자신의 잠재효용 y_i^*가 속하는 구간에 해당하는 대안을 선택한다고 해석할 수 있다.

위의 선택 규칙을 바탕으로 각 대안이 선택될 조건부확률은 다음과 같이 유도된다:

$$\begin{aligned} \Pr(y_i = 1|x_i) &= \Pr(y_i^* \le \mu_1|x_i) = \Phi(\mu_1 - x_i'\beta), \\ \Pr(y_i = 2|x_i) &= \Pr(y_i^* \le \mu_2|x_i) - \Pr(y_i^* \le \mu_1|x_i) = \Phi(\mu_2 - x_i'\beta) - \Phi(\mu_1 - x_i'\beta), \\ &\vdots \\ \Pr(y_i = J|x_i) &= 1 - \Pr(y_i^* \le \mu_{J-1}|x_i) = 1 - \Phi(\mu_{J-1} - x_i'\beta). \end{aligned}$$

이러한 조건부확률을 바탕으로 로그 LF를 구성하여 계수벡터 β와 절단값 $\mu_1, \ldots, \mu_{J-1}$에 대한 ML 추정량을 계산할 수 있다. ML 추정의 세부 사항은 Greene [2017]을 참고하길 바란다.

한편, $x_{i,k}$가 선택 확률에 미치는 한계효과를 살펴보자. 단순화를 위해 $J = 3$인 경우를 생각하면, 한계효과는 다음과 같이 계산된다:

$$\begin{aligned} \frac{\partial \Pr(y_i = 1|x_i)}{\partial x_{i,k}} &= -\beta_k \phi(\mu_1 - x_i'\beta), \\ \frac{\partial \Pr(y_i = 2|x_i)}{\partial x_{i,k}} &= -\beta_k \left[\phi(\mu_2 - x_i'\beta) - \phi(\mu_1 - x_i'\beta)\right], \\ \frac{\partial \Pr(y_i = 3|x_i)}{\partial x_{i,k}} &= \beta_k \phi(\mu_2 - x_i'\beta), \end{aligned}$$

여기서 $\phi(\cdot)$은 표준정규분포의 PDF이다. 만약 $\beta_k > 0$라면, $x_{i,k}$가 증가할수록 대안 1이 선택될 확률은 항상 감소하고, 대안 3이 선택될 확률은 항상 증가한다. 그러나 중간 대안 2의 경우, 한계효과의 부호는 절단값 μ_1, μ_2와 $x_i'\beta$의 상대적 위치에 따라 달라질 수 있어 사전적으로 알 수 없다.

9.4 다항선택모형

다항선택 상황에서 개체 i가 대안 j를 선택했을 때 얻는 효용을 U_{ij}라고 하자. 랜덤효용모형(random utility model)은 이 효용을 다음과 같이 두 부분으로 분해한다:

$$U_{ij} = V_{ij} + \varepsilon_{ij},$$

여기서 V_{ij}는 개체 i와 대안 j의 관측 가능한 특성에 의해 결정되는 간접효용(indirect utility), ε_{ij}는 관측되지 않는 무작위 요인을 반영하는 오차항이다.

개체 i는 J개의 상호 배타적이며 포괄적인 대안 중 효용이 가장 큰 대안을 선택한다고 가정한다. 따라서 개체 i가 대안 j를 선택한다는 것은 모든 $k \neq j$에 대하여

$$U_{ij} > U_{ik}$$

이 성립함을 의미한다. 이를 바탕으로 개체 i가 대안 j를 선택할 조건부확률 π_{ij}는 다음과 같이 표현된다:

$$\begin{aligned}
\pi_{ij} &= \Pr(U_{ij} > U_{ik},\ \forall k \neq j) \\
&= \Pr(V_{ij} + \varepsilon_{ij} > V_{ik} + \varepsilon_{ik},\ \forall k \neq j) \\
&= \Pr(\varepsilon_{ij} - \varepsilon_{ik} > V_{ik} - V_{ij},\ \forall k \neq j). \qquad (9.4.1)
\end{aligned}$$

식(9.4.1)은 두 가지 중요한 함의를 제공한다. 첫째, 오차항 ε_{ij}가 확률변수이므로 대안 선택은 본질적으로 확률적인 사건이다. 둘째, 선택 확률은 절대적 효용 수준이 아니라 대안 간 효용 차이에 의해 결정된다. 즉, 개체 i는 각 대안을 독립적으로 평가하는 것이 아니라 다른 대안과 비교했을 때 더 높은 효용을 주는지를 기준으로 선택한다. 이러한 상대적 구조로 인해 다항선택모형은 기준대안 대비 다른 대안들의 상대효용을 중심으로 설계된다.

편의상 대안 1을 기준대안으로 설정하자. 다항 로짓모형(multinomial logit model)은 나머지 대안 $j = 2, \ldots, J$에 대하여 다음과 같은 로짓 관계를 가정한다:

$$\ln\left(\frac{\pi_{ij}}{\pi_{i1}}\right) = \beta_{j,0} + \beta_{j,1}x_{i,1} + \cdots + \beta_{j,K}x_{i,K} = x_i'\beta_j,$$

여기서 $\pi_{ij} = \Pr(y_i = j|x_i)$는 대안 j가 선택될 확률, $\pi_{i1} = \Pr(y_i = 1|x_i)$는 기준대안이 선택될 확률, $x_i \in \mathbb{R}^{(K+1)\times 1}$는 개체 i의 관측 가능한 특성, β_j는 대안 j에 고유한 계수벡터이다.

위 식으로부터 대안 $j = 2,\ldots,J$의 선택 확률 π_{ij}는

$$\pi_{ij} = \pi_{i1} e^{x_i'\beta_j} \tag{9.4.2}$$

로 표현된다. 선택 확률의 합이 1이 되어야 하므로

$$1 = \pi_{i1} + \pi_{i1} e^{x_i'\beta_2} + \cdots + \pi_{i1} e^{x_i'\beta_J} = \pi_{i1}\left(1 + \sum_{k=2}^{J} e^{x_i'\beta_k}\right)$$

가 성립하며, 이를 정리하면 기준대안의 선택 확률 π_{i1}은

$$\pi_{i1} = \frac{1}{1 + \sum_{k=2}^{J} e^{x_i'\beta_k}} \tag{9.4.3}$$

가 된다. 이제 식(9.4.3)을 식(9.4.2)에 대입하면 각 대안 $j = 2,\ldots,J$의 선택 확률은

$$\pi_{ij} = \frac{e^{x_i'\beta_j}}{1 + \sum_{k=2}^{J} e^{x_i'\beta_k}} \tag{9.4.4}$$

로 계산된다. 즉, 다항 로짓모형에서 각 대안의 선택 확률은 해당 대안의 효용지수 $e^{x_i'\beta_j}$가 다른 대안들의 효용지수와 비교하여 상대적으로 얼마나 큰지에 의해 결정된다. 식(9.4.3)과 식(9.4.4)를 이용해 로그 LF를 구성한 후, 이를 최대화하여 β_j의 ML 추정량을 구한다.

식(9.4.3)과 식(9.4.4)를 바탕으로, $x_{i,k}$가 대안 j의 선택 확률 π_{ij}에 미치는 한계효과는 다음과 같이 유도된다:

$$\frac{\partial \pi_{i1}}{\partial x_{i,k}} = -\pi_{i1} \sum_{l=2}^{J} \pi_{il}\beta_{l,k},$$
$$\frac{\partial \pi_{ij}}{\partial x_{i,k}} = \pi_{ij}\left[\beta_{j,k} - \sum_{l=2}^{J} \pi_{il}\beta_{l,k}\right],\ j = 2,\ldots,J.$$

즉, $x_{i,k}$의 한계효과는 해당 대안의 계수 $\beta_{j,k}$뿐만 아니라, 다른 대안의 선택 확률 $\pi_{i2},\ldots,\pi_{iJ}$과 계수 $\beta_{2,k},\ldots,\beta_{J,k}$에 의존한다. 이는 다항 로짓모형이 상대적 선택 구조를 기반으로 하고 있음을 명확히 보여준다.

9.5 R 실습

```
> libraries <- c("car", "data.table", "dplyr", "ggplot2", "margins", "mfx",
+                "nnet", "sandwich", "tidyr")
```

```
> lapply(libraries, library, character.only = TRUE)
```

9.5.1 예제 1

이 예제에서는 인도의 한 금융기관에서 수집된 대출 신청과 관련한 횡단면자료를 분석한다. 해당 자료는 Kaggle 플랫폼(https://www.kaggle.com)에 공개되어 있으며, 대출 신청자의 개인적 특성과 대출 승인 여부에 관한 정보를 포함하고 있다. 포함된 변수는 고유 식별자(Loan_ID), 부양가족 수(No_Dependents), 교육 수준(Education: Graduate, Not Graduate), 고용 상태(Self_Employed: Yes, No), 연 소득(Income_Annum, 단위: 천 루피), 대출 상환 기간(Loan_Term, 단위: 월), 신용 점수(Credit_Score), 대출 승인 여부(Loan_Status: 1은 승인, 0은 거절)이다.

대출 승인 결정과 신청자 특성 사이의 관계를 분석하기 위해, 다음과 같은 이항선택모형을 고려하자:

$$\Pr(y_i = 1|x_i) = F(x_i'\beta).$$

여기서 y_i는 개체 i의 Loan_Status이며, 독립변수벡터 x_i 는 No_Dependents, Education, Self_Employed, log(Income_Annum), Loan_Term, Credit_Score를 포함한다.

```
> dat <- fread("data9_1.csv", header = TRUE)
> head(dat)
   Loan_ID No_Dependents    Education Self_Employed Income_Annum Loan_Term
     <int>         <int>       <char>        <char>        <int>     <int>
1:       1             2     Graduate            No      9600000        12
2:       2             0 Not Graduate           Yes      4100000         8
3:       3             3     Graduate            No      9100000        20
4:       4             3     Graduate            No      8200000         8
5:       5             5 Not Graduate           Yes      9800000        20
6:       6             0     Graduate           Yes      4800000        10
   Credit_Score Loan_Status
          <int>       <int>
1:          778           1
2:          417           0
3:          506           0
4:          467           0
5:          382           0
6:          319           0
> fit <- glm(Loan_Status ~ No_Dependents + Education + Self_Employed
+            + log(Income_Annum) + Loan_Term + Credit_Score, data = dat,
+            family = binomial(link = "logit"))
> coeftest(fit, vcov. = vcovHC(fit, type = "HC0"))
z test of coefficients:
```

```
                         Estimate  Std. Error  z value Pr(>|z|)
(Intercept)            -1.0413e+01  1.1748e+00  -8.8637   <2e-16 ***
No_Dependents          -2.3467e-02  3.2690e-02  -0.7179   0.4728
EducationNot Graduate -1.0289e-01  1.1184e-01  -0.9200   0.3576
Self_EmployedYes        7.6344e-02  1.1128e-01   0.6860   0.4927
log(Income_Annum)      -3.5404e-02  6.8728e-02  -0.5151   0.6065
Loan_Term              -1.4574e-01  1.0350e-02 -14.0813   <2e-16 ***
Credit_Score            2.3927e-02  9.8047e-04  24.4038   <2e-16 ***
> fit_null <- glm(Loan_Status ~ 1, data = dat,
+                 family = binomial(link = "logit"))
> (LF_full <- as.numeric(logLik(fit)))
[1] -975.7796
> (LF_null <- as.numeric(logLik(fit_null)))
[1] -2830.334
> lrtest(fit, fit_null)
Likelihood ratio test
Model 1: Loan_Status ~ No_Dependents + Education + Self_Employed +
    log(Income_Annum) + Loan_Term + Credit_Score
Model 2: Loan_Status ~ 1
  #Df   LogLik Df  Chisq Pr(>Chisq)
1   7  -975.78
2   1 -2830.33 -6 3709.1  < 2.2e-16 ***
> 1 - LF_full/LF_null
[1] 0.6552422
> logitmfx(Loan_Status ~ No_Dependents + Education + Self_Employed
+          + log(Income_Annum) + Loan_Term + Credit_Score, data = dat,
+          atmean = TRUE)
Call:
logitmfx(formula = Loan_Status ~ No_Dependents + Education +
    Self_Employed + log(Income_Annum) + Loan_Term + Credit_Score,
    data = dat, atmean = TRUE)
Marginal Effects:
                           dF/dx  Std. Err.        z  P>|z|
No_Dependents         -0.0029713  0.0043184  -0.6881 0.4914
EducationNot Graduate -0.0130306  0.0146826  -0.8875 0.3748
Self_EmployedYes       0.0096688  0.0146566   0.6597 0.5095
log(Income_Annum)     -0.0044827  0.0085866  -0.5221 0.6016
Loan_Term             -0.0184529  0.0014755 -12.5066 <2e-16 ***
Credit_Score           0.0030296  0.0001247  24.2957 <2e-16 ***
dF/dx is for discrete change for the following variables:
[1] "EducationNot Graduate" "Self_EmployedYes"
> logitmfx(Loan_Status ~ No_Dependents + Education + Self_Employed
+          + log(Income_Annum) + Loan_Term + Credit_Score, data = dat,
+          atmean = FALSE)
Call:
logitmfx(formula = Loan_Status ~ No_Dependents + Education +
    Self_Employed + log(Income_Annum) + Loan_Term + Credit_Score,
    data = dat, atmean = FALSE)
Marginal Effects:
```

```
                          dF/dx     Std. Err.          z  P>|z|
No_Dependents          -0.00164684  0.00239446  -0.6878 0.4916
EducationNot Graduate -0.00721756  0.00812250  -0.8886 0.3742
Self_EmployedYes        0.00535768  0.00811623   0.6601 0.5092
log(Income_Annum)      -0.00248456  0.00476134  -0.5218 0.6018
Loan_Term              -0.01022752  0.00096533 -10.5948 <2e-16 ***
Credit_Score            0.00167914  0.00010891  15.4183 <2e-16 ***
dF/dx is for discrete change for the following variables:
[1] "EducationNot Graduate" "Self_EmployedYes"
```

로짓모형을 이용하여 대출 승인 여부를 추정한 결과는 다음과 같이 요약된다. 첫째, 개별 계수의 t 검정은 오차항의 이분산성을 고려한 표준오차를 기반으로 진행되었다. 분석 결과, Loan_Term과 Credit_Score의 계수는 5% 유의수준에서 통계적으로 유의하였다. 대출 상환 기간의 한계효과는 음의 값을 가지므로, 상환 기간이 길어질수록 대출 승인 확률이 감소하는 것으로 나타났다. 반면, 신용 점수의 한계효과는 양의 값을 가져, 신용 점수가 높을수록 대출 승인 확률이 증가하는 것으로 해석되었다. 둘째, 모형의 전반적 유의성은 LR 검정을 통해 평가하였다. 귀무가설인 "절편을 제외한 모든 계수는 0이다"는 5% 유의수준에서 기각되었다. 이는 모형에 포함된 독립변수들이 대출 승인 여부에 대해 집합적으로 유의한 영향을 미친다는 것을 의미한다. 또한, 의사결정계수는 약 65.52%로 나타나, 모형이 비교적 높은 설명력을 가지는 것으로 평가되었다. 셋째, 한계효과는 평균값 대입 방식(`atmean = TRUE`)과 개별값 평균 방식(`atmean = FALSE`)을 통해서 각각 계산되었으며, 두 방식 모두 유사한 결과를 보여 해석에 실질적인 차이가 없다.

```
> fit <- glm(Loan_Status ~ No_Dependents + Education + Self_Employed
+            + log(Income_Annum) + Loan_Term + Credit_Score, data = dat,
+            family = binomial(link = "probit"))
> coeftest(fit, vcov. = vcovHC(fit, type = "HC0"))
z test of coefficients:
                        Estimate Std. Error  z value  Pr(>|z|)
(Intercept)           -5.5308052  0.6792273  -8.1428 3.863e-16 ***
No_Dependents         -0.0076246  0.0181182  -0.4208    0.6739
EducationNot Graduate -0.0273823  0.0623384  -0.4393    0.6605
Self_EmployedYes       0.0269023  0.0615269   0.4372    0.6619
log(Income_Annum)     -0.0011011  0.0437330  -0.0252    0.9799
Loan_Term             -0.0835524  0.0065171 -12.8206 < 2.2e-16 ***
Credit_Score           0.0123309  0.0005633  21.8903 < 2.2e-16 ***
```

프로빗모형으로 대출 승인 여부를 추정한 결과, 계수의 추정치는 로짓모형과 다소 차이가 있었으나 해석 측면에서는 다음 두 가지 점에서 완전히 일치하였다. 첫째, 통계적으로 유의한 계수와 유의하지 않은 계수의 구분이 두 모형에서 동일하게 나타났다. 즉, 변수의 계수가 5% 유의수준에서 유의한지 여부는 로짓모형과 프로빗모형 모두에서 일관된 결과를 보였다. 둘째, 계수 부호 역시 두 모형 간에 완전히 일치하였다. 이는 각 변수가 대출 승인 확률에 미치는 영향의 방향성이 두 모형에서 동일하게 해석됨을 의미한다.

9.5.2 예제 2

이 예제에서는 미국 상장기업을 대상으로 한 신용 평가 자료를 이용하여, 기업의 신용등급과 주요 재무 비율 간의 관계를 분석한다. 해당 자료는 Kaggle 플랫폼에 공개되어 있으며, 각 기업에 대해 신용 평가 기관이 부여한 등급과 함께 여러 재무 지표를 포함하고 있다. QuickRatio는 재고를 제외한 단기자산이 부채를 얼마나 감당할 수 있는지를 나타내는 유동성 지표, GrossProfitMargin은 제품 판매에서 직접적으로 발생한 이익률을 나타내는 수익성 지표, DebtRatio는 레버리지 수준을 나타내는 부채비율 지표, OCF_SalesRatio는 기업이 창출한 현금 흐름이 매출에 대해 얼마나 안정적으로 발생하는지를 나타내는 지표이다.

신용등급(Rating)은 AAA, AA, ..., D와 같이 서열이 존재하는 순서형 범주로 간주한다. 따라서 신용평가기관이 개별 기업에 등급을 부여하는 과정은 순서형 선택 문제로 볼 수 있다. 기업의 지급 능력, 수익성, 재무 안정성, 현금 창출력 등이 신용등급의 서열에 미치는 영향을 평가하기 위해, 다음과 같은 선택 규칙을 설정한다:

$$y_i = \begin{cases} \text{AAA} & y_i^* \le \mu_1 \text{인 경우}, \\ \text{AA} & \mu_1 < y_i^* \le \mu_2 \text{인 경우}, \\ \vdots & \\ \text{D} & \mu_9 < y_i^* \text{인 경우}. \end{cases}$$

한편, 잠재위험 y_i^*는 다음과 같이 가정한다:

$$y_i^* = \beta_0 + \beta_1 \text{QuickRatio}_i + \beta_2 \text{GrossProfitMargin}_i + \beta_3 \text{DebtRatio}_i + \beta_4 \text{OCF\_SalesRatio}_i + \varepsilon_i.$$

```
> dat <- fread("data9_2.csv", header = TRUE)
> head(dat)
   Rating Symbol QuickRatio GrossProfitMargin DebtRatio OCF_SalesRatio
   <char> <char>      <num>             <num>     <num>          <num>
1:      A    WHR  0.4263946         0.1766311 0.7504997     0.05863769
2:    BBB    WHR  0.4982337         0.1757153 0.6832218     0.06723853
3:    BBB    WHR  0.4515054         0.1708434 0.7557744     0.07442633
```

```
4:     BBB     WHR  0.5104018          0.1380585 0.7245899      0.02839387
5:     BBB     WHR  0.4954320          0.1777199 0.7507962      0.05806545
6:      AA     SLB  1.3171558          0.2301770 0.4342640      0.23044463
> dat$Rating <- factor(dat$Rating,
+                      levels = c("AAA", "AA", "A", "BBB", "BB", "B", "CCC",
+                                 "CC", "C", "D"), ordered = TRUE)
> dat_scaled <- dat
> dat_scaled <- dat %>%
+   mutate(across(c(QuickRatio, GrossProfitMargin, DebtRatio,
+                   OCF_SalesRatio), scale))
> head(dat_scaled)
   Rating Symbol  QuickRatio GrossProfitMargin  DebtRatio OCF_SalesRatio
    <ord> <char>       <num>             <num>      <num>          <num>
1:       A     WHR -0.06761585        -0.6117128  0.4260191    -0.07129266
2:     BBB     WHR -0.06543526        -0.6134562  0.1039939    -0.07085121
3:     BBB     WHR -0.06685364        -0.6227305  0.4512664    -0.07048229
4:     BBB     WHR -0.06506592        -0.6851415  0.3020021    -0.07284495
5:     BBB     WHR -0.06552031        -0.6096402  0.4274382    -0.07132203
6:      AA     SLB -0.04057788        -0.5097801 -1.0876405    -0.06247449
```

자료에 포함된 변수들은 극단적인 관측치를 포함하고 있어, 이를 그대로 사용하면 추정 과정에서 수치적 불안정성이 발생할 가능성이 있다. 이러한 문제를 완화하고 변수 간 스케일 차이를 조정하기 위해, 먼저 모든 변수를 표준화했다. 구체적으로 표준화는 각 변수에서 평균을 차감하고 표준편차로 나누는 방식으로 이루어졌다.

```
> fit <- polr(Rating ~ QuickRatio + GrossProfitMargin + DebtRatio
+             + OCF_SalesRatio, data = dat_scaled, method = "probit",
+             Hess = TRUE)
> summary(fit)
Call:
polr(formula = Rating ~ QuickRatio + GrossProfitMargin + DebtRatio +
    OCF_SalesRatio, data = dat_scaled, Hess = TRUE, method = "probit")
Coefficients:
                      Value Std. Error t value
QuickRatio         0.029166    0.02274  1.2824
GrossProfitMargin -0.035186    0.02313 -1.5215
DebtRatio          0.266855    0.02343 11.3874
OCF_SalesRatio    -0.007237    0.02308 -0.3135
Intercepts:
        Value    Std. Error t value
AAA|AA  -2.7781   0.1291   -21.5185
AA|A    -1.7175   0.0486   -35.3410
A|BBB   -0.7204   0.0308   -23.3978
BBB|BB   0.1851   0.0283     6.5347
BB|B     0.9277   0.0330    28.0889
B|CCC    1.8840   0.0549    34.3393
```

```
CCC|CC    2.8179  0.1310    21.5083
CC|C      3.1942  0.2020    15.8145
C|D       3.5646  0.3157    11.2895
Residual Deviance: 6371.776
AIC: 6397.776
> ctable <- coef(summary(fit))
> p <- pnorm(abs(ctable[, "t value"]), lower.tail = FALSE)*2
> round(cbind(ctable, "p value" = p), digits = 3)
                  Value Std. Error t value p value
QuickRatio         0.029      0.023   1.282   0.200
GrossProfitMargin -0.035      0.023  -1.521   0.128
DebtRatio          0.267      0.023  11.387   0.000
OCF_SalesRatio    -0.007      0.023  -0.313   0.754
AAA|AA            -2.778      0.129 -21.518   0.000
AA|A              -1.717      0.049 -35.341   0.000
A|BBB             -0.720      0.031 -23.398   0.000
BBB|BB             0.185      0.028   6.535   0.000
BB|B               0.928      0.033  28.089   0.000
B|CCC              1.884      0.055  34.339   0.000
CCC|CC             2.818      0.131  21.508   0.000
CC|C               3.194      0.202  15.815   0.000
C|D                3.565      0.316  11.290   0.000
```

순서형 프로빗모형의 추정 결과를 요약하면 다음과 같다. 첫째, 모든 절단값의 추정치가 5% 유의수준에서 통계적으로 유의하게 나타났다. 예컨대, AAA 등급과 AA 등급을 구분하는 절단값의 추정치는 -2.7781 ($t = -21.5185$)로 계산되었다. 이는 잠재위험 측면에서 신용등급 간 구분이 명확히 존재함을 시사한다. 둘째, DebtRatio의 계수는 5% 유의수준에서 유의하였으며, 계수의 추정치는 양의 부호를 보였다. 이는 DebtRatio가 증가할수록 잠재위험이 증가함을 의미한다.

```
> probs <- predict(fit, type = "probs")
> newdata <- model.frame(fit)
> newdata$DebtRatio <- newdata$DebtRatio + 1
> probs_new <- predict(fit, newdata = newdata, type = "probs")
> delta_probs <- probs_new - probs
> round(colMeans(delta_probs), digits = 4)
    AAA      AA       A     BBB      BB       B     CCC      CC       C
-0.0019 -0.0189 -0.0527 -0.0290  0.0265  0.0514  0.0208  0.0023  0.0009
      D
 0.0005
```

DebtRatio가 평균보다 1 표준편차 증가할 경우 신용등급별 선택 확률의 변화를 계산하였다. 분석 결과, AAA, AA, A, BBB 등급에 속할 확률은 감소하지만, BB 이하 등급에 속할 확률은 증가하는 것으로 나타났다. 예를 들어, DebtRatio가 1 표준편차 증가하면 AA 등급을 받을 확률이 약 1.89%p 감소한다. 이러한 결과는 레버리지(DebtRatio)가 신용등급을 상대적으로 낮은 방향으로 이동시키는 경향이 있음을 시사한다.

9.5.3 예제 3

이 예제에서는 미국 고등학생 200명을 대상으로 한 진학 프로그램 선택 자료를 분석한다. 분석에 사용된 자료는 UCLA IDRE (Institute for Digital Research and Education)에서 제공된 것으로, 주요 변수는 다음과 같다. PROG는 학생이 선택한 진학 프로그램 유형을 나타내는 범주형변수로, Academic(1), General(2), Vocational(3)의 세 가지 대안으로 구분된다. SES는 학생의 사회경제적 지위를 나타내는 범주형변수로, Low, Middle, High의 세 가지 수준을 가진다. WRITE는 학생의 쓰기 시험 점수를 나타내는 연속변수이다.

학생의 사회경제적 배경(SES)과 쓰기 능력(WRITE)이 진학 프로그램(PROG) 선택에 미치는 영향을 평가하기 위해, 다음과 같은 다항 로짓모형을 설정한다:

$$\ln\left(\frac{\Pr(y_i=j|x_i)}{\Pr(y_i=1|x_i)}\right)=\beta_{j,0}+\beta_{j,1}\text{SES}_i+\beta_{j,2}\text{WRITE},\qquad j=2,3,$$

여기서 Academic은 기준대안이다.

```
> dat <- fread("data9_3.csv", header = TRUE)
> head(dat)
      ID       PROG    SES WRITE
   <int>     <char> <char> <int>
1:     1 Vocational    Low    44
2:     2 Vocational Middle    41
3:     3   Academic    Low    65
4:     4   Academic    Low    50
5:     5   Academic    Low    40
6:     6   Academic    Low    41
> dat$PROG <- relevel(factor(dat$PROG), ref = "Academic")
> fit <- multinom(PROG ~ SES + WRITE, data = dat)
> summary(fit)
Call:
multinom(formula = PROG ~ SES + WRITE, data = dat)
Coefficients:
           (Intercept)    SESLow SESMiddle       WRITE
General       1.689478 1.1628411 0.6295638 -0.05793086
Vocational    4.235574 0.9827182 1.2740985 -0.11360389
Std. Errors:
           (Intercept)    SESLow SESMiddle      WRITE
General       1.226939 0.5142211 0.4650289 0.02141101
Vocational    1.204690 0.5955688 0.5111119 0.02222000
```

```
Residual Deviance: 359.9635
AIC: 375.9635
> # t-statistics
> (t <- summary(fit)$coefficients/summary(fit)$standard.errors)
           (Intercept)   SESLow SESMiddle     WRITE
General       1.376987 2.261364  1.353816 -2.705658
Vocational    3.515904 1.650050  2.492798 -5.112687
> # p-values from the two-tailed t test
> round((1 - pnorm(abs(t), 0, 1))*2, digits = 3)
           (Intercept) SESLow SESMiddle WRITE
General          0.169  0.024     0.176 0.007
Vocational       0.000  0.099     0.013 0.000
```

추정 결과, SES와 WRITE는 PROG에 통계적으로 유의한 영향을 미치는 것으로 나타났다. 첫째, 사회경제적 지위가 낮은 경우(SES = Low)에는 General 프로그램을 선택할 확률이 Academic 프로그램에 비해 5% 유의수준에서 유의하게 증가하였다. 또한, 사회경제적 지위가 중간 수준(SES = Middle)인 경우에는 Vocational 프로그램을 선택할 확률이 Academic 프로그램에 비해 유의하게 증가하였다.

둘째, WRITE는 두 비교군에서 모두 음의 영향을 미쳤다. 즉, WRITE가 높을수록 General 프로그램 및 Vocational 프로그램을 선택할 확률이 Academic 프로그램에 비해 유의하게 감소하였다. 이러한 결과는 쓰기 능력이 우수한 학생일수록 Academic 프로그램을 선택할 가능성이 높아진다는 점을 시사한다.

```
> # Marginal effect of SES changing from Low to Middle
> newdat1 <- data.frame(SES = "Low", WRITE = mean(dat$WRITE))
> probs1 <- predict(fit, newdata = newdat1, type = "probs")
> newdat2 <- data.frame(SES = "Middle", WRITE =  mean(dat$WRITE))
> probs2 <- predict(fit, newdata = newdat2, type = "probs")
> marginal_effect <- probs2 - probs1
> round(marginal_effect, 4)
  Academic    General Vocational
    0.0381    -0.1299     0.0918
> # Marginal effect of SES changing from Middle to High
> newdat1 <- data.frame(SES = "Middle", WRITE = mean(dat$WRITE))
> probs1 <- predict(fit, newdata = newdat1, type = "probs")
> newdat2 <- data.frame(SES = "High", WRITE =  mean(dat$WRITE))
> probs2 <- predict(fit, newdata = newdat2, type = "probs")
> marginal_effect <- probs2 - probs1
> round(marginal_effect, 4)
  Academic    General Vocational
    0.2232    -0.0498    -0.1733
```

WRITE를 평균값으로 고정한 상태에서 SES 변화가 각 프로그램 선택 확률에 미치는 영

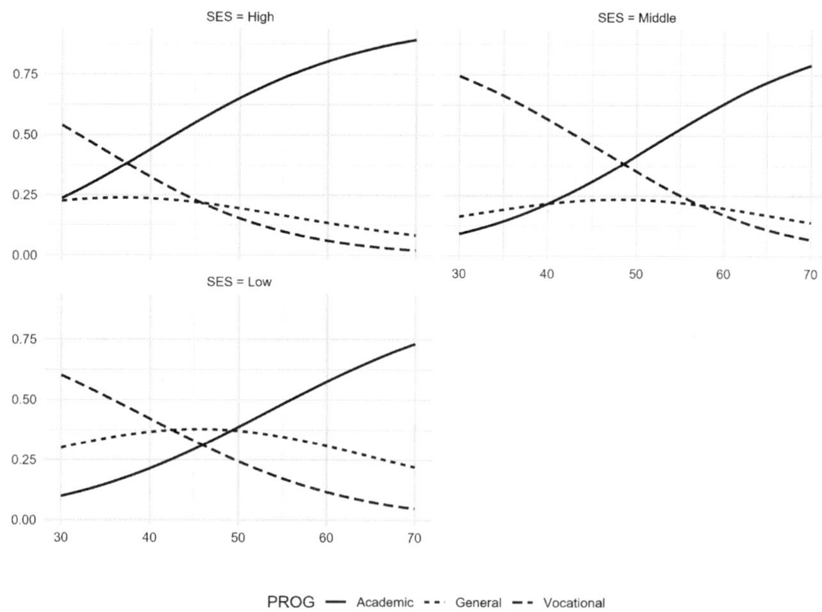

그림 9.5.1: WRITE 변화에 따른 프로그램 선택 확률의 변화

향을 분석한 결과는 다음과 같다. SES가 낮은 수준에서 중간 수준으로 상승할 때 Academic과 Vocational 프로그램의 선택 확률은 각각 약 3.81%p와 9.18%p 증가했지만, General 프로그램의 선택 확률은 약 12.99%p 감소하였다. 또한 SES가 중간 수준에서 높은 수준으로 변화하면 Academic 프로그램의 선택 확률은 증가하였고, General과 Vocational 프로그램의 선택 확률은 모두 감소하였다. 이러한 결과는 SES가 높아질수록 Academic 프로그램을 선택할 가능성이 커지는 경향이 있음을 시사한다.

```
> ses_levels <- c("High", "Middle", "Low")
> pred_all <- lapply(ses_levels, function(ses){
    write_range <- data.frame(SES = ses, WRITE = seq(30, 70, by = 1))
    predict(fit, newdata = write_range, type = "probs") %>%
      as.data.frame() %>%
      mutate(WRITE = write_range$WRITE, SES = ses) %>%
      pivot_longer(cols = -c(WRITE, SES), names_to = "PROG",
                   values_to = "Probability")}) %>% bind_rows()
> pred_all$SES <- factor(pred_all$SES,
                         levels = c("High", "Middle", "Low"))
> ggplot(pred_all,
+        aes(x = WRITE, y = Probability, linetype = PROG)) +
+   geom_line(linewidth = 0.8) +
+   facet_wrap(~ SES, ncol = 2,
+              labeller = as_labeller(c(High   = "SES = High",
```

```
+                                       Middle = "SES = Middle",
+                                       Low = "SES = Low"))) +
+     labs(x = "", y = "", linetype = "PROG") +
+   theme_minimal() + theme(legend.position = "bottom")
```

그림 9.5.1은 WRITE의 변화에 따른 프로그램 선택 확률의 변화를 사회경제적 지위 수준별로 시각화한 결과를 보여준다. SES가 높은 경우, WRITE가 높아질수록 Academic 프로그램 선택 확률은 단조롭게 증가하였으며, General과 Vocational 프로그램 선택 확률은 단조롭게 감소하였다. SES가 중간 또는 낮은 경우, Academic과 Vocational 프로그램의 선택 확률 변화 패턴은 유사하게 나타났으나, General 프로그램의 선택 확률은 쓰기 점수가 중간 수준일 때 가장 높고 이후 감소하는 역 U자형 형태를 보였다.

요약하면, 분석 결과는 학생의 사회경제적 지위와 쓰기 능력이 진학 프로그램 선택에 상호작용적인 영향을 미친다는 점을 보여준다. SES가 높을수록 Academic 프로그램을 선택할 가능성이 뚜렷하게 높아지며, 쓰기 능력이 프로그램 선택에 미치는 영향의 형태와 크기는 SES 수준에 따라 달라진다.

제10장 절단, 중절, 지속기간

10.1 자료의 절단

10.1.1 절단된 자료의 분포

절단(truncation)이란 모집단의 모든 실현값 중에서 특정 기준을 만족하는 값만이 관측되는 상황을 말한다. 기준값을 하한선으로 설정하여 그 미만의 실현값이 관측되지 않는 경우를 좌측절단, 상한선을 설정하여 이를 초과하는 실현값이 관측되지 않는 경우를 우측절단이라 부른다. 절단이 발생하면 표본은 전체 모집단의 분포를 반영하지 않고, 절단조건을 만족하는 부분집합의 분포만을 반영하게 된다.

예를 들어, 연간 수익률이 10% 이상인 펀드만을 대상으로 수익률 결정요인을 분석한다고 하자. 이 경우 수익률이 10% 미만인 펀드는 표본에서 제외되므로, 표본은 좌측절단된 형태가 된다. 이렇게 얻어진 자료는 "전체 펀드"의 수익률 분포를 대표하지 않고, "수익률이 10% 이상인 펀드"라는 부분집합의 분포만을 보여준다.

절단이 관측치의 분포에 미치는 영향을 이해하기 위해, 확률변수 $X \sim N(\mu, \sigma^2)$가 절단조건—좌측절단($X > a$) 또는 우측절단($X < a$)—을 만족하는 경우를 생각해 보자. 이때 X의 조건부기댓값과 조건부분산은 다음과 같이 유도된다:

$$E[X|\text{절단조건}] = \mu + \lambda(\alpha)\sigma, \tag{10.1.1}$$

$$Var[X|\text{절단조건}] = \sigma^2(1 - \delta(\alpha)), \tag{10.1.2}$$

여기서

$$\lambda(\alpha) = \begin{cases} \frac{\phi(-\alpha)}{\Phi(-\alpha)} & X > a\text{인 경우}, \\ -\frac{\phi(\alpha)}{\Phi(\alpha)} & X < a\text{인 경우}, \end{cases} \qquad \alpha = \frac{a - E[X]}{\sqrt{Var[X]}},$$

$$\delta(\alpha) = \lambda(\alpha)(\lambda(\alpha) - \alpha),$$

$\phi(\cdot)$과 $\Phi(\cdot)$은 각각 표준정규분포의 PDF와 CDF를 나타낸다. 이때 $\lambda(\alpha)$는 역 Mills 비율 (inverse Mills ratio)이라고 부른다.

식(10.1.1)과 식(10.1.2)는 절단조건에 따라 관측치의 기댓값과 분산이 어떻게 달라지는지를 설명한다. 먼저, 좌측절단의 경우 $\lambda(\alpha) > 0$이므로, 관측치의 기댓값은 모집단 평균 μ보다 항상 크다. 이는 임곗값 a보다 작은 관측치가 제거되면서 절단된 자료의 평균이 오른쪽으로 이동하는 것을 의미한다. 반대로, 우측절단의 경우 $\lambda(\alpha) < 0$이며, $E[X|X < a] < \mu$가 성립한다. 좌측절단 및 우측절단 모두에 대해 $0 < \delta(\alpha) < 1$이므로, $\sigma^2(1-\delta(\alpha)) < \sigma^2$가 성립한다. 즉, 절단된 관측치의 분산은 모집단 분산 σ^2보다 항상 작아지며, 이는 절단으로 인해 관측 가능한 값의 범위가 제한되면서 관측치의 변동성이 줄어든 것을 의미한다.

10.1.2 절단과 회귀분석

모집단 종속변수 y_i에 대해 선형회귀모형

$$y_i = x_i'\beta + \varepsilon_i, \qquad \varepsilon_i \sim N(0, \sigma_\varepsilon^2)$$

을 고려하자. 외생성조건 $E[\varepsilon_i|x_i] = 0$을 가정한다. 이때 y_i는 조건부기댓값 $E[y_i|x_i] = x_i'\beta$와 조건부분산 $Var[y_i|x_i] = \sigma_\varepsilon^2$를 갖는 정규분포, 즉 $y_i \sim N(x_i'\beta, \sigma_\varepsilon^2)$를 따른다.

이제 좌측절단 $y_i > a$이 발생한 상황을 고려하자. 식(10.1.1)로부터 y_i의 조건부기댓값은

$$E[y_i|y_i > a, x_i] = x_i'\beta + \lambda(\alpha_i)\sigma_\varepsilon$$

로 주어지며, 여기서

$$\lambda(\alpha_i) = \frac{\phi(-\alpha_i)}{\Phi(-\alpha_i)}, \qquad \alpha_i = \frac{a - x_i'\beta}{\sigma_\varepsilon}.$$

따라서 좌측절단된 관측치 y_i에 대해 참인 회귀모형은 다음으로 표현된다:

$$y_i = E[y_i|y_i > a, x_i] + (y_i - E[y_i|y_i > a, x_i]) = x_i'\beta + \lambda(\alpha_i)\sigma_\varepsilon + u_i,$$

여기서 $u_i = y_i - E[y_i|y_i > a, x_i]$은 $E[u_i] = 0$을 만족하는 오차항이다. 즉, $\lambda(\alpha_i)\sigma_\varepsilon$는 절단으로 인해 발생하는 추가항이며, 이는 모집단 회귀모형에는 존재하지 않는 구성요소이다.

자료가 절단된 경우임에도 불구하고, 추가항 $\lambda(\alpha_i)\sigma_\varepsilon$을 포함하지 않고 단순히 회귀모형 $y_i = x_i'\beta + v_i$을 OLS로 추정한다고 하자. 이때 오차항은

$$v_i = \lambda(\alpha_i)\sigma_\varepsilon + u_i$$

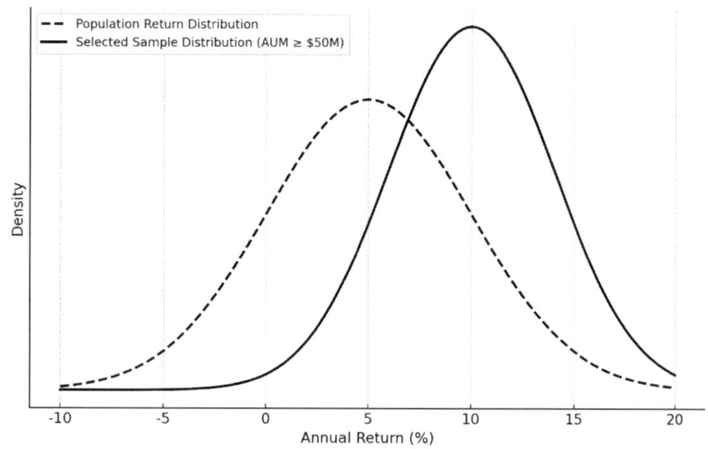

그림 10.2.1: 표본선택과 수익률 분포

이며, α_i가 x_i의 함수이므로 $\lambda(\alpha_i)$ 역시 x_i의 함수가 된다. 결과적으로 독립변수 x_i와 오차항 v_i 사이에는 상관관계가 발생한다. 이는 내생성 문제를 초래하며, 생략변수편의로 인해 OLS 추정량은 일치성을 상실한다.

10.2 우발적 절단

10.2.1 표본선택편의에 따른 내생성

실제 분석에서는 전체 모집단으로부터 개체를 단순 무작위로 추출하기보다는, 특정 조건을 만족하는 경우에만 관측이 가능하거나 자료가 수집되는 경우가 빈번하다. 이처럼 관측 여부가 어떤 조건에 따라 결정되는 상황을 표본선택 또는 우발적 절단(incidental truncation)이라 부른다.

전통적 절단은 종속변수의 값 자체가 관측 여부를 결정하는 구조이다. 예를 들어, 종속변수가 일정 임곗값을 넘지 않으면 해당 관측치가 관측되지 않는 경우가 여기에 해당한다. 반면, 우발적 절단은 종속변수와는 별개의 제3의 변수에 의해 관측 여부가 결정되는 구조를 의미한다. 예를 들어, 운용 자산(AUM)이 5천만 달러 이상인 펀드만 표본에 포함된 자료를 생각해 보자. 일반적으로 AUM이 큰 펀드일수록 수익률이 높거나 변동성이 낮은 경향이 있다. 따라서 선택된 표본의 수익률 분포는 전체 펀드의 수익률 분포를 올바르게 반영하지 못할 수 있으며, 이러한 왜곡은 그림 10.2.1에 시각적으로 표현되어 있다.

확률변수 Y와 Z가 이변량정규분포(bivariate normal distribution)

$$\begin{bmatrix} Y \\ Z \end{bmatrix} \sim N\left(\begin{bmatrix} \mu_Y \\ \mu_Z \end{bmatrix}, \begin{bmatrix} \sigma_Y^2 & \rho\sigma_Y\sigma_Z \\ \rho\sigma_Y\sigma_Z & \sigma_Z^2 \end{bmatrix} \right)$$

를 따른다고 하자. 이때 $Z > a$라는 조건이 주어지면, Y의 조건부기댓값과 조건부분산은 각각 다음과 같이 유도된다:

$$E[Y|Z > a] = \mu_Y + \rho\sigma_Y\lambda(\alpha_Z), \tag{10.2.1}$$

$$Var[Y|Z > a] = \sigma_Y^2\left(1 - \rho^2\delta(\alpha_Z)\right), \tag{10.2.2}$$

여기서

$$\lambda(\alpha_Z) = \frac{\phi(-\alpha_Z)}{\Phi(-\alpha_Z)}, \qquad \alpha_Z = \frac{a - \mu_Z}{\sigma_Z}, \qquad \delta(\alpha_Z) = \lambda(\alpha_Z)\left(\lambda(\alpha_Z) - \alpha_Z\right).$$

이제 표본선택이 회귀분석에 미치는 영향을 살펴보자. 이를 위해 표본선택 여부를 결정하는 잠재변수 z_i^*에 대한 선택모형과 분석 대상인 종속변수 y_i에 대한 결과모형을 다음과 같이 설정한다:

$$\text{선택모형: } z_i^* = w_i'\gamma + u_i, \qquad u_i \sim N(0, \sigma_u^2),$$

$$\text{결과모형: } y_i = x_i'\beta + \varepsilon_i, \qquad \varepsilon_i \sim N(0, \sigma_\varepsilon^2).$$

이때 y_i는 $z_i^* > 0$인 경우에만 관측된다고 가정한다. 선택모형의 오차항 u_i와 결과모형의 오차항 ε_i 사이의 상관계수를 ρ라 하면, y_i와 z_i^*의 결합분포는 다음과 같이 주어진다:

$$\begin{bmatrix} y_i \\ z_i^* \end{bmatrix} \sim N\left(\begin{bmatrix} x_i'\beta \\ w_i'\gamma \end{bmatrix}, \begin{bmatrix} \sigma_\varepsilon^2 & \rho\sigma_\varepsilon\sigma_u \\ \rho\sigma_\varepsilon\sigma_u & \sigma_u^2 \end{bmatrix} \right).$$

식(10.2.1)의 결과를 위 분포에 적용하면, 종속변수 y_i의 조건부기댓값은 다음과 같이 주어진다:

$$E[y_i|x_i, z_i^* > 0] = x_i'\beta + \rho\sigma_\varepsilon\lambda(\alpha_i),$$

여기서

$$\lambda(\alpha_i) = \frac{\phi(-\alpha_i)}{\Phi(-\alpha_i)}, \qquad \alpha_i = -\frac{w_i'\gamma}{\sigma_u}.$$

따라서 $z_i^* > 0$일때 관측되는 y_i의 분포는 다음과 같은 구조를 따른다:

$$y_i = x_i'\beta + \beta_\lambda \lambda(\alpha_i) + v_i,$$

여기서 $\beta_\lambda = \rho\sigma_\varepsilon$, v_i는 $E[v_i] = 0$인 오차항이다. 이는 우발적 절단이 존재할 경우, x_i 뿐만 아니라 역 Mills 비율 $\lambda(\alpha_i)$도 독립변수 형태로 회귀모형에 포함해야 함을 시사한다.

만약 $\lambda(\alpha_i)$를 생략한다면 다음과 같은 이유로 표본선택편의가 발생할 수 있다. 첫째, $\rho \neq 0$이면 $\beta_\lambda \neq 0$이므로, $\lambda(\alpha_i)$는 y_i에 대한 설명력을 가진 독립변수이다. 둘째, $\lambda(\alpha_i)$는 선택모형의 독립변수 w_i에 의해 결정되는데, w_i는 결과모형의 독립변수 x_i와 중첩된 정보를 포함하는 경우가 많다. 예를 들어, 펀드 수익률에 영향을 주는 투자 스타일, 펀드 매니저의 경력 등과 같은 요인들은 동시에 펀드의 AUM에도 영향을 줄 수 있다. 따라서 $\lambda(\alpha_i)$와 x_i는 구조적으로 강한 상관관계를 가지므로, $\lambda(\alpha_i)$를 생략하면 x_i와 오차항이 상관되어 OLS 추정량이 일치성을 상실하게 된다.

10.2.2 Heckman 모형

표본선택으로 인해 발생하는 내생성 문제를 해결하기 위해 Heckman [1979]은 회귀모형에 $\lambda(\alpha_i)$를 명시적으로 포함해 표본선택편의를 보정하는 방법을 제안하였다. Heckman 모형은 선택모형과 결과모형의 두 부분으로 구성되며, 이들 모형은 2단계 절차에 따라 각각 추정된다.

먼저, 표본이 관측될 조건 $z_i^* > 0$을 설명하기 위해 다음과 같은 선택모형을 설정한다:

$$z_i = \begin{cases} 1 & z_i^* = w_i'\gamma + u_i > 0\text{인 경우}, \\ 0 & z_i^* = w_i'\gamma + u_i \leq 0\text{인 경우}, \end{cases}$$

여기서 w_i는 선택 여부에 영향을 주는 변수들의 벡터이며, $u_i \sim N(0,1)$는 오차항이다. 한편, $z_i = 1$인 경우에만 관측되는 종속변수 y_i에 대한 결과모형은 다음과 같이 주어진다:

$$y_i = x_i'\beta + \varepsilon_i,$$

여기서 $x_i \in \mathbb{R}^{(K+1)\times 1}$는 독립변수벡터, $\varepsilon_i \sim N(0, \sigma_\varepsilon^2)$는 오차항이다.

선택모형의 오차항 u_i와 결과모형의 오차항 ε_i는 이변량정규분포

$$\begin{bmatrix} u_i \\ \varepsilon_i \end{bmatrix} \sim N\left(\begin{bmatrix} 0 \\ 0 \end{bmatrix}, \begin{bmatrix} 1 & \rho\sigma_\varepsilon \\ \rho\sigma_\varepsilon & \sigma_\varepsilon^2 \end{bmatrix} \right)$$

를 따른다고 가정한다. 여기서 ρ는 u_i와 ε_i 사이의 상관계수이며, 이는 선택변수 z_i^*와 결과변수 y_i 모두에 영향을 주는 요인이 존재함을 의미한다. 식(10.2.1)과 식(10.2.2)를 이용하면, y_i의 조건부기댓값과 조건부분산은 각각 다음과 같이 주어진다:

$$E[y_i|w_i, x_i, z_i = 1] = x_i'\beta + \rho\sigma_\varepsilon\lambda_i,$$
$$Var[y_i|w_i, x_i, z_i = 1] = \sigma_\varepsilon^2(1 - \rho^2\delta_i),$$

여기서 $\lambda_i = \phi(w_i'\gamma)/\Phi(w_i'\gamma)$, $\delta_i = \lambda_i(\lambda_i - w_i'\gamma)$이다.

표본선택 문제가 발생한 횡단면자료 $\{y_i, x_i'\}_{i=1}^N$에 대하여 Heckman 모형의 추정은 다음의 2단계 절차를 통해 진행된다. 1단계에서는 프로빗모형

$$\Pr(z_i = 1|w_i) = \Pr(z_i^* > 0|w_i) = \Pr(u_i > -w_i'\gamma|w_i) = \Pr(u_i < w_i'\gamma|w_i) = \Phi(w_i'\gamma)$$

을 이용하여 선택모형의 계수 γ를 추정한다. 추정치 $\hat{\gamma}$를 이용하여 각 개체 i에 대해 역 Mills 비율 λ_i의 추정치를

$$\hat{\lambda}_i = \frac{\phi(w_i'\hat{\gamma})}{\Phi(w_i'\hat{\gamma})}$$

로 계산한다. 2단계에서는 결과모형에 $\hat{\lambda}_i$를 추가 독립변수로 포함하여 다음과 같은 회귀모형을 OLS로 추정한다:

$$y_i = x_i'\beta + \beta_\lambda\hat{\lambda}_i + v_i = x_i^{*\prime}\beta^* + v_i, \tag{10.2.3}$$

여기서 $\beta_\lambda = \rho\sigma_\varepsilon$, $x_i^{*\prime} = (x_i', \hat{\lambda}_i) \in \mathbb{R}^{(K+2)\times 1}$, $\beta^{*\prime} = (\beta', \beta_\lambda) \in \mathbb{R}^{(K+2)\times 1}$이다.

이제 σ_ε와 ρ를 추정해 보자. 먼저 $\beta_\lambda = \rho\sigma_\varepsilon$을 이용하면, y_i의 조건부분산 $\sigma_i^2 = \sigma_\varepsilon^2(1 - \rho^2\delta_i)$은

$$\sigma_\varepsilon^2 = \sigma_i^2 + \rho^2\sigma_\varepsilon^2\delta_i = \sigma_i^2 + \beta_\lambda^2\delta_i$$

로 정리된다. σ_i^2, β_λ^2, δ_i에 대한 일치추정량을 각각 다음과 같이 정의하자:

$$\hat{\sigma}_v^2 = \frac{1}{N}\sum_{i=1}^N \hat{v}_i^2 \xrightarrow{p} \sigma_i^2, \qquad b_\lambda^2 \xrightarrow{p} \beta_\lambda^2, \qquad \hat{\delta} = \frac{1}{N}\sum_{i=1}^N \hat{\delta}_i \xrightarrow{p} \delta_i,$$

여기서 $\hat{v}_i$는 식(10.2.3)의 회귀모형에서 얻은 OLS 잔차, b_λ는 β_λ의 OLS 추정치, $\hat{\delta}_i = \hat{\lambda}_i(\hat{\lambda}_i + w_i'\hat{\gamma})$이다. 마지막으로 Slutsky 정리에 따라, σ_ε^2와 ρ의 일치추정량은 각각

$$\hat{\sigma}_\varepsilon^2 = \hat{\sigma}_v^2 + b_\lambda^2\hat{\delta} \xrightarrow{p} \sigma_\varepsilon^2, \qquad \hat{\rho} = \frac{b_\lambda}{\hat{\sigma}_\varepsilon} \xrightarrow{p} \rho$$

로 계산된다.

Heckman 모형에서 β^*에 대한 OLS 추정량 b^*_{OLS}의 점근분포는 다음과 같다:

$$\sqrt{N}(b^*_{OLS} - \beta^*) \xrightarrow{d} N\left(0, E[x^*_i x^{*\prime}_i]^{-1} S^* E[x^*_i x^{*\prime}_i]^{-1}\right),$$

여기서

$$S^* = E[v_i^2 x^*_i x^{*\prime}_i] = E\left[\sigma^2_\varepsilon (1 - \rho^2 \delta_i) x^*_i x^{*\prime}_i\right].$$

오차항 v_i의 분산은 이분상성을 가지므로, 이를 반영한 점근공분산행렬의 일치추정량은 다음과 같다:

$$\widehat{AVar[b^*_{OLS}]} = \hat{\sigma}^2_\varepsilon (X^{*\prime} X^*)^{-1} \left(\sum_{i=1}^{N} (1 - \hat{\rho}^2 \hat{\delta}_i) x^*_i x^{*\prime}_i \right) (X^{*\prime} X^*)^{-1},$$

여기서 $X^* = [x^{*\prime}_i]_{i=1}^N \in \mathbb{R}^{N \times (K+2)}$는 전체 독립변수행렬이다. Heckman [1979]은 추정 효율성을 높이기 위해 $\hat{\rho}$와 $\hat{\delta}_i$의 추정 오차를 보정한 점근공분산행렬을 유도하였으며, 이에 대한 자세한 설명은 Greene [2017] 등을 참고할 수 있다.

10.3 자료의 중절

중절(censoring)이란 종속변수의 값이 특정 기준값 c 이하(좌측중절) 또는 이상(우측중절)인 경우, 해당 관측치의 값을 모두 c로 기록하는 상황을 말한다. 이때 기준값에서 관측치가 인위적으로 집중되나, 실제로는 기준값에서 기록된 관측치는 그 이하(또는 이상)에서 연속적인 값을 가지고 있다. 결과적으로, 기준값을 가진 관측치와 그 외의 값을 가진 관측치는 서로 다른 생성 메커니즘을 가지며, 이에 따라 중절자료의 분포는 실제 모집단의 분포를 왜곡한다.

예를 들어, 어떤 자산운용 리서치 기관이 고객 포트폴리오의 연간 수익률을 수집한다고 하자. 수익률이 –10% 이하인 경우 모두 "–10% 이하"로만 기록하고, 그보다 큰 수익률은 실제 값 그대로 기록한다고 가정하자. 이 경우 관측된 자료는 –10%에서 값이 비정상적으로 집중되며, 결과적으로 수익률의 모집단 분포를 반영하지 못한다. 이러한 현상은 그림 10.3.1에서 시각적으로 확인할 수 있다.

종속변수가 중절된 경우, 일반적인 선형회귀모형을 그대로 적용하면 OLS 추정량의 일치성을 보장할 수 없다. 이러한 문제를 해결하기 위해 Tobit 모형을 사용한다. Tobit 모형은 모집단 종속변수 y^*_i를 관측되지 않는 잠재변수로 간주하고, 이에 대해 다음과 같은

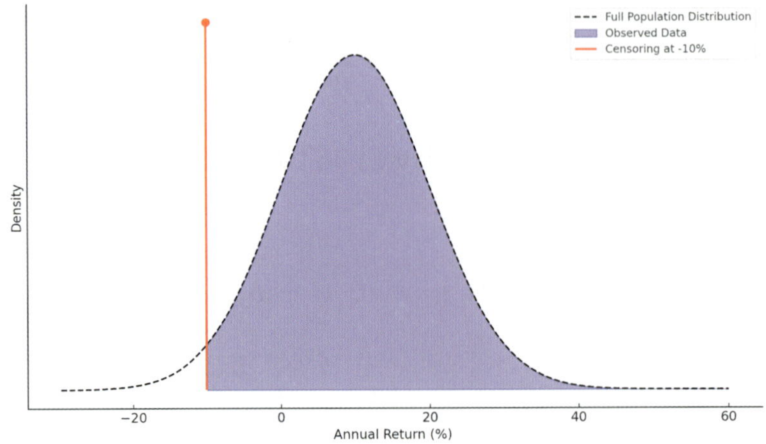

그림 10.3.1: 중절과 수익률 분포

회귀모형을 가정한다:

$$y_i^* = x_i'\beta + \varepsilon_i,$$

여기서 $x_i \in \mathbb{R}^{(K+1)\times 1}$은 개체 i의 독립변수벡터, $\varepsilon_i \sim N(0, \sigma_\varepsilon^2)$는 오차항이다. 한편, 실제로 관측되는 종속변수 y_i는 다음과 같은 좌측중절 규칙에 따라 결정된다:

$$y_i = \begin{cases} c & y_i^* \le c\text{인 경우}, \\ y_i^* & y_i^* > c\text{인 경우}. \end{cases}$$

즉, 관측된 종속변수 y_i는 잠재변수 y_i^*의 정보를 부분적으로만 반영한다.

이러한 중절 구조 아래에서, 관측치 y_i는 이산분포와 연속분포가 결합한 혼합분포를 따른다. 구체적으로 살펴보면, 중절된 관측치($y_i = c$)의 조건부확률은

$$\Pr(y_i = c|x_i) = \Pr(y_i^* \le c|x_i) = \Pr(\varepsilon_i \le c - x_i'\beta|x_i) = \Phi\left(\frac{c - x_i'\beta}{\sigma_\varepsilon}\right)$$

이며, 완전한 관측치($y_i > c$)의 조건부 PDF는

$$f(y_i|x_i) = \frac{1}{\sqrt{2\pi\sigma_\varepsilon^2}} \exp\left(-\frac{(y_i - x_i'\beta)^2}{2\sigma_\varepsilon^2}\right)$$

이다. 따라서 상호 독립적인 표본 $\{y_1, \ldots, y_N\}$을 바탕으로 우도함수는

$$L(\beta, \sigma_\varepsilon|y_1, \ldots, y_N) = \left(\prod_{y_i=c} \Phi\left(\frac{c - x_i'\beta}{\sigma_\varepsilon}\right)\right) \times \left(\prod_{y_i>c} \frac{1}{\sqrt{2\pi\sigma_\varepsilon^2}} \exp\left(-\frac{(y_i - x_i'\beta)^2}{2\sigma_\varepsilon^2}\right)\right)$$

로 구성되며, LF를 최대화하면 ML 추정량 b_{ML}과 $\hat{\sigma}_\varepsilon$를 얻을 수 있다. 제8장에서 살펴본 바와 같이, ML 추정량은 일치성을 가지며 점근정규분포를 따른다. 점근공분산행렬의 유도 및 계산 방법은 Greene [2017] 등에서 자세히 다루고 있다.

Tobit 모형에서 β_k는 잠재변수 y_i^*에 대한 $x_{i,k}$의 한계효과이며, 관측된 종속변수 y_i에 대한 한계효과를 해석할 때는 주의가 필요하다. 중절이 존재하는 경우, $x_{i,k}$의 변화가 y_i의 조건부기댓값에 미치는 한계효과는

$$\frac{\partial E[y_i|x_i]}{\partial x_{i,k}} = \Pr(y_i > c|x_i) \times \frac{\partial E[y_i|x_i, y_i > c]}{\partial x_{i,k}} + E[y_i|x_i, y_i > c] \times \frac{\partial \Pr(y_i > c|x_i)}{\partial x_{i,k}}$$

이며, 이는 두 가지 구성 요소로 나뉜다. 첫 번째 항의 $\partial E[y_i|x_i, y_i > c]/\partial x_{i,k}$는 완전한 관측치의 조건부기댓값이 $x_{i,k}$에 따라 얼마나 변하는지를 나타낸다. 두 번째 항의 $\partial \Pr(y_i > c|x_i)/\partial x_{i,k}$는 $x_{i,k}$의 변화가 종속변수가 중절되지 않을 확률 자체를 얼마나 변화시키는지를 나타낸다. 따라서 y_i에 대한 $x_{i,k}$의 한계효과는 비중절 상태의 조건부기댓값 변화와 비중절 확률 변화라는 두 가지 경로를 통해 작동한다.

10.4 지속기간

10.4.1 생존분석

생존분석(survival analysis)은 특정 상태가 시작된 시점부터 종료되기까지 걸리는 시간, 즉 지속기간(duration)을 분석하는 방법론이다. 여기서 "생존"이라는 표현은 생물학적 개념에 한정되지 않으며, "상태의 유지" 또는 "사건의 미발생"이라는 보다 일반적인 개념으로 확장할 수 있다. 생존분석은 의료, 금융, 공학, 마케팅 등 다양한 분야에 폭넓게 활용된다. 예를 들어, 환자가 치료를 시작 후 사망에 이르기까지의 기간, 채권이 발행된 이후 부도에 이르기까지의 기간, 기계 부품이 작동을 시작한 후 고장이 발생할 때까지의 기간, 고객이 서비스에 가입한 이후 해지할 때까지의 기간 등은 모두 생존분석의 대상이 된다.

생존분석은 시간 자체를 종속변수로 모형화한다는 점에서 전통적인 회귀분석과 본질적으로 구분된다. 구체적으로 지속기간 T는 0 이상의 값을 가지는 연속확률변수로 정의되며, 그 분포 특성은 생존함수(survival function)와 위험함수(hazard function)를 통해 요약된다.

생존함수 $S(t)$는 개체가 시점 t까지 생존해 있을 확률(또는 사건이 발생하지 않은 확률)을 나타내며, 이는 다음과 같이 정의된다:

$$S(t) = \Pr(T \geq t) = 1 - F(t),$$

여기서 $F(t) = \Pr(T \le t)$는 지속기간 T의 CDF이다. 한편, 위험함수 $h(t)$는 시점 t까지 생존한 개체가 아주 짧은 시간 Δt 내에 사망할 확률(또는 사건이 발생할 확률)을 단위 시간당으로 환산한 값, 즉 순간실패율(instantaneous failure rate)을 나타낸다. 구체적으로 $h(t)$는

$$h(t) = \lim_{\Delta t \to 0} \frac{\Pr(t \le T \le t + \Delta t | T \ge t)}{\Delta t}$$

로 정의되며, 이는 다음과 같이 정리된다:

$$\begin{aligned} h(t) &= \lim_{\Delta t \to 0} \frac{\Pr(t \le T \le t + \Delta t, T \ge t)}{\Delta t} \times \frac{1}{\Pr(T \ge t)} \\ &= \left(\lim_{\Delta t \to 0} \frac{F(t + \Delta t) - F(t)}{\Delta t} \right) \times \frac{1}{S(t)} \\ &= \frac{f(t)}{S(t)}, \end{aligned}$$

여기서 $f(t) = dF(t)/dt$는 지속기간 T의 PDF이다. 위험함수는 시점 t의 함수이므로, 개체의 사망 위험(실패율)이 시점별로 어떻게 변하는지를 정량적으로 나타낸다.

생존분석의 중요한 특징은 중절된 관측치의 존재이다. 여기서 중절이란 관측하는 동안 사건(예: 사망, 부도, 고장 등)이 발생하지 않아 지속기간을 완전히 관측할 수 없는 경우를 의미한다. 예를 들어, 표본 내 부도가 발생한 회사채는 부도 시점까지의 정확한 지속기간을 제공하므로 중절되지 않은 완전한 관측치이다. 반면, 부도가 발생하지 않은 회사채는 실제 지속기간이 관측값보다 길기 때문에 우측중절된 관측치에 해당한다. 중절자료는 단순히 "완전한 관측이 불가능하다"는 결함만 있는 것이 아니라, "사건이 아직 발생하지 않았다"는 중요한 정보를 담고 있다. 사건의 미발생에 관한 정보를 무시하고 중절된 관측치를 마치 짧은 지속기간의 사례인 것처럼 처리하면, 평균적인 지속기간을 과소추정하는 심각한 오류를 범할 수 있다. 따라서 생존분석에서는 자료의 중절을 명시적으로 반영하는 접근법을 사용해야 한다.

10.4.2 모수적 생존분석

모수적 생존분석(parametric survival analysis)은 지속기간 T가 특정한 확률밀도함수 $f(t)$를 따른다고 가정하여, $f(t)$로부터 유도된 생존함수와 위험함수를 통해 모형을 구성하는 방법이다.

모수적 접근법에서 자주 사용되는 PDF와 그에 따른 위험함수의 형태는 다음과 같다. 첫째, 지수분포(exponential distribution)를 가정하면 위험함수는 시점 t와 관계없이 항상 일정한 형태를 가진다. 즉, 지수분포는 "기억 없음(memoryless)" 성질을 가지며, 이는 과거

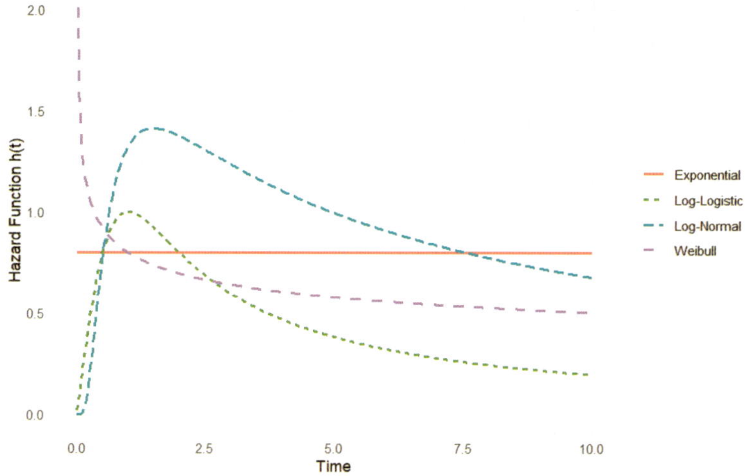

그림 10.4.1: 위험함수

의 지속기간이 미래의 실패 확률에 영향을 주지 않는다는 것을 의미한다. 지수분포 가정은 시간이 지나더라도 실패율이 변하지 않는 상황을 모형화할 때 적합하다.

둘째, Weibull 분포에서는 형상모수(shape parameter) p에 따라 위험함수의 형태가 달라진다. $p > 1$이면 실패율이 시간이 지남에 따라 점진적으로 증가하고, $p < 1$이면 실패율이 시간에 따라 감소한다. $p = 1$이면 지수분포와 동일해져, 실패율이 일정하게 유지된다.

셋째, 로그정규분포와 로그로지스틱분포는 비단조적인 위험함수를 갖는다. 즉, 실패율이 일정 시점까지 증가하다가 이후 감소하는 형태를 보인다. 이러한 분포는 예를 들어, 기계 부품의 초기 고장률이 낮다가 일정 사용 기간 이후 고장률이 상승하고, 매우 오랜 기간 사용하고 난 뒤에는 오히려 고장 확률이 감소하는 경우를 모형화하는 데 적합하다.

그림 10.4.1은 여러 PDF로부터 유도된 위험함수의 시간적 변화를 비교한 예시를 보여준다. 이처럼 다양한 분포를 활용하면 지속기간 자료에서 관측되는 시간 의존적 실패율을 유연하게 반영할 수 있다.

이제 모수적 접근법의 수식 구조를 살펴보자. 개체 i의 지속기간이 $T \sim f(t)$이며, 총 N개의 관측치로 구성된 표본 $\{t_1, t_2, \ldots, t_N\}$을 고려하자. 일부 관측치는 우측중절되어 있으며, 이 경우 정확한 사망 시점은 알 수 없고 단지 특정 시점까지 생존했음만을 확인할 수 있다. 이를 나타내기 위해 각 관측치 t_i에 대해 중절 여부를 나타내는 가변수 δ_i를 다음과 같이 정의한다:

$$\delta_i = \begin{cases} 1 & \text{지속기간이 완전히 관측된 경우,} \\ 0 & \text{지속기간이 우측중절된 경우.} \end{cases}$$

완전 관측치($\delta_i = 1$)는 PDF $f(t)$를 따르며, 중절 관측치($\delta_i = 0$)는 생존함수 $S(t) = \Pr(T \geq t)$를 따른다. 각 관측치 (t_i, δ_i)가 서로 독립이라고 가정하면, 전체 표본에 대한 LF는

$$LF = \prod_{i=1}^{N} f(t_i)^{\delta_i} S(t_i)^{1-\delta_i} \tag{10.4.1}$$

로 주어진다. 이때 LF는 이미 사망한 관측치와 아직 사망하지 않은 관측치 모두의 정보를 동시에 반영한다. 따라서 중절된 관측치가 포함된 상황에서도 모수적 생존모형은 일관된 추정을 가능하게 한다.

10.4.3 가속실패시간모형

가속실패시간모형(Accelerated Failure Time model, AFT 모형)은 종속변수인 지속기간이 독립변수에 의해 가속(단축)되거나 지연(연장)된다고 가정하는 모수적 생존분석 접근법이다. AFT 모형의 핵심은 지속기간의 로그값을 독립변수의 선형조합으로 표현한다는 점이며, 이를 통해 계수의 부호와 크기를 이용하여 독립변수가 지속시간에 미치는 영향을 직관적으로 해석할 수 있다.

비음수 확률변수인 지속기간 $T \geq 0$가 Weibull 분포를 따르는 경우, PDF와 CDF는 각각 다음과 같이 주어진다:

$$f(t) = \lambda p(\lambda t)^{p-1} \exp\left(-(\lambda t)^p\right),$$
$$F(t) = 1 - \exp\left(-(\lambda t)^p\right),$$

여기서 $p > 0$는 형상모수, $\lambda > 0$는 척도모수이다. 변수 $w = p\ln(\lambda t)$을 정의하면, w에 대한 PDF와 생존함수는 다음과 같이 유도된다:

$$f(w) = f(t)\left|\frac{dt}{dw}\right| = \exp\left(w - \exp(w)\right), \tag{10.4.2}$$

$$S(w) = 1 - F(w) = 1 - \int_{-\infty}^{w} f(w)dw = \exp\left(-\exp(w)\right). \tag{10.4.3}$$

특히, 식(10.4.2)에서 제시된 PDF는 변환변수 w가 Gumbel 분포를 따른다는 것을 의미한다.

AFT 모형에서는 개체 i의 척도모수 λ_i를 다음과 같이 정의한다:

$$\lambda_i = e^{-x_i'\beta},$$

여기서 $x_i \in \mathbb{R}^{(K+1)\times 1}$는 상수항을 포함한 독립변수벡터이며, 시작 시점부터 사망 시점까지

값이 일정하다고 가정한다. 형상모수 p의 역수를 $\sigma = 1/p$로 놓으면, $\ln t_i$는

$$w_i = \frac{\ln\lambda_i + \ln t_i}{\sigma} = \frac{-x_i'\beta + \ln t_i}{\sigma} \;\Rightarrow\; \ln t_i = x_i'\beta + \sigma w_i$$

로 표현된다. 즉, 개체 i의 지속기간의 로그값 $\ln t_i$는 $x_i'\beta$와 σw_i의 결합을 통해 표현되며, 이러한 구조 덕분에 AFT 모형의 회귀계수 β는 직관적으로 해석될 수 있다.

이제 식(10.4.2)와 식(10.4.3)을 이용하면, $\ln t_i$의 PDF와 생존함수는 각각 다음과 같이 주어진다:

$$f(\ln t_i) = f(w_i)\left|\frac{dw_i}{d\ln t_i}\right| = \frac{1}{\sigma}\exp\left(\frac{\ln t_i - x_i'\beta}{\sigma} - \exp\left(\frac{\ln t_i - x_i'\beta}{\sigma}\right)\right),$$
$$S(\ln t_i) = \exp\left(-\exp\left(\frac{\ln t_i - x_i'\beta}{\sigma}\right)\right).$$

중절 여부를 나타내는 가변수 $\delta_i \in \{0,1\}$를 포함하면, 식(10.4.1)로부터 전체 표본에 대한 로그 LF는

$$\begin{aligned}\ln LF &= \sum_{i=1}^{N}[\delta_i \ln f(\ln t_i) + (1-\delta_i)\ln S(\ln t_i)] \\ &= \sum_{i=1}^{N}\left[\delta_i\left(\frac{\ln t_i - x_i'\beta}{\sigma} - \ln\sigma\right) - \exp\left(\frac{\ln t_i - x_i'\beta}{\sigma}\right)\right]\end{aligned}$$

로 주어진다. 이를 최대화하면 모수 β와 σ에 대한 ML 추정량을 얻을 수 있다.

한편, AFT 모형에서의 지속기간 T에 대한 조건부기댓값은 다음과 같이 주어진다:

$$E[T|x_i] = \exp(x_i'\beta)\Gamma\left(\frac{1}{p}+1\right),$$

여기서 $\Gamma(\cdot)$는 감마함수이다. 따라서 $x_{i,k}$의 한계효과는

$$\frac{\partial E[T|x_i]}{\partial x_{i,k}} = \beta_k \exp(x_i'\beta)\Gamma\left(\frac{1}{p}+1\right)$$

로 계산된다. $\Gamma(z) > 0$이므로, 한계효과의 부호는 β_k의 부호에 의해 결정된다. $\beta_k > 0$인 경우 $x_{i,k}$가 증가할수록 $E[T|x_i]$는 증가하며, 이는 해당 독립변수 $x_{i,k}$가 지속기간을 지연(연장)하는 요인으로 해석될 수 있음을 의미한다. 반면, $\beta_k < 0$라면 $x_{i,k}$는 지속기간을 가속(단축)하는 요인으로 판단한다. 이처럼 AFT 모형은 독립변수가 시간에 미치는 영향을 직관적이고 정량적으로 해석할 수 있다는 장점을 가진다.

10.4.4 준모수적 생존분석

Cox [1972]가 제안한 비례위험모형(proportional hazard model) 또는 간단히 Cox 모형은 준모수적 생존분석(semi-parametric survival analysis)의 대표적인 접근법이다. 구체적으로 Cox 모형은 개체 i의 위험함수가 다음과 같은 곱셈 형태를 따른다고 가정한다:

$$h(t) = \exp(x_i'\beta)h_0(t),$$

여기서 $h_0(t)$는 기저위험함수(baseline hazard function)라 부른다. 기저위험함수는 시점 t에서 모든 개체에 걸쳐 공통으로 작용하며, 미관측 이질성의 일부를 흡수하는 역할을 한다. $x_i \in \mathbb{R}^{K\times 1}$는 개체 i의 독립변수벡터(상수항 제외)이며, $\exp(x_i'\beta)$는 실패율을 비례적으로 조정하는 역할을 한다. 만약 x_i에 상수항이 포함되면 $h_0(t)$와의 식별 문제가 발생하므로, Cox 모형은 상수항을 포함하지 않는다.

Cox 모형의 핵심은 기저위험함수 $h_0(t)$의 형태를 가정하지 않는다는 점이다. 따라서 위험함수 $h(t)$의 절대적 크기는 추정할 수 없는 반면, 계수 β는 위험함수에 대한 사전 정보 없이도 추정이 가능하다. 한편, 독립변수 $x_{i,k}$가 1 단위 증가할 때 위험함수의 상대 변화율은

$$\frac{\exp(\beta_1 x_{i,1} + \cdots + \beta_k(x_{i,k}+1) + \cdots + \beta_K x_{i,K})h_0(t_i)}{\exp(\beta_1 x_{i,1} + \cdots + \beta_k x_{i,k} + \cdots + \beta_K x_{i,K})h_0(t_i)} = \exp(\beta_k)$$

로 주어진다. 이때 $\exp(\beta_k)$는 비례위험비(proportional hazard ratio)로 해석된다. $\exp(\beta_k) > 1$은 실패율이 $(\exp(\beta_k) - 1) \times 100\%$만큼 증가(즉, 지속기간의 감소), $\exp(\beta_k) < 1$은 실패율의 감소(즉, 지속기간의 증가)를 의미한다. 예를 들어, $\exp(\beta_k) = 1.2$이면, $x_{i,k}$가 1 단위 증가할 때 실패율이 20% 높아지고, $\exp(\beta_k) = 0.8$이면 실패율이 20% 낮아진다.

전체 N개의 관측치 중에서 실패가 관측된 M개의 실패 시점을 $T_1, T_2, \ldots, T_M$이라 하자. 시점 T_m의 위험집합(risk set) R_m은 시점 T_m 직전까지 생존한 개체들의 집합으로 정의된다. 만약 시점 T_m에서 단 한 개체만 사망한다면, 해당 시점에서 개체 $i \in R_m$가 실패할 조건부확률은 다음과 같다:

$$\Pr(t = T_m | x_i, R_m) = \frac{h(t|x_i)}{\sum_{j\in R_m} h(t|x_j)},$$

여기서 분자는 개체 i의 실패율, 분모는 위험집합 R_m에 속한 모든 개체의 실패율의 합이다. Cox 모형의 구조를 대입하면, 위 식은

$$\Pr(t = T_m | x_i, R_m) = \frac{\exp(x_i'\beta)h_0(t)}{\sum_{j\in R_m} \exp(x_j'\beta)h_0(t)} = \frac{\exp(x_i'\beta)}{\sum_{j\in R_m} \exp(x_j'\beta)}$$

로 표현된다. 각 실패 시점의 조건부확률 $\Pr(t = T_m|x_i, R_m)$을 곱하면, 전체 표본에 대한 부분우도함수(partial likelihood function)는 다음과 같이 구성된다:

$$LF = \prod_{m=1}^{M} \left[\frac{\exp(x_m'\beta)}{\sum_{j \in R_m} \exp(x_j'\beta)} \right].$$

표면적으로는 사망이 관측된 완전 개체들로만 부분우도함수가 구성된 것처럼 나타난다. 그러나 중절된 개체의 정보는 위험집합 R_m의 구성에 영향을 미치므로, 실제적으로는 사망하지 않은 개체들의 정보 역시 부분우도함수에 간접적으로 반영된다. Cox [1972]는 부분우도함수만으로도 β에 대해 일치추정량을 얻을 수 있음을 보였다.

10.5 R 실습

```
> libraries <- c("censReg", "data.table", "lmtest", "sampleSelection",
+                "sandwich", "survival")
> lapply(libraries, library, character.only = TRUE)
```

10.5.1 예제 1

이 예제는 미국의 기혼 여성 753명을 대상으로 수집된 노동공급 행태에 관한 자료를 분석한다. 자료에 포함된 변수들은 다음과 같다. ID는 고유 번호, LFP는 노동시장 참여 여부를 나타내는 가변수(1: 참여, 0: 비참여), KIDS는 가구 내 18세 미만 자녀 존재 여부를 나타내는 가변수(1: 있음, 0: 없음), AGE는 나이, EDU는 정규교육 연수, WAGE는 시간당 임금(달러 단위), FAMINC는 가구 총소득(달러 단위), CITY는 대도시 거주 여부를 나타내는 가변수(1: 거주, 0: 비거주), EXP는 노동시장 경험(년 단위)를 의미한다. 단, WAGE는 노동시장에 참여한 428명에 대해서만 관측된다.

```
> dat <- fread("data10_1.csv", header = TRUE)
> dat
        ID   LFP  KIDS   AGE   EDU   WAGE FAMINC  CITY   EXP
     <int> <int> <int> <int> <int>  <num>  <int> <int> <int>
  1:     1     1     0    54    12 4.7421  19495     1    33
  2:     2     1     0    54    12 7.8431  18900     0    35
  3:     3     1     0    45    12 2.0000  18100     1    23
  4:     4     1     0    30    12 3.5714  14090     0    11
  5:     5     1     0    48    13 3.2500  22679     1    18
 ---
749:   749     1     1    30     8 2.0164  10400     0     2
```

```
750:   750     0     1    37    13      NA  13440     0     4
751:   751     0     1    34     8      NA   7232     1    10
752:   752     1     1    37    12 1.1765  16658     0    15
753:   753     0     1    39    12      NA   7840     1     5
> fit <- lm(WAGE ~ EXP + I(EXP^2) + EDU + CITY, data = dat)
> coeftest(fit, df = Inf, vcov. = vcovHC(fit, type = "HC0"))
z test of coefficients:
               Estimate  Std. Error z value  Pr(>|z|)
(Intercept) -2.56099195  1.03018047 -2.4860   0.01292 *
EXP          0.03249816  0.07230436  0.4495   0.65310
I(EXP^2)    -0.00026023  0.00190947 -0.1363   0.89160
EDU          0.48096232  0.06529731  7.3657 1.762e-13 ***
CITY         0.44927413  0.28068463  1.6006   0.10946
```

인적자본(EDU, EXP)과 지역 특성(CITY)이 임금에 미치는 영향을 분석하기 위해, 임금결정에 관한 다음의 회귀모형을 고려하였다:

$$\text{WAGE}_i = \beta_0 + \beta_1\text{EXP}_i + \beta_2\text{EXP}_i^2 + \beta_3\text{EDU}_i + \beta_4\text{CITY}_i + u_i,$$

여기서 EXP_i^2은 EXP_i의 제곱항이다. 단순 OLS 접근법 아래에서 제시된 회귀모형을 노동시장에 참여한 428명만을 대상으로 추정하였다. OLS 추정 결과, EDU의 회귀계수는 통계적으로 유의한 것으로 나타났다. 특히, 양의 한계효과는 교육 수준이 높을수록 더 많은 임금을 받는다는 점을 의미한다.

이때 중요한 점은, 노동시장 참여 여부는 한정된 시간을 노동과 여가 사이에서 어떻게 배분할지를 결정하는 선택과 밀접하게 관련되어 있다는 것이다. 즉, 노동으로부터 얻는 한계효용이 여가의 한계효용보다 크다면 노동시장에 참여한다. 이러한 의사결정은 예비임금(reserve wage) 개념으로 나타낼 수 있다. 예비임금은 여가를 포기하고 노동시장에 참여할 유인을 제공하는 임금의 최소 수준이며, 개인의 여가 선호, 자녀 유무, 소득 수준 등 다양한 요인에 의해 결정된다. 실제임금이 예비임금보다 높으면 노동시장에 참여하고, 반대의 경우에는 참여하지 않는다.

이처럼 개인의 노동시장 참여 여부는 내생적 선택의 결과이므로, 본 예제에서 주어진 자료는 우발적 절단으로 인해 모집단을 대표하지 않을 수 있다. 따라서 단순 OLS 접근과 같이, 임금결정 모형을 실제임금이 예비임금보다 높은 여성들—즉, WAGE가 관측되는 여성들—만을 대상으로 추정할 경우, 그 결과를 전체 모집단의 임금결정 행태로 일반화하는 게 적절하지 않을 수 있다.

```
> fit <- selection(LFP ~ AGE + I(AGE^2) + FAMINC + EDU + KIDS,
+                  WAGE ~ EXP + I(EXP^2) + EDU + CITY,
```

```
+                  method = "2step", data = dat)
> summary(fit)
Tobit 2 model (sample selection model)
2-step Heckman / heckit estimation
753 observations (325 censored and 428 observed)
14 free parameters (df = 740)
Probit selection equation:
              Estimate Std. Error t value Pr(>|t|)
(Intercept) -4.157e+00  1.402e+00  -2.965 0.003127 **
AGE          1.854e-01  6.597e-02   2.810 0.005078 **
I(AGE^2)    -2.426e-03  7.735e-04  -3.136 0.001780 **
FAMINC       4.580e-06  4.206e-06   1.089 0.276544
EDU          9.818e-02  2.298e-02   4.272 2.19e-05 ***
KIDS        -4.490e-01  1.309e-01  -3.430 0.000638 ***
Outcome equation:
              Estimate Std. Error t value Pr(>|t|)
(Intercept) -0.9712003  2.0593505  -0.472    0.637
EXP          0.0210610  0.0624646   0.337    0.736
I(EXP^2)     0.0001371  0.0018782   0.073    0.942
EDU          0.4170174  0.1002497   4.160 3.56e-05 ***
CITY         0.4438379  0.3158984   1.405    0.160
Multiple R-Squared:0.1264,      Adjusted R-Squared:0.116
Error terms:
              Estimate Std. Error t value Pr(>|t|)
invMillsRatio   -1.098      1.266  -0.867    0.386
sigma            3.200         NA      NA       NA
rho             -0.343         NA      NA       NA
```

우발적 절단으로 인한 표본선택편의를 보정하기 위해 Heckman 모형을 적용하였다. 1단계에서는 전체 표본 753명을 대상으로 노동시장 참여 여부에 대한 프로빗모형

$$\Pr(\text{LFP}_i = 1|w_i) = \Phi(\gamma_0 + \gamma_1\text{AGE}_i + \gamma_2\text{AGE}_i^2 + \gamma_3\text{FAMINC}_i + \gamma_4\text{EDU}_i + \gamma_5\text{KIDS}_i)$$

을 추정하였다. 2단계에서는 노동시장 참여자 428명을 대상으로, 역 Mills 비율 추정치 $\hat{\lambda}_i$을 독립변수로 추가하여 임금결정 모형

$$\text{WAGE}_i = \beta_0 + \beta_1\text{EXP}_i + \beta_2\text{EXP}_i^2 + \beta_3\text{EDU}_i + \beta_4\text{CITY}_i + \beta_\lambda\hat{\lambda}_i + \varepsilon_i$$

을 추정하였다. 만약 β_λ가 통계적으로 유의하다면 노동시장 참여와 임금결정 간에 유의한 상관관계가 존재함을 의미하며, 이는 단순 OLS 결과가 편향될 수 있음을 시사한다. 반면 β_λ가 유의하지 않다면, 표본선택이 분석 결과에 큰 영향을 미치지 않는다고 해석할 수 있다.

노동시장 참여 모형의 추정 결과는 다음과 같다. 나이가 참여 확률에 양의 영향을 미치지만, 나이의 제곱항이 음의 값을 보여 참여 확률의 증가폭이 연령에 따라 둔화됨을 확인할 수 있다. 또한 교육 수준이 높을수록 참여 확률은 유의하게 증가하였고, 18세 미만 자녀가 있는 경우 참여 확률은 유의하게 감소하였다. 한편, 임금결정 모형에서는 EDU만이 유의한 독립변수로 나타났다. 단순 OLS 결과에 비해 EDU의 계수 추정치는 다소 감소하였는데, 이는 표본선택을 고려하지 않을 경우 교육의 한계효과가 다소 과대추정될 수 있음을 의미한다. 그러나 β_λ는 5% 유의수준에서 통계적으로 유의하지 않았다. 따라서 노동시장 참여와 임금결정 간의 상관관계가 뚜렷하지 않으며, 결과적으로 표본선택편의의 영향이 심각하지 않다고 판단할 수 있다.

10.5.2 예제 2

이 예제에서는 미국 기혼 여성 6,366명 대상으로 실시된 설문조사 자료를 분석한다. 자료에 포함된 변수들은 다음과 같다. ID는 개체 식별자, R_MAR는 결혼 만족도를 1(매우 불만족)에서 6(매우 만족)까지의 범위로 측정한 변수, AGE는 나이, Y_MAR는 결혼 기간(연 단위), N_CHILD는 자녀 수, R_RELIG는 종교적 신념의 강도를 1(없음)에서 5(매우 강함)까지의 범위로 측정한 변수, EDU는 최종 학력(9: 중학교, 12: 고등학교, 14: 전문대학, 16: 일반대학, 17: 석사, 20: 박사), OCC는 본인의 직업군(1: 학생, 2: 농업 · 반숙련 · 비숙련 노동자, 3: 사무직, 4: 교사 · 간호사 · 기술자 · 예술가 등, 5: 관리자 · 행정직 · 사업가, 6: 고급 전문직), H_OCC는 남편의 직업군(코드 체계는 OCC와 동일), AFFAIRS는 지난 1년간의 혼외 성관계 횟수를 나타낸다.

```
> dat <- fread("data10_2.csv", header = TRUE)
> head(dat)
      ID R_MAR   AGE Y_MAR N_CHILD R_RELIG   EDU   OCC H_OCC   AFFAIRS
   <int> <int> <num> <num>   <int>   <int> <int> <int> <int>     <num>
1:     1     3    32   9.0       3       3    17     2     5 0.1111111
2:     2     3    27  13.0       3       1    14     3     4 3.2307692
3:     3     4    22   2.5       0       1    16     3     5 1.3999996
4:     4     4    37  16.5       4       3    16     5     5 0.7272727
5:     5     5    27   9.0       1       1    14     3     4 4.6666660
6:     6     4    27   9.0       0       2    14     3     4 4.6666660
> dat$AFFAIRS_CAT <- cut(dat$AFFAIRS, right = TRUE,
+                         breaks = c(-0.01, 0, 1, 3, 5, 10, 15, Inf),
+                         labels = c("0", "(0, 1]", "(1, 3]", "(3, 5]",
+                                    "(5, 10]", "(10, 15]", "15+"))
> table(dat$AFFAIRS_CAT)
     0   (0, 1]   (1, 3]   (3, 5]  (5, 10] (10, 15]      15+
  4313      934      668      302       97       17       35
```

분석의 목적은 결혼 만족도, 종교적 신념, 직업, 교육 수준 등 개인의 사회인구학적 특성이 혼외 성관계 빈도와 어떤 관련이 있는지를 규명하는 것이다. 여기서 AFFAIRS 변수의 중요한 특징은 0의 비율이 매우 높다는 점이다. 전체 표본 6,366명 중 4,313명(약 67.8%)이 "지난 1년간 혼외 성관계가 없었다"고 응답하였다. 이러한 특성은 AFFAIRS가 좌측중절된 종속변수이며, 이를 반영하기 위해 Tobit 모형을 사용해야 함을 시사한다.

Tobit 모형을 설정하기 위해, 우선 잠재변수 AFFAIRS_i^*는 다음과 같은 회귀모형을 따른다고 가정한다:

$$\begin{aligned}\text{AFFAIRS}_i^* = {} & \beta_0 + \beta_1\text{R\_MAR}_i + \beta_2\text{AGE}_i + \beta_3\text{Y\_MAR}_i + \beta_4\text{N\_CHILD}_i \\ & + \beta_5\text{R\_RELIG}_i + \beta_6\text{EDU}_i + \beta_7\text{OCC}_i + \beta_8\text{H\_OCC}_i + \varepsilon_i, \end{aligned} \qquad (10.5.1)$$

여기서 $\varepsilon_i \sim N(0, \sigma_\varepsilon^2)$이다. 이때 AFFAIRS_i^*는 혼외 성관계 횟수를 결정하는 잠재적 행동 성향을 나타내는 연속변수이며, 이는 해당 행동을 유발할 만큼의 내적 동기나 유인을 정량화한 개념으로 이해할 수 있다. AFFAIRS_i^*는 이론적으로 음의 값을 가질 수 있으며, 이는 혼외 성관계에 대한 유인이 매우 낮거나 전혀 없는 상태를 의미한다. 다음으로 실제 관측되는 AFFAIRS_i는 다음과 같은 규칙에 의해서 결정된다고 하자:

$$\text{AFFAIRS}_i = \begin{cases} 0 & \text{AFFAIRS}_i^* \le 0\text{인 경우}, \\ \text{AFFAIRS}_i^* & \text{AFFAIRS}_i^* > 0\text{인 경우}. \end{cases}$$

```
> fit <- lm(AFFAIRS ~ R_MAR+ AGE + Y_MAR + N_CHILD + R_RELIG + EDU + OCC
+           + H_OCC, data = dat)
> coeftest(fit, df = Inf, vcov. = vcovHC(fit, type = "HC0"))
z test of coefficients:
              Estimate Std. Error  z value  Pr(>|z|)
(Intercept)  3.6253966  0.2842665  12.7535 < 2.2e-16 ***
R_MAR       -0.4206179  0.0338427 -12.4286 < 2.2e-16 ***
AGE         -0.0146064  0.0090659  -1.6111   0.10715
Y_MAR       -0.0157417  0.0097242  -1.6188   0.10549
N_CHILD     -0.0189348  0.0249252  -0.7597   0.44746
R_RELIG     -0.2436603  0.0341959  -7.1254 1.038e-12 ***
EDU         -0.0174676  0.0122000  -1.4318   0.15221
OCC          0.0657136  0.0333118   1.9727   0.04853 *
H_OCC        0.0040769  0.0212867   0.1915   0.84812
```

자료의 중절을 고려하지 않고, 식(10.5.1)에서 제시된 회귀모형에 단순 OLS를 적용하여 혼외 성관계 빈도를 설명한 결과, 결혼 만족도(R_MAR), 종교적 신념(R_RELIG), 직업군

(OCC) 변수가 통계적으로 유의한 영향을 미쳤다. 결혼 만족도가 높을수록, 종교적 신념이 강할수록 혼외 성관계 빈도는 낮아졌다. 이는 배우자 관계에 대한 만족과 도덕적 · 종교적 규범이 혼외 관계 억제에 중요한 역할을 할 수 있음을 시사한다. 직업군 변수 또한 유의하게 나타나, 직업의 특성이나 사회적 노출 정도가 혼외 성관계 발생 가능성에 영향을 줄 수 있음을 보여준다.

```
> fit <- censReg(AFFAIRS ~ R_MAR+ AGE + Y_MAR + N_CHILD + R_RELIG + EDU
+                 + OCC + H_OCC, data = dat, left = 0, right = Inf)
> summary(fit)
Call:
censReg(formula = AFFAIRS ~ R_MAR + AGE + Y_MAR + N_CHILD + R_RELIG +
    EDU + OCC + H_OCC, left = 0, right = Inf, data = dat)
Observations:
         Total  Left-censored     Uncensored Right-censored
          6366           4313           2053              0
Coefficients:
            Estimate Std. error t value  Pr(> t)
(Intercept)  7.83041    0.71399  10.967  < 2e-16 ***
R_MAR       -1.53039    0.07343 -20.840  < 2e-16 ***
AGE         -0.10506    0.02480  -4.235 2.28e-05 ***
Y_MAR        0.12711    0.02654   4.790 1.67e-06 ***
N_CHILD     -0.02067    0.08062  -0.256 0.797674
R_RELIG     -0.94418    0.08495 -11.115  < 2e-16 ***
EDU         -0.08577    0.03764  -2.279 0.022674 *
OCC          0.31321    0.08191   3.824 0.000131 ***
H_OCC        0.01424    0.05547   0.257 0.797440
logSigma     1.50384    0.01714  87.745  < 2e-16 ***
Log-likelihood: -7804.412 on 10 Df
> round(margEff(fit), digits = 3)
  R_MAR     AGE   Y_MAR N_CHILD R_RELIG     EDU     OCC   H_OCC
 -0.411  -0.028   0.034  -0.006  -0.253  -0.023   0.084   0.004
```

Tobit 모형을 적용하면 더 많은 변수가 잠재적 행동 성향(AFFAIRS_i^*)에 통계적으로 유의한 영향을 미치는 것으로 나타난다. 첫째, 나이(AGE)가 많을수록 잠재적 행동 성향이 감소하였는데, 이는 연령 증가에 따른 성적 활동의 감소나 가치관 변화 등을 반영한다. 둘째, 결혼 기간(Y_MAR)이 길수록 잠재적 행동 성향은 증가하였다. 이는 관계 만족도의 장기적 변화나 새로운 자극에 대한 욕구 증가를 시사할 수 있다. 셋째, 교육 수준(EDU)이 높을수록 잠재적 행동 성향이 낮아지는 경향이 나타났다. 이는 윤리 의식, 자기 통제력, 사회경제적 기회 구조의 차이 등 다양한 요인과 관련될 수 있다. 한편, `margEff()` 함수를 이용해 개별 독립변수가 실제 혼외 성관계 횟수(AFFAIRS_i)에 미치는 한계효과를 계산하였다.

10.5.3 예제 3

이 예제에서 사용된 자료는 미국 North Central Cancer Treatment Group이 진행성 폐암 환자를 대상으로 수행한 임상 연구에서 수집된 것이다. 자료에는 총 228명의 환자에 대한 생존 기간 정보가 포함되어 있으며, 변수 구성은 다음과 같다. INST는 병원 식별 번호, TIME은 생존 기간(단위: 일), STATUS는 생존 상태(1: 생존, 2: 사망), AGE는 폐암 진단 시점의 나이, SEX는 성별(1: 남성, 2: 여성), PH.ECOG는 ECOG 지표로서 0은 완전히 활동할 수 있는 상태, 4는 하루 종일 침대에 누워 있는 완전 무력 상태를 의미한다.

이 자료의 중요한 특징은 종속변수 TIME이 우측중절된 구조를 가진다는 점이다. STATUS가 1인 경우는 관측 종료 시점까지 환자가 사망하지 않았음을 의미하며, 이때 TIME은 실제 생존 기간의 하한으로 해석된다. 반면 STATUS가 2인 경우에는 환자가 사망한 시점이 정확히 관측되므로, TIME이 실제 생존 기간을 나타낸다.

생존 기간을 결정하는 요인을 분석하기 위해 두 가지 접근법을 사용한다. 첫째, 모수적 접근법인 AFT 모형은 생존 기간의 로그값을 독립변수의 선형결합으로 설명하며, 회귀계수는 로그 지속기간에 대한 효과를 나타낸다. 계수가 양수이면 해당 변수의 증가는 생존 기간을 연장하는 요인이며, 음수이면 단축하는 요인으로 해석된다. 둘째, 준모수적 접근법인 Cox 모형은 비례위험 가정을 기반으로 생존 기간에 영향을 미치는 요인을 추정한다. 이 모형의 해석은 회귀계수 β_k 자체보다는 비례위험비 $\exp(\beta_k)$를 중심으로 이루어진다. $\exp(\beta_k) > 1$이면 해당 변수의 증가는 지속기간을 줄이는 방향으로, $\exp(\beta_k) < 1$이면 지속기간을 늘리는 방향으로 작용한다.

```
> dat <- fread("data10_3.csv", header = TRUE)
> head(dat)
    INST  TIME STATUS   AGE   SEX PH.ECOG
   <int> <int>  <int> <int> <int>   <int>
1:     3   306      2    74     1       1
2:     3   455      2    68     1       0
3:     3  1010      1    56     1       0
4:     5   210      2    57     1       1
5:     1   883      2    60     1       0
6:    12  1022      1    74     1       1
> fit <- survreg(Surv(TIME, STATUS) ~ AGE + SEX + PH.ECOG, data = dat,
+                dist = "weibull")
> summary(fit)
Call:
survreg(formula = Surv(TIME, STATUS) ~ AGE + SEX + PH.ECOG, data = dat,
    dist = "weibull")
               Value Std. Error     z       p
(Intercept)  6.27344    0.45358 13.83 < 2e-16
AGE         -0.00748    0.00676 -1.11  0.2690
```

```
SEX           0.40109     0.12373  3.24  0.0012
PH.ECOG      -0.33964     0.08348 -4.07 4.7e-05
Log(scale)   -0.31319     0.06135 -5.11 3.3e-07
Scale= 0.731
Weibull distribution
Loglik(model)= -1132.4   Loglik(intercept only)= -1147.4
        Chisq= 29.98 on 3 degrees of freedom, p= 1.4e-06
```

AFT 모형의 추정 결과, 생존 시간에 유의한 영향을 미치는 주요 요인은 성별(SEX)과 ECOG 지표(PH.ECOG)로 나타났다. 성별 변수의 회귀계수는 0.4011로 추정되었으며, 이는 지속시간에 대한 양의 효과를 의미한다. 즉, 남성에 비해 여성의 생존 기간이 통계적으로 유의하게 더 길다는 것을 시사한다. ECOG 지표의 회귀계수는 유의하게 음수로 나타났는데, 이는 ECOG 점수가 높아질수록(즉, 환자의 신체 상태가 악화할수록) 생존 기간이 단축됨을 의미한다.

```
> fit <- coxph(Surv(TIME, STATUS == 2) ~ AGE + SEX + PH.ECOG, data = dat)
> summary(fit)
Call:
coxph(formula = Surv(TIME, STATUS == 2) ~ AGE + SEX + PH.ECOG, data = dat)
  n= 227, number of events= 164
             coef exp(coef)  se(coef)      z Pr(>|z|)
AGE      0.011067  1.011128  0.009267  1.194 0.232416
SEX     -0.552612  0.575445  0.167739 -3.294 0.000986 ***
PH.ECOG  0.463728  1.589991  0.113577  4.083 4.45e-05 ***
       exp(coef) exp(-coef) lower .95 upper .95
AGE       1.0111     0.9890    0.9929    1.0297
SEX       0.5754     1.7378    0.4142    0.7994
PH.ECOG   1.5900     0.6289    1.2727    1.9864
Concordance= 0.637  (se = 0.025 )
Likelihood ratio test= 30.5  on 3 df,   p=1e-06
Wald test            = 29.93  on 3 df,   p=1e-06
Score (logrank) test = 30.5  on 3 df,   p=1e-06
```

Cox 모형의 추정 결과 역시 유사한 해석을 제공한다. SEX의 비례위험비 $\exp(\beta_{\text{SEX}})$는 약 0.58로 추정되어, 여성의 사망 위험이 남성에 비해 약 42% 낮음을 보여준다. ECOG 지표의 비례위험비 $\exp(\beta_{\text{PH.ECOG}})$는 1.59로 나타났으며, 이는 ECOG 점수가 1점 증가할 때 이전 단계에 비해 사망 위험이 약 59% 증가함을 의미한다.

요약하면, AFT 모형 및 Cox 모형의 추정 결과는 여성의 생존율이 남성보다 높고, 환자의 신체 상태가 나쁠수록 생존 확률이 낮아진다는 경험적 사실을 뒷받침한다. 두 모형에서 동일한 방향의 효과가 확인되었다는 점은 분석 결과의 신뢰성을 높여주며, 모형 선택에 따른 해석 차이가 크지 않음을 보여준다.

제11장 처리효과

11.1 이중차분회귀모형

이중차분회귀모형(Difference-In-Differences regression model, DID 회귀모형)은 시간의 흐름에 따른 변화와 집단 간 차이를 동시에 활용하여 처리효과(treatment effect)를 식별 · 추정하는 대표적인 준실험적 방법이다. DID 회귀모형의 핵심 아이디어는 다음과 같이 요약된다. 처리를 받은 처리집단(treatment group)에 한정해서 처리가 발생하기 전과 후의 변화를 비교하는 경우, 경기변동, 제도변화 등과 같이 모든 개체에 영향을 미치는 시점별 공통 요인의 효과와 처리효과를 구분하기 어렵다. 그러나 처리를 받지 않은 대조집단(control group)의 전후 변화를 함께 고려하면, 두 집단 간 처리 전후 변화의 차이를 통해 이러한 공통 요인의 효과를 제거할 수 있다. 다시 말해, DID 회귀모형은 "차이의 차이"를 통해 순수한 처리효과를 식별하며, 나아가 인과성에 대한 정확한 추론을 제공한다.

11.1.1 EDGAR 도입과 주식 유동성

시장미시구조(market microstructure) 이론에 따르면, 정보비대칭이 완화되면 주식의 유동성이 개선된다. 이론적으로는 무작위실험(random experiment)을 통해 이러한 인과성을 직접 검증할 수 있다. 예컨대 무작위로 선정한 기업들의 정보비대칭을 인위적으로 줄이고, 이들 기업의 주식 유동성을 측정한 뒤, 정보비대칭 축소 이전 시점과 비교하면 정보비대칭과 유동성 사이의 인과성을 직접적으로 확인할 수 있다. 그러나 실제 금융시장에서 이러한 무작위실험을 실행하는 것은 제도적 · 윤리적 제약으로 인해 사실상 불가능하다.

이와 같은 상황에서 제도 변화나 정책 도입은 자연실험(natural experiment)의 기회를 제공한다. 미국 증권거래위원회(SEC)는 1993년에 전자공시 시스템(Electronic Data Gathering, Analysis, and Retrieval system, EDGAR)을 개발하였다. 이후 1994년에는 자산 규모가 큰 일부 기업을 대상으로 자발적 시범 프로그램을 운영하였고, 1995년부터는 더 많은 기업에 전자공시 제출이 요구되었다. 마침내 1996년 5월 6일부터 대부분의 상장기업에 전자공시 의무가 적용되면서, EDGAR는 전면적으로 시행되었다.

EDGAR 도입 이전에는 기업의 공시 문서가 종이 형태로만 제공되었기 때문에, 투자자와 애널리스트가 정보에 접근하려면 상당한 시간과 비용이 필요했다. 반면, EDGAR 도입은 이러한 접근 비용을 대폭 낮추어 정보의 유통 속도와 효율성을 비약적으로 향상시켰다. 이러한 비용의 감소는 정보비대칭을 완화하므로, EDGAR 도입은 정보비대칭을 축소하는 처리효과로 생각할 수 있다. 또한 중요한 점은, EDGAR 도입 여부가 기업의 자발적 결정이 아니라 SEC의 규제에 의해 외생적으로 결정되었다는 사실이다. 따라서 EDGAR 도입은 정보비대칭에 대한 처리 효과를 식별하기에 적합한 외생적 충격으로 간주될 수 있다.

이 사례에서 처리집단은 EDGAR 도입으로 인해 전자공시 의무가 부과된 기업들이다. 대조집단은 동일 시기에 EDGAR 도입의 영향권에 포함되지 않았거나, 일정 기간 여전히 종이 공시를 유지한 기업들로 구성된다. DID 회귀모형은 처리집단과 대조집단의 EDGAR 도입 전후 주식 유동성 변화의 차이를 비교함으로써, 정보비대칭의 감소가 주식 유동성에 미치는 인과성을 분석할 수 있다.

11.1.2 횡단면차분회귀모형

처리가 이루어진 이후의 시점에서 측정된 결과변수 y_i로만 구성된 횡단면자료를 고려해 보자. 이 경우, 횡단면차분회귀모형(cross-sectional difference regression model)을 이용해 처리집단과 대조집단 간의 결과변수 차이를 비교하여 처리효과를 추정할 수 있다. 구체적으로 횡단면차분회귀모형의 기본 구조는 다음과 같다:

$$y_i = \beta_0 + \beta_1 d_i + \gamma x_i^* + \varepsilon_i,$$

여기서 d_i는 개체 i의 처리 여부를 나타내는 가변수(1: 처리집단, 0: 대조집단), ε_i는 $E[\varepsilon_i] = 0$을 만족하는 오차항이다. 특히, x_i^*는 개체별 고정효과를 나타내는 비관측 변수로서, 단순화를 위해 $E[x_i^*] = 0$을 만족한다고 하자.

식별성을 위해 외생성조건 $E[d_i\varepsilon_i] = E[x_i^*\varepsilon_i] = 0$을 가정한다. 독립변수 d_i와 x_i^*는 오차항 ε_i와 무상관이므로,

$$E[\varepsilon_i | d_i = 1, x_i^*] = E[\varepsilon_i | d_i = 0, x_i^*]$$

가 성립한다. 따라서, 처리집단과 대조집단 간 y_i의 조건부기댓값 차이는

$$E[y_i | d_i = 1, x_i^*] - E[y_i | d_i = 0, x_i^*] = (\beta_0 + \beta_1 + \gamma x_i^*) - (\beta_0 + \gamma x_i^*) = \beta_1$$

이 된다. 즉, 가변수 d_i의 회귀계수 β_1은 처리효과를 정확히 식별한다.

실제 분석에서는 x_i^*가 관측되지 않으므로 축소형 모형

$$y_i = \beta_0 + \beta_1 d_i + u_i$$

을 사용하며, 여기서 $u_i = \gamma x_i^* + \varepsilon_i$는 $E[u_i] = 0$을 만족하는 오차항이다. 이때 가변수 d_i와 오차항 u_i 사이의 공분산은

$$Cov[d_i, u_i] = E[d_i u_i] = E[d_i(\gamma x_i^* + \varepsilon_i)] = \gamma E[d_i x_i^*]$$

가 된다. 따라서 d_i와 x_i^* 사이에 상관관계가 존재하면, d_i와 u_i는 서로 상관되어 내생성 문제, 즉 생략변수편의가 발생한다. 한편, $E[u_i|d_i] = E[\gamma x_i^* + \varepsilon_i|d_i] = \gamma E[x_i^*|d_i]$를 이용하면, 축소형 모형에서 처리 여부에 따른 결과변수의 기댓값 차이는 다음과 같이 표현된다:

$$\begin{aligned} E[y_i|d_i = 1] - E[y_i|d_i = 0] =& (\beta_0 + \beta_1 + E[u_i|d_i = 1]) - (\beta_0 + E[u_i|d_i = 0]) \\ =& \beta_1 + \gamma(E[x_i^*|d_i = 1] - E[x_i^*|d_i = 0]), \end{aligned} \tag{11.1.1}$$

여기서 $E[x_i^*|d_i = 1] - E[x_i^*|d_i = 0]$은 집단 간 x_i^*의 기댓값 차이를 나타낸다.

임의할당(random assignment)이란, 처리 여부가 비관측 요인과 독립적으로 결정되는 상황을 의미한다. 즉, $E[x_i^*|d_i = 1] = E[x_i^*|d_i = 0]$가 성립하며, 이에 따라 식(11.1.1)은

$$\beta_1 = E[y_i|d_i = 1] - E[y_i|d_i = 0]$$

가 된다. 따라서 완전형 모형에서와 같이, 축소형 모형의 회귀계수 β_1은 처리효과를 정확히 식별한다. 또한 $E[d_i x_i^*] = 0$이므로, $E[d_i u_i] = 0$가 충족되어 OLS 추정량은 일치성을 가진다.

반면, 처리 여부가 비관측 변수와 연관되어 있는 경우를 비임의할당(nonrandom assignment)이라 하며, 이 경우에는 $E[x_i^*|d_i = 1] \neq E[x_i^*|d_i = 0]$가 성립한다. 따라서 처리집단과 대조집단 사이에 존재하는 비관측 이질성의 체계적인 차이로 인해 식(11.1.1)은

$$\beta_1 = (E[y_i|d_i = 1] - E[y_i|d_i = 0]) - \gamma(E[x_i^*|d_i = 1] - E[x_i^*|d_i = 0])$$

로 정리된다. 즉, 축소형 모형의 β_1은 처리효과뿐 아니라 비관측 이질성과 관련한 추가항으로 구성되며, 결과적으로 처리효과를 정확히 식별하지 못한다. 다시 말해, $E[d_i x_i^*] \neq 0$로 인해 생략변수편의가 발생하며, OLS 추정량은 일치성을 상실한다.

결론적으로, 축소형 횡단면차분회귀모형의 식별 가능성은 임의할당이 성립하는지 여

부에 의존한다. 그러나 x_i^*는 실제로 관측되지 않으므로 임의할당 여부를 직접적으로 검증하는 것은 불가능하고, 이러한 점은 횡단면차분회귀모형의 본질적 한계이다.

예시 11.1. 1995년의 횡단면자료를 이용해 SEC의 EDGAR 도입이 유동성에 미치는 영향을 분석한다고 하자. 해당 자료에는 EDGAR 의무 적용 대상 기업(처리집단)과 면제 기업(대조집단)이 포함되어 있으며, 처리효과를 추정하기 위해 다음과 같은 횡단면차분회귀모형을 고려한다:

$$LQD_i = \beta_0 + \beta_1 d_i + u_i,$$

여기서 LQD_i는 기업 i의 주식 유동성 지표(예: 호가 스프레드), d_i는 EDGAR 적용 여부를 나타내는 가변수(1: 적용, 0: 미적용)이다. 주의할 점은 SEC가 EDGAR 적용 여부를 무작위로 결정하지 않았을 가능성이 있다는 것이다. 예를 들어, 정보관리 능력이 뛰어난 기업이 EDGAR에 잘 적응할 수 있고, SEC는 이러한 기업을 먼저 적용 대상으로 삼았을 수 있다. 만약 정보관리 능력이 뛰어난 기업일수록 정보비대칭이 작다면, 이러한 비임의할당에 따라 β_1은 EDGAR 도입이 유동성에 미치는 처리효과를 정확히 반영하지 못할 수 있다.

11.1.3 시계열차분회귀모형

이번에는 처리집단에 대하여 처리 이전과 이후의 결과변수만을 포함한 자료를 통해 처리효과를 추정하는 방법을 살펴보자. 이를 위해, 시계열차분회귀모형(time-series difference regression model)을 다음과 같이 정의한다:

$$y_{i,t} = \beta_0 + \beta_1 p_t + \gamma x_t^* + \varepsilon_{i,t},$$

여기서 $y_{i,t}$는 개체 i의 시점 t에서의 결과변수, p_t는 처리 시점을 나타내는 가변수(1: 처리 이후, 0: 처리 이전), x_t^*는 모든 개체에 동일하게 작용하는 시점별 비관측 공통 요인, $\varepsilon_{i,t}$는 $E[\varepsilon_{i,t}] = 0$을 만족하는 오차항이다. 외생성조건 $E[p_t \varepsilon_{i,t}] = E[x_t^* \varepsilon_{i,t}] = 0$을 가정하면,

$$E[\varepsilon_{i,t} | p_t = 1, x_t^*] = E[\varepsilon_{i,t} | p_t = 0, x_t^*]$$

가 성립하며, 이는 비관측 공통 요인을 통제하는 경우에는 처리 전후의 오차항 기댓값이 동일함을 시사한다. 이러한 외생성조건 아래에서

$$E[y_{i,t} | p_t = 1, x_t^*] - E[y_{i,t} | p_t = 0, x_t^*] = (\beta_0 + \beta_1 + \gamma x_t^*) - (\beta_0 + \gamma x_t^*) = \beta_1$$

이 되고, 가변수 p_t의 회귀계수 β_1은 처리효과를 정확히 식별한다.

횡단면차분회귀모형과 마찬가지로, 실제 분석에서는 x_t^*를 관측할 수 없기 때문에 다음과 같은 축소형 모형을 사용해야 한다:

$$y_{i,t} = \beta_0 + \beta_1 p_t + u_{i,t},$$

여기서 $u_{i,t} = \gamma x_t^* + \varepsilon_{i,t}$이다. 이때 가변수 p_t와 오차항 $u_{i,t}$ 사이의 공분산은

$$Cov[p_t, u_{i,t}] = E[p_t u_{i,t}] = E[p_t(\gamma x_t^* + \varepsilon_{i,t})] = \gamma E[p_t x_t^*]$$

이며, 처리 전후 결과변수의 기댓값 차이는 다음과 같다:

$$E[y_{i,t}|p_t = 1] - E[y_{i,t}|p_t = 0] = \beta_1 + \gamma(E[x_t^*|p_t = 1] - E[x_t^*|p_t = 0]). \tag{11.1.2}$$

시계열차분회귀모형에서의 임의할당은 $E[p_t x_t^*] = 0$ 또는 $E[x_t^*|p_t = 1] = E[x_t^*|p_t = 0]$이 성립하는 경우를 말한다. 이 경우, 시점 간 비관측 이질성이 존재하지 않기 때문에, 식(11.1.2)는

$$\beta_1 = E[y_{i,t}|p_t = 1] - E[y_{i,t}|p_t = 0]$$

로 정리된다. 따라서 축소형 모형의 회귀계수 β_1은 처리효과를 정확히 식별하며, OLS 추정량은 일치추정량이 된다. 반면, 비임의할당의 경우에는 $E[x_t^*|p_t = 1] \neq E[x_t^*|p_t = 0]$이므로, β_1이 처리효과뿐 아니라 시점 간 이질성의 효과까지 포함한다. 즉, 비임의할당 아래에서 β_1은 처리효과를 정확히 식별하지 못하며, OLS 추정량은 일치성을 상실한다.

횡단면차분회귀모형과 마찬가지로, 시계열차분회귀모형의 식별 가능성 역시 임의할당의 성립 여부에 달려 있다. 그러나 임의할당 여부를 실증적으로 검증하기 어려우며, 이는 시계열차분회귀모형이 가지는 구조적 한계로 작용한다.

예시 11.2. EDGAR 적용 대상 기업에 대해 도입 전후의 유동성을 비교하는 다음과 같은 시계열차분회귀모형을 고려하자:

$$LQD_{i,t} = \beta_0 + \beta_1 p_t + u_{i,t},$$

여기서 p_t는 시점 가변수(1: 도입 이후, 0: 도입 이전)이다. 만약 $E[p_t u_{i,t}] = 0$이 성립한다면 β_1은 EDGAR 도입의 효과를 정확히 식별한다. 그러나 실제로는 EDGAR 도입 시기와 무관하게 주식 거래와 관련된 시장 인프라가 지속해서 개선되었을 가능성이 높다. 이러한 시장 인프라 개선은 전체 주식의 유동성에 영향을 미치는 비관측 공통 요인으로 작용한다. 만약

도입 전후에 걸쳐 이러한 공통 요인에 체계적인 변화가 있었다면, β_1은 EDGAR 도입의 효과만 아니라 인프라 개선 효과까지 포함한다. 그 결과 OLS 추정량 b_1은 EDGAR 도입, 즉 정보비대칭의 축소가 유동성에 미치는 효과를 과소 또는 과대추정할 수 있다.

11.1.4 DID 회귀모형의 이해

횡단면차분회귀모형은 처리 이후 시점에서 처리집단과 대조집단 간 결과변수 차이를 이용하므로, 시점별로 모든 개체에 동일하게 작용하는 비관측 시간 추세(예: 시장 인프라 개선 등)의 영향을 받지 않는다. 반면 시계열차분회귀모형은 처리집단의 처리 전후를 비교하기 때문에, 시점과 관계없이 개체별로 고정되어 있는 비관측 횡단면 이질성(예: 기업 간 정보 관리 능력 등)의 영향으로부터 벗어난다. 이중차분회귀모형은 두 접근법의 이러한 장점을 결합하여, 시간에 따른 공통 추세와 집단 간 이질성을 동시에 통제할 수 있도록 설계된다. 실제 분석에서 DID 회귀모형을 적용하려면, 처리집단과 대조집단 모두에 대해 처리 전과 처리 후의 결과변수 $y_{i,t}$가 관측되어야 한다.

기본적인 형태의 DID 회귀모형은 다음과 같이 표현된다:

$$y_{i,t} = \beta_0 + \beta_1 d_i p_t + \beta_2 d_i + \beta_3 p_t + \varepsilon_{i,t},$$

여기서 d_i는 처리 가변수(1: 처리집단, 0: 대조집단), p_t는 시점 가변수(1: 처리 이후, 0: 처리 이전), $d_i p_t$는 상호작용항, $\varepsilon_{i,t}$는 $E[\varepsilon_{i,t}] = 0$을 만족하는 오차항이다. 모형의 식별성을 위해서는 외생성조건 $E[\varepsilon_{i,t}|d_i p_t] = 0$이 필요하며, 이는 처리 가변수 d_i와 시점 가변수 p_t 모두가 오차항 $\varepsilon_{i,t}$와 무상관임을 의미한다. 한편, 외생성조건 아래에서 집단과 시점 조합에 따른 결과변수의 조건부기댓값은 다음과 같다:

$$\text{(대조집단, 처리 이전) } E[y_{i,t}|d_i = 0, p_t = 0] = \beta_0,$$
$$\text{(처리집단, 처리 이전) } E[y_{i,t}|d_i = 1, p_t = 0] = \beta_0 + \beta_2,$$
$$\text{(대조집단, 처리 이후) } E[y_{i,t}|d_i = 0, p_t = 1] = \beta_0 + \beta_3,$$
$$\text{(처리집단, 처리 이후) } E[y_{i,t}|d_i = 1, p_t = 1] = \beta_0 + \beta_1 + \beta_2 + \beta_3.$$

DID 회귀모형은 차이의 차이를 이용해 집단간 이질성과 공통 추세의 영향을 제거한 후, 상호작용항 $d_i p_t$의 회귀계수 β_1을 통해 처리효과를 식별한다. 이를 직관적으로 이해하기 위해 다음을 살펴보자. 먼저 처리 이후 시점에서의 집단 간 차이인

$$E[y_{i,t}|d_i = 1, p_t = 1] - E[y_{i,t}|d_i = 0, p_t = 1] = \beta_1 + \beta_2$$

에서 처리 이전 시점에서의 집단 간 차이인

$$E[y_{i,t}|d_i = 1, p_t = 0] - E[y_{i,t}|d_i = 0, p_t = 0] = \beta_2$$

를 차분하면, $(\beta_1 + \beta_2) - \beta_2 = \beta_1$가 된다. 즉, DID 회귀모형은 공통 추세의 영향을 제거한 집단 간 차이의 시점 간 차이를 통해 집단 간 이질성(β_2)을 제거한다. 다른 관점으로는 처리집단의 전후 차이인

$$E[y_{i,t}|d = 1, p_t = 1] - E[y_{i,t}|d = 1, p_t = 0] = \beta_1 + \beta_3$$

에서 대조집단의 전후 차이인

$$E[y_{i,t}|d = 0, p_t = 1] - E[y_{i,t}|d = 0, p_t = 0] = \beta_3$$

를 차분하면, $(\beta_1 + \beta_3) - \beta_3 = \beta_1$가 성립한다. 다시 말해, 집단 간 이질성이 제거된 시점 간 차이의 집단 간 차이를 통해 비관측 시간추세(β_3)를 제거할 수 있다.

11.1.5 병렬추세가정

병렬추세가정(parallel trend assumption)이란, 처리가 이루어지기 이전에 처리집단과 대조집단이 동일한 시간적 추세를 공유하고 있다는 가정을 의미한다. 다시 말해, 만약 처리가 시행되지 않았다면 두 집단의 결과변수는 시간에 따라 동일한 방향과 속도로 변화했을 것이라는 반사실적(counterfactual) 진술이 성립한다고 보는 것이다. 이 가정이 충족된다면, 처리 이후 관측되는 두 집단 간 결과의 차이는 단순한 시간 변화나 다른 요인에 의한 것이 아니라, 처리 자체로부터 비롯된 인과적 효과로 해석할 수 있다. 즉, 처리 이전에 두 집단이 유사한 변화 추세를 보였다면, 이후 발생한 차이는 외생적 충격의 결과이며, 이는 곧 처리효과로 간주할 수 있다는 것이다.

이러한 개념은 그림 11.1.1을 통해 시각적으로 표현할 수 있다. 그림에서 확인할 수 있듯이, 처리 이전에는 두 집단의 결과변수가 거의 평행한 궤적을 보이다가 처리 시점을 기점으로 처리집단의 경로가 대조집단과 점차 벌어지는 양상을 보인다면, 이는 DID 회귀모형을 이용한 인과적 추정의 타당성을 지지하는 경험적 증거로 해석할 수 있다.

병렬추세가정의 타당성을 점검하는 대표적인 방법은 다음 두 가지다. 첫째, 처리 이전 기간에 대한 시각화이다. 처리 이전 처리집단과 대조집단의 결과변수에 대한 집단별 표본평균을 시계열 그래프로 나타내어, 두 집단의 추세선이 유사한 기울기를 갖거나 평행한

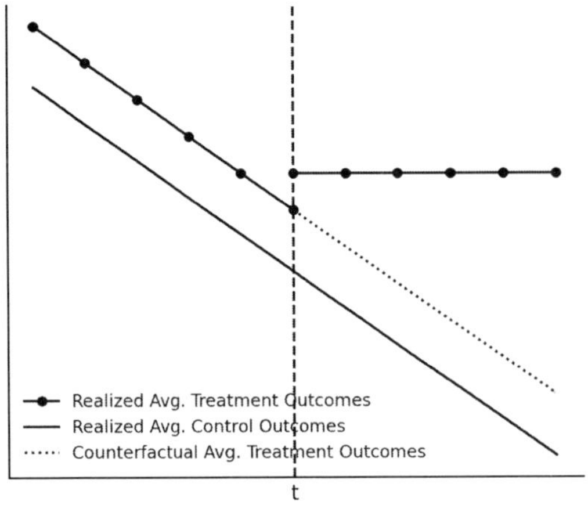

그림 11.1.1: 병렬추세가정

패턴을 보이는지 살펴본다. 만약 두 집단의 사전 추세가 평행하다면, 병렬추세가정이 성립할 가능성이 높다. 둘째, 사전 성장률의 비교 검정이다. 처리 이전 시점 결과변수의 개체별 성장률을 계산하고, 이를 바탕으로 처리집단과 대조집단 간 성장률 차이에 대해 t 검정을 수행한다. 집단 간 사전 성장률 차이가 통계적으로 유의하지 않다면, 이는 병렬추세가정의 타당성을 뒷받침하는 근거로 볼 수 있다.

11.1.6 민감도 분석

DID 회귀분석은 집단간 이질성과 공통 추세를 차분의 차분을 통해 동시에 제거함으로써 처리효과를 식별하는 유용한 준실험적 방법론이다. 그러나 DID 회귀분석의 타당성은 병렬추세가정에 크게 의존하므로, 실제 분석에서는 해당 가정의 적절성을 평가하고 분석 결과의 신뢰성을 보완하기 위한 추가적인 민감도 분석이 필요하다.

첫째, 플라시보처리검정(placebo treatment test)은 처리 이전의 임의 시점을 가상의 처리 시점으로 설정하고 DID 회귀분석을 진행하는 방식이다. 이를 통해, 실제로는 처리가 없던 시점에 이미 두 집단 간에 유의한 차이가 존재했는지를 살펴볼 수 있다. 만약 β_1의 추정치가 유의하다면, 이는 실제 처리 시점 이전부터 결과변수의 추세에 차이가 있었음을 시사한다. 따라서 병렬추세가정이 위배되었을 가능성이 있으며, 실제 처리 시점을 바탕으로 한 DID 분석 결과를 신중하게 해석해야 한다.

둘째, 즉시성 검정을 통해 처리효과가 처리 직후에 집중되어 나타나는지를 확인한다. 즉, 시계열 그래프나 회귀분석을 통해 결과변수가 처리 시점을 기점으로 뚜렷하게 변하는지를 살펴본다. 만약 결과변수에 대한 효과가 처리 직후 곧바로 나타났다면, 이는 처리가 직접적인 원인일 가능성을 뒷받침한다. 반면 효과가 점진적으로 발생하거나 상당한 시차를 두고 나타난다면, 다른 동시적 요인의 영향을 배제하기 어렵다.

셋째, 효과반전에 대한 검정은 처리가 일정 기간 후 철회되거나 반대 방향으로 전환되는 경우, 결과변수가 이에 맞춰 반전되는지를 확인하는 방식이다. 예를 들어, 거래세 인상 이후 거래량이 감소하고, 이후 거래세 인하 시 거래량이 다시 증가한다면, 이는 처리(거래세 인하)와 결과(거래량) 사이의 인과관계를 강하게 지지하는 정황 증거가 된다. 이처럼 효과반전검정은 DID 회귀모형의 추정 결과가 단순한 우연이나 장기 추세의 일부가 아님을 보여주는 데 유용하다.

넷째, 결과변수에 영향을 주는 외생적 요인을 통제하기 위해, 시간 및 개체에 따라 변하는 독립변수 $x_{i,t}$를 도입하여 DID 회귀모형을

$$y_{i,t} = \beta_0 + \beta_1 d_i p_t + \beta_2 d_i + \beta_3 p_t + x'_{i,t}\gamma + \varepsilon_{i,t}$$

와 같이 확장한다. 결과변수에 영향을 미칠 수 있는 변수들을 통제함으로써 추정의 정확성을 높일 수 있다. 한편, DID 회귀모형의 표준오차는 개체군집 가정을 통해 계산한다.

11.2 매칭분석

매칭분석(matching analysis)이란, 처리 여부가 서로 다른 개체들을 관측 가능한 공변량(covariate) 수준에서 최대한 유사하도록 짝지어 비교함으로써 처리효과를 식별하는 비모수적 접근법이다. 이 방법은 임의할당이 불가능한 상황에서, 주어진 관측자료를 활용해 무작위실험의 상황을 통계적으로 재현하려는 시도라 볼 수 있다.

무작위실험에서는 처리 여부가 연구 설계에 따라 외생적으로 할당되므로, 단순한 집단 간 평균 비교만으로도 처리효과를 일관되게 추정할 수 있다. 그러나 관측자료에서는 처리 여부가 내생적으로 결정되기 때문에, 처리집단과 대조집단 사이에 체계적인 차이가 존재할 수 있다. 예를 들어, 건강 프로그램 참여 여부가 개인의 건강 의식, 생활 습관, 소득 수준 등과 관련되어 있다고 하자. 단순 평균 비교는 이러한 집단간 특성 차이로 인해 왜곡되며, 그 결과 프로그램이 건강에 미치는 순수한 처리효과를 식별하지 못한다. 이러한 문제를 완화하기 위해, 매칭분석은 비혼합성가정(unconfoundedness assumption)과 중첩성가정(overlap assumption) 아래에서 처리 여부만이 결과변수에 영향을 미치는 구조를 구현한다.

11.2.1 고빈도매매와 주식 유동성

고빈도매매(High-Frequency Trading, HFT)는 알고리즘 기반의 자동화된 거래 전략으로, 매우 짧은 시간 안에 대량의 주문을 빈번하게 제출하고 취소하는 방식으로 이루어진다. 이

러한 HFT가 주식시장의 유동성에 미치는 인과적 효과를 평가하기 위해, 분석 대상 종목을 HFT가 활발한 종목과 그렇지 않은 종목으로 구분한다. 구체적으로 처리집단 표본은 일일 거래량 중 30% 이상이 HFT 거래로 이루어진 종목으로, 대조집단 표본은 HFT 거래 비중이 5% 이하인 종목으로 구성한다.

일반적으로 HFT는 유동성이 높은 종목에서 빈번하게 발생하는 경향이 있다. 따라서 처리집단과 대조집단을 단순 비교할 경우, 집단 간 유동성의 차이는 HFT의 처리효과뿐 아니라 집단 간 이질성의 차이도 반영할 가능성이 있다. 즉, 표본선택 과정에서의 체계적인 이질성으로 인해 처리효과 추정 시 편향이 발생할 수 있다. 이를 해결하기 위해, 매칭분석은 처리집단 표본에 속한 각 종목에 대해 유동성을 결정짓는 요인(예: 시가총액, 거래량, 변동성 등)이 유사한 종목을 대조집단 표본에서 하나 이상 찾아 쌍을 짓는다. 이렇게 매칭된 쌍으로 구성된 표본을 바탕으로 유동성 지표의 차이를 비교하면, 다른 요인의 영향을 최소화한 상태에서 HFT가 유동성에 미치는 순수한 처리효과를 추정할 수 있다.

11.2.2 비혼합성가정

비혼합성가정은 다음과 같은 독립성 조건의 형태로 정의된다:

$$(y_i(1), y_i(0)) \perp d_i | x_i,$$

여기서 $y_i(1)$는 개체 i가 처리를 받았을 때의 결과, $y_i(0)$는 동일 개체가 처리를 받지 않았을 때의 결과, d_i는 처리 여부를 나타내는 가변수(1: 처리, 0: 비처리), $x_i \in \mathbb{R}^{K\times 1}$는 처리와 결과 모두에 영향을 줄 수 있는 관측 가능한 공변량벡터이다. 이는 공변량 x_i가 주어진 경우, 가변수 d_i와 결과변수 $(y_i(1), y_i(0))$는 서로 독립임을 의미한다. 다시 말해, 동일한 공변량 값을 가진 처리 개체와 비처리 개체 간에는 처리 여부가 마치 임의할당된 것처럼 간주할 수 있으며, 이를 통해 관측자료에서도 무작위실험과 유사한 비교 구조를 구현할 수 있다.

이러한 비혼합성가정이 성립하려면 다음의 두 가지 요건이 충족되어야 한다. 첫째, x_i는 반드시 처리 이전에 측정되어야 한다. 처리 이후에 측정된 변수는 처리의 영향을 받았을 가능성이 있으며, 이를 매칭 기준으로 사용하면 처리효과가 정확히 식별되지 않을 수 있다. 예를 들어, 항우울제 복용이 정신건강에 미치는 영향을 분석한다고 하자. 수면 시간은 처리(항우울제 복용)와 결과(정신건강) 모두에 영향을 줄 수 있는 변수지만, 항우울제 복용 자체가 수면 시간에 영향을 미칠 수도 있다. 만약 "항우울제 복용→수면시간 증가→정신건강 향상"과 같은 경로가 존재한다면, 수면 시간은 처리와 결과 사이의 매개변수가 된다. 이 경우 항우울제 복용 이후에 측정된 수면 시간을 기준으로 매칭을 진행하면, 항우울제 복용이 정신 건강에 미치는 직접적인 인과적 영향이 희석되거나 왜곡되는 사후처리편의

(post-treatment bias)가 발생한다.

둘째, 공변량벡터 x_i는 처리와 결과에 영향을 미치는 교란변수(confounder)를 모두 포함해야 한다. 만약 이러한 교란변수 중 일부가 누락되면, 처리와 결과 간의 조건부독립이 성립하지 않으며 비혼합성가정이 위배된다. 예를 들어, 대학 교육이 소득에 미치는 영향을 분석할 때, 개인의 능력, 동기, 가정 배경 등은 대학 진학 여부와 소득 모두에 영향을 미치는 대표적인 교란변수다. 이러한 변수들이 누락된 상태에서 대학 졸업 여부에 따른 소득 차이를 단순히 비교하면, 추정된 차이는 교육의 순수 처리효과가 아니라 교란변수와 소득 간의 상관관계를 상당부분 반영할 가능성이 있다.

비혼합성가정은 동일 개체에 대한 처리 전후의 결과를 동시에 관측할 수 없기 때문에 직접적으로 검정할 수 없다. 처리 개체와 비처리 개체 각각의 결과는 관측할 수 있지만, "처리 개체가 처리를 받지 않았을 경우의 결과"나 "비처리 개체가 처리를 받았을 경우의 결과"는 관측 불가능하다. 따라서 이 가정의 타당성 평가는 변수의 시간적 선후관계, 이론적 타당성, 그리고 선행 연구의 경험적 증거에 근거하여 간접적으로 이루어져야 한다.

11.2.3 중첩성가정

중첩성가정은 매칭분석을 통해 처리효과를 정확하게 추정하기 위해 필요한 또 하나의 핵심 조건이며, 이는

$$0 < \Pr(d_i = 1|x_i) < 1$$

로 표현된다. 즉, 주어진 공변량벡터 x_i에 대해 처리를 받을 확률과 받지 않을 확률이 모두 양수이어야 한다. 중첩성가정은 특정한 공변량 값 x_i^*를 가진 개체가 처리집단과 대조집단에 모두 존재해야 함을 의미하며, 이러한 조건이 충족되어야만 공변량 값이 동일한 처리 개체와 비처리 개체를 매칭하여 비교할 수 있다.

만약 특정 공변량 값 x^*을 가진 개체들이 전부 처리집단에만 속해 있으면, 즉 $\Pr(d_i = 1|x_i = x^*) = 1$인 경우, 해당 공변량 값에서는 공통지지(common support) 영역이 존재하지 않는다. 이때 x^*를 가진 비처리 개체가 없으므로, 해당 처리 개체에 대한 반사실적 결과—즉, 처리 개체가 처리를 받지 않았을 경우의 결과—를 추정할 수 없다.

중첩성가정은 매칭에 사용할 공변량 구성을 결정짓는 중요한 기준이 된다. 만약 처리집단과 대조집단이 특정 변수의 값 범위에서 완전히 분리되어 있다면, 해당 변수는 공변량에서 제외하거나 변수 범위를 재조정해야 한다. 일반적으로 성향점수(propensity score)를 기반으로 두 집단의 분포를 시각화하여 공통지지 영역의 존재와 폭을 점검한다. 만약 공통지지 영역이 지나치게 협소하거나 분포가 불균형하다면, 매칭분석 결과의 신뢰성이 떨어질 수 있다.

11.2.4 공변량 매칭과 성향점수 매칭

공변량이 특정 값 x^*로 고정되어 있을 때, 개체 i의 처리효과는 다음과 같이 정의된다:

$$\text{처리효과} = E[y_i|d_i = 1, x_i = x^*] - E[y_i|d_i = 0, x_i = x^*],$$

여기서 $d_i = 1$은 개체 i가 처리를 받은 실제 상황, $d_i = 0$은 처리를 받지 않은 반사실적 상황을 의미한다. 실제 분석에서는 반사실적 결과가 관측되지 않기 때문에, 처리 개체와 매우 유사한 공변량 값을 가진 비처리 개체를 찾아, 그 개체의 관측된 결과를 반사실적 결과의 대리값으로 사용한다.

전통적인 공변량 매칭은 공변량벡터 x_i를 기준으로 매칭을 진행한다. 그러나 고차원의 공변량 값을 모두 일치시키는 것은 현실적으로 불가능하며, 공변량벡터의 차원이 커질수록 매칭 가능한 비교 대상이 급격히 감소하는 문제가 발생한다. 이러한 문제를 해결하기 위해 Rosenbaum and Rubin [1983]은 비혼합성가정이 성립할 경우, 다음과 같은 결과를 제시하였다:

$$(y_i(1), y_i(0)) \perp d_i|ps_i,$$

여기서 $ps_i = \Pr(d_i = 1|x_i)$는 개체 i의 성향점수로서, 주어진 공변량 값 아래에서 처리를 받을 확률을 의미한다. 이 결과는 고차원 공변량벡터 $x_i \in \mathbb{R}^{K\times 1}$ 대신 단일 지표 ps_i를 기준으로 매칭을 수행해도 처리효과에 대한 동일한 식별력을 유지할 수 있음을 의미한다. 일반적으로 성향점수를 이용하면, 처리 개체와 비처리 개체 사이의 매칭이 보다 쉽게 이루어진다.

실제 분석에서 성향점수는 다음의 두 단계를 통해 추정된다. 1단계에서는 처리집단과 대조집단을 모두 포함한 전체 표본에 대해 다음과 같은 로짓 또는 프로빗모형을 추정한다:

$$\Pr(d_i = 1|x_i) = \Lambda(x_i'\beta) \qquad \text{또는} \qquad \Pr(d_i = 1|x_i) = \Phi(x_i'\beta),$$

여기서 $\Lambda(\cdot)$는 로지스틱분포의 CDF, $\Phi(\cdot)$은 표준정규분포의 CDF이다. 주의할 점은, 처리 이전의 공변량벡터 x_i만 사용해야 한다는 점이다. 2단계에서는 추정된 계수 b를 이용해 개체별 성향 점수를 $ps_i = \Lambda(x_i'b)$ 또는 $ps_i = \Phi(x_i'b)$로 계산한다.

11.2.5 매칭의 실행

실제 분석에서 공변량 또는 성향점수를 이용해 매칭을 수행할 때는 다음의 요소들을 고려해야 한다. 첫째, 공변량 매칭은 처리 개체와 공변량 값이 유사한 비처리 개체를 선택하는 데, 이때 유사성의 측도로 주로 사용되는 것이 Mahalanobis 거리이다. 구체적으로 처리 개체 i와 비처리 개체 j 간 Mahalanobis 거리는 다음과 같이 정의된다:

$$\|x_i - x_j\| = \sqrt{(x_i - x_j)' S^{-1} (x_i - x_j)},$$

여기서 x_i와 x_j는 각각 처리 개체와 비처리 개체의 공변량벡터, S는 x_i와 x_j 사이의 표본공분산행렬이다. Mahalanobis 거리는 공변량 변수들의 분산 및 상관관계를 반영하여 유사성을 측정하기 때문에, 단순한 Euclidean 거리에 비해 공변량벡터 간의 유사성을 보다 적절히 나타낼 수 있다.

둘째, 최근접 매칭은 각 처리 개체에 대해 거리를 기준으로 가장 가까운 m개의 비처리 개체를 선택하는 방식이다. 반면, 캘리퍼 매칭(caliper matching)은 거리의 최대 허용 한계값을 미리 설정하고, 그 범위 내에 속하는 모든 비처리 개체를 선택하는 방식이다. 처리 개체별 매칭되는 비처리 개체 수 m에 대해서는 정해진 규칙이 없다. 일반적으로 m이 커질수록 비교 가능한 정보가 많아져 처리효과 추정의 정밀도는 향상하지만, 동시에 유사성이 떨어지는 비처리 개체까지 포함될 가능성이 커져 추정의 정확도는 저하될 수 있다. 따라서 정밀도와 정확도 간의 균형을 고려하여 적절한 m 값을 선택해야 한다.

셋째, 복원 매칭은 하나의 비처리 개체가 여러 처리 개체와 중복 매칭되는 것을 허용하는 방식이다. 이는 매칭의 정확도를 향상시키는 장점이 있으나, 동시에 동일 개체가 반복적으로 사용되면서 매칭된 쌍들 사이의 상관성이 증가하여 처리효과 추정량의 분산이 커지는 단점도 있다. 반대로 비복원 매칭은 한 번 매칭된 비처리 개체를 이후 매칭에서 제외하는 방식으로, 매칭된 쌍의 상관성은 줄지만 매칭의 정확도는 떨어진다. 실제 분석에서는 매칭의 정확도를 보다 중요하게 생각하므로, 복원 매칭을 선호하는 경향이 있다.

넷째, 매칭이 완료된 후에는 공변량에 대한 균형성 검정을 통해 처리 개체와 매칭된 비처리 개체 간 공변량 분포의 유사성을 점검해야 한다. 구체적으로 각 공변량 변수의 집단 간 평균(또는 표준화 평균) 차이를 통해 균형 여부를 평가한다. 만약 균형성이 확보되지 않으면, 매칭 방법이나 공변량 선택을 재검토해야 한다.

11.2.6 처리효과의 추정

매칭을 통해 처리집단과 대조집단 간의 비교 가능성이 확보되면, 다음 단계는 처리의 인과적 효과를 추정하는 것이다. 이를 위해, 매칭된 쌍들로 구성된 표본을 바탕으로 다음과 같은 회귀모형을 추정한다:

$$y_i = \beta_0 + \beta_1 d_i + \varepsilon_i,$$

여기서 β_1은 매칭을 통해 공변량 값이 유사해진 처리 개체와 비처리 개체 간 결과변수의 평균 차이(즉 처리효과)를 나타낸다. 한편, 매칭 과정에서 사용된 공변량벡터 x_i를 독립변수의 형태로 추가하는 확장형 모형

$$y_i = \beta_0 + \beta_1 d_i + x_i'\gamma + \varepsilon_i$$

도 널리 사용된다. 이러한 확장형 모형은 매칭만으로 완전히 제거되지 않은 개체 간 이질성을 독립변수벡터 x_i를 통해 추가로 통제함으로써, 처리효과 추정의 정확성과 강건성(robustness)을 향상시킨다. 특히 공변량 변수의 수가 많거나 공변량에 범주형변수(예: 성별, 지역, 산업분류 등)가 포함된 경우, 확장형 모형은 생략변수편의를 효과적으로 줄여준다.

매칭분석에 사용된 회귀모형에서는 오차항 간 독립성의 가정이 위배될 가능성이 높다. 이는 하나의 비처리 개체가 여러 처리 개체와 중복 매칭되거나 하나의 처리 개체에 여러 비처리 개체가 매칭되는 구조로 인해 매칭된 쌍들 사이에 상관성이 발생하기 때문이다. 따라서 표준오차는 군집화 과정을 통해 추정하는 게 바람직하다. 예를 들어, 하나의 처리 개체와 이에 매칭된 모든 비처리 개체를 하나의 군집으로 묶어, 군집 내 상관성을 반영한 표준오차를 계산한다.

매칭분석의 투명성과 재현성을 확보하기 위해, 분석 결과와 함께 매칭 방식(공변량 매칭 vs 성향점수 매칭), 거리 측정 방법, 매칭 개수와 복원 여부, 공변량 균형 결과, 표본 구성 정보(최종 분석에 포함된 개체 수, 매칭에서 제외된 개체 수 등), 처리효과 추정 방법의 세부 사항(회귀모형의 공변량 포함 여부, 군집화 표준오차 적용 여부 등) 등을 명확히 기술해야 한다.

11.3 R 실습

```
> libraries <- c("data.table", "fixest", "lmtest", "MatchIt", "sandwich")
> lapply(libraries, library, character.only = TRUE)
```

11.3.1 예제 1

Card and Krueger [1994]는 최저임금 인상이 저임금 근로자의 고용에 미치는 영향을 분석하였다. 1992년 4월, 뉴저지주는 시간당 최저임금을 $4.25에서 $5.05로 인상했지만, 인접한 펜실베이니아주에서는 같은 시기에 최저임금이 변동하지 않았다. 저자들은 두 주에 소재

한 주요 패스트푸드 체인의 지역 매장 목록을 확보한 후, 무작위로 410개 매장(뉴저지주 331개, 펜실베이니아주 79개)을 표본으로 추출하였다. 이후 해당 매장 관리자와의 전화 인터뷰를 통해 최저임금 인상 전후의 매장당 고용 인원, 평균 시간당 임금, 특정 메뉴의 가격, 영업시간 등을 조사하였다.

이 예제에서는 Card and Krueger [1994]의 원자료를 일부 수정한 데이터를 이용한다. 데이터에 포함된 변수는 다음과 같다. ID는 매장 식별자, FTE는 매장당 고용 인원(풀타임 인원+0.5×파트타임 인원), AFTER는 최저임금 인상 이전과 이후를 나타내는 가변수(1: 인상 이후, 0: 인상 이전), NJ는 뉴저지주 소재 여부를 나타내는 가변수(1: 뉴저지주, 0: 펜실베이니아주)이다.

최저임금 인상의 인과적 효과를 추정하기 위해 다음의 세 가지 회귀모형을 고려한다. 첫째, 최저임금 인상 이후 뉴저지주(처리집단)와 펜실베이니아주(대조집단)의 고용 수준 차이를 횡단면차분회귀모형

$$\mathrm{FTE}_i = \beta_0 + \beta_1 \mathrm{NJ}_i + \varepsilon_i$$

을 통해 비교한다. 둘째, 뉴저지주 매장만을 대상으로 최저임금 인상 이전과 이후의 고용 수준 변화를 시계열차분회귀모형

$$\mathrm{FTE}_{i,t} = \beta_0 + \beta_1 \mathrm{AFTER}_t + \varepsilon_{i,t}$$

을 통해 추정한다. 셋째, 두 지역(뉴저지주 vs. 펜실베이니아주)과 두 시점(인상 전 vs. 인상 후)의 정보를 모두 반영한 DID 회귀모형은

$$\mathrm{FTE}_{i,t} = \beta_0 + \beta_1 (\mathrm{NJ}_i \times \mathrm{AFTER}_t) + \beta_2 \mathrm{NJ}_i + \beta_3 \mathrm{AFTER}_t + \varepsilon_{i,t}$$

로 주어진다. 세 모형 모두에서 표준오차는 매장 단위로 군집화하여 계산한다.

```
> dat <- fread("data11_1.csv", header = TRUE)
> head(dat)
      ID   FTE AFTER    NJ
   <int> <num> <int> <int>
1:   461 40.50     0     0
2:   492 13.75     0     0
3:  5062  8.50     0     0
4:   564 34.00     0     0
5:   614 24.00     0     0
6:   624 20.50     0     0
> # Cross-sectional difference regression model
> dat1 <- dat[AFTER == 1]
```

```
> fit1 <- feols(FTE ~ NJ, data = dat1)
> summary(fit1, cluster = ~ ID)
OLS estimation, Dep. Var.: FTE
Observations: 396
Standard-errors: Clustered (ID)
             Estimate Std. Error   t value  Pr(>|t|)
(Intercept) 21.165584   0.939452 22.529721 < 2.2e-16 ***
NJ          -0.138155   1.074157 -0.128617   0.89773
RMSE: 9.0828   Adj. R2: -0.002502
> # Time-series difference regression model
> dat2 <- dat[NJ == 1]
> fit2 <- feols(FTE ~ AFTER, data = dat2)
> summary(fit2, cluster = ~ ID)
OLS estimation, Dep. Var.: FTE
Observations: 640
Standard-errors: Clustered (ID)
             Estimate Std. Error  t value  Pr(>|t|)
(Intercept) 20.439408   0.508635 40.18484 < 2.2e-16 ***
AFTER        0.588021   0.472516  1.24445   0.21422
RMSE: 9.18543   Adj. R2: -5.423e-4
> # DID regression model
> fit3 <- feols(FTE ~ AFTER*NJ, data = dat)
> summary(fit3, cluster = ~ ID)
OLS estimation, Dep. Var.: FTE
Observations: 794
Standard-errors: Clustered (ID)
            Estimate Std. Error  t value  Pr(>|t|)
(Intercept) 23.33117    1.34654 17.32681 < 2.2e-16 ***
AFTER       -2.16558    1.21802 -1.77795  0.076155 .
NJ          -2.89176    1.43955 -2.00880  0.045215 *
AFTER:NJ     2.75361    1.30661  2.10745  0.035687 *
RMSE: 9.3819   Adj. R2: 0.003632
```

횡단면차분모형과 시계열차분모형을 각각 추정한 결과, 두 모형 모두에서 귀무가설 $H_0 : \beta_1 = 0$은 5% 유의수준에서 기각되지 않았다. 즉, 단일 시점의 지역 간 비교나 단일 지역의 시점 간 비교에서는 최저임금 인상의 효과는 통계적으로 유의하지 않았다.

DID 결과에서는 β_1의 추정치가 2.75로 나타났으며, 이는 5% 유의수준에서 통계적으로 유의하였다. 즉, 최저임금 인상이 이루어진 뉴저지주에서 펜실베이니아주에 비해 고용이 상대적으로 더 증가했음을 의미한다. 이러한 결과는 전통적인 경쟁적 노동시장 이론이 제시하는 예측과 상반된다. 경쟁적 노동시장 이론에서는 기업은 임금 수용자(wage taker)로 행동하며, 시장 임금은 노동 수요와 공급의 균형점에서 결정된다. 따라서 최저임금이 균형 임금보다 높은 수준으로 인상될 경우, 기업의 노동 수요를 감소시켜 고용 축소로 이어진다.

Card and Krueger [1994]는 현실의 노동시장이 반드시 경쟁적이지 않으며, 특히 저임금 부분에서는 단일수요자(monopsony) 구조가 빈번하게 나타날 수 있다고 주장하였다. 단일수요자 구조란, 특정 노동시장에서 소수의 고용주가 시장 지배력을 행사하는 경우를 의미한다. 예를 들어, 어떤 지역에서 몇 개의 대형 패스트푸드 체인이 대부분의 저임금 일자리를 제공하는 경우가 이에 해당한다. 이러한 구조에서는 고용주가 시장지배력을 이용해 의도적으로 낮은 임금을 책정할 유인이 존재하고, 그 결과 고용이 제한될 가능성이 있다. 이때 최저임금 인상은 임금을 적정 수준까지 끌어올려 더 많은 근로자를 노동시장으로 유입시키고, 기존의 비효율적인 고용 억제를 완화할 수 있다. 본 예제의 결과는 이러한 단일수요자 이론과 부합한다.

11.3.2 예제 2

LaLonde [1986]은 미국 정부가 1970년대 후반에 시행한 National Supported Work(NSW) 프로그램이 참가자들의 소득에 미친 인과적 효과를 분석하였다. NSW 프로그램은 실업자, 저소득층, 사회적 소외계층을 대상으로 한 일자리 지원 실험으로, 참가자 일부는 무작위로 선발되어 직업훈련을 받았고, 나머지는 대조집단으로 남겨져 훈련받지 않았다.

사용된 데이터에는 다음과 같은 변수들이 포함되어 있다. TREAT는 처리 여부(1: 훈련 참가, 0: 훈련 비참가), AGE는 나이, EDUC는 교육 수준(단위: 년), RACE는 인종(black, hispan, white), MARRIED는 결혼 여부(1: 기혼, 0: 미혼), NODEGREE는 고등학교 졸업 여부(1: 고졸 이하, 0: 그 외), RE74와 RE75는 1974년과 1975년의 연간 수입(처리 이전의 결과변수), RE78은 1978년 연간 수입(처리 이후의 결과변수)이다.

분석의 목적은 NSW 프로그램이 소득(RE78)에 미친 인과적 영향을 식별하는 것이다. 이때 단순히 처리집단(TREAT = 1)과 대조집단(TREAT = 0)의 평균소득을 비교하는 방식은 정확한 처리효과 식별을 보장하지 않는다. 왜냐하면 두 집단은 처리 이전에 이미 이질적일 수 있으며, 이러한 집단 간 이질성은 처리효과 추정에 편의를 유발하기 때문이다.

이를 보완하기 위해, 본 예제에서는 매칭분석을 적용한다. 처리 개체와 비처리 개체 사이의 매칭은 5:1 최근접 매칭과 복원 매칭을 통해 이루어진다. 즉, 각 처리 개체마다 공변량(또는 성향 점수)이 가장 유사한 5개의 비처리 개체를 찾아 매칭하되, 하나의 비처리 개체가 여러 개의 처리 개체와 반복 매칭될 수 있도록 허용한다. 매칭이 완료된 후에는 다음의 회귀모형을 통해 처리효과를 추정한다:

$$\text{RE78}_i = \beta_0 + \beta_1 \text{TREAT}_i + x_i'\gamma + \varepsilon_i,$$

여기서 x_i는 매칭에 사용된 공변량벡터이며, β_1은 프로그램이 소득에 미친 효과를 나타낸다. 동일한 비처리 개체가 여러 번 매칭에 이용될 수 있으므로, 사용 빈도에 따른 가중치를 반영한 가중회귀분석이 필요하다. 특정 개체가 더 자주 매칭되었다는 것은 분석에서 차지하는 해당 관측치의 비중이 그만큼 크다는 의미이며, 이러한 점을 반영하지 않으면, 특정 개체가 과도하게 결과에 영향을 미쳐 추정치가 왜곡될 수 있다.

```
> dat <- fread("data11_2.csv", header = TRUE)
> head(dat)
   TREAT   AGE  EDUC   RACE MARRIED NODEGREE  RE74  RE75       RE78
   <int> <int> <int> <char>   <int>    <int> <num> <num>      <num>
1:     1    37    11  black       1        1     0     0  9930.0460
2:     1    22     9 hispan       0        1     0     0  3595.8940
3:     1    30    12  black       0        0     0     0 24909.4500
4:     1    27    11  black       0        1     0     0  7506.1460
5:     1    33     8  black       0        1     0     0   289.7899
6:     1    22     9  black       0        1     0     0  4056.4940
> tapply(dat$RE78, dat$TREAT, mean)
       0        1
6984.170 6349.144
```

매칭 이전 단계에서 훈련 참가자 집단과 비참가자 집단의 평균소득을 비교한 결과, 처리집단의 소득이 오히려 더 낮게 나타났다. 그러나 이를 직업훈련이 소득을 감소시킨 결과라고 단정할 수는 없다. 왜냐하면 훈련 참가자들이 애초에 더 낮은 소득 수준을 가졌을 수 있기 때문이다. 즉, 단순히 평균 비교를 통해 얻은 결과는 직업훈련의 인과적 효과가 아니라, 집단 간 사전적 특성 차이로 인한 표본선택편의가 반영된 결과일 수 있다.

```
> m_out1 <- matchit(TREAT ~ AGE + EDUC + RACE + MARRIED + NODEGREE + RE74
+                   + RE75, data = dat, method = "nearest", replace = TRUE,
+                   ratio = 5, distance = "mahalanobis")
> round(summary(m_out1)$sum.matched, digits = 3)[ , 1:3]
           Means Treated Means Control Std. Mean Diff.
AGE               25.816        23.738           0.290
EDUC              10.346        10.427          -0.040
RACEblack          0.843         0.835           0.024
RACEhispan         0.059         0.059           0.000
RACEwhite          0.097         0.106          -0.029
MARRIED            0.189         0.158           0.080
NODEGREE           0.708         0.695           0.029
RE74            2095.574      1696.138           0.082
RE75            1532.055      1052.975           0.149
> m_out2 <- matchit(TREAT ~ EDUC + RACE + MARRIED + NODEGREE + RE74,
+                   data = dat, method = "nearest", replace = TRUE,
+                   ratio = 5, distance = "mahalanobis")
> round(summary(m_out2)$sum.matched, digits = 3)[ , 1:3]
           Means Treated Means Control Std. Mean Diff.
EDUC              10.346        10.350          -0.002
```

```
RACEblack          0.843        0.840          0.009
RACEhispan         0.059        0.059          0.000
RACEwhite          0.097        0.101         -0.011
MARRIED            0.189        0.186          0.008
NODEGREE           0.708        0.706          0.005
RE74            2095.574     1774.102          0.066
```

훈련 효과를 정확하게 식별하기 위해서는, 훈련 참가자와 비참가자가 처리 이전 시점의 특성을 기준하여 유사성을 보여야 한다. 이러한 매칭 적합도는 공변량의 표준화 차이를 통해 평가하며, 일반적으로 그 절댓값이 0.1 이하이면 해당 공변량의 분포가 균형을 이룬 것으로 판단한다. 초기 매칭에서는 AGE, EDUC, RACE, MARRIED, NODEGREE, RE74, RE75 변수를 사용하였다. 그러나 AGE와 RE75에서 표준화 차이가 과도하게 크게 나타났으며, 이에 따라 두 변수를 제외하고 나머지 공변량만을 이용해 매칭을 다시 진행하였다. 그 결과, 모든 공변량에서 표준화 차이가 0에 가까운 수준으로 감소하였고, 이는 매칭의 정확도가 충분히 확보되었음을 시사한다.

```
> m_dat <- match.data(m_out2)
> head(m_dat)
   TREAT   AGE  EDUC   RACE MARRIED NODEGREE  RE74  RE75        RE78 weights
   <int> <int> <int> <char>   <int>    <int> <num> <num>       <num>   <num>
1:     1    37    11  black       1        1     0     0   9930.0460       1
2:     1    22     9 hispan       0        1     0     0   3595.8940       1
3:     1    30    12  black       0        0     0     0  24909.4500       1
4:     1    27    11  black       0        1     0     0   7506.1460       1
5:     1    33     8  black       0        1     0     0    289.7899       1
6:     1    22     9  black       0        1     0     0   4056.4940       1
> fit <- lm(RE78 ~ TREAT, data = m_dat, weights = weights)
> coeftest(fit, df = Inf, vcov = function(x) vcovCL(x, cluster = ~ TREAT))
z test of coefficients:
              Estimate Std. Error    z value  Pr(>|z|)
(Intercept) 4.7216e+03 3.3155e-12 1.4241e+15 < 2.2e-16 ***
TREAT       1.6276e+03 3.8268e-12 4.2531e+14 < 2.2e-16 ***
> fit <- lm(RE78 ~ TREAT + EDUC + RACE + MARRIED + NODEGREE + RE74,
+           data = m_dat, weights = weights)
> coeftest(fit, df = Inf, vcov = function(x) vcovCL(x, cluster = ~ TREAT))
z test of coefficients:
               Estimate  Std. Error z value  Pr(>|z|)
(Intercept) -2552.89668   810.33630 -3.1504   0.00163 **
TREAT        1578.67247    39.71834 39.7467 < 2.2e-16 ***
EDUC          620.86793    18.02919 34.4368 < 2.2e-16 ***
RACEhispan   1295.70673    62.74145 20.6515 < 2.2e-16 ***
RACEwhite     954.70900   219.44768  4.3505 1.358e-05 ***
MARRIED      -193.55959  1960.60222 -0.0987   0.92136
NODEGREE      584.89144  1089.08600  0.5370   0.59123
```

```
RE74              0.16817      0.13404  1.2547   0.20959
```

매칭이 완료된 표본을 바탕으로 공변량을 포함하지 않은 회귀모형을 추정한 결과, 훈련 참가 집단의 소득이 비참가 집단에 비해 평균 약 $1,627 높게 나타났다. 다음으로 공변량을 추가한 확장형 모형을 추정한 결과, 처리효과 추정치는 약 $1,579로 소폭 감소하였다. 두 모형 모두에서 추정된 처리효과는 5% 유의수준에서 통계적으로 유의하였으며, 이는 직업훈련이 참가자의 소득을 유의미하게 증가시켰음을 의미한다.

```
> m_out <- matchit(TREAT ~ AGE + EDUC + RACE + MARRIED + NODEGREE + RE74
+                  + RE75, data = dat, method = "nearest", replace = TRUE,
+                  ratio = 5)
> round(summary(m_out)$sum.matched, digits = 3)[, 1:3]
           Means Treated Means Control Std. Mean Diff.
distance           0.577         0.574           0.015
AGE               25.816        25.427           0.054
EDUC              10.346        10.446          -0.050
RACEblack          0.843         0.835           0.024
RACEhispan         0.059         0.058           0.005
RACEwhite          0.097         0.107          -0.033
MARRIED            0.189         0.151           0.097
NODEGREE           0.708         0.668           0.088
RE74            2095.574      2077.359           0.004
RE75            1532.055      1434.509           0.030
> m_dat <- match.data(m_out)
> fit <- lm(RE78 ~ TREAT, data = m_dat, weights = weights)
> coeftest(fit, df = Inf, vcov = function(x) vcovCL(x, cluster = ~ TREAT))
z test of coefficients:
              Estimate Std. Error    z value  Pr(>|z|)
(Intercept) 4.9653e+03 1.2016e-12 4.1321e+15 < 2.2e-16 ***
TREAT       1.3838e+03 1.8472e-12 7.4917e+14 < 2.2e-16 ***
> fit <- lm(RE78 ~ TREAT + AGE + EDUC + RACE + MARRIED + NODEGREE + RE74
+           + RE75, data = m_dat, weights = weights)
> coeftest(fit, df = Inf, vcov = function(x) vcovCL(x, cluster = ~ TREAT))
z test of coefficients:
               Estimate  Std. Error  z value  Pr(>|z|)
(Intercept)  442.854023 2638.059854   0.1679 0.8666847
TREAT       1405.103589    2.045514 686.9197 < 2.2e-16 ***
AGE          -51.948982   80.066607  -0.6488 0.5164534
EDUC         465.213238  133.040056   3.4968 0.0004709 ***
RACEhispan   281.012824  933.402905   0.3011 0.7633667
RACEwhite   1288.180735  147.097249   8.7573 < 2.2e-16 ***
MARRIED      462.235516  895.163706   0.5164 0.6055961
NODEGREE     456.588519  874.170420   0.5223 0.6014541
RE74           0.070589    0.069937   1.0093 0.3128187
RE75           0.214423    0.162080   1.3229 0.1858529
```

이번 매칭분석에서는 성향점수를 이용하였다. 구체적으로 성향점수는 훈련 참가 확률을 종속변수로 하고 AGE, EDUC, RACE, MARRIED, NODEGREE, RE74, RE75를 설명변수로 하는 로짓모형을 추정하여 얻은 적합값으로 계산되었다. 성향점수를 기준으로 매칭할 경우, 고차원의 공변량 공간을 단일 지표로 축약하여도 비혼합성가정을 유지할 수 있으며, 공변량 전반에서의 분포 균형을 효과적으로 확보할 수 있다. 성향점수 매칭을 진행한 뒤 표준화 차이를 점검한 결과, 모든 공변량에서 절댓값이 0에 근접하는 수준으로 나타나 매칭의 균형성이 우수하게 확보되었음을 확인하였다. 이렇게 매칭된 표본을 바탕으로 회귀분석을 실시한 결과, 공변량을 포함하지 않은 모형에서는 $b_1 = 1,384$, 공변량을 포함한 모형에서는 $b_1 = 1,405$로 추정되었다. 두 경우 모두 처리효과는 5% 유의수준에서 통계적으로 유의미하였으며, 일관되게 훈련 참가자의 소득이 비참가자보다 높다는 결과를 제시하였다.

제II부 시계열 방법론

제12장 수익률

12.1 단순수익률

시점 $t-1$에 자산을 매수해서 시점 t까지 보유한 경우, 1기간 단순수익률(simple return) R_t는 다음과 같이 정의된다:

$$R_t = \frac{P_t}{P_{t-1}} - 1,$$

여기서 P_t와 P_{t-1}은 각각 시점 t와 $t-1$에서의 자산 가격을 의미한다. 즉, R_t은 지난 한 기간 동안 발생한 자산 가격의 변화를 백분율로 나타낸 값이다. 예를 들어 지난 달 가격(P_{t-1})이 100원이고 이번 달 가격(P_t)이 105원이라면, 지난 한 달간 단순수익률은

$$R_t = \frac{105}{100} - 1 = 0.05$$

로 계산되며, 이는 지난 한 달 동안 자산 가격이 5% 만큼 상승했음을 의미한다. 한편, $1+R_t$는 1기간 총수익률(gross return)로 불린다.

1기간 단순수익률의 개념을 다기간으로 확장하면, 시점 $t-k$에서 시점 t까지의 k기간 단순수익률 $R_t(k)$은

$$R_t(k) = \frac{P_t}{P_{t-k}} - 1$$

로 표현된다. 이를 전개하면

$$\begin{aligned} R_t(k) &= \frac{P_t}{P_{t-1}} \times \frac{P_{t-1}}{P_{t-2}} \times \cdots \times \frac{P_{t-k+1}}{P_{t-k}} - 1 \\ &= (1+R_t) \times (1+R_{t-1}) \times \cdots \times (1+R_{t-k+1}) - 1 \end{aligned} \tag{12.1.1}$$

이 된다. 즉, $R_t(k)$는 지난 k 기간 동안 누적된 가격 변화를 의미하며, 이는 k개의 1기간 총수익률을 모두 곱한 후 1을 빼는 방식으로 계산될 수 있다.

자산을 시점 $t-k$에서 시점 t까지 보유한 경우, k기간 평균수익률(average return)은

$$\text{평균수익률} = \left[\prod_{j=0}^{k-1}(1+R_{t-j})\right]^{1/k} - 1$$

로 정의되며, 이는 k개의 1기간 총수익률의 기하평균에서 1을 뺀 값에 해당한다. 식(12.1.1)에서 살펴본 바와 같이, 단순수익률은 누적 시 곱셈 구조를 가지므로 산술평균 대신 기하평균을 사용해야만 해당 기간 자산 가격 변화의 평균값을 올바르게 계산할 수 있다. 예를 들어, 어떤 자산이 첫 번째 달에는 $+50\%$의 단순수익률을, 이어지는 두 번째 달에는 -50%의 단순수익률을 기록했다고 하자. 이때 자산 가격은 "1원→1.5원→0.75원"으로 변했으며, 최초 가치의 75% 수준으로 줄어든 상태이다. 만약 산술평균을 이용해 평균수익률을 계산하면 $(0.5-0.5)/2=0$이 되며, 실제 손실을 반영하지 못한다. 반면, 기하평균은 $(1.5\times 0.5)^{1/2}-1\approx -0.134$로 계산되며, 이 평균수익률을 두 기간 연속 적용하면 $(1-0.134)^2 \approx 0.75$가 되어 자산의 실제 가격 변화와 거의 일치한다.

12.2 로그수익률

시점 $t-1$에서 t까지의 1기간 로그수익률(log return) r_t는 다음과 같이 정의된다:

$$r_t = \ln(1+R_t) = \ln\left(\frac{P_t}{P_{t-1}}\right) = p_t - p_{t-1},$$

여기서 $p_t = \ln(P_t)$와 $p_{t-1} = \ln(P_{t-1})$은 각각 시점 t와 $t-1$의 로그가격이다. 즉, 1기간 로그수익률은 1기간 총수익률의 로그값 또는 시점 간 로그가격의 차이를 의미한다. 한편, $r_t = \ln(P_t/P_{t-1})$은

$$P_t = P_{t-1}e^{r_t}$$

로 정리되며, 이는 로그수익률이 시점 $t-1$에서 t까지 적용되는 연속복리수익률(continuous compounding return)임을 의미한다.

이제 다기간 구조로 확장하면, 시점 $t-k$에서 t까지의 k기간 로그수익률 $r_t(k)$는

$$r_t(k) = \ln(1+R_t(k)) = \ln\left((1+R_t)(1+R_{t-1})\cdots(1+R_{t-k+1})\right),$$

또는

$$r_t(k) = r_t + r_{t-1} + \cdots + r_{t-k+1}$$

로 표현된다. 즉, k기간 로그수익률은 k개의 1기간 로그수익률의 합으로 나타나며, 이러한

가법성(additivity)은 로그수익률의 핵심 장점 중 하나이다.

단순수익률이 0에 매우 근접할 경우에는 로그수익률과 단순수익률은 거의 동일한 값을 가진다. 함수 $f(x) = \ln(1+x)$에 대해 $x = x_0$ 주변에서의 1차 Taylor 근사는

$$f(x) \approx f(x_0) + f(x_0)'(x - x_0) = \ln(1 + x_0) + \frac{x - x_0}{1 + x_0}$$

가 된다. 이를 $x_0 = 0$에서 평가하면 $\ln(1+x) \approx x$를 얻는다. 따라서 $x = R_t$라 하면, $|R_t| \approx 0$일때

$$r_t = \ln(1 + R_t) \approx R_t$$

가 성립한다. 일별 수익률의 경우 단순수익률의 절댓값이 0에 가까운 경우가 많기 때문에, 실제 분석에서는 단순수익률 대신 로그수익률을 사용하는 게 일반적이다.

12.3 주식분할과 배당 지급

실제로 주식 수익률을 계산할 때에는 주식분할이나 배당 지급과 같은 기업 행위로 인해 발생하는 주가의 불연속성을 적절히 조정해야 한다. 왜냐하면 이러한 사건은 자산의 실질적 가치를 변화시키지는 않지만, 형식적인 가격 변화를 초래하기 때문이다.

기업이 N대 1 주식분할을 실시하면, 분할 이후의 주가는 공식적으로 N으로 나뉜다. 예를 들어 2:1 분할의 경우, 투자자는 1주당 2주를 받게 되며 주가는 절반 수준으로 조정된다. 이때 중요한 점은, 기업가치에는 변화가 없으며 투자자의 총자산 가치 또한 그대로 유지된다는 것이다. 반대로 1:N 역분할이 이루어지면 기존 N주의 주식이 1주로 통합되며 주가는 N배 상승한다. 이 경우에도 주식 수 감소와 주가 상승이 상쇄되어 실질적인 가치 변화는 발생하지 않는다. 정리하면, 주식의 분할이나 역분할이 발생하면 주가가 하락하거나 상승하지만, 이는 가치의 변화로 인한 결과가 아니라 단지 주식 수 조정으로 인한 기계적인 결과일 뿐이다.

한편 기업이 주당 d만큼의 현금 배당을 지급하면, 배당 이후 주가는 대략 d만큼 하락한다. 이는 배당금이 투자자에게 현금으로 지급되면서, 해당 금액이 기업가치에서 빠져나가기 때문이다. 예를 들어 배당 전 주가가 10만원이고 주당 1천원을 배당한다면, 배당 이후 주가는 약 9만 9천원으로 조정된다. 이때 투자자는 총 10만원의 자산 중 1천원을 현금으로, 나머지는 주식으로 보유하게 된다. 따라서 배당은 투자자 입장에서 자산 가치의 단순한 이전에 해당한다.

주식분할이나 배당 지급은 주식의 내재가치(intrinsic value)에는 영향을 주지 않지만, 주가 시계열에서는 불연속을 발생시킨다. 이러한 불연속성을 감안하지 않고 수익률을 계

산하면, 형식적인 가격 변화를 실제적인 내재가치 변화로 잘못 해석하게 된다. 예를 들어 2:1 분할의 경우, 분할 기준일 직후 주가는 절반으로 줄어든다. 이때 단순수익률을 계산하면 자산 가격이 마치 50% 하락한 것처럼 나타나지만, 실제로는 투자자 손실이 전혀 발생하지 않았다. 이러한 문제를 방지하기 위해, 금융 데이터 제공업체는 조정종가(adjusted closing price)를 제공한다. 이는 주식의 분할 · 역분할, 배당 지급 등과 같은 내재가치 변화와 관련없는 기업 행위를 반영하여 과거 종가를 해당 사건 발생 이후의 기준에 맞춰 일관되게 재조정한 것이다. 조정종가는 시계열 주가의 일관성을 유지하고, 수익률 계산 시 왜곡을 방지하는 핵심적인 역할을 한다.

12.4 왜도, 첨도, 정규성검정

수익률의 분포 특성을 이해하는 것은 금융시계열(financial time series) 분석에서 매우 중요한 과정이다. 이를 위해 사용되는 기본적인 개념이 왜도(skewness), 첨도(kurtosis), 정규성 검정(normality test)이다.

확률변수 X의 기댓값과 분산을 각각 μ_X, σ_X^2라고 하자. X의 왜도 $S(X)$는

$$S(X) = E\left[\frac{(X-\mu_X)^3}{\sigma_X^3}\right]$$

로 정의되며, 이는 정규화된 3차 중심적률(central moment)로서 X의 분포가 기댓값을 기준으로 얼마나 비대칭적인지를 나타낸다. $S(X)=0$이면 분포는 좌우 대칭이며, $S(X)>0$이면 오른쪽으로 긴 꼬리를 가진 분포, $S(X)<0$이면 왼쪽으로 긴 꼬리를 가진 분포를 의미한다. 그림 12.4.1은 왜도에 따른 분포의 차이를 보여준다.

한편, X의 첨도 $K(X)$는

$$K(X) = E\left[\frac{(X-\mu_X)^4}{\sigma_X^4}\right] - 3$$

로 정의된다. $K(X)$는 정규화된 4차 중심적률이며, 정규분포와 비교하여 X의 분포가 상대적으로 두꺼운 꼬리를 가지는 지 여부를 나타낸다. $K(X)=0$이면 분포의 꼬리 두께는 정규분포와 동일하며, $K(X)>0$이면 정규분포보다 꼬리가 두꺼운 분포, $K(X)<0$이면 꼬리가 얇은 분포를 의미한다.

표본 $\{x_1,\ldots,x_T\}$가 주어졌을 때, 표본왜도와 표본첨도는 각각 다음과 같이 계산된다:

$$\hat{S}(X) = \frac{1}{T\hat{\sigma}_X^3}\sum_{t=1}^{T}(x_t-\hat{\mu}_X)^3, \qquad \hat{K}(X) = \frac{1}{T\hat{\sigma}_X^4}\sum_{t=1}^{T}(x_t-\hat{\mu}_X)^4 - 3,$$

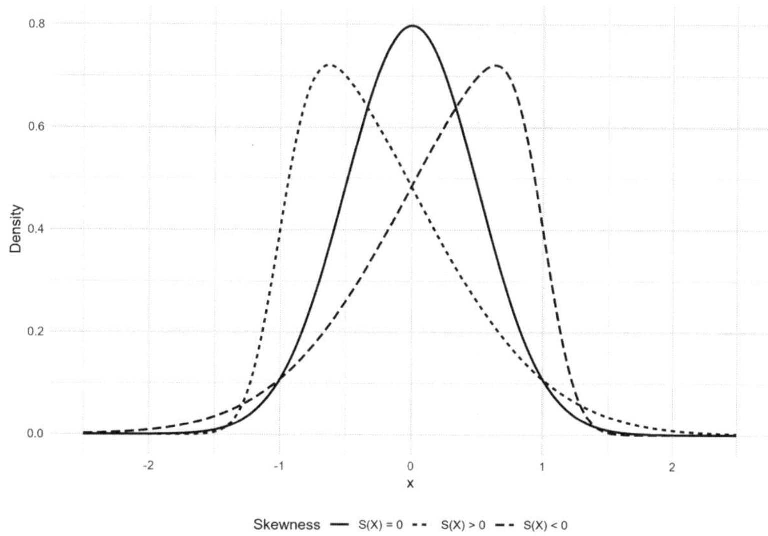

그림 12.4.1: 왜도가 다른 분포의 비교

여기서 $\hat{\mu}_X = T^{-1}\sum_{t=1}^{T} x_t$, $\hat{\sigma}_X^2 = T^{-1}\sum_{t=1}^{T}(x_t - \hat{\mu}_X)^2$이다.

Jarque and Bera [1987]는 표본왜도와 표본첨도를 동시에 활용하여 정규성을 검정하는 *JB* 검정통계량을 제안했다. 귀무가설 "X가 정규분포를 따른다"가 참이면, *JB* 검정통계량과 그 점근분포는 다음과 같이 주어진다:

$$JB = \left(\frac{\hat{S}(X)}{\sqrt{6/T}}\right)^2 + \left(\frac{\hat{K}(X)}{\sqrt{24/T}}\right)^2 \xrightarrow{d} \chi^2_{(2)}.$$

주어진 유의수준보다 p-값이 작은 경우 귀무가설을 기각하며, 이는 X가 정규분포를 따르지 않는다는 것을 의미한다.

12.5 수익률의 분포 가정

수익률에 대한 통계적 분석을 진행하기 위해서는 수익률 분포에 대한 가정이 필요하다. 만약 단순수익률이 정규분포를 따른다고 가정하면, 다음과 같은 문제점이 발생한다. 첫째, 변수의 범위가 일치하지 않는다. 단순수익률의 이론적 최솟값은 -1이며, 이는 가격이 0이 되었을 때의 최대손실을 의미한다. 단순수익률은 하한이 존재하는 변수인 반면, 정규분포는 실수 전체에서 정의되므로 단순수익률의 하한과 논리적으로 일치하지 않는다. 둘째, 누적 수익률의 분포가 복잡해진다. 즉, 1기간 단순수익률이 정규분포를 따른다고 하더라도, k기간 단순수익률은 정규분포를 따르지 않는다. 이는 k기간 단순수익률이 1기간 총수익률의 곱으로 표현되며, 정규분포는 곱셈에 대해 닫혀 있지 않기 때문이다. 셋째, 극단값 발생의 가능성이 과소평가된다. 실제 관측되는 주식 수익률은 양의 첨도를 가진 분포, 즉 꼬리가 두꺼운 분포를 따르며, 이는 극단적인 값을 갖는 수익률의 발생 가능성이 정규분포에서 예측하는 확률보다 더 높다는 것을 의미한다.

이러한 한계를 보완하기 위해 실제 분석에서는 로그수익률이 정규분포를 따른다고 가정하는 접근이 널리 사용된다. 이 가정은 다음과 같은 수학적 · 통계학적 장점을 가진다. 첫째, 로그수익률의 범위는 정규분포의 정의역과 일치한다. 수학적으로, 로그함수 $y = \ln(x)$는 $x > 0$에서 정의되며, 공변역은 실수 전체를 포함한다. 둘째, 1기간 로그수익률이 정규분포를 따른다면, k기간 로그수익률도 정규분포를 따른다. 이는 정규분포가 덧셈에 대해 닫혀 있기 때문이다. 한편, k기간 로그수익률이 정규분포를 따르는 경우, k기간 총수익률은 로그정규분포를 따른다.

다만 실제로 관측되는 로그수익률의 분포 또한 양의 첨도를 가지며, 정규분포보다 극단적인 사건의 발생 확률이 더 크다. 따라서 로그수익률의 정규분포 가정을 사용하더라도 꼬리 사건의 발생 가능성을 과소평가하는 문제는 여전히 존재한다.

12.6 R 실습

이 예제에서는 2011년 1월 3일부터 2021년 12월 30일까지의 삼성전자의 일별 조정주가를 이용하여 수익률의 분포 특성을 분석한다.

```
> libraries <- c("data.table", "fBasics", "psych", "MASS", "xts")
> lapply(libraries, library, character.only = TRUE)
> dat <- fread("data12_1.csv", header = TRUE)
> head(dat)
     TRD_DD ADJ_PRC
      <int>   <int>
1: 20110103   19160
2: 20110104   19160
3: 20110105   18840
4: 20110106   18600
5: 20110107   18420
6: 20110110   18340
> # Calculating daily log returns
> prc <- xts(dat$ADJ_PRC,
+            order.by = as.Date(as.character(dat$TRD_DD), "%Y%m%d"))
> rtn <- diff(log(prc))
> dat_ts <- merge(prc, rtn)
> colnames(dat_ts) <- c("PRC", "RTN")
> head(dat_ts)
              PRC          RTN
```

```
2011-01-03 19160           NA
2011-01-04 19160  0.000000000
2011-01-05 18840 -0.016842503
2011-01-06 18600 -0.012820688
2011-01-07 18420 -0.009724550
2011-01-10 18340 -0.004352564
> # Counting the number of days, weeks, months, quarters, and years
> ndays(dat_ts); nweeks(dat_ts); nmonths(dat_ts); nquarters(dat_ts)
[1] 2711
[1] 573
[1] 132
[1] 44
> nyears(dat_ts)
[1] 11
> # Creating lags and leads
> prc1 <- lag(prc, k = -1:1)
> colnames(prc1) <- c("PRC_lead1", "PRC", "PRC_lag1")
> head(prc1)
           PRC_lead1   PRC PRC_lag1
2011-01-03     19160 19160       NA
2011-01-04     18840 19160    19160
2011-01-05     18600 18840    19160
2011-01-06     18420 18600    18840
2011-01-07     18340 18420    18600
2011-01-10     18260 18340    18420
> # Extracting data for January 2011
> dat_ts["2011-01"]
             PRC          RTN
2011-01-03 19160           NA
2011-01-04 19160  0.000000000
2011-01-05 18840 -0.016842503
2011-01-06 18600 -0.012820688
2011-01-07 18420 -0.009724550
       ...
2011-01-25 19500  0.004111003
2011-01-26 19960  0.023315805
2011-01-27 19880 -0.004016070
2011-01-28 20200  0.015968403
2011-01-31 19620 -0.029133150
> # Extracting data from January to March 2011
> dat_ts["2011-01/2011-03"]
             PRC          RTN
2011-01-03 19160           NA
2011-01-04 19160  0.000000000
2011-01-05 18840 -0.016842503
2011-01-06 18600 -0.012820688
2011-01-07 18420 -0.009724550
       ...
2011-03-25 18200  0.033522692
```

```
2011-03-28 18320  0.006571765
2011-03-29 18320  0.000000000
2011-03-30 18520  0.010857870
2011-03-31 18640  0.006458580
> # Extracting data until March 2012
> dat_ts["/2012-03"]
             PRC          RTN
2011-01-03 19160           NA
2011-01-04 19160  0.000000000
2011-01-05 18840 -0.016842503
2011-01-06 18600 -0.012820688
2011-01-07 18420 -0.009724550
       ...
2012-03-27 26220  0.027844026
2012-03-28 26040 -0.006888661
2012-03-29 25600 -0.017041466
2012-03-30 25500 -0.003913899
> # Extracting the first/last date of data
> start(dat_ts); end(dat_ts)
[1] "2011-01-03"
[1] "2021-12-30"
> # Extracting the first week of data
> first(dat_ts, '1 week')
             PRC         RTN
2011-01-03 19160          NA
2011-01-04 19160  0.00000000
2011-01-05 18840 -0.01684250
2011-01-06 18600 -0.01282069
2011-01-07 18420 -0.00972455
> # Extracting the first three days of the last week of data
> first(last(dat_ts, '2 months'), '3 days')
             PRC          RTN
2021-11-01 69900  0.001431639
2021-11-02 71500  0.022631800
2021-11-03 70400 -0.015504187
> # Calculating Wednesday-to-Wednesday weekly log returns
> prc1 <- prc[which(.indexwday(prc) == 3)]
> rtn1 <- diff(log(prc1))
> head(rtn1)
                   [,1]
2011-01-05           NA
2011-01-12 -0.012820688
2011-01-19  0.069566184
2011-01-26  0.001002506
2011-02-09 -0.038819992
2011-02-16 -0.015748357
> # Calculating Monday-to-Friday weekday log returns
> prc1 <- prc[which(.indexwday(prc) == 1 | .indexwday(prc) == 5)]
> rtn1 <- diff(log(prc1))
```

```
> head(rtn1)
                   [,1]
2011-01-03           NA
2011-01-07 -0.039387742
2011-01-10 -0.004352564
2011-01-14  0.017297729
2011-01-17  0.017003598
2011-01-21  0.022917670
> # Calculating monthly log returns
> prc1 <- prc[endpoints(prc, on = "months")]
> rtn1 <- diff(log(prc1))
> head(rtn1)
                 [,1]
2011-01-31         NA
2011-02-28 -0.06094323
2011-03-31  0.00970358
2011-04-29 -0.04274623
2011-05-31  0.01002794
2011-06-30 -0.08801975
> # Calculating daily simple returns
> prc1 <- lag(prc, k = 1)
> rtn1 <- (prc - prc1)/prc1
> head(rtn1)
                   [,1]
2011-01-03           NA
2011-01-04  0.000000000
2011-01-05 -0.016701461
2011-01-06 -0.012738854
2011-01-07 -0.009677419
2011-01-10 -0.004343105
> # Calculating monthly averages of daily simple returns
> ep <- endpoints(rtn1, on = "months")
> rtn2 <- period.apply(rtn1, INDEX = ep,
+                      FUN = function(x)
+                            geometric.mean(1 + x, na.rm = TRUE) - 1)
> head(rtn2)
                    [,1]
2011-01-31  0.0011869379
2011-02-28 -0.0035784775
2011-03-31  0.0004411691
2011-04-29 -0.0020334646
2011-05-31  0.0005015227
2011-06-30 -0.0041826448
```

R에서 시계열자료를 처리하기 위해 널리 사용되는 패키지 중 하나는 xts 패키지이다. 이 패키지는 수익률 시계열처럼 정렬된 시간 정보를 갖는 대용량 데이터를 다루는 데 최적화되어 있다. xts() 함수는 시계열자료를 행렬 형태로 저장하면서, 각 행에 날짜 또는 시간

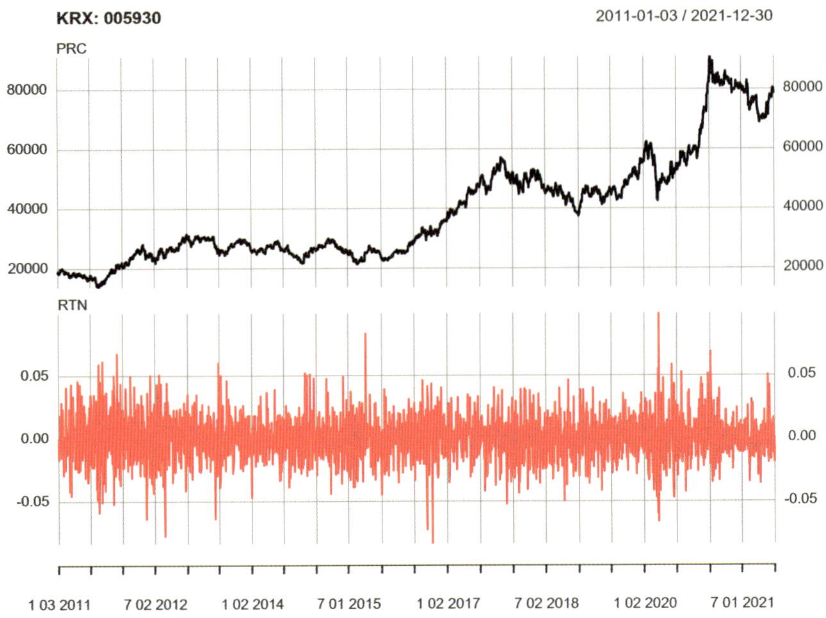

그림 12.6.1: 삼성전자 조정종가와 수익률의 시계열 추이

인덱스를 부여한다. 생성된 인덱스를 통해 데이터의 부분 선택, 병합, 결측값 처리, 변환, 시각화 등 다양한 작업을 직관적이고 효율적으로 수행할 수 있다.

```
> plot(dat_ts, multi.panel = TRUE, yaxis.same = FALSE, main = "KRX: 005930")
```

그림 12.6.1은 삼성전자의 조정종가 시계열과 로그수익률 시계열을 함께 보여준다. 주가 시계열은 장기적으로 뚜렷한 우상향 추세를 보이며, 이는 삼성전자의 시장가치가 시간에 따라 지속적으로 증가했음을 시사한다. 반면 로그수익률 시계열은 0을 중심으로 등락하는 평균회귀(mean reversion) 형태를 보인다. 이러한 패턴은 주가는 비정상시계열(nonstationary time series)이지만, 로그수익률은 정상시계열(stationary time series)이라는 이론적 설명과 부합한다. 이에 대한 자세한 논의는 제14장에서 다룬다.

```
> truehist(dat_ts$RTN, xlab = "", main = "Log Returns",
+          xlim = c(-0.07, 0.07))
> x <- seq(-0.07, 0.07, length = 1000)
> y <- dnorm(x, mean = mean(dat_ts$RTN, na.rm = TRUE),
+            sd = sd(dat_ts$RTN, na.rm = TRUE))
> lines(x, y, lwd = 2)
```

그림 12.6.2는 로그수익률의 히스토그램(histogram)과 이론적 정규분포 곡선을 함께

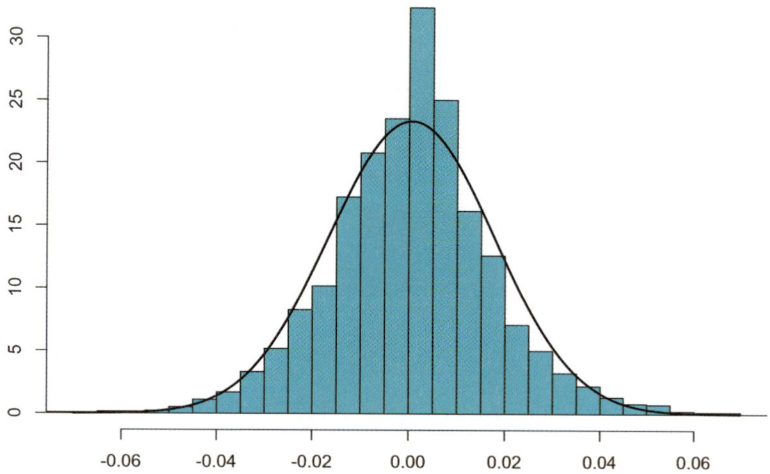

그림 12.6.2: 로그수익률의 분포

보여준다. 그림에서 확인할 수 있듯이, 로그수익률의 분포는 완벽한 좌우 대칭을 이루지 않으며, 정규분포보다 두꺼운 꼬리를 가지고 있다. 이는 수익률의 실제 분포가 정규분포를 따르지 않을 가능성을 시사한다.

```
> skewness(dat_ts$RTN, na.rm = TRUE)
[1] 0.09177195
> kurtosis(dat_ts$RTN, na.rm = TRUE)
[1] 1.731852
> normalTest(dat_ts$RTN, na.rm = TRUE, method = "jb")
Title:
 Jarque-Bera Normality Test
Test Results:
  STATISTIC:
    X-squared: 343.8485
  P VALUE:
    Asymptotic p Value: < 2.2e-16
```

표본왜도는 0에 매우 가까운 값으로, 로그수익률 분포가 대체로 좌우 대칭적임을 나타낸다. 그러나 표본첨도는 약 1.73으로, 수익률 분포의 꼬리가 정규분포보다 두꺼운 특성을 가진다는 것을 시사한다. 왜도와 첨도 정보를 모두 반영한 *JB* 정규성검정 결과, 귀무가설 (즉, 수익률이 정규분포를 따른다)은 5% 유의수준에서 기각되었다. 따라서 삼성전자의 로그수익률은 정규분포를 따르지 않는다고 판단할 수 있다.

제13장 정상시계열

13.1 정상성

일변량시계열 x_t는 동일한 확률변수에 대해 시간의 흐름에 따라 연속적으로 관측한 값들을 시간 순서대로 나열한 것이다. 시점 $t = 1, \ldots, T$에 걸쳐 관측된 x_t의 표본은 $\{x_t\}_{t=1}^{T}$ 또는 $\{x_1, \ldots, x_T\}$와 같이 표기한다.

모든 $k = 0, 1, \ldots$에 대해 시계열 x_t의 k시차 자기공분산(kth-order autocovariance) γ_k와 k시차 자기상관계수(kth-order autocorrelation coefficient) ρ_k는 각각 다음과 같이 정의된다:

$$\gamma_k = Cov[x_t, x_{t-k}], \qquad \rho_k = \frac{Cov[x_t, x_{t-k}]}{\sqrt{Var[x_t]Var[x_{t-k}]}}.$$

자기상관계수 ρ_k는 x_t와 시차 k만큼 이전 값인 x_{t-k} 사이의 선형적 의존성의 강도, 즉 현재 값과 과거 값 사이의 상관관계를 나타내는 지표다. 특히 $k = 0$인 경우,

$$\gamma_0 = Cov[x_t, x_t] = Var[x_t], \qquad \rho_0 = 1$$

이 성립한다. 즉, 시차가 0이면 자기공분산은 분산, 자기상관계수는 1이 된다.

다음의 조건을 모두 만족하는 시계열 x_t는 정상성(stationarity)을 가진다고 한다. 첫째, 모든 t에 대해 $E[x_t] = \mu$이다. 둘째, 모든 t에 대해 $Var[x_t] = \gamma_0$이다. 셋째, 모든 t, k에 대해 $Cov[x_t, x_{t-k}] = \gamma_k$이다. 정리하면, 정상시계열 x_t의 기댓값과 분산은 시점과 상관없이 일정하며, 자기공분산은 시점이 아니라 시차에만 의존한다. 대부분의 시계열분석 기법은 표본평균, 표분분산, 표본공분산 등이 시간의 흐름과 무관하게 안정적으로 유지된다는 전제를 바탕으로 한다. 정상시계열에서는 이러한 표본 통계량이 일정하게 유지되므로, 모수 추정, 가설검정, 예측 등과 같은 일련의 통계적 추론이 타당하게 이루어진다.

한편, 다음 조건을 모두 만족하는 정상시계열 x_t는 백색잡음(white noise)이라고 부르며, $x_t \sim WN(0, \sigma_x^2)$로 표기한다. 첫째, 모든 t에 대해 $E[x_t] = 0$이다. 둘째, 모든 t에 대해

$Var[x_t] = \sigma_x^2$이다. 셋째, 모든 $k \neq 0$에 대해 $Cov[x_t, x_{t-k}] = 0$이다. 백색잡음 x_t의 자기상관계수 ρ_k는 모든 $k \neq 0$에 대해 0이며, 이는 현재 값 x_t와 과거 값 x_{t-k} 사이에 어떠한 선형적 의존성도 존재하지 않는다는 뜻이다. 따라서 백색잡음은 과거 관측치가 현재 관측치에 대한 아무런 유용한 정보를 제공하지 않으며, 오직 순수한 무작위 변동만을 포함한 정상시계열의 가장 단순한 형태에 해당한다.

13.2 표본자기상관함수

일변량시계열 x_t가 정상성을 가진다고 가정하자. 이 경우 모든 시점 t에서 분산이 일정하므로, 모든 시차 k에 대해 $Var[x_t] = Var[x_{t-k}] = \gamma_0$가 성립한다. 따라서 k시차 자기상관계수는

$$\rho_k = \frac{Cov[x_t, x_{t-k}]}{\sqrt{Var[x_t]Var[x_t]}} = \frac{\gamma_k}{\gamma_0}$$

로 표현된다. 표본 $\{x_t\}_{t=1}^T$가 주어졌을 때, 표본자기상관계수 $\hat{\rho}_k$는 다음과 같이 계산된다:

$$\hat{\rho}_k = \frac{\sum_{t=k+1}^T (x_t - \bar{x})(x_{t-k} - \bar{x})}{\sum_{t=1}^T (x_t - \bar{x})^2},$$

여기서 $\bar{x} = T^{-1}\sum_{t=1}^T x_t$이다. 시차별 표본자기상관계수 $\hat{\rho}_1, \hat{\rho}_2, \ldots$의 집합을 표본자기상관함수(Sample AutoCorrelation Function, SACF)라고 하며, 이는 시계열자료의 자기상관 구조를 시각적으로 요약하는 역할을 한다.

일정 조건 아래에서 $\hat{\rho}_k$의 점근분포는

$$\hat{\rho}_k \xrightarrow{d} N\left(0, \frac{1}{T}\right)$$

가 되며, 이는 표본크기가 충분한 경우 자기상관계수 ρ_k에 대한 신뢰수준 95%의 신뢰구간은 $\pm 1.96/\sqrt{T}$임을 의미한다. 표본자기상관계수 $\hat{\rho}_k$가 신뢰구간을 벗어나면, ρ_k는 5% 유의수준에서 0과 유의하게 다르다고 판단한다.

한편, 자기상관의 존재 여부를 여러 시차에 걸쳐 동시에 검정하기 위해 Ljung and Box [1978]가 제안한 Q 검정통계량이 사용된다. 구체적으로 귀무가설과 대립가설은

$$H_0 : \rho_1 = \cdots = \rho_m = 0, \qquad H_1 : \text{어떤 } k \in \{1, \ldots, m\}\text{에 대해 } \rho_k \neq 0$$

이다. 귀무가설 H_0는 정상시계열 x_t가 임의의 시차 m까지 자기상관이 없다고 가정하는 반면, 대립가설 H_1은 일부 시차에서 자기상관이 존재한다고 가정한다. 귀무가설 아래에서,

Q 검정통계량과 그 점근분포는 다음과 같이 주어진다:

$$Q(m) = T(T+2)\sum_{k=1}^{m}\frac{\hat{\rho}_k^2}{T-k} \xrightarrow{d} \chi^2_{(m)},$$

여기서 시차 m의 설정에 대한 명확한 기준은 없으며, 임의로 설정한다. 만약 p-값이 0.05보다 작으면, 귀무가설은 5% 유의수준에서 기각된다.

13.3 평균회귀

Wold [1938] 정리에 따르면, 정상시계열 x_t는 항상 다음과 같이 표현할 수 있다:

$$x_t = \mu + \varepsilon_t + \psi_1\varepsilon_{t-1} + \psi_2\varepsilon_{t-2} + \cdots, \tag{13.3.1}$$

여기서 $\mu = E[x_t]$, $\varepsilon_t \sim WN(0, \sigma_\varepsilon^2)$이다. 즉, 정상시계열 x_t는 백색잡음 ε_t의 현재 값과 과거 값의 선형결합으로 표현된다. 이때 계수 수열 $\{\psi_1, \psi_2, \ldots\}$은 제곱합 수렴조건 $\sum_{k=1}^{\infty}\psi_k^2 < \infty$을 만족해야 한다. 수렴조건은 $\psi_k^2 \to 0$을 내포하므로, 이는 곧 $\psi_k \to 0$을 의미한다.

현재 시점 t에서 외생적 충격 ε_t가 발생했다고 하자. 식(13.3.1)을 바탕으로, ε_t가 미래 시점 $t+k$에서의 x_t, 즉 x_{t+k}에 미치는 한계효과는

$$\frac{\partial x_{t+k}}{\partial \varepsilon_t} = \psi_k \to 0$$

임을 알 수 있다. 즉, 충격의 영향은 시간이 지남에 따라 점차 약화되며, 충분히 오랜 시간이 지나면 완전히 사라진다. 이는 외생적 충격으로 인해 정상시계열 x_t가 일시적으로 기댓값 μ에서 벗어나더라도, 시간이 흐름에 따라 다시 μ로 되돌아간다는 평균회귀 성향을 의미한다.

평균회귀는 정상성의 핵심적인 속성이므로, 이를 보다 구체적으로 살펴보자. 시점 t까지의 모든 정보를 포함한 정보집합(information set) I_t가 주어졌을 때, x_{t+k}의 조건부기댓값은 다음과 같다:

$$\begin{aligned}
E_t[x_{t+k}] &= E_t[\mu + \varepsilon_{t+k} + \psi_1\varepsilon_{t+k-1} + \cdots + \psi_{k-1}\varepsilon_{t+1} + \psi_k\varepsilon_t + \psi_{k+1}\varepsilon_{t-1} + \psi_{k+2}\varepsilon_{t-2} + \cdots] \\
&= \mu + E_t[\varepsilon_{t+k}] + \psi_1 E_t[\varepsilon_{t+k-1}] + \cdots + \psi_{k-1}E_t[\varepsilon_{t+1}] + \psi_k E_t[\varepsilon_t] + \psi_{k+1}E_t[\varepsilon_{t-1}] \\
&\quad + \psi_{k+2}E_t[\varepsilon_{t-2}] + \cdots
\end{aligned}$$

여기서 $E_t[\cdot]$는 I_t에 대한 조건부기댓값 연산이다. 이때 $\varepsilon_{t+k}, \ldots, \varepsilon_{t+1}$는 시점 t 기준에서 아

직 실현되지 않은 미래의 충격이므로, 정보집합 I_t에 포함되지 않는다. 따라서 모든 $j > 0$에 대해 $E_t[\varepsilon_{t+j}] = E[\varepsilon_{t+j}] = 0$이 성립한다. 반면에 $\varepsilon_t, \varepsilon_{t-1}, \ldots$는 I_t에 포함되므로, 모든 $j \leq 0$에 대해 $E_t[\varepsilon_{t+j}] = \varepsilon_{t+j}$이다. 이러한 결과를 바탕으로 위 식은

$$E_t[x_{t+k}] = \mu + \psi_k \varepsilon_t + \psi_{k+1}\varepsilon_{t-1} + \psi_{k+2}\varepsilon_{t-2} + \cdots$$

로 단순화된다. 앞서 본 바와 같이 $\psi_k \to 0$이므로, $\lim_{k\to\infty} E_t[x_{t+k}] = \mu$가 성립한다. 장기적으로 x_{t+k}의 조건부기댓값은 μ로 수렴하게 되며, 이는 정상시계열의 평균회귀적 특성을 나타낸다. 다시 말해, 정상시계열의 관측치는 고정된 평균을 중심으로 일정한 범위 안에서 진동하는 패턴을 반복한다.

예시 13.1. 주가수익비율(Price-to-Earnings Ratio, PER)은 주가가 주당수익에 비해 얼마나 높은지를 나타내는 지표이다. 다수의 실증 연구에 따르면, PER은 평균회귀 성향을 가진 정상시계열이다. 단기적으로는 기업 실적의 급변, 경기변동, 투자자의 심리 변화 등에 따라 PER이 평균에서 벗어날 수 있다. 그러나 정상시계열의 특성상 이러한 충격의 영향은 시간이 지남에 따라 점차 약화하며, PER은 궁극적으로 평균에 수렴한다. 이러한 평균회귀 특성은 가치 기반 투자전략의 이론적 근거를 제공한다.

13.4 자기회귀모형

일변량시계열 x_t에 대해 차수 p의 자기회귀모형(AutoRegressive model, AR 모형), 즉 AR(p) 모형은 다음과 같이 정의된다:

$$x_t = \phi_0 + \phi_1 x_{t-1} + \phi_2 x_{t-2} + \cdots + \phi_p x_{t-p} + \varepsilon_t, \tag{13.4.1}$$

여기서 ϕ_0는 상수항, $\phi_1, \ldots, \phi_p$는 자기회귀계수, $\varepsilon_t \sim WN(0, \sigma_\varepsilon^2)$이다. 직관적으로 보면, AR($p$) 모형은 현재 값 x_t가 자신의 p개 과거 값 $x_{t-1}, \ldots, x_{t-p}$에 선형적으로 의존하며, 여기에 무작위충격 ε_t가 더해져 확률적 구조를 갖는 형태에 해당한다.

후진이동연산자(back-shift operator) B를 $B^j x_t = x_{t-j}$로 정의하자. 이를 이용하면 AR(p) 모형은 다음과 같이 표현된다:

$$\begin{aligned}\phi_0 + \varepsilon_t &= x_t - \phi_1 B x_t - \phi_2 B^2 x_t - \cdots - \phi_p B^p x_t \\ &= (1 - \phi_1 B - \phi_2 B^2 - \cdots - \phi_p B^p) x_t,\end{aligned}$$

또는 간단히

$$\phi(B)x_t = \phi_0 + \varepsilon_t,$$

여기서 $\phi(B) = 1 - \phi_1 B - \phi_2 B^2 - \cdots - \phi_p B^p$는 AR 모형의 다항연산자(polynomial operator)로서, 모형의 동태적 구조를 집약적으로 나타낸다.

시계열 x_t가 AR(p) 과정을 따를 때, 즉 $x_t \sim$ AR(p)인 경우, 정상성을 가지기 위한 필요충분조건은 특성방정식(characteristic equation)

$$\phi(z) = 1 - \phi_1 z - \phi_2 z^2 - \cdots - \phi_p z^p = 0$$

의 모든 해 z가 복소평면 상에서 단위원(unit circle) 바깥에 존재해야 한다, 즉 $|z| > 1$을 만족하는 것이다. 이 조건이 충족되는 경우, 기댓값과 분산이 일정하고 자기공분산이 시차에만 의존하는 안정적인 AR(p) 과정이 보장된다. 반대로, 어떤 해라도 단위원 내부나 경계 위에 위치하면 x_t는 비정상 AR(p) 과정을 따르게 된다.

예를 들어, 시계열 x_t가 AR(1) 과정, 즉

$$x_t = \phi_0 + \phi_1 x_{t-1} + \varepsilon_t$$

을 따른다고 하자. 이때 특성방정식은 $\phi(z) = 1 - \phi_1 z = 0$이며, 해는 $z = \phi_1^{-1}$이다. 따라서 정상성을 위한 조건은 $|z| = |\phi_1^{-1}| > 1$이며, 이는 곧 $|\phi_1| < 1$을 의미한다.

$x_t \sim$AR(p)가 정상시계열이며, $E[x_t] = \mu$라고 하자. 정상성의 특성에 따라 식(13.4.1)의 양변에 기댓값을 취하면

$$\mu = \phi_0 + \phi_1\mu + \phi_2\mu + \cdots + \phi_p\mu \qquad \Rightarrow \qquad \phi_0 = (1 - \phi_1 - \phi_2 - \cdots - \phi_p)\mu$$

가 된다. 이제 ϕ_0를 식(13.4.1)에 대입하면 다음의 결과를 얻는다:

$$x_t = (1 - \phi_1 - \phi_2 - \cdots - \phi_p)\mu + \phi_1 x_{t-1} + \phi_2 x_{t-2} + \cdots + \phi_p x_{t-p} + \varepsilon_t,$$

또는 정리하면

$$(x_t - \mu) = \phi_1(x_{t-1} - \mu) + \phi_2(x_{t-2} - \mu) + \cdots + \phi_p(x_{t-p} - \mu) + \varepsilon_t.$$

이를 정상 AR(p) 모형의 평균조정(mean-adjusted) 형태라고 부른다.

13.5 이동평균모형

차수 q의 이동평균모형(Moving Average model, MA 모형), 즉 MA(q) 과정을 따르는 시계열 x_t는 다음과 같이 정의된다:

$$x_t = \mu + \varepsilon_t + \theta_1 \varepsilon_{t-1} + \theta_2 \varepsilon_{t-2} + \cdots + \theta_q \varepsilon_{t-q},$$

여기서 $\mu = E[x_t]$, $\theta_1, \ldots, \theta_q$는 이동평균계수, $\varepsilon_t \sim WN(0, \sigma_\varepsilon^2)$이다. 즉, MA($q$) 모형은 현재 시점의 x_t를 현재와 과거 q개 시점까지의 백색잡음 $\varepsilon_t, \varepsilon_{t-1}, \ldots, \varepsilon_{t-q}$의 선형결합으로 표현하는 구조이다. MA($q$) 모형은 후진이동연산자 B를 이용해 다음과 같이 간결하게 표현할 수 있다:

$$x_t = \mu + (1 + \theta_1 B + \theta_2 B^2 + \cdots + \theta_q B^q)\varepsilon_t = \mu + \theta(B)\varepsilon_t,$$

여기서 $\theta(B) = 1 + \theta_1 B + \theta_2 B^2 + \cdots + \theta_q B^q$는 MA 모형의 다항연산자이다.

MA(q) 과정을 따르는 x_t는 항상 정상시계열이다. 왜냐하면 x_t는 백색잡음의 선형결합이고, 정상시계열의 선형결합은 정상성을 유지하기 때문이다. 따라서 MA 모형은 추가적인 정상성 조건이 불필요하며, 이는 정상성 조건을 요구하는 AR 모형과의 중요한 차이점이다.

한편 Wold 정리에 따르면, 모든 정상시계열은 백색잡음의 무한한 과거 충격의 선형결합, 즉 무한 차수의 MA 과정으로 표현될 수 있다. 이는 정상 AR 과정을 MA(∞) 과정으로 재구성할 수 있음을 의미한다. 예를 들어, 다음과 같은 정상 AR(1) 모형을 고려하자:

$$x_t = \phi_0 + \phi_1 x_{t-1} + \varepsilon_t, \tag{13.5.1}$$

여기서 $|\phi_1| < 1$, $\varepsilon_t \sim WN(0, \sigma_\varepsilon^2)$이다. 정상성에 따라 $E[x_t] = E[x_{t-1}] = \mu$이므로,

$$\mu = \phi_0 + \phi_1 \mu \qquad \Rightarrow \qquad \phi_0 = (1 - \phi_1)\mu$$

가 된다. 이를 식(13.5.1)에 대입하면 다음과 같은 결과를 얻는다:

$$x_t = (1 - \phi_1)\mu + \phi_1 x_{t-1} + \varepsilon_t = \mu + \phi_1 (x_{t-1} - \mu) + \varepsilon_t \tag{13.5.2}$$

또는

$$x_t - \mu = \phi_1 (x_{t-1} - \mu) + \varepsilon_t.$$

이제 $x_{t-1}-\mu=\phi_1(x_{t-2}-\mu)+\varepsilon_{t-1}$을 식(13.5.2)에 대입하면,

$$x_t=\mu+\phi_1\left(\phi_1(x_{t-2}-\mu)+\varepsilon_{t-1}\right)+\varepsilon_t=\mu+\varepsilon_t+\phi_1\varepsilon_{t-1}+\phi_1^2(x_{t-2}-\mu)$$

가 된다. 이 과정을 반복하면

$$x_t=\mu+\varepsilon_t+\phi_1\varepsilon_{t-1}+\phi_1^2\varepsilon_{t-2}+\cdots$$

가 되며, 이는 정상 AR(1) 과정을 MA(∞) 표현으로 재구성한 결과에 해당한다.

13.6 자기회귀이동평균모형

13.6.1 모형의 정의

앞서 살펴본 AR 모형과 MA 모형은 각각 정상시계열의 동적 구조를 분석하는 데 유용한 도구로 활용된다. 그러나 실제 시계열자료에 이들 모형을 적용할 때, 자료의 복잡한 동태를 충분히 설명하기 위해서는 종종 AR 차수 p 또는 MA 차수 q가 매우 커지는 문제가 발생한다. 이러한 경우 모형의 복잡성이 높을 뿐만 아니라, 추정의 비효율성과 해석의 어려움이 나타난다. 이러한 단점을 해결하기 위해 자기회귀이동평균모형(AutoRegressive Moving Average model, ARMA 모형)이 제안되었다. ARMA 모형은 AR 성분과 MA 성분을 결합함으로써, 비교적 낮은 차수로도 정상시계열의 주요한 동적 특성을 효과적으로 포착한다.

구체적으로 ARMA(p, q) 과정을 따르는 시계열 x_t는 다음과 같이 정의된다:

$$x_t=\phi_0+\sum_{i=1}^{p}\phi_i x_{t-i}+\varepsilon_t+\sum_{j=1}^{q}\theta_j\varepsilon_{t-j}, \tag{13.6.1}$$

여기서 ϕ_0는 상수항, $\phi_1,\ldots,\phi_p$는 AR 계수, $\theta_1,\ldots,\theta_q$는 MA 계수, $\varepsilon_t\sim WN(0,\sigma_\varepsilon^2)$이다. 후진이동연산자 B를 이용하면 식(13.6.1)을 다음과 같이 표현할 수 있다:

$$x_t-\phi_1Bx_t-\phi_2B^2x_t-\cdots-\phi_pB^px_t=\phi_0+\varepsilon_t+\theta_1B\varepsilon_t+\theta_2B^2\varepsilon_t+\cdots+\theta_qB^q\varepsilon_t,$$

또는

$$\phi(B)x_t=\phi_0+\theta(B)\varepsilon_t,$$

여기서 $\phi(B)=1-\phi_1B-\phi_2B^2-\cdots-\phi_pB^p$는 AR 다항연산자, $\theta(B)=1+\theta_1B+\theta_2B^2+\cdots+\theta_qB^q$는 MA 다항연산자이다. 이처럼 ARMA 모형은 AR 모형과 MA 모형의 확장된

개념으로, AR(p) 모형은 ARMA(p, 0) 모형에, MA(q) 모형은 ARMA(0, q) 모형에 해당한다.

ARMA(p,q) 모형이 정상성을 가지기 위한 조건은 AR 모형의 정상성 조건과 동일하다. 즉, AR 성분의 특성방정식

$$\phi(z) = 1 - \phi_1 z - \phi_2 z^2 - \cdots - \phi_p z^p = 0$$

의 모든 해 z가 복소평면 상에서 단위원 바깥에 존재해야 한다.

시계열 x_t가 $E[x_t] = \mu$를 만족하는 정상 ARMA(p, q) 과정이라 가정하면, 다음의 결과가 성립한다. 첫째, 식(13.6.1)의 양변에 기댓값을 취하여 정리하면, x_t의 기댓값은 다음과 같이 표현된다:

$$\mu = \phi_0 + \phi_1\mu + \phi_2\mu + \cdots + \phi_p\mu \qquad \Rightarrow \qquad \mu = \frac{\phi_0}{1 - \phi_1 - \phi_2 - \cdots - \phi_p}.$$

둘째, 정상 ARMA(p,q) 모형의 평균조정된 형태는

$$x_t - \mu = \sum_{i=1}^{p} \phi_i(x_{t-i} - \mu) + \varepsilon_t + \sum_{j=1}^{q} \theta_j \varepsilon_{t-j}$$

가 된다. 셋째, Wold 정리에 따르면 x_t는 항상

$$x_t = \mu + \varepsilon_t + \psi_1\varepsilon_{t-1} + \psi_2\varepsilon_{t-2} + \cdots$$

와 같이 백색잡음의 현재 값과 과거 값의 선형결합, 즉 MA(∞) 형태로 나타낼 수 있다. 이는 정상 ARMA 모형은 충격이 시간에 따라 점차 약화되어 전파되는 구조로서, 평균회귀 성향을 가지고 있음을 의미한다.

13.6.2 모수의 추정

ARMA 모형의 모수 추정에는 일반적으로 최대우도(ML) 추정법이 사용된다. 이는 주어진 시계열자료가 실제로 관측될 가능도를 가장 크게 만드는 모수 값을 선택하는 방식으로, 일치성과 효율성을 갖춘 추정량을 제공한다.

ML 추정법을 적용하려면 백색잡음 ε_t의 구체적인 분포를 가정해야 한다. 일반적으로 정규분포 가정을 사용하며, 이는 계산이 간편하고 해석이 직관적이라는 장점이 있다. 그러나 극단값이 자주 발생하거나 꼬리가 두꺼운 자료에서는 정규분포 가정이 적합하지 않을 수 있다. 이런 경우에는 t 분포나 일반화오차분포(Generalized Error Distribution, GED)처럼

꼬리 두께를 조절할 수 있는 대안적 분포를 고려할 수 있다.

ARMA 모형에서는 우도함수(LF)를 계산할 때 초깃값 처리가 필요하며, 이를 위해 다음 두 가지 접근법이 주로 사용된다. 첫째, 조건부우도법(conditional likelihood method)은 초기 관측값 $x_1,\ldots,x_p$를 고정된 상수로 간주하고, 초기 오차항 $\varepsilon_1,\ldots,\varepsilon_q$를 0으로 설정한다. 이를 통해 초기 구간 이후의 조건부 LF를 구성하여 모수를 추정할 수 있다. 이러한 접근법은 계산이 단순하고 표본크기가 충분히 큰 경우 안정적인 추정이 가능하지만, 소표본 상황에서는 초깃값 설정에 따른 편의가 발생할 수 있다. 둘째, 정확우도법(exact likelihood method)은 초깃값을 고정하지 않고 모형 내의 모수로 간주하여, $x_1,\ldots,x_p$와 $\varepsilon_1,\ldots,\varepsilon_q$를 모두 고려한 LF를 구성한다. 표본크기가 작은 경우 조건부우도법보다 더 정확한 추정이 가능하지만, 계산 과정이 복잡하고 수치 최적화에 필요한 계산 비용이 높다.

모수 추정 이후 일부 AR 계수나 MA 계수가 0과 통계적으로 유의하게 다르지 않다면 해당 항을 제거하여 모형을 간소화한 뒤 재추정하는 것이 일반적이다. 이러한 간소화 절차를 통해 모형 해석의 단순화, 예측 성능의 향상, 불필요한 잡음 제거, 과적합(overfitting) 방지 등의 효과를 기대할 수 있다.

13.6.3 차수의 선택

ARMA(p, q) 모형을 추정하기 위해서는 먼저 자기회귀 차수 p와 이동평균 차수 q를 결정해야 한다. 이는 주어진 시계열자료의 동태를 가장 잘 설명하는 모형을 식별하는 핵심 과정이다. 차수를 너무 낮게 설정하면 모형이 자료의 패턴을 충분히 설명하지 못해 적합도가 낮아진다. 반대로, 차수를 과도하게 크게 설정하면 표본 내 적합도는 높아질 수 있지만, 과적합 문제가 발생한다. 과적합은 모형이 주어진 자료를 지나치게 잘 설명하려다 보니 표본 내의 우연한 잡음까지 학습해 버리는 현상을 의미한다. 과적합된 모형은 필요 이상으로 복잡해지고, 일반화 성능이 저하되어 새로운 데이터에 대한 예측력이 오히려 저하되는 결과를 초래한다.

일반적으로 차수의 선택에서는 적합도와 복잡도 간의 균형을 유지하는 것이 중요하다. 이를 위해 정보기준(information criteria)이 널리 사용되며, 대표적으로 AIC(Akaike Information Criterion)와 BIC(Bayesian Information Criterion)가 있다. AIC와 BIC는 각각 다음과 같이 정의된다:

$$\mathrm{AIC} = -\frac{2}{T}\ln L + \frac{2k}{T}, \qquad \mathrm{BIC} = -\frac{2}{T}\ln L + \frac{(\ln T)k}{T},$$

여기서 $\ln L$는 ML 추정에서 얻은 로그우도함수의 값, k는 추정된 모수(상수항, AR 계수, MA 계수, σ_ε^2)의 총 개수, T는 표본크기를 의미한다. AIC와 BIC 모두 두개의 항으로 구성된다. 첫 번째 항 $-(2/T)\ln L$은 모형의 적합도를 나타내며, 로그 LF의 값이 클수록 모형이 자료를 잘 설명함을 의미한다. 두 번째 항은 모형의 복잡도에 대한 벌칙에 해당하며, 추정해야 할 모수의 수가 많아질수록 값이 커진다. AIC는 비교적 완화된 벌칙을 적용하므로 예측력 향상을 중시하는 경우 적합하고, BIC는 더 강한 벌칙을 적용하므로 모형의 간결성을 우선시하는 경우에 적합하다.

실제 분석에서 ARMA 모형의 차수를 선택하는 절차는 다음과 같다. 먼저 최대 차수 p_{max}와 q_{max}를 임의로 설정한다. 보통 5에서 10 정도의 값을 사용하며, 이는 경험적 지식과 계산 비용을 고려해 결정한다. 이후 $p = 0, 1, \ldots, p_{max}$와 $q = 0, 1, \ldots, q_{max}$ 범위의 모든 조합 (p, q)에 대해 ARMA(p, q) 모형을 추정하여 AIC(또는 BIC) 값을 계산한다. AIC(또는 BIC)의 값이 최소가 되는 조합 (p, q)을 최적 차수로 간주한다.

13.6.4 모형 적합도

ARMA 모형을 추정한 후, 해당 모형이 주어진 시계열자료의 동태를 얼마나 잘 설명하고 있는지 평가해야 한다. 이러한 평가는 단순히 AIC나 BIC와 같은 정보기준의 값이 낮은지 확인하는 수준을 넘어, 추정된 모형이 통계적으로 타당한지를 검증하는 데 목적이 있다.

관측값 x_t와 적합값 $\hat{x}_t$의 차이는 잔차, 즉 $e_t = x_t - \hat{x}_t$로 정의된다. ARMA 모형이 자료의 동적 구조를 충분히 포착하고 있다면, 잔차는 백색잡음처럼 행동해야 한다. 즉, e_t의 기댓값과 분산이 일정하며, 모든 시차에 대해 자기상관이 없어야 한다. 만약 e_t가 이러한 조건을 만족하지 못한다면, 모형이 주어진 자료의 동태적 특성을 충분히 설명하지 못한다라고 판단한다.

잔차 e_t가 백색잡음의 특성을 가지는지를 판단하기 위해 Ljung–Box 검정을 사용한다. 이때 귀무가설 H_0는 "잔차는 시차 m까지 자기상관이 없다"이며, 검정통계량은 다음과 같이 주어진다:

$$Q(m) = T(T+2)\sum_{k=1}^{m} \frac{\hat{\rho}_k^2}{T-k},$$

여기서 $\hat{\rho}_k$는 e_t의 k차 표본자기상관계수, T는 표본크기이다. 귀무가설 아래에서 $Q(m)$은 다음의 점근분포를 따른다:

$$Q(m) \xrightarrow{d} \chi^2_{(m-k)},$$

여기서 k는 모형에 포함된 AR 계수와 MA 계수의 합이다. 귀무가설이 기각되지 않는 경우, 잔차에는 유의한 자기상관이 존재하지 않기에 추정된 모형이 자료의 동적 구조를 적절히 설명한다고 판단한다. 반면, 귀무가설이 기각된다면 현재 모형은 부적합하므로, p 또는 q의 차수를 높여 더 복잡한 ARMA 모형을 추정하거나 다른 모형을 고려해야 한다.

13.6.5 모형의 예측

시계열분석에서의 예측은 과거에 관측된 패턴이 미래에도 지속된다는 가정에 기반한다. 구체적으로 시점 h에서 $s \geq 1$ 기간 후의 값을 예측한다고 하자. 이때 예측 값을 $\hat{x}_h[s]$로 표기하며, 이는 평균제곱오차(MSE)를 최소화하는 값으로 정의된다. 즉, $\hat{x}_h[s]$는 다음 조건을 만족하는 값으로 계산된다:

$$E_h\left[(x_{h+s} - \hat{x}_h[s])^2\right] \leq \min_g E_h\left[(x_{h+s} - g)^2\right],$$

여기서 $E_h[\cdot]$는 시점 h까지의 정보집합 I_h에 대한 조건부기댓값, g는 I_h에 의존하는 임의의 예측 값이다. ARMA 모형과 같은 선형시계열모형에서는 MSE를 최소화하는 예측 값이 조건부기댓값과 일치하므로,

$$\hat{x}_h[s] = E_h[x_{h+s}]$$

로 나타낼 수 있다. 시계열자료 $\{x_t\}_{t=1}^T$를 바탕으로 ARMA(p,q) 모형을 추정하면 상수항 추정치 $\hat{\phi}_0$, AR 계수 추정치 $\hat{\phi}_1, \ldots, \hat{\phi}_p$, MA 계수 추정치 $\hat{\theta}_1, \ldots, \hat{\theta}_q$, 잔차 $e_1, \ldots, e_T$를 얻을 수 있으며, 예측 시에는 이들을 알려진 값으로 간주하여 사용한다.

예를 들어, 정상 ARMA(1,1) 모형

$$x_t = \phi_0 + \phi_1 x_{t-1} + \varepsilon_t + \theta_1 \varepsilon_{t-1}$$

을 고려하자. 시점 h에서의 1기간 예측은

$$\hat{x}_h[1] = E_h[x_{h+1}] = E_h[\phi_0 + \phi_1 x_h + \varepsilon_{h+1} + \theta_1 \varepsilon_h]$$

이다. 이때 x_h와 ε_h는 이미 관측되었지만, 미래 충격 ε_{h+1}는 정보집합 I_h에 포함되지 않으므로 조건부기댓값이 0이 된다. 따라서 1기간 예측은

$$\hat{x}_h[1] = \phi_0 + \phi_1 x_h + \theta_1 \varepsilon_h$$

가 되며, 이는 모수 추정치와 잔차를 사용하여 계산이 가능하다. 예컨대, 예측 시점이 표본의 끝인 $h = T$인 경우, 1기간 예측값은 $\hat{x}_T[1] = \hat{\phi}_0 + \hat{\phi}_1 x_T + \hat{\theta}_1 e_T$로 계산된다.

이제 $E_h[\varepsilon_{h+2}] = E_h[\varepsilon_{h+1}] = 0$을 이용하면, 2기간 예측은

$$\hat{x}_h[2] = E_h[\phi_0 + \phi_1 x_{h+1} + \varepsilon_{h+2} + \theta_1 \varepsilon_{h+1}] = \phi_0 + \phi_1 E_h[x_{h+1}]$$

로 주어진다. 여기서 $E_h[x_{h+1}]$는 앞서 계산한 $\hat{x}_h[1]$으로 대체할 수 있으므로,

$$\hat{x}_h[2] = \phi_0 + \phi_1(\phi_0 + \phi_1 x_h + \theta_1 \varepsilon_h) = \phi_0(1+\phi_1) + \phi_1^2 x_h + \phi_1 \theta_1 \varepsilon_h$$

가 된다. 이 과정을 반복적으로 적용하면 s기간 예측 값 $\hat{x}_h[s]$를 얻을 수 있다.

요약하면, ARMA 모형에서의 예측은 시점 h에서 이용할 수 있는 정보집합 I_h를 바탕으로 x_{h+s}의 조건부기댓값을 계산하는 과정이며, 이는 MSE 기준에서 가장 효율적인 예측치를 제공한다. 한편, 예측 기간 s가 길어질수록 예측 값 $\hat{x}_h[s]$은 점차 기댓값 μ에 수렴하며, 이는 정상시계열의 평균회귀 성향을 반영하는 결과로 해석할 수 있다.

13.7 ARMA 오차를 갖는 선형회귀모형

정상시계열 $\{y_t\}_{t=1}^T$와 $\left\{x_{t,k}\right\}_{t=1}^T$ $(k = 1, \ldots, K)$에 대해 다음과 같은 선형회귀모형을 고려하자:

$$y_t = \beta_0 + \beta_1 x_{t,1} + \cdots + \beta_K x_{t,K} + u_t = x_t'\beta + u_t,$$

여기서 $x_t \in \mathbb{R}^{(K+1)\times 1}$는 상수항을 포함한 독립변수벡터, $\beta \in \mathbb{R}^{(K+1)\times 1}$은 회귀계수벡터, u_t는 오차항이다. 이때 외생성조건 $E[x_t u_t] = 0_{(K+1)\times 1}$이 성립한다고 가정한다. 이는 각 시점 t에서 독립변수 $x_{t,k}$가 오차항 u_t와 상관되지 않음을 의미하며, OLS 추정량의 일치성을 보장하는 중요한 조건이다. 오차항이 백색잡음인 경우, 오차 구조는 등분산성과 비자기상관을 보인다. 이 경우 OLS 추정량은 가능한 모든 일치추정량 가운데 최소 점근공분산행렬을 가지는 효율적 추정량이 된다.

이제 오차항이 등분산성은 유지하지만, 시간적 상관관계를 갖는 경우를 고려하자. 즉, 모든 시점 t에 대해 $E[u_t^2] = \sigma_u^2$이며, 어떤 시차 $k \neq 0$에 대해 $E[u_t u_{t-k}] \neq 0$가 성립한다고 하자. 이 경우 OLS 추정량은 여전히 일치성을 가지지만, 더 이상 효율적이지 않다. 효율적인 추정량을 얻기 위해서는 오차항의 자기상관 구조를 모형에 명시적으로 반영해야 한다.

이를 위해 회귀모형을 다음과 같이 확장한다:

$$y_t = x_t'\beta + u_t,$$

여기서 $u_t \sim \text{ARMA}(p,\ q)$는 $E[u_t] = 0$을 만족하는 오차항이다. 이때 y_t는 조건부기댓값 $E[y_t|x_t] = x_t'\beta$을 갖는 ARMA(p, q) 과정이며, x_t는 외생변수이다. 이 회귀모형의 전체 모수—즉, 회귀계수 β, AR 계수 ϕ_i, MA 계수 θ_j, 백색잡음의 분산 σ_ε^2—는 최대우도를 통해 추정할 수 있다. 추정 절차는 일반적인 ARMA 모형과 동일하지만, 조건부기댓값이 $x_t'\beta$

로 확장되었다는 것이 유일한 차이점이다. 또한 ARMA 오차항의 차수 p 와 q는 정보기준 (AIC, BIC 등)을 통해 선택할 수 있으며, 이 절차는 앞서 다룬 일반적인 ARMA 모형에서의 차수 선택과 동일하다.

13.8 R 실습

```
> libraries <-  c("data.table", "forecast", "xts")
> lapply(libraries, library, character.only = TRUE)
```

13.8.1 예제 1

이 예제에서는 2014년 1월부터 2023년 10월까지의 KOSPI 지수의 일별 단순수익률(단위: %) 자료를 바탕으로, 로그수익률에 대한 적절한 ARMA 모형을 추정한 뒤 이를 이용해 2023년 11월 한 달간의 일별 수익률을 예측한다.

```
> dat <- fread("data13_1.csv", header = TRUE)
> head(dat)
      TRD_DD KOSPI SAMSUNG SKHYNIX
      <IDat> <num>   <num>   <num>
1: 2014-01-02 -2.20   -4.59   -3.40
2: 2014-01-03 -1.07   -0.99    2.11
3: 2014-01-06  0.37    0.85    3.72
4: 2014-01-07  0.32   -0.23    0.40
5: 2014-01-08 -0.02   -1.00    3.17
6: 2014-01-09 -0.66   -1.24   -0.38
> rtn <- xts(log(1 + dat$KOSPI/100),
+            order.by = as.Date(as.character(dat$TRD_DD), "%Y-%m-%d"))
> rtn1 <- rtn["/2023-10"]
> acf(rtn1, lag = 20, main = "")
> Box.test(rtn1, lag = 20, type = "Ljung")
        Box-Ljung test
data:  rtn1
X-squared = 40.393, df = 20, p-value = 0.004454
```

그림 13.8.1은 로그수익률 시계열에 대한 SACF를 나타내며, 여기서 점선은 시차별 자기상관계수에 대해 신뢰수준 95%의 신뢰구간에 해당하는 $\pm 1.96/\sqrt{T}$을 의미한다. 결과를 보면, 시차 2, 6, 14에서 표본자기상관계수가 신뢰구간을 벗어나 5% 유의수준에서 통계적으로 0과 유의하게 다른 것으로 나타났다. 이는 해당 시차에서 유의한 자기상관이 존재한다는 증거로 해석된다. 또한 최대 시차 $m = 20$을 기준으로 Ljung–Box 검정을 실시한

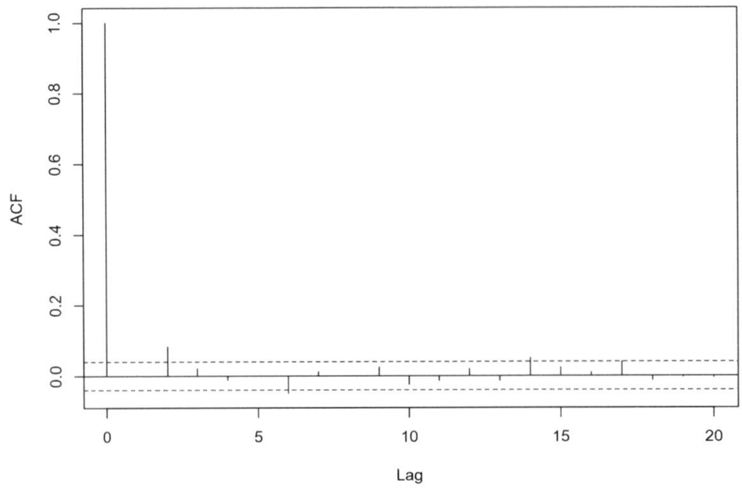

그림 13.8.1: SACF

결과, 귀무가설(즉, 모든 시차에서 자기상관이 없음)을 5% 유의수준에서 기각하였다. 따라서 KOSPI 수익률은 선형적 자기상관 구조를 내포하고 있음을 알 수 있다.

```
> auto.arima(rtn1, max.p = 10, max.q = 10, ic = "aic", stationary = TRUE,
+            seasonal = FALSE, stepwise = FALSE, approximation = FALSE)$arma
[1] 0 2 0 0 1 0 0
> fit1 <- Arima(rtn1, order = c(0, 0, 2))
> fit1$coef/sqrt(diag(fit1$var.coef))
       ma1        ma2  intercept
-0.1062072  4.1520652  0.2375358
> fit2  <- Arima(rtn1, order = c(0, 0, 2), include.mean = FALSE,
+                fixed = c(0, NA))
> fit2$coef[-1]/sqrt(diag(fit2$var.coef))
    ma2
4.15286
> Box.test(residuals(fit2), lag = 20, type = "Ljung-Box", fitdf = 1)
        Box-Ljung test
data:  residuals(fit2)
X-squared = 22.784, df = 19, p-value = 0.247
> summary(fit2)
Series: rtn1
ARIMA(0,0,2) with zero mean
Coefficients:
      ma1     ma2
        0  0.0841
s.e.    0  0.0203
sigma^2 = 9.854e-05:  log likelihood = 7722.62
AIC=-15441.25   AICc=-15441.24   BIC=-15429.66
```

ARMA 모형의 최적 차수 p와 q를 선택하기 위해 `forecast` 패키지의 `auto.arima()` 함수를 활용하였다. 최대 차수를 $p_{max} = q_{max} = 10$으로 설정하고 AIC 기준으로 최적 차수를 선택한 결과, ARMA(0, 2) 모형으로 결정되었다. `Arima()` 함수의 기본 설정에 따라 ε_t는 정규분포를 따른다고 가정하였으며, 조건부우도법을 이용해 모수를 추정하였다. 만약 정확우도법을 사용하고 싶다면, `Arima()` 함수의 옵션을 `method = "ML"`로 지정하면 된다. 추정 결과, ϕ_0와 θ_1의 t 검정통계량의 절댓값이 1.96보다 작아 5% 유의수준에서 통계적으로 유의하지 않았다. 이에 두 모수 ϕ_0와 θ_1를 제거하고 모형을 다시 추정하였다. 재추정한 결과, θ_2는 5% 유의수준에서 통계적으로 유의하게 나타났다. 새로이 추정된 모형의 잔차에 대한 Ljung–Box 검정($m = 20$)에서 p-값이 5%를 초과하여, 잔차가 백색잡음 성질을 만족함도 확인되었다. 따라서 최종적으로 선택된 모형의 경험적 형태(empirical expression)는 다음과 같이 주어진다:

$$x_t = \varepsilon_t + 0.0841\varepsilon_{t-2}.$$

```
> fcst <- forecast(fit2, h = 22, level = 95)
> fcst
     Point Forecast       Lo 95      Hi 95
2419   0.0004875932 -0.01896812 0.01994331
2420  -0.0012109283 -0.02066664 0.01824479
2421   0.0000000000 -0.01952446 0.01952446
2422   0.0000000000 -0.01952446 0.01952446
...
2437   0.0000000000 -0.01952446 0.01952446
2438   0.0000000000 -0.01952446 0.01952446
2439   0.0000000000 -0.01952446 0.01952446
2440   0.0000000000 -0.01952446 0.01952446
> time_idx <- index(rtn["2023-10-31/2023-11-30"])
> fcst1 <- xts(c(rtn1["2023-10-31"], fcst$mean), order.by = time_idx)
> fcst2 <- xts(c(rtn1["2023-10-31"], fcst$lower), order.by = time_idx)
> fcst3 <- xts(c(rtn1["2023-10-31"], fcst$upper), order.by = time_idx)
> rtn2 <- rtn["2023-10/2023-11"]
> plot(rtn2, main = "", ylim = c(-0.03, 0.06))
> lines(fcst1, lty = 1, lwd = 2, col = "red")
> lines(fcst2, lty = 2, lwd = 2)
> lines(fcst3, lty = 2, lwd = 2)
> addLegend("topright", legend.names = c("Observations", "Forecasts"),
+           lty = 1, lwd = 2, col = c("black", "red"))
```

최종 모형을 기반으로 2023년 11월(총 22 거래일)의 일별 로그수익률을 예측하였다. 그림 13.8.2는 실제 수익률, 예측 수익률, 그리고 예측 수익률을 기반으로 계산된 신뢰수준 95%의 예측구간(forecasting interval)을 나타낸다. 실제 관측된 수익률 중 일부가 예측구간

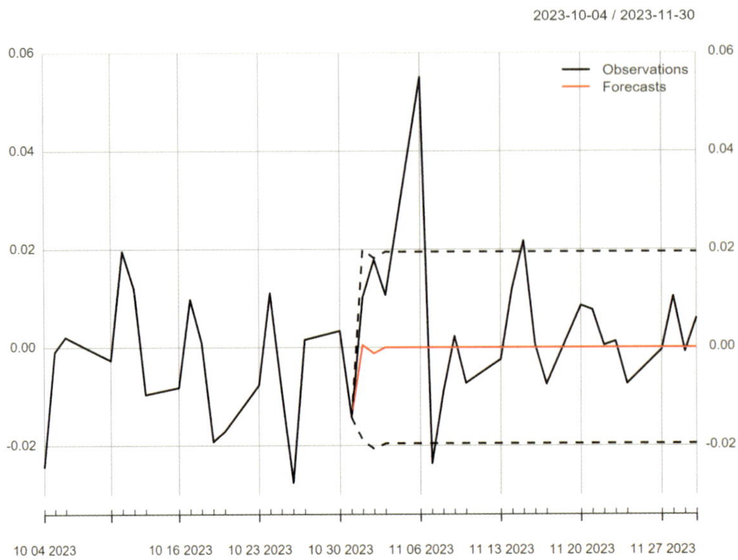

그림 13.8.2: ARMA(0, 2) 모형의 예측

밖에 있음을 확인할 수 있으며, 이는 모형의 예측오차(forecasting error)가 다소 크다는 점을 시사한다. 즉, 해당 ARMA 모형은 KOSPI 수익률의 동태 구조를 일정 부분 반영하고는 있으나, 예측 정확도 측면에서는 분명히 한계가 존재한다.

13.8.2 예제 2

이 예제에서는 2000년 1월부터 2021년 1월까지의 삼성전자와 KOSPI 지수의 월별 조정종가 자료를 사용하여 두 자산 간의 수익률 관계를 분석한다. 구체적으로 다음과 같은 시계열회귀모형을 고려하자:

$$r_t = \beta_0 + \beta_1 r_{M,t} + u_t,$$

여기서 r_t는 t월의 삼성전자 주식 수익률, $r_{M,t}$는 t월의 KOSPI 지수 수익률, u_t는 ARMA 과정을 따르는 오차항이다.

```
> dat <- fread("data13_2.csv", header = TRUE)
> head(dat)
     TRD_DD SAMSUNG  KOSPI
      <int>   <int>  <num>
1: 20000131    5580 943.88
2: 20000229    5120 828.38
3: 20000331    6700 860.94
4: 20000430    6000 725.39
5: 20000531    6160 731.88
```

```
6: 20000630    7380 821.22
> prc1 <- xts(dat$SAMSUNG,
+             order.by = as.Date(as.character(dat$TRD_DD), "%Y%m%d"))
> prc2 <- xts(dat$KOSPI,
+             order.by = as.Date(as.character(dat$TRD_DD), "%Y%m%d"))
> rtn1 <- diff(log(prc1))
> rtn2 <- diff(log(prc2))
> best_aic <- Inf
> best_order <- c(0, 0)
> for (p in 0:5) {
+   for (q in 0:5) {
+     fit <- Arima(rtn1, order = c(p, 0, q), xreg = rtn2)
+     aic <- fit$aic
+     if (aic < best_aic) {
+       best_aic <- aic
+       best_order <- c(p, q)
+     }}}
> best_order
[1] 3 3
```

먼저 ARMA 모형의 최적 차수 (p, q)를 결정하기 위해, 최대 차수를 $p_{max} = q_{max} = 5$로 설정하고 AIC 정보를 기준으로 최적 모형을 선택하였다. 이때 $r_{M,t}$는 외생변수로 포함되었으며, 이는 `Arima()` 함수에서 옵션 `xreg`를 통해 이루어진다. p와 q의 가능한 모든 조합에 대해 AIC를 계산한 결과, ARMA(3, 3) 모형에서 AIC의 값이 최소가 되었다.

```
> fit <- Arima(rtn1, order = c(3, 0, 3), xreg = rtn2)
> round(fit$coef/sqrt(diag(fit$var.coef)), digits = 2)
     ar1      ar2      ar3      ma1      ma2      ma3 intercept     xreg
   27.95   -22.00    33.73   -30.10    22.26   -32.10      4.56    17.10
> Box.test(residuals(fit), lag = 20, type = "Ljung-Box", fitdf = 6)
        Box-Ljung test
data:  residuals(fit)
X-squared = 19.808, df = 14, p-value = 0.1363
> summary(fit)
Series: rtn1
Regression with ARIMA(3,0,3) errors
Coefficients:
         ar1      ar2     ar3      ma1     ma2      ma3  intercept    xreg
      0.7826  -0.8007  0.9342  -0.7647  0.7646  -0.9997     0.0050  1.0187
s.e.  0.0280   0.0364  0.0277   0.0254  0.0343   0.0311     0.0011  0.0596
sigma^2 = 0.004027:  log likelihood = 352.9
AIC=-687.79   AICc=-687.08   BIC=-655.64
```

ARMA(3, 3) 모형을 추정한 결과, 모든 계수는 5% 유의수준에서 통계적으로 유의하게 나타났다. 또한 잔차항에 대한 Ljung–Box 검정에서 귀무가설은 5% 유의수준에서 기각되지 않았으며, 이는 모형이 시계열적 의존 구조를 적절히 설명하고 있음을 의미한다. 최종 추정된 회귀모형은 다음과 같다:

$$r_t = 0.0050 + 1.0187 r_{M,t} + u_t,$$

여기서

$$\begin{aligned} u_t =& 0.7826 u_{t-1} - 0.8007 u_{t-2} + 0.9342 u_{t-3} + \varepsilon_t - 0.7647 \varepsilon_{t-1} \\ & + 0.7646 \varepsilon_{t-2} - 0.9997 \varepsilon_{t-3}. \end{aligned}$$

회귀계수 β_1에 대한 귀무가설 $H_0 : \beta_1 = 0$을 검정한 결과, t 검정통계량은 17.10으로 나타났다. 따라서 5% 유의수준에서 귀무가설은 기각되었으며, 이는 삼성전자 주식 수익률과 KOSPI 지수 수익률 사이에는 통계적으로 유의한 양의 관계가 존재함을 의미한다.

제14장 비정상시계열

14.1 추세정상과정

추세정상과정(Trend-Stationary process, TS 과정)을 따르는 일변량시계열 x_t는 다음과 같이 정의된다:

$$x_t = c(t) + u_t,$$

여기서 $c(t)$는 시점 t에 따라 변화하는 결정추세(deterministic trend)이며, u_t는 $E[u_t] = 0$와 $Var[u_t] = \sigma_u^2$을 만족하는 정상시계열이다. x_t의 기댓값은 $E[x_t] = c(t)$로서, 시간에 따라 변한다. 따라서 TS 과정 x_t는 비정상시계열에 해당한다. 한편, x_t의 분산(즉 $Var[x_t] = \sigma_u^2$)은 시간과 상관없이 일정하게 유지되며, 이는 x_t가 무작위로 발산하지 않고 시간 의존적인 결정추세 $c(t)$를 중심으로 변동한다는 것을 의미한다. 즉, x_t는 기댓값 $c(t)$로 회귀하는 성질을 가지며, 이에 따라 TS 과정에서는 외부 충격의 영향이 일시적임을 알 수 있다.

예를 들어, 다음과 같은 추세정상 AR(1) 모형을 고려하자:

$$x_t = \alpha + \delta t + u_t, \qquad (14.1.1)$$
$$u_t = \phi_1 u_{t-1} + \varepsilon_t,$$

여기서 $\varepsilon_t \sim WN(0, \sigma_\varepsilon^2)$이다. AR(1) 과정을 따르는 u_t가 정상성을 만족하기 위해서는 조건 $|\phi_1| < 1$이 필요하다. 정상시계열 u_t는

$$u_t = \frac{\varepsilon_t}{1 - \phi_1 B} = (1 + \phi_1 B + \phi_1^2 B^2 + \cdots)\varepsilon_t = \sum_{j=0}^{\infty} \phi_1^j \varepsilon_{t-j}$$

로 표현된다. 이제 $\varepsilon_0 = \varepsilon_{-1} = \varepsilon_{-2} = \cdots = 0$을 적용하면, 식(14.1.1)은

$$x_t = \alpha + \delta t + \sum_{j=0}^{t-1} \phi_1^j \varepsilon_{t-j}$$

가 된다. 즉, x_t는 시간 의존적인 결정추세 $c(t) = \alpha + \delta t$와 시점 1부터 t까지 발생한 무작위 충격 $\varepsilon_1, \dots, \varepsilon_t$의 가중합 $\sum_{j=0}^{t-1} \phi_1^j \varepsilon_{t-j}$으로 구성되어 있다. 따라서 ε_t가 x_{t+k}에 미치는 영향은

$$\frac{\partial x_{t+k}}{\partial \varepsilon_t} = \phi_1^k$$

로 나타난다. 이때 $|\phi_1| < 1$이므로 $\phi_1^k \to 0$가 되어, 외부 충격 ε_t의 영향은 시간이 지남에 따라 지수적으로 감소하고 결국 사라진다.

예시 14.1. GDP 로그값 x_t가 다음의 추세정상 AR(1) 모형을 따른다고 가정하자:

$$\begin{aligned} x_t &= \alpha + \delta t + u_t, \\ u_t &= \phi_1 u_{t-1} + \varepsilon_t, \end{aligned}$$

여기서 $\delta > 0$, $0 < \phi_1 < 1$, $\varepsilon_t \sim WN(0, \sigma_\varepsilon^2)$이다. 결정추세 $\alpha + \delta t$는 경제의 장기성장 경로를 나타낸다. 특히 $\delta > 0$이므로, 기술 발전, 인구 증가, 자본 축적 등 구조적 요인이 지속적으로 GDP를 증가시키는 효과를 모형화한다. 반면, AR(1) 오차항 u_t는 외부 충격으로 인한 단기적인 경기변동을 포착한다. 예를 들어, 정부의 확장적 재정정책은 양의 외부 충격($\varepsilon_t > 0$)으로 작용하여 u_t를 상승시키고, 이에 따라 GDP도 일시적으로 증가한다. 그러나 $\phi_1^k \to 0$이므로, 시간이 지남에 따라 그 효과는 점차 사라지고 결국 원래의 성장 추세선으로 되돌아간다. 따라서 이 모형은 경제 성장률(δ)을 높이기 위해서는 일시적 충격이 아니라, 기술 혁신, 제도 개선, 인적자본 축적 등 영구적 요인의 변화가 필요하다는 점을 시사한다.

14.2 단위근과정

단위근과정(unit-root process)을 따르는 시계열 x_t는 다음과 같이 정의된다:

$$x_t = \delta + x_{t-1} + u_t,$$

여기서 δ는 표류항(drift)이라 불리며, u_t는 $E[u_t] = 0$과 $Var[u_t] = \sigma_u^2$를 만족하는 정상시계열이다. 초깃값 x_0가 주어져 있을 때, x_t를 반복 전개하면 다음과 같은 형태로 정리된다:

$$\begin{aligned} x_t &= \delta + (\delta + x_{t-2} + u_{t-1}) + u_t \\ &= 2\delta + x_{t-2} + u_{t-1} + u_t \\ &= 3\delta + x_{t-3} + u_t + u_{t-1} + u_{t-2} \end{aligned}$$

또는

$$x_t = x_0 + \delta t + \sum_{j=0}^{t-1} u_{t-j}, \tag{14.2.1}$$

여기서 $x_0 + \delta t$는 결정추세이며, $\sum_{j=0}^{t-1} u_{t-j}$는 확률추세(stochastic trend)이다. 식(14.2.1)로부터 단위근과정 x_t의 기댓값과 분산은 각각 다음과 같이 주어진다:

$$E[x_t] = x_0 + \delta t, \qquad Var[x_t] = Var\left[\sum_{j=0}^{t-1} u_{t-j}\right].$$

이때 기댓값과 분산 모두 시간이 지남에 따라 변하므로, x_t는 비정상시계열이다.

단위근과정의 대표적인 사례는 랜덤워크과정(Random Walk process, RW 과정)이며, 이는 다음과 같이 정의된다:

$$x_t = \delta + x_{t-1} + \varepsilon_t,$$

여기서 $\varepsilon_t \sim WN(0, \sigma_\varepsilon^2)$이다. 일반적인 단위근과정의 오차항 u_t는 자기상관을 가질 수 있지만, RW 과정의 오차항 ε_t에는 모든 시차에 대해 선형적 상관관계가 존재하지 않는다. 초깃값 x_0가 주어질 때, x_t의 누적 형태는

$$x_t = x_0 + \delta t + \sum_{j=0}^{t-1} \varepsilon_{t-j}$$

이며, 이에 따라 $E[x_t] = x_0 + \delta t$, $Var[x_t] = t\sigma_\varepsilon^2$이다. 특히 $t \to \infty$일 때 $Var[x_t] \to \infty$이므로, x_t는 시간이 지남에 따라 평균으로부터 무작위로 멀리 벗어날 수 있다. 시점 t에서 발생한 충격 ε_t가 x_{t+k}에 미치는 영향은

$$\frac{\partial x_{t+k}}{\partial \varepsilon_t} = 1$$

이므로, RW 과정의 경우 충격의 효과가 영구적으로 지속된다.

예시 14.2. 삼성전자의 주가가 다음의 RW 과정을 따른다고 가정하자:

$$p_t = p_{t-1} + \varepsilon_t,$$

여기서 p_t와 p_{t-1}은 각각 시점 t와 $t-1$의 로그가격이며, $\varepsilon_t \sim WN(0, \sigma_\varepsilon^2)$이다. 이때 외부 충격 ε_t은 시점 t에서 발생한 새로운 정보를 나타내며, 기존 가격 p_{t-1}은 ε_t를 반영하여 새로운 가격 p_t으로 변한다. 이는 효율시장가설(Efficient Market Hypothesis, EMH)의 함의와 일치한다. 모든 k에 대해 $\partial p_{t+k}/\partial \varepsilon_t = 1$이므로, 새로운 정보는 주가 수준에 영구적인 변화를 남긴다. 예를 들어, 시점 t에 양의 외부 충격(예: 시장 기대치를 상회하는 실적 발표)이 발

생하면, 주가는 즉시 상승하고 이후에도 그 상승분이 유지된다. 과거와 현재의 주가 정보 $\{p_1,\dots,p_t\}$만으로 미래 주가 p_{t+1}을 예측하면 $E_t[p_{t+1}] = p_t$가 되며, 이는 주가의 상승·하락 방향을 예측할 수 없음을 의미한다. 이러한 예측 불가성은 약형(weak-form) EMH의 핵심적 함의로, 주가가 RW를 따른다면 기술적 분석을 통한 초과 수익 획득이 불가능함을 시사한다.

14.3 단위근검정

14.3.1 단위근검정의 필요성

시계열자료가 추세적인 움직임을 보일 때, 추세가 어떤 성격을 가지는지를 구분하는 것은 매우 중요하다. 단순히 증가하거나 감소하는 모양만 본다면 비슷해 보이지만, 그 기저 구조가 결정추세인지 아니면 확률추세인지에 따라 적절한 모형화 방법은 전혀 달라진다. 이러한 맥락에서 단위근검정(unit-root test)은 추세가 있는 시계열을 분석할 때 핵심적인 역할을 한다.

TS 과정 x_t의 비정상성(nonstationarity)은 결정추세 $c(t)$에서 비롯되며, 오차항 u_t는 정상시계열이다. 따라서 x_t에서 $c(t)$를 제거한 시계열, 즉 $x_t - c(t)$는 정상성을 갖는다. 반면에, 단위근과정 x_t를 1차 차분하면

$$\Delta x_t = x_t - x_{t-1} = \delta + u_t$$

가 된다. u_t가 정상시계열이므로, Δx_t 역시 정상시계열이다. 이는 1차 차분을 통해 단위근과정 x_t를 정상과정으로 변환할 수 있음을 의미한다.

구체적으로 단위근검정의 귀무가설은

$$H_0 : x_t \sim I(1),$$

즉 "x_t는 단위근을 따른다"라고 주어진다. 만약 귀무가설 H_0가 기각되면 x_t는 TS 과정으로 간주되며, 다음의 모형을 따른다고 판단한다:

$$x_t = c(t) + u_t,$$
$$\phi(B)u_t = \theta(B)\varepsilon_t,$$

여기서 $c(t)$는 결정추세, u_t는 $E[u_t] = 0$인 정상 ARMA(p, q) 과정, $\varepsilon_t \sim WN(0, \sigma_\varepsilon^2)$이다. 즉,

TS 과정 x_t는 $E[x_t] = c(t)$인 ARMA(p, q) 과정으로 표현된다.

일변량시계열 x_t에 대해 차수 p, q, d를 가진 자기회귀누적이동평균모형(AutoRegressive Integrated Moving Average model, ARIMA 모형), 즉 ARIMA(p,d,q) 모형은 다음과 같이 정의된다:

$$\phi(B)(1-B)^d x_t = \theta(B)\varepsilon_t,$$

여기서 $\varepsilon_t \sim WN(0, \sigma_\varepsilon^2)$이다. 다시 말해, $x_t \sim$ARIMA(p,d,q)는 d차 차분된 시계열 $(1-B)^d x_t$가 ARMA(p,q) 과정임을 의미한다.

단위근검정에서 귀무가설 H_0가 기각되지 않으면, x_t는 확률추세를 가진 단위근과정으로 간주한다. 이 경우 정상성을 확보하기 위해 1차 차분을 취해야 하며, 차분된 시계열 Δx_t은 다음의 형태를 따른다고 가정한다:

$$\Delta x_t = \delta + u_t,$$
$$\phi(B)u_t = \theta(B)\varepsilon_t,$$

여기서 u_t는 $E[u_t] = 0$을 만족하는 ARMA(p, q) 과정이며, $\varepsilon_t \sim WN(0, \sigma_\varepsilon^2)$이다. 이 경우 Δx_t가 ARMA(p, q) 과정을 따르므로, x_t는 ARIMA(p, 1, q) 과정을 따른다.

예시 14.3. 다음과 같은 TS 과정 $x_{1,t}$와 단위근과정 $x_{2,t}$를 고려하자:

$$\text{TS 과정: } x_{1,t} = 1 + 0.25t + u_t,$$
$$\text{단위근과정: } x_{2,t} = 0.25 + x_{t-1} + u_t,$$

여기서 $u_t = 0.75u_{t-1} + \varepsilon_t$, $\varepsilon_t \sim WN(0,1)$이다. 그림 14.3.1은 ε_t가 정규분포를 따른다는 가정 아래에서 모의실험(simulation)으로 생성한 시계열 경로를 나타낸다. $x_{1,t}$는 선형추세 $1+0.25t$를 중심으로 정상적 변동을 보인다. 반면 $x_{2,t}$의 경우, 충격이 누적되어 평균으로 되돌아가지 않고 무작위적인 누적 경로를 따라 움직인다. 두 과정 모두 겉보기에는 일정한 추세를 보이지만, 구조적 성격은 전혀 다르다. 따라서 단위근검정을 통해 확률추세의 존재 여부를 판단하는 절차가 필요하다.

14.3.2 Dickey-Fuller 검정

Dickey-Fuller(DF) 검정은 x_t의 단위근 여부를 AR(1) 모형

$$x_t = c(t) + \phi_1 x_{t-1} + \varepsilon_t, \qquad \varepsilon_t \sim WN(0, \sigma_\varepsilon^2) \tag{14.3.1}$$

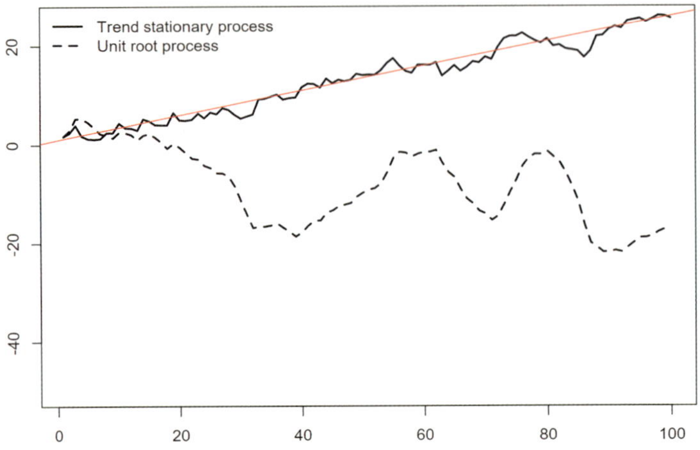

그림 14.3.1: 추세정상과정과 단위근과정

을 통해 판별한다. 이때 계수 ϕ_1에 따라 시계열의 성격이 달라진다. $\phi_1 = 1$이면 x_t는 단위근과정을 따르는 비정상시계열이며, $|\phi_1| < 1$이면 결정추세 $c(t)$를 포함하는 정상 AR(1) 과정을 따른다. 즉, 단위근 여부는 $\phi_1 = 1$인지를 검정하는 문제로 귀결된다.

이러한 직관을 바탕으로 Dickey and Fuller [1979]는 귀무가설 $H_0 : \phi_1 = 1$ 과 대립가설 $H_1 : |\phi_1| < 1$을 설정하고, 이를 검정하기 위해 다음과 같은 t 검정통계량을 사용하였다:

$$t = \frac{\hat{\phi}_1 - 1}{\text{SE}(\hat{\phi}_1)},$$

여기서 $\hat{\phi}_1$은 ϕ_1의 OLS 추정치, $\text{SE}(\hat{\phi}_1)$는 $\hat{\phi}_1$의 표준오차이다. 이때 중요한 점은, 귀무가설 아래에서 검정통계량이 비표준적인 DF 분포를 따른다는 것이다.

DF 검정의 임곗값은 모의실험을 통해 산출해야 하며, 식(14.3.1)에 포함된 결정추세 $c(t)$의 형태에 따라 생성값이 달라진다. 즉, $c(t) = \alpha$ (상수항만 포함)인 경우와 $c(t) = \alpha + \delta t$ (상수항과 기울기 모두 포함)인 경우의 임곗값이 다르게 생성된다. 따라서 DF 검정에서는 모형에 포함된 $c(t)$의 형태를 명확히 설정하고, 그에 맞는 적절한 임곗값을 사용해야 한다.

14.3.3 확장된 Dickey-Fuller 검정

기본 DF 검정은 시계열 x_t가 단순한 AR(1) 과정을 따른다고 가정한다. 그러나 실제 시계열 자료는 보다 더 복잡한 동태를 갖는 경우가 많으며, 단순 AR(1) 가정은 지나치게 제한적일 수 있다. 이러한 점을 보완하기 위해 Said and Dickey [1984]는 x_t가 일반적인 AR($p+1$) 과정을 따른다고 가정하여 기존의 DF 검정을 확장하였다. 이를 확장된 Dickey-Fuller 검정

또는 ADF(Augmented Dickey-Fuller) 검정이라고 한다.

결정추세 $c(t)$가 포함된 AR$(p+1)$ 모형

$$x_t = c(t) + \phi_1 x_{t-1} + \phi_2 x_{t-2} + \cdots + \phi_{p+1} x_{t-p-1} + \varepsilon_t$$

을 차분 연산자 Δ를 활용하여 다음과 같이 변환할 수 있다:

$$x_t = c(t) + \rho x_{t-1} + \sum_{j=1}^{p} \psi_j \Delta x_{t-j} + \varepsilon_t,$$

여기서 $\rho = \phi_1 + \cdots + \phi_{p+1}$이며, ψ_j는 $\phi_1, \ldots, \phi_{p+1}$의 선형결합 형태를 가진다. 이제 $\pi = \rho - 1$로 정의하면, 위 식은

$$\Delta x_t = c(t) + \pi x_{t-1} + \sum_{j=1}^{p} \psi_j \Delta x_{t-j} + \varepsilon_t \tag{14.3.2}$$

로 표현된다. 만약 $x_t \sim I(1)$이면, Δx_t은 정상성을 가지며, $\Delta x_{t-1}, \ldots, \Delta x_{t-p}$의 선형결합인 $\sum_{j=1}^{p} \psi_j \Delta x_{t-j}$ 역시 정상성을 가진다. 따라서 단위근과정의 경우, 우변의 π는 0이 되어야 한다.

ADF 검정에서는 단위근 여부를 검정하기 위해 귀무가설 $H_0 : \pi = 0$을 설정하며, 검정통계량은

$$t = \frac{\hat{\pi}}{\mathrm{SE}(\hat{\pi})}$$

로 계산된다. 여기서 $\hat{\pi}$은 π의 OLS 추정치, $\mathrm{SE}(\hat{\pi})$는 표준오차이다. Said and Dickey [1984]는 귀무가설 아래에서 ADF 검정통계량이 비표준적인 DF 분포를 따른다는 것을 보였다.

DF 분포의 임곗값을 계산하기 위해서는 결정추세 $c(t)$의 형태를 적절히 지정하는 것이 중요하며, 일반적으로 다음의 세 가지 형태를 고려한다. 첫째, $c(t) = 0$는 추세가 없고 0을 중심으로 변동하는 시계열에 적합하다. 둘째, $c(t) = \alpha$는 추세는 없지만 0이 아닌 일정한 평균을 중심으로 변동하는 시계열에 적합하다. 셋째, $c(t) = \alpha + \delta t$는 시계열이 시간에 따라 증가하거나 또는 감소하는 선형추세를 보일 때 적합하다. 실제 분석에서는 단위근검정을 실행하기 전에 시계열자료를 시각화하여 적절한 $c(t)$의 형태를 결정해야 한다.

식(14.3.2)에서 시차항 $\Delta x_{t-1}, \ldots, \Delta x_{t-p}$은 오차항 ε_t의 자기상관을 제거하는 역할을 한다. 만약 시차항을 충분히 포함하지 않으면, ε_t가 자기상관을 가지게 되어 검정의 유효성이 손상될 수 있다. 반면, p가 지나치게 크면 자유도가 불필요하게 소모되어 검정력이 약화될 수 있다. 그 결과, 실제로 단위근이 존재하지 않더라도 귀무가설을 기각하지 못할 위험이 발생한다.

Ng and Perron [1995]은 다음과 같은 최적 차수 선택 절차를 제안하였다. 우선 최대 차수 p_{max}를 다음과 같이 계산한다:

$$p_{max} = \left\lfloor 12 \cdot \left(\frac{T}{100}\right)^{1/4} \right\rfloor,$$

여기서 $\lfloor x \rfloor$는 내림 함수, T는 표본크기이다. $p = p_{max}$로 설정하여 식(14.3.2)의 ADF 회귀모형을 추정한 뒤, 마지막 시차항 Δx_{t-p}의 t 검정통계량의 절댓값이 1.6보다 큰지 확인한다. 만약 그렇다면 현재의 p를 유지하고, 작으면 p를 1 줄여 다시 추정한다. 이 과정을 마지막 시차항의 t 검정통계량 절댓값이 1.6보다 클 때까지 반복하여 최종적인 p를 결정한다.

14.4 계절성모형

계절성을 가진 시계열은 일정한 주기를 따라 반복되는 순환적 또는 주기적 패턴을 보인다. 금융시계열에서는 분기, 월, 주와 같은 정해진 주기를 중심으로 계절성이 나타나는 경우가 많다. 예를 들어, 기업의 매출, 주당순이익(EPS) 등은 계절적 요인에 의해 주기적인 변동을 보인다. 일부 응용에서는 계절성을 부차적인 요소로 간주하여 이를 제거한 계절조정시계열(seasonally-adjusted time series)을 분석 대상으로 삼는다. 그러나 예측 정확도의 관점에서는 계절성이 시계열자료의 다른 동적 특성과 마찬가지로 중요한 정보를 제공하기 때문에, 계절성을 적절히 반영하는 것이 필요하다.

그림 14.4.1은 1983년 1분기부터 2009년 3분기까지의 Coca-Cola의 분기별 EPS와 로그변환값인 eps를 시각화한 것이다. EPS 시계열은 강한 계절성을 보이며, 특히 연 단위로 반복되는 패턴이 뚜렷하다. 또한 지수적 증가 추세가 존재하며 시간이 지남에 따라 변동폭이 점차 확대되는 모습을 확인할 수 있다. 반면, 선형적으로 증가하는 eps 시계열은 일정한 진폭을 유지하면서 계절적 변동을 보인다. 이는 로그변환이 추세와 분산의 불안정성을 완화하여 모형화에 유리한 시계열을 만들어 준다는 점을 보여준다.

계절성을 포함한 시계열은 정해진 주기에 따라 반복적인 패턴을 가지므로, 이를 반영할 수 있는 모형이 필요하다. 이 경우 ARIMA 모형을 확장한 형태인 SARIMA 모형(Seasonal ARIMA model)이 널리 사용된다. 구체적으로 SARIMA 모형은 다음과 같이 정의된다:

$$\phi(B)\Phi(B^s)(1-B^s)(1-B)^d x_t = \theta(B)\Theta(B^s)\varepsilon_t, \quad (14.4.1)$$

여기서 s는 계절성 주기(예: 분기별 자료는 $s=4$, 월별 자료는 $s=12$)를 나타내며, $\varepsilon_t \sim$

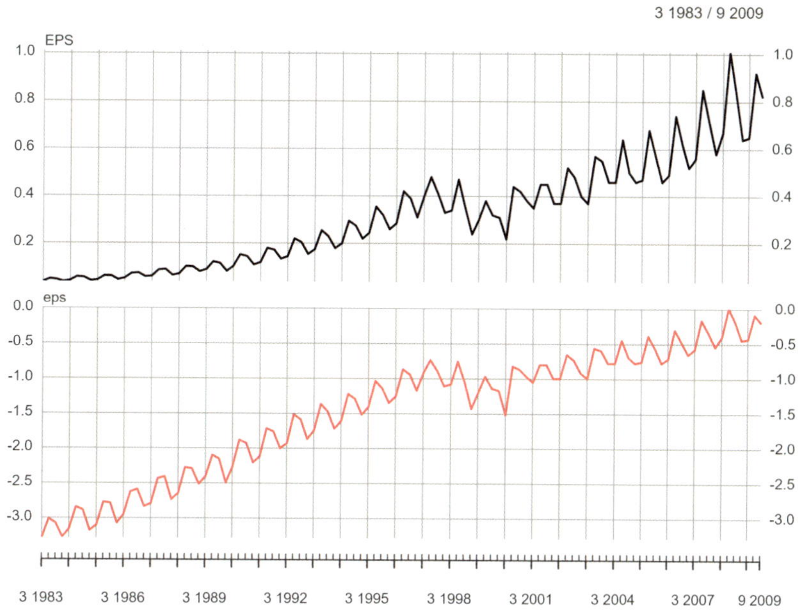

그림 14.4.1: Coca-Cola의 EPS와 eps

$WN(0, \sigma_\varepsilon^2)$이다. 모형을 구성하는 각 다항식은 다음과 같이 주어진다:

$$\text{비계절 AR: } \phi(B) = 1 - \phi_1 B - \cdots - \phi_p B^p,$$

$$\text{비계절 MA: } \theta(B) = 1 + \theta_1 B + \cdots + \theta_q B^q,$$

$$\text{계절 AR: } \Phi(B^s) = 1 - \Phi_1 B^s - \cdots - \Phi_P B^{sP},$$

$$\text{계절 MA: } \Theta(B^s) = 1 + \Theta_1 B^s + \cdots + \Theta_Q B^{sQ}.$$

시계열 x_t가 식(14.4.1)을 따른다면, 이를 다음과 같이 표기한다:

$$x_t \sim \text{ARIMA}(p, d, q) \times (P, 1, Q)_s,$$

여기서 (p, d, q)는 비계절 ARIMA 차수, $(P, 1, Q)_s$는 계절 ARIMA 차수를 나타낸다.

SARIMA 모형은 비계절 추세의 존재 여부에 따라 두가지 대표적인 형태로 적용된다. 첫째, 비계절 추세가 없는 계절성 시계열에는 다음과 같은 ARIMA(p, 0, q)$\times(0, 1, 1)_s$ 모형이 적합하다:

$$\phi(B)\Delta_s x_t = \theta(B)(1 + \Theta_1 B^s)\varepsilon_t,$$

여기서 $\Delta_s = 1 - B^s$는 계절 차분 연산자이다. 이 모형은 계절 차분을 통해 계절성을 제거하여 정상성을 확보한다. 둘째, 비계절 추세가 존재하는 계절성 시계열에는 ARIMA(p, 1, q)$\times(0,1,1)_s$ 모형

$$\phi(B)\Delta_s(\Delta x_t) = \theta(B)(1+\Theta_1 B^s)\varepsilon_t$$

이 적합하다. 이때 1차 차분 $\Delta = 1 - B$과 계절 차분 Δ_s을 동시에 적용하여 비계절 추세와 계절성을 동시에 제거한다.

계절성을 확률적 요인으로 보지 않고 결정적 요인(deterministic factor)으로 가정하여 계절 가변수를 활용하는 방법도 있다. 예를 들어 분기별 자료의 경우, Q1, Q2, Q3를 가변수로 포함하고, Q4를 기준분기로 두어 모형을 추정할 수 있다. 실제 시계열자료의 계절성은 시간이 지남에 따라 강도나 패턴이 변화하는 경우가 많다. 이 경우 고정된 계절 가변수는 지나치게 제한적인 구조를 강제하게 되어, 실제 자료의 변동을 충분히 설명하지 못하고 예측 성능도 저하될 수 있다. 따라서 계절성을 가진 시계열에는 SARIMA 모형처럼 유연하게 계절 구조를 반영할 수 있는 확률적 모형이 보다 적합하다.

14.5 R 실습

```
> libraries <- c("data.table", "forecast", "fUnitRoots", "urca", "xts")
> lapply(libraries, library, character.only = TRUE)
```

14.5.1 예제 1

이 예제에서는 1980년 1월부터 2021년 12월까지 KOSPI 시장에 상장된 전체 종목의 시가총액을 로그변환한 월별 자료를 활용한다.

```
> dat <- fread("data14_1.csv", header = TRUE)
> head(dat)
     TRD_DD   KOSPI
      <int>   <num>
1: 19800131 28.0360
2: 19800229 28.0263
3: 19800331 28.0350
4: 19800430 28.1848
5: 19800531 28.1933
6: 19800630 28.1478
> kospi <- xts(dat$KOSPI,
```

그림 14.5.1: KOSPI 시가총액

```
+               order.by = as.Date(as.character(dat$TRD_DD), "%Y%m%d"))
> plot(kospi, xlab = "", ylab = "", main = "KOSPI Market Value")
```

그림 14.5.1에 따르면 KOSPI 시가총액의 시계열이 장기적으로 우상향하는 추세를 보이며, 이는 KOSPI 상장기업들이 지난 수십 년간 구조적 성장세를 이어왔음을 반영하는 결과로 해석된다.

```
> pmax <- floor(12*(length(kospi)/100)^(1/4))
> summary(ur.df(kospi, type = "trend", lags = pmax))
Test regression trend
Call:
lm(formula = z.diff ~ z.lag.1 + 1 + tt + z.diff.lag)
Residuals:
     Min       1Q   Median       3Q      Max
-0.33778 -0.04316 -0.00088  0.03620  0.38620
Coefficients:
              Estimate Std. Error t value Pr(>|t|)
(Intercept)  2.675e-01  1.642e-01   1.629   0.1040
z.lag.1     -8.307e-03  5.633e-03  -1.475   0.1410
tt           6.934e-05  8.218e-05   0.844   0.3992
z.diff.lag1  1.093e-01  4.611e-02   2.371   0.0182 *
z.diff.lag2  1.734e-02  4.621e-02   0.375   0.7076
z.diff.lag3 -2.370e-02  4.602e-02  -0.515   0.6069
z.diff.lag4 -2.580e-02  4.601e-02  -0.561   0.5753
...
```

```
z.diff.lag14  3.393e-02  4.609e-02   0.736   0.4621
z.diff.lag15 -4.215e-02  4.598e-02  -0.917   0.3598
z.diff.lag16 -8.070e-02  4.602e-02  -1.754   0.0801 .
z.diff.lag17 -3.122e-02  4.596e-02  -0.679   0.4973
Residual standard error: 0.07712 on 466 degrees of freedom
Multiple R-squared:  0.05338,   Adjusted R-squared:  0.01478
F-statistic: 1.383 on 19 and 466 DF,  p-value: 0.1295
> summary(ur.df(kospi, type = "trend", lags = c(pmax - 1)))
Test regression trend
Call:
lm(formula = z.diff ~ z.lag.1 + 1 + tt + z.diff.lag)
Residuals:
     Min       1Q   Median       3Q      Max
-0.33524 -0.04297 -0.00107  0.03625  0.38977
Coefficients:
               Estimate Std. Error t value Pr(>|t|)
(Intercept)   2.972e-01  1.636e-01   1.817   0.0699 .
z.lag.1      -9.315e-03  5.612e-03  -1.660   0.0976 .
tt            8.149e-05  8.185e-05   0.996   0.3200
z.diff.lag1   1.123e-01  4.597e-02   2.444   0.0149 *
z.diff.lag2   2.521e-02  4.607e-02   0.547   0.5845
z.diff.lag3  -2.392e-02  4.606e-02  -0.519   0.6038
z.diff.lag4  -2.503e-02  4.582e-02  -0.546   0.5852
...
z.diff.lag13 -8.879e-02  4.582e-02  -1.938   0.0532 .
z.diff.lag14  4.098e-02  4.600e-02   0.891   0.3734
z.diff.lag15 -4.288e-02  4.604e-02  -0.931   0.3521
z.diff.lag16 -8.524e-02  4.584e-02  -1.860   0.0636 .
Residual standard error: 0.07723 on 468 degrees of freedom
Multiple R-squared:  0.05476,   Adjusted R-squared:  0.01841
F-statistic: 1.506 on 18 and 468 DF,  p-value: 0.08275
> adfTest(kospi, lags = 16, type = "ct")
Title:
 Augmented Dickey-Fuller Test
Test Results:
  PARAMETER:
    Lag Order: 16
  STATISTIC:
    Dickey-Fuller: -1.66
  P VALUE:
    0.7222
```

KOSPI 시가총액 시계열의 단위근 여부를 평가하기 위해 ADF 검정을 실시하였다. 시계열이 우상향하는 패턴을 보이므로, ADF 회귀모형의 결정적 구성요소는 $c(t) = c + \delta t$ 형태로 설정하였고, 이는 `ur.df()` 함수에서 옵션 `type = "trend"`로 구현된다. 또한 Ng and Perron [1995]의 차수 선택 절차를 적용하여 ADF 회귀모형의 최적 차수를 결정하였다.

차수 선택의 결과, Δx_{t-16}가 마지막 시차항인 경우에 있어 그 회귀계수의 t 통계량 절댓값이 1.6보다 크게 나타나 $p = 16$을 선택하였다. 마지막으로, `adfTest(..., type = "ct")` 함수를 통해 ADF 검정을 진행하였다. 검정 결과에 따르면 5% 유의수준에서 단위근 존재에 대한 귀무가설을 기각하지 못하였고, 이에 따라 해당 시계열이 단위근과정을 따른다고 판단하였다.

```
> best_aic <- Inf
> best_order <- c(0, 0)
> for (p in 0:5) {
+   for (q in 0:5) {
+     fit <- Arima(kospi, order = c(p, 1, q), include.drift = TRUE)
+     aic <- fit$aic
+     if (aic < best_aic) {
+       best_aic <- aic
+       best_order <- c(p, q)
+     }}}
> best_order
[1] 3 2
> fit <- Arima(kospi, order = c(3, 1, 2), include.drift = TRUE)
> fit$coef/sqrt(diag(fit$var.coef))
       ar1        ar2        ar3        ma1        ma2      drift
  6.482424 -53.777025   1.912456 -30.888218 100.384304   3.761987
> fit <- Arima(kospi, order = c(2, 1, 2), include.drift = TRUE)
> fit$coef/sqrt(diag(fit$var.coef))
       ar1        ar2        ma1        ma2      drift
 13.420172 -63.269573 -33.592830  86.433922   4.094705
> Box.test(residuals(fit), lag = 10, type = "Ljung-Box", fitdf = 4)
        Box-Ljung test
data:  residuals(fit)
X-squared = 6.2112, df = 6, p-value = 0.4
> summary(fit)
Series: kospi
ARIMA(2,1,2) with drift
Coefficients:
         ar1      ar2      ma1     ma2   drift
      0.2104  -0.9482  -0.1761  1.0000  0.0145
s.e.  0.0157   0.0150   0.0052  0.0116  0.0035
sigma^2 = 0.005793:  log likelihood = 581.93
AIC=-1151.85   AICc=-1151.68   BIC=-1126.53
```

단위근이 존재하므로, 1차 차분을 취한 후 ARMA 모형을 추정하였다. AR 성분과 MA 성분에 대한 최대 차수를 각각 $p_{max} = q_{max} = 5$로 설정하고 AIC를 기준으로 모형을 선택한 결과, ARIMA(3, 1, 2) 모형이 최적으로 선택되었다. 이때 단위근과정의 δ를 명시적으로 반영하기 위해 `Arima()` 함수에서 옵션 `include.drift = TRUE`를 이용하였다. 추정 결과에서 ϕ_3은 5% 유의수준에서 통계적으로 유의하지 않아 이를 제외하고 ARIMA(2, 1, 2) 모형으로 재추정하였다. 재추정된 ARIMA(2, 1, 2) 모형에서는 모든 계수가 통계적으로 유의하였고, Ljung–Box 검정 결과 잔차가 백색잡음과정을 따른다는 것을 확인하였다. 따라서 최종 모형의 경험적 형태는 다음과 같이 주어진다:

$$x_t = 0.0145 + x_{t-1} + u_t,$$

$$u_t = 0.2104u_{t-1} - 0.9482u_{t-2} + \varepsilon_t - 0.1761\varepsilon_{t-1} + \varepsilon_{t-2}.$$

```
> fcst <- forecast(fit, h = 12, level = 95)
> fcst
    Point Forecast    Lo 95    Hi 95
505       35.34535 35.19591 35.49480
506       35.37425 35.15922 35.58929
507       35.39033 35.12056 35.66010
508       35.39152 35.07800 35.70505
509       35.40175 35.05366 35.74983
510       35.42798 35.04799 35.80798
511       35.44902 35.03642 35.86162
512       35.45379 35.01075 35.89683
513       35.46006 34.99115 35.92896
514       35.48207 34.98933 35.97481
515       35.50598 34.98844 36.02351
516       35.51535 34.97310 36.05760
> plot(fcst, include = 48, showgap = FALSE, shaded = FALSE)
```

그림 14.5.2는 최종 모형을 이용해 예측한 향후 12개월 KOSPI 시가총액 예측 값을 시각화한 것이다.

```
> best_aic <- Inf
> best_order <- c(0, 0)
> for (p in 0:5) {
+   for (q in 0:5) {
+     fit <- Arima(kospi, order = c(p, 0, q), xreg = 1:length(kospi))
+     aic <- fit$aic
+     if (aic < best_aic) {
+       best_aic <- aic
+       best_order <- c(p, q)
+     }}}
> best_order
[1] 4 4
> fit <- Arima(kospi, order = c(4, 0, 4), xreg = 1:length(kospi))
> fit$coef/sqrt(diag(fit$var.coef))
```

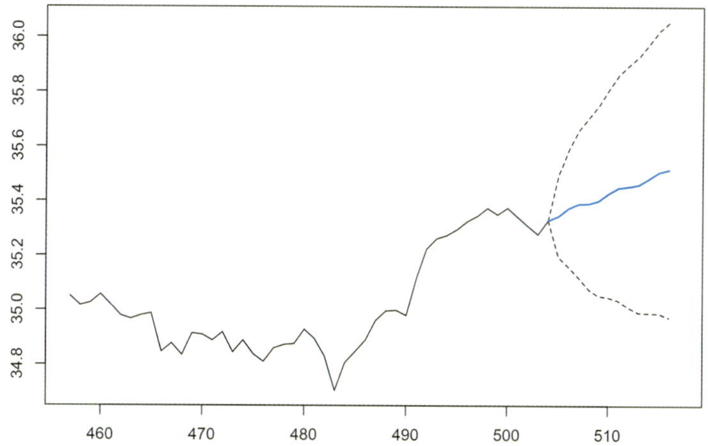

그림 14.5.2: ARIMA(2, 1, 2) 모형의 예측

```
       ar1       ar2       ar3       ar4       ma1       ma2
  9.916491  2.143819 -9.575154 49.962710 18.880413 22.175420
       ma3       ma4 intercept      xreg
 25.984393  2.299622 42.471304  7.281657
> summary(fit)
Series: kospi
Regression with ARIMA(4,0,4) errors
Coefficients:
         ar1     ar2      ar3     ar4     ma1     ma2     ma3
      0.1982  0.0393  -0.1985  0.9361  0.9213  0.9165  1.0775
s.e.  0.0200  0.0183   0.0207  0.0187  0.0488  0.0413  0.0415
         ma4  intercept    xreg
      0.1091    28.7272  0.0144
s.e.  0.0474     0.6764  0.0020
sigma^2 = 0.005751:  log likelihood = 585.19
AIC=-1148.37   AICc=-1147.84   BIC=-1101.93
> fcst <- forecast(fit, h = 12, level = 95, xreg = 505:516)
> fcst
    Point Forecast    Lo 95    Hi 95
505       35.35276 35.20386 35.50165
506       35.38413 35.16059 35.60767
507       35.40661 35.12278 35.69044
508       35.41376 35.08212 35.74541
509       35.42690 35.05721 35.79659
510       35.45505 35.05202 35.85807
511       35.48112 35.04452 35.91773
512       35.49184 35.02412 35.95956
513       35.50206 35.00744 35.99669
514       35.52604 35.00758 36.04450
515       35.55383 35.01095 36.09672
```

```
516          35.56865 35.00178 36.13551
```

비교를 위해 동일 시계열을 TS 과정으로 가정하여 분석을 진행하였다. AIC 기준으로 $p = 4$, $q = 4$가 최적이었고, 결정추세 $c(t) = \alpha + \delta t$를 포함하는 ARIMA(4, 0, 4) 모형을 추정하였다. 이때 결정추세 $c(t)$를 명시적으로 반영하기 위해 `Arima()` 함수에서 옵션 `xreg = 1:length(kospi)`로 설정하였다. 추정된 모형은 다음과 같다:

$$x_t = 28.7272 + 0.0144t + u_t,$$

여기서

$$\begin{aligned} u_t =& 0.1982u_{t-1} + 0.0393u_{t-2} - 0.1985u_{t-3} + 0.9361u_{t-4} + \varepsilon_t + 0.9213\varepsilon_{t-1} \\ &+ 0.9165\varepsilon_{t-2} + 1.0775\varepsilon_{t-3} + 0.1091\varepsilon_{t-4}. \end{aligned}$$

한편, 추세정상 가정 아래에서 계산된 향후 12개월 예측 결과는 단위근과정의 예측 결과와 매우 유사하게 나타났다.

14.5.2 예제 2

이번 예제에서는 1983년 1분기부터 2009년 3분기까지의 Coca-Cola의 분기별 EPS 자료를 분석한다. 계절성모형을 추정하기 위해 2007년 4분기까지의 로그변환된 EPS를 사용하고, 2008년 1분기부터 2009년 3분기까지의 기간에 걸쳐 실제 값과 예측 값의 비교가 진행된다.

```
> dat <- fread("data14_2.csv", header = TRUE)
> head(dat)
       YEAR    EPS
      <int>  <num>
1: 19830331 0.0375
2: 19830630 0.0492
3: 19830930 0.0463
4: 19831231 0.0379
5: 19840331 0.0425
6: 19840630 0.0583
> EPS <- xts(dat$EPS,
+            order.by = as.Date(as.character(dat$YEAR), "%Y%m%d"))
> eps <- log(EPS)
> dat <- merge(EPS, eps)
> index(dat) <- as.yearmon(index(dat))
> eps1 <- eps["/2007"]
> best_aic <- Inf
```

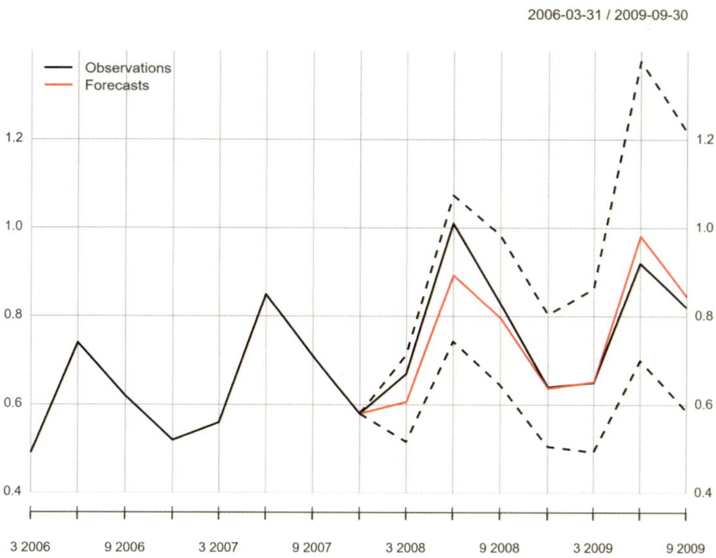

그림 14.5.3: SARIMA 모형의 예측 값

```
> best_order <- c(0, 0)
> for (p in 0:5) {
+   for (q in 0:5) {
+     fit <- Arima(eps1, order = c(p, 1, q),
+                  seasonal = list(order = c(0, 1, 1), period = 4),
+                  method = "ML")
+     aic <- fit$aic
+     if (aic < best_aic) {
+       best_aic <- aic
+       best_order <- c(p, q)
+     }}}
> best_order
[1] 2 5
> fit <- Arima(eps1, order = c(2, 1, 5),
+              seasonal = list(order = c(0, 1, 1), period = 4),
+              method = "ML")
> summary(fit)
Series: eps1
ARIMA(2,1,5)(0,1,1)[4]
Coefficients:
          ar1      ar2     ma1     ma2      ma3     ma4     ma5     sma1
      -0.7276  -0.6134  0.2853  0.3962  -0.2645  0.2299  0.4050  -0.8321
s.e.   0.1298   0.1092  0.1585  0.1178   0.1103  0.1449  0.1305   0.0788
sigma^2 = 0.006648:  log likelihood = 103.34
AIC=-188.68   AICc=-186.56   BIC=-165.7
```

차수 선택을 위해 비계절 AR 차수와 MA 차수의 최댓값을 $p_{max} = q_{max} = 5$로 설정한 뒤, AIC를 적용하였다. 최적 차수는 $p = 2, q = 5$로 나타났으며, 계절성 부분은 차분을 포함한 $(0,1,1)_4$ 구조가 선택되었다. 최종적으로 식별된 모형은 ARIMA(2, 1, 5)$\times(0,1,1)_4$이며, 그 경험적 형태는 다음과 같다:

$$\phi(B)\Delta_4 x_t = \theta(B)(1-0.8321B^4)\varepsilon_t,$$

여기서

$$\phi(B) = 1 + 0.7276B + 0.6134B^2,$$
$$\theta(B) = 1 + 0.2853B + 0.3962B^2 - 0.2645B^3 + 0.2299B^4 + 0.4050B^5.$$

```
> fcst <- forecast(fit, h = 7, level = 95)
> fcst1 <- xts(c(exp(coredata(eps1["2007-12"])), exp(fcst$mean)),
+              order.by = index(eps["2007-12/"]))
> fcst2 <- xts(c(exp(coredata(eps1["2007-12"])), exp(fcst$lower)),
+              order.by = index(eps["2007-12/"]))
> fcst3 <- xts(c(exp(coredata(eps1["2007-12"])), exp(fcst$upper)),
+              order.by = index(eps["2007-12/"]))
> EPS1 <- EPS["2006/2009"]
> plot(EPS1, xlab = "", ylab = "", main = "", ylim = c(0.4, 1.4))
> lines(fcst1, lty = 1, lwd = 2, col = "red")
> lines(fcst2, lty = 2, lwd = 2)
> lines(fcst3, lty = 2, lwd = 2)
> addLegend("topleft", legend.names = c("Observations", "Forecasts"),
+           lty = 1, lwd = c(2, 2), col = c("black", "red"))
```

그림 14.5.3은 SARIMA 모형으로부터 얻은 향후 7분기 예측 값을 나타낸다. 예측을 위해 로그예측 값을 수준 값으로 되돌렸다. 예측 결과는 분기 주기를 따르는 뚜렷한 계절 패턴을 재현하였으며, 실제 관측치와 매우 근접하게 일치하였다. 이는 계절성을 확률적 요인으로 고려한 SARIMA 모형이 시계열의 기저적 계절성을 효과적으로 포착하고 있음을 보여준다.

제15장 변동성

15.1 조건부이분산모형

수익률의 변동성(volatility)은 자산 수익률의 불확실성, 즉 기대수익률을 중심으로 한 산포(흩어짐)의 정도를 나타내는 지표이며, 통계적으로는 표준편차로 정의된다. 이는 자산의 위험을 수치화한 핵심 개념으로, 위험관리(risk management), 옵션가격결정(option pricing), 자산배분(portfolio allocation), 그리고 시장상태 진단 등에 있어 중요한 역할을 수행한다. 일반적으로 변동성이 높을수록 수익률의 불확실성이 커져 자산의 위험이 증가하며, 반대로 변동성이 낮을수록 수익률이 안정적인 경향을 보인다.

다수의 실증 연구들은 변동성이 몇 가지 특성을 지닌다는 사실을 일관되게 보여준다. 첫째, 높은 변동성이 관측되는 시기에는 이후에도 높은 변동성이 지속되고, 낮은 변동성이 나타나는 시기에는 낮은 변동성이 이어지는 경향이 존재한다. 이러한 현상을 변동성군집(volatility clustering)이라 부르며, 이는 현재의 변동성이 과거의 변동성에 의존한다는 사실을 시사한다. 둘째, 변동성이 갑작스럽게 급등하거나 급락하는 경우는 드물고, 일반적으로 변동성은 완만하게 변화한다. 셋째, 변동성은 무한히 발산하지 않고 정상성을 유지하는 경향이 있다. 다시 말해, 일정한 범위 내에서 등락을 반복하며 장기적으로는 평균 수준으로 되돌아가는 성질을 가진다. 넷째, 변동성은 외부 충격에 대해 비대칭적 반응을 보인다. 즉, 악재(bad news)로 인해 가격이 급격히 하락하는 경우 변동성은 크게 증가하지만, 동일한 규모의 호재(good news)로 인한 가격 상승에서는 변동성의 증가 폭이 상대적으로 작다. 이러한 현상을 레버리지효과(leverage effect)라고 부른다.

이와 같이 변동성은 시간에 따라 변화하는 동태적 구조를 가지므로, 수익률의 표준편차가 일정하다고 가정하는 단순한 접근으로는 변동성의 복잡한 움직임을 충분히 설명할 수 없다. 따라서 본 장에서는 변동성의 시계열적 특성을 모형화하기 위해 조건부이분산모형(conditional heteroskedasticity model)을 소개한다. 구체적으로 시점 t에서의 로그수익률 r_t

에 대한 조건부이분산모형은 다음과 같이 정의된다:

$$r_t = \mu_t + \varepsilon_t,$$
$$\mu_t = \phi_0 + \sum_{i=1}^{p} \phi_i r_{t-i} + \sum_{j=1}^{q} \theta_j \varepsilon_{t-j}, \tag{15.1.1}$$
$$\sigma_t^2 = f(I_{t-1}), \tag{15.1.2}$$
$$\varepsilon_t = \sigma_t z_t, \qquad z_t \sim WN(0,1).$$

이때 σ_t^2는 시점 $t-1$까지의 정보집합 I_{t-1}의 함수이고, 백색잡음 z_t는 $E_{t-1}[z_t] = E[z_t] = 0$와 $E_{t-1}[z_t^2] = E[z_t^2] = 1$을 만족한다. 따라서 오차항 ε_t에 대해 다음이 성립한다:

$$E_{t-1}[\varepsilon_t] = E_{t-1}[\sigma_t z_t] = \sigma_t E_{t-1}[z_t] = 0,$$
$$E_{t-1}[\varepsilon_t^2] = E_{t-1}[\sigma_t^2 z_t^2] = \sigma_t^2 E_{t-1}[z_t^2] = \sigma_t^2.$$

결과적으로 시점 $t-1$에서 r_t의 조건부기댓값과 조건부분산은 각각 다음과 같이 주어진다:

$$E_{t-1}[r_t] = \mu_t + E_{t-1}[\varepsilon_t] = \mu_t,$$
$$Var_{t-1}[r_t] = E_{t-1}[(r_t - \mu_t)^2] = E_{t-1}[\varepsilon_t^2] = \sigma_t^2.$$

식(15.1.1)에 따르면, 로그수익률 r_t는 ARMA(p,q) 과정을 따른다. 식(15.1.2)에서 제시된 r_t의 조건부분산 σ_t^2의 경우, 실제 분석에서는 변동성의 동태를 포착하기 위해 자기회귀조건부이분산모형(AutoRegressive Conditional Heteroskedasticity model, ARCH 모형), 일반화자기회귀조건부이분산모형(Generalized AutoRegressive Conditional Heteroskedasticity model, GARCH 모형) 등과 같이 구체적인 형태로 설정된다.

한편, 모든 $k \neq 0$에 대해 오차항 ε_t의 k시차 자기공분산

$$Cov[\varepsilon_t, \varepsilon_{t-k}] = E[\varepsilon_t \varepsilon_{t-k}] - E[\varepsilon_t]E[\varepsilon_{t-k}]$$

을 생각해 보자. 반복기댓값의 법칙에 따라 $E[\varepsilon_t] = E[E_{t-1}[\varepsilon_t]] = 0$이며, 모든 $\tau < t$에 대해 $I_\tau \subset I_t$가 성립한다. 따라서 자기공분산은

$$Cov[\varepsilon_t, \varepsilon_{t-k}] = E[\varepsilon_t \varepsilon_{t-k}] = E[E_{t-1}[\varepsilon_t \varepsilon_{t-k}]] = E[\varepsilon_{t-k} E_{t-1}[\varepsilon_t]] = 0$$

이 된다. 즉, 조건부이분산모형에서는 ε_t와 ε_{t-k} 사이에 선형적 상관관계가 존재하지 않으

며, 이는 수익률의 자기상관이 거의 0에 근접하다는 실증적 사실과 잘 부합한다.

15.2 GARCH 모형

15.2.1 ARCH 모형

Engle [1982]가 제안한 ARCH(m) 모형은 조건부분산 $\sigma_t^2 = Var_{t-1}[r_t]$을 다음과 같이 정의한다:

$$\sigma_t^2 = a_0 + a_1\varepsilon_{t-1}^2 + a_2\varepsilon_{t-2}^2 + \cdots + a_m\varepsilon_{t-m}^2,$$

여기서 양(+)의 조건부분산을 위해 $a_0 > 0$, 모든 i에 대해 $a_i \geq 0$이다. 즉, 시점 $t-1$에서의 조건부분산은 m개의 외부 충격의 제곱항 $\varepsilon_{t-1}^2, \ldots, \varepsilon_{t-m}^2$에 의해 결정되는 구조이다. 이에 따라 ARCH 모형은 변동성군집 현상을 자연스럽게 설명할 수 있다.

예를 들어, 다음과 같은 ARCH(1) 모형을 고려하자:

$$\sigma_t^2 = a_0 + a_1\varepsilon_{t-1}^2, \tag{15.2.1}$$

여기서 $a_0 > 0$, $a_1 \geq 0$이다. $E_{t-1}[\varepsilon_t^2] = \sigma_t^2$을 이용하면, ε_t^2의 1시차 자기공분산은

$$\begin{aligned} Cov[\varepsilon_t^2, \varepsilon_{t-1}^2] &= E[\varepsilon_t^2\varepsilon_{t-1}^2] - E[\varepsilon_t^2]E[\varepsilon_{t-1}^2] \\ &= E\left[\varepsilon_{t-1}^2 E_{t-1}[\varepsilon_t^2]\right] - E\left[E_{t-1}[\varepsilon_t^2]\right] E[\varepsilon_{t-1}^2] \\ &= E[\varepsilon_{t-1}^2\sigma_t^2] - E[\sigma_t^2]E[\varepsilon_{t-1}^2] \end{aligned}$$

로 표현된다. 식(15.2.1)을 대입하여 정리하면,

$$\begin{aligned} Cov[\varepsilon_t^2, \varepsilon_{t-1}^2] &= E\left[\varepsilon_{t-1}^2(a_0 + a_1\varepsilon_{t-1}^2)\right] - E[a_0 + a_1\varepsilon_{t-1}^2]E[\varepsilon_{t-1}^2] \\ &= a_1 E[\varepsilon_{t-1}^4] - a_1\left(E[\varepsilon_{t-1}^2]\right)^2 \\ &= a_1 Var[\varepsilon_{t-1}^2] \end{aligned}$$

가 되며, $a_1 > 0$인 경우 ε_t^2과 ε_{t-1}^2 사이에는 양의 상관관계가 존재한다. 따라서 ARCH(1) 모형은 ε_t^2의 시계열적 지속성—즉 큰 ε_{t-1}^2 뒤에는 큰 ε_t^2가, 작은 ε_{t-1}^2 뒤에는 작은 ε_t^2가 따라오는 패턴—을 의미하며, 이러한 동태적 특성은 수익률 시계열자료에서 관찰되는 변동성의 군집 현상과 일치한다.

그러나 ARCH(m) 모형의 한계점은, 실제 분석에서 변동성의 동태에 대한 설명력을 확

보하기 위해서는 차수 m이 매우 커지는 경우가 많다는 것이다. 이는 곧 추정해야 할 모수의 수가 지나치게 많아진다는 문제로 이어진다. 이러한 문제를 해결하기 위해 Bollerslev [1986]은 GARCH 모형을 제안하였다.

15.2.2 GARCH 모형의 구성

GARCH 모형은 현재의 조건부분산이 과거의 충격뿐만 아니라 과거의 조건부분산에도 의존하도록 구성한다. 구체적으로 GARCH(m, n) 모형은 다음과 같이 정의된다:

$$\sigma_t^2 = a_0 + \sum_{i=1}^{m} a_i \varepsilon_{t-i}^2 + \sum_{j=1}^{n} b_j \sigma_{t-j}^2,$$

여기서 $a_0 > 0$, $a_i \geq 0$, $b_j \geq 0$이다. 정상성을 위해 $\sum_{i=1}^{m} a_i + \sum_{j=1}^{n} b_j < 1$의 충분조건이 필요하다. 이때 a_i는 과거 외부 충격 ε_{t-i}^2이 현재 변동성에 미치는 영향을, b_j는 과거 조건부분산 σ_{t-j}^2이 현재 변동성에 미치는 영향을 나타낸다. 직관적으로 GARCH(m, n) 모형은 ARCH(m) 모형을 일반화한 형태로 해석되며, 비교적 적은 수의 모수만으로 변동성의 동태를 효과적으로 포착할 수 있다. 실제 분석에서는 GARCH(1, 1), GARCH(2, 1), GARCH(1, 2) 등과 같이 낮은 차수의 모형만으로도 충분한 설명력을 보인다.

예를 들어, 가장 간단한 형태인 GARCH(1,1) 모형

$$\sigma_t^2 = a_0 + a_1 \varepsilon_{t-1}^2 + b_1 \sigma_{t-1}^2$$

을 고려하자. 이때 $\eta_t = \varepsilon_t^2 - \sigma_t^2$라 정의하면, 위 식은

$$\varepsilon_t^2 = a_0 + a_1 \varepsilon_{t-1}^2 + b_1 \sigma_{t-1}^2 + \eta_t \tag{15.2.2}$$

로 표현된다. $\sigma_{t-1}^2 = \varepsilon_{t-1}^2 - \eta_{t-1}$를 대입하면, 식(15.2.2)는

$$\varepsilon_t^2 = a_0 + a_1 \varepsilon_{t-1}^2 + b_1(\varepsilon_{t-1}^2 - \eta_{t-1}) + \eta_t = a_0 + (a_1 + b_1)\varepsilon_{t-1}^2 + \eta_t - b_1 \eta_{t-1} \tag{15.2.3}$$

가 되어, ε_t^2이 ARMA(1, 1) 과정과 유사한 형태를 따른다는 것을 알 수 있다. 즉 오차항 η_t가 백색잡음은 아니지만, GARCH 모형은 ε_t^2의 ARMA 구조를 통해 적은 수의 모수만으로 변동성의 동태를 설명할 수 있다. 한편 GARCH(1, 1) 모형이 정상성을 가지기 위해서는 $a_1 + b_1 < 1$와 조건이 필요하다. 식(15.2.3)에서 알 수 있듯이, $a_1 + b_1$의 값이 1에 가까울수록 ε_{t-1}^2가 ε_t^2에 미치는 영향이 느리게 감소하며, 결과적으로 변동성 군집 현상이 장기간에 걸쳐 지속되는 경향을 보인다.

15.2.3 모수 추정

다음과 같은 ARMA(p, q)–GARCH(m, n) 모형을 고려하자:

$$\mu_t = \phi_0 + \sum_{i=1}^{p} \phi_i r_{t-i} + \sum_{j=1}^{q} \theta_j \varepsilon_{t-j}, \qquad \sigma_t^2 = a_0 + \sum_{i=1}^{m} a_i \varepsilon_{t-i}^2 + \sum_{j=1}^{n} b_j \sigma_{t-j}^2,$$

여기서 $\varepsilon_t = \sigma_t z_t$, $z_t \sim WN(0,1)$이다. 실제 분석에서는 z_t가 표준정규분포를 따른다고 가정하는 게 일반적이다. GARCH 구조에서는 표준정규분포를 따르는 z_t를 사용하더라도, 로그수익률 r_t의 첨도는 양의 값을 가진다. 이는 수익률의 분포가 정규분포보다 꼬리가 두꺼운 분포를 따른다는 실증적 사실과 잘 부합한다. 한편, 두터운 꼬리분포를 강조하기 위해 Student t 분포나 GED와 같은 대체 분포를 가정하기도 한다.

모형의 모수(ϕ_i, θ_j, a_i, b_j)는 조건부최대우도 추정법을 이용하여 추정한다. Hamilton [1990]에는 초깃값 설정 방식, 최적화 알고리즘의 수렴조건, 추정량의 공분산행렬 계산 등 GARCH 모형의 ML 추정에 관한 기술적 세부 사항이 체계적으로 정리되어 있다. 한편, 모수에 대한 ML 추정치와 잔차 e_t를 조건부분산식에 대입하면 모든 $t = 1, \ldots, T$에 대해 조건부표준편차의 적합값 $\hat{\sigma}_t$, 즉 시점 t의 변동성 추정치를 쉽게 계산할 수 있다.

15.2.4 적합도 검증

백색잡음 $z_t = \varepsilon_t / \sigma_t$의 추정치로서, 표준화잔차(standardized residual) e_t^*는

$$e_t^* = \frac{e_t}{\hat{\sigma}_t} = \frac{r_t - \hat{\mu}_t}{\hat{\sigma}_t}$$

로 정의되며, 여기서 e_t는 잔차, $\hat{\mu}_t$는 μ_t의 추정치, $\hat{\sigma}_t$는 σ_t의 추정치이다. 만약 ARMA(p, q)–GARCH(m, n) 모형이 수익률의 수준과 변동성의 동태를 적절히 설명한다면, e_t^*는 백색잡음과 매우 유사해야 한다. 따라서 모형의 적합성을 평가하기 위해, e_t^*에 대해 Ljung–Box 검정을 실시한다. 만약 귀무가설(즉, 자기상관이 없음)이 기각되지 않으면, 제시된 ARMA–GARCH 모형이 적절하다고 판단한다. 검정 결과, 모형이 부적합하다면 모형의 차수를 조정하거나 다른 형태의 GARCH 계열 모형을 고려해야 한다.

15.2.5 변동성 예측

시점 h에서 s 기간 후의 수익률 r_{h+s}와 조건부분산 σ_{h+s}^2을 예측한다고 하자. 이때 s기간 예측 값은 각각

$$\hat{r}_h[s] = E_h[r_{h+s}], \qquad \hat{\sigma}_h^2[s] = E_h[\sigma_{h+s}^2]$$

로 정의되며, 여기서 $E_h[\cdot]$은 정보집합 I_h에 대한 조건부기댓값이다. 예측 절차는 ARMA 모형과 유사하게, 먼저 $\hat{r}_h[1]$과 $\hat{\sigma}_h^2[1]$을 계산한 후 이를 반복적으로 대입하여 $\hat{r}_h[s]$과 $\hat{\sigma}_h^2[s]$을 구하는 방식으로 진행된다.

예를 들어, 다음과 같은 ARMA(0, 0)–GARCH(1, 1) 모형을 고려하자:

$$\begin{aligned} r_t &= \phi_0 + \varepsilon_t, \\ \sigma_t^2 &= a_0 + a_1\varepsilon_{t-1}^2 + b_1\sigma_{t-1}^2. \end{aligned}$$

먼저 s기간 수익률 예측은 $\hat{r}_h[s] = \phi_0 + E_h[\varepsilon_{h+s}]$이다. 이때 $\varepsilon_{h+s} = \sigma_{h+s}z_{h+s}$, σ_{h+s} 와 z_{h+s}는 서로 독립, $s \geq 1$에 대해 $E_h[z_{h+s}] = 0$이므로, $\hat{r}_h[s]$는

$$\hat{r}_h[s] = \phi_0 + E_h[\sigma_{h+s}z_{h+s}] = \phi_0 + E_h[\sigma_{h+s}]E_h[z_{h+s}] = \phi_0$$

로 계산된다.

조건부분산의 경우, 1기간 예측은

$$\hat{\sigma}_h^2[1] = a_0 + a_1E_h[\varepsilon_h^2] + b_1E_h[\sigma_h^2] = a_0 + a_1\varepsilon_h^2 + b_1\sigma_h^2$$

이며, 2기간 예측은

$$\hat{\sigma}_h^2[2] = a_0 + a_1E_h[\varepsilon_{h+1}^2] + b_1E_h[\sigma_{h+1}^2]$$

이다. $\varepsilon_{h+1}^2 = \sigma_{h+1}^2z_{h+1}^2$, σ_{h+1}^2와 z_{h+1}^2는 독립, $E_h[z_{h+1}^2] = 1$이므로, 다음의 결과가 성립한다:

$$\begin{aligned} \hat{\sigma}_h^2[2] &= a_0 + a_1E_h[\sigma_{h+1}^2z_{h+1}^2] + b_1E_h[\sigma_{h+1}^2] \\ &= a_0 + a_1E_h[\sigma_{h+1}^2]E_h[z_{h+1}^2] + b_1E_h[\sigma_{h+1}^2] \\ &= a_0 + (a_1 + b_1)E_h[\sigma_{h+1}^2]. \end{aligned}$$

또한 $E_h[\sigma_{h+1}^2] = \hat{\sigma}_h^2[1]$를 이용하면, 2기간 예측은

$$\hat{\sigma}_h^2[2] = a_0 + (a_1 + b_1)\hat{\sigma}_h^2[1]$$

로 계산된다. 이러한 과정을 일반화하면, 조건부분산의 s기간 예측은 다음의 재귀식을 통해 계산된다:

$$\hat{\sigma}_h^2[s] = a_0 + (a_1 + b_1)\hat{\sigma}_h^2[s-1]. \tag{15.2.4}$$

15.2.6 누적 GARCH 모형

누적 GARCH(Integrated GARCH, IGARCH) 모형은 GARCH 모형의 특수한 형태로, 변동성에 가해진 외부 충격의 효과가 영구적으로 축적되는 특징이 있다. 예를 들어, IGARCH(1, 1) 모형은

$$\sigma_t^2 = a_0 + a_1\varepsilon_{t-1}^2 + (1-a_1)\sigma_{t-1}^2$$

로 정의되며, 이는 GARCH(1, 1) 모형에서 모수에 대한 제약조건 $a_1 + b_1 = 1$이 적용된 경우와 동일하다. 일반적인 GARCH(1, 1) 모형의 정상성 조건이 위배되어, IGARCH(1, 1) 모형에서는 외부 충격의 영향이 시간이 지나더라도 완전히 소멸하지 않는다.

특히 $a_0 = 0$일때, 식(15.2.4)에 따라 조건부분산의 예측은 다음과 같이 주어진다:

$$\hat{\sigma}_h^2[s] = \hat{\sigma}_h^2[s-1] = \cdots = \hat{\sigma}_h^2[1].$$

즉, 모든 $s \geq 1$에 대해 s기간 조건부분산의 예측 값은 모두 동일하게 $\hat{\sigma}_h^2[1]$로 유지된다. 이처럼 IGARCH(1, 1) 모형은 조건부분산의 예측 값의 계산이 간편하다는 장점을 가지며, 금융공학과 위험관리 분야에서 이러한 특성이 중요하게 활용된다. 예를 들어, JP Morgan에서 제안한 RiskMetrics 접근법에서는 IGARCH 구조를 기반으로 변동성을 추정하고, 이를 토대로Value at Risk(VaR)를 계산한다.

15.3 레버리지효과

레버리지효과란 동일한 크기의 외부 충격이라 하더라도 음의 충격(악재)은 변동성을 많이 증가시키는 반면, 양의 충격(호재)은 상대적으로 변동성을 덜 증가시키는 현상을 의미한다. 이러한 현상의 경제학적 해석은 다음과 같다. 주가가 하락하면 기업의 자기자본 가치가 줄어들어 부채비율이 상승하게 된다. 부채비율이 높아질수록(즉, 레버리지가 증가할수록) 기업의 부도 위험이 커지며, 이에 따라 투자자들은 더 높은 위험 프리미엄을 요구하게 된다. 이러한 과정에서 시장의 불확실성이 증폭되어 변동성이 크게 증가한다. 반면에, 양의 충격은 부채비율을 줄여 불확실성을 같은 크기만큼 증가시키지 않는다. 결과적으로 음의 충격이 양의 충격보다 변동성에 더 큰 영향을 미치게 된다.

15.3.1 지수 GARCH 모형

레버리지효과를 모형화하기 위해서는 변동성에 대한 충격의 비대칭적인 영향을 반영할 수 있어야 한다. 이를 위해 Nelson [1991]은 지수 GARCH(Exponential GARCH, EGARCH) 모

형을 제안하였다. 구체적으로 EGARCH(m, n) 모형은 다음과 같이 정의된다:

$$h_t = a_0 + \sum_{i=1}^{m} (a_i z_{t-i} + \gamma_i(|z_{t-i}| - E[|z_{t-i}|])) + \sum_{j=1}^{n} b_j h_{t-j},$$

여기서 $h_t = \ln \sigma_t^2$, $z_t \sim WN(0,1)$이다. EGARCH 모형의 핵심 아이디어는, 로그분산을 사용하므로 양의 분산 제약이 불필요하고, 외부 충격의 부호에 따라 변동성에 미치는 효과를 손쉽게 분리한다는 점이다.

예를 들어, 가장 간단한 EGARCH(1, 1) 모형

$$h_t = a_0 + a_1 z_{t-1} + \gamma_1(|z_{t-1}| - E[|z_{t-1}|]) + b_1 h_{t-1}$$

을 고려하자. 이때 백색잡음 z_t는 표준정규분포를 따른다고 가정한다. 이러한 가정 아래서 $E[|z_t|] = \sqrt{2/\pi}$가 성립하며, 이를 대입하면 위 식은

$$h_t - b_1 h_{t-1} = \ln\left(\frac{\sigma_t^2}{\sigma_{t-1}^{2b_1}}\right) = a_0 + a_1 z_{t-1} + \gamma_1\left(|z_{t-1}| - \sqrt{\frac{2}{\pi}}\right)$$

로 정리된다. 나아가 $e^{\ln x} = x$를 이용하여 지수함수 형태로 바꾸면 다음의 결과를 얻는다:

$$\sigma_t^2 = \sigma_{t-1}^{2b_1} \exp(a_0^*) \exp(a_1 z_{t-1} + \gamma_1 |z_{t-1}|), \tag{15.3.1}$$

여기서 $a_0^* = a_0 - \gamma_1\sqrt{2/\pi}$이다.

식(15.3.1)을 충격의 부호에 따라 다음과 같이 나누어 표현할 수 있다:

$$\sigma_t^2 = \begin{cases} \sigma_{t-1}^{2b_1} \exp(a_0^*) \exp((\gamma_1 + a_1) z_{t-1}) & z_{t-1} > 0\text{인 경우}, \\ \sigma_{t-1}^{2b_1} \exp(a_0^*) \exp((\gamma_1 - a_1)(-z_{t-1})) & z_{t-1} < 0\text{인 경우}. \end{cases}$$

이때 계수 $\gamma_1 + a_1$은 양의 충격이 변동성에 미치는 효과를, $\gamma_1 - a_1$은 음의 충격이 변동성에 미치는 효과를 각각 나타낸다. 만약 음의 충격이 양의 충격보다 변동성을 더 많이 증가시킨다면

$$\frac{E[\sigma_t^2 | z_{t-1} = -1, I_{t-1}]}{E[\sigma_t^2 | z_{t-1} = 1, I_{t-1}]} = \frac{\exp(\gamma_1 - a_1)}{\exp(\gamma_1 + a_1)} = \exp(-2a_1) > 1$$

가 성립해야 하며, 이는 $a_1 < 0$을 의미한다. 따라서 EGARCH(1, 1) 모형에서는 a_1의 추정치가 통계적으로 유의하게 음수일 경우, 해당 시계열에 레버리지효과가 존재한다고 판단한다.

15.3.2 분계점 GARCH 모형

분계점 GARCH(Threshold GARCH, TGARCH) 모형은 기본적인 GARCH 모형을 확장하여 충격의 부호에 따른 비대칭 반응을 직접적으로 반영하는 구조를 갖는다. 구체적으로 TGARCH(m, n) 모형은 다음과 같이 정의된다:

$$\sigma_t^2 = a_0 + \sum_{i=1}^{m}(a_i + \eta_i D_{t-i})\varepsilon_{t-i}^2 + \sum_{j=1}^{n} b_j \sigma_{t-j}^2,$$

여기서 $a_0 > 0, a_i \geq 0, b_j \geq 0, a_i + \eta_i \geq 0,$

$$D_{t-i} = \begin{cases} 1 & \varepsilon_{t-i} < 0\text{인 경우}, \\ 0 & \varepsilon_{t-i} > 0\text{인 경우}. \end{cases}$$

즉, 과거의 충격 제곱항 ε_{t-i}^2이 조건부분산 σ_t^2에 미치는 영향이 가변수 D_{t-i}를 통해 과거 충격 ε_{t-i}의 부호에 따라 달라지는 구조이다.

예를 들어, TGARCH(1, 1) 모형

$$\sigma_t^2 = a_0 + (a_1 + \eta_1 D_{t-1})\varepsilon_{t-1}^2 + b_1 \sigma_{t-1}^2$$

을 고려하자. 호재($\varepsilon_{t-1} > 0$)가 발생하면 ε_{t-1}^2이 σ_t^2에 미치는 한계효과는 a_1이고, 악재($\varepsilon_{t-1} < 0$)가 발생하면 한계효과는 $a_1 + \eta_1$이다. $\eta_1 > 0$인 경우, 동일한 크기의 충격이라도 음의 충격이 양의 충격보다 더 큰 변동성의 변화를 유발한다. 따라서 η_1의 추정치가 통계적으로 유의한 양의 값을 가진다면, 이는 레버리지효과가 존재함을 시사한다.

15.4 비모수적 접근법

모수적 접근 방법은 변동성이 특정한 구조를 따른다고 가정한 후 변동성을 추정하는 방식이다. 예를 들어, GARCH 모형은 조건부분산이 과거 조건부분산과 과거 수익률 제곱의 선형결합으로 표현된다는 전제에 기반한다. 반면에 비모수적 접근 방법은 변동성 구조에 대한 특정 가정을 하지 않고 변동성을 직접 추정하는 방식이다.

15.4.1 일별 수익률을 이용한 월별 변동성 계산

특정 거래월 t에서의 월별 로그수익률은 r_t, 해당 거래월의 특정 거래일 τ에서의 일별 로그수익률을 r_τ라 하자. 해당 거래월의 거래일 수가 $n_t(\tau = 1, 2, \ldots, n_t)$일 때 월별 로그수익률

r_t는 $r_t = \sum_{\tau=1}^{n_t} r_\tau$이며, 그 분산은 다음과 같이 주어진다:

$$Var[r_t] = \sum_{\tau=1}^{n_t} Var[r_\tau] + 2 \sum_{\tau_1<\tau_2}^{n_t} Cov[r_{\tau_1}, r_{\tau_2}].$$

월별 수익률의 분산 계산을 단순화하기 위해, 정상시계열인 일별 수익률의 확률과정(stochastic process)에 대한 가정이 필요하다. 예를 들어, 모든 시차에 걸쳐 r_τ의 자기공분산이 0이라고 가정하면, 월별 수익률의 분산은

$$Var[r_t] = n_t Var[r_\tau]$$

로 단순화된다. 이 경우 월별 변동성의 추정량은 다음과 같이 주어진다:

$$\hat{\sigma}_t = \sqrt{n_t \left(\frac{\sum_{\tau=1}^{n_t} (r_\tau - \bar{r})^2}{n_t - 1} \right)}, \qquad \bar{r} = \frac{1}{n_t} \sum_{\tau=1}^{n_t} r_\tau.$$

이번에는 r_τ가 다음과 같은 MA(1) 과정을 따른다고 가정한다:

$$r_\tau = \mu + \varepsilon_\tau + \theta \varepsilon_{\tau-1}, \qquad \varepsilon_\tau \sim WN(0, \sigma_\varepsilon^2).$$

모든 τ에 대해 $E[r_\tau] = \mu$, $E[\varepsilon_\tau^2] = \sigma_\varepsilon^2$, 모든 $k \geq 1$에 대해 $E[\varepsilon_\tau \varepsilon_{\tau-k}] = 0$가 성립한다. 이에 따라 연속된 일별 수익률 간의 자기공분산은

$$\begin{aligned}
Cov[r_\tau, r_{\tau-1}] &= E\left[(r_\tau - \mu)(r_{\tau-1} - \mu)\right] \\
&= E\left[(\varepsilon_\tau + \theta \varepsilon_{\tau-1})(\varepsilon_{\tau-1} + \theta \varepsilon_{\tau-2})\right] \\
&= E[\varepsilon_\tau \varepsilon_{\tau-1} + \theta \varepsilon_{\tau-1}^2 + \theta \varepsilon_\tau \varepsilon_{\tau-2} + \theta^2 \varepsilon_{\tau-1} \varepsilon_{\tau-2}] \\
&= \theta \sigma_\varepsilon^2
\end{aligned}$$

이고, 모든 $k \geq 2$에 대해 $Cov[r_\tau, r_{\tau-k}] = 0$이다. 결과적으로, 월별 수익률의 분산은

$$Var[r_t] = n_t Var[r_\tau] + 2(n_t - 1) Cov[r_\tau, r_{\tau-1}]$$

가 되며, 월별 변동성의 추정량은 다음과 같이 주어진다:

$$\hat{\sigma}_t = \sqrt{n_t \left(\frac{\sum_{\tau=1}^{n_t} (r_\tau - \bar{r})^2}{n_t - 1} \right) + 2(n_t - 1) \left(\frac{\sum_{\tau=2}^{n_t} (r_\tau - \bar{r})(r_{\tau-1} - \bar{r})}{n_t - 1} \right)}.$$

15.4.2 장중 수익률을 이용한 일별 변동성 계산

특정 거래일 t의 일별 로그수익률을 r_t, 해당 일의 균등 간격(예: 5분 단위) 시점 τ의 장중 로그수익률을 r_τ라고 하자. 해당 일에 n_t개의 장중 로그수익률이 존재하는 경우, 일별 로그수익률은 $r_t = \sum_{\tau=1}^{n_t} r_\tau$이다.

이때 r_τ가 기댓값이 0, 자기공분산이 0이라고 가정하면,

$$Var[r_t] = \sum_{\tau=1}^{n_t} Var[r_\tau] = \sum_{\tau=1}^{n_t} E[r_\tau^2]$$

가 성립하며, 이를 바탕으로 일별 변동성의 추정량은

$$\hat{\sigma}_t = \sqrt{\sum_{\tau=1}^{n_t} r_\tau^2}$$

로 정의된다. 이는 실현변동성(realized volatility) 추정량으로 불리며, 일별 변동성을 측정하는 데 널리 사용된다.

한편, n_t가 충분히 크면

$$\hat{\sigma}_t^2 \xrightarrow{p} \sum_{\tau=1}^{n_t} E[r_\tau^2]$$

가 성립한다. 즉, 장중 수익률의 관측 간격이 충분히 짧을 경우 일별 실현변동성의 제곱은 일별 수익률의 분산에 대한 일치추정량이 된다. 그러나, 장중 수익률을 지나치게 짧은 간격(예: 10초 단위)으로 측정하면, 실현변동성은 시장미시구조 잡음의 영향을 크게 받는다. 일반적으로 매수-매도 스프레드, 가격 이산성 등과 같은 거래 마찰은 내재가치의 변동과 상관없는 가격의 변동을 유발한다. 관측 간격이 짧을수록 실현변동성에는 이러한 잡음의 영향이 더 많이 누적되며, 결과적으로 실현변동성은 내재가치의 불확실성을 과대추정하게 된다.

미국 주식에 대한 Bandi and Russell [2006]의 결과에 따르면 최적의 장중 수익률 관측 간격은 약 4분에서 15분 사이이며, 이 범위는 고빈도 데이터를 충분히 활용하면서도 미시구조 잡음을 최소화하는 균형점을 제공한다. 또한 미시구조 잡음을 줄이기 위해 장중 수익률을 계산할 때는 체결가격(transaction price) 대신 호가중간가격(mid-quote price), 즉 최우선 매수호가와 최우선 매도호가의 평균값을 사용하는 것이 일반적이다.

15.5 R 실습

```
> libraries <- c("data.table", "forecast", "rugarch", "xts")
> lapply(libraries, library, character.only = TRUE)
```

15.5.1 예제 1

이 예제에서는 2011년 1월 3일부터 2021년 12월 30일까지의 삼성전자 일별 조정종가 자료를 바탕으로 일별 로그수익률의 변동성을 분석한다. 이때 조건부이분산모형의 백색잡음 z_t는 표준정규분포를 따른다고 가정한다.

```
> dat <- fread("data12_1.csv", header = TRUE)
> head(dat)
     TRD_DD ADJ_PRC
      <int>   <int>
1: 20110103   19160
2: 20110104   19160
3: 20110105   18840
4: 20110106   18600
5: 20110107   18420
6: 20110110   18340
> prc <- xts(dat$ADJ_PRC,
+            order.by = as.Date(as.character(dat$TRD_DD), "%Y%m%d"))
> rtn <- diff(log(prc))
> rtn <- rtn[-1]
> best_aic <- Inf
> best_order <- c(0, 0)
> for (p in 0:5) {
+   for (q in 0:5) {
+     fit <- Arima(rtn, order = c(p, 0, q))
+     aic <- fit$aic
+     if (aic < best_aic) {
+       best_aic <- aic
+       best_order <- c(p, q)
+     }}}
> best_order
[1] 2 2
> model <- ugarchspec(mean.model = list(armaOrder = c(2, 2)),
+                     variance.model = list(garchOrder = c(1, 1)))
> fit <- ugarchfit(spec = model, data = rtn)
> fit
Conditional Variance Dynamics
-----------------------------------
GARCH Model     : sGARCH(1,1)
Mean Model      : ARFIMA(2,0,2)
Distribution    : norm
Optimal Parameters
```

```
-----------------------------------
        Estimate  Std. Error   t value Pr(>|t|)
mu      0.000558    0.000281   1.98926 0.046673
ar1     0.895295    0.262245   3.41396 0.000640
ar2    -0.350272    0.324796  -1.07844 0.280839
ma1    -0.857019    0.268798  -3.18834 0.001431
ma2     0.269001    0.334965   0.80307 0.421934
omega   0.000006    0.000001   8.72185 0.000000
alpha1  0.036660    0.002937  12.48208 0.000000
beta1   0.943761    0.004808 196.28493 0.000000
Robust Standard Errors:
        Estimate  Std. Error   t value Pr(>|t|)
mu      0.000558    0.000281   1.98592 0.047042
ar1     0.895295    0.347816   2.57404 0.010052
ar2    -0.350272    0.468395  -0.74781 0.454573
ma1    -0.857019    0.358550  -2.39023 0.016838
ma2     0.269001    0.484275   0.55547 0.578572
omega   0.000006    0.000001   5.02330 0.000001
alpha1  0.036660    0.003246  11.29397 0.000000
beta1   0.943761    0.004402 214.38556 0.000000
LogLikelihood : 7255.127
> model <- ugarchspec(mean.model = list(armaOrder = c(2, 1)),
+                     variance.model = list(garchOrder = c(1, 1)))
> fit1 <- ugarchfit(spec = model, data = rtn)
> fit1
Conditional Variance Dynamics
-----------------------------------
GARCH Model      : sGARCH(1,1)
Mean Model       : ARFIMA(2,0,1)
Distribution     : norm
Optimal Parameters
------------------------------------
        Estimate  Std. Error  t value Pr(>|t|)
mu      0.000556    0.000271   2.0499 0.040374
ar1     0.727842    0.135374   5.3765 0.000000
ar2    -0.083979    0.020298  -4.1373 0.000035
ma1    -0.688585    0.135035  -5.0993 0.000000
omega   0.000006    0.000001   8.7521 0.000000
alpha1  0.036891    0.002954  12.4886 0.000000
beta1   0.943447    0.004825 195.5239 0.000000
Robust Standard Errors:
        Estimate  Std. Error  t value Pr(>|t|)
mu      0.000556    0.000276   2.0117 0.044251
ar1     0.727842    0.124121   5.8640 0.000000
ar2    -0.083979    0.021226  -3.9565 0.000076
ma1    -0.688585    0.126527  -5.4422 0.000000
omega   0.000006    0.000001   5.0531 0.000000
alpha1  0.036891    0.003244  11.3705 0.000000
beta1   0.943447    0.004464 211.3305 0.000000
```

```
LogLikelihood : 7254.73
> stdres <- residuals(fit1)/sigma(fit1)
> Box.test(stdres, lag = 20, type = "Ljung-Box", fitdf = 5)
        Box-Ljung test
data:  stdres
X-squared = 13.464, df = 15, p-value = 0.5665
```

최대 차수를 $p_{max} = q_{max} = 5$로 설정하고 AIC 기준으로 최적 차수를 선택한 결과, ARMA(2, 2) 모형이 로그수익률 수준에 가장 적합한 모형으로 식별되었다. 이를 바탕으로 ARMA(2, 2)–GARCH(1, 1) 모형을 추정한 결과, 일부 계수의 통계적 유의성이 부족한 것으로 나타났다. 여러 번의 차수 조정을 통해 ARMA(2, 1)–GARCH(1, 1) 모형을 최종적으로 채택하였고, 이때 모든 계수는 5% 유의수준에서 통계적으로 유의하였다. 최종 모형의 경험적 형태는 다음과 같다:

$$\mu_t = 0.000556 + 0.727842 r_{t-1} - 0.083979 r_{t-2} - 0.688585 \varepsilon_{t-1},$$
$$\sigma_t^2 = 0.000006 + 0.036891 \varepsilon_{t-1}^2 + 0.943447 \sigma_{t-1}^2.$$

표준화잔차 e_t^*에 대한 Ljung–Box 검정은 5% 유의수준에서 "자기상관이 없다"라는 귀무가설을 기각하지 못하였으며, 이는 추정된 모형이 삼성전자 수익률의 시계열 구조를 적절히 설명하고 있음을 시사한다.

```
> fcst <- ugarchforecast(fit1, n.ahead = 21)
> plot(fcst, which = 1)
> plot(fcst, which = 3)
```

그림 15.5.1과 그림 15.5.2는 ARMA(2, 1)–GARCH(1, 1) 모형으로부터 계산된 수익률의 예측 값과 조건부표준편차의 예측 값을 각각 나타낸다.

```
> model <- ugarchspec(mean.model = list(armaOrder = c(2, 1)),
+                     variance.model = list(model = "iGARCH",
+                                           garchOrder = c(1, 1)),
+                     fixed.pars = list(omega = 0))
> fit <- ugarchfit(spec = model, data = rtn)
> fit
Conditional Variance Dynamics
-----------------------------------
GARCH Model     : iGARCH(1,1)
Mean Model      : ARFIMA(2,0,1)
Distribution    : norm
Optimal Parameters
```

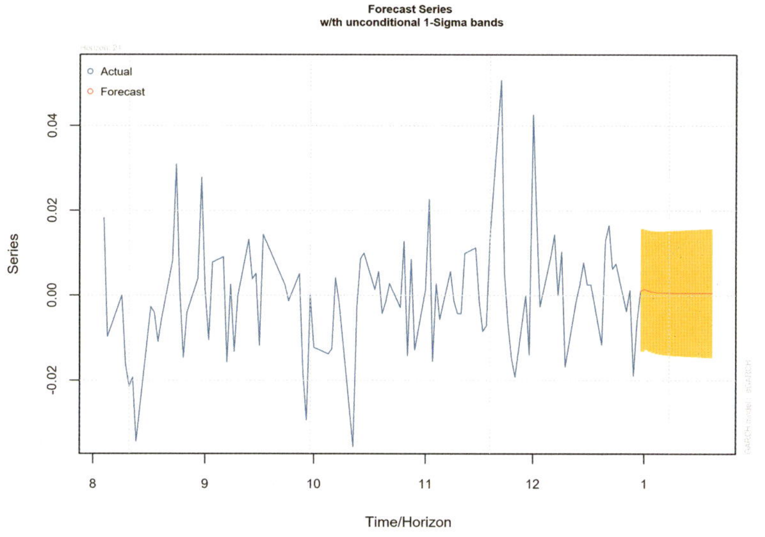

그림 15.5.1: ARMA(2, 1)–GARCH(1, 1) 모형을 이용한 수익률 예측

```
------------------------------------
         Estimate  Std. Error  t value Pr(>|t|)
mu        0.000523    0.000275   1.9047 0.056823
ar1       0.723779    0.137787   5.2529 0.000000
ar2      -0.082966    0.020036  -4.1409 0.000035
ma1      -0.683165    0.137389  -4.9725 0.000001
omega     0.000000          NA       NA       NA
alpha1    0.031579    0.004731   6.6744 0.000000
beta1     0.968421          NA       NA       NA
Robust Standard Errors:
         Estimate  Std. Error  t value Pr(>|t|)
mu        0.000523    0.000307   1.7020 0.088757
ar1       0.723779    0.146828   4.9294 0.000001
ar2      -0.082966    0.021549  -3.8502 0.000118
ma1      -0.683165    0.147725  -4.6246 0.000004
omega     0.000000          NA       NA       NA
alpha1    0.031579    0.007979   3.9577 0.000076
beta1     0.968421          NA       NA       NA
LogLikelihood : 7239.986
> ugarchforecast(fit, n.head = 10)
Model: iGARCH
Horizon: 10
Roll Steps: 0
Out of Sample: 0
0-roll forecast [T0=2021-12-30]:
         Series   Sigma
T+1  0.0010319 0.01297
```

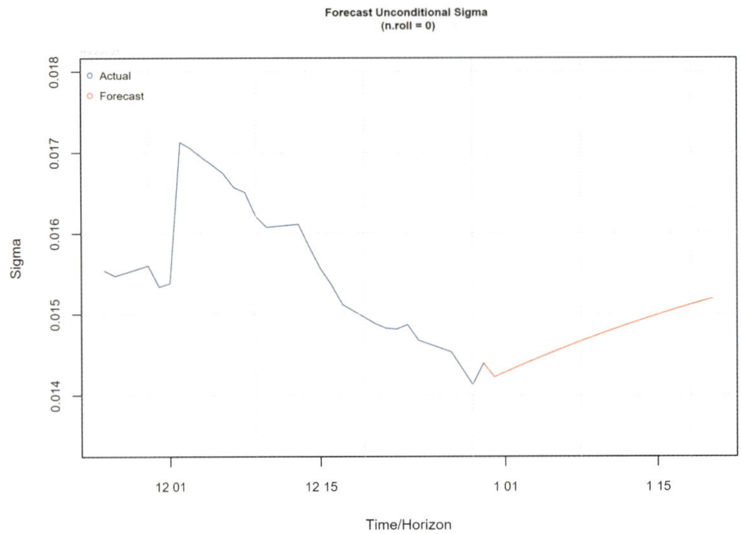

그림 15.5.2: ARMA(2, 1)–GARCH(1, 1) 모형을 이용한 변동성 예측

```
T+2   0.0014628 0.01297
T+3   0.0011610 0.01297
T+4   0.0009069 0.01297
T+5   0.0007479 0.01297
T+6   0.0006540 0.01297
T+7   0.0005992 0.01297
T+8   0.0005673 0.01297
T+9   0.0005488 0.01297
T+10  0.0005380 0.01297
```

이번에는 ARMA(2, 1)–IGARCH(1, 1) 모형을 적용하였으며, 이때 $a_0 = 0$으로 설정하였다. 추정 결과, 경험적 형태는 다음과 같이 주어진다:

$$\mu_t = 0.000523 + 0.723779 r_{t-1} - 0.082966 r_{t-2} - 0.683165 \varepsilon_{t-1},$$
$$\sigma_t^2 = 0.031579 \varepsilon_{t-1}^2 + 0.968421 \sigma_{t-1}^2.$$

또한 예상한 바와 같이, 조건부표준편차의 예측 값은 모든 기간 s에 걸쳐 동일하게 나타났다.

```
> model <- ugarchspec(mean.model = list(armaOrder = c(2, 1)),
+                      variance.model = list(model = "eGARCH",
+                                            garchOrder = c(1, 1)))
> fit2 <- ugarchfit(spec = model, data = rtn)
```

```
> fit2
Conditional Variance Dynamics
-----------------------------------
GARCH Model      : eGARCH(1,1)
Mean Model       : ARFIMA(2,0,1)
Distribution     : norm
Optimal Parameters
------------------------------------
        Estimate  Std. Error   t value Pr(>|t|)
mu      0.000460    0.000284    1.6210 0.105014
ar1     0.697789    0.055333   12.6107 0.000000
ar2    -0.081249    0.018742   -4.3352 0.000015
ma1    -0.655928    0.055687  -11.7788 0.000000
omega  -0.138238    0.004217  -32.7831 0.000000
alpha1 -0.023723    0.001147  -20.6744 0.000000
beta1   0.982775    0.000506 1943.4482 0.000000
gamma1  0.081947    0.008150   10.0546 0.000000
Robust Standard Errors:
        Estimate  Std. Error  t value Pr(>|t|)
mu      0.000460    0.000299   1.5374 0.124206
ar1     0.697789    0.023610  29.5545 0.000000
ar2    -0.081249    0.019008  -4.2744 0.000019
ma1    -0.655928    0.019314 -33.9621 0.000000
omega  -0.138238    0.008303 -16.6484 0.000000
alpha1 -0.023723    0.007909  -2.9995 0.002704
beta1   0.982775    0.000990 993.1538 0.000000
gamma1  0.081947    0.012831   6.3867 0.000000
LogLikelihood : 7264.415
> model <- ugarchspec(mean.model = list(armaOrder = c(2, 1)),
+                     variance.model = list(model = "fGARCH",
+                                           submodel = "TGARCH",
+                                           garchOrder = c(1, 1)))
> fit <- ugarchfit(spec = model, data = rtn)
> fit
Conditional Variance Dynamics
-----------------------------------
GARCH Model      : fGARCH(1,1)
fGARCH Sub-Model         : TGARCH
Mean Model       : ARFIMA(2,0,1)
Distribution     : norm
Optimal Parameters
------------------------------------
        Estimate  Std. Error  t value Pr(>|t|)
mu      0.000459    0.000261   1.7591 0.078558
ar1     0.697329    0.045069  15.4724 0.000000
ar2    -0.081015    0.018607  -4.3541 0.000013
ma1    -0.655765    0.045275 -14.4839 0.000000
omega   0.000304    0.000079   3.8239 0.000131
alpha1  0.042655    0.005542   7.6971 0.000000
```

```
beta1    0.949515     0.006295 150.8342 0.000000
eta11    0.302687     0.103637   2.9206 0.003493
Robust Standard Errors:
         Estimate  Std. Error  t value Pr(>|t|)
mu       0.000459     0.000249   1.8423 0.065425
ar1      0.697329     0.016746  41.6404 0.000000
ar2     -0.081015     0.018763  -4.3179 0.000016
ma1     -0.655765     0.014331 -45.7589 0.000000
omega    0.000304     0.000090   3.3820 0.000720
alpha1   0.042655     0.006720   6.3475 0.000000
beta1    0.949515     0.005434 174.7242 0.000000
eta11    0.302687     0.142869   2.1186 0.034122
LogLikelihood : 7264.566
```

레버리지효과를 반영하기 위해 EGARCH 모형과 TGARCH 모형을 각각 추정하였다. 첫째, ARMA(2,1)–EGARCH(1,1) 모형의 경험적 형태는 다음과 같다:

$$\mu_t = 0.000460 + 0.697789 r_{t-1} - 0.081249 r_{t-2} - 0.655928 \varepsilon_{t-1},$$

$$h_t = -0.138238 - 0.023723 z_{t-1} + 0.081947(|z_{t-1}| - E[|z_{t-1}|]) + 0.982775 h_{t-1}.$$

이때 a_1의 추정치는 5% 유의수준에서 통계적으로 유의한 음수이며, 이는 레버리지효과의 존재를 나타낸다. 둘째, 추정된 ARMA(2,1)–TGARCH(1,1) 모형은 다음과 같다:

$$\mu_t = 0.000459 + 0.697329 r_{t-1} - 0.081015 r_{t-2} - 0.655765 \varepsilon_{t-1}$$

$$\sigma_t^2 = 0.000304 + (0.042655 + 0.302687 D_{t-1})\varepsilon_{t-1}^2 + 0.949515 \sigma_{t-1}^2.$$

D_{t-1}의 계수 η_1은 유의한 양수로 추정되었으며, 이는 음의 충격이 양의 충격보다 변동성을 더 크게 증가시킨다는 것을 확인시켜준다. 정리하면, EGARCH와 TGARCH로부터의 추정 결과는 동일한 크기의 충격이라도 부정적 충격(악재)은 긍정적 충격(호재)보다 변동성을 더 크게 증가시키는 경향이 존재한다는 것을 시사한다.

```
> sig1 <- sigma(fit1)
> sig2 <- sigma(fit2)
> sigmas <- merge(sig1, sig2)
> plot(sigmas, multi.panel = FALSE, main = "Volatility Estimates", lty = 1:2)
> addLegend("topleft", legend.names = c("GARCH", "EGARCH"), lty = 1:2)
```

그림 15.5.3는 GARCH(1, 1) 모형과 EGARCH(1, 1) 모형으로부터 계산된 일별 조건부 표준편차의 추정치를 나타낸다. 두 모형 모두에서 수익률의 변동성이 군집화하는 경향을

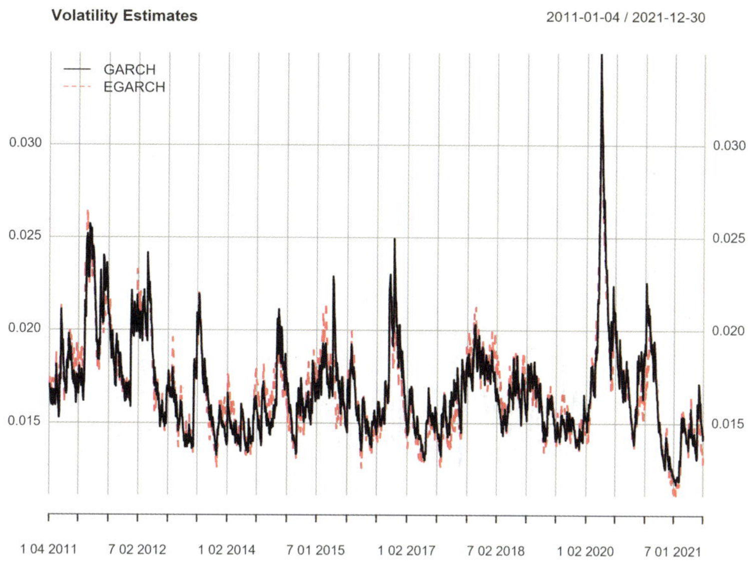

그림 15.5.3: GARCH(1, 1) 모형과 EGARCH(1, 1) 모형의 변동성

확인할 수 있다.

15.5.2 예제 2

이 예제에서는 앞선 예제 1에서 사용한 삼성전자의 일별 로그수익률 데이터를 기반으로, 월별 변동성을 추정하는 비모수적 접근법을 살펴본다. 구체적으로 일별 수익률의 자기공분산이 0인 경우와 일별 수익률이 MA(1) 과정을 따르는 경우에 대해 각각 월별 변동성을 계산한다.

```
> ep <- endpoints(rtn, on = "months")
> # Zero autocovariance
> fcn1 <- function(x){
+   n <- length(x)
+   output <- n*var(x)
+   return(output)
+ }
> m_vol1 <- period.apply(rtn, INDEX = ep, FUN = fcn1)
> m_vol1 <- sqrt(m_vol1)
> # MA(1) process
> fcn2 <- function(x){
+   n <- length(x)
+   output <- n*var(x)+2*(n-1)*acf(x, lag = 1, "covariance", plot = FALSE)\
    \aboveskip$acf[2]
+   return(output)
```

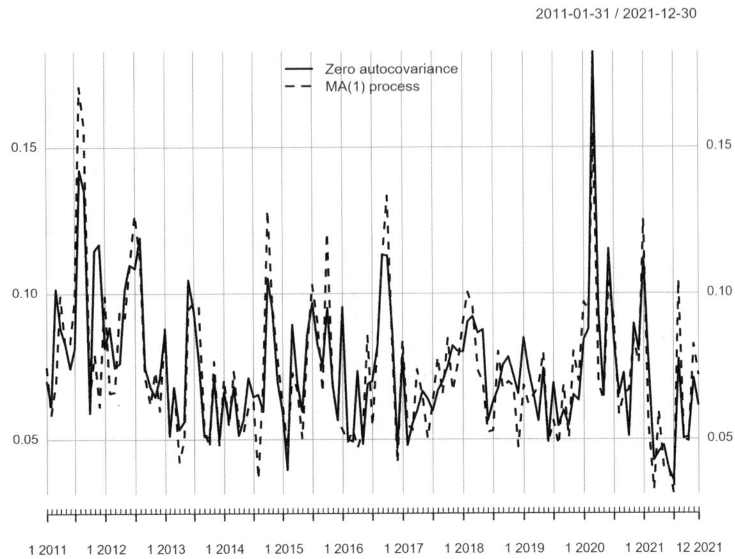

그림 15.5.4: 일별 수익률을 이용해 계산된 월별 변동성

```
+ }
> m_vol2 <- period.apply(rtn, INDEX = ep, FUN = fcn2)
> m_vol2 <- sqrt(m_vol2)
> plot(m_vol1, main = "")
> lines(m_vol2, lwd = 2, lty = 2)
> addLegend("top", legend.names = c("Zero autocovariance", "MA(1) process"),
+           lty = 1:2, lwd = c(2, 2))
```

그림 15.5.4는 두 가지 가정 아래에서 계산된 월별 변동성을 시각화한 것이다. 동일한 데이터를 사용하더라도 일별 수익률의 확률과정에 대한 가정에 따라 월별 변동성 추정치가 달라짐을 확인할 수 있다. 일반적으로 MA(1) 구조를 반영한 추정치가 자기공분산이 0인 경우보다 더 큰 값을 보이는데, 이는 연속된 일별 수익률 간의 양의 자기상관이 월별 표준편차를 더 크게 만드는 효과 때문이다.

15.5.3 예제 3

이 예제에서는 2024년 2월 한 달 동안의 삼성전자 1분 단위 체결가격 데이터를 사용하여 일별 실현변동성을 계산한다. 특히, 시장미시구조 잡음의 영향을 완화하기 위해, 5분, 10분, 15분 단위로 집계한 체결가격을 이용한다. 일별 실현변동성은 해당일의 로그수익률 제곱합에 제곱근을 취한 값으로 정의된다.

```
> dat <- fread("data15_1.csv", header = TRUE)
```

```
> head(dat)
     TRD_DD       ISU_CD TRD_PRC   TRD_TM
      <int>       <char>   <int>    <int>
1: 20240201 KR7005930003   72900 90003107
2: 20240201 KR7005930003   73100 90100003
3: 20240201 KR7005930003   73100 90200230
4: 20240201 KR7005930003   73200 90300068
5: 20240201 KR7005930003   73100 90400325
6: 20240201 KR7005930003   73000 90500017
> dat <- dat[ , H := floor(TRD_TM/10^7)]
> dat <- dat[ , M := floor(TRD_TM/10^5) %% 100]
> # 5-min realized volatility
> dat1 <- copy(dat)
> dat1 <- dat1[ , ROUND5 := floor(M/5)*5]
> dat1 <- dat1[ , head(.SD, 1), by = .(TRD_DD, H, ROUND5)]
> dat1 <- dat1[ , TRD_PRC1 := shift(TRD_PRC, 1), by = TRD_DD]
> dat1 <- dat1[ , RET := log(TRD_PRC) - log(TRD_PRC1)]
> dat1 <- dat1[ , VOL := sqrt(sum(RET^2, na.rm = TRUE)), by = TRD_DD]
> dat1 <- dat1[ , head(.SD, 1), by = TRD_DD]
> VOL_5M <- xts(dat1$VOL,
+               order.by = as.Date(as.character(dat1$TRD_DD), "%Y%m%d"))
> # 10-min realized volatility
> dat2 <- copy(dat)
> dat2 <- dat2[ , ROUND10 := floor(M/10)*10]
> dat2 <- dat2[ , head(.SD, 1), by = .(TRD_DD, H, ROUND10)]
> dat2 <- dat2[ , TRD_PRC1 := shift(TRD_PRC, 1), by = TRD_DD]
> dat2 <- dat2[ , RET := log(TRD_PRC) - log(TRD_PRC1)]
> dat2 <- dat2[ , VOL := sqrt(sum(RET^2, na.rm = TRUE)), by = TRD_DD]
> dat2 <- dat2[ , head(.SD, 1), by = TRD_DD]
> VOL_10M <- xts(dat2$VOL,
+                order.by = as.Date(as.character(dat2$TRD_DD), "%Y%m%d"))
> # 15-min realized volatility
> dat3 <- copy(dat)
> dat3 <- dat3[ , ROUND15 := floor(M/15)*15]
> dat3 <- dat3[ , head(.SD, 1), by = .(TRD_DD, H, ROUND15)]
> dat3 <- dat3[ , TRD_PRC1 := shift(TRD_PRC, 1), by = TRD_DD]
> dat3 <- dat3[ , RET := log(TRD_PRC) - log(TRD_PRC1)]
> dat3 <- dat3[ , VOL := sqrt(sum(RET^2, na.rm = TRUE)), by = TRD_DD]
> dat3 <- dat3[ , head(.SD, 1), by = TRD_DD]
> VOL_15M <- xts(dat3$VOL,
+                order.by = as.Date(as.character(dat3$TRD_DD), "%Y%m%d"))
> VOL_ts <- merge(merge(VOL_5M, VOL_10M), VOL_15M)
> plot(VOL_ts, multi.panel = FALSE, lty = 1:3,
+      col = c("black", "red", "blue"), main = "")
> addLegend("top", legend.names = c("5 min", "10 min", "15 min"),
+           lty = 1:3, col = c("black", "red", "blue"))
```

그림 15.5.5는 일별 변동성의 시계열을 나타낸다. 5분 단위 추정치가 가장 높은 수준의

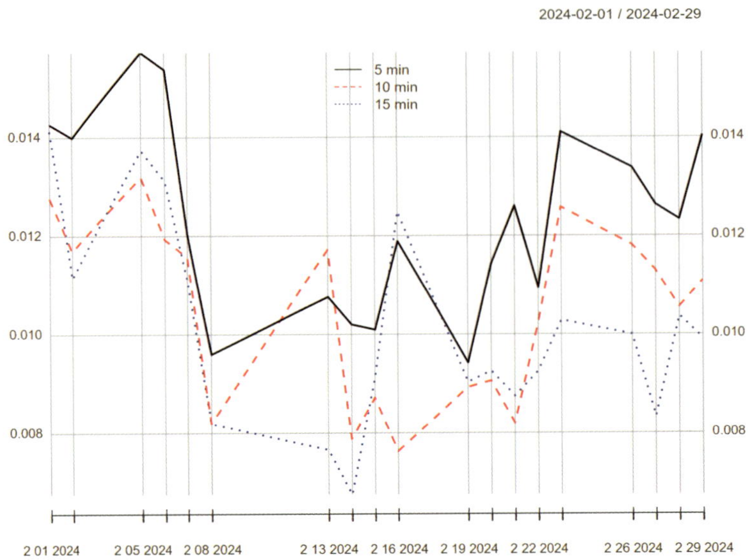

그림 15.5.5: 일별 실현변동성

변동성을 보였으며, 샘플링 간격이 10분, 15분으로 늘어날수록 변동성 추정치는 점진적으로 낮아졌다. 이는 간격이 짧아질 수록 시장 미시구조 잡음의 영향이 커져, 변동성이 과대추정되는 경향이 있음을 보여준다. 한편, 일별 변동성의 상승·하락 패턴은 세 가지 샘플링 간격 모두에서 유사하게 나타난다.

제16장 비선형시계열모형

16.1 비선형시계열과 BDS 검정

수학적으로 일변량시계열 x_t는 독립이며 동일한 분포(i.i.d.)를 따르는 $\varepsilon_t, \varepsilon_{t-1}, \ldots$의 함수, 즉 $x_t = f(\varepsilon_t, \varepsilon_{t-1}, \ldots)$로 정의되며, 이때 시계열모형의 구체적인 구조는 함수 $f(\cdot)$의 형태에 의해 결정된다. 실제 분석에서는 편의를 위해, 다음과 같이 조건부모형 형태로 x_t를 나타낸다:

$$x_t = \mu_t + \varepsilon_t, \qquad \varepsilon_t = \sqrt{\sigma_t^2} z_t,$$

여기서 $\mu_t = E_{t-1}[x_t]$는 정보집합 I_{t-1}에 대한 x_t의 조건부기댓값, $\sigma_t^2 = Var_{t-1}[x_t]$는 조건부분산, $z_t \sim WN(0,1)$이다.

시계열모형이 선형이 되기 위해서는 다음 두 가지 조건이 모두 필요하다. 첫째, μ_t는 과거 정보의 선형함수여야 한다. 둘째, σ_t^2는 시간에 따라 변하지 않고 일정해야 한다. 예를 들어, $x_t \sim$ AR(p)의 조건부기댓값과 조건부분산은 각각 다음과 같이 주어진다:

$$E_{t-1}[x_t] = \phi_0 + \sum_{i=1}^{p} \phi_i x_{t-i},$$

$$Var_{t-1}[x_t] = E_{t-1}[(x_t - E_{t-1}[x_t])^2] = E_{t-1}[\varepsilon_t^2] = \sigma_\varepsilon^2.$$

따라서 AR(p) 모형은 선형시계열모형(linear time series model)에 해당한다.

한편 비선형시계열모형(nonlinear time series model)의 경우, μ_t가 과거 정보의 비선형함수이거나 σ_t^2이 시간에 따라 변한다. 예를 들어 GARCH 모형의 조건부분산은 과거 오차항 제곱과 과거 조건부분산에 의해 결정되므로, 그 값은 시간에 따라 변한다. 따라서 ARMA–GARCH 모형은 비선형시계열모형의 사례라 할 수 있다.

시계열자료의 분석에 앞서, 선형성을 검증하는 것은 중요한 절차이다. 만약 시계열이 선형이라면, 적절한 선형모형을 통해 계산된 잔차 e_t는 i.i.d.가 되어야 한다. 이는 사용된 선형모형이 과거 정보를 활용하여 설명 가능한 모든 선형적 의존 구조를 성공적으로 제거했음을 의미한다. 그러나 e_t가 i.i.d.를 따르지 않는 경우, 사용된 선형모형이 잘못 설정되었거나, 혹은 주어진 시계열자료가 선형모형으로 설명될 수 없는 비선형성을 내포하고 있음을 의미한다.

이러한 직관을 바탕으로 Broock et al. [1996]은 BDS 검정(Brock-Dechert-Scheinkman test)을 제안하였다. BDS 검정은 선형시계열모형의 잔차 e_t가 i.i.d.인지 아닌지를 상관적분(correlation integral) 개념을 이용해 확인한다. 구체적으로 시계열 잔차 e_t에 대해 m차원 열벡터

$$e_t^m = (e_t, e_{t+1}, \ldots, e_{t+m-1})' \in \mathbb{R}^{m\times 1}$$

를 정의한다. 벡터 e_t^m은 m-히스토리(m-history)라고 불리며, e_t의 국소적 패턴을 나타낸다. 만약 e_t가 i.i.d.라면, m-히스토리 벡터들의 집합 $\{e_t^m\}_{t=1}^{T_m}$은 m차원 공간에서 구조적 패턴 없이 무작위로 분포해야 한다.

잔차의 선형 의존성이 충분히 제거된 상태에서 BDS 검정의 귀무가설이 기각되면, 이는 선형모형으로 설명되지 않는 비선형 의존 구조가 잔차에 존재함을 의미한다. 따라서 실제 분석에서 BDS 검정을 적용하기 전에는 반드시 자료의 선형 의존성을 충분히 제거해야 한다. 그렇지 않으면 비선형 의존성과 선형 의존성이 혼재되어 검정 결과에 심각한 왜곡이 발생할 수 있다.

특히 수익률의 경우, 잔차가 시간에 따라 변하는 조건부분산을 가지는 것이 일반적이다. 이러한 시계열적 이분산성은 BDS 검정 결과에 큰 영향을 미칠 수 있으므로, 검정에 앞서 ARMA–GARCH 모형을 적용하여 수익률의 조건부기댓값의 선형 의존성과 조건부분산의 비선형성을 동시에 제거(prewhitening) 하는 것이 필요하다. GARCH 모형에 의해 조건부분산의 비선형성이 충분히 제거된 이후에도 표준화잔차 e_t^*에 적용된 BDS 검정의 귀무가설이 기각된다면, 이는 표준화잔차의 비선형성이 조건부기댓값의 비선형성에서 기인함을 시사한다. 이 경우 조건부기댓값의 비선형 구조를 반영할 수 있는 대안적 모형을 고려해야 한다.

16.2 자기여기임계자기회귀모형

자기여기임계자기회귀모형(Self-Exciting Threshold AutoRegressive model, SETAR 모형)은 시계열이 일정한 분계점을 기준으로 서로 다른 동태를 보이는 상황을 설명하는 데 적합하다. 예를 들어 경기순환 자료에서 경기 확장기와 침체기의 동태가 달라지거나, 주식 수익률이 일정 손실 미만과 초과 구간에서 서로 다른 동태를 보이는 등과 같은 조건부기댓값의 비선형적 구조는 SETAR 모형을 통해 효과적으로 다루어질 수 있다.

구체적으로 x_t에 대한 K구간 SETAR 모형은 다음과 같이 정의된다:

$$x_t = \phi_0^{(k)} + \phi_1^{(k)} x_{t-1} + \cdots + \phi_{p_k}^{(k)} x_{t-p_k} + \varepsilon_t^{(k)},$$

여기서 $k = 1, \ldots, K$는 국면(regime), d는 지연모수(delay parameter)로 국면을 판별할 때 사용되는 과거 시점의 지연 정도, $\varepsilon_t^{(k)} \sim WN(0, \sigma_{\varepsilon,k}^2)$이다. 이때 각 국면의 적용 조건은 $\gamma_{k-1} < x_{t-d} \leq \gamma_k$로 주어지며, $\gamma_0, \gamma_1, \ldots, \gamma_K$는 임곗값으로 $\gamma_0 < \gamma_1 < \cdots < \gamma_K$를 만족한다.

SETAR 모형은 국면변수(regime variable) x_{t-d}에 따라 시계열의 동적 구조를 달리하여 조건부기댓값의 비선형성을 나타낸다. $K-1$개의 분계점은 실수 공간을 K개의 구간으로 나누며, 각 구간에서 x_t는 서로 다른 AR 모형을 따른다. 예를 들어 $K = 2$인 2구간 SETAR 모형의 경우, $x_{t-d} \leq \gamma_1$일 때 첫 번째 AR 모형이, $x_{t-d} > \gamma_1$일 때 두 번째 AR 모형이 적용되어 x_t의 비선형적 동태를 설명한다. "자기여기"라는 표현은 국면 구분이 외생적 요인에 의해 이루어지는 것이 아니라, 시계열 자체의 과거 값 x_{t-d}에 의해 내생적으로 결정된다는 점을 강조한다. 이는 후술할 Markov 전환자기회귀모형(Markov Switching Autoregressive model, MSA 모형)의 국면 전환과 구별되는 중요한 특징이다.

SETAR 모형의 조건부기댓값은 구간별 AR 모형의 조건부기댓값을 바탕으로 구성되며, 전체적으로 조각별 선형함수(piecewise linear function)의 형태를 갖는다. 따라서 단일 AR 모형보다 훨씬 유연하게 시계열의 비선형 동태를 근사할 수 있다. 이러한 특징은 비대칭적 조정과 구조적 전환이 자주 나타나는 자료에 특히 적합하다. 한편, SETAR 모형의 예측 값은 기준시점 h에서 x_{h-d}가 속하는 구간에 따라 해당 구간의 AR 모형 계수를 이용해 계산한다. 그러나 예측 기간이 지연모수 d를 초과하면, 예측 값 자체가 향후 어떤 구간에 속할지 판별하는 데 영향을 미치게 되며, 결과적으로 예측 값은 여러 구간의 가능성을 반영한 조건부예측의 선형결합 형태로 계산된다.

16.3 MSA 모형

MSA 모형은 시계열 x_t가 시간에 따라 서로 다른 잠재적 상태를 가지며, 상태별 AR(p) 과정을 따른다고 가정한다. 이때 상태의 변화는 외생적 요인이나 관측 가능한 변수에 의해 정해지는 것이 아니라, 관측되지 않는 Markov 과정에 의해 확률적으로 결정된다.

예를 들어, 2상태 MSA 모형은 다음과 같이 정의된다:

$$x_t = \begin{cases} \phi_{1,0} + \sum_{i=1}^{p} \phi_{1,i} x_{t-i} + \varepsilon_{1,t} & s_t = 1\text{인 경우}, \\ \phi_{2,0} + \sum_{i=1}^{p} \phi_{2,i} x_{t-i} + \varepsilon_{2,t} & s_t = 2\text{인 경우}, \end{cases}$$

여기서 $\varepsilon_{1,t} \sim WN(0, \sigma^2_{\varepsilon,1})$, $\varepsilon_{2,t} \sim WN(0, \sigma^2_{\varepsilon,2})$이며, s_t는 시점 t에서의 상태를 나타내는 관측불가능한 잠재변수이다.

상태변수 s_t는 1차 Markov 과정을 따르며, 전이확률(transition probability)은 다음과 같이 정의된다:

$$\Pr(s_t = 2|s_{t-1} = 1) = w_1, \qquad \Pr(s_t = 1|s_{t-1} = 2) = w_2,$$

여기서 w_1은 상태 1에서 상태 2로 전이될 확률, w_2는 상태 2에서 상태 1로 전이될 확률을 나타낸다. 전이확률이 낮을수록 특정 상태에 한 번 진입하고 나면 해당 상태에 계속 머무를 가능성이 커진다. 즉, w_1과 w_2가 감소할수록, $\Pr(s_t = 1|s_{t-1} = 1) = 1 - w_1$와 $\Pr(s_t = 2|s_{t-1} = 2) = 1 - w_2$는 증가한다. 따라서 MSA 모형은 상태의 지속성과 전환 가능성을 동시에 모형화한다.

MSA 모형의 추정은 제22장의 상태공간모형(state-space model)의 틀을 통해 이루어진다. 구체적으로, 상태변수의 전이와 관측방정식을 상태공간 형태로 표현한 뒤, Hamilton [1990]이 제안한 필터링(filtering) 절차를 이용하여 시점별 상태의 확률을 계산한다. 모형의 모수 추정에는 EM 알고리즘(Expectation-Maximization algorithm)이 널리 사용된다. EM 알고리즘은 기대 단계(E-step)와 최대화 단계(M-step)를 번갈아 반복하면서 모수 추정치를 점진적으로 개선해 나간다. 기대 단계에서는 현재 추정된 모수를 이용해 상태의 사후확률(posterior probability)을 계산하고, 최대화 단계에서는 이를 바탕으로 모형의 모수를 다시 추정한다. 이러한 절차는 모수 추정치가 수렴할 때까지 반복되며, EM 알고리즘은 초깃값에 대한 민감도를 완화하고 추정의 안정성을 높이는 데 기여한다.

2상태 MSA 모형은 일반적인 N상태 모형으로도 확장할 수 있다. N상태 MSA 모형에서는 각 상태마다 서로 다른 AR 모형이 추정되며, 전이확률은 $(N \times N)$ 크기 행렬로 표현된다. 이를 통해 단순한 호황–불황 구분을 넘어, 경기순환의 다단계 구조나 금융시장의 다중 상태 변화를 정교하게 설명할 수 있다. 예를 들어, 금융시장에서 정상 상태, 고변동성 상태, 위기 상태와 같이 세 가지 이상의 국면을 설정하여 분석하는 것이 가능하다.

16.4 신경망모형

신경망모형(neural network model)은 시계열자료의 복잡한 비선형 구조를 유연하게 근사할 수 있는 고전적 방법론으로, 최근 인공지능 기술의 비약적 발전으로 인해 재조명되고 있다. 다양한 신경망모형 중에서, 본 절에서는 가장 기본적인 구조인 순방향(feed-forward) 신경망모형에 초점을 맞춘다. 순방향 신경망은 입력층(input layer)의 노드(node)들이 은닉층

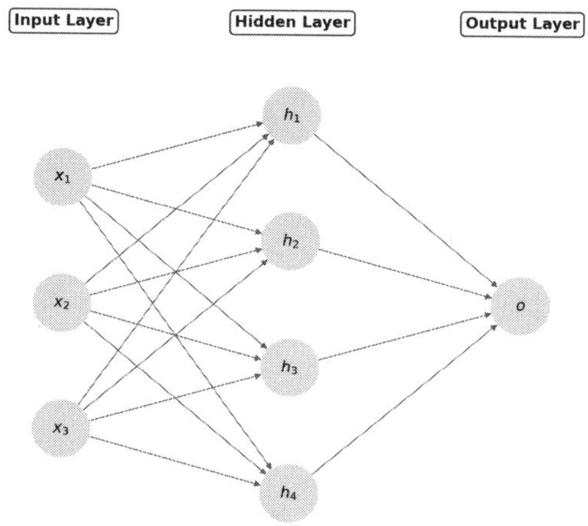

그림 16.4.1: 3-4-1 순방향 신경망

(hidden layer)의 노드들과 순차적으로 연결되고, 다시 출력층(output layer)의 단일 노드에 도달하는 방식으로 정보를 전달한다. 예를 들어 그림 16.4.1에 제시된 3-4-1 신경망 구조는 입력층에 세 개의 노드가 있으며, 이들은 은닉층의 네 개 노드 각각과 연결된다. 이후 은닉층의 네 개 노드는 모두 출력층의 하나의 노드에 연결되는 구조를 보인다.

구체적으로 은닉층의 j번째 노드는 다음과 같이 정의된다:

$$h_j = f_j\left(\alpha_{0j} + \sum_{i\to j} w_{ij}x_i\right),$$

여기서 x_i는 i번째 입력노드, w_{ij}는 i번째 입력노드와 j번째 은닉노드를 연결할 때 사용되는 가중치이며, α_{0j}는 편의항으로 회귀모형의 절편과 유사한 역할을 한다. 표기 $i \to j$는 j번째 노드에 연결되는 모든 입력노드에 대한 합을 나타낸다. $f_j(\cdot)$는 활성함수(activation function)로, 각 층의 정보를 다음 층으로 전달할 때 비선형성을 부여한다. 일반적으로 로지스틱함수

$$f_j(z) = \frac{\exp(z)}{1+\exp(z)}$$

가 사용되며, 이는 출력값을 $(0,1)$ 구간으로 사상(mapping)하여 계산의 안정성을 확보한다.

한편, 단일 출력노드는 다음과 같이 정의된다:

$$o = f_o\left(\alpha_{0o} + \sum_{j\to o} w_{jo}h_j\right),$$

여기서 $f_o(\cdot)$ 는 출력층의 활성함수이다. 시계열 예측과 같은 연속형 출력 문제에서는 $f_o(\cdot)$

를 선형함수로 두는 경우가 많으며, 이때 위 식은

$$o = \alpha_{0o} + \sum_{j=1}^{J} w_{jo} h_j$$

로 단순화되며, 여기서 J는 은닉층의 노드 개수이다.

예를 들어 그림 16.4.1의 3-4-1 신경망을 고려하면, 각 $j = 1, \ldots, 4$에 대해 은닉층의 j 번째 노드는

$$h_j = \frac{\exp(\alpha_{0j} + w_{1j}x_1 + w_{2j}x_2 + w_{3j}x_3)}{1 + \exp(\alpha_{0j} + w_{1j}x_1 + w_{2j}x_2 + w_{3j}x_3)}$$

이며, 출력노드는

$$o = \alpha_{0o} + w_{1o}h_1 + w_{2o}h_2 + w_{3o}h_3 + w_{4o}h_4$$

로 표현된다. 은닉층에는 노드별로 편의항 α_{0j}와 세 개의 입력 가중치 w_{1j}, w_{2j}, w_{3j}가 존재하므로, $4 \times 4 = 16$개의 모수가 존재한다. 출력층에는 편의항 α_{0o}와 네 개의 은닉노드 가중치 $w_{1o}, w_{2o}, w_{3o}, w_{4o}$가 있어 총 5개의 모수가 추가된다. 따라서 이 신경망모형은 총 21 개의 모수를 가진다.

신경망모형의 추정을 위해서는 전체 표본을 훈련 표본과 검증 표본으로 나눈다. 훈련 표본을 이용하여 사전에 설정된 손실함수(loss function)를 최소화하는 방향으로 모형을 학습시켜 신경망의 편의항과 가중치를 최적화한다. 이때 가장 널리 사용되는 학습 알고리즘은 역전파(backpropagation, BP)이다. BP 알고리즘은 출력층에서 계산된 오차를 은닉층과 입력층 방향으로 역전파하여, 경사하강(gradient descent)을 통해 모수를 반복적으로 갱신한다. 이러한 과정을 통해 신경망은 입력과 출력 사이의 복잡한 비선형관계를 점진적으로 학습한다. 훈련이 완료된 신경망은 검증 표본을 사용하여 일반화 성능을 평가하며, 다양한 네트워크 구조(예: 은닉노드 개수, 층수 등)를 비교하여 예측력이 가장 높은 모형을 최종 선택한다.

16.5 R 실습

이번 절에서는 다양한 비선형시계열모형을 적용하여 2014년부터 2023년까지의 KOSPI 지수의 일별 로그수익률 자료를 분석한다.

```
> libraries <- c("data.table", "forecast", "MSwM", "neuralnet", "rugarch",
+                "tsDyn", "tseries", "xts")
> lapply(libraries, library, character.only = TRUE)
> dat <- fread("data13_1.csv", header = TRUE)
> head(dat)
```

```
        TRD_DD KOSPI SAMSUNG SKHYNIX
        <IDat> <num>   <num>   <num>
1: 2014-01-02 -2.20   -4.59   -3.40
2: 2014-01-03 -1.07   -0.99    2.11
3: 2014-01-06  0.37    0.85    3.72
4: 2014-01-07  0.32   -0.23    0.40
5: 2014-01-08 -0.02   -1.00    3.17
6: 2014-01-09 -0.66   -1.24   -0.38
> rtn <- xts(log(1 + dat$KOSPI/100),
+            order.by = as.Date(as.character(dat$TRD_DD), "%Y-%m-%d"))
> colnames(rtn) <- "KOSPI"
> model <- ugarchspec(mean.model = list(armaOrder = c(3, 0)),
+                     variance.model = list(garchOrder = c(1, 1)))
> fit <- ugarchfit(spec = model, data = rtn)
> bds.test(residuals(fit, standardize = TRUE), m = 5)
        BDS Test
data:  residuals(fit, standardize = TRUE)
Embedding dimension =  2 3 4 5
Epsilon for close points =  0.5000 1.0001 1.5001 2.0002
Standard Normal =
      [ 0.5 ] [ 1.0001 ] [ 1.5001 ] [ 2.0002 ]
[ 2 ] -1.0529    -0.7760    -0.2423    -0.0078
[ 3 ] -0.5376    -0.3222    -0.1101    -0.1324
[ 4 ]  0.2029     0.0723    -0.0342    -0.3960
[ 5 ]  0.5416     0.2794    -0.0429    -0.5604
p-value =
      [ 0.5 ] [ 1.0001 ] [ 1.5001 ] [ 2.0002 ]
[ 2 ]  0.2924     0.4378     0.8086     0.9938
[ 3 ]  0.5908     0.7473     0.9123     0.8947
[ 4 ]  0.8392     0.9424     0.9727     0.6921
[ 5 ]  0.5881     0.7799     0.9658     0.5752
```

먼저 AR(3)–GARCH(1, 1) 모형을 이용하여 수익률 시계열 r_t에 존재하는 조건부기댓값의 선형 의존성과 조건부분산의 비선형성을 제거한 후, 표준화잔차에 대해 BDS 검정을 실시하였다. 검정 결과, $m = 2, \ldots, 5$에서 계산된 BDS 검정통계량이 5% 유의수준에서 모두 유의하지 않게 나타났다. 이는 AR(3)–GARCH(1, 1) 모형의 표준화잔차가 i.i.d.라는 귀무가설이 기각되지 않음을 의미한다. 만약 GARCH 모형이 조건부분산의 비선형성을 충분히 제거하였다면, 이러한 결과는 KOSPI 지수 수익률의 조건부기댓값이 선형 구조를 가진다는 것을 시사한다.

```
> selectSETAR(rtn, m = 3, thDelay = 1, plot = FALSE)
  thDelay mL mH           th pooled-AIC
1       1  3  2 -0.008536331  -15810.65
2       1  2  2 -0.008536331  -15810.25
3       1  3  3 -0.008536331  -15809.86
```

```
4         1  1  2 -0.008536331  -15809.36
5         1  3  2 -0.008435479  -15809.27
6         1  3  3 -0.008435479  -15808.64
7         1  2  2 -0.008435479  -15808.49
8         1  3  2 -0.008334637  -15807.94
9         1  1  2 -0.008435479  -15807.47
10        1  2  2 -0.008334637  -15807.35
> fit <- setar(rtn, mL = 3, mH = 2, thDelay = 1, th = -0.008536331)
> summary(fit)
Non linear autoregressive model
SETAR model ( 2 regimes)
Coefficients:
Low regime:
     const.L       phiL.1       phiL.2       phiL.3
0.0009431885 0.0091993880 0.0898645280 0.1909608784
High regime:
      const.H        phiH.1        phiH.2
-3.448204e-05 -1.571777e-02  1.004710e-01
Threshold:
-Variable: Z(t) = + (0) X(t)+ (1)X(t-1)+ (0)X(t-2)
-Value: -0.008536 (fixed)
Proportion of points in low regime: 15.27%       High regime: 84.73%
Residuals:
        Min          1Q      Median          3Q         Max
-0.07967616 -0.00481195  0.00031318  0.00532537  0.08087839
Fit:
residuals variance = 9.842e-05,  AIC = -22673, MAPE = 112%
Coefficient(s):
           Estimate  Std. Error  t value  Pr(>|t|)
const.L   9.4319e-04  1.1330e-03   0.8324 0.4052373
phiL.1    9.1994e-03  3.5865e-02   0.2565 0.7975861
phiL.2    8.9865e-02  6.5350e-02   1.3751 0.1692201
phiL.3    1.9096e-01  4.5460e-02   4.2006 2.757e-05 ***
const.H  -3.4482e-05  2.3456e-04  -0.1470 0.8831381
phiH.1   -1.5718e-02  2.4611e-02  -0.6386 0.5231103
phiH.2    1.0047e-01  2.9702e-02   3.3827 0.0007291 ***
Threshold
Variable: Z(t) = + (0) X(t) + (1) X(t-1)+ (0) X(t-2)
Value: -0.008536 (fixed)
> fcst <- predict(fit, n.ahead = 10)
> print(fcst, digits = 4)
Time Series:
Start = 2460
End = 2469
Frequency = 1
 [1]  1.371e-04  1.558e-03 -4.520e-05  1.228e-04 -4.095e-05
 [6] -2.150e-05 -3.826e-05 -3.604e-05 -3.776e-05 -3.751e-05
```

시계열 r_t가 비선형이라 가정하여, p_k의 최댓값이 3이며 $d = 1$인 2구간 SETAR 모형을 고려하였다. `selectSETAR()` 함수를 이용해 구간별 AR 모형의 최적 차수 p_k와 분계점을 선택한 결과, AIC가 최소가 되는 최적 조합에서 추정된 모형의 경험적 형태는 다음과 같이 나타났다:

$$r_t = \begin{cases} 0.0009 + 0.0092 r_{t-1} + 0.0899 r_{t-2} + 0.1910 r_{t-3} + \varepsilon_{1,t} & (r_{t-1} \le -0.0085\text{인 경우}), \\ 0.0000 - 0.0157 r_{t-1} + 0.1005 r_{t-2} + \varepsilon_{2,t} & (r_{t-1} > -0.0085\text{인 경우}). \end{cases}$$

즉, 첫 번째 구간에서는 AR(3) 모형이, 두 번째 구간에서는 AR(2) 모형이 적용되었다. 이러한 결과는 KOSPI 수익률이 직전 수익률 수준에 따라 다른 동태를 보일 수 있음을 의미한다.

```
> newdat <- lag(rtn, k = 0:3)
> mod <- lm(KOSPI ~ KOSPI.1 + KOSPI.2 + KOSPI.3, data = newdat)
> fit <- msmFit(mod, k = 2, sw = rep(TRUE, 5))
> summary(fit)
Markov Switching Model
Call: msmFit(object = mod, k = 2, sw = rep(TRUE, 5))
        AIC       BIC  logLik
  -16222.66 -16113.76 8119.33
Coefficients:
Regime 1
---------
               Estimate Std. Error t value Pr(>|t|)
(Intercept)(S)  -0.0010     0.0007 -1.4286 0.153119
KOSPI.1(S)      -0.0263     0.0463 -0.5680 0.570035
KOSPI.2(S)       0.1254     0.0449  2.7929 0.005224 **
KOSPI.3(S)       0.0803     0.0468  1.7158 0.086199 .
Residual standard error: 0.01623435
Multiple R-squared: 0.02037
Regime 2
---------
               Estimate Std. Error t value Pr(>|t|)
(Intercept)(S)   0.0006     0.0002  3.0000  0.00270 **
KOSPI.1(S)       0.0123     0.0274  0.4489  0.65350
KOSPI.2(S)       0.0061     0.0289  0.2111  0.83281
KOSPI.3(S)      -0.0633     0.0260 -2.4346  0.01491 *
Residual standard error: 0.006925521
Multiple R-squared: 0.004965
Transition probabilities:
           Regime 1   Regime 2
Regime 1 0.93651474 0.01916649
Regime 2 0.06348526 0.98083351
> plotProb(fit, which = 2)
> plotProb(fit, which = 3)
```

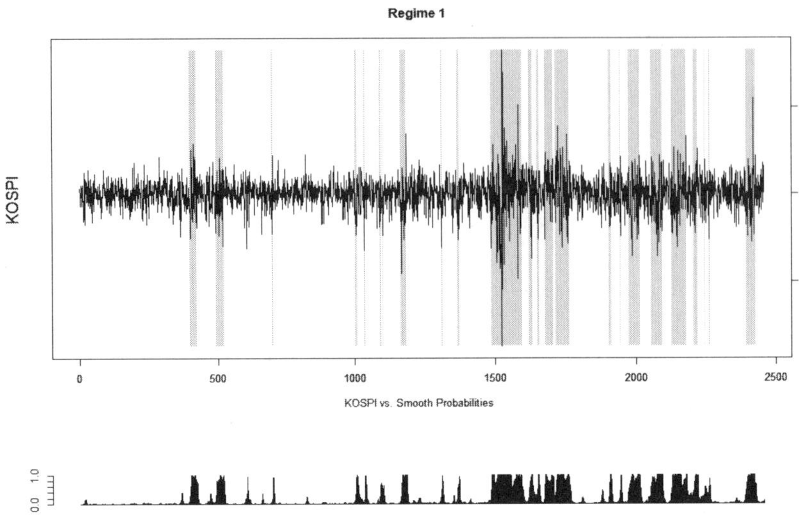

그림 16.5.1: $\Pr(s_t = 1)$의 추정치

다음으로 수익률 시계열 r_t는 AR(3) 모형을 따른다는 가정 아래에서 2상태 MSA 모형을 추정하였고, 그 결과는 다음과 같다:

$$r_t = \begin{cases} -0.0010 - 0.0263 r_{t-1} + 0.1254 r_{t-2} + 0.0803 r_{t-3} + \varepsilon_{1,t} & s_t = 1\text{인 경우}, \\ 0.0006 + 0.0123 r_{t-1} + 0.0061 r_{t-2} - 0.0633 r_{t-3} + \varepsilon_{2,t} & s_t = 2\text{인 경우}. \end{cases}$$

AR(3) 모형의 기댓값 공식 $\mu = \phi_0/(1-\phi_1-\phi_2-\phi_3)$를 이용하여, 각 상태에서의 수익률 기댓값은 다음과 같이 계산되었다:

$$E[r_t] = \begin{cases} -0.0010(1+0.0263-0.1254-0.0803)^{-1} = -0.0012 & s_t = 1\text{인 경우}, \\ 0.0006(1-0.0123-0.0061+0.0633)^{-1} = 0.0006 & s_t = 2\text{인 경우}. \end{cases}$$

즉, 상태 1은 수익률의 기댓값이 음수인 하락장을, 상태 2는 수익률의 기댓값이 양수인 상승장을 나타낸다. 추정된 전이확률은 각각

$$\Pr(s_t = 2|s_{t-1} = 1) = 0.0192, \qquad \Pr(s_t = 1|s_{t-1} = 2) = 0.0635$$

로 나타났다. 이는 상승장에서 하락장으로 전이될 가능성이 하락장에서 상승장으로 전이될 가능성보다 높음을 의미한다. 그림 16.5.1와 그림 16.5.2는 Hamilton 필터링 기법을 이

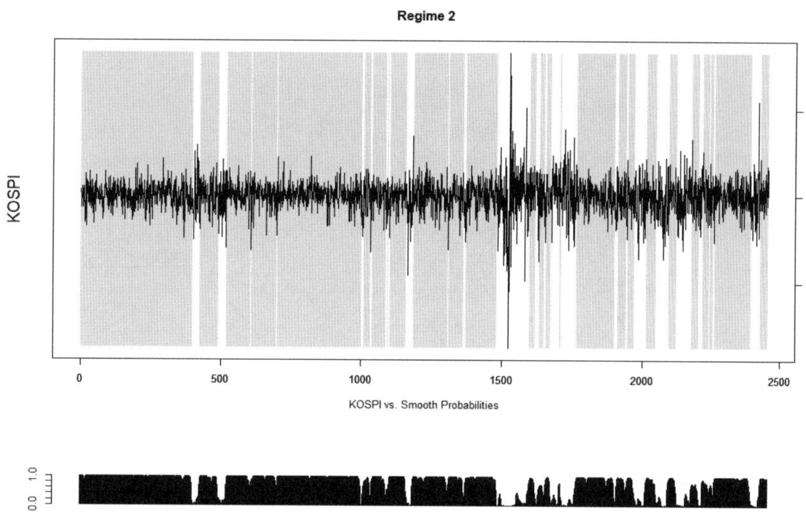

그림 16.5.2: $\Pr(s_t = 2)$의 추정치

용해 추정된 시점별 상태의 발생 확률, 즉 $\Pr(s_t = 1)$과 $\Pr(s_t = 2)$를 시각적으로 보여준다.

```
> train_dat <- newdat["/2023-11"]
> train_dat <- train_dat[-c(1:4), ]
> test_dat <- newdat["2023-12"]
> fit1 <- neuralnet(KOSPI ~  KOSPI.1 + KOSPI.2 + KOSPI.3, data = train_dat,
+                   hidden = 4)
> fit2 <- neuralnet(KOSPI ~  KOSPI.1 + KOSPI.2 + KOSPI.3, data = train_dat,
+                   hidden = c(4, 4))
> fcst1 <- predict(fit1, test_dat)
> mean(sum((test_dat[, 1] - fcst1)^2))
[1] 0.00127921
> fcst2 <- predict(fit2, test_dat)
> mean(sum((test_dat[, 1] - fcst2)^2))
[1] 0.001278738
> plot(fit2, rep = "best")
```

마지막으로, 입력 변수 r_{t-1}, r_{t-2}, r_{t-3}을 이용해 3-4-1 신경망모형과 3-4-4-1 신경망모형을 구현하였다. 1시점 예측 성능을 비교한 결과, 3-4-1 신경망의 평균제곱예측오차가 3-4-4-1 신경망보다 다소 높게 나타났으며, 이는 후자가 상대적으로 더 나은 예측력을 제공한다는 것을 시사한다. 그림 16.5.3은 3-4-4-1 신경망모형의 추정 결과를 시각화한 것이다.

정리하면, SETAR 모형은 수익률 수준에 따른 국면별 동태를, MSA 모형은 잠재적 상태 전환을 통한 상승 · 하락장의 구분을, 신경망 모형은 비선형 상호작용 학습을 각각 포착하였

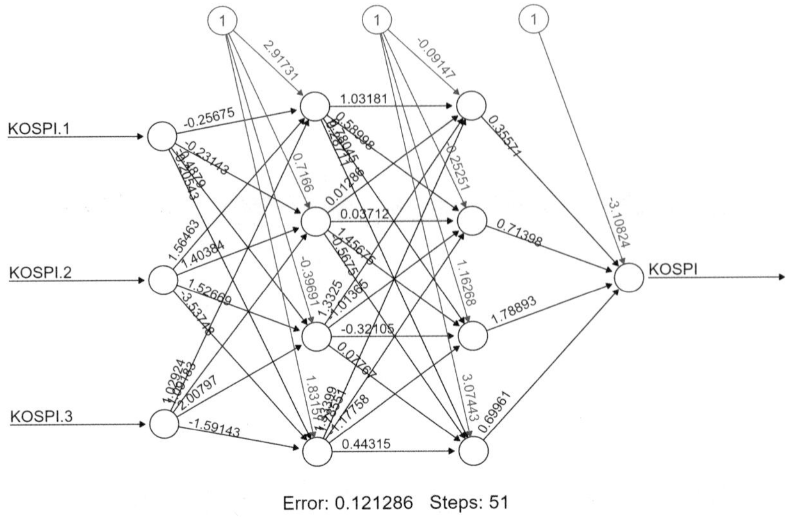

그림 16.5.3: 3-4-4-1 신경망모형

다. 일반적으로 비선형시계열모형은 금융시장의 구조적 전환, 경기순환 등과 같은 복잡한 동태를 분석하는 데 효과적인 도구이며, 예측 정확도의 개선에도 중요한 역할을 수행할 수 있다.

제17장 벡터자기회귀모형

17.1 다변량시계열

다변량시계열 $\mathbf{y}_t$는 N개의 일변량시계열(또는 단순히 시계열) $x_{1,t},\ldots,x_{N,t}$를 하나의 벡터로 묶어 나타낸 N 차원 열 벡터, 즉 $\mathbf{y}_t = [x_{i,t}]_{i=1}^N \in \mathbb{R}^{N\times 1}$를 의미한다. $\mathbf{y}_t$의 기댓값벡터는

$$E[\mathbf{y}_t] = [E[x_{i,t}]]_{i=1}^N \in \mathbb{R}^{N\times 1}$$

로 정의된다. $\mathbf{y}_t$의 공분산행렬 $\Gamma_0 \in \mathbb{R}^{N\times N}$은 다음과 같이 정의된다:

$$\Gamma_0 = E\left[(\mathbf{y}_t - E[\mathbf{y}_t])(\mathbf{y}_t - E[\mathbf{y}_t])'\right] = [\gamma_{ij}^{(0)}]_{i,j=1}^N,$$

여기서 모든 $i \neq j$에 대해 비대각원소 $\gamma_{ij}^{(0)} = E\left[(x_{i,t} - E[x_{i,t}])(x_{j,t} - E[x_{j,t}])\right]$는 $x_{i,t}$와 $x_{j,t}$ 사이의 공분산, 각 i에 대해 대각원소 $\gamma_{ii}^{(0)} = E\left[(x_{i,t} - E[x_{i,t}])^2\right]$는 $x_{i,t}$의 분산을 나타낸다. 모든 $k \neq 0$에 대해 k시차 공분산행렬 $\Gamma_k \in \mathbb{R}^{N\times N}$은 다음과 같이 정의된다:

$$\Gamma_k = E\left[(\mathbf{y}_t - E[\mathbf{y}_t])(\mathbf{y}_{t-k} - E[\mathbf{y}_{t-k}])'\right] = [\gamma_{ij}^{(k)}]_{i,j=1}^N,$$

여기서 비대각원소 $\gamma_{ij}^{(k)} = E\left[(x_{i,t} - E[x_{i,t}])(x_{j,t-k} - E[x_{j,t-k}])\right]$는 $x_{i,t}$와 $x_{j,t-k}$ 사이의 k시차 교차공분산(kth-order cross covariance), 대각원소 $\gamma_{ii}^{(k)} = E\left[(x_{i,t} - E[x_{i,t}])(x_{i,t-k} - E[x_{i,t-k}])\right]$는 $x_{i,t}$의 k시차 자기공분산이다.

일변량시계열의 경우와 유사하게, 다음의 조건을 모두 만족하면 다변량시계열 $\mathbf{y}_t$는 정상성을 가진다. 첫째, $\mathbf{y}_t$의 기댓값벡터와 공분산행렬이 시점 t와 관계없이 일정해야 한다. 둘째, k시차 공분산행렬은 시점 t가 아니라 시차 k에만 의존해야 한다.

이제 $\mathbf{y}_t$가 정상시계열이라고 하자. 시계열 $x_{i,t}$의 표준편차 $\sqrt{\gamma_{ii}^{(0)}}$를 이용하여 대각행렬

$$D = \operatorname{diag}\left(\sqrt{\gamma_{11}^{(0)}}, \sqrt{\gamma_{22}^{(0)}}, \ldots, \sqrt{\gamma_{NN}^{(0)}}\right) \in \mathbb{R}^{N\times N}$$

를 구성하면, $\mathbf{y}_t$의 상관계수행렬(correlation coefficient matrix) $R_0 \in \mathbb{R}^{N\times N}$은 다음과 같이 정의된다:

$$R_0 = D^{-1}\Gamma_0 D^{-1} = [\rho_{ij}^{(0)}]_{i,j=1}^N,$$

여기서 비대각원소 $\rho_{ij}^{(0)} = \gamma_{ij}^{(0)}\left(\sqrt{\gamma_{ii}^{(0)}}\sqrt{\gamma_{jj}^{(0)}}\right)^{-1}$는 $x_{i,t}$와 $x_{j,t}$ 간 상관계수이며, 대각원소 $\rho_{ii}^{(0)}$는 항상 1이다. 즉, R_0는 $\mathbf{y}_t$에 포함된 시계열 $x_{i,t}$ 사이의 동시상관(contemporaneous correlation)을 요약한다. 마찬가지로, k시차 상관계수행렬 $R_k \in \mathbb{R}^{N\times N}$는 다음과 같이 정의된다:

$$R_k = D^{-1}\Gamma_k D^{-1} = [\rho_{ij}^{(k)}]_{i,j=1}^N,$$

여기서 비대각원소 $\rho_{ij}^{(k)} = \gamma_{ij}^{(k)}\left(\sqrt{\gamma_{ii}^{(0)}}\sqrt{\gamma_{jj}^{(0)}}\right)^{-1}$는 $x_{i,t}$와 $x_{j,t-k}$ 사이의 k시차 교차상관계수(kth-order cross correlation coefficient), 대각원소 $\rho_{ii}^{(k)}$는 k시차 자기상관계수이다. 즉, R_k는 개별 시계열의 k시차 자기상관과 서로 다른 시계열 간의 k시차 교차상관을 요약한다. 만약 $\rho_{ij}^{(k)} \neq 0$라면, $x_{j,t-k}$가 $x_{i,t}$를 시차 k만큼 선행한다고 부른다.

표본 $\{\mathbf{y}_t\}_{t=1}^T$이 주어진 경우, 표본평균벡터 $\bar{\mathbf{y}}$, 표본공분산행렬 $\hat{\Gamma}_0$, 표본상관계수행렬 $\hat{R}_0$는 각각 다음과 같이 계산된다:

$$\bar{\mathbf{y}} = [\bar{x}_i]_{i=1}^N, \qquad \hat{\Gamma}_0 = \frac{1}{T}\sum_{t=1}^T(\mathbf{y}_t - \bar{\mathbf{y}})(\mathbf{y}_t - \bar{\mathbf{y}})', \qquad \hat{R}_0 = \hat{D}^{-1}\hat{\Gamma}_0\hat{D}^{-1},$$

여기서 $\bar{x}_i = T^{-1}\sum_{t=1}^T x_{i,t}$, $\hat{D} = \mathrm{diag}(\hat{\sigma}_1,\ldots,\hat{\sigma}_N)$, $\hat{\sigma}_i^2 = T^{-1}\sum_{t=1}^T(x_{i,t}-\bar{x}_i)^2$이다. 또한 k시차 표본공분산행렬 $\hat{\Gamma}_k$와 k시차 표본상관계수행렬 $\hat{R}_k$는 각각 다음과 같이 계산된다:

$$\hat{\Gamma}_k = \frac{1}{T-k}\sum_{t=k+1}^T(\mathbf{y}_t - \bar{\mathbf{y}})(\mathbf{y}_{t-k} - \bar{\mathbf{y}})', \qquad \hat{R}_k = \hat{D}^{-1}\hat{\Gamma}_k\hat{D}^{-1}.$$

다변량시계열 $\mathbf{y}_t$에 대한 포트맨토검정(portmanteau test)은 $k = 1,\ldots,m$에 걸쳐 k시차 상관계수행렬이 모두 0인지 여부를 검증한다. 구체적으로 귀무가설과 대립가설은

$$H_0 : R_1 = R_2 = \cdots = R_m = 0_{N\times N},$$
$$H_1 : \text{일부 } k \in \{1,2,\ldots,m\}\text{에 대해 } R_k \neq 0_{N\times N}$$

로 설정된다. 즉, 귀무가설은 모든 시차에서 자기상관과 교차상관이 없다는 것이며, 대립가설은 적어도 하나의 시차에서 유의한 자기상관 혹은 교차상관이 존재한다는 것이다. 귀무가설 H_0 아래에서, 포트맨토검정의 통계량 $Q_N(m)$과 그 점근분포는 다음과 같이 주어

진다:

$$Q_N(m) = T^2 \sum_{k=1}^{m} \frac{1}{T-k} \mathrm{tr}(\hat{\Gamma}_k' \hat{\Gamma}_0^{-1} \hat{\Gamma}_k \hat{\Gamma}_0^{-1}) \xrightarrow{d} \chi^2_{(N^2 m)},$$

여기서 $\mathrm{tr}(A)$는 행렬 A의 대각합(trace)을 의미한다. 포트맨토검정은 일변량 Ljung–Box 검정을 다변량으로 확장한 형태로서, 만약 귀무가설이 기각된다면 다변량시계열 $\mathbf{y}_t$의 개별 시계열 사이에 유의한 상관관계가 존재한다고 판단한다.

17.2 벡터자기회귀모형의 이해

17.2.1 모형의 정의

다변량시계열 $\mathbf{y}_t \in \mathbb{R}^{N\times 1}$에 대해 차수 p의 벡터자기회귀모형(Vector AutoRegressive model, VAR 모형), 즉 VAR(p) 모형은 다음과 같이 정의된다:

$$\mathbf{y}_t = c + \Pi_1 \mathbf{y}_{t-1} + \Pi_2 \mathbf{y}_{t-2} + \cdots + \Pi_p \mathbf{y}_{t-p} + \varepsilon_t, \tag{17.2.1}$$

여기서 $c = [c_i]_{i=1}^N \in \mathbb{R}^{N\times 1}$는 상수항벡터, $\Pi_1, \ldots, \Pi_p \in \mathbb{R}^{N\times N}$는 계수행렬(coefficient matrix), $\varepsilon_t = [\varepsilon_{i,t}]_{i=1}^N \in \mathbb{R}^{N\times 1}$는 백색잡음 $\varepsilon_{i,t}$으로 구성된 오차항벡터이다. 특히, ε_t는 다음의 조건을 만족한다고 가정한다:

$$E[\varepsilon_t] = 0_{N\times 1}, \qquad Var[\varepsilon_t] = \Sigma = [\sigma_{ij}]_{i,j=1}^N \in \mathbb{R}^{N\times N},$$

여기서 $\sigma_{ij} = E[\varepsilon_{i,t}\varepsilon_{j,t}]$는 오차항 $\varepsilon_{i,t}$와 $\varepsilon_{j,t}$ 간의 공분산을 의미한다.

VAR 모형은 일변량 AR 모형을 다변량으로 확장한 형태로 이해할 수 있다. $\mathbf{y}_t$의 특정 시계열 $x_{i,t}$가 자신의 과거 값뿐 아니라 다른 시계열 $x_{j,t}$의 과거 값에도 영향을 받을 수 있도록 설계되어, 시계열 사이에 존재하는 동태적 상호작용을 모형화한다. 구체적으로, 계수행렬 Π_k의 (i,j) 원소는 $x_{j,t-k}$가 $x_{i,t}$에 미치는 영향, 즉 $x_{i,t}$와 $x_{j,t}$ 사이의 선행-후행 관계를 정량적으로 요약한다. 한편, 개별 시계열 간의 동시 관계는 오차항벡터 ε_t의 공분산행렬 Σ에 간접적으로 나타나 있다. 즉, $\sigma_{ij} \neq 0$이면 $x_{i,t}$와 $x_{j,t}$ 사이에 동시상관이 존재한다. VAR 모형은 동시 관계를 계수행렬에 직접 포함하지 않기 때문에 축약형 모형이라고 불리며, 이는 후술할 구조적 VAR(Structural VAR, SVAR) 모형과 구별되는 특징이다.

후진이동연산자 B를 사용하면 VAR(p) 모형은 다음과 같이 표현된다:

$$\Pi(B)\mathbf{y}_t = c + \varepsilon_t,$$

여기서 $\Pi(B) = I_N - \Pi_1 B - \Pi_2 B^2 - \cdots - \Pi_p B^p$이다. $\mathbf{y}_t \sim$VAR(p)가 정상성을 가지기 위한 필요충분조건은 행렬식방정식(determinant equation)인 $|\Pi(B)| = 0$의 모든 해가 복소평면상 단위원의 바깥쪽에 존재하는 것이다. 이는 일변량 AR 모형의 정상성 조건을 다변량으로 확장한 결과에 해당한다.

한편, 결정적 요인이나 외생변수를 포함하여 VAR 모형을 다음과 같이 확장할 수도 있다:

$$\mathbf{y}_t = c(t) + \Pi_1 \mathbf{y}_{t-1} + \Pi_2 \mathbf{y}_{t-2} + \cdots + \Pi_p \mathbf{y}_{t-p} + G\mathbf{z}_t + \varepsilon_t,$$

여기서 $c(t) \in \mathbb{R}^{N\times 1}$은 상수항, 선형추세, 계절 가변수 등 결정적 요인을 포함하는 벡터, $\mathbf{z}_t \in \mathbb{R}^{N\times 1}$는 외생변수벡터, $G \in \mathbb{R}^{N\times N}$는 $\mathbf{z}_t$에 대한 계수행렬이다.

예시 17.1. 시계열 $x_{1,t}$과 $x_{2,t}$로 구성된 이변량 VAR(1) 모형

$$\begin{bmatrix} x_{1,t} \\ x_{2,t} \end{bmatrix} = \begin{bmatrix} c_1 \\ c_2 \end{bmatrix} + \begin{bmatrix} \pi_{11}^{(1)} & \pi_{12}^{(1)} \\ \pi_{21}^{(1)} & \pi_{22}^{(1)} \end{bmatrix} \begin{bmatrix} x_{1,t-1} \\ x_{2,t-1} \end{bmatrix} + \begin{bmatrix} \varepsilon_{1,t} \\ \varepsilon_{2,t} \end{bmatrix}$$

을 전개하면, 다음의 개별 회귀모형을 얻는다:

$$x_{1,t} = c_1 + \pi_{11}^{(1)} x_{1,t-1} + \pi_{12}^{(1)} x_{2,t-1} + \varepsilon_{1,t}, \tag{17.2.2}$$

$$x_{2,t} = c_2 + \pi_{21}^{(1)} x_{1,t-1} + \pi_{22}^{(1)} x_{2,t-1} + \varepsilon_{2,t}. \tag{17.2.3}$$

식(17.2.2)에 따르면, $x_{1,t}$는 자신의 과거 값 $x_{1,t-1}$뿐 아니라 다른 시계열의 과거 값 $x_{2,t-1}$에도 영향을 받을 수 있다. 만약 $\pi_{12}^{(1)} \neq 0$이면, "$x_{2,t-1}$이 $x_{1,t}$를 선행한다" 또는 "$x_{1,t}$가 $x_{2,t-1}$을 후행한다"고 해석한다. 마찬가지로 식(17.2.3)에서 $\pi_{21}^{(1)} \neq 0$이면, 이는 $x_{1,t-1}$이 $x_{2,t}$를 선행한다는 의미가 된다.

17.2.2 모형의 추정

식(17.2.1)에서 정의한 VAR(p) 모형의 i번째 식은 다음과 같다:

$$x_{i,t} = c_i + [\Pi_1]_{(i)} \mathbf{y}_{t-1} + [\Pi_2]_{(i)} \mathbf{y}_{t-2} + \cdots + [\Pi_p]_{(i)} \mathbf{y}_{t-p} + \varepsilon_{i,t},$$

여기서 c_i는 상수항벡터 c의 i번째 성분, $[\Pi_k]_{(i)} \in \mathbb{R}^{1\times N}$는 계수행렬 Π_k의 i번째 행, $\varepsilon_{i,t}$는 오차항벡터 ε_t의 i번째 성분이다. 이 식은 다음과 같이 회귀모형 형태로 표현할 수 있다:

$$x_{i,t} = z_t' \pi_i + \varepsilon_{i,t}, \tag{17.2.4}$$

여기서

$$z_t = \begin{bmatrix} 1 \\ \mathbf{y}_{t-1} \\ \vdots \\ \mathbf{y}_{t-p} \end{bmatrix} \in \mathbb{R}^{(Np+1)\times 1}, \ \pi_i = \begin{bmatrix} c_i \\ [\Pi_1]'_{(i)} \\ \vdots \\ [\Pi_p]'_{(i)} \end{bmatrix} \in \mathbb{R}^{(Np+1)\times 1}.$$

시점 $t = p+1,\ldots,T$에 걸쳐 식(17.2.4)를 적층하면 다음과 같은 행렬 형태를 얻는다:

$$\begin{bmatrix} x_{i,p+1} \\ x_{i,p+2} \\ \vdots \\ x_{i,T} \end{bmatrix} = \begin{bmatrix} z'_{p+1} \\ z'_{p+2} \\ \vdots \\ z'_T \end{bmatrix} \pi_i + \begin{bmatrix} \varepsilon_{i,p+1} \\ \varepsilon_{i,p+2} \\ \vdots \\ \varepsilon_{i,T} \end{bmatrix},$$

또는 간단히

$$x_i = Z\pi_i + \varepsilon_i,$$

여기서 $x_i \in \mathbb{R}^{(T-p)\times 1}$, $Z \in \mathbb{R}^{(T-p)\times(Np+1)}$, $\varepsilon_i \in \mathbb{R}^{(T-p)\times 1}$이다.

각 $i = 1,\ldots,N$에 대해 VAR(p) 모형의 i번째 식은 종속변수벡터 x_i, 공통의 독립변수행렬 Z, 오차항벡터 ε_i를 갖는 회귀모형으로 볼 수 있다. 즉, VAR(p) 모형은 공통 독립변수를 갖는 N개의 개별 회귀모형으로 구성된 SUR 모형이다. 제7장에서 살펴본 바와 같이, 이 경우에는 개별 회귀모형에 OLS를 적용하여 추정한 결과와 전체 회귀모형 체계를 GLS로 추정한 결과는 동일하다. 따라서 VAR 모형의 추정은 개별 회귀모형에 OLS를 적용하는 방식으로 이루어지며, 모수 π_i에 대한 OLS 추정량은 $\hat{\pi}_i = (Z'Z)^{-1}Z'x_i$가 된다.

개별 추정량 $\hat{\pi}_1,\ldots,\hat{\pi}_N$을 순서대로 적층하면, 전체 추정량 $\hat{\Pi} = [\hat{\pi}_i]_{i=1}^N \in \mathbb{R}^{N(Np+1)\times 1}$을 구성할 수 있다. SUR 모형의 점근이론에 따르면, $\hat{\Pi}$의 점근분포는 다음과 같다:

$$\hat{\Pi} \xrightarrow{d} N\left(\Pi, \Sigma \otimes (Z'Z)^{-1}\right),$$

여기서 Π는 전체 모수벡터, $\Sigma = Var[\varepsilon_t]$이다. 이때 $\hat{\Pi}$의 점근공분산행렬의 일치추정량은

$$\widehat{AVar[\text{vec}(\hat{\Pi})]} = \hat{\Sigma} \otimes (Z'Z)^{-1}$$

가 되며, 여기서 $\hat{\Sigma} = T^{-1}\sum_{t=1}^T e_t e_t' \xrightarrow{p} \Sigma$, $e_t = [e_{i,t}]_{i=1}^N \in \mathbb{R}^{N\times 1}$는 시점 t에서의 잔차벡터, $e_{i,t}$는 i번째 회귀모형의 시점 t 잔차이다.

일변량 AR 모형에서와 마찬가지로, VAR 모형의 추정을 위해서는 적절한 차수 p를

선택해야 한다. 일반적으로 최대 차수 p_{max}를 설정한 뒤, $p = 1, 2, \ldots, p_{max}$에서 AIC, BIC, Hannan-Quinn(HQ) 등을 비교하여 최적의 차수를 결정한다. 이러한 정보기준 기반 접근법은 VAR 모형의 설명력을 높이면서도 불필요한 복잡성을 억제하여 과적합을 방지한다. 만약 특정 계수의 추정치가 통계적으로 유의하지 않으면, 해당 항을 제거한 후 다시 추정할 수 있다. 이러한 단순화 절차는 불필요한 잡음을 줄여 예측 정확도를 향상시킨다.

17.2.3 가설검정

개별 계수의 유의성을 검정하거나, 복수의 계수에 대한 선형제약을 검정하는 것은 VAR 모형의 단순화 과정과 해석에서 중요한 역할을 한다.

먼저 계수 π_k가 0인지 여부를 검정하기 위한 귀무가설 $H_0 : \pi_k = 0$을 고려하자. 귀무가설 H_0 아래에서, t 검정통계량과 그 점근분포는 다음과 같이 주어진다:

$$t(\pi_k) = \frac{\hat{\pi}_k}{\text{SE}(\hat{\pi}_k)} \xrightarrow{d} N(0, 1),$$

여기서 $\hat{\pi}_k$는 $\hat{\Pi}$의 k번째 성분이며, $\text{SE}(\hat{\pi}_k)$는 $\hat{\pi}_k$의 표준오차로서 점근공분산행렬의 추정치 $\hat{\Sigma} \otimes (Z'Z)^{-1}$의 k번째 대각원소의 제곱근으로 계산된다. 만약 p-값이 5%보다 작으면, 5% 유의수준에서 귀무가설을 기각하고 $\pi_{(k)}$가 0과 유의하게 다르다고 판단한다.

복수의 선형제약을 동시에 검정하기 위해서는 Wald 검정을 사용한다. 구체적으로 q개의 선형제약으로 구성된 다음과 같은 귀무가설을 고려하자:

$$H_0 : R\Pi = r,$$

여기서 $R \in \mathbb{R}^{q \times N(Np+1)}$은 제약행렬, $r \in \mathbb{R}^{q \times 1}$은 상수항벡터이다. 귀무가설 아래에서, Wald 검정통계량과 그 점근분포는

$$W = (R\hat{\Pi} - r)' \left[R \left(\hat{\Sigma} \otimes (Z'Z)^{-1} \right) R' \right]^{-1} (R\hat{\Pi} - r) \xrightarrow{d} \chi^2_{(q)}.$$

로 주어진다. 만약 귀무가설이 기각되면, 이는 q개의 선형제약 중 적어도 하나 이상이 실제로는 만족되지 않는다는 것을 의미한다.

17.2.4 모형 적합성

추정된 VAR 모형의 적합성을 판단하기 위해서는, 잔차벡터 e_t가 오차항벡터 ε_t의 백색잡음 특성을 만족하는지를 확인해야 한다. 구체적으로, 다음의 조건을 만족할 때 모형의 적합성

이 확보된다. 첫째, 모든 $i=1,\dots,N$에 대해 개별 잔차 $e_{i,t}$는 어떠한 시차에서도 자기상관을 가지지 않는다. 둘째, 모든 $i \neq j$에 대해 $e_{i,t}$와 $e_{j,t-k}$ 사이에는 어떠한 교차상관도 존재하지 않는다.

앞서 정의한 포트맨토검정을 e_t에 대해 적용하면, 이러한 조건의 충족 여부를 판단할 수 있다. 즉, e_t를 이용하여 각 시차 $k=1,\dots,m$에 대한 k시차 표본자기상관계수행렬을 계산하고, 이를 종합한 $Q_N(m)$ 검정통계량을 통해 귀무가설을 검정한다. 포트맨토검정의 귀무가설은 "잔차벡터의 자기상관 및 교차상관은 m 시차까지 존재하지 않는다"이며, 귀무가설 아래에서 $Q_N(m)$의 점근분포는 다음과 같다:

$$Q_N(m) \approx \chi^2_{(N^2m-g)},$$

여기서 g는 계수행렬에 포함된 추정된 계수의 수이다. 만약 귀무가설이 기각되면, 제시된 모형의 적합도가 충분하지 않다고 판단한다.

17.2.5 예측

VAR 모형을 이용한 예측은 일변량 AR 모형에서의 예측 원리를 다변량시계열로 확장한 방식에 기인하다. 기본적으로 연쇄법칙(chain rule)에 따라 진행되며, 이는 미래의 값을 한 시점씩 순차적으로 예측하고, 이미 예측된 값을 다음 시점의 예측에 활용하는 방식이다.

구체적으로 시점 h에서의 1기간 예측은 다음과 같이 계산된다:

$$\begin{aligned}\hat{\mathbf{y}}_h[1] &= E_h[\mathbf{y}_{h+1}]\\ &= c+\Pi_1E_h[\mathbf{y}_h]+\Pi_2E_h[\mathbf{y}_{h-1}]+\cdots+\Pi_pE_h[\mathbf{y}_{h+1-p}]+E_h[\varepsilon_{h+1}]\\ &= c+\Pi_1\mathbf{y}_h+\Pi_2\mathbf{y}_{h-1}+\cdots+\Pi_p\mathbf{y}_{h+1-p},\end{aligned}$$

여기서 $E_h[\cdot]$는 정보집합 I_h에 대한 조건부기댓값이다. 다음으로, $\hat{\mathbf{y}}_h[1]$을 이용하여 2기간 예측은 다음과 같이 계산한다:

$$\begin{aligned}\hat{\mathbf{y}}_h[2] &= E_h[\mathbf{y}_{h+2}]\\ &= c+\Pi_1E_h[\mathbf{y}_{h+1}]+\Pi_2E_h[\mathbf{y}_h]+\cdots+\Pi_pE_h[\mathbf{y}_{h+2-p}]+E_h[\varepsilon_{h+2}]\\ &= c+\Pi_1\hat{\mathbf{y}}_h[1]+\Pi_2\mathbf{y}_h+\cdots+\Pi_p\mathbf{y}_{h+2-p}.\end{aligned}$$

동일한 과정을 반복하면, s기간 예측 값 $\hat{\mathbf{y}}_h[s]$을 순차적으로 구할 수 있다.

예측 정확도 측면에서 VAR 모형은 AR 모형보다 더 우수하다. AR 모형은 특정 일변량시계열의 자기상관만을 이용하여 해당 일변량시계열의 미래 값을 예측하는 반면, VAR 모형은 N개 시계열의 과거 정보를 바탕으로 자기상관뿐 아니라 교차상관까지 예측에 반영한다. 예를 들어, 삼성전자 수익률과 SK하이닉스 수익률을 예측하는 경우를 생각해 보자. 두 기업은 같은 반도체 산업에 속해 있으므로, 한쪽의 수익률이 다른 쪽의 수익률에 유의한 영향을 줄 가능성이 크다. VAR 모형은 이러한 교차상관 구조를 계수행렬을 통해 포착하며, 그 결과 삼성전자나 SK하이닉스에 대한 개별 AR 모형보다 더 정확한 수익률 예측이 가능하다.

17.3 Granger 인과성검정

다변량시계열에서는 개별 시계열이 자기 과거 값뿐만 아니라 다른 시계열의 과거 값에도 영향을 받을 수 있다. 이러한 자기상관 및 교차상관 관계는 VAR 모형의 시차별 계수행렬을 통해 모형화되지만, VAR 모형에 포함된 계수의 수가 많은 경우 직접적으로 그 관계를 해석하는 것이 쉽지 않다. 이와 같은 해석상의 어려움을 완화하기 위해 Granger 인과성검정 (Granger causality test)이 활용된다.

Granger 인과성검정은 특정 시계열의 과거 값이 다른 시계열의 현재 값을 설명하는 데 실질적인 정보를 제공하는지를 판단하는 방식으로 작동한다. 구체적으로, 시계열 $x_{i,t}$의 과거 값이 시계열 $x_{j,t}$의 현재 값을 유의하게 설명한다면, "$x_{i,t}$는 $x_{j,t}$에 대해 Granger 인과성을 가진다"고 정의한다. 실제 응용에서는 Granger 인과성검정은 Wald 검정의 형태로 구현되며, 귀무가설은 "$x_{i,t}$의 과거 값이 $x_{j,t}$의 현재 값을 설명하는 데 기여하지 않는다"이다. 즉, 귀무가설 아래에서 $x_{i,t}$는 $x_{j,t}$에 대해 Granger 인과성을 가지지 않으며, 이는 VAR 모형에서 $x_{j,t}$에 대한 회귀모형에 포함된 $x_{i,t}$의 모든 시차항 계수가 0임을 의미한다.

예를 들어, 이변량 VAR(2) 모형

$$\begin{bmatrix} x_{1,t} \\ x_{2,t} \end{bmatrix} = \begin{bmatrix} c_1 \\ c_2 \end{bmatrix} + \begin{bmatrix} \pi_{11}^{(1)} & \pi_{12}^{(1)} \\ \pi_{21}^{(1)} & \pi_{22}^{(1)} \end{bmatrix} \begin{bmatrix} x_{1,t-1} \\ x_{2,t-1} \end{bmatrix} + \begin{bmatrix} \pi_{11}^{(2)} & \pi_{12}^{(2)} \\ \pi_{21}^{(2)} & \pi_{22}^{(2)} \end{bmatrix} \begin{bmatrix} x_{1,t-2} \\ x_{2,t-2} \end{bmatrix} + \begin{bmatrix} \varepsilon_{1,t} \\ \varepsilon_{2,t} \end{bmatrix}$$

을 고려하자. 이 모형에서 $x_{2,t}$가 $x_{1,t}$에 대해 Granger 인과성을 가지는지를 검정하려면, 회귀모형

$$x_{1,t} = c_1 + \pi_{11}^{(1)} x_{1,t-1} + \pi_{12}^{(1)} x_{2,t-1} + \pi_{11}^{(2)} x_{1,t-2} + \pi_{12}^{(2)} x_{2,t-2} + \varepsilon_{1,t}$$

에 포함된 $x_{2,t-1}$과 $x_{2,t-2}$의 계수가 모두 0인지 여부를 확인해야 한다. 따라서 귀무가설은 $H_0 : \pi_{12}^{(1)} = \pi_{12}^{(2)} = 0$로 설정된다. 이 귀무가설이 기각되지 않으면, $x_{2,t}$의 과거 값이 $x_{1,t}$의 현재 값을 설명함에 있어 통계적으로 유의한 기여를 하지 않는다고 판단한다. 다시 말해,

$x_{2,t}$는 $x_{1,t}$에 대해 Granger 인과성을 갖지 않는다. 한편 $x_{1,t}$가 $x_{2,t}$에 대해 Granger 인과성을 가지는지를 확인하기 위한 귀무가설은 $H_0 : \pi_{21}^{(1)} = \pi_{21}^{(2)} = 0$로 주어진다.

정리하면, Granger 인과성검정은 VAR 모형의 동태적 구조를 나타내는 다수의 시차별 계수에 대한 선형제약의 충족 여부를 판단하는 Wald 검정에 해당한다. 이는 정책 충격의 전이 경로를 탐색하거나, 충격반응함수(Impulse Response Function, IRF)를 해석하기 전에 시계열 간의 선행-후행 관계를 진단하는 기초 단계로서 널리 사용된다. 유의해야 할 점은, Granger 인과성은 철학적 또는 구조적 의미에서의 사전적(ex ante) 인과관계를 보장하지 않으며, 관측된 과거 값의 설명력을 기준으로 정의되는 통계적 개념, 즉 사후적(ex post) 인과관계를 나타낸다는 것이다.

17.4 IRF

17.4.1 IRF의 개념

다변량 Wold 정리에 따르면, 정상 VAR(p) 과정을 따르는 다변량시계열 $\mathbf{y}_t$는 다음과 같은 벡터이동평균(Vector Moving Average, VMA) 형태로 표현된다:

$$\mathbf{y}_t = \mu + \varepsilon_t + \Psi_1 \varepsilon_{t-1} + \Psi_2 \varepsilon_{t-2} + \cdots,$$

여기서 $\mu = E[\mathbf{y}_t] \in \mathbb{R}^{N \times 1}$, $\Psi_k \in \mathbb{R}^{N \times N}$, ε_t는 $E[\varepsilon_t] = 0_{N \times 1}$와 $Var[\varepsilon_t] = \Sigma \in \mathbb{R}^{N \times N}$을 만족하는 백색잡음벡터이다. 이를 바탕으로 $\mathbf{y}_t$의 s기간 예측 값은

$$E_t[\mathbf{y}_{t+s}] = \mu + \Psi_s \varepsilon_t + \Psi_{s+1} \varepsilon_{t-1} + \cdots$$

가 되며, i번째 시계열 $x_{i,t}$의 s기간 예측 값은 다음과 같이 주어진다:

$$E_t[x_{i,t+s}] = \mu_i + [\Psi_s]_{(i)} \varepsilon_t + [\Psi_{s+1}]_{(i)} \varepsilon_{t-1} + \cdots, \tag{17.4.1}$$

여기서 μ_i는 기댓값벡터 μ의 i번째 성분, $[\Psi_s]_{(i)}$는 계수행렬 Ψ_s의 i번째 행을 의미한다.

충격반응함수 $\text{IRF}_{ij}(s)$는 시점 t에서 $x_{j,t}$에 발생한 외부 충격 $\varepsilon_{j,t}$가 s 기간 후 $x_{i,t+s}$의 조건부기댓값에 미치는 한계효과로 정의되며, 이는 식(17.4.1)을 이용하여

$$\text{IRF}_{ij}(s) = \frac{\partial E_t[x_{i,t+s}]}{\partial \varepsilon_{j,t}} = [\Psi_s]_{(i)} \times \frac{\partial \varepsilon_t}{\partial \varepsilon_{j,t}}$$

로 표현된다. 예를 들어 $\text{IRF}_{ij}(1) = 0.5$라면, $x_{j,t}$의 단위충격(unit shock)은 $x_{i,t+1}$를 0.5 단

위만큼 증가시킨다고 해석한다. 실제 분석에서 $\text{IRF}_{ij}(s)$는 충격의 전이 경로를 일정 기간 $s = 1, \ldots, S$에 걸쳐 추적하는 역할을 한다. 이를 통해 특정 시계열에 발생한 외부 충격이 다른 시계열에 어떻게 파급되고, 그 효과가 시간이 지남에 따라 점차 소멸하는지 혹은 지속되는지를 알 수 있다.

보다 구체적인 이해를 위해, 정상 VAR(p) 과정을 따르는 이변량시계열 $\mathbf{y}_t$를 고려하자. 이때 $E_t[\mathbf{y}_{t+s}]$는

$$\begin{bmatrix} E_t[x_{1,t+s}] \\ E_t[x_{2,t+s}] \end{bmatrix} = \mu + \Psi_s \begin{bmatrix} \varepsilon_{1,t} \\ \varepsilon_{2,t} \end{bmatrix} + \Psi_{s+1} \begin{bmatrix} \varepsilon_{1,t-1} \\ \varepsilon_{2,t-1} \end{bmatrix} + \cdots$$

이므로, $x_{1,t}$와 $x_{2,t}$의 s기간 예측 값은 각각 다음과 같다:

$$E_t[x_{1,t+s}] = \mu_1 + \left([\Psi_s]_{(1,1)}\varepsilon_{1,t} + [\Psi_s]_{(1,2)}\varepsilon_{2,t}\right) + \left([\Psi_{s+1}]_{(1,1)}\varepsilon_{1,t-1} + [\Psi_{s+1}]_{(1,2)}\varepsilon_{2,t-1}\right) + \cdots,$$
$$E_t[x_{2,t+s}] = \mu_2 + \left([\Psi_s]_{(2,1)}\varepsilon_{1,t} + [\Psi_s]_{(2,2)}\varepsilon_{2,t}\right) + \left([\Psi_{s+1}]_{(2,1)}\varepsilon_{1,t-1} + [\Psi_{s+1}]_{(2,2)}\varepsilon_{2,t-1}\right) + \cdots,$$

여기서 $[\Psi_s]_{(i,j)}$는 Ψ_s의 (i,j)번째 원소이다. 따라서 IRF는 다음과 같이 주어진다:

$$\text{IRF}_{11}(s) = [\Psi_s]_{(1,1)} + [\Psi_s]_{(1,2)}\frac{\partial \varepsilon_{2,t}}{\partial \varepsilon_{1,t}}, \qquad \text{IRF}_{12}(s) = [\Psi_s]_{(1,1)}\frac{\partial \varepsilon_{1,t}}{\partial \varepsilon_{2,t}} + [\Psi_s]_{(1,2)},$$
$$\text{IRF}_{21}(s) = [\Psi_s]_{(2,1)} + [\Psi_s]_{(2,2)}\frac{\partial \varepsilon_{2,t}}{\partial \varepsilon_{1,t}}, \qquad \text{IRF}_{22}(s) = [\Psi_s]_{(2,1)}\frac{\partial \varepsilon_{1,t}}{\partial \varepsilon_{2,t}} + [\Psi_s]_{(2,2)}.$$

이때 중요한 점은, 공분산행렬 $Var[\varepsilon_t] = \Sigma \in \mathbb{R}^{2\times 2}$의 비대각원소 σ_{12}가 0이 아니므로 $\varepsilon_{1,t}$와 $\varepsilon_{2,t}$ 사이에 동시상관이 존재한다는 것이다. 따라서 IRF의 형태는 $x_{1,t}$와 $x_{2,t}$ 사이의 동시적 인과순서(causal ordering)에 따라 결정된다.

우선, $\varepsilon_{1,t}$가 $\varepsilon_{2,t}$에 동시적 영향을 주지만, $\varepsilon_{2,t}$는 $\varepsilon_{1,t}$에 동시적 영향을 주지 않는 구조, 즉 $x_1 \to x_2$의 인과순서를 가정하자. 이때 $\partial\varepsilon_{2,t}/\partial\varepsilon_{1,t} \neq 0$과 $\partial\varepsilon_{1,t}/\partial\varepsilon_{2,t} = 0$이 성립하므로, $\text{IRF}_{11}(s)$와 $\text{IRF}_{21}(s)$에는 변화가 없지만,

$$\text{IRF}_{12}(s) = [\Psi_s]_{(1,2)}, \qquad \text{IRF}_{22}(s) = [\Psi_s]_{(2,2)}$$

로 단순화된다. 반대로, $x_2 \to x_1$의 인과순서—즉, $\varepsilon_{2,t}$가 $\varepsilon_{1,t}$에 영향을 주지만, $\varepsilon_{1,t}$는 $\varepsilon_{2,t}$에 영향을 주지 않는 구조—아래에서는 $\partial\varepsilon_{2,t}/\partial\varepsilon_{1,t} = 0$와 $\partial\varepsilon_{1,t}/\partial\varepsilon_{2,t} \neq 0$이 성립한다. 이 경우에는 $\text{IRF}_{12}(s)$와 $\text{IRF}_{22}(s)$에는 변화가 없지만,

$$\text{IRF}_{11}(s) = [\Psi_s]_{(1,1)}, \qquad \text{IRF}_{21}(s) = [\Psi_s]_{(2,1)}$$

가 된다. 이처럼 IRF의 구체적 형태는 시계열 간의 인과순서에 따라 결정되므로, 구조적 충격이 어떤 경로로 전개되는지를 분석하기 위해서는 반드시 인과순서에 대한 가정을 명시해야 한다.

시계열 $x_{1,t},\ldots,x_{N,t}$로 구성된 $\mathbf{y}_t$에 존재하는 인과순서 조합의 총 개수는 $N!$개이다. 특정 인과순서를 선택한다는 것은 시계열 간 충격의 전달 구조에 대해 구체적인 가정을 의미한다. 따라서 IRF 분석을 실시할 때는 경영 · 경제 이론, 제도적 지식, 시장의 작동 원리 등과 같은 사전적 근거에 기반해 인과순서를 신중히 설정해야 한다. 만약 인과순서의 설정이 잘못되면, 도출된 IRF는 현실의 상황과 괴리될 위험이 있다.

실제 분석에서 IRF를 구현하기 위해서는 직교화충격반응함수(Orthogonalized Impulse Response Function, OIRF)와 SVAR 모형을 이용한다. OIRF는 오차항의 공분산행렬 Σ을 분해하여 충격을 직교화하는 방식인 반면, SVAR 모형은 계수행렬을 통해 구조적 인과관계를 모형화하는 방식이다.

17.4.2 OIRF

오차항벡터 ε_t의 공분산행렬 Σ는 대칭이며 양의 정부호이므로, Cholesky 분해를 통해 다음과 같이 나타낼 수 있다:

$$\Sigma = LDL',$$

여기서 L은 대각원소가 모두 1인 하삼각행렬(lower triangular matrix), D는 모든 대각원소가 양의 값을 가진 대각행렬이다. 하삼각행렬 L을 이용하여 벡터 $\eta_t = [\eta_{i,t}]_{i=1}^{N} \in \mathbb{R}^{N\times 1}$는 $\eta_t = L^{-1}\varepsilon_t$로 정의하자. 이 경우 η_t의 공분산행렬은

$$Var[\eta_t] = Var[L^{-1}\varepsilon_t] = L^{-1}\Sigma L^{-1\prime} = L^{-1}LDL'L^{-1\prime} = D$$

가 되며, 이는 D가 대각행렬이라는 점에서 η_t의 각 성분이 서로 상관되지 않음을 의미한다. 즉, η_t는 모든 $i \neq j$에 대해 $Cov[\eta_{i,t},\eta_{j,t}] = E[\eta_{i,t}\eta_{j,t}] = 0$가 성립하는 직교화된 구조적 충격이다.

이제 $\mathbf{y}_t$의 VMA 형태는 η_t를 이용해 다음과 같이 표현할 수 있다:

$$\mathbf{y}_t = \mu + LL^{-1}\varepsilon_t + \Psi_1 LL^{-1}\varepsilon_{t-1} + \cdots = \mu + \Theta_0\eta_t + \Theta_1\eta_{t-1} + \cdots, \tag{17.4.2}$$

여기서 $\Theta_0 = L$, 모든 $k \geq 1$에 대해 $\Theta_k = \Psi_k L$이다. 따라서 $x_{i,t+s}$의 조건부기댓값은

$$E_t[x_{i,t+s}] = \mu_i + [\Theta_s]_{(i)}\eta_t + [\Theta_{s+1}]_{(i)}\eta_{t-1} + \cdots \tag{17.4.3}$$

가 된다. η_t의 각 원소는 직교화되어 있으므로, 모든 $i \neq j$에 대해 $\partial \eta_{i,t}/\partial \eta_{j,t} = 0$이며, 결과적으로

$$\text{OIRF}_{ij}(s) = \frac{\partial E_t[x_{i,t+s}]}{\partial \eta_{j,t}} = [\Theta_s]_{(i)} \times \frac{\partial \eta_t}{\partial \eta_{j,t}} = [\Theta_s]_{(i,j)}$$

가 성립한다. 즉, 직교화충격반응함수 $\text{OIRF}_{ij}(s)$는 Θ_s 행렬의 (i,j)번째 원소에 해당한다. 실제 응용에서는 1 표준편차 충격 해석을 위해서, $\tilde{\eta}_t = D^{-1/2}\eta_t$로 표준화하여 OIRF를 계산한다.

한편 $\varepsilon_t = L\eta_t$를 전개하면, 다음과 같은 형태를 얻는다:

$$\begin{bmatrix} \varepsilon_{1,t} \\ \varepsilon_{2,t} \\ \vdots \\ \varepsilon_{N,t} \end{bmatrix} = \begin{bmatrix} 1 & 0 & \cdots & 0 \\ a_{21} & 1 & \cdots & 0 \\ \vdots & \vdots & & \vdots \\ a_{N1} & a_{N2} & \cdots & 1 \end{bmatrix} \begin{bmatrix} \eta_{1,t} \\ \eta_{2,t} \\ \vdots \\ \eta_{N,t} \end{bmatrix}.$$

이는 $\varepsilon_{1,t}$가 $\eta_{1,t}$, $\varepsilon_{2,t}$가 $(\eta_{1,t}, \eta_{2,t})$, $\varepsilon_{3,t}$가 $(\eta_{1,t}, \eta_{2,t}, \eta_{3,t})$에만 의존하는 등과 같은 동시상관 구조를 시사한다. 즉, 하삼각행렬 L에 의해 인과순서는 $x_1 \to x_2 \to \cdots \to x_N$로 설정되며, 이러한 순서는 $\mathbf{y}_t$에 포함된 일변량시계열의 정렬 순서와 정확히 일치한다.

17.4.3 SVAR 모형

SVAR(p) 모형은 VAR(p) 모형의 양변에 하삼각행렬 $A \in \mathbb{R}^{N \times N}$를 곱하여 얻은 다음과 같은 형태로 정의된다:

$$\begin{aligned} A\mathbf{y}_t &= Ac + A\Pi_1 \mathbf{y}_{t-1} + \cdots + A\Pi_p \mathbf{y}_{t-p} + A\varepsilon_t \\ &= c^* + \Gamma_1 \mathbf{y}_{t-1} + \cdots + \Gamma_p \mathbf{y}_{t-p} + \eta_t, \end{aligned} \tag{17.4.4}$$

여기서 $c^* = Ac$, $\Gamma_k = A\Pi_k$, $A\varepsilon_t = \eta_t$이다. 이때 A가 하삼각행렬이므로, 모든 $i \neq j$에 대해 $Cov[\eta_{i,t}, \eta_{j,t}] = 0$가 성립한다. 후진이동연산자 B를 이용하면 식(17.4.4)는

$$\Gamma(B)\mathbf{y}_t = c^* + \eta_t$$

로 정리되며, 여기서 $\Gamma(B) = A - \Gamma_1 B - \Gamma_2 B^2 - \cdots - \Gamma_p B^p$이다. 역행렬 전개를 통해 VMA 형태로 바꾸면, 다음의 결과가 성립한다:

$$\mathbf{y}_t = \Gamma(B)^{-1}(c^* + \eta_t) = c^{**} + \Theta_0^* \eta_t + \Theta_1^* \eta_{t-1} + \Theta_2^* \eta_{t-2} + \cdots.$$

이때 η_t가 직교화된 구조적 충격이므로, $\eta_{j,t}$가 $E_t[x_{i,t+s}]$에 미치는 한계효과는 $\mathrm{OIRF}_{ij}(s) = [\Theta_s^*]_{(i,j)}$가 된다.

SVAR 모형의 핵심은 구조행렬(structural matrix) A를 어떻게 설정하느냐에 따라 다양한 형태의 인과순서를 구현할 수 있다는 점이다. 예를 들어, 구조행렬을

$$A = \begin{bmatrix} 1 & 0 & \cdots & 0 \\ a_{21} & 1 & \cdots & 0 \\ \vdots & \vdots & & \vdots \\ a_{N1} & a_{N2} & \cdots & 1 \end{bmatrix}$$

로 설정하면, 식(17.4.4)는 다음과 같이 전개된다:

$$\begin{aligned} x_{1,t} &= c_1^* + [\Gamma_1]_{(1)}\mathbf{y}_{t-1} + \cdots + [\Gamma_p]_{(1)}\mathbf{y}_{t-p} + \eta_{1,t} \\ x_{2,t} &= c_2^* + [\Gamma_1]_{(2)}\mathbf{y}_{t-1} + \cdots + [\Gamma_p]_{(2)}\mathbf{y}_{t-p} - a_{21}x_{1,t} + \eta_{2,t} \\ &\vdots \\ x_{N,t} &= c_N^* + [\Gamma_1]_{(N)}\mathbf{y}_{t-1} + \cdots + [\Gamma_p]_{(N)}\mathbf{y}_{t-p} - (a_{N1}x_{1,t} + \cdots + a_{NN-1}x_{N-1,t}) + \eta_{N,t}. \end{aligned}$$

즉, $\eta_{1,t}$는 $(x_{1,t},\ldots,x_{N,t})$, $\eta_{2,t}$는 $(x_{2,t},\ldots,x_{N,t})$, $\eta_{3,t}$는 $(x_{3,t},\ldots,x_{N,t})$에 영향을 주는 등과 같은 구조이며, 이는 인과순서가 $x_1 \to x_2 \to \cdots \to x_N$임을 의미한다.

다른 예로,

$$A = \begin{bmatrix} 1 & 0 & \cdots & 0 & 0 \\ \vdots & \vdots & & \vdots & \vdots \\ 0 & 0 & \cdots & 1 & 0 \\ a_{N1} & a_{N2} & \cdots & a_{NN-1} & 1 \end{bmatrix}$$

를 사용하면, SVAR(p) 모형은 다음과 같은 구조를 갖는다:

$$\begin{aligned} x_{1,t} &= c_1^* + [\Gamma_1]_{(1)}\mathbf{y}_{t-1} + \cdots + [\Gamma_p]_{(1)}\mathbf{y}_{t-p} + \eta_{1,t} \\ &\vdots \\ x_{N-1,t} &= c_{N-1}^* + [\Gamma_1]_{(N-1)}\mathbf{y}_{t-1} + \cdots + [\Gamma_p]_{(N-1)}\mathbf{y}_{t-p} + \eta_{N-1,t} \\ x_{N,t} &= c_N^* + [\Gamma_1]_{(N)}\mathbf{y}_{t-1} + \cdots + [\Gamma_p]_{(N)}\mathbf{y}_{t-p} - \sum_{i=1}^{N-1} a_{Ni}x_{i,t} + \eta_{N,t}. \end{aligned}$$

이 경우 $(\eta_{1,t},\ldots,\eta_{N-1,t})$이 $x_{N,t}$에 동시적 영향을 주지만, $\eta_{N,t}$는 $(x_{1,t},\ldots,x_{N-1,t})$에 영향을

주지 않는다. 또한 $x_1, \ldots, x_{N-1}$ 사이에는 동시적 영향이 존재하지 않는다. 결과적으로 인과순서는 $(x_1, \ldots, x_{N-1}) \rightarrow x_N$의 구조가 된다. 이러한 인과순서는 실물경제 변수들에 발생한 충격이 같은 시점의 통화정책 변수에 영향을 줄 수 있지만, 통화정책 충격이 같은 시점의 실물경제 변수들에 반영되지 않는 상황 등을 모형화할 때 적합하다.

17.5 예측오차분산분해

$x_{i,t}$의 s기간 예측오차 $e_{i,t}[s]$는 s 기간 후 실제 관측되는 값과 현 시점에서 계산한 s기간 예측값의 차이, 즉

$$e_{i,t}[s] = x_{i,t+s} - E_t[x_{i,t+s}]$$

로 정의된다. 식(17.4.2)와 식(17.4.3)을 이용하면

$$\begin{aligned}
e_{i,t}[s] &= \big(\mu_i + [\Theta_0]_{(i)}\eta_{t+s} + [\Theta_1]_{(i)}\eta_{t+s-1} + \cdots\big) - \big(\mu_i + [\Theta_s]_{(i)}\eta_t + [\Theta_{s+1}]_{(i)}\eta_{t-1} + \cdots\big) \\
&= [\Theta_0]_{(i)}\eta_{t+s} + [\Theta_1]_{(i)}\eta_{t+s-1} + \cdots + [\Theta_{s-1}]_{(i)}\eta_{t+1}
\end{aligned}$$

가 되며, 이는 다음과 같이 정리된다:

$$\begin{aligned}
e_{i,t}[s] &= \big([\Theta_0]_{(i,1)}\eta_{1,t+s} + [\Theta_0]_{(i,2)}\eta_{2,t+s} + \cdots + [\Theta_0]_{(i,N)}\eta_{N,t+s}\big) \\
&\quad + \big([\Theta_1]_{(i,1)}\eta_{1,t+s-1} + [\Theta_1]_{(i,2)}\eta_{2,t+s-1} + \cdots + [\Theta_1]_{(i,N)}\eta_{N,t+s-1}\big) \\
&\quad \cdots \\
&\quad + \big([\Theta_{s-1}]_{(i,1)}\eta_{1,t+1} + [\Theta_{s-1}]_{(i,2)}\eta_{2,t+1} + \cdots + [\Theta_{s-1}]_{(i,N)}\eta_{N,t+1}\big) \\
&= \sum_{h=0}^{s-1}[\Theta_h]_{(i,1)}\eta_{1,t+s-h} + \sum_{h=0}^{s-1}[\Theta_h]_{(i,2)}\eta_{2,t+s-h} + \cdots + \sum_{h=0}^{s-1}[\Theta_h]_{(i,N)}\eta_{N,t+s-h}.
\end{aligned}$$

즉, $e_{i,t}[s]$는 $\mathbf{y}_t$에 포함된 모든 일변량시계열 $x_{1,t}, \ldots, x_{N,t}$에 대한 구조적 충격, 즉 $\eta_{1,t}, \ldots, \eta_{N,t}$의 시차 효과가 누적된 형태로 나타난다. 한편, η_t는 직교 구조이므로 모든 $i \neq j$에 대해 $E[\eta_{i,t}\eta_{j,t}] = 0$이 성립하며, 이에 따라 예측오차의 분산은 다음과 같이 계산된다:

$$Var[e_{i,t}[s]] = \sigma_{\eta,1}^2 \sum_{h=0}^{s-1}\big([\Theta_h]_{(i,1)}\big)^2 + \sigma_{\eta,2}^2 \sum_{h=0}^{s-1}\big([\Theta_h]_{(i,2)}\big)^2 + \cdots + \sigma_{\eta,N}^2 \sum_{h=0}^{s-1}\big([\Theta_h]_{(i,N)}\big)^2,$$

여기서 $\sigma_{\eta,i}^2 = Var[\eta_{i,t}]$이다.

예측오차분산분해(Forecast Error Variance Decomposition, FEVD)는 예측오차 분산 중 특정 충격이 차지하는 비율을 정량화한 것이다. 구체적으로, $\text{FEVD}_{ij}(s)$는 $x_{i,t}$의 s기간 예

측오차 분산에서 $\eta_{j,t}$가 차지하는 비율로 정의되며, 이는 다음과 같이 표현된다:

$$\text{FEVD}_{ij}(s) = \frac{\sigma^2_{\eta,j} \sum_{h=0}^{s-1} \left([\Theta_h]_{(i,j)}\right)^2}{\sigma^2_{\eta,1} \sum_{h=0}^{s-1} \left([\Theta_h]_{(i,1)}\right)^2 + \cdots + \sigma^2_{\eta,N} \sum_{h=0}^{s-1} \left([\Theta_h]_{(i,N)}\right)^2}.$$

예를 들어, $\text{FEVD}_{ij}(s) = 0.7$이라면, 이는 $x_{i,t}$의 s기간 예측오차 분산의 70%가 $\eta_{j,t}$에 의해 설명됨을 의미한다. 즉, $x_{j,t}$에 발생한 구조적 충격이 $x_{i,t}$의 예측오차 분산에 큰 영향을 준다고 해석한다. 반면 $\text{FEVD}_{ij}(s) = 0.05$라면, $\eta_{j,t}$의 영향은 미미하다고 해석할 수 있다.

FEVD는 기간 s에 따라 달라지므로, 이를 통해 단기와 장기에서 충격의 상대적 중요성을 비교할 수 있다. 일반적으로 단기에는 특정 시계열의 예측오차 분산은 해당 시계열의 고유 충격에 의해 주로 설명된다. 그러나 시간이 지남에 따라 시계열 사이의 상호작용이 반영되면서, 다른 시계열의 충격이 더 큰 비중을 차지할 수 있다. 또한, FEVD는 IRF와 밀접하게 연결되어 있다. IRF는 특정 시계열의 충격이 다른 시계열의 수준에 미치는 영향을 시차별로 보여주는 반면, FEVD는 이 충격이 다른 시계열의 예측오차 분산에서 차지하는 비중을 정량적으로 측정한다. 따라서 IRF와 FEVD는 보완적 관계에 있으며, 함께 사용하면 구조적 충격의 동태적 효과를 보다 정밀하게 해석할 수 있다.

17.6 R 실습

이번 절에서는 2014년부터 2023년까지의 KOSPI 지수, 삼성전자, SK하이닉스의 일별 로그수익률 자료에 대한 VAR 분석을 진행한다. 시점 t에서의 KOSPI 지수 수익률을 $r_{1,t}$, 삼성전자 수익률을 $r_{2,t}$, SK하이닉스 수익률을 $r_{3,t}$로 각각 표기하며, 이를 바탕으로 다변량시계열 $\mathbf{y}_t = [r_{i,t}]_{i=1}^{3} \in \mathbb{R}^{3\times 1}$을 정의한다.

```
> libraries <- c("bruceR", "data.table", "vars", "xts")
> lapply(libraries, library, character.only = TRUE)
> dat <- fread("data17_1.csv", header = TRUE)
> head(dat)
      TRD_DD KOSPI SAMSUNG SKHYNIX
1 2014-01-02 -2.20   -4.59   -3.40
2 2014-01-03 -1.07   -0.99    2.11
3 2014-01-06  0.37    0.85    3.72
4 2014-01-07  0.32   -0.23    0.40
5 2014-01-08 -0.02   -1.00    3.17
6 2014-01-09 -0.66   -1.24   -0.38
> rtn1 <- xts(log(1 + dat$KOSPI/100),
+             order.by = as.Date(as.character(dat$TRD_DD), "%Y-%m-%d"))
> rtn2 <- xts(log(1 + dat$SAMSUNG/100),
+             order.by = as.Date(as.character(dat$TRD_DD), "%Y-%m-%d"))
```

```
> rtn3 <- xts(log(1 + dat$SKHYNIX/100),
+             order.by = as.Date(as.character(dat$TRD_DD), "%Y-%m-%d"))
> y <- merge(rtn1, rtn2, rtn3)
> colnames(y) <- c("KOSPI", "SAMSUNG", "SKHYNIX")
> colMeans(y)
       KOSPI      SAMSUNG      SKHYNIX
0.0001138037 0.0004278634 0.0005476121
> var(y)
               KOSPI      SAMSUNG      SKHYNIX
KOSPI   0.0001002431 0.0001111028 0.0001259561
SAMSUNG 0.0001111028 0.0002533673 0.0001911809
SKHYNIX 0.0001259561 0.0001911809 0.0004952217
> cor(y)
            KOSPI   SAMSUNG   SKHYNIX
KOSPI   1.0000000 0.6971441 0.5653172
SAMSUNG 0.6971441 1.0000000 0.5397210
SKHYNIX 0.5653172 0.5397210 1.0000000
> myfcn <- function(dat, k) {
+   nobs <- dim(dat)[1]
+   dat <- coredata(dat)
+   mu <- colMeans(dat)
+   y_m <- dat - mu
+   y1 <- y_m[-c(1:k), ]
+   y2 <- y_m[1:dim(y1)[1], ]
+   Gamma_k <- (1/(nobs - k))*crossprod(y1, y2)
+   D <- diag(sqrt(diag(var(dat))))
+   Rho_k <- solve(D)%*%Gamma_k%*%solve(D)
+   return(Rho_k)
+ }
> myfcn(y, 1)
             [,1]        [,2]        [,3]
[1,]  0.000654959  0.02332126  0.01631903
[2,] -0.045314060  0.01930025  0.02095108
[3,] -0.081442858 -0.04050538 -0.03958720
> myfcn(y, 2)
            [,1]        [,2]         [,3]
[1,] 0.080578156  0.04245010  0.035722136
[2,] 0.020534935 -0.04009818  0.024916754
[3,] 0.009309517 -0.01536924 -0.008710211
```

우선 $\mathbf{y}_t$의 표본평균벡터, 표본공분산행렬, 표본상관계수행렬, k시차 표본상관계수행렬을 계산하였다. 특히, k시차 표본상관계수행렬의 계산을 위해 `myfcn()` 함수를 작성하였다.

```
> VARselect(y, lag = 5, type = "const")
$selection
AIC(n)  HQ(n)  SC(n) FPE(n)
     3      2      1      3
```

```
$criteria
                    1             2             3             4             5
AIC(n) -2.622618e+01 -2.624100e+01 -2.624506e+01 -2.624429e+01 -2.624223e+01
HQ(n)  -2.621586e+01 -2.622295e+01 -2.621927e+01 -2.621076e+01 -2.620096e+01
SC(n)  -2.619779e+01 -2.619132e+01 -2.617409e+01 -2.615203e+01 -2.612867e+01
FPE(n)  4.074877e-12  4.014937e-12  3.998675e-12  4.001748e-12  4.010015e-12
> fit1 <- VAR(y, p = 3, type = "const")
> summary(fit1)
VAR Estimation Results:
Endogenous variables: KOSPI, SAMSUNG, SKHYNIX
Deterministic variables: const
Sample size: 2456
Log Likelihood: 21804.103
Roots of the characteristic polynomial:
0.4848 0.4848 0.3603 0.3603 0.3372 0.3372 0.3305 0.2871 0.2871
Call:
VAR(y = y, p = 3, type = "const")
Estimation results for equation KOSPI:
KOSPI = KOSPI.l1 + SAMSUNG.l1 + SKHYNIX.l1 + KOSPI.l2
+ SAMSUNG.l2 + SKHYNIX.l2 + KOSPI.l3 + SAMSUNG.l3 + SKHYNIX.l3 + const
             Estimate Std. Error t value Pr(>|t|)
KOSPI.l1   -5.034e-02  2.980e-02  -1.689 0.091324 .
SAMSUNG.l1  3.194e-02  1.839e-02   1.737 0.082576 .
SKHYNIX.l1  1.119e-02  1.137e-02   0.984 0.325150
KOSPI.l2    1.096e-01  2.981e-02   3.675 0.000243 ***
SAMSUNG.l2 -1.885e-02  1.833e-02  -1.028 0.304054
SKHYNIX.l2 -3.643e-03  1.137e-02  -0.320 0.748623
KOSPI.l3   -7.290e-03  2.982e-02  -0.244 0.806902
SAMSUNG.l3  9.707e-03  1.833e-02   0.530 0.596464
SKHYNIX.l3  1.396e-02  1.134e-02   1.231 0.218410
const       9.829e-05  2.016e-04   0.488 0.625841
Residual standard error: 0.009972 on 2446 degrees of freedom
Multiple R-Squared: 0.01025,    Adjusted R-squared: 0.006606
F-statistic: 2.814 on 9 and 2446 DF,  p-value: 0.002726
Estimation results for equation SAMSUNG:
SAMSUNG = KOSPI.l1 + SAMSUNG.l1 + SKHYNIX.l1 + KOSPI.l2
+ SAMSUNG.l2 + SKHYNIX.l2 + KOSPI.l3 + SAMSUNG.l3 + SKHYNIX.l3 + const
             Estimate Std. Error t value Pr(>|t|)
KOSPI.l1   -0.2130738  0.0471064  -4.523 6.38e-06 ***
SAMSUNG.l1  0.0852577  0.0290750   2.932  0.00340 **
SKHYNIX.l1  0.0383341  0.0179681   2.133  0.03299 *
KOSPI.l2    0.1470889  0.0471182   3.122  0.00182 **
SAMSUNG.l2 -0.1199313  0.0289782  -4.139 3.61e-05 ***
SKHYNIX.l2  0.0284829  0.0179678   1.585  0.11304
KOSPI.l3    0.0321847  0.0471393   0.683  0.49483
SAMSUNG.l3 -0.0731312  0.0289741  -2.524  0.01166 *
SKHYNIX.l3  0.0245768  0.0179278   1.371  0.17054
const       0.0004476  0.0003186   1.405  0.16017
Residual standard error: 0.01576 on 2446 degrees of freedom
```

```
Multiple R-Squared: 0.02022,    Adjusted R-squared: 0.01662
F-statistic: 5.609 on 9 and 2446 DF,  p-value: 1.059e-07
Estimation results for equation SKHYNIX:
SKHYNIX = KOSPI.l1 + SAMSUNG.l1 + SKHYNIX.l1 + KOSPI.l2
+ SAMSUNG.l2 + SKHYNIX.l2 + KOSPI.l3 + SAMSUNG.l3 + SKHYNIX.l3 + const
             Estimate Std. Error t value Pr(>|t|)
KOSPI.l1   -0.2262002  0.0662841  -3.413 0.000654 ***
SAMSUNG.l1  0.0482391  0.0409119   1.179 0.238474
SKHYNIX.l1  0.0012866  0.0252832   0.051 0.959420
KOSPI.l2    0.1074760  0.0663008   1.621 0.105139
SAMSUNG.l2 -0.0541515  0.0407756  -1.328 0.184290
SKHYNIX.l2 -0.0156116  0.0252827  -0.617 0.536974
KOSPI.l3   -0.0770553  0.0663304  -1.162 0.245475
SAMSUNG.l3 -0.0006269  0.0407699  -0.015 0.987732
SKHYNIX.l3  0.0134191  0.0252265   0.532 0.594814
const       0.0005651  0.0004483   1.261 0.207605
Residual standard error: 0.02218 on 2446 degrees of freedom
Multiple R-Squared: 0.008946,   Adjusted R-squared: 0.005299
F-statistic: 2.453 on 9 and 2446 DF,  p-value: 0.008843
```

먼저 AIC 기준에 따라 VAR 모형의 적정 차수는 $p = 3$으로 선택되었다. VAR(3) 모형을 추정한 결과, 일부 계수가 5% 유의수준에서 통계적으로 유의하지 않은 것으로 나타났다. 이는 과적합 가능성을 시사하며 모형의 해석력과 예측 성능을 떨어뜨릴 수 있다.

```
> fit2 <- restrict(fit1, method = "ser", thresh = 1.96)
> summary(fit2)
VAR Estimation Results:
Endogenous variables: KOSPI, SAMSUNG, SKHYNIX
Deterministic variables: const
Sample size: 2456
Log Likelihood: 21784.914
Roots of the characteristic polynomial:
0.4271 0.4271 0.2842 0.2842 0.2282 3.047e-17     0     0     0
Call:
VAR(y = y, p = 3, type = "const")
Estimation results for equation KOSPI:
KOSPI = KOSPI.l2
         Estimate Std. Error t value Pr(>|t|)
KOSPI.l2  0.08079    0.02012   4.015 6.12e-05 ***
Residual standard error: 0.009974 on 2455 degrees of freedom
Multiple R-Squared: 0.006523,   Adjusted R-squared: 0.006119
F-statistic: 16.12 on 1 and 2455 DF,  p-value: 6.123e-05
Estimation results for equation SAMSUNG:
SAMSUNG = KOSPI.l1 + SAMSUNG.l1 + SKHYNIX.l1 + KOSPI.l2
+ SAMSUNG.l2 + SAMSUNG.l3
           Estimate Std. Error t value Pr(>|t|)
KOSPI.l1   -0.21518    0.04707  -4.572 5.08e-06 ***
```

```
SAMSUNG.l1  0.09172     0.02899   3.164 0.001576 **
SKHYNIX.l1  0.03724     0.01797   2.073 0.038302 *
KOSPI.l2    0.17183     0.04463   3.850 0.000121 ***
SAMSUNG.l2 -0.10946     0.02799  -3.910 9.48e-05 ***
SAMSUNG.l3 -0.04162     0.02011  -2.070 0.038543 *
Residual standard error: 0.01578 on 2450 degrees of freedom
Multiple R-Squared: 0.01797,    Adjusted R-squared: 0.01557
F-statistic: 7.473 on 6 and 2450 DF,  p-value: 5.965e-08
Estimation results for equation SKHYNIX:
SKHYNIX = KOSPI.l1
         Estimate Std. Error t value Pr(>|t|)
KOSPI.l1 -0.17828    0.04475  -3.984 6.97e-05 ***
Residual standard error: 0.02218 on 2455 degrees of freedom
Multiple R-Squared: 0.006424,   Adjusted R-squared: 0.006019
F-statistic: 15.87 on 1 and 2455 DF,  p-value: 6.974e-05
```

restrict() 함수를 이용해 5% 유의수준에서 유의하지 않은 계수를 제거하고 축소된 VAR(3) 모형을 재추정하였다. 최종적으로 선택된 VAR(3) 모형의 경험적 형태는 다음과 같다:

$$
\begin{bmatrix} r_{1,t} \\ r_{2,t} \\ r_{3,t} \end{bmatrix} = \begin{bmatrix} 0 & 0 & 0 \\ -0.215 & 0.092 & 0.037 \\ -0.178 & 0 & 0 \end{bmatrix} \begin{bmatrix} r_{1,t-1} \\ r_{2,t-1} \\ r_{3,t-1} \end{bmatrix} + \begin{bmatrix} 0.088 & 0 & 0 \\ 0.172 & -0.109 & 0 \\ 0 & 0 & 0 \end{bmatrix} \begin{bmatrix} r_{1,t-2} \\ r_{2,t-2} \\ r_{3,t-2} \end{bmatrix}
+ \begin{bmatrix} 0 & 0 & 0 \\ 0 & -0.042 & 0 \\ 0 & 0 & 0 \end{bmatrix} \begin{bmatrix} r_{1,t-3} \\ r_{2,t-3} \\ r_{3,t-3} \end{bmatrix} + \begin{bmatrix} \varepsilon_{1,t} \\ \varepsilon_{2,t} \\ \varepsilon_{3,t} \end{bmatrix}.
$$

```
> serial.test(fit2, lags.pt = 20, type = "PT.adjusted")
        Portmanteau Test (adjusted)
data:  Residuals of VAR object fit2
Chi-squared = 170.93, df = 153, p-value = 0.1526
> predict(fit2, n.ahead = 5)
$KOSPI
             fcst       lower      upper         CI
[1,] 3.386109e-04 -0.01920913 0.01988635 0.01954774
[2,] 1.282421e-03 -0.01826532 0.02083016 0.01954774
[3,] 2.735666e-05 -0.01958408 0.01963879 0.01961144
[4,] 1.036079e-04 -0.01950783 0.01971504 0.01961144
[5,] 2.210168e-06 -0.01960964 0.01961406 0.01961185
$SAMSUNG
              fcst       lower      upper         CI
[1,] -4.187052e-03 -0.03510564 0.02673154 0.03091859
```

```
[2,]  7.120944e-04 -0.03034977 0.03177396 0.03106186
[3,]  3.805601e-05 -0.03111114 0.03118725 0.03114919
[4,]  3.057864e-04 -0.03089116 0.03150274 0.03119695
[5,] -2.353276e-05 -0.03122090 0.03117383 0.03119737
$SKHYNIX
              fcst       lower      upper         CI
[1,] -2.829895e-03 -0.04629249 0.04063270 0.04346260
[2,] -6.036743e-05 -0.04366246 0.04354173 0.04360209
[3,] -2.286296e-04 -0.04383072 0.04337346 0.04360209
[4,] -4.877135e-06 -0.04360788 0.04359812 0.04360300
[5,] -1.847117e-05 -0.04362147 0.04358453 0.04360300
```

추정된 VAR(3) 모형의 적합성을 평가하기 위해, 포트맨토검정을 이용하여 잔차의 자기상관 및 교차상관의 존재 여부를 평가하였다. $m = 20$일 때, 귀무가설은 5% 유의수준에서 기각되지 않았으며, 이는 추정된 모형이 시계열자료의 동태적 구조를 잘 포착하고 있음을 시사한다. 또한 `predict()` 함수를 이용하여 1–5 기간 예측을 진행하였다.

```
> granger_causality(fit2, var.x = "KOSPI", var.y = c("SAMSUNG", "SKHYNIX"),
+                   test = "Chisq")
Granger Causality Test (Multivariate)
Wald test based on VAR(3) model:
                    Chisq df     p
 SAMSUNG <= KOSPI   33.65  2 <.001 ***
 SKHYNIX <= KOSPI   15.87  1 <.001 ***
```

Granger 인과성검증 결과, KOSPI 지수는 삼성전자와 SK하이닉스 모두에 대해 Granger 인과성을 갖는 것으로 나타났다. 이는 전체 시장을 대표하는 KOSPI 지수가 개별 종목의 향후 수익률에 대해 통계적으로 유의미한 선행 정보를 제공한다는 점을 의미한다.

```
> IRF <- irf(fit2, impulse = "KOSPI", response = c("SAMSUNG", "SKHYNIX"))
> plot(IRF)
```

$\mathbf{y}_t$에 포함된 시계열의 배열 순서에 따라, OIRF는 인과순서 $r_1 \to r_2 \to r_3$를 바탕으로 계산되었다. OIRF의 결과는 그림 17.6.1에 제시되어 있다. KOSPI 수익률에 양의 충격이 발생하면, 삼성전자와 SK하이닉스의 수익률은 즉시 증가하는 것으로 나타났다. 그러나 시장 충격의 효과는 익일 반전되어 삼성전자와 SK하이닉스 모두에 음의 영향을 주었으며, 2일 후에는 그 영향이 거의 사라져 버렸다.

```
> amat <- diag(1, 3); amat[2, 1] <- NA; amat[3, 1] <- NA
> fit3 <- SVAR(fit2, estmethod = "direct", Amat = amat)
> summary(fit3)
```

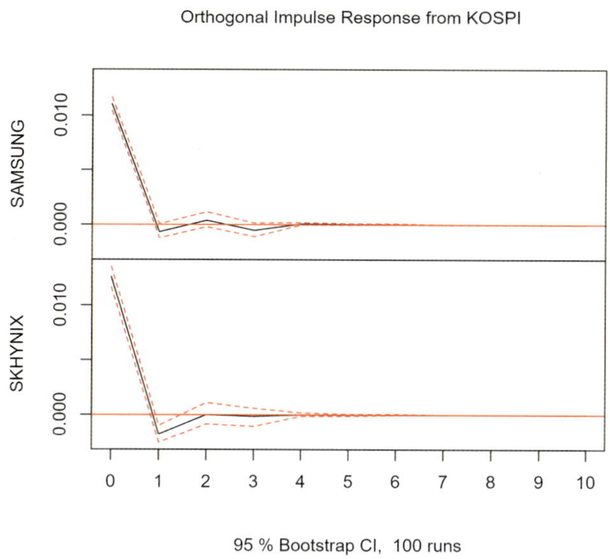

그림 17.6.1: VAR(3) 모형의 OIRF

```
SVAR Estimation Results:
Call:
SVAR(x = fit2, estmethod = "direct", Amat = amat)
Type: A-model
Sample size: 2456
Log Likelihood: -10454.739
Method: direct
Number of iterations: 57
Convergence code: 0
LR overidentification test:
        LR overidentification
data:  y
Chi^2 = 64476, df = 4, p-value <2e-16
Estimated A matrix:
         KOSPI SAMSUNG SKHYNIX
KOSPI    1.000       0       0
SAMSUNG -1.108       1       0
SKHYNIX -1.256       0       1
Estimated B matrix:
        KOSPI SAMSUNG SKHYNIX
KOSPI       1       0       0
SAMSUNG     0       1       0
SKHYNIX     0       0       1
Covariance matrix of reduced form residuals (*100):
        KOSPI SAMSUNG SKHYNIX
KOSPI   100.0   110.8   125.6
SAMSUNG 110.8   222.8   139.1
```

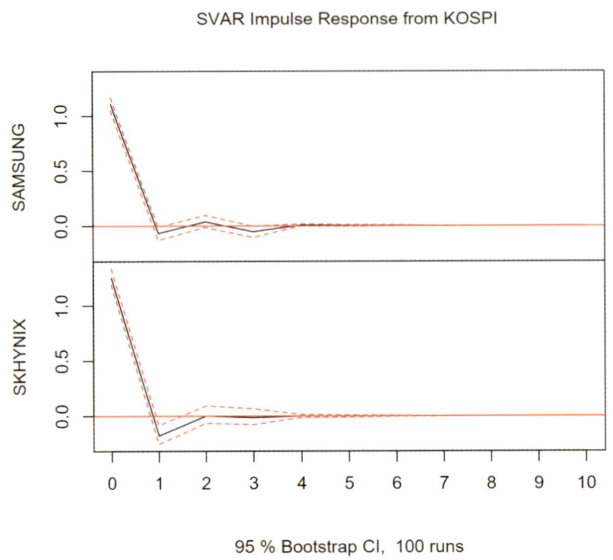

그림 17.6.2: SVAR(3) 모형의 OIRF

```
SKHYNIX 125.6   139.1   257.6
> IRF <- irf(fit3, impulse = "KOSPI", response = c("SAMSUNG", "SKHYNIX"))
> plot(IRF)
```

SVAR(3) 모형에서는 인과순서 $r_1 \rightarrow (r_2, r_3)$를 반영하였다. 즉, r_1에 발생한 충격은 r_2와 r_3 모두에 대해 동시적 영향을 미치지만 그 반대 방향의 영향은 없고, r_2와 r_3 사이에는 동시적 영향이 존재하지 않는다고 가정하였다. 이러한 인과순서는 시장지수가 개별 종목보다 우선적으로 정보를 반영하며, 개별 종목 사이의 동시적 관계는 희박하다는 경제적 직관을 반영한 것이다. SVAR(3) 모형으로부터 계산된 OIRF 결과는 그림 17.6.2에 제시되어 있다.

```
> FEVD <- fevd(fit2)
> FEVD
$KOSPI
         KOSPI SAMSUNG SKHYNIX
 [1,] 1.003679       0       0
 [2,] 1.003679       0       0
 [3,] 1.003679       0       0
 [4,] 1.003679       0       0
 [5,] 1.003679       0       0
 [6,] 1.003679       0       0
 [7,] 1.003679       0       0
 [8,] 1.003679       0       0
 [9,] 1.003679       0       0
[10,] 1.003679       0       0
```

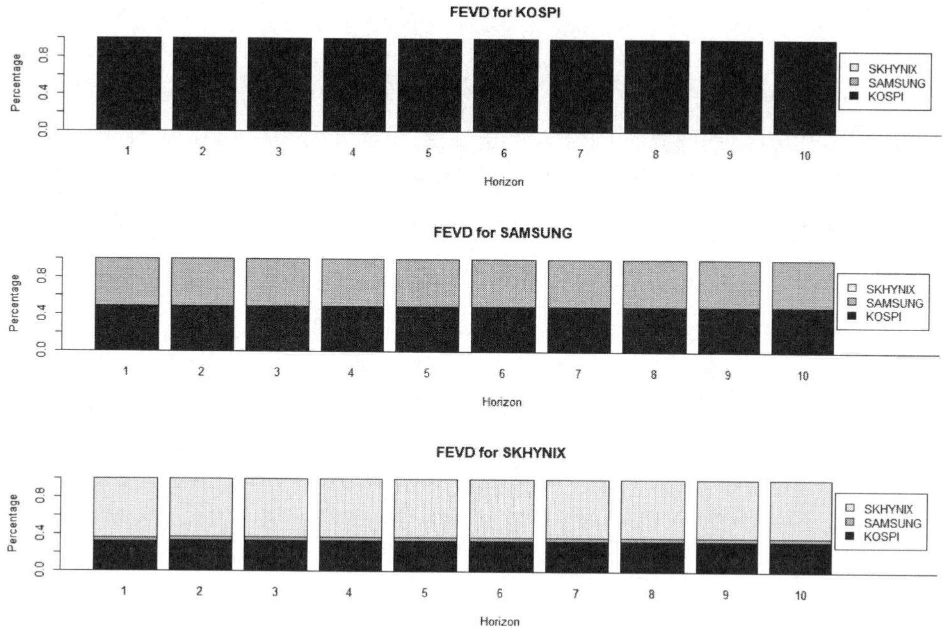

그림 17.6.3: VAR(3) 모형의 FEVD

```
$SAMSUNG
          KOSPI   SAMSUNG     SKHYNIX
 [1,] 0.4891328 0.5125025 0.000000000
 [2,] 0.4864073 0.5135024 0.001739845
 [3,] 0.4842606 0.5156487 0.001744659
 [4,] 0.4838662 0.5160303 0.001756931
 [5,] 0.4838733 0.5160168 0.001763288
 [6,] 0.4838460 0.5160443 0.001763176
 [7,] 0.4838445 0.5160456 0.001763369
 [8,] 0.4838443 0.5160457 0.001763388
 [9,] 0.4838441 0.5160459 0.001763389
[10,] 0.4838441 0.5160459 0.001763390
$SKHYNIX
          KOSPI    SAMSUNG   SKHYNIX
 [1,] 0.3241227 0.03868190 0.6408749
 [2,] 0.3284638 0.03843479 0.6367808
 [3,] 0.3284638 0.03843479 0.6367808
 [4,] 0.3284920 0.03843319 0.6367543
 [5,] 0.3284920 0.03843319 0.6367543
 [6,] 0.3284922 0.03843318 0.6367541
 [7,] 0.3284922 0.03843318 0.6367541
 [8,] 0.3284922 0.03843318 0.6367541
 [9,] 0.3284922 0.03843318 0.6367541
[10,] 0.3284922 0.03843318 0.6367541
```

```
> plot(FEVD)
```

마지막으로, VAR(3) 모형을 기반으로 FEVD를 계산하였다. 그 결과는 그림 17.6.3에 제시되어 있으며, 이는 시계열의 예측오차 분산 중 구조적 충격의 상대적 기여도를 정량적으로 보여준다. KOSPI의 예측오차 분산에서 삼성전자와 SK하이닉스의 구조적 충격이 차지하는 비중은 없는 것으로 나타났다. 삼성전자의 예측오차 분산에서 SK하이닉스의 구조적 충격이 차지하는 비중은 매우 작은 반면, SK하이닉스의 예측오차 분산에서 삼성전자의 구조적 충격이 차지하는 비중은 상대적으로 크게 나타났다.

제18장 공적분

18.1 공적분 관계의 이해

18.1.1 공적분의 정의

다변량시계열 $\mathbf{y}_t = [x_{i,t}]_{i=1}^{N} \in \mathbb{R}^{N\times 1}$에 포함된 일변량시계열 $x_{i,t}$가 단위근을 가지는 비정상과정 $I(1)$이라 하자. 각 $i = 1,\ldots,N$에 대해 $x_{i,t} \sim I(1)$이므로, $\mathbf{y}_t$ 역시 비정상과정 $I(1)$이다. 이때 다음의 조건을 만족하는 열 벡터 $\beta = (\beta_1, \beta_2, \ldots, \beta_N)' \in \mathbb{R}^{N\times 1}$가 존재한다고 하자:

$$\beta'\mathbf{y}_t = \beta_1 x_{1,t} + \beta_2 x_{2,t} + \cdots + \beta_N x_{N,t} \sim I(0).$$

즉, $\mathbf{y}_t$를 구성하는 시계열 $x_{i,t}$는 $I(1)$이지만, 개별 시계열의 선형결합 $\beta'\mathbf{y}_t$는 정상과정 $I(0)$인 상황을 의미한다. 이 경우 $\mathbf{y}_t$는 공적분(cointegration)되어 있다고 하며, 이를 가능하게 하는 β를 공적분벡터(cointegrating vector)라고 부른다. 공적분 관계가 성립하면 정상시계열 $\beta'\mathbf{y}_t$는 평균회귀하며, 이는 장기적으로 $\beta'\mathbf{y}_t$가 기댓값 $E[\beta'\mathbf{y}_t]$에 수렴함을 의미한다. 따라서 비정상시계열 $x_{1,t},\ldots,x_{N,t}$는 시간의 흐름에 따라 무작위로 흩어지는 것이 아니라, 선형결합 $\beta'\mathbf{y}_t$가 안정된 장기균형 수준에 머무를 수 있도록 구조적으로 함께 움직이는 경향을 보이게 된다.

일반적으로 공적분벡터 β는 유일하지 않다. 왜냐하면 임의의 상수 $c \neq 0$에 대해 $c\beta'\mathbf{y}_t$ 역시 $I(0)$이기 때문이다. 따라서 식별을 위해 β는 정규화할 필요가 있으며, 가장 일반적인 방식은 첫 번째 성분을 1로 고정하고 나머지 성분을 음수 부호를 포함한 상대적인 계수로 표현하는 것이다. 예컨대, $\beta = (1, -\beta_2, \ldots, -\beta_N)'$로 정규화하면 공적분 관계는

$$\beta'\mathbf{y}_t = x_{1,t} - \beta_2 x_{2,t} - \cdots - \beta_N x_{N,t} \sim I(0)$$

로 표현된다. 이때 $u_t = \beta'\mathbf{y}_t$로 정의하면, 위 식은 다음과 같은 회귀모형 형태로 표현할 수

있다:

$$x_{1,t} = \beta_2 x_{2,t} + \cdots + \beta_N x_{N,t} + u_t,$$

여기서 $u_t \sim I(0)$는 오차항에 해당하며, 공적분잔차(cointegrating residual)라고 부른다.

N차원 벡터 $\mathbf{y}_t$에 대해 공적분 관계가 성립하는 경우, $1 \leq r < N$ 개의 선형독립적인 공적분벡터 $\beta_1, \ldots, \beta_r$가 존재한다. 여기서 r은 $\mathbf{y}_t$에 포함된 시계열 사이에 존재하는 독립적인 장기균형 관계의 수를 의미하며, 공적분계수(cointegrating rank)라고 부른다. 실제 분석에서 공적분 관계를 추정하는 방법은 공적분계수의 수에 따라 두 가지로 나뉜다. 첫 번째는 Engle and Granger [1987]와 Stock and Watson [1993]이 제안한 OLS 접근법이다. 이 방법은 공적분벡터가 하나($r = 1$)일 때 간단하고 직관적인 분석을 제공한다. 두 번째는 Johansen [1995]의 ML 접근법으로, 둘 이상의 공적분 관계($r > 1$)가 존재하는 경우에도 일관적이고 효율적인 추정을 가능하게 한다. 따라서 $r = 1$일 때는 두 접근법 모두 사용 가능하지만, $r > 1$인 경우에는 Johansen 접근법을 사용해야 한다.

18.1.2 단일가격법칙과 공적분

단일가격법칙(Law Of One Price, LOOP)에 따르면, 동일한 자산은 동일한 가격으로 거래되어야 한다. 만약 동일한 자산이 서로 다른 가격으로 거래된다면, 차익거래(arbitrage) 기회가 발생하고, 시장 참여자들의 거래 활동을 통해 이러한 가격 불일치는 빠르게 해소된다. LOOP는 다양한 가격 시계열에서 공적분 관계가 존재할 수 있음을 시사한다. 예를 들어, 동일 자산이 복수의 거래소에서 거래될 때의 가격, 현물가격과 선물가격, 매도호가와 매수호가 등은 각각 $I(1)$이지만, 그들의 차이 혹은 특정 선형결합은 이론적으로 $I(0)$가 된다.

보다 구체적인 예로, KRX와 NXT에서 동시에 거래되는 삼성전자의 주가를 생각해 보자. KRX 와 NXT에서의 시점 t 로그가격 $p_{1,t}$와 $p_{2,t}$는 각각

$$p_{1,t} = m_t + u_{1,t}, \qquad p_{2,t} = m_t + u_{2,t}$$

라고 가정하자. 공통 성분 m_t는 두 시장의 가격이 공유하는 효율가격(efficient price)이며, 랜덤워크과정

$$m_t = m_{t-1} + \varepsilon_t, \qquad \varepsilon_t \sim WN(0, \sigma_\varepsilon^2)$$

을 따르는 $I(1)$이다. 한편, $u_{1,t} \sim WN(0, \sigma_1^2)$와 $u_{2,t} \sim WN(0, \sigma_2^2)$는 각각의 시장에 고유한 미시구조 잡음으로, 독립적인 백색잡음이다. $I(0)$와 $I(1)$을 합치면 $I(1)$이 되므로, $p_{1,t}$와 $p_{2,t}$는 모두 비정상과정 $I(1)$이다.

초깃값 m_0가 주어졌을 때, $m_t = m_0 + \sum_{\tau=1}^{t} \varepsilon_\tau$이며, 여기서 $\sum_{\tau=1}^{t} \varepsilon_\tau$는 두 시장의 가격에 공통으로 작용하는 확률추세를 의미한다. 따라서 $p_{1,t}$와 $p_{2,t}$는 장기적으로 동일한 방향으로 움직인다. 이제 두 가격의 차이를 고려하면

$$p_{1,t} - p_{2,t} = u_{1,t} - u_{2,t}$$

가 된다. 우변의 $u_{1,t} - u_{2,t}$는 $I(0)$이므로, 좌변의 가격 차이 역시 $I(0)$이다. 이는 $p_{1,t}$와 $p_{2,t}$는 각각 $I(1)$이지만, 이들의 선형결합인 $p_{1,t} - p_{2,t}$는 $I(0)$임을 의미한다. 따라서 두 시계열 사이에는 공적분 관계가 존재하며, 공적분벡터는 $\beta = (1, -1)' \in \mathbb{R}^{2\times 1}$로 주어진다.

18.1.3 허위회귀

다변량시계열 $\mathbf{y}_t = [x_{i,t}]_{i=1}^{N}$에 대해 다음과 같은 회귀모형을 고려하자:

$$x_{1,t} = c + \beta_2 x_{2,t} + \cdots + \beta_N x_{N,t} + u_t, \tag{18.1.1}$$

여기서 $u_t \sim WN(0, \sigma_u^2)$이다. 만약 $x_{1,t}, \ldots, x_{N,t}$가 모두 $I(0)$이라면, 이 회귀모형을 OLS로 추정했을 때 표준적인 결과가 성립한다. 즉, 외생성조건 아래에서 OLS 추정량은 일치성을 가지며, 가설검정(t 검정, Wald 검정) 역시 올바르게 작동한다.

이제 모든 $x_{1,t}, \ldots, x_{N,t}$가 $I(1)$이며, $\mathbf{y}_t \sim I(1)$는 공적분되어 있지 않은 상황을 생각해 보자. 이 경우에는 어떠한 벡터 $\beta = (1, -\beta_2, \ldots, -\beta_N)'$도

$$\beta' \mathbf{y}_t = x_{1,t} - \beta_2 x_{2,t} - \cdots - \beta_N x_{N,t} = c + u_t \sim I(0)$$

를 만족하지 못한다. 즉, 식(18.1.1)의 회귀모형 자체가 성립하지 않게 된다. 그럼에도 불구하고 OLS를 적용하여 회귀분석을 진행하면, 허위회귀(spurious regression) 현상이 발생하여 추정 결과가 심각하게 왜곡된다.

일반적으로 허위회귀는 다음과 같은 특성을 보인다. 첫째, 회귀계수의 OLS 추정치는 0이 아닌 값으로 수렴할 수 있다. 또한 귀무가설 $H_0 : \beta_k = 0$에 대한 t 검정통계량은 발산하며, 그 결과 실제로는 $\beta_k = 0$임에도 불구하고 귀무가설이 기각될 확률이 매우 높아질 수 있다. 이는 존재하지 않는 인과관계를 존재한다고 결론 내리는 오류의 가능성을 시사한다. 둘째, 표본이 커질수록 회귀모형의 결정계수 R^2는 1에 수렴하는 경향을 보인다. 이는 마치 모형의 설명력이 매우 높은 것처럼 보이게 만들지만, 실제로는 각 시계열이 공유하는 공통의 확률추세로 인한 우연성 때문에 나타나는 착시 효과일 수 있다.

결국 허위회귀 문제의 본질은, 단위근 과정을 따르는 비정상시계열을 그대로 회귀분석에 사용하면 인과관계와 설명력을 잘못 추론할 수 있다는 데 있다. 이러한 문제를 방지하기 위해서는 회귀분석을 진행하기 전에 정상성 여부를 반드시 점검해야 한다. 즉, 제14장에서 살펴본 단위근검정을 통해 $x_{i,t}$가 $I(1)$인지 아닌지를 판별해야 한다. 만약 $I(1)$ 시계열 변수들로 회귀분석을 진행해야 한다면, 그들 사이에 공적분 관계가 존재하는지를 확인해야 한다. 공적분 관계가 없다면 비정상시계열을 1차 차분하여 정상시계열로 변환한 뒤 회귀분석을 진행한다. 반면, 공적분 관계가 존재하는 경우에는 단순한 회귀모형을 적용하는 것이 아니라 공적분 기법을 통해 분석을 진행해야 한다.

18.2 오차수정모형

다변량시계열 $\mathbf{y}_t$에 대해 공적분벡터 β가 존재하는 경우, 시계열 $x_{1,t},\ldots,x_{N,t}$의 선형결합 $\beta'\mathbf{y}_t$은 외부 충격이나 시장 잡음으로 인해 장기균형 수준에서 일시적으로 벗어날 수 있으나, 시간이 지남에 따라 기댓값 $E[\beta'\mathbf{y}_t]$으로 수렴한다. 이러한 동태를 설명하기 위해 Engle and Granger [1987]은 공적분 관계를 가진 시계열의 장기균형과 단기조정을 동시에 반영하는 오차수정모형(Error Correction Model, ECM)을 제안하였다.

구체적으로 정규화된 공적분벡터 β가 주어졌을 때, $\mathbf{y}_t$의 ECM은 다음과 같이 정의된다:

$$\begin{aligned}\Delta\mathbf{y}_t &= c+\alpha\left(u_{t-1}-E[u_{t-1}]\right)+\Gamma_1\Delta\mathbf{y}_{t-1}+\cdots+\Gamma_{p-1}\Delta\mathbf{y}_{t-p+1}+\varepsilon_t \\ &= c^*+\alpha u_{t-1}+\Gamma_1\Delta\mathbf{y}_{t-1}+\cdots+\Gamma_{p-1}\Delta\mathbf{y}_{t-p+1}+\varepsilon_t,\end{aligned}$$

여기서 $\Delta\mathbf{y}_t\in\mathbb{R}^{N\times1}$은 $\mathbf{y}_t$의 1차 차분, $c\in\mathbb{R}^{N\times1}$는 상수항벡터, $\alpha\in\mathbb{R}^{N\times1}$는 조정계수(adjustment coefficient)벡터, $u_{t-1}=\beta'\mathbf{y}_{t-1}\sim I(0)$는 시점 $t-1$에서의 공적분잔차, $\Gamma_j\in\mathbb{R}^{N\times N}$은 계수행렬, $\varepsilon_t\in\mathbb{R}^{N\times1}$는 백색잡음벡터, $c^*=c-\alpha E[u_{t-1}]$이다. 특히 $u_{t-1}-E[u_{t-1}]$은 일변량시계열의 선형결합과 장기균형 간의 괴리, 즉 시점 $t-1$에서의 불균형을 나타내며, α는 이러한 불균형을 해소하기 위해 필요한 $x_{1,t},\ldots,x_{N,t}$의 움직임의 방향과 속도를 결정한다. 따라서 $\alpha\left(u_{t-1}-E[u_{t-1}]\right)$은 오차수정항(error correction term)이라 불리며, 장기균형 상태로부터의 이탈이 단기조정을 통해 어떻게 해소되는지를 구조적으로 보여준다.

예를 들어, $x_{1,t}$와 $x_{2,t}$로 구성된 이변량시계열 $\mathbf{y}_t$에 대해 다음과 같은 단순화된 ECM을 고려하자:

$$\begin{bmatrix}\Delta x_{1,t}\\ \Delta x_{2,t}\end{bmatrix}=\begin{bmatrix}c_1\\ c_2\end{bmatrix}+\begin{bmatrix}\alpha_1\\ \alpha_2\end{bmatrix}\left(u_{t-1}-E[u_{t-1}]\right)+\begin{bmatrix}\varepsilon_{1,t}\\ \varepsilon_{2,t}\end{bmatrix},$$

여기서 $u_{t-1}=x_{1,t-1}-\beta_2x_{2,t-1}\sim I(0)$는 공적분잔차이다. 해석의 편의를 위해, $c_1>0$, $c_2>$

0, $\alpha_1 < 0$, $\alpha_2 > 0$, $E[u_{t-1}] = 0$라고 가정한다. 이때 불균형 상태 u_{t-1}의 값에 따라 다음 세 가지 경우를 나누어 생각할 수 있다. 첫째, $u_{t-1} = 0$이면 시점 $t-1$에서 $x_{1,t-1}$와 $x_{2,t-1}$는 장기균형 상태를 형성하고 있다. 따라서 시점 $t-1$에서 t까지 두 시계열 모두 정상적인 성장경로를 따라 움직일 것이라 예상되며, 각 시계열의 기대 변화율은

$$E_{t-1}[\Delta x_{1,t}] = c_1, \qquad E_{t-1}[\Delta x_{2,t}] = c_2$$

이다. 둘째, $u_{t-1} > 0$이면 $x_{1,t-1}$이 $x_{2,t-1}$에 비해 상대적으로 과도하게 높은 수준에 위치한 불균형 상태이다. 이 경우 기대 변화율은

$$E_{t-1}[\Delta x_{1,t}] = c_1 + \alpha_1 u_{t-1} < c_1, \qquad E_{t-1}[\Delta x_{2,t}] = c_2 + \alpha_2 u_{t-1} > c_2$$

가 된다. 즉, 시점 $t-1$에서 t까지 $x_{1,t}$는 정상적인 성장률 c_1보다 더 느린 속도로 증가, $x_{2,t}$는 더 빠르게 증가할 것이라 기대된다. 이러한 단기조정을 통해 두 변수는 장기균형 수준으로 복귀한다. 셋째, $u_{t-1} < 0$이면 $x_{1,t-1}$이 $x_{2,t-1}$에 비해 과도하게 낮은 불균형 상태에 있다. 이때 기대 변화율은 다음과 같다:

$$E_{t-1}[\Delta x_{1,t}] > c_1, \qquad E_{t-1}[\Delta x_{2,t}] < c_2.$$

즉, $x_{1,t}$는 균형 상태보다 빠르게, $x_{2,t}$는 느리게 움직여 장기균형 수준으로 되돌아간다.

18.3 OLS 접근법

18.3.1 공적분검정

Engle and Granger [1987]는 다음의 2단계 절차로 구성된 Engle–Granger(EG) 공적분검정(cointegration test)을 제안하였다. 먼저 1단계에서는 공적분벡터 β를 사용하여 공적분잔차 $u_t = \beta' \mathbf{y}_t$를 구성한다. β는 사전에 주어지거나 또는 자료를 이용해 추정해야 한다. 2단계에서는 u_t의 $I(0)$ 여부를 ADF 검정을 통해 판별한다. 이때 귀무가설은 $H_0 : u_t \sim I(1)$이다. 만약 귀무가설이 기각된다면 , $\mathbf{y}_t$는 공적분되어 있다고 판단한다.

공적분벡터가 사전에 주어진 경우 공적분벡터 β가 이론적 근거에 의해 사전에 주어져 있는 경우를 생각해 보자. 이때 $u_t = \beta' \mathbf{y}_t$는 즉시 계산되며, 이를 바탕으로 ADF 검정을 진행한다. 다만, 잔차 u_t에는 상수항이나 추세와 같은 결정적 요인이 포함되어 있을 수 있으므로, ADF 검정식은 이러한 요인을 반드시 포함해야 한다.

예시 18.1. 이자율평가(Interest Rate Parity, IRP) 이론에 따르면, 선물환율 F와 현물환율 S 사이에는 다음과 같은 관계가 존재한다:

$$F = S \times \left(\frac{1+i_D}{1+i_F}\right),$$

여기서 i_D는 국내 명목이자율, i_F는 해외 명목이자율이다. 양변에 로그를 취하면

$$f - s = \log(1+i_D) - \log(1+i_F)$$

가 되며, 여기서 $s = \ln S$, $f = \ln F$이다. 이자율 차이 $\log(1+i_D) - \log(1+i_F)$는 $I(0)$이므로, s와 f 사이에는 공적분벡터 $\beta = (1,-1)'$이 존재한다. 즉, IRP 이론 아래에서 $u_t = \beta' \mathbf{y}_t = s_t - f_t$는 $I(0)$이어야 하며, 이러한 공적분 관계의 성립 여부는 ADF 검정을 통해 판별한다.

공적분벡터가 주어지지 않은 경우 공적분벡터 β가 주어지지 않은 경우에는 시계열자료를 통해 추정해야 한다. 이를 위해 다음과 같은 회귀모형을 고려한다:

$$x_{1,t} = c(t) + \beta_2 x_{2,t} + \cdots + \beta_N x_{N,t} + u_t, \tag{18.3.1}$$

여기서 $c(t)$는 결정적 성분(deterministic component)이다. $c(t)$의 구체적인 형태는 시계열 $x_{1,t}, \ldots, x_{N,t}$의 성질에 따라 결정된다. 모든 시계열들이 추세를 포함하지 않는다면 $c(t) = \alpha$, 종속변수로 사용되는 $x_{1,t}$에 추세가 존재한다면 $c(t) = \alpha + \delta t$로 설정한다. 식(18.3.1)을 OLS로 추정하여 $\hat{c}(t)$와 $b_2, \ldots, b_N$를 구하며, 이를 바탕으로 공적분잔차는

$$\hat{u}_t = x_{1,t} - \hat{c}(t) - b_2 x_{2,t} - \cdots - b_N x_{N,t}$$

로 계산된다. 마지막으로, 공적분잔차 $\hat{u}_t$에 대해 귀무가설 $H_0 : \hat{u}_t \sim I(1)$을 검정한다. 이 때 중요한 점은, 결정적 요인은 식(18.3.1)의 회귀모형에서 이미 반영되었기 때문에, ADF 검정식은 상수항이나 추세항을 포함하지 않는다는 것이다. 만약 이를 포함하면 검정이 왜곡되므로 반드시 주의해야 한다.

18.3.2 EG–ADF의 임곗값

중요한 점은, 공적분 관계가 존재하지 않는다는 귀무가설 아래에서 OLS 잔차 $\hat{u}_t$에 대한 EG–ADF 검정통계량은 표준 DF 분포가 아닌 비표준 분포를 따른다는 것이다. 이를 해결하기 위해 MacKinnon [1996]은 표본크기 T가 주어졌을 때, EG–ADF 검정통계량 분포의

유의수준별 임곗값을 근사적으로 계산하는 방법을 제시하였다. 이때 $c(t)=\alpha$인 경우는 "상수항만 포함(no trend)", $c(t)=\alpha+\delta t$인 경우는 "추세 포함(with trend)"으로 분류된다. 구체적으로 임곗값은 다음과 같은 근사식으로 계산된다:

$$\beta_\infty + \frac{\beta_1}{T} + \frac{\beta_2}{T^2},$$

여기서 β_∞, β_1, β_2는 $c(t)$, T, N에 따라 달라지며, 부록의 표 18.6.1에 해당 값이 수록되어 있다.

예시 18.2. 일변량시계열의 수 $N=4$, 표본크기 $T=100$인 경우, 상수항만 포함된 공적분 검정에 있어 EG–ADF 검정통계량 분포의 5% 및 10% 유의수준 임곗값은 각각 다음과 같이 계산된다:

$$-4.1000 - \frac{10.745}{100} - \frac{21.57}{100^2} = -4.2096,$$
$$-3.8110 - \frac{8.317}{100} - \frac{5.19}{100^2} = -3.8947.$$

EG–ADF 검정통계량의 값이 임곗값보다 작으면, 귀무가설을 기각하고 공적분 관계가 존재한다고 판단한다.

18.3.3 동적 OLS 접근법

식(18.3.1)의 회귀모형으로부터 얻은 OLS 추정량 $b_2,\dots,b_N$을 바탕으로 공적분벡터 β의 OLS 추정량은 $b_{OLS}=(1,-b_2,\dots,-b_N)'$로 정의한다. 만약 $\mathbf{y}_t$가 공적분되어 있다면, 외생성조건 아래 b_{OLS}는 공적분벡터 β에 대한 일치추정량이다. 그러나, b_{OLS}의 점근분포는 Brownian 운동에 기반한 비정규분포를 따른다. 그 결과, b_{OLS}의 점근공분산행렬을 표준 공식을 사용하여 계산할 수 없고, 계수 유의성에 대한 표준 t 검정 역시 유효하지 않다.

Stock and Watson [1993]은 공적분벡터 추정량의 점근효율성과 유효한 점근정규분포를 위해 동적 OLS(Dynamic OLS, DOLS) 방법을 제안하였다. DOLS는 식(18.3.1)에서 제시된 기존 회귀모형에 1차 차분 $\Delta x_{k,t}=x_{k,t}-x_{k,t-1}$의 시차항(lagged term)과 선행항(lead term)을 추가함으로써 단순 OLS 접근법의 단점을 보완하는 접근법이다.

구체적으로, 다음과 같은 형태의 확장된 회귀모형을 고려하자:

$$x_{1,t}=c(t)+\beta_2 x_{2,t}+\cdots+\beta_N x_{N,t}+\sum_{j=-s}^{s}(\psi_{2,j}\Delta x_{2,t+j}+\cdots+\psi_{N,j}\Delta x_{N,t+j})+u_t. \quad (18.3.2)$$

이 회귀모형에 OLS를 적용하면, $\beta_2,\dots,\beta_N$에 대한 DOLS 추정량 $b_{DOLS,2},\dots,b_{DOLS,N}$을

얻을 수 있으며, 이를 바탕으로 공적분벡터 β의 DOLS 추정량을

$$b_{DOLS} = (1, -b_{DOLS,2}, \ldots, -b_{DOLS,N})'$$

로 구성할 수 있다.

DOLS 추정량 b_{DOLS}는 다음과 같은 성질을 갖는다. 첫째, b_{DOLS}는 초일치성(super-consistency)을 갖는다. 이는 일반적인 OLS 추정량이 $\sqrt{T}$의 속도로 확률수렴하는 데 비해, b_{DOLS}는 T의 속도로 더 빠르게 모수 β에 수렴함을 의미한다. 둘째, b_{DOLS}는 점근정규분포를 따르는 효율적인 추정량이다. 따라서 b_{DOLS}의 점근공분산행렬은 Newey-West HAC 추정량의 표준 공식을 사용하여 추정할 수 있으며, 이를 기반으로 진행되는 표준적인 통계적 추론은 유효하다.

b_{DOLS}는 초일치성을 가지므로, ECM을 구성할 때 이를 주어진 상수항벡터로 간주할 수 있다. 따라서 $b'_{DOLS}\mathbf{y}_{t-1}$를 독립변수로 포함하여 ECM을 다음과 같이 구성한다:

$$\Delta\mathbf{y}_t = c + \alpha(b'_{DOLS}\mathbf{y}_{t-1}) + \sum_{j=1}^{p-1}\Gamma_j\Delta\mathbf{y}_{t-j} + \varepsilon_t.$$

이때 $\Delta\mathbf{y}_t$의 i번째 성분 $\Delta x_{i,t}$에 대해

$$\Delta x_{i,t} = c_i + \alpha_i(b'_{DOLS}\mathbf{y}_{t-1}) + \sum_{j=1}^{p-1}[\Gamma_j]_{(i)}\Delta\mathbf{y}_{t-j} + \varepsilon_{i,t}$$

가 성립하며, 이를 모든 변수가 $I(0)$인 회귀모형으로 간주하여 OLS를 적용할 수 있다. 모수 c_i, α_i, $[\Gamma_j]_{(i)}$에 대한 OLS 추정량은 일치성을 가지며, 점근정규분포를 따른다. 실제 분석에서 주의할 점은, 식(18.3.2)에 포함된 시차항과 선행항의 개수는 사전에 고정되어 있지 않고, 각 항의 유의성을 검정하여 사후적으로 결정한다는 것이다.

18.4 ML 접근법

18.4.1 벡터오차수정모형

다변량시계열 $\mathbf{y}_t \sim I(1)$에 대해 다음과 같은 VAR(p) 모형을 고려하자:

$$\mathbf{y}_t = c(t) + \Pi_1\mathbf{y}_{t-1} + \cdots + \Pi_p\mathbf{y}_{t-p} + \varepsilon_t,$$

여기서 $c(t) \in \mathbb{R}^{N\times 1}$는 결정적 요인(상수항, 추세항 등)을 포함하는 벡터, $\Pi_k \in \mathbb{R}^{N\times N}$은 계수행렬, ε_t는 $E[\varepsilon_t] = 0_{N\times 1}$과 $Var[\varepsilon_t] = \Sigma \in \mathbb{R}^{N\times N}$을 만족하는 오차항벡터이다. 행렬 대수를 이용하면 VAR 모형은 1차 차분의 형태로 변환할 수 있는데, 이를 벡터오차수정모형(Vector Error Correction Model, VECM)이라 한다.

구체적으로 VECM은 다음과 같이 표현된다:

$$\Delta \mathbf{y}_t = c(t) + \Pi \mathbf{y}_{t-1} + \Gamma_1 \Delta \mathbf{y}_{t-1} + \cdots + \Gamma_{p-1} \Delta \mathbf{y}_{t-p+1} + \varepsilon_t, \tag{18.4.1}$$

여기서 $\Pi = -(I_N - \Pi_1 - \Pi_2 - \cdots - \Pi_p)$, $\Gamma_k = -\sum_{j=k+1}^{p} \Pi_j$이다. Π는 일변량시계열 사이의 장기적인 관계를 반영하는 장기영향행렬(long-run impact matrix), Γ_k는 단기적인 상호작용을 설명하는 단기영향행렬(short-run impact matrix), $\Pi \mathbf{y}_{t-1}$는 공적분 관계에서의 불균형을 나타내는 오차수정항을 의미한다.

VAR 모형과 VECM은 동일한 $\mathbf{y}_t$를 서로 다른 방식으로 표현하며, 특히 공적분 관계가 존재하는 상황에서는 VECM이 장기균형과 단기조정 과정을 명확히 드러내기 때문에 더 유용하게 활용된다. 한편, VECM의 $\Pi, \Gamma_1, \ldots, \Gamma_{p-1}$와 VAR 모형의 Π_k 사이에는 다음의 관계가 성립한다:

$$\Pi_1 = \Gamma_1 + \Pi + I, \qquad \Pi_k = \Gamma_k - \Gamma_{k-1} \ (k = 2, \ldots, p), \tag{18.4.2}$$

여기서 $\Pi = \sum_{j=1}^{p} \Pi_j - I_N$, $\Gamma_k = -\sum_{j=k+1}^{p} \Pi_j$이다.

18.4.2 공적분행렬

조건 $\mathbf{y}_t \sim I(1)$ 아래에서, 식(18.4.1)에 제시된 VECM의 $\Delta \mathbf{y}_t$(좌변)와 그 시차항들(우변)은 모두 $I(0)$이다. 따라서 오차수정항 $\Pi \mathbf{y}_{t-1}$ 역시 $I(0)$가 되어야 한다. 이를 위해서는 장기영향행렬 $\Pi \in \mathbb{R}^{N\times N}$가 특이행렬(singular matrix), 즉 역행렬이 존재하지 않는 정방행렬이어야 하며, 수학적으로는 $\text{rank}(\Pi) < N$을 만족해야 한다.

만약 $\text{rank}(\Pi) = 0$이면, $\Pi = 0$이 성립한다. 이때에는 공적분 관계가 존재하지 않으며, VECM은

$$\Delta \mathbf{y}_t = c(t) + \Gamma_1 \Delta \mathbf{y}_{t-1} + \cdots + \Gamma_{p-1} \Delta \mathbf{y}_{t-p+1} + \varepsilon_t$$

와 같이 1차 차분 VAR 형태가 된다. 즉, $\Delta \mathbf{y}_t$에 대해 VAR$(p-1)$ 모형을 적용한 것과 동일하며, 장기균형을 고려하지 않고 단기동태만을 설명하는 모형에 해당한다.

반면, $\text{rank}(\Pi) = r > 0$이면 $\mathbf{y}_t$는 r개의 선형독립적인 공적분벡터 $\beta_1, \beta_2, \ldots, \beta_r$를 가진

다. 이 경우 다음 조건을 만족하는 공적분행렬(cointegrating matrix) $\beta \in \mathbb{R}^{N\times r}$가 존재한다:

$$\beta'\mathbf{y}_t = \begin{bmatrix} \beta_1' \\ \beta_2' \\ \vdots \\ \beta_r' \end{bmatrix} \mathbf{y}_t = \begin{bmatrix} \beta_{11} & \beta_{12} & \cdots & \beta_{1N} \\ \beta_{21} & \beta_{22} & \cdots & \beta_{2N} \\ \vdots & & & \vdots \\ \beta_{r1} & \beta_{r2} & \cdots & \beta_{rN} \end{bmatrix} \mathbf{y}_t \sim I(0).$$

즉, $\beta'\mathbf{y}_t \in \mathbb{R}^{r\times 1}$가 정상과정 $I(0)$을 따르는 벡터이며, 각 성분은 특정 공적분 관계를 의미한다. 이러한 상황에서는 $\mathbf{\Pi}$를 다음과 같이 분해할 수 있다:

$$\Pi = \alpha\beta',$$

여기서 $\alpha \in \mathbb{R}^{N\times r}$는 $\mathrm{rank}(\alpha) = r$을 만족하는 조정행렬(adjustment matrix)이며, α의 각 열벡터는 $x_{1,t},\ldots,x_{N,t}$ 사이의 특정 공적분관계에 대한 단기조정 과정을 나타낸다. 따라서 VECM은 다음과 같이 표현된다:

$$\Delta\mathbf{y}_t = c(t) + \alpha\beta'\mathbf{y}_{t-1} + \mathbf{\Gamma}_1\Delta\mathbf{y}_{t-1} + \cdots + \mathbf{\Gamma}_{p-1}\Delta\mathbf{y}_{t-p+1} + \varepsilon_t. \tag{18.4.3}$$

한편, $\Pi = \alpha\beta'$의 분해는 고유하지 않다. 이는 임의의 비특이행렬 $H \in \mathbb{R}^{r\times r}$에 대해

$$\alpha\beta' = \alpha HH^{-1}\beta' = (\alpha H)(\beta H^{-1\prime})' = \alpha^*\beta^{*\prime}$$

가 성립하기 때문이다. 따라서 고유한 α와 β를 식별하기 위해서는 정규화 조건이 필요하다. 일반적으로 β의 일부 성분을 1로 고정하거나, 행렬의 구조적 제약을 부여하는 방식이 사용된다.

정리하면, 공적분 관계가 존재하지 않는 경우에는 1차 차분한 변수에 대해 VAR 모형을 적용한다. 그러나 공적분 관계가 존재하는 경우에 1차 차분 VAR을 사용하면, $\beta'\mathbf{y}_{t-1}$에 포함된 장기균형에 관한 정보를 무시하게 되어 추정의 효율성과 예측 정확성이 저하된다. 따라서 이 경우에는 VECM을 사용하여 장기균형과 단기조정을 동시에 고려해야 한다.

18.4.3 결정적 성분 $c(t)$의 설정

공적분 관계가 존재하는 $\mathbf{y}_t$에 대해 VECM을 적용할 때, 결정적 성분 $c(t)$의 형태는 모형의 특성과 추정 결과에 중대한 영향을 미친다. Johansen [1995]은 $c(t)$의 설정에 따라 식(18.4.3)에서 제시된 VECM이 다섯 가지 형태로 표현된다는 점을 강조하였다.

설정 1: $c(t) = 0$ **(상수항 없음)** 이 경우 VECM은

$$\Delta \mathbf{y}_t = \alpha\beta' \mathbf{y}_{t-1} + \Gamma_1 \Delta \mathbf{y}_{t-1} + \cdots + \Gamma_{p-1} \Delta \mathbf{y}_{t-p+1} + \varepsilon_t$$

가 되며, 이는 $\mathbf{y}_t$가 추세가 없는 $I(1)$이고 $\beta' \mathbf{y}_{t-1}$는 기댓값이 0인 $I(0)$임을 의미한다. 이 모형에서는 장기균형 $E[\beta' \mathbf{y}_{t-1}]$은 0에 고정되므로, 현실의 시계열자료 특성과는 잘 맞지 않는다.

설정 2: $c(t) = \alpha c_0$ **(제한된 상수항)** 이 경우 VECM은

$$\Delta \mathbf{y}_t = \alpha(\beta' \mathbf{y}_{t-1} + c_0) + \Gamma_1 \Delta \mathbf{y}_{t-1} + \cdots + \Gamma_{p-1} \Delta \mathbf{y}_{t-p+1} + \varepsilon_t$$

로 표현된다. 이러한 설정은 $\mathbf{y}_t$가 추세가 없는 $I(1)$이고, $\beta' \mathbf{y}_{t-1} \sim I(0)$의 기댓값은 0이 아닌 상수, 즉 $-c_0$임을 의미한다. 이 모형은 환율, 금리 등과 같이 뚜렷한 추세는 없지만, 비영(nonzero)의 장기균형으로 회귀하는 경향을 보이는 시계열자료에 적합하다.

설정 3: $c(t) = \mu_0$ **(비제한적 상수항)** 이 설정은 다음과 같은 VECM을 의미한다:

$$\begin{aligned}
\Delta \mathbf{y}_t &= \mu_0 + \alpha\beta' \mathbf{y}_{t-1} + \Gamma_1 \Delta \mathbf{y}_{t-1} + \cdots + \Gamma_{p-1} \Delta \mathbf{y}_{t-p+1} + \varepsilon_t \\
&= \mu_0^* + \alpha(\beta' \mathbf{y}_{t-1} + c_0^*) + \Gamma_1 \Delta \mathbf{y}_{t-1} + \cdots + \Gamma_{p-1} \Delta \mathbf{y}_{t-p+1} + \varepsilon_t,
\end{aligned}$$

여기서 $\mu_0 = \mu_0^* + \alpha c_0^*$로 해석된다. 즉, $\mathbf{y}_t$의 각 성분은 추세를 갖는 $I(1)$이며, $\beta' \mathbf{y}_{t-1}$은 비영의 기댓값 $-c_0^*$를 가진다. GDP, 소비, 고용 등과 같이 시간에 따라 상승 · 하락하는 경향을 보이면서 장기적으로 일정한 균형 수준을 중심으로 회귀하는 시계열자료에 적합한 설정이다.

설정 4: $c(t) = \mu_0 + \alpha c_1 t$ **(제한된 선형추세)** 이 설정에서 VECM은 다음과 같이 표현된다:

$$\begin{aligned}
\Delta \mathbf{y}_t &= \mu_0 + \alpha(\beta' \mathbf{y}_{t-1} + c_1 t) + \Gamma_1 \Delta \mathbf{y}_{t-1} + \cdots + \Gamma_{p-1} \Delta \mathbf{y}_{t-p+1} + \varepsilon_t \\
&= \mu_0^* + \alpha(\beta' \mathbf{y}_{t-1} + c_0^* + c_1 t) + \Gamma_1 \Delta \mathbf{y}_{t-1} + \cdots + \Gamma_{p-1} \Delta \mathbf{y}_{t-p+1} + \varepsilon_t,
\end{aligned}$$

여기서 $\mu_0 = \mu_0^* + \alpha c_0^*$를 의미한다. 즉, $\mathbf{y}_t$는 추세를 갖는 $I(1)$이며, $\beta' \mathbf{y}_{t-1}$의 기댓값은 $-(c_0^* + c_1 t)$로서 시간에 따라 변한다. 기술 진보나 인구구조 변화로 인해 장기균형의 수준이 점진적으로 증가 · 감소하는 경우에 적절한 설정이며, 다소 복잡하지만 유연한 구조의 장기균

형을 반영할 수 있는 장점이 있다.

설정 5: $c(t) = \mu_0 + \mu_1 t$ (비제한적 선형추세) 가장 일반적인 형태로서, 이때 VECM은 다음과 같이 표현된다:

$$\begin{aligned}\Delta \mathbf{y}_t &= \mu_0 + \mu_1 t + \alpha\beta'\mathbf{y}_{t-1} + \Gamma_1 \Delta \mathbf{y}_{t-1} + \cdots + \Gamma_{p-1}\Delta \mathbf{y}_{t-p+1} + \varepsilon_t \\ &= \mu_0^* + \mu_1^* t + \alpha(\beta'\mathbf{y}_{t-1} + c_0^* + c_1^* t) + \Gamma_1 \Delta \mathbf{y}_{t-1} + \cdots + \Gamma_{p-1}\Delta \mathbf{y}_{t-p+1} + \varepsilon_t,\end{aligned}$$

여기서 $\mu_0 = \mu_0^* + \alpha c_0^*$, $\mu_1 = \mu_1^* + \alpha c_1^*$이다. 즉, $\mathbf{y}_t$는 2차 추세(quadratic trend)를 가진 $I(1)$이며, $\beta'\mathbf{y}_{t-1}$의 기댓값은 $-(c_0^* + c_1^* t)$로서 시간에 따라 변한다. 이 설정은 지나치게 강한 비정상성을 허용하기 때문에 현실적 적합성이 낮으며, 극단적인 거시경제 변동을 분석할 때 제한적으로 사용된다.

요약하면, $c(t)$의 형태는 $\mathbf{y}_t$가 추세를 가지는지 여부와 장기균형 $E[\beta'\mathbf{y}_{t-1}]$의 형태에 따라 다섯 가지 설정으로 분류된다. 실제 분석에서는 주로 설정 2와 설정 3이 활용된다. 설정 2는 장기균형 수준이 존재하되 추세가 없는 시계열자료에 적합하고, 설정 3은 추세적 성장을 동반하는 시계열자료에 적합하다. 설정 4는 장기균형 수준의 점진적 변화를 설명할 수 있어 구조적 변화를 내재한 시계열자료 분석에서 유용하지만, 설정 1과 설정 5는 실용성이 낮아 거의 사용되지 않는다.

18.4.4 공적분벡터의 개수에 대한 LR 검정

공적분벡터의 수는 Π의 계수(rank)에 의해 결정된다. 즉, $\text{rank}(\Pi) = r$이면 r개의 공적분 관계가 존재한다. 따라서 공적분벡터의 수를 식별하는 것은 Π의 계수에 대한 유의성을 검정하는 문제로 귀결된다. 이를 위해 Johansen [1995]은 Π의 고윳값을 활용한 우도비(LR) 검정을 제안하였다.

먼저 $\Pi \in \mathbb{R}^{N\times N}$의 고윳값을 크기순으로 정렬하여 $\lambda_1 \geq \lambda_2 \geq \cdots \geq \lambda_N$의 형태로 나타내자. 이때 0이 아닌 고윳값의 수가 공적분벡터의 수와 일치하므로, 각 고윳값의 통계적 유의성을 검정함으로써 공적분벡터의 수를 판별할 수 있다. 이러한 직관을 바탕으로, 귀무가설 $H_0 : r = r_0$과 대립가설 $H_1 : r > r_0$에 대해 Johansen [1995]은 다음과 같은 형태의 LR 검정통계량을 제안하였다:

$$LR(r_0) = -T \sum_{i=r_0+1}^{N} \ln(1-\lambda_i),$$

여기서 T는 표본크기, $\lambda_{r_0+1}, \ldots, \lambda_N$는 r_0 이후의 고윳값들이다. 만약 실제 공적분벡터의 수가 r_0개라면, $\lambda_{r_0+1},\ldots,\lambda_N$는 모두 0에 가까워야 하며, $LR(r_0)$ 역시 0에 근접하게 나타나야 한다. 반대로 $r > r_0$인 경우, r_0 이후의 고윳값 중 일부가 0과는 유의미하게 다르기 때문에 $LR(r_0)$는 0으로부터 벗어나게 된다. 귀무가설 아래에서 $LR(r_0)$는 비표준적인 분포를 따르며, $c(t)$의 설정(상수항, 시간 추세의 포함 여부 등)에 따라 분포와 임곗값이 달라진다. 실제 분석에서는 Johansen and Juselius [1990]가 제시한 모의실험 기반의 임곗값 표를 참조하여 귀무가설의 기각 여부를 판단한다.

LR 검정을 이용해 공적분벡터의 수를 판별하는 절차는 다음과 같은 순차적 검정 방식으로 이루어진다. 먼저 $H_0 : r = 0$을 검정한다. 귀무가설이 기각되지 않으면 공적분 관계가 존재하지 않는 것으로 결론짓고 절차를 종료한다. 만약 기각된다면, $H_0 : r = 1$에 대한 검정으로 넘어간다. 이러한 절차는 $r_0 = 2,\ldots,N-1$까지 반복되며, 처음으로 귀무가설이 기각되지 않는 시점의 r_0가 최종 공적분벡터의 수가 된다.

18.4.5 추정 방법

공적분벡터의 수가 r, 즉 $\text{rank}(\Pi) = r$이라 가정하자. Johansen [1995]은 우도함수를 최대화하는 과정에서 일반화고윳값문제(generalized eigenvalue problem)를 풀어 공적분행렬 $\beta \in \mathbb{R}^{N\times r}$를 추정하는 방법을 제안하였다. 구체적으로, Π의 고윳값을 크기순으로 나열하면 $\lambda_1 \geq \lambda_2 \geq \cdots \geq \lambda_N$이며, 이 중에서 상위 r개의 고윳값에 대응하는 고유벡터들을 모아 공적분 행렬 β를 다음과 같이 추정한다:

$$\hat{\beta} = \begin{bmatrix} v_1 & v_2 & \cdots & v_r \end{bmatrix},$$

여기서 v_i는 λ_i에 대응하는 고유벡터이다. 즉, 가장 큰 r개의 고윳값에 대응하는 고유벡터들이 공적분벡터 공간을 형성한다. 식별성을 확보하기 위해서 $\hat{\beta}$에 대해 다음과 같은 선형변환을 적용한다:

$$\hat{\beta}_c = \hat{\beta}(c'\hat{\beta})^{-1},$$

여기서 $c = \begin{bmatrix} I_r & 0_{r\times(N-r)} \end{bmatrix}' \in \mathbb{R}^{N\times r}$는 정규화 조건을 나타내는 행렬이다. ML 추정에 관한 자세한 논의는 Johansen [1995]을 참고하길 바란다.

공적분행렬의 ML 추정치 $\hat{\beta}_c$를 고정된 값으로 간주하고, β를 $\hat{\beta}_c$로 대체하여 VECM을

$$\Delta \mathbf{y}_t = c(t) + \alpha_c(\hat{\beta}_c'\mathbf{y}_{t-1}) + \Gamma_1\Delta\mathbf{y}_{t-1} + \cdots + \Gamma_{p-1}\Delta\mathbf{y}_{t-p+1} + \varepsilon_t$$

로 구성한다. 구조상으로 보면, VECM은 동일한 독립변수를 사용하는 N개의 회귀모형으로 구성된 SUR 모형에 해당한다. 따라서 각 $i = 1,\ldots,N$에 대해 정의된 $\Delta x_{i,t}$의 식에 OLS를

적용하여 그 결과를 취합하면, VECM 모수 $c(t)$, α_c, $\Gamma_1, \ldots \Gamma_{p-1}$의 추정치를 얻을 수 있다.

18.4.6 예측

VECM을 이용하여 예측 값을 계산하기 위해서는, 해당 VECM을 식(18.4.2)를 통해 VAR 모형으로 변환한 후, 제17장에서 살펴본 방식을 적용해 변환된 VAR 모형의 예측을 진행하면 된다. $I(1)$ 시계열들 사이에 공적분 관계가 존재하는 경우, VECM은 이들 시계열 간의 장기균형 관계와 단기조정 과정 모두를 반영한다. 그러나 1차 차분 VAR 모형은 장기균형을 고려하지 않고 단기적인 상관 구조만을 반영한다. 즉, 장기균형 관계와 관련된 중요한 정보의 손실이 발생하여 1차 차분 VAR 모형의 예측 정확도는 VECM에 비해 낮아지게 된다. 특히 장기 예측에서 두 모형의 차이는 더욱 뚜렷하게 나타난다. 따라서 실증 분석에서는 먼저 공적분 여부를 판별하고, 공적분 관계가 존재하는 경우 1차 차분 VAR 모형 대신 VECM을 적용하는 게 장단기 예측의 정확도를 높이는 접근법이다.

18.5 페어트레이딩

18.5.1 페어트레이딩의 이해

주식 A와 주식 B의 로그가격을 각각 $p_{1,t}$와 $p_{2,t}$라고 하자. 만약 이 두 종목이 유사한 산업군에 속하거나 공통 요인에 노출되어 있다면, 장기적으로 두 가격은 공이동성(co-movement)을 보일 가능성이 크다. 이 경우 두 가격 시계열의 특정 선형결합은 $I(0)$일 수 있으며, 이는 곧 공적분 관계의 존재를 의미한다.

로그가격 벡터를 $p_t = (p_{1,t}, p_{2,t})' \in \mathbb{R}^{2\times 1}$로 정의하자. 이변량시계열 p_t가 공적분 관계를 갖는 경우, 다음과 같은 이변량 VECM이 성립한다:

$$\Delta p_t = \begin{bmatrix} \alpha_1 \\ \alpha_2 \end{bmatrix} (u_{t-1} - E[u_{t-1}]) + \Gamma_1 \Delta p_{t-1} + \cdots + \Gamma_{p-1} \Delta p_{t-p+1} + \varepsilon_t, \qquad (18.5.1)$$

여기서 $u_{t-1} = p_{1,t-1} - \beta_2 p_{2,t-1}$는 로그가격 차이를 나타내는 스프레드(spread)이고, $u_{t-1} - E[u_{t-1}]$는 스프레드와 장기균형 $E[u_{t-1}]$ 간의 괴리를 나타낸다. 조정계수 α_1과 α_2는 서로 부호가 반대여야 하며, 이는 스프레드가 장기균형 수준으로 되돌아가는 단기조정을 보장하는 조건이다.

식(18.5.1)에서 제시된 VECM을 바탕으로 구성되는 페어트레이딩(pairs trading) 전략은 다음의 아이디어에 근거한다. u_{t-1}이 $E[u_{t-1}]$로부터 유의미하게 벗어났을 때, 상대적으로 저평가된 종목을 매수하고 동시에 고평가된 주식을 공매도하는 롱-숏 포지션을 구성한다. 이후 일정 조건 아래 포지션을 청산하여 차익을 실현한다. 단, 페어트레이딩이 실질적인 수익을 발생시키기 위해서는 실현된 차익이 거래비용, 차입비용 등을 상회해야 한다.

18.5.2 거래 전략

식(18.5.1)의 VECM에서 $\alpha_1 < 0$, $\alpha_2 > 0$라고 가정하자. 이는 가격 스프레드가 음(양)의 방향으로 장기균형에서 이탈한 경우, 주식 A의 가격은 상승(하락)하고 주식 B의 가격은 하락(상승)하는 방향으로 조정된다는 것을 의미한다. 페어트레이딩을 실행하는 데 수반되는 거래비용을 $\eta > 0$, 불균형의 크기를 $\Delta > 0$라고 하자.

다음과 같은 두 가지 거래 전략을 고려한다. 첫 번째 전략은, 시점 t에서 $u_t - E[u_t] = -\Delta$이면 주식 A를 1주 매수하고 주식 B를 β_2주 공매도하는 롱-숏 포지션을 구성하고, 시점 $t+s$에서 $u_{t+s} - E[u_{t+s}] = \Delta$이면 해당 포지션을 청산하는 것이다. 이 경우, $E[u_t] = E[u_{t+s}]$을 이용하면 시점 t에서 $t+s$까지의 로그수익률 $r_t[s]$는 다음과 같이 계산된다:

$$
\begin{aligned}
r_t[s] &= r_{1,t}[s] - \beta_2 r_{2,t}[s] \\
&= (p_{1,t+s} - p_{1,t}) - \beta_2(p_{2,t+s} - p_{2,t}) \\
&= (p_{1,t+s} - \beta_2 p_{2,t+s} - E[u_{t+s}]) - (p_{1,t} - \beta_2 p_{2,t} - E[u_t]) \\
&= (u_{t+s} - E[u_{t+s}]) - (u_t - E[u_t]) \\
&= 2\Delta.
\end{aligned}
$$

따라서 이 전략의 순이익은 $2\Delta - \eta$가 된다.

두 번째 전략은 반대 방향의 스프레드 이탈 상황에 대응하는 방식이다. 만약 시점 t에서 $u_t - E[u_t] = \Delta$라면, 주식 A를 1주 공매도하고 주식 B를 β_2주 매수하는 숏-롱 포지션을 구성한다. 이후 시점 $t+s$에서 $u_{t+s} - E[u_t] = -\Delta$에 도달하면 해당 포지션을 청산한다. 이 경우 로그수익률은

$$
r_t[s] = -r_{1,t}[s] + \beta_2 r_{2,t}[s] = -(u_{t+s} - E[u_{t+s}]) + (u_t - E[u_t]) = 2\Delta
$$

로 계산되며, 순이익은 앞서와 동일하게 $2\Delta - \eta$가 된다.

위 두 전략 모두에서, 포지션 청산 조건을 $u_{t+s} - E[u_{t+s}] = 0$로 설정할 수도 있다. 이때 수익률은 절반 수준인 Δ로 줄어들지만, 포지션의 보유 기간이 짧아지기 때문에 거래 회전율이 높아지고 전략 실행의 민첩성이 향상될 수 있다. 다만 거래가 잦아짐에 따라 거래비용 η가 더 자주 발생하게 된다.

실무에서 페어트레이딩은 다음의 세 단계로 통해 진행된다. 첫째, 공적분 관계가 존재할 가능성이 있는 주식 쌍을 선별한다. 이를 위해 Euclidean 거리, 상관계수 기반 거리 측도 등 다양한 유사성 지표를 활용한다. 둘째, 선별된 주식 쌍에 대해 공적분 검정을 실시하여 실제로 장기균형 관계가 존재하는지를 검증한다. 즉, Johansen의 LR 검정 등을 활용하여 귀무가설 $H_0 : r = 0$의 기각 여부를 판단한다. 셋째, 공적분 관계가 검증된 쌍에 대해 기대수익률(expected return)이 거래비용을 충분히 상회하는 지를 확인한 후, 실제 거래 실행 여부를 결정한다.

18.6 R 실습

```
> libraries <- c("data.table", "dynlm", "fUnitRoots", "lmtest", "sandwich",
+                "tsDyn", "vars", "urca", "xts")
> lapply(libraries, library, character.only = TRUE)
```

18.6.1 예제 1

이 예제에서는 2002년부터 2023년까지의 한국 국채의 주간 수익률을 이용하여 공적분 관계를 실증적으로 분석한다. 사용된 시계열자료는 만기 5년 국채 수익률(TB5Y) $x_{1,t}$와 만기 3년 국채 수익률(TB3Y) $x_{2,t}$로 구성되어 있다. 두 수익률 시계열 모두 단위근을 가지는 비정상시계열로 가정하므로, $\mathbf{y}_t = (x_{1,t}, x_{2,t})' \in \mathbb{R}^{2\times 1}$은 $I(1)$이다.

```
> dat <- fread("data18_1.csv", header = TRUE)
> head(dat)
    TRD_DD  TB3Y  TB5Y
     <int> <num> <num>
1: 20020102  6.15  6.96
2: 20020103  6.17  6.95
3: 20020104  6.17  6.91
4: 20020107  6.15  6.85
5: 20020108  6.21  6.89
6: 20020109  6.15  6.93
> tb3y <- xts(dat$TB3Y,
+             order.by = as.Date(as.character(dat$TRD_DD), "%Y%m%d"))
> tb5y <- xts(dat$TB5Y,
+             order.by = as.Date(as.character(dat$TRD_DD), "%Y%m%d"))
> dat <- merge(tb5y, tb3y)
> colnames(dat) <- c("TB5Y", "TB3Y")
> plot(dat, main = "", lty = 1:2)
> addLegend("topright", legend.names = c("TB5Y", "TB3Y"), lty = 1:2,
```

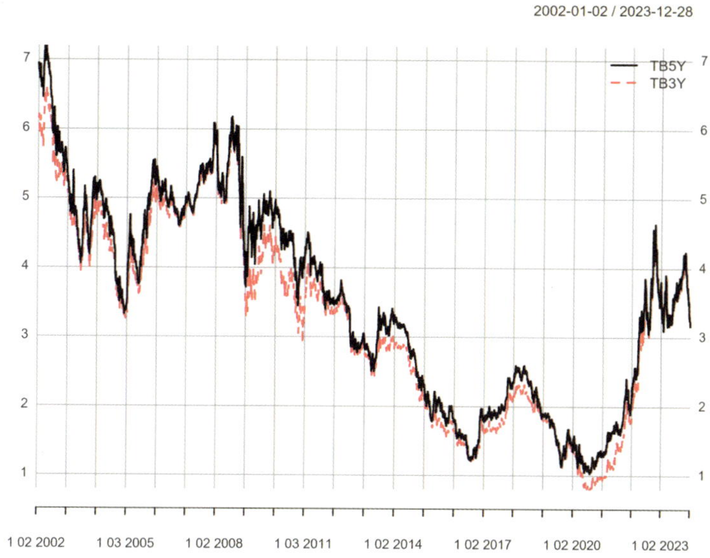

그림 18.6.1: TB3Y와 TB5Y

```
+            lwd = 2)
```

그림 18.6.1에 따르면, 장기 수익률과 단기 수익률이 유사한 확률추세를 공유하며, 두 수익률 모두에서 뚜렷한 결정적 추세는 보이지 않았다. 이는 $x_{1,t}$와 $x_{2,t}$는 추세가 없는 $I(1)$ 임을 시사한다.

```
> fit <- lm(TB5Y ~ TB3Y, data = dat)
> uhat <- resid(fit)
> uhat <- xts(uhat, order.by = index(dat))
> nobs <- length(uhat)
> pmax <- floor(12*(nobs/100)^(1/4))
> summary(ur.df(uhat, type = "none", lags = c(pmax - 13)))
Test regression none
Call:
lm(formula = z.diff ~ z.lag.1 - 1 + z.diff.lag)
Residuals:
      Min         1Q     Median         3Q        Max
-0.151622 -0.007809 -0.000525  0.007420  0.231503
Coefficients:
               Estimate Std. Error t value Pr(>|t|)
z.lag.1      -0.0050636  0.0013213  -3.832 0.000128 ***
z.diff.lag1   0.1205558  0.0136045   8.861  < 2e-16 ***
z.diff.lag2  -0.0456387  0.0137006  -3.331 0.000871 ***
z.diff.lag3  -0.0077835  0.0137155  -0.567 0.570399
z.diff.lag4  -0.0586459  0.0137143  -4.276 1.93e-05 ***
```

```
z.diff.lag5  -0.0648571  0.0137338  -4.722 2.39e-06 ***
z.diff.lag6  -0.0147348  0.0137622  -1.071 0.284366
z.diff.lag7   0.0107078  0.0137618   0.778 0.436555
z.diff.lag8  -0.0434878  0.0137606  -3.160 0.001585 **
z.diff.lag9   0.0183665  0.0137574   1.335 0.181923
z.diff.lag10  0.0017062  0.0137590   0.124 0.901316
z.diff.lag11 -0.0037741  0.0137578  -0.274 0.783846
z.diff.lag12  0.0207825  0.0137426   1.512 0.130523
z.diff.lag13 -0.0159903  0.0137465  -1.163 0.244790
z.diff.lag14 -0.0035704  0.0137451  -0.260 0.795058
z.diff.lag15  0.0230925  0.0136719   1.689 0.091266 .
z.diff.lag16 -0.0051628  0.0136437  -0.378 0.705146
z.diff.lag17  0.0006836  0.0136390   0.050 0.960030
z.diff.lag18  0.0205089  0.0136186   1.506 0.132139
z.diff.lag19  0.0283047  0.0135258   2.093 0.036427 *
Residual standard error: 0.01663 on 5396 degrees of freedom
Multiple R-squared:  0.03295,   Adjusted R-squared:  0.02936
F-statistic: 9.192 on 20 and 5396 DF,  p-value: < 2.2e-16
Value of test-statistic is: -3.8322
Critical values for test statistics:
      1pct  5pct 10pct
tau1 -2.58 -1.95 -1.62
> print(adfTest(uhat, lags = 19, type = "nc")@test$statistic, digits = 3)
Dickey-Fuller
        -3.83
> cv_5pct <- -3.3377 + (-5.967/nobs) + (-8.98/nobs^2)
> print(cv_5pct, digits = 3)
[1] -3.34
```

OLS 공적분검정은 Engle-Granger 2단계 절차를 통해 진행되었다. 첫 번째 단계에서 회귀모형 $x_{1,t} = c + \beta_2 x_{2,t} + u_t$을 추정하여 공적분잔차 $\hat{u}_t$를 계산하였다. 두 번째 단계에서는 $\hat{u}_t$에 대해 상수항과 추세항을 포함하지 않은 ADF 검정을 실시하였다. EG–ADF 검정통계량은 –3.83으로 계산되었으며, $N = 2$일 때 5% 임곗값은 –3.34이다. 따라서 귀무가설 $H_0 : \hat{u}_t \sim I(1)$은 5% 유의수준에서 기각되며, 두 시계열 간에 공적분 관계가 존재함을 확인할 수 있다.

```
> dat_ts <- as.ts(dat)
> fit <- dynlm(TB5Y ~ TB3Y + L(d(TB3Y), -3:3), data = dat_ts)
> coeftest(fit, df = Inf,
+          vcov. = kernHAC(fit, adjust = FALSE, kernel = "Bartlett"))
z test of coefficients:
                     Estimate Std. Error z value Pr(>|z|)
(Intercept)          0.168168   0.069101  2.4337  0.01495 *
TB3Y                 1.017231   0.025356 40.1180  < 2e-16 ***
L(d(TB3Y), -3:3)-3 0.074196   0.070219  1.0566  0.29068
```

```
L(d(TB3Y), -3:3)-2 0.070819   0.074140  0.9552  0.33947
L(d(TB3Y), -3:3)-1 0.061601   0.071545  0.8610  0.38923
L(d(TB3Y), -3:3)0  0.033169   0.052222  0.6351  0.52533
L(d(TB3Y), -3:3)1  0.059164   0.054926  1.0771  0.28141
L(d(TB3Y), -3:3)2  0.080329   0.057886  1.3877  0.16522
L(d(TB3Y), -3:3)3  0.082377   0.054157  1.5211  0.12824
> uhat <- dat$TB5Y - coef(fit)[2]*dat$TB3Y
> uhat_ts <- as.ts(uhat)
> fit1 <- dynlm(d(TB5Y) ~ L(uhat_ts) + L(d(TB5Y)) + L(d(TB3Y)),
+               data = dat_ts)
> round(coeftest(fit1, df = Inf), digits = 4)
z test of coefficients:
            Estimate Std. Error z value Pr(>|z|)
(Intercept)  -0.0006     0.0009 -0.6079   0.5432
L(uhat_ts)   -0.0006     0.0039 -0.1428   0.8864
L(d(TB5Y))    0.0718     0.0404  1.7745   0.0760 .
L(d(TB3Y))   -0.0361     0.0423 -0.8527   0.3938
> fit2 <- dynlm(d(TB3Y) ~ L(uhat_ts) + L(d(TB5Y)) + L(d(TB3Y)),
+               data = dat_ts)
> round(coeftest(fit2, df = Inf), digits = 4)
z test of coefficients:
            Estimate Std. Error z value Pr(>|z|)
(Intercept)  -0.0014     0.0009 -1.5936   0.1110
L(uhat_ts)    0.0052     0.0037  1.4077   0.1592
L(d(TB5Y))   -0.0583     0.0387 -1.5071   0.1318
L(d(TB3Y))    0.0646     0.0405  1.5966   0.1104
```

다음으로 DOLS 모형

$$x_{1,t} = c + \beta_2 x_{2,t} + \sum_{j=-3}^{3} \psi_j \Delta x_{2,t+j} + u_t$$

을 추정하였다. 추정 결과, β_2의 추정치는 1.0172로 나타났으며, 이는 5% 유의수준에서 통계적으로 유의하다. DOLS 기반 공적분벡터의 추정치 $b_{DOLS} = (1, -1.0172)'$를 바탕으로 추정된 ECM의 경험적 형태는 다음과 같다:

$$\begin{bmatrix} \Delta x_{1,t} \\ \Delta x_{2,t} \end{bmatrix} = \begin{bmatrix} -0.0006 \\ -0.0014 \end{bmatrix} + \begin{bmatrix} -0.0006 \\ 0.0052 \end{bmatrix} (x_{1,t-1} - 1.0172 x_{2,t-1}) + \begin{bmatrix} 0.0718 & -0.0361 \\ -0.0583 & 0.0646 \end{bmatrix} \begin{bmatrix} \Delta x_{1,t-1} \\ \Delta x_{2,t-1} \end{bmatrix} + \begin{bmatrix} \varepsilon_{1,t} \\ \varepsilon_{2,t} \end{bmatrix}.$$

오차수정항의 계수는 장기균형으로 회귀하는 조정 속도를 의미한다. 조정계수 α_1의 추정치는 –0.0006으로 매우 낮지만, 조정계수 α_2의 추정치는 0.0052로서 상대적으로 크게 나타났다. 이는 단기수익률이 장기수익률에 비해 더 빠르게 조정되어 장기균형 수준으로 복귀한다는 점을 시사한다.

```
> VARselect(dat, type = "const", lag = 5)
$selection
AIC(n)  HQ(n)  SC(n) FPE(n)
     5      5      2      5
> fit <- VECM(dat, lag = 4, estim = "ML", include = "none",
+              LRinclude = "const")
> summary(rank.test(fit))
  r      trace trace_pval trace_pval_T      eigen eigen_pval
1 0 23.578285    0.01513      0.01515 16.992292    0.03108
2 1  6.585993    0.15473      < 0.001  6.585993    0.15450
> summary(fit)
Full sample size: 5436  End sample size: 5431
Number of variables: 2  Number of estimated slope parameters 18
AIC -77468.06   BIC -77342.66   SSR 26.25915
Cointegrating vector (estimated by ML):
   TB5Y       TB3Y      const
r1    1 -0.9980574 -0.2179549
               ECT                  TB5Y -1             TB3Y -1
Equation TB5Y -0.0017(0.0039)      0.0709(0.0410).     -0.0357(0.0429)
Equation TB3Y 0.0034(0.0037)       -0.0562(0.0392)     0.0628(0.0410)
              TB5Y -2              TB3Y -2             TB5Y -3
Equation TB5Y -0.0574(0.0413)      0.0716(0.0431).    -0.0600(0.0413)
Equation TB3Y -0.0183(0.0395)      0.0156(0.0412)     -0.0603(0.0394)
              TB3Y -3            TB5Y -4             TB3Y -4
Equation TB5Y 0.0741(0.0430).    0.0026(0.0408)      0.0090(0.0426)
Equation TB3Y 0.0719(0.0411).    0.0719(0.0390).     -0.0485(0.0407)
> predict(fit)
         TB5Y     TB3Y
5437 3.154885 3.153639
5438 3.154280 3.152049
5439 3.153734 3.150198
5440 3.153311 3.147880
5441 3.153526 3.146888
```

Johansen 접근법을 적용하기 위해 먼저 VAR 모형을 추정하였다. `VARselect()` 함수의 결과에 따르면 최적 시차는 $p = 5$이다. 그림 18.6.1에 나타난 결과를 고려하여, 공적분 관계는 일정한 비영의 평균만을 반영하는 $c(t) = \alpha c$로 설정하였다. 이는 `tsDyn` 패키지의 `VECM()` 함수에서 `LRinclude = “const”` 옵션을 지정함으로써 구현된다. Johansen 방식의 LR 검정 결과, $LR(0) = 23.58$이며, p-값은 0.0151로 나타났다. 따라서 귀무가설 $H_0 : r = 0$은 5% 유의수준에서 기각되었으며, 정확히 하나의 공적분 관계가 존재한다는

결론에 도달하였다. 추정된 VECM의 경험적 형태는 다음과 같이 주어진다:

$$\begin{bmatrix} \Delta x_{1,t} \\ \Delta x_{2,t} \end{bmatrix} = \begin{bmatrix} -0.0017 \\ 0.0034 \end{bmatrix} (x_{1,t-1} - 0.9981 x_{2,t-1} - 0.2180) + \sum_{k=1}^{4} \Gamma_j \begin{bmatrix} \Delta x_{1,t-k} \\ \Delta x_{2,t-k} \end{bmatrix} + \begin{bmatrix} \varepsilon_{1,t} \\ \varepsilon_{2,t} \end{bmatrix}.$$

추정 결과는 $E[u_{t-1}] = 0.2180$임을 의미한다. 한편, predict() 함수를 이용해 $\mathbf{y}_t$에 대한 예측을 진행하였다.

```
> cointest <- ca.jo(dat, K = 5, type = "trace", ecdet = "const",
+                    spec = "transitory")
> summary(cointest)
Test type: trace statistic , without linear trend and constant
in cointegration
Eigenvalues (lambda):
[1] 3.123870e-03 1.211932e-03 2.168404e-18
Values of teststatistic and critical values of test:
          test 10pct  5pct  1pct
r <= 1 |  6.59  7.52  9.24 12.97
r = 0  | 23.58 17.85 19.96 24.60
Eigenvectors, normalised to first column:
(These are the cointegration relations)
            TB5Y.l1   TB3Y.l1  constant
TB5Y.l1   1.0000000  1.000000   1.00000
TB3Y.l1  -0.9980574 -1.670274   3.80415
constant -0.2179549  1.591199 -33.12395
> vecm_fit <- cajorls(cointest, r = 1)
> vecm_fit$beta
               ect1
TB5Y.l1   1.0000000
TB3Y.l1  -0.9980574
constant -0.2179549
> vecm_fit$rlm
Call:
lm(formula = substitute(form1), data = data.mat)
Coefficients:
             TB5Y.d     TB3Y.d
ect1       -0.001703   0.003443
TB5Y.dl1    0.070902  -0.056249
TB3Y.dl1   -0.035692   0.062792
TB5Y.dl2   -0.057409  -0.018262
TB3Y.dl2    0.071590   0.015604
TB5Y.dl3   -0.060014  -0.060291
TB3Y.dl3    0.074142   0.071931
```

```
TB5Y.dl4    0.002627    0.071851
TB3Y.dl4    0.008988   -0.048472
> var_fit <- vec2var(cointest)
> predict(var_fit, n.ahead = 5)
$TB5Y
         fcst    lower    upper         CI
[1,] 3.154885 3.056360 3.253410 0.09852485
[2,] 3.154280 3.012231 3.296328 0.14204869
[3,] 3.153734 2.978109 3.329359 0.17562507
[4,] 3.153311 2.949270 3.357352 0.20404114
[5,] 3.153526 2.924223 3.382829 0.22930309
$TB3Y
         fcst    lower    upper         CI
[1,] 3.153639 3.059477 3.247801 0.09416208
[2,] 3.152049 3.018393 3.285706 0.13365607
[3,] 3.150198 2.986504 3.313891 0.16369333
[4,] 3.147880 2.958321 3.337438 0.18955852
[5,] 3.146888 2.933747 3.360029 0.21314084
```

urca 패키지의 ca.jo() 함수를 이용해서 동일한 공적분 분석을 수행할 수 있다. 이때 옵션 ecdet는 공적분벡터에 포함되는 결정적 항의 형태를 지정하며, ecdet = "const"는 상수항을 포함하는 형태를 의미한다. VECM() 함수의 lag는 $p-1$을 의미하는 반면, ca.jo() 함수의 K는 p를 의미한다는 점에 주의할 필요가 있다. 또한 ca.jo() 함수로 생성된 객체 cointest는 vec2var() 함수를 이용해 VAR 모형으로 변환 후, predict() 함수를 이용해 예측을 진행해야 한다.

18.6.2 예제 2

이번 예제에서는 조선 산업에 속한 삼성중공업($p_{1,t}$)과 한화오션($p_{2,t}$)의 일별 주가 데이터를 활용하여 페어트레이딩 전략을 구성하고 그 성과를 평가한다.

```
> dat <- fread("data18_2.csv", header = TRUE)
> head(dat)
     TRD_DD SAMSUNG   HANWHA
      <int>   <num>    <num>
1: 20180102 6444.36 13340.78
2: 20180103 6545.45 14948.62
3: 20180104 6882.41 14340.25
4: 20180105 7067.74 14383.70
5: 20180108 7034.04 13818.79
6: 20180109 6958.22 13384.23
> prc1 <- xts(log(dat$SAMSUNG),
+             order.by = as.Date(as.character(dat$TRD_DD), "%Y%m%d"))
> prc2 <- xts(log(dat$HANWHA),
```

```
+             order.by = as.Date(as.character(dat$TRD_DD), "%Y%m%d"))
> dat <- merge(prc1, prc2)
> colnames(dat) <- c("SAMSUNG", "HANWHA")
> plot(dat, multi.panel = TRUE, yaxis.same = FALSE, main = "")
> VARselect(dat, type = "const", lag = 5)
$selection
AIC(n)  HQ(n)  SC(n) FPE(n)
     2      1      1      2
> fit <- VECM(dat,lag = 1, estim = "ML", include = "none",
+             LRinclude = "const")
> summary(rank.test(fit))
  r     trace trace_pval trace_pval_T     eigen eigen_pval
1 0 23.501803    0.01556      0.01565 16.005877    0.04597
2 1  7.495926    0.10468      < 0.001  7.495926    0.10457
> summary(fit)
Full sample size: 1475  End sample size: 1473
Number of variables: 2  Number of estimated slope parameters 6
AIC -21794.81   BIC -21757.75   SSR 2.391231
Cointegrating vector (estimated by ML):
   SAMSUNG    HANWHA    const
r1       1 -1.124605 2.553234
                   ECT                 SAMSUNG -1          HANWHA -1
Equation SAMSUNG -0.0020(0.0040)      -0.0284(0.0337)     0.0672(0.0268)*
Equation HANWHA  0.0138(0.0050)**     0.0175(0.0422)      0.0485(0.0335)
```

그림 18.6.2를 통해 두 종목의 로그가격이 장기적으로 매우 유사한 움직임을 보이고 있음을 알 수 있다. 이는 두 기업이 동일한 산업군에 속해 있어 공통된 경제적 요인과 위험 요인을 공유할 가능성이 크다는 점을 시사한다. AIC 기준에서 최적 차수는 $p = 2$이며, 이는 VECM

$$\Delta p_t = \begin{bmatrix} \alpha_1 \\ \alpha_2 \end{bmatrix} (u_{t-1} - E[u_{t-1}]) + \Gamma_1 \Delta p_{t-1} + \varepsilon_t$$

이 적합함을 의미한다. Johansen 공적분검정 결과는 5% 유의수준에서 두 시계열 사이에 유의한 공적분 관계가 존재하는 것을 보여주었다. VECM을 추정한 결과, 스프레드와 그 기댓값은 각각

$$u_t = p_{1,t} - 1.1246 p_{2,t}, \qquad E[u_t] = -2.5532$$

로 계산되었다. 또한 조정계수 추정치는 $\hat{\alpha}_1 = -0.0020$, $\hat{\alpha}_2 = 0.0138$이며, 이는 스프레드가 장기균형에서 이탈하면 두 자산의 가격이 서로 반대 방향으로 조정됨을 의미한다.

```
> cointest <- ca.jo(dat, K = 2, type = "trace", ecdet = "const",
+                   spec = "transitory")
> vecm_fit <- cajorls(cointest, r = 1)
```

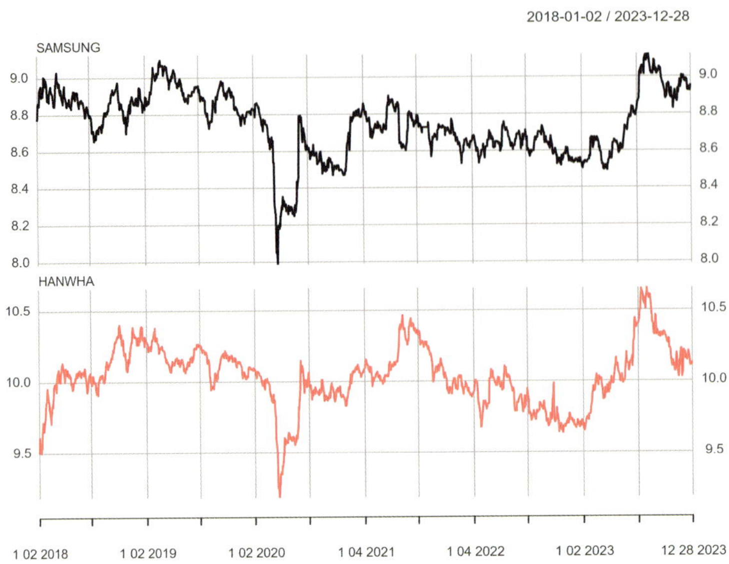

그림 18.6.2: 삼성중공업과 한화오션의 주가

```
> u <- dat[, 1] + vecm_fit$beta[2]*dat[, 2]
> plot(u, main = "")
> delta <- sd(u)
> lines(xts(-rep(vecm_fit$beta[3], times = dim(dat)[1]) + delta,
+           order.by = index(dat)), lwd = 2, col = "red", lty = 2)
> lines(xts(-rep(vecm_fit$beta[3], times = dim(dat)[1]) - delta,
+           order.by = index(dat)), lwd = 2, col = "red", lty = 2)
> 100*(exp(2*delta) - 1)
[1] 38.58234
```

이러한 결과를 바탕으로 다음과 같은 두 가지 페어트레이딩 전략을 고려할 수 있다. 첫째, 시점 t에서 $u_t - E[u_t] = -\Delta$인 경우, 삼성중공업 주식 1주를 매수하고 한화오션 주식 1.1246주를 공매도한 뒤, 시점 $t+s$에서 $u_{t+s} - E[u_{t+s}] = \Delta$가 되면 롱-숏 포지션을 청산한다. 둘째, $u_t - E[u_t] = \Delta$일 경우, 삼성중공업 주식 1주를 공매도하고 한화오션 주식 1.1246주를 매수한 뒤, 시점 $t+s$에서 $u_{t+s} - E[u_{t+s}] = -\Delta$가 되면 숏-롱 포지션을 청산한다. 이 두 전략은 모두 동일하게 2Δ의 수익률을 발생시킨다.

이때 Δ는 전략의 실행 가능성과 수익성에 결정적인 영향을 미친다. 본 예제에서는 단순화를 위해 Δ를 스프레드 u_t의 표준편차로 설정하였다. 만약 u_t가 정규분포를 따른다면, u_t가 그 기댓값으로부터 $\pm\Delta$ 이상 이탈할 확률은 약 31.74%이며, 이는 차익거래 기회가 비교적 자주 발생할 수 있음을 의미한다. 그림 18.6.3은 스프레드와 그 표준편차를 함께 나타낸다. u_t가 $E[u_t] - \Delta$에서 $E[u_t] + \Delta$로, 혹은 그 반대로 이동할 때마다 페어트레이딩 전

그림 18.6.3: 스프레드와 표준편차

략이 작동하며, 각 거래당 로그수익률은 $2\Delta = 0.3263$이다. 이를 퍼센트 수익률로 환산하면

$$100\,(\exp(0.3263) - 1) = 38.58\%$$

로, 단일 거래당 매우 유의미한 수준의 수익률을 기대할 수 있다.

부록: MacKinnon [1996]의 표 1: EG–ADF 검정통계량 분포의 임곗값

N	Variant	Level	Obs.	β_∞	(s.e.)	β_1	β_2
1	no constant	1%	600	-2.5658	-0.0023	-1.96	-10.04
1	no constant	5%	600	-1.9393	-0.0008	-0.398	-3.98
1	no constant	10%	560	-1.6156	-0.0007	-0.181	
1	no trend	1%	600	-3.4336	-0.0024	-5.999	-29.25
1	no trend	5%	600	-2.8621	-0.0011	-2.738	-8.36
1	no trend	10%	600	-2.5671	-0.0009	-1.438	-4.48
1	with trend	1%	600	-3.9638	-0.0019	-8.353	-47.44
1	with trend	5%	600	-3.4126	-0.0012	-4.039	-17.83
1	with trend	10%	600	-3.1279	-0.0009	-2.418	-7.58
2	no trend	1%	600	-3.9001	-0.0022	-10.534	-30.03
2	no trend	5%	600	-3.3377	-0.0012	-5.967	-8.98
2	no trend	10%	600	-3.0462	-0.0009	-3.418	-5.93
2	with trend	1%	600	-4.3266	-0.0022	-15.531	-34.03
2	with trend	5%	560	-3.7809	-0.0013	-9.421	-15.06
2	with trend	10%	600	-3.4959	-0.0009	-7.203	-4.01
3	no trend	1%	560	-4.2981	-0.0023	-13.79	-46.37
3	no trend	5%	560	-3.7429	-0.0012	-8.352	-13.41
3	no trend	10%	600	-3.4518	-0.001	-6.241	-2.79
3	with trend	1%	560	-4.6676	-0.0022	-18.492	-49.35
3	with trend	5%	600	-4.1193	-0.0011	-12.024	-13.13
3	with trend	10%	600	-3.8344	-0.0009	-9.188	-4.85
4	no trend	1%	560	-4.6493	-0.0023	-17.188	-59.2
4	no trend	5%	560	-4.1	-0.0012	-10.745	-21.57
4	no trend	10%	560	-3.811	-0.0009	-8.317	-5.19
4	with trend	1%	560	-4.9695	-0.0021	-22.504	-50.22
4	with trend	5%	560	-4.4294	-0.001	-14.501	-19.54
4	with trend	10%	560	-4.1474	-0.001	-11.165	-9.88
5	no trend	1%	520	-4.9587	-0.0026	-22.14	-37.29
5	no trend	5%	560	-4.4185	-0.0013	-13.641	-21.1
5	no trend	10%	600	-4.1327	-0.0009	-10.638	-5.48
5	with trend	1%	600	-5.2497	-0.0024	-26.606	-49.56
5	with trend	5%	600	-4.7154	-0.001	-17.432	-16.5
5	with trend	10%	600	-4.4345	-0.001	-13.654	-5.77
6	no trend	1%	480	-5.24	-0.0029	-26.278	-41.65
6	no trend	5%	480	-4.7408	-0.0018	-17.12	-11.19
6	no trend	10%	480	-4.4242	-0.001	-13.347	
6	with trend	1%	480	-5.5127	-0.0033	-30.735	-52.5
6	with trend	5%	480	-4.9767	-0.0017	-20.883	-9.05
6	with trend	10%	480	-4.6999	-0.0011	-16.445	

표 18.6.1: MacKinnon [1996]의 표 1

공적분검정에서 사용되는 EG–ADF 검정통계량 분포의 임곗값은 결정적 항의 형태에 따라 달라진다. 결정적 항이 일정한 상수만 포함(no trend)하는 경우 또는 선형추세를 포함(with trend)하는 경우, 해당 설정에 적합한 PO 분포의 임곗값은 다음과 같은 형태로 계산된다:

$$\beta_\infty + \frac{\beta_1}{T} + \frac{\beta_2}{T^2},$$

여기서 T는 표본의 크기이며, $\beta_\infty, \beta_1, \beta_2$는 결정적 항의 설정과 개별 시계열의 개수에 따라 달라진다.

제19장 다변량변동성

19.1 다변량변동성의 이해

시점 t에서 관측된 자산 i의 로그수익률 $r_{i,t}$로 구성된 다변량시계열 $\mathbf{r}_t = [r_{i,t}]_{i=1}^{N} \in \mathbb{R}^{N\times 1}$를 고려하자. 이때 $\mathbf{r}_t$는 정상성을 만족하며, 다음과 같은 시계열모형을 따른다고 가정한다:

$$\mathbf{r}_t = \mu_t + \varepsilon_t,$$

여기서 $\mu_t = E_{t-1}[\mathbf{r}_t] \in \mathbb{R}^{N\times 1}$는 $\mathbf{r}_t$의 조건부기댓값벡터(conditional expectation vector), $\varepsilon_t \in \mathbb{R}^{N\times 1}$는 $E_{t-1}[\varepsilon_t] = 0_{N\times 1}$와 $E_{t-1}[\varepsilon_t\varepsilon_t'] = \Sigma_t \in \mathbb{R}^{N\times N}$를 만족하는 오차항벡터이다. $\mathbf{r}_t$의 조건부공분산행렬(conditional covariance matrix)은

$$Var_{t-1}[\mathbf{r}_t] = E_{t-1}\left[(\mathbf{r}_t - \mu_t)(\mathbf{r}_t - \mu_t)'\right] = E_{t-1}[\varepsilon_t\varepsilon_t'] = \Sigma_t$$

로 주어진다.

일반적으로 $\mathbf{r}_t$의 조건부기댓값벡터 μ_t는 다음과 같은 형태로 표현된다:

$$\mu_t = c + \Pi_1\mathbf{r}_{t-1} + \cdots + \Pi_p\mathbf{r}_{t-p}$$

여기서 $c \in \mathbb{R}^{N\times 1}$은 상수항벡터, $\Pi_k \in \mathbb{R}^{N\times N}$은 시차 k에 대응하는 계수행렬이다. 본 장에서는 설명을 단순화하기 위해 $\mu_t = c$로 제한한다.

다변량변동성은 일변량변동성의 확장으로서, $\mathbf{r}_t$의 조건부공분산행렬 Σ_t의 동태를 의미한다. 다변량변동성은 개별 자산의 변동성 추이와 서로 다른 자산 간의 변동성에 대한 상관관계의 추이를 동시에 포착하며, 자산 배분, 위험관리 등의 금융 실무에서 핵심적인 역할을 한다. Σ_t의 구조는 모형의 유연성과 계산 복잡도 사이의 상충관계를 의미한다. 만약 Σ_t의 모든 원소를 자유롭게 모수화하면, 매우 유연한 동태적 구조를 나타낼 수 있다. 그러나 자산 수 N이 커질수록 추정해야할 모수의 수가 기하급수적으로 증가하며, 이는 계산

부담과 추정의 불안정성을 초래한다. 따라서 실제 응용에서는 구조적 제약을 부여하거나 저차원 표현을 도입하여 모형을 단순화하는 전략이 사용된다.

19.2 지수가중이동평균모형

RiskMetrics 방법론으로 널리 알려진 지수가중이동평균모형(Exponentially Weighted Moving Average model, EWMA 모형)은 조건부공분산행렬 Σ_t를 다음과 같은 무한급수 형태로 정의한다:

$$\Sigma_t = \left(\frac{1}{\lambda+\lambda^2+\lambda^3+\cdots}\right)(\lambda\varepsilon_{t-1}\varepsilon'_{t-1}+\lambda^2\varepsilon_{t-2}\varepsilon'_{t-2}+\lambda^3\varepsilon_{t-3}\varepsilon'_{t-3}+\cdots), \tag{19.2.1}$$

여기서 $\varepsilon_t = \mathbf{r}_t - c$는 수익률벡터 $\mathbf{r}_t$에서 조건부기댓값벡터 $E_{t-1}[\mathbf{r}_t] = c$를 제거한 오차항 벡터이며, $\lambda \in (0,1)$은 감쇠계수(decay factor)이다. EWMA 모형은 Σ_t를 구성할 때, 과거 오차항의 정보를 시간 순서에 따라 지수적으로 감쇠시켜 반영한다. 특히, λ가 1에 가까울수록 과거 정보 $\varepsilon_{t-1}, \varepsilon_{t-2}, \ldots$가 현재 Σ_t에 미치는 영향이 오래 유지되는 특성을 가진다.

무한등비급수의 합 공식

$$\lambda+\lambda^2+\lambda^3+\cdots = \frac{\lambda}{1-\lambda}$$

을 적용하면, 식(19.2.1)은 다음과 같이 재귀적 형태로 단순화된다:

$$\begin{aligned}\Sigma_t &= \left(\frac{1-\lambda}{\lambda}\right)(\lambda\varepsilon_{t-1}\varepsilon'_{t-1}+\lambda^2\varepsilon_{t-2}\varepsilon'_{t-2}+\lambda^3\varepsilon_{t-3}\varepsilon'_{t-3}+\cdots)\\ &= (1-\lambda)\varepsilon_{t-1}\varepsilon'_{t-1}+\lambda\left(\frac{1-\lambda}{\lambda}\right)(\lambda\varepsilon_{t-2}\varepsilon'_{t-2}+\lambda^2\varepsilon_{t-3}\varepsilon'_{t-3}+\cdots)\\ &= (1-\lambda)\varepsilon_{t-1}\varepsilon'_{t-1}+\lambda\Sigma_{t-1}.\end{aligned} \tag{19.2.2}$$

즉, EWMA 모형은 ε_{t-1}의 외적을 결합하여 Σ_{t-1}를 Σ_t로 갱신하는 방식에 기반한다. 이는 감쇠계수 λ와 초깃값 Σ_1이 주어지면 모든 시점 t에 걸쳐 Σ_t가 순차적으로 계산될 수 있음을 의미한다. 한편, 식(19.2.2)의 재귀식으로 인해 모든 $s \geq 1$에 대해 다음의 결과가 성립한다:

$$E_h[\Sigma_{h+s}] = \Sigma_{h+1} = (1-\lambda)\varepsilon_h\varepsilon'_h + \lambda\Sigma_h.$$

식(19.2.2)를 이용해 Σ_t의 추정치 $\hat{\Sigma}_t$를 계산하기 위해서는 λ, ε_t, Σ_1에 대한 추정치가 필요하다. RiskMetrics의 실무 지침은 일별 수익률에 대해 $\hat{\lambda} = 0.94$, 월별 수익률에 대해

$\hat{\lambda} = 0.97$을 권장한다. 한편, ε_t와 Σ_1의 추정치는 각각 다음과 같이 계산된다:

$$e_t = \mathbf{r}_t - \bar{\mathbf{r}}, \qquad \hat{\Sigma}_1 = \frac{1}{T}\sum_{t=1}^{T} e_t e_t',$$

여기서 $\bar{\mathbf{r}} = T^{-1}\sum_{t=1}^{T}\mathbf{r}_t$이다.

EWMA 모형은 모든 자산에 동일한 감쇠계수 λ를 적용한다는 구조적 제약이 있다. 이에 따라 EWMA 모형은 자산별 변동성의 지속성이 이질적인 일반적인 상황을 설명하는 데 근본적인 한계를 가지고 있다. 이를 보완하기 위해, 이후 절들에서는 조건부공분산행렬의 구조를 보다 정교하게 모형화하는 다변량 GARCH 계열 모형들을 살펴본다.

19.3 대각 VEC 모형

Bollerslev et al. [1988]은 EWMA 모형을 일반화한 형태로서 대각 VEC 모형(Diagonal VEC model, DVEC 모형)을 제안하였다. 이는 조건부공분산행렬 Σ_t의 각 성분을 재귀식 형태를 통해 개별적인 GARCH 과정을 따르게끔 모형화하는 접근법이다. 구체적으로 DVEC(m, n) 모형은 다음과 같이 정의된다:

$$\Sigma_t = A_0 + \sum_{i=1}^{m} A_i \odot (\varepsilon_{t-i}\varepsilon_{t-i}') + \sum_{j=1}^{n} B_j \odot \Sigma_{t-j},$$

여기서 $A_0 \in \mathbb{R}^{N\times N}$, $A_i \in \mathbb{R}^{N\times N}$, $B_j \in \mathbb{R}^{N\times N}$는 모두 대칭행렬, $\varepsilon_t \in \mathbb{R}^{N\times 1}$는 오차항벡터, $\odot$는 대응 원소끼리 곱하는 Hadamard 곱을 의미한다. 즉, Hadamard 곱의 특성에 의해 Σ_t의 각 성분은 과거 오차항벡터와 과거 조건부공분산행렬의 정보를 독립적으로 반영한다.

DVEC 모형을 직관적으로 이해하기 위해, 다음과 같은 이변량 DVEC(1, 1) 모형을 고려하자:

$$\begin{bmatrix} \sigma_{1,t}^2 & \sigma_{12,t} \\ \sigma_{21,t} & \sigma_{2,t}^2 \end{bmatrix} = \begin{bmatrix} a_{11}^{(0)} & a_{12}^{(0)} \\ a_{12}^{(0)} & a_{22}^{(0)} \end{bmatrix} + \begin{bmatrix} a_{11}^{(1)} & a_{12}^{(1)} \\ a_{12}^{(1)} & a_{22}^{(1)} \end{bmatrix} \odot \begin{bmatrix} \varepsilon_{1,t-1}^2 & \varepsilon_{1,t-1}\varepsilon_{2,t-1} \\ \varepsilon_{1,t-1}\varepsilon_{2,t-1} & \varepsilon_{2,t-1}^2 \end{bmatrix}$$
$$+ \begin{bmatrix} b_{11}^{(1)} & b_{12}^{(1)} \\ b_{12}^{(1)} & b_{22}^{(1)} \end{bmatrix} \odot \begin{bmatrix} \sigma_{1,t-1}^2 & \sigma_{12,t-1} \\ \sigma_{12,t-1} & \sigma_{2,t-1}^2 \end{bmatrix}$$

또는 성분별로 풀어쓰면

$$\sigma_{1,t}^2 = a_{11}^{(0)} + a_{11}^{(1)}\varepsilon_{1,t-1}^2 + b_{11}^{(1)}\sigma_{1,t-1}^2,$$

$$\sigma_{2,t}^2 = a_{22}^{(0)} + a_{22}^{(1)}\varepsilon_{2,t-1}^2 + b_{22}^{(1)}\sigma_{2,t-1}^2,$$
$$\sigma_{12,t} = a_{12}^{(0)} + a_{12}^{(1)}\varepsilon_{1,t-1}\varepsilon_{2,t-1} + b_{12}^{(1)}\sigma_{12,t-1}.$$

이는 Σ_t의 각 성분이 GARCH 모형과 유사한 구조를 따른다는 것을 의미한다.

DVEC 모형은 다음과 같은 한계가 존재한다. 첫째, 재귀적으로 계산된 Σ_t가 항상 양의 정부호임을 보장하지 않는다. 이는 추정된 조건부공분산행렬이 역행렬을 가질 수 없게 되어, 포트폴리오 최적화와 같이 Σ_t^{-1}가 필요한 상황에서 심각한 문제를 초래할 수 있다. 둘째, 각 성분이 독립적 구조를 따르기 때문에 자산 간 변동성의 상호작용을 나타내는 데 제약이 있다. 예를 들어, DVEC(1, 1) 모형에서 $\varepsilon_{1,t-1}$은 $\sigma_{1,t}^2$에는 영향을 주지만 $\sigma_{2,t}^2$에는 직접적으로 영향을 미치지 않는다. 따라서 DVEC 모형은 시계열자료에서 관찰되는 변동성전이(volatility spillover) 효과를 적절히 반영하지 못한다.

19.4 BEKK 모형

Engle and Kroner [1995]는 DVEC 모형의 구조적 한계를 보완하고자 BEKK(Baba-Engle-Kraft-Kroner) 모형을 제안하였다. 구체적으로 BEKK(m,n) 모형은 조건부공분산행렬 Σ_t를 다음과 같은 형태로 정의한다:

$$\Sigma_t = A_0A_0' + \sum_{i=1}^{m} A_i(\varepsilon_{t-i}\varepsilon_{t-i}')A_i' + \sum_{j=1}^{n} B_j\Sigma_{t-j}B_j',$$

여기서 $A_0 \in \mathbb{R}^{N\times N}$는 하삼각행렬, $A_i \in \mathbb{R}^{N\times N}$, $B_j \in \mathbb{R}^{N\times N}$이다. DVEC 모형이 Hadamard 곱을 통해 Σ_t의 각 성분을 독립적으로 정의했던 것과 달리, BEKK 모형은 행렬곱을 통해 Σ_t의 전체 성분을 유기적으로 함께 정의함으로써 보다 유연한 조건부이분산 구조를 반영한다.

BEKK 모형의 장점은 다음과 같다. 첫째, Σ_t의 양의 정부호가 보장된다. 만약 행렬 A_0A_0'이 양의 정부호라면, Σ_t는 모든 시점 t에서 자동적으로 양의 정부호가 된다. 둘째, BEKK 모형은 개별 자산 간 수익률 변동성의 상호작용을 효과적으로 반영한다. 예를 들어, 이변량 BEKK(1,1) 모형에서 Σ_t의 (2, 2) 성분은

$$\begin{aligned}\sigma_{2,t}^2 &= \left(a_{22}^{(0)}\right)^2 + \left(a_{21}^{(1)}\varepsilon_{1,t-1} + a_{22}^{(1)}\varepsilon_{2,t-1}\right)^2 + \left(b_{21}^{(1)}\right)^2\sigma_{1,t-1}^2 \\ &\quad + 2b_{21}^{(1)}b_{22}^{(1)}\sigma_{12,t-1} + \left(b_{22}^{(1)}\right)^2\sigma_{2,t-1}^2\end{aligned}$$

가 된다. 즉, $\sigma_{2,t}^2$는 과거 오차항 $\varepsilon_{1,t-1}, \varepsilon_{2,t-1}$, 과거 조건부분산 $\sigma_{1,t-1}^2, \sigma_{2,t-1}^2$, 과거 조건부공분산 $\sigma_{12,t-1}$ 모두에 영향을 받는다. 따라서 BEKK 모형은 DVEC 모형보다 훨씬 유연하게

변동성의 동태를 반영할 수 있다.

한편, BEKK 모형은 다음과 같은 단점을 갖는다. 첫째, BEKK 모형의 Σ_t는 계수행렬 A_i, B_j의 행렬곱 구조로 정의되므로, 그 개별 성분에 대한 직관적 해석이 어렵다. DVEC 모형에서는 Σ_t의 각 성분이 독립적 GARCH 형태로 정의되어 오차항이 조건부분산과 조건부공분산에 미치는 영향을 명확히 식별할 수 있다. 그러나 BEKK 모형에서는 오차항의 영향이 행렬 전체의 조합을 통해 작용하기 때문에 해석이 복잡해진다.

둘째, BEKK(m,n) 모형의 모수 개수는

$$N^2(m+n)+\frac{N(N+1)}{2}$$

이므로, N이 증가함에 따라 추정해야할 모수의 수가 기하급수적으로 증가한다. 예를 들어, $N=3$, $m=n=1$인 경우에도 총 24개의 모수를 추정해야 하며, $N=5$ 이상으로 차원이 커지면 모수 수가 급격히 증가한다. 이에 따라 계산 과정이 복잡해지고 ML 추정의 최적화 과정에서 수렴이 실패할 가능성이 커진다. 따라서 BEKK 모형을 다수의 자산으로 구성된 포트폴리오 분석에 적용하기에는 실질적인 제약이 따른다.

19.5 동적조건부상관모형

동적조건부상관모형(Dynamic Conditional Correlation model, DCC 모형)은 조건부공분산행렬 Σ_t를 조건부표준편차(conditional standard deviation)로 구성된 대각행렬과 조건부상관계수행렬(conditional correlation coefficient matrix)로 분해하여 접근하는 방식이다.

구체적으로 DCC 모형은 다음과 같은 분해 구조를 의미한다:

$$\Sigma_t = D_t R_t D_t,$$

여기서 $D_t=\operatorname{diag}(\sigma_{1,t},\cdots,\sigma_{N,t})$, $\sigma_{i,t}$는 $r_{i,t}$의 조건부표준편차, R_t는 $\mathbf{r}_t$의 조건부상관계수 행렬이다. 이때 R_t는 대칭이며 모든 대각원소가 1이므로, Σ_t의 동태는 조건부분산 $\sigma_{i,t}^2$와 조건부상관계수 $\rho_{ij,t}$에 의해 결정된다. 예를 들어, $N=2$인 경우 Σ_t는 다음과 같이 주어진다:

$$\Sigma_t=\begin{bmatrix}\sigma_{1,t} & 0\\ 0 & \sigma_{2,t}\end{bmatrix}\begin{bmatrix}1 & \rho_{12,t}\\ \rho_{12,t} & 1\end{bmatrix}\begin{bmatrix}\sigma_{1,t} & 0\\ 0 & \sigma_{2,t}\end{bmatrix}=\begin{bmatrix}\sigma_{1,t}^2 & \rho_{12,t}\sigma_{1,t}\sigma_{2,t}\\ \rho_{12,t}\sigma_{1,t}\sigma_{2,t} & \sigma_{2,t}^2\end{bmatrix}.$$

즉, 조건부공분산행렬 Σ_t가 조건부분산 $\sigma_{1,t}^2$, $\sigma_{2,t}^2$와 조건부상관계수 $\rho_{12,t}$ 만으로 표현된다.

DCC 모형은 이 점을 활용하여 $\sigma_{i,t}^2$은 GARCH(1, 1) 모형으로 추정하고, 조건부상관계수행렬은 별도의 동적 구조로 추정하는 2단계 접근법을 채택한다.

Engle [2002]은 조건부상관계수행렬 R_t를 다음과 같이 정의하였다:

$$R_t = J_t Q_t J_t, \tag{19.5.1}$$

여기서 $Q_t = [q_{ij,t}]_{i,j=1}^N \in \mathbb{R}^{N\times N}$은 양의 정부호인 대칭행렬, $J_t = \mathrm{diag}(q_{11,t}^{-1/2}, \ldots, q_{NN,t}^{-1/2})$는 정규화 행렬이다. 이때 행렬 Q_t는 GARCH(1,1) 구조의 재귀식 형태인

$$Q_t = (1-\theta_1-\theta_2)\bar{Q} + \theta_1 \varepsilon_{t-1}^* \varepsilon_{t-1}^{*\prime} + \theta_2 Q_{t-1} \tag{19.5.2}$$

로 정의된다. $\varepsilon_t^* = [\varepsilon_{i,t}^*]_{i=1}^N \in \mathbb{R}^{N\times 1}$는 표준화된 오차항벡터이며, $\varepsilon_{i,t}^* = \varepsilon_{i,t}/\sigma_{i,t}$이다. $\bar{Q}$ 는 ε_t^*의 공분산행렬로서 Q_t의 장기평균을 나타낸다. 계수 θ_1과 θ_2는 모두 0 이상이며, 안정성을 위해 $\theta_1 + \theta_2 < 1$이라는 제약조건을 충족해야 한다. 이 제약조건 아래에서 Q_t는 $\bar{Q}$에 수렴한다.

실제 분석에서 DCC 모형은 다음과 같은 2단계 절차로 구현된다. 1단계에서는 각 자산 수익률의 조건부분산을 GARCH(1, 1) 모형으로 추정하여 $\hat{D}_t$을 구성한다. 2단계에서는 식(19.5.2)의 GARCH형 재귀식을 통해 식(19.5.1)의 조건부상관계수행렬을 추정하여 $\hat{R}_t$을 구성한다. 조건부공분산행렬은 $\hat{\Sigma}_t = \hat{D}_t \hat{R}_t \hat{D}_t$로 추정된다. 이러한 분리된 구조 덕분에 DCC 모형은 계산 효율성과 모형 유연성을 동시에 확보한다. 특히 BEKK 모형과 달리, N이 큰 경우에도 모형의 모수 수가 크게 늘어나지 않기 때문에 다수의 자산 간 변동성 상관관계의 동태를 효과적으로 모형화할 수 있다.

19.6 일반화직교 GARCH 모형

일반화직교 GARCH(Generalized Orthogonal GARCH, GO-GARCH) 모형은 $\mathbf{r}_t = [r_{i,t}]_{i=1}^N$가 서로 직교하는 잠재 요인들 $r_{1,t}^*, \ldots, r_{N,t}^*$의 선형결합으로 생성된다는 가정에 기반한다. 잠재 요인은 공분산 구조를 단순화하기 위해 도입된 통계적 구성요소로, GO-GARCH 모형은 이를 활용해 고차원 조건부공분산행렬을 효율적으로 추정한다.

GO-GARCH 모형의 기본 구조는 다음과 같다:

$$\mathbf{r}_t = \mu_t + Z\mathbf{r}_t^*,$$

여기서 $\mu_t \in \mathbb{R}^{N\times 1}$는 $\mathbf{r}_t$의 조건부기댓값벡터, $\mathbf{r}_t^* = [r_{i,t}^*]_{i=1}^N \in \mathbb{R}^{N\times 1}$는 $E_{t-1}[\mathbf{r}_t^*] = 0_{N\times 1}$와

$Var_{t-1}[\mathbf{r}_t^*] = H_t \in \mathbb{R}^{N\times N}$을 만족하는 벡터이다. 이때 행렬 $Z \in \mathbb{R}^{N\times N}$는 시간 불변이며 관측 수익률 $r_{i,t}$와 잠재 요인 $r_{i,t}^*$ 간의 선형관계를 규정한다. 이러한 구조 아래에서 $\mathbf{r}_t$의 조건부 공분산행렬 Σ_t는

$$\Sigma_t = E_{t-1}[(\mathbf{r}_t - \mu_t)(\mathbf{r}_t - \mu_t)'] = ZH_tZ'$$

가 된다.

GO-GARCH 모형의 핵심은 $r_{i,t}^*$의 조건부분산이 독립적인 GARCH(1, 1) 구조를 따른다고 가정함으로써 Σ_t를 간단히 구성한다는 점이다. 구체적으로 $\mathbf{r}_t^*$의 조건부공분산행렬은 $H_t = \text{diag}(h_{1,t}^2, \ldots, h_{N,t}^2)$와 같은 대각행렬로 주어지며, 그 대각성분은 GARCH(1, 1) 구조

$$h_{i,t}^2 = a_0 + a_1(r_{i,t-1}^*)^2 + b_1 h_{i,t-1}^2$$

를 따른다고 가정한다. 즉, GO-GARCH 모형은 $\Sigma_t = ZH_tZ'$를 잠재 요인의 조건부분산 $h_{i,t}^2$와 행렬 Z를 통해 재구성하는 방식으로, 계산 복잡도가 높은 다변량시계열의 조건부공분산행렬 추정을 단순화하는 데 중점을 둔 모형이다.

고차원 수익률벡터를 분석할 때 GO-GARCH 모형은 매우 유용하다. 이는 잠재 요인 $r_{i,t}^*$의 조건부분산 $h_{i,t}^2$을 독립적인 GARCH 모형을 통해 개별적으로 추정할 수 있기 때문이다. 수학적으로 살펴보면, 이러한 단순화는 벡터 $\mathbf{r}_t^*$의 직교 구조, 즉 모든 $i \neq j$에 대해 $Cov[r_{i,t}^*, r_{j,t}^*] = E[r_{i,t}^* r_{j,t}^*] = 0$이 성립한다는 가정을 통해 가능해진다. 그러나 GO-GARCH 모형은 식별성 측면에서 중요한 한계를 지닌다. 핵심적인 구조를 형성하는 행렬 Z는 관측되지 않는 잠재 요인 $\mathbf{r}_t^*$에 기반하기 때문에, 이를 추정하거나 해석하는 데에 어려움이 따른다. 실제 분석에서는 Z에 구조적 제약을 부여하거나 사전 정보를 활용하여 식별 문제를 완화하지만, 이 과정에서 모형의 해석 가능성과 유연성 사이에 절충이 필요하다.

19.7 R 실습

이 예제는 삼성전자와 SK하이닉스의 일별 수익률 시계열을 활용하여, 대표적인 다변량변동성 모형들을 실증적으로 구현하고 그 결과를 비교 분석한다. 두 자산의 수익률은 각각 $r_{1,t}$(삼성전자)와 $r_{2,t}$(SK하이닉스)로 정의된다.

```
> libraries <- c("BEKKs", "data.table", "rmgarch", "vars", "xts")
> lapply(libraries, library, character.only = TRUE)
> dat <- fread("data17_1.csv", header = TRUE)
> head(dat)
      TRD_DD KOSPI SAMSUNG SKHYNIX
      <IDat> <num>   <num>   <num>
```

```
1: 2014-01-02 -2.20   -4.59   -3.40
2: 2014-01-03 -1.07   -0.99    2.11
3: 2014-01-06  0.37    0.85    3.72
4: 2014-01-07  0.32   -0.23    0.40
5: 2014-01-08 -0.02   -1.00    3.17
6: 2014-01-09 -0.66   -1.24   -0.38
> dat <- dat[ , c(1, 3:4)]
> dat[ , 2] <- log(1 + dat[ , 2]/100); dat[ , 3] <- log(1 + dat[ , 3]/100)
> y <- xts(dat[ , 2:3],
           order.by = as.Date(as.character(dat$TRD_DD), "%Y-%m-%d"))
> uspec <- ugarchspec(mean.model = list(armaOrder = c(0, 0)),
                      variance.model = list(garchOrder = c(1, 1)))
> mspec <- multispec(replicate(2, uspec))
> fit_garch <- multifit(multispec = mspec, data = y)
> fit_garch
No. Assets :2
GARCH Multi-Spec Type : Equal
GARCH Model Spec
--------------------------
Model : sGARCH
Exogenous Regressors in variance equation: none
Mean Equation :
Include Mean :  1
AR(FI)MA Model : (0,d,0)
GARCH-in-Mean :  FALSE
Exogenous Regressors in mean equation: none
Conditional Distribution:  norm
GARCH Model Fit
--------------------------
Optimal Parameters:
            SAMSUNG    SKHYNIX
mu          0.00048    0.00067
omega       0.00000    0.00004
alpha1      0.03090    0.03261
beta1       0.95008    0.88537
Log-Lik 6740.49781 5891.07221
> sig_garch <- xts(sigma(fit_garch), order.by = index(y))
```

비교의 기준을 마련하기 위하여, 먼저 각 수익률 시계열에 대해 ARMA(0, 0)–GARCH(1, 1) 모형을 추정하였다. 추정 결과는 다음과 같다:

$$r_{1,t} = 0.0005 + \varepsilon_{1,t}, \qquad \sigma^2_{1,t} = 0.0309\varepsilon^2_{1,t-1} + 0.9501\sigma^2_{1,t-1}.$$

$$r_{2,t} = 0.0007 + \varepsilon_{2,t}, \qquad \sigma^2_{2,t} = 0.0326\varepsilon^2_{2,t-1} + 0.8854\sigma^2_{2,t-1}.$$

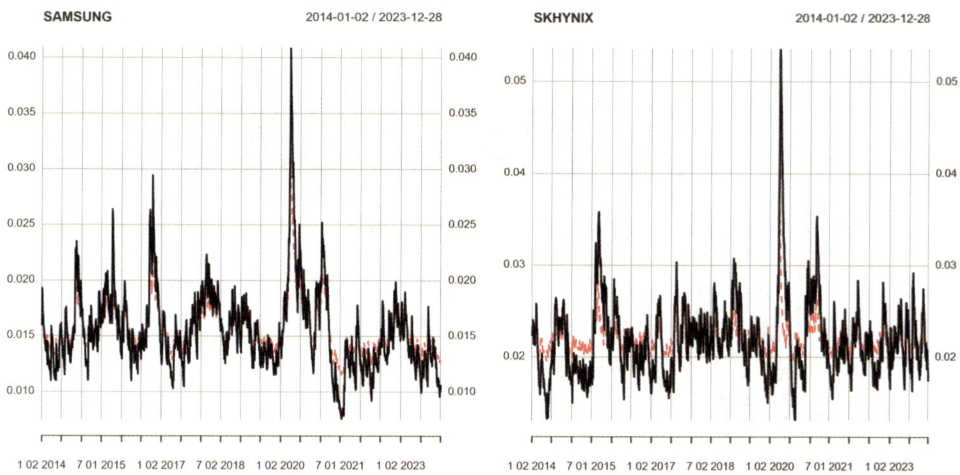

그림 19.7.1: EWMA 모형의 조건부표준편차

```
> e <- apply(y, 2, function(x) scale(x, scale = FALSE))
> e <- xts(e, order.by = index(y))
> Sig_mat <- cov(e)
> result <- c(sqrt(Sig_mat[1, 1]), sqrt(Sig_mat[2, 2]),
+             Sig_mat[1, 2]/(sqrt(Sig_mat[1, 1])*sqrt(Sig_mat[2, 2])))
> for (i in 2:dim(e)[1]){
+   ee <- as.vector(c(e[i - 1, 1], e[i - 1, 2]))
+   Sig_mat <- (1 - 0.94)*ee%*%t(ee) + 0.94*Sig_mat
+   output <- c(sqrt(Sig_mat[1, 1]), sqrt(Sig_mat[2, 2]),
+               Sig_mat[1, 2]/(sqrt(Sig_mat[1, 1])*sqrt(Sig_mat[2, 2])))
+   result <- rbind(result, output)
+ }
> result_ewma <- xts(result, order.by = index(y))
> colnames(result_ewma) <- c("SAMSUNG", "SKHYNIX", "Correlation")
> head(result_ewma)
              SAMSUNG    SKHYNIX Correlation
2014-01-02 0.01591752 0.02225358   0.5397210
2014-01-03 0.01931461 0.02322915   0.6233564
2014-01-06 0.01889794 0.02306564   0.5740765
2014-01-07 0.01842767 0.02403671   0.5702096
2014-01-08 0.01787881 0.02331972   0.5680840
2014-01-09 0.01752313 0.02382403   0.4871317
> par(mfrow = c(1, 2))
> plot(merge(result_ewma$SAMSUNG, sig_garch[ , 1]), main = "SAMSUNG",
+      lty = 1:2)
> plot(merge(result_ewma$SKHYNIX, sig_garch[ , 2]), main = "SKHYNIX"
+      lty = 1:2)
> dev.off()
> plot(result_ewma$Correlation, main = "Correlation")
```

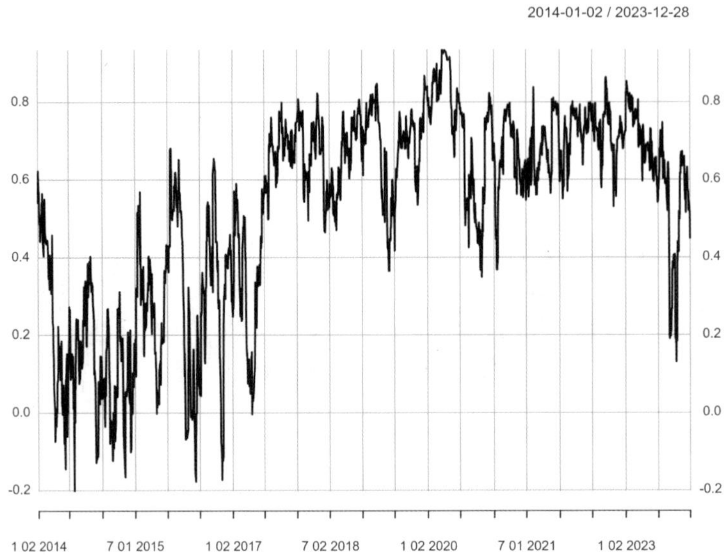

그림 19.7.2: EWMA 모형의 조건부상관계수

EWMA 모형의 경우, 수익률벡터 $\mathbf{y}_t = (r_{1,t}, r_{2,t})' \in \mathbb{R}^{2\times 1}$를 평균 중심화하여 조건부표준편차 $\sigma_{i,t}$ 및 조건부상관계수 $\rho_{12,t}$를 추정하였다. 이때 감쇠계수 추정치 $\hat{\lambda}$는 0.94로 설정하였다. 그림 19.7.1은 EWMA 모형(실선)과 일변량 GARCH 모형(점선)에서 얻은 조건부표준편차를 나란히 보여주며, 두 접근법의 변동성 추정치가 시계열적으로 어떤 차이를 보이는지를 비교한다. 한편, 그림 19.7.2는 EWMA 기반 조건부상관계수의 동태적 변화를 제시하며, 이를 통해 삼성전자와 SK하이닉스 간 상관관계가 시간이 지남에 따라 어떻게 달라지는지 시각적으로 확인할 수 있다.

```
> spec_bekk <- bekk_spec(init_values = NULL)
> fit_bekk <- bekk_fit(spec_bekk, data = y)
> sig_bekk <- xts(fit_bekk$sigma_t, order.by = index(y))
> head(sig_bekk)
           Conditional standard deviation of SAMSUNG
2014-01-02                               0.01592003
2014-01-03                               0.01751324
2014-01-06                               0.01727526
2014-01-07                               0.01709915
2014-01-08                               0.01683248
2014-01-09                               0.01661200
           Conditional correlation of SAMSUNG  and  SKHYNIX
2014-01-02                                        0.5400240
2014-01-03                                        0.5898243
2014-01-06                                        0.5692490
2014-01-07                                        0.5684394
```

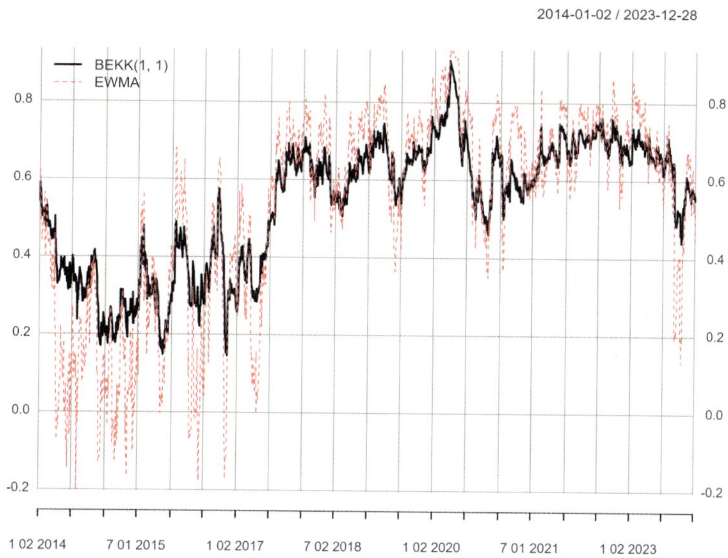

그림 19.7.3: BEKK(1, 1) 모형의 조건부상관계수

```
2014-01-08                                        0.5612019
2014-01-09                                        0.5323554
           Conditional standard deviation of SKHYNIX
2014-01-02                                0.02225579
2014-01-03                                0.02300987
2014-01-06                                0.02280584
2014-01-07                                0.02315634
2014-01-08                                0.02281149
2014-01-09                                0.02284855
> plot(sig_bekk[ , 2], main = "Correlation")
> lines(result_ewma$Correlation, lwd = 1, col = 2)
> addLegend("topleft", legend.names = c("BEKK(1, 1)", "EWMA"), col = 1:2,
+           lwd = 2:1, lty = 1:2)
```

다음으로 BEKK(1,1) 모형을 추정하였다. 그림 19.7.3은 BEKK 모형과 EWMA 모형의 조건부상관계수를 함께 나타내어, 두 모형이 상관관계를 어떻게 다르게 포착하는지를 직관적으로 확인할 수 있도록 한다.

```
> spec_dcc <- dccspec(mspec, model = "DCC")
> fit_dcc <- dccfit(spec_dcc, data = y)
> cor_dcc <- rcor(fit_dcc)
> cor_dcc[ , , 1:5]
, , 2014-01-02
          SAMSUNG   SKHYNIX
SAMSUNG 1.0000000 0.5402194
```

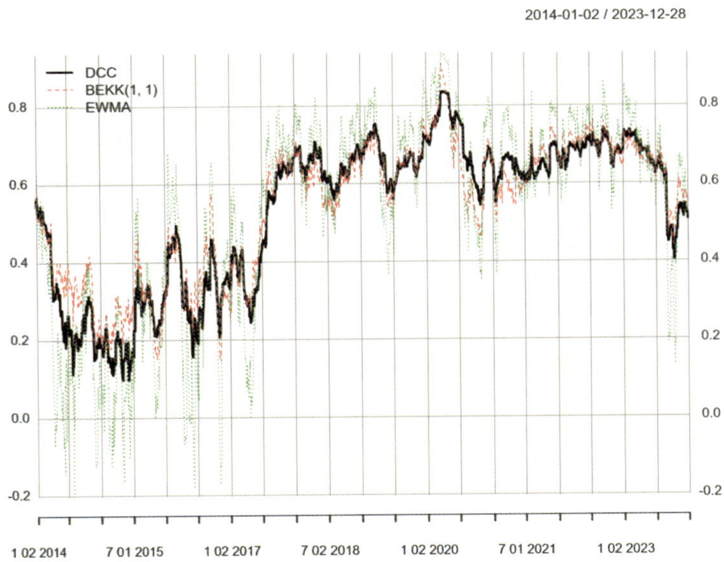

그림 19.7.4: DCC 모형의 조건부상관계수

```
SKHYNIX 0.5402194 1.0000000
, , 2014-01-03
          SAMSUNG   SKHYNIX
SAMSUNG 1.0000000 0.5667292
SKHYNIX 0.5667292 1.0000000
, , 2014-01-06
          SAMSUNG   SKHYNIX
SAMSUNG 1.0000000 0.5531901
SKHYNIX 0.5531901 1.0000000
, , 2014-01-07
          SAMSUNG   SKHYNIX
SAMSUNG 1.0000000 0.5522968
SKHYNIX 0.5522968 1.0000000
, , 2014-01-08
          SAMSUNG   SKHYNIX
SAMSUNG 1.0000000 0.5516666
SKHYNIX 0.5516666 1.0000000
> result <- NULL
> for (i in 1:dim(e)[1]){
+   output <- cor_dcc[ , , i][1, 2]
+   result <- rbind(result, output)
+ }
> result_dcc <- xts(result, order.by = index(y))
> plot(result_dcc, main = "Correlation")
> lines(sig_bekk[ , 2], lwd = 1, col = 2, lty = 2)
> lines(result_ewma$Correlation, lwd = 1, col = 3, lty = 3)
> addLegend("topleft", legend.names = c("DCC", "BEKK(1, 1)", "EWMA"),
```

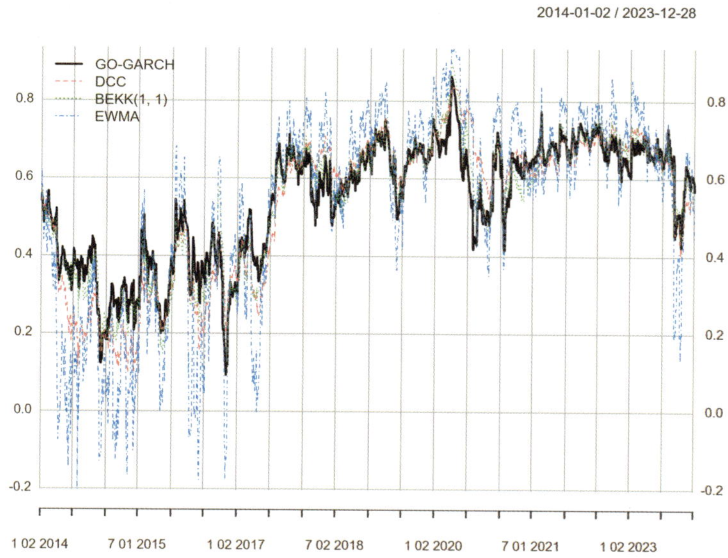

그림 19.7.5: GO-GARCH 모형의 조건부상관계수

```
+           col = 1:3, lwd = c(2, 1, 1), lty = 1:3)
```

DCC 모형의 경우, 그림 19.7.4에 추정된 조건부상관계수의 시계열이 제시되어 있으며, EWMA 및 BEKK 모형의 결과와 병렬적으로 비교된다. 이를 통해 조건부상관계수 추정에서 세 모형 간 유사점과 차이점을 평가할 수 있다

```
> spec_go <- gogarchspec(mean.model = list(model = "constant"))
> fit_go <- gogarchfit(y, spec = spec_go)
> cor_go <- rcor(fit_go)
> result <- NULL
> for (i in 1:dim(cor_go)[3]){
+   output <- cor_go[ , , i][1, 2]
+   result <- rbind(result, output)
+ }
> result_go <- xts(result, order.by = index(y))
> plot(result_go, main = "Correlation")
> lines(result_dcc, lwd = 1, col = 2, lty = 2)
> lines(sig_bekk[, 2], lwd = 1, col = 3, lty = 3)
> lines(result_ewma$Correlation, lwd = 1, col = 4, lty =4)
> addLegend("topleft",
+           legend.names = c("GO-GARCH", "DCC", "BEKK(1, 1)", "EWMA"),
+           col = 1:4, lwd = c(2, 1, 1, 1), lty = 1:4)
```

마지막으로 GO-GARCH 모형을 적용하였다. 그림 19.7.5는 GO-GARCH 모형을 비롯하여 DCC, BEKK(1,1), EWMA 모형의 조건부상관계수 추정치를 동시에 제시한다.

제20장 위험관리

20.1 Value at Risk

일반적으로 금융위험(financial risk)은 다음 세 가지 범주로 구분된다. 첫째, 시장위험(market risk)은 주가, 금리, 환율, 원자재 가격 등과 같은 자산의 가치 변동성에서 발생하는 위험이다. 둘째, 신용위험(credit risk)은 차입자가 약정된 채무를 이행하지 못할 가능성과 관련된다. 셋째, 운영위험(operation risk)은 내부 통제 실패, 인적 오류, 시스템 장애, 자연재해나 사이버 공격과 같은 외부 사건으로부터 비롯되는 포괄적인 불확실성을 포함한다. 본 장에서는 시장위험에 초점을 맞추어, 이를 정량적으로 측정하는 지표인 Value at Risk(VaR)를 중심으로 위험관리 기법을 살펴본다.

20.1.1 VaR의 정의

금융기관이 보유한 포트폴리오는 주식, 채권, 파생상품 등 다양한 금융 자산으로 구성되며, 이들 자산의 가격은 시간에 따라 계속해서 변동한다. 따라서 포트폴리오의 손실 위험은 복합적이고 동태적인 성격을 지닌다. 한편, 낮은 확률로 발생하는 대규모 손실은 금융기관의 재무 건전성에 심각한 충격을 줄 수 있으나, 단순히 과거의 손실 기록이나 평균적인 수익률만으로 이러한 극단적 손실을 설명하기 어렵다. 이러한 점을 고려하여, VaR는 미래에 발생할 수 있는 손실의 규모를 사전에 정해진 확률 수준 아래에서 정량화한다. 이처럼 VaR는 시장위험을 단일한 수치로 요약한다는 점에서 실무적으로 높은 활용 가치를 지니며, 실제로 위험 평가, 자본 할당, 스트레스 테스트 등 다양한 위험관리 및 의사결정 과정에서 핵심 수단으로 널리 활용된다.

VaR를 정의하기 위해 다음과 같은 설정을 고려한다. 현재 시점 t에서 특정 자산에 대해 일정한 포지션(롱 또는 숏)을 설정하고, 이를 미래 시점 $t+s$까지 유지한다고 하자. 이때 향후 s 기간 해당 포지션에서 발생할 수 있는 손실을 $x_t[s]$라 하고, 이를 s기간 손실변수(loss variable)라 부른다. 손실변수 $x_t[s]$는 자산 가격의 불확실성에 따라 결정되므로 확률변수의 성격을 가지며, 그 누적분포함수(CDF)는 $F(x) = \Pr(x_t[s] \le x)$로 표현된다.

이러한 설정 아래에서 주어진 확률 $1-p$에 대응하는 s기간 VaR_{1-p}는

$$\text{VaR}_{1-p} = \inf\{x | F(x) \geq 1-p\}$$

로 정의된다. 즉, VaR_{1-p}는 누적확률이 $1-p$ 이상이 되는 지점에서 $x_t[s]$가 취할 수 있는 최솟값에 해당하며, 이는 $\Pr(x_t[s] \leq \text{VaR}_{1-p}) = 1-p$ 또는 $\Pr(x_t[s] > \text{VaR}_{1-p}) = p$가 성립함을 의미한다. 예를 들어, $p = 1\%$일 경우 s기간 손실변수의 값이 $\text{VaR}_{0.99}$를 넘지 않을 확률은 99%, 이를 초과할 확률은 1%가 된다. 따라서 VaR는 손실변수의 CDF를 기반으로 특정 확률 수준 아래에서 발생할 수 있는 손실을 사전적으로 수치화한 위험 척도이다.

통계학적 관점에서 VaR_{1-p}는 CDF $F(x)$의 $(1-p)$ 분위수(quantile)에 해당한다. 분위수란 누적확률이 특정 수준에 도달하는 지점의 값으로 정의되며, VaR_{1-p}는 다음 적분식을 만족하는 손실 수준으로 해석할 수 있다:

$$\int_{-\infty}^{\text{VaR}_{1-p}} f(x)\,dx = 1-p,$$

여기서 $f(x)$는 s기간 손실변수 $x_t[s]$의 확률밀도함수(PDF)이다. 실제 분석에서는 손실분포(loss distribution), 즉 $F(x)$ 또는 $f(x)$가 명시적으로 주어져 있지 않다. 따라서, VaR의 계산은 손실분포와 해당 분위수를 어떻게 가정하고 추정할 것인가의 문제로 귀결된다.

20.1.2 VaR의 계산

현재 시점 t부터 미래 시점 $t+s$까지의 향후 s기간 로그수익률 $r_t[s]$는 다음과 같이 정의된다:

$$r_t[s] = r_{t+1} + r_{t+2} + \cdots + r_{t+s},$$

여기서 r_{t+k}는 시점 $t+k-1$에서 $t+k$까지의 1기간 로그수익률이다. 제12장에서 살펴본 바와 같이, 로그수익률은 단순수익률의 근사치로서 자산 가격의 상대적 변화를 나타낸다.

롱 포지션의 경우 $r_t[s] < 0$이면 손실이 발생하고, 숏 포지션의 경우 $r_t[s] > 0$일 때 손실이 발생한다. 따라서 현재 시점 t에서 설정한 "1원 규모"의 포지션에 대해, s기간 단위손실변수(per-unit loss variable) $x_t^*[s]$는 다음과 같이 정의된다:

$$x_t^*[s] = \begin{cases} -r_t[s] & \text{롱 포지션의 경우,} \\ r_t[s] & \text{숏 포지션의 경우.} \end{cases} \tag{20.1.1}$$

일반적으로 VaR의 계산 절차는 세 단계로 나누어진다. 1단계에서는 시점 t까지의 정

보집합 I_t를 바탕으로 단위손실변수 $x_t^*[s]$의 조건부 CDF인 $F_t(x) = \Pr(x_t^*[s] \le x|I_t)$를 명시한다. VaR는 미래에 발생할 수 있는 손실을 사전적으로 측정하는 지표이므로, 이에 대한 계산은 조건부분포에 기초해서 이루어져야 한다. 2단계에서는 $x_t^*[s]$에 대한 s기간 VaR_{1-p}^*를 손실분포 $F_t(x)$의 $(1-p)$ 분위수로 계산한다. 3단계에서는 VaR_{1-p}^*에 실제 포지션의 현금 가치를 곱하여 VaR_{1-p}를 산출한다.

실무에서 VaR를 계산할 때 다음을 고려해야 한다. 첫째, p의 선택은 분석 목적에 달려 있다. 일반적인 위험관리에서는 $p = 0.01$, 극단적 상황을 상정하는 스트레스 테스트에서는 $p = 0.001$이 활용된다. 둘째, s의 선택은 위험의 성격에 의존한다. 예컨대, 시장위험의 경우 1일 또는 10일을 기준으로 하고, 신용위험의 경우 1년 또는 5년처럼 장기 기간이 설정된다. 셋째, 시장위험에서는 일별 데이터, 신용위험에서는 월별 또는 분기별 데이터가 주로 사용된다.

20.1.3 기대초과손실

VaR는 손실분포의 특정 분위수에 해당하는 값으로 정의되기 때문에, 실제 손실이 VaR를 초과하는 상황에 대한 정보를 충분히 제공하지 못한다. 예를 들어, 두 손실분포가 동일한 확률 $1-p$에 대해 같은 VaR를 가진다고 가정하자. 그러나 두 분포는 VaR를 초과하는 손실의 분포, 즉 분포의 꼬리 영역에서 매우 다른 특성을 보일 수 있다. 꼬리가 얇고 급격히 감소하는 분포에서는 VaR를 초과하는 손실 자체가 드물고 그 규모도 작다. 반면 두껍고 완만한 꼬리를 가진 분포에서는 초과손실(excess loss)이 보다 빈번하게 발생하며 그 규모도 훨씬 커질 수 있다. 따라서 두 분포가 동일한 VaR를 가지더라도 꼬리 영역의 차이로 인해 초과손실의 수준은 근본적으로 달라질 수 있다.

이러한 점을 반영하기 위해 도입된 지표가 기대초과손실(Expected Shortfall, ES)이다. 구체적으로, 주어진 확률 $1-p$에 대응하는 s기간 ES_{1-p}는

$$\text{ES}_{1-p} = E\left[x_t[s] | x_t[s] > \text{VaR}_{1-p}\right]$$

로 정의되며, 이는 VaR_{1-p}를 초과하는 손실변수 $x_t[s]$의 기댓값에 해당한다. 위험관리의 실무(예: Basel III)에서는 VaR와 ES를 모두 보고하는 것이 일반적이다.

실제 응용에서 ES는 두 단계를 통해 계산된다. 1단계에서는 단위손실변수 $x_t^*[s]$에 대해

$$\text{ES}_{1-p}^* = E\left[x_t^*[s] | x_t^*[s] > \text{VaR}_{1-p}^*\right]$$

를 계산한다. 여기서 VaR_{1-p}^*는 1원 포지션에 대한 VaR를 나타낸다. 2단계에서는 실제 포

지션의 현금 가치를 ES^*_{1-p}에 곱하여 ES_{1-p}을 산출한다.

20.1.4 정규분포에서의 VaR와 ES

단위손실변수 $x^*_t[s]$가 조건부기댓값 $E_t[x^*_t[s]]$와 조건부분산 $Var_t[x^*_t[s]]$을 가진 정규분포, 즉

$$x^*_t[s] \sim N\left(E_t[x^*_t[s]], Var_t[x^*_t[s]]\right)$$

라고 하자. 이때 VaR의 정의에 따르면 다음의 결과를 얻는다:

$$1-p = \Pr\left(x^*_t[s] \leq \mathrm{VaR}^*_{1-p}\right) = \Pr\left(Z \leq \frac{\mathrm{VaR}^*_{1-p} - E_t[x^*_t[s]]}{\sqrt{Var_t[x^*_t[s]]}}\right),$$

여기서

$$Z = \frac{x^*_t[s] - E_t[x^*_t[s]]}{\sqrt{Var_t[x^*_t[s]]}} \sim N(0,1).$$

표준정규분포의 $(1-p)$ 분위수를 z_{1-p}(예: $z_{0.95} \approx 1.65$, $z_{0.99} \approx 2.33$)라 하면

$$\frac{\mathrm{VaR}^*_{1-p} - E_t[x^*_t[s]]}{\sqrt{Var_t[x^*_t[s]]}} = z_{1-p}$$

가 성립하며, 이를 정리하면 정규분포 가정 아래에서 VaR^*_{1-p}는 다음과 같이 계산된다:

$$\mathrm{VaR}^*_{1-p} = E_t[x^*_t[s]] + z_{1-p}\sqrt{Var_t[x^*_t[s]]}. \tag{20.1.2}$$

한편, ES를 계산하기 위해 정규분포의 조건부기댓값 성질을 이용한다. 제10장에서 살펴본 바와 같이, 확률변수 $X \sim N(\mu, \sigma^2)$가 임곗값 a를 초과할 때 X의 기댓값은 다음과 같다:

$$E[X|X>a] = \mu + \frac{\phi(\alpha)}{1-\Phi(\alpha)}\sigma,$$

여기서 $\alpha = (a-\mu)/\sigma$, $\phi(\cdot)$와 $\Phi(\cdot)$는 각각 표준정규분포의 PDF와 CDF이다. 이 결과를 $x^*_t[s]$에 적용하면 ES^*_{1-p}는 다음과 같이 표현된다:

$$\mathrm{ES}^*_{1-p} = E\left[x^*_t[s] | x^*_t[s] > \mathrm{VaR}^*_{1-p}\right] = E_t[x^*_t[s]] + \frac{\phi(\alpha)}{1-\Phi(\alpha)}\sqrt{Var_t[x^*_t[s]]}, \tag{20.1.3}$$

여기서

$$\alpha = \frac{\mathrm{VaR}^*_{1-p} - E_t[x^*_t[s]]}{\sqrt{Var_t[x^*_t[s]]}}.$$

이제 $\alpha = z_{1-p}$와 $1-\Phi(z_{1-p}) = p$를 이용하면, 식(20.1.3)은 다음과 같이 정리된다:

$$\text{ES}^*_{1-p} = E_t[x^*_t[s]] + \frac{\phi(z_{1-p})}{p}\sqrt{Var_t[x^*_t[s]]}. \tag{20.1.4}$$

20.2 RiskMetrics 접근법

20.2.1 개별 자산의 VaR와 ES

시점 $t-1$부터 t까지의 1기간 단위손실변수를 x^*_t라 하자. 식(20.1.1)의 정의에 따라, 롱 포지션의 경우 $x^*_t = -r_t$, 숏 포지션의 경우 $x^*_t = r_t$이다. J.P. Morgan이 개발한 RiskMetrics 방법론은 x^*_t에 대해 다음과 같은 구조를 가정한다:

$$\begin{aligned} x^*_t &= \varepsilon_t, \\ \sigma^2_t &= a_1\varepsilon^2_{t-1} + (1-a_1)\sigma^2_{t-1}, \end{aligned}$$

여기서 $\varepsilon_t = \sigma_t z_t$, $z_t \sim GWN(0,1)$는 표준정규분포를 따르는 백색잡음이다. 이때 조건부 분산 σ^2_t은 상수항이 없는 IGARCH(1, 1) 구조를 따르므로, 제15장에서 살펴본 바와 같이 모든 $s > 0$에 대해

$$E_t[\sigma^2_{t+s}] = E_t[\sigma^2_{t+1}] = \hat{\sigma}^2_t[1]$$

이 성립한다.

z_{t+k}가 정규분포를 따르므로, 시점 $t+k$에서의 1기간 단위손실변수 $x^*_{t+k} = \sigma_{t+k}z_{t+k}$ 역시 정규분포를 따른다. σ_{t+k}와 z_{t+k}는 서로 조건부독립이며, $E_t[z_{t+k}] = 0$, $E_t[z^2_{t+k}] = 1$이다. 따라서 x^*_{t+k}의 조건부기댓값과 조건부분산은 각각 다음과 같이 주어진다:

$$\begin{aligned} E_t[x^*_{t+k}] &= E_t[\sigma_{t+k}z_{t+k}] = E_t[\sigma_{t+k}]E_t[z_{t+k}] = 0, \\ Var_t[x^*_{t+k}] &= E_t[x^{*2}_{t+k}] = E_t[\sigma^2_{t+k}z^2_{t+k}] = E_t[\sigma^2_{t+k}]E_t[z^2_{t+k}] = E_t[\sigma^2_{t+k}] = \hat{\sigma}^2_t[1]. \end{aligned}$$

결과적으로 모든 $k \geq 1$에 대하여 $x^*_{t+k} \sim N\left(0, \hat{\sigma}^2_t[1]\right)$이 성립한다.

이제 현재 시점 t부터 미래 시점 $t+s$까지의 s기간 단위손실변수 $x^*_t[s] = \sum_{k=1}^{s} x^*_{t+k}$의 분포를 살펴보자. 앞선 정의에 따라, 롱 포지션의 경우 $x^*_t[s] = -r_t[s]$, 숏 포지션의 경우 $x^*_t[s] = r_t[s]$이다. 모든 $x^*_{t+1}, \ldots, x^*_{t+s}$가 정규분포를 따르므로, 이들의 선형결합인 $x^*_t[s]$ 역시 정규분포를 따른다.

s기간 단위손실변수 $x_t^*[s]$의 조건부기댓값은

$$E_t\left[x_t^*[s]\right] = \sum_{k=1}^{s} E_t[x_{t+k}^*] = 0$$

이다. 한편, 모든 $m \neq n$에 대해 z_{t+m}과 z_{t+n}은 서로 독립이므로

$$Cov_t[x_{t+m}^*, x_{t+n}^*] = E_t[x_{t+m}^* x_{t+n}^*] = E_t[\sigma_{t+m}\sigma_{t+n}]E_t[z_{t+m}z_{t+n}] = 0$$

이며, 이에 따라 $x_t^*[s]$의 조건부분산은 다음과 같이 주어진다:

$$Var_t\left[x_t^*[s]\right] = \sum_{k=1}^{s} Var_t[x_{t+k}^*] = s\hat{\sigma}_t^2[1].$$

정리하면, s기간 단위손실변수 $x_t^*[s]$의 조건부분포에 대해

$$x_t^*[s] \sim N\left(0, s\hat{\sigma}_t^2[1]\right)$$

이 성립한다. 따라서 식(20.1.2)와 식(20.1.4)에서 제시된 VaR과 ES 공식을 적용하면, s기간 VaR_{1-p}^*와 ES_{1-p}^*는 각각 다음으로 계산된다:

$$\mathrm{VaR}_{1-p}^* = z_{1-p}\sqrt{s\hat{\sigma}_t^2[1]}, \qquad \mathrm{ES}_{1-p}^* = \frac{\phi(z_{1-p})}{p}\sqrt{s\hat{\sigma}_t^2[1]}.$$

RiskMetrics 접근법은 계산이 간단하여 금융 실무에서 널리 활용되고 있으나, 다음의 한계점이 존재한다. 첫째, x_t^* 또는 r_t가 정규분포를 따른다는 가정은 실제 수익률 분포의 특성을 제대로 반영하지 못할 수 있다. 만약 수익률의 분포가 두터운 꼬리를 가진다면, VaR가 체계적으로 과소추정되는 오류가 발생한다. 둘째, x_t^*의 기댓값이 0이라는 가정은 일부 자산의 수익률에서는 성립하지 않을 수 있다. 셋째, x_t^*의 변동성을 설명하는 조건부이분산모형이 IGARCH(1, 1)로 고정되어 있으며, 이는 실제 자료의 변동성 구조가 충분히 포착되지 못할 가능성을 시사한다.

20.2.2 포트폴리오의 VaR

개별 자산 i에 대한 s기간 단위손실변수를 $x_{i,t}^*[s]$라고 하자. N개의 자산으로 구성된 포트폴리오의 s기간 손실변수 $x_{\mathrm{PORT},t}[s]$는 자산별 손실변수의 합으로서, $x_{\mathrm{PORT},t}[s] = \sum_{i=1}^{N} w_i x_{i,t}^*[s]$로 정의된다. 여기서 w_i는 자산 i에 실제로 투자된 금액, $w_i x_{i,t}^*[s]$는 자산 i의 s기간 손실변수 $x_{i,t}[s]$이다.

RiskMetrics 접근법에서는 모든 $i = 1,\dots,N$에 대해

$$x_{i,t}^*[s] \sim N\left(0, s\hat{\sigma}_{i,t}^2[1]\right)$$

이 성립하므로, 단위손실변수 $x_{1,t}^*[s],\dots,x_{N,t}^*[s]$의 선형결합인 $x_{\mathrm{PORT},t}[s]$ 역시 정규분포를 따른다. 또한 $x_{\mathrm{PORT},t}[s]$의 조건부기댓값과 조건부분산은 각각 다음과 같이 주어진다:

$$E_t\left[x_{\mathrm{PORT},t}[s]\right] = \sum_{i=1}^N w_i E_t\left[x_{i,t}^*[s]\right] = 0,$$

$$Var_t\left[x_{\mathrm{PORT},t}[s]\right] = \sum_{i=1}^N w_i^2\left(s\hat{\sigma}_{i,t}^2[1]\right) + 2\sum_{i<j}^N w_i w_j\left(\sqrt{s\hat{\sigma}_{i,t}^2[1]}\right)\left(\sqrt{s\hat{\sigma}_{j,t}^2[1]}\right)\rho_{ij}[s], \tag{20.2.1}$$

여기서 $\rho_{ij}[s]$는 $x_{i,t}^*[s]$와 $x_{j,t}^*[s]$ 사이의 조건부상관계수이다.

이제 식(20.1.2)의 결과를 적용하면, 포트폴리오의 VaR는

$$\mathrm{VaR}_{\mathrm{PORT},1-p} = z_{1-p}\sqrt{Var_t\left[x_{\mathrm{PORT},t}[s]\right]} \tag{20.2.2}$$

로 계산된다. 한편, $\mathrm{VaR}_{i,1-p}$와 $\mathrm{VaR}_{i,1-p}^*$ 간의 관계로부터 다음의 결과가 성립한다:

$$\mathrm{VaR}_{i,1-p} = w_i \mathrm{VaR}_{i,1-p}^* = w_i z_{1-p}\sqrt{s\hat{\sigma}_{i,t}^2[1]} \quad\Rightarrow\quad \sqrt{s\hat{\sigma}_{i,t}^2[1]} = \frac{\mathrm{VaR}_{i,1-p}}{w_i z_{1-p}}.$$

이를 이용하면 식(20.2.1)은

$$Var_t\left[x_{\mathrm{PORT},t}[s]\right] = \frac{1}{z_{1-p}^2}\left[\sum_{i=1}^N \left(\mathrm{VaR}_{i,1-p}\right)^2 + 2\sum_{i<j}^N \mathrm{VaR}_{i,1-p}\mathrm{VaR}_{j,1-p}\rho_{ij}[s]\right]$$

로 정리되며, 따라서 식(20.2.2)에서 제시된 포트폴리오의 VaR는 다음과 같이 표현된다:

$$\mathrm{VaR}_{\mathrm{PORT},1-p} = \sqrt{\sum_{i=1}^N \left(\mathrm{VaR}_{i,1-p}\right)^2 + 2\sum_{i<j}^N \mathrm{VaR}_{i,1-p}\mathrm{VaR}_{j,1-p}\rho_{ij}[s]}.$$

모든 $i \neq j$에 대해 $\rho_{ij}[s]$가 1인 경우를 제외하고, 포트폴리오의 VaR는 개별 자산 VaR의 합보다 작게 나타난다. 이때 중요한 점은, $\rho_{ij}[s]$의 추정이 포트폴리오 VaR 계산의 핵심이며, 이는 곧 N개의 단위손실변수들 간의 조건부공분산행렬의 추정과 예측 문제로 귀결된다는 것이다. 실무에서는 제19장에서 다루었던 EWMA 모형을 통해 $x_{i,t}^*$와 $x_{j,t}^*$ 간의 조건부상관계수에 대한 시점 T에서의 1기간 예측치를 계산하여, 이를 기간 s에 상관없이 $\rho_{ij}[s]$의 추정치로 삼는다.

20.3 시계열모형 접근법

1기간 단위손실변수 x_t^*에 대해 다음과 같은 시계열 구조를 가정하자:

$$x_t^* = \mu_t + \varepsilon_t,$$
$$\mu_t = \phi_0 + \sum_{i=1}^{p} \phi_i x_{t-i}^* + \sum_{j=1}^{q} \theta_j \varepsilon_{t-j},$$
$$\sigma_t^2 = a_0 + \sum_{i=1}^{m} a_i \varepsilon_{t-i}^2 + \sum_{j=1}^{n} b_j \sigma_{t-j}^2,$$

여기서 $\varepsilon_t = \sigma_t z_t$, $z_t \sim WN(0,1)$이다. x_t^*는 ARMA(p,q) 과정을 따르고, 조건부분산 σ_t^2는 GARCH(m,n) 과정을 따른다. 물론 GARCH 모형 외에도 EGARCH, TGARCH 등의 다양한 조건부이분산모형을 적용할 수 있다.

RiskMetrics 접근법과 비교했을 때, 시계열모형 접근법은 다음과 같은 점에서 보다 일반적인 구조를 갖는다. 첫째, μ_t가 0으로 고정되지 않고, 과거 손실값이나 외부 충격에 따라 동태적으로 변화할 수 있다. 둘째, σ_t^2를 설명하기 위해 IGARCH(1, 1)이라는 제한된 구조에서 벗어나 다양한 조건부이분산모형을 사용할 수 있으며, 이를 통해 변동성의 동태를 보다 정교하게 모형화할 수 있다. 셋째, z_t의 분포는 표준정규분포에 한정되지 않으며, 실제 수익률 분포에서 관측되는 두터운 꼬리 현상을 설명하기 위해 Student t 분포, GED 등을 사용할 수 있다.

수학적 전개를 단순화하기 위해 $z_t \sim GWN(0,1)$이라고 가정한다. 만약 z_t가 Student t 분포를 따른다고 가정하면, s기간 단위손실변수 $x_t^*[s]$의 조건부분포에 대해 닫힌 형태의 해석적 표현을 얻을 수 없다. 따라서 s기간 VaR와 ES의 계산은 모의실험 기반 방법을 통해 이루어지며, 이에 대한 구체적인 논의는 Tsay [2005]를 참고하길 바란다.

$z_{t+k} \sim GWN(0,1)$이라는 가정 아래에서, 1기간 단위손실변수 x_{t+k}^*는 정규분포를 따른다. σ_{t+k}와 z_{t+k}는 서로 조건부독립이므로, x_{t+k}^*의 조건부기댓값은 다음과 같이 주어진다:

$$E_t[x_{t+k}^*] = E_t[\mu_{t+k} + \sigma_{t+k} z_{t+k}] = E_t[\mu_{t+k}] = \hat{\mu}_t[k],$$

여기서 $\hat{\mu}_t[k]$은 ARMA 모형에 기반한 x_t^*의 수준에 대한 k기간 예측 값이다. 한편, 오차항 ε_{t+k}에 대해

$$E_t[\varepsilon_{t+k}^2] = E_t[\sigma_{t+k}^2 z_{t+k}^2] = E_t[\sigma_{t+k}^2] = \hat{\sigma}_t^2[k]$$

이며, 여기서 $\hat{\sigma}_t^2[k]$은 GARCH 모형을 통해 얻은 x_t^*의 변동성에 대한 k기간 예측 값이다.

x_{t+k}^*는 롱 포지션의 경우 $-r_{t+k}$, 숏 포지션의 경우 r_{t+k}이다. 로그수익률 r_{t+k}는 $I(0)$이므

로, x^*_{t+k} 역시 $I(0)$이다. 따라서 Wold 정리를 적용하면, x^*_{t+k}는 다음과 같은 MA(∞) 형태로 표현된다:

$$x^*_{t+k} = \mu + \psi_0 \varepsilon_{t+k} + \psi_1 \varepsilon_{t+k-1} + \psi_2 \varepsilon_{t+k-2} + \cdots,$$

여기서 $\mu = E[x^*_{t+k}]$, $\psi_0 = 1$, ψ_i는 MA 계수이다. 이에 따라 x^*_{t+k}의 조건부기댓값은

$$\begin{aligned} E_t[x^*_{t+k}] &= E_t[\mu + \psi_0 \varepsilon_{t+k} + \psi_1 \varepsilon_{t+k-1} + \cdots + \psi_k \varepsilon_t + \psi_{k+1} \varepsilon_{t-1} + \cdots] \\ &= \mu + \psi_k \varepsilon_t + \psi_{k+1} \varepsilon_{t-1} + \cdots \end{aligned}$$

이며, x^*_{t+k}의 예측오차는 다음과 같다:

$$x^*_{t+k} - E_t[x^*_{t+k}] = \psi_0 \varepsilon_{t+k} + \psi_1 \varepsilon_{t+k-1} + \cdots + \psi_{k-1} \varepsilon_{t+1}. \tag{20.3.1}$$

이제 s기간 단위손실변수 $x^*_t[s] = \sum_{k=1}^{s} x^*_{t+k}$를 고려하자. 각 x^*_{t+k}가 정규분포를 따르므로, 그 선형결합인 $x^*_t[s]$ 역시 정규분포를 따른다. $x^*_t[s]$의 조건부기댓값은

$$E_t\left[x^*_t[s]\right] = E_t[x^*_{t+1} + \cdots + x^*_{t+s}] = \hat{\mu}_t[1] + \cdots + \hat{\mu}_t[s]$$

이다. 한편, 식(20.3.1)을 이용하면 $x^*_t[s]$의 예측오차는 다음과 같이 주어진다:

$$\begin{aligned} x^*_t[s] - E_t\left[x^*_t[s]\right] &= \left(x^*_{t+1} - E_t[x^*_{t+1}]\right) + \left(x^*_{t+2} - E_t[x^*_{t+2}]\right) + \cdots + \left(x^*_{t+s} - E_t[x^*_{t+s}]\right) \\ &= \psi_0 \varepsilon_{t+1} + (\psi_0 \varepsilon_{t+2} + \psi_1 \varepsilon_{t+1}) + \cdots + (\psi_0 \varepsilon_{t+s} + \psi_1 \varepsilon_{t+s-1} + \cdots + \psi_{s-1} \varepsilon_{t+1}) \\ &= (\psi_0 + \psi_1 + \cdots + \psi_{s-1}) \varepsilon_{t+1} + (\psi_0 + \psi_1 + \cdots + \psi_{s-2}) \varepsilon_{t+2} + \cdots \\ &\quad + (\psi_0 + \psi_1) \varepsilon_{t+s-1} + \psi_0 \varepsilon_{t+s} \\ &= \left(\sum_{i=0}^{s-1} \psi_i\right) \varepsilon_{t+1} + \left(\sum_{i=0}^{s-2} \psi_i\right) \varepsilon_{t+2} + \cdots + \left(\sum_{i=0}^{1} \psi_i\right) \varepsilon_{t+s-1} + \psi_0 \varepsilon_{t+s}. \end{aligned}$$

모든 $m \neq n$에 대해 $E_t[\varepsilon_{t+m} \varepsilon_{t+n}] = 0$이므로, $x^*_t[s]$의 조건부분산은

$$\begin{aligned} E_t\left[\left(x^*_t[s] - E_t\left[x^*_t[s]\right]\right)^2\right] &= \left(\sum_{i=0}^{s-1} \psi_i\right)^2 E_t[\varepsilon^2_{t+1}] + \left(\sum_{i=0}^{s-2} \psi_i\right)^2 E_t[\varepsilon^2_{t+2}] + \cdots + E_t[\varepsilon^2_{t+s}] \\ &= \left(\sum_{i=0}^{s-1} \psi_i\right)^2 \hat{\sigma}^2_t[1] + \left(\sum_{i=0}^{s-2} \psi_i\right)^2 \hat{\sigma}^2_t[2] + \cdots + \hat{\sigma}^2_t[s] \end{aligned}$$

가 된다.

정리하면, $x_t^*[s]$의 조건부분포는 다음과 같다:

$$x_t^*[s] \sim N\left(E_t\left[x_t^*[s]\right], Var_t\left[x_t^*[s]\right]\right),$$

여기서

$$E_t\left[x_t^*[s]\right] = \sum_{k=1}^{s} \hat{\mu}_t[k], \qquad Var_t\left[x_t^*[s]\right] = \sum_{k=1}^{s}\left(\sum_{i=0}^{s-k}\psi_i\right)^2 \hat{\sigma}_t^2[k].$$

특히 $s=1$인 경우에는 $E_t\left[x_t^*[1]\right] = \hat{\mu}_t[1]$, $Var_t\left[x_t^*[1]\right] = \hat{\sigma}_t^2[1]$이다. 식(20.1.2)와 식(20.1.4)에서 제시된 정규분포 아래에서의 VaR와 ES 공식을 적용하면, s기간 VaR_{1-p}^*와 ES_{1-p}^*는 각각 다음과 같이 계산된다:

$$\mathrm{VaR}_{1-p}^* = E_t\left[x_t^*[s]\right] + z_{1-p}\sqrt{Var_t\left[x_t^*[s]\right]},$$
$$\mathrm{ES}_{1-p}^* = E_t\left[x_t^*[s]\right] + \frac{\phi(z_{1-p})}{p}\sqrt{Var_t\left[x_t^*[s]\right]}.$$

20.4 극단값이론 접근법

20.4.1 극단값이론의 필요성

RiskMetrics 접근법과 시계열모형 접근법은 손실분포의 전체 구조를 바탕으로 위험을 정량화하는 방식이기 때문에, 분포의 꼬리 영역에 해당하는 극단적 손실의 위험을 반영하는 데에는 구조적인 한계가 있다. 그러나 현실에서는 블랙 먼데이(1987년), 글로벌 금융위기(2008년), 코로나 팬데믹(2020년) 등과 같은 극단적 손실이 반복해서 관찰된다. 극단값이론(Extreme Value Theory, EVT)은 손실분포 전체를 모형화하는 기존 접근법과 달리, 극단적 손실이 발생하는 꼬리 영역의 분포에만 초점을 맞추어 발생 확률은 낮지만 규모가 매우 큰 손실을 모형화하는 접근법이다. 즉, EVT의 분석 대상은 표본 내에서 최대손실 혹은 일정 임곗값을 초과하는 손실에만 한정된다.

수학적으로 EVT는 극단값분포(extreme value distribution) 이론에 기반하며, 다음의 두 가지 핵심 정리를 중심으로 전개된다. 첫째, 표본크기가 증가함에 따라 정규화된 최댓값의 분포는 일반화극단값분포(Generalized Extreme Value distribution, GEV 분포)에 수렴한다. 둘째, 일정 임곗값을 초과하는 관측치의 분포는 일반화 Pareto 분포(generalized Pareto distribution, GPD)에 수렴한다.

20.4.2 EVT의 이해

1기간 단위손실변수 x_t^*로 구성된 표본 $\{x_1^*, \ldots, x_T^*\}$를 고려하자. 여기서 x_t^*는 롱 포지션의 경우 $-r_t$, 숏 포지션의 경우 r_t이다. 논의를 단순화하기 위해 다음 두 가지 조건을 가정한다. 첫째, $\{x_1^*, \ldots, x_T^*\}$는 독립이고 동일한 분포를 가지며, x_t^*의 CDF는 $F(x) = \Pr(x_t^* \leq x)$로 주어진다. 둘째, 모든 x_t^*는 유한한 실수 구간 $[l, u]$에 존재한다.

최대손실변수(maximum loss variable)를 $x_{(T)} = \max_{1 \leq t \leq T} x_t^*$로 정의하면, $x_{(T)}$의 CDF는 다음과 같다:

$$
\begin{aligned}
\Pr(x_{(T)} \leq x) &= \Pr(x_1^* \leq x, x_2^* \leq x, \ldots, x_T^* \leq x) \\
&= \Pr(x_1^* \leq x) \times \Pr(x_2^* \leq x) \times \cdots \times \Pr(x_T^* \leq x) \\
&= F(x) \times F(x) \times \cdots \times F(x) \\
&= [F(x)]^T.
\end{aligned}
$$

이때 중요한 점은 $T \to \infty$일 때 $[F(x)]^T$의 수렴 방식이다. 만약 $x < u$이면 $0 < F(x) < 1$이므로 $[F(x)]^T \to 0$이고, $x = u$이면 $F(x) = 1$이므로 $[F(x)]^T \to 1$이다. 즉 표본크기 T가 커질수록 $x_{(T)}$의 분포는 u에 수렴하며, 이는 확률질량(probability density)이 특정 값에만 집중되는 퇴화분포(degenerate distribution)를 의미한다. 이러한 퇴화분포는 최대손실변수 $x_{(T)}$의 확률적 특성을 설명하거나 추론하는 데 심각한 제약을 초래한다.

분포의 퇴화를 방지하기 위해, 최대손실변수 $x_{(T)}$를 다음과 같이 정규화한다:

$$
x_{(T)}^* = \frac{x_{(T)} - \mu_T}{\sigma_T},
$$

여기서 μ_T는 위치 계수, $\sigma_T > 0$는 척도 계수이며, $T \to \infty$일 때 $\mu_T \to \mu$, $\sigma_T \to \sigma$를 만족하는 일련의 수열이다. EVT에 따르면, T가 충분히 큰 경우 정규화된 최대손실변수 $x_{(T)}^*$의 CDF $F_*(x) = \Pr(x_{(T)}^* \leq x)$는 GEV 분포의 CDF에 수렴한다. 즉, 다음의 결과가 성립한다:

$$
F_*(x) = \begin{cases} \exp\left(-(1+\xi x)^{-1/\xi}\right) & \xi \neq 0, \\ \exp\left(-\exp(-x)\right) & \xi = 0. \end{cases} \tag{20.4.1}
$$

정규화된 최대손실변수 $x_{(T)}^*$의 극한분포인 GEV 분포는 퇴화분포가 아니며, 그 결과 $x_{(T)}^*$의 분포를 효과적으로 모형화할 수 있다.

한편, 기본 미적분 정리 $f(x) = dF(x)/dx$를 적용하면 GEV 분포의 PDF는 다음과 같이

주어진다:

$$f_*(x) = \begin{cases} (1+\xi x)^{-1/\xi-1} \exp\left(-(1+\xi x)^{-1/\xi}\right) & \xi \neq 0, \\ \exp(-x-\exp(-x)) & \xi = 0. \end{cases} \tag{20.4.2}$$

이때 GEV 분포의 PDF 형태는 모수 ξ의 값에 따라 다음 세 가지로 구분된다. 첫째, $\xi = 0$ 인 경우

$$f_*(x) = \exp(-x-\exp(-x)), \ -\infty < x < \infty$$

가 되며, 이를 Gumbel 분포라 부른다. 둘째, $\xi > 0$인 경우에는 다음과 같은 Fréchet 분포가 된다:

$$f_*(x) = \begin{cases} (1+\xi x)^{-1/\xi-1} \exp\left(-(1+\xi x)^{-1/\xi}\right) & x > -\xi^{-1}, \\ 0 & x \leq -\xi^{-1}. \end{cases}$$

셋째, $\xi < 0$이면 GEV 분포는 다음과 같은 Weibull 분포를 의미한다:

$$f_*(x) = \begin{cases} (1+\xi x)^{-1/\xi-1} \exp\left(-(1+\xi x)^{-1/\xi}\right) & x < -\xi^{-1}, \\ 0 & x \geq -\xi^{-1}. \end{cases}$$

그림 20.4.1은 $\mu = 0$, $\sigma = 1$일때 세 가지 GEV 분포의 PDF를 비교한다. Gumbel 분포($\xi = 0$)의 경우, 분포의 꼬리 영역이 지수적으로 감소한다. 이는 극단적 손실변수 $x^*_{(T)}$의 발생 확률이 비교적 빠르게 줄어드는 상황을 반영한다. 나머지 두 분포와 비교해서 Fréchet 분포($\xi = 0.5$)는 꼬리가 상대적으로 두꺼운 특성을 가진다. 따라서 극단적인 손실이 비교적 자주 발생할 수 있는 자산(예: 신흥국 주식, 고수익 채권, 금융위기 상황에서의 자산 등)을 모형화하는 데 적합하다. Weibull 분포($\xi = -0.5$)의 꼬리 영역은 상한을 가지므로, 손실의 상한이 존재하는 자산(예: 보상 한도가 설정된 보험상품)의 $x^*_{(T)}$ 분포를 적절하게 나타낼 수 있다.

20.4.3 블록최대치 방식

GEV 분포는 세 개의 모수, 즉 꼬리모수 ξ, 위치모수 μ, 척도모수 σ로 정의된다. 그러나 표본에서 관측되는 최댓값은 일반적으로 단 하나에 불과하기 때문에, 모수 ξ, μ, σ를 동시에 식별하고 추정하는 데에는 본질적인 제약이 따른다. 이러한 문제를 완화하기 위해 블록최대치 방식(block maxima method)을 사용한다.

블록최대치 방식은 전체 표본을 일정한 길이의 블록으로 분할하고, 각 블록에서 최댓값을 추출하여 극단값 표본을 확보하는 방식이다. 구체적으로 총 T개의 관측치로 이루어진

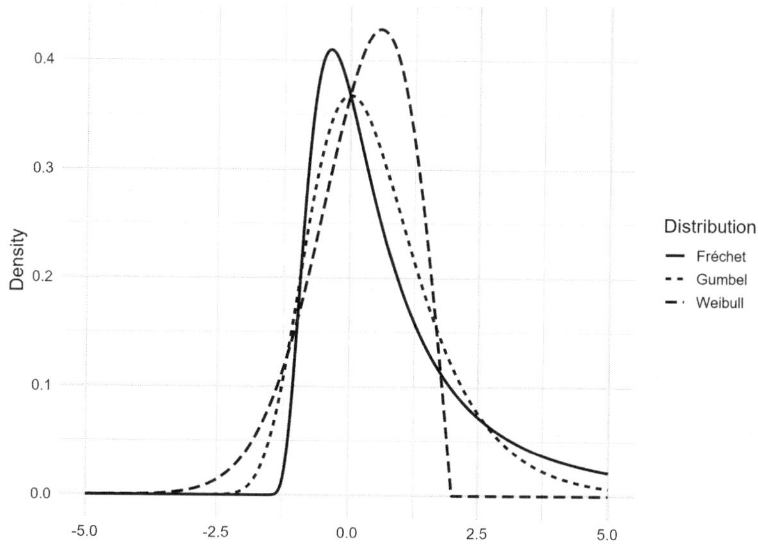

그림 20.4.1: GEV 분포

단위손실변수의 표본 $\{x_1^*,\ldots,x_T^*\}$을 서로 겹치지 않는 G개의 블록으로 나누고, 각 블록은 N개의 연속된 관측치로 구성되게끔 다음과 같이 설정한다:

$$\left\{(x_1^*,\ldots,x_N^*),(x_{N+1}^*,\ldots,x_{2N}^*),\cdots,(x_{(G-1)N+1}^*,\ldots,x_{NG}^*)\right\}.$$

만약 $T = GN$이 아니라면, 마지막 블록은 N보다 적은 수의 관측치를 포함할 수 있다. 각 블록 $i = 1,\ldots,G$에 대해 해당 블록의 최댓값(즉 최대손실변수)과 정규화된 최댓값은 각각

$$x_{(N,i)} = \max\{x_{(i-1)N+1}^*,\ldots,x_{iN}^*\}, \qquad x_{(N,i)}^* = \frac{x_{(N,i)} - \mu_T}{\sigma_T}$$

로 정의된다. 이때 N이 충분히 크면, 정규화된 블록최댓값 $\{x_{(N,1)}^*,\ldots,x_{(N,G)}^*\}$은 동일한 GEV 분포로부터 독립적으로 추출된 표본으로 간주할 수 있다.

식(20.4.2)에서 제시된 GEV 분포의 PDF는 $x_{(T)}^*$에 대해 정의되었으나, 실제 분석에서는 $x_{(T)}$에 대한 PDF가 필요하다. 이를 위해 확률변수변환 정리를 이용한다: 만약 $X \sim f(x)$이고 $Y = g(X)$가 일대일 함수라면, Y의 PDF는 다음과 같이 주어진다:

$$f(y) = f(g^{-1}(y))\left|\frac{d}{dy}g^{-1}(y)\right|. \tag{20.4.3}$$

정규화된 $x_{(T)}^*$에서 원래의 $x_{(T)}$으로의 변환은 $g(x) = \sigma x + \mu$을 통해 이루어진다. 이때

$g(x)$의 역함수와 역함수의 도함수는 각각

$$g^{-1}(x) = \frac{x-\mu}{\sigma}, \qquad \frac{dg^{-1}(x)}{dx} = \frac{1}{\sigma}$$

이다. 식(20.4.3)의 결과를 적용하면 $x_{(T)} = g(x^*_{(T)})$에 대한 PDF는 다음과 같이 표현된다:

$$f(x) = \frac{1}{\sigma} f_* \left(\frac{x-\mu}{\sigma} \right),$$

여기서 $f_*(\cdot)$은 식(20.4.2)에서 제시된 정규화된 최대손실변수 $x^*_{(T)}$에 대한 GEV 분포의 PDF이다. 요약하면, 최대손실변수 $x_{(T)}$의 PDF는 다음과 같이 주어진다:

$$f(x) = \begin{cases} \frac{1}{\sigma} \left(1+\xi\left(\frac{x-\mu}{\sigma}\right)\right)^{-1/\xi-1} \exp\left(-\left(1+\xi\left(\frac{x-\mu}{\sigma}\right)\right)^{-1/\xi}\right) & (\xi \neq 0), \\ \frac{1}{\sigma} \exp\left(-\left(\frac{x-\mu}{\sigma}\right) - \exp\left(-\left(\frac{x-\mu}{\sigma}\right)\right)\right) & (\xi = 0). \end{cases} \tag{20.4.4}$$

블록최댓값의 표본 $\{x_{(N,1)}, \ldots, x_{(N,G)}\}$이 서로 독립이며 동일한 GEV 분포를 따르는 경우, 우도함수는

$$L(\xi, \mu, \sigma | x_{(N,1)}, \ldots, x_{(N,G)}) = \prod_{i=1}^{G} f(x_{(N,i)})$$

로 표현되며, 여기서 $f(\cdot)$는 식(20.4.4)에서 제시된 $x_{(T)}$에 대한 PDF이다. 우도함수에 대한 최대화 과정을 통해 모수 ξ, μ, σ의 ML 추정량을 얻을 수 있다.

블록최대치 방식은 다음의 한계를 가진다. 첫째, 블록크기 N의 선택에 대한 명확한 이론적 기준이 존재하지 않는다. N이 클수록 블록최댓값이 GEV 분포로 수렴할 가능성은 높아지지만, 전체 블록의 수 G는 줄어들어 추정에 사용 가능한 표본크기가 줄어들어 추정량의 분산이 증가한다. 둘째, 각 블록에서 최댓값 하나만을 사용하고 나머지 관측치는 버려지므로, 전체 표본이 내재한 정보의 상당 부분이 손실된다. 특히 표본의 길이가 짧은 경우, 이러한 정보 손실은 추정의 정확도를 심각하게 저해할 수 있다.

20.4.4 VaR 계산

블록 i의 최대손실변수 $x_{(N,i)}$가 1기간 VaR^*_{1-p}보다 작을 확률은 다음과 같이 표현된다:

$$\Pr(x_{(N,i)} \leq \text{VaR}^*_{1-p}) = \Pr(x^*_{N(i-1)+1} \leq \text{VaR}^*_{1-p}, \ldots, x^*_{Ni} \leq \text{VaR}^*_{1-p}),$$

여기서 $x^*_{N(i-1)+1}, \ldots, x^*_{Ni}$는 블록 i에 속한 단위손실변수들이다. $x^*_{N(i-1)+1}, \ldots, x^*_{Ni}$가 독립이며 동일한 분포를 가진다는 가정과 $\Pr(x^*_t \leq \text{VaR}^*_{1-p}) = 1-p$를 이용하면, 위 식은 다음으로

정리된다:

$$\begin{aligned}\Pr(x_{(N,i)} \le \mathrm{VaR}^*_{1-p}) &= \Pr(x^*_{N(i-1)+1} \le \mathrm{VaR}^*_{1-p}) \times \cdots \times \Pr(x^*_{Ni} \le \mathrm{VaR}^*_{1-p}) \\ &= (1-p)^N. \end{aligned} \tag{20.4.5}$$

$x_{(N,i)}$을 정규화하면 식(20.4.5)는

$$\Pr\left(\frac{x_{(N,i)}-\mu}{\sigma} \le \frac{\mathrm{VaR}^*_{1-p}-\mu}{\sigma}\right) = (1-p)^N$$

를 의미한다. 이때 좌변은 정규화된 최댓값이 특정 값 이하일 확률을 나타내므로, 식(20.4.1)에 제시된 GEV 분포의 CDF로 표현할 수 있다. 따라서 $\xi \neq 0$에 대해 다음의 결과가 성립한다:

$$(1-p)^N = \exp\left(-\left(1+\xi\left(\frac{\mathrm{VaR}^*_{1-p}-\mu}{\sigma}\right)\right)^{-1/\xi}\right).$$

마지막으로, 양변에 자연로그를 취하여 VaR^*_{1-p}에 대해 정리하면

$$\mathrm{VaR}^*_{1-p} = \mu + \frac{\sigma}{\xi}\left((-N\ln(1-p))^{-\xi} - 1\right)$$

를 얻는다. 실제 분석에서는 ML 추정량 $\hat{\xi}, \hat{\mu}, \hat{\sigma}$을 대입하여 1기간 VaR^*_{1-p}을 계산한다.

1기간 VaR^*_{1-p}을 s 기간으로 확장하기 위해, Danielsson and de Vries [1997]는 관계식

$$s\text{기간 } \mathrm{VaR}^*_{1-p} = s^{\xi} \times (1\text{기간 } \mathrm{VaR}^*_{1-p})$$

을 제시하였다. 이는 손실의 시간적 누적이 멱함수 형태로 증가함을 의미한다. 특히 $\xi \gg 0$일 경우, 기간 s가 길어질수록 VaR가 가파르게 증가하며, 이는 장기적 위험관리에 있어 중요한 함의를 제공한다.

20.5 임곗값초과 접근법

20.5.1 임곗값초과 접근법의 장점

임곗값초과(Peaks Over Threshold, POT) 접근법은 전체 손실변수들 중에서 일정한 임곗값을 초과하는 손실만을 분리하여 분석하는 방식이다. 블록최대치 방식과 비교할 때, POT 접근법은 다음의 장점을 지닌다. 첫째, 표본 정보의 활용 측면에서 효율성이 높다. 블록최대치 방식은 각 블록에서 최댓값 하나만을 추출하므로, 전체 표본의 상당 부분이 분석에서

제외된다. 이에 따라 표본 수가 적을 때 모수 추정의 정밀성과 안정성이 크게 저해된다. 반면, POT 접근법은 주어진 임곗값을 넘는 모든 관측치를 활용하기 때문에, 표본 손실을 최소화면서 꼬리 분포를 추정할 수 있다. 둘째, POT 접근법은 블록크기의 선택 문제를 회피할 수 있다. 블록최대치 방식에서는 N의 선택이 추정 결과에 민감하게 작용하나, 이에 대한 이론적 기준은 존재하지 않는다. POT 접근법은 N 대신 단일 임곗값을 설정하며, 임곗값 선택은 평균초과함수(mean excess function)라는 합리적인 기준을 통해 이루어진다.

20.5.2 초과손실변수

특정 임곗값 η_0를 초과하는 1기간 단위손실변수 x_t^*에 대해 초과손실변수(excess loss variable) y_t^*는 $y_t^* = x_t^* - \eta_0 > 0$로 정의된다. x_t^*가 확률변수이므로, y_t^* 역시 확률변수이다. 이제 η_0가 충분히 크다고 가정하여, 이를 초과하는 손실변수, 즉 $x_t^* > \eta_0$는 극단값으로 간주하자. 이 경우 $y_t^* > 0$의 CDF는 다음과 같이 표현된다:

$$\Pr(y_t^* \le y | x_t^* > \eta_0) = \Pr(x_t^* \le y + \eta_0 | x_t^* > \eta_0) = \frac{\Pr(\eta_0 \le x_t^* \le y + \eta_0)}{\Pr(x_t^* > \eta_0)},$$

또는

$$\Pr(y_t^* \le y | x_t^* > \eta_0) = \frac{\Pr(x_t^* \le y + \eta_0) - \Pr(x_t^* \le \eta_0)}{\Pr(x_t^* > \eta_0)}. \tag{20.5.1}$$

한편, 근사식 $e^{-z} \approx 1 - z$을 이용하면 식(20.4.1)에서 제시된 정규화된 극단값의 CDF($\xi \neq 0$)는

$$F_*(x) \approx 1 - (1 + \xi x)^{-1/\xi}$$

로 근사된다. 이를 이용하면 식(20.5.1)의 각 분자 성분은 다음과 같이 표현된다:

$$\Pr(x_t^* \le y + \eta_0) = \Pr\left(\frac{x_t^* - \mu}{\sigma} \le \frac{y + \eta_0 - \mu}{\sigma}\right) \approx 1 - \left(1 + \xi\left(\frac{y + \eta_0 - \mu}{\sigma}\right)\right)^{-1/\xi},$$
$$\Pr(x_t^* \le \eta_0) = \Pr\left(\frac{x_t^* - \mu}{\sigma} \le \frac{\eta_0 - \mu}{\sigma}\right) \approx 1 - \left(1 + \xi\left(\frac{\eta_0 - \mu}{\sigma}\right)\right)^{-1/\xi}.$$

위의 결과를 대입하면 식(20.5.1)은

$$\Pr(y_t^* \le y | x_t^* > \eta_0) \approx 1 - \left(1 + \frac{\xi y}{\psi(\eta_0)}\right)^{-1/\xi} \tag{20.5.2}$$

로 정리되며, 여기서 $\psi(\eta_0) = \sigma + \xi(\eta_0 - \mu)$이다.

중요한 점은, 식(20.5.2)의 우변이 꼬리모수 ξ와 척도모수 $\psi(\eta_0)$를 가지는 GPD의 CDF와 정확히 일치한다는 것이다. 이는 초과손실변수 $y_t^* > 0$의 분포는 GPD로 근사될 수 있

음을 의미한다. 따라서 POT 접근법에서는 임곗값 η_0를 초과하는 x_t^*, 즉 극단값의 분포를 GPD로 모형화하며, 이를 바탕으로 우도함수를 구성하여 GPD의 모수 ξ, $\psi(\eta_0)$의 ML 추정량을 얻는다.

GPD의 중요한 특성인 자기유사성(self-similarity)은 임곗값을 더 높은 수준 $\eta > \eta_0$로 상향 조정하더라도 초과손실 $y_t^* = x_t^* - \eta > 0$의 분포는 여전히 GPD임을 시사한다. 즉, 모든 $\eta > \eta_0$에 대해 다음과 같은 결과가 성립한다:

$$\Pr(y_t^* \leq y | x_t^* > \eta) \approx 1 - \left(1 + \frac{\xi y}{\psi(\eta)}\right)^{-1/\xi}, \tag{20.5.3}$$

여기서 $\psi(\eta) = \psi(\eta_0) + \xi(\eta - \eta_0)$이다. 이러한 GPD의 자기유사성은 임곗값 설정의 유연성을 보장하고, 다양한 임곗값 수준에서 초과손실의 분석이 일관되도록 한다.

20.5.3 평균초과함수

확률변수 X가 $F(x)$를 따르며 정의역이 $[0,\infty)$인 경우, 기댓값은

$$E[X] = \int_0^\infty (1 - F(x))\, dx$$

로 표현할 수 있다. 이를 적용하면 초과손실변수 $y_t^* = x_t^* - \eta_0 > 0$의 기댓값은 다음과 같이 주어진다:

$$E[y_t^* | x_t^* > \eta_0] = \int_0^\infty (1 - F(y | x_t^* > \eta_0))\, dy,$$

여기서 $F(y|x_t^* > \eta_0)$는 초과손실변수 $y_t^* > 0$의 CDF를 의미한다. 식(20.5.2)의 결과를 이용하면

$$1 - F(y|x_t^* > \eta_0) \approx \left(1 + \frac{\xi y}{\psi(\eta_0)}\right)^{-1/\xi}$$

가 성립하며, $y_t^* > 0$의 기댓값은 다음으로 정리된다:

$$E[y_t^* | x_t^* > \eta_0] = \int_0^\infty \left(1 + \frac{\xi y}{\psi(\eta_0)}\right)^{-1/\xi} dy = \left[\frac{\psi(\eta_0)}{\xi - 1}\left(1 + \frac{\xi y}{\psi(\eta_0)}\right)^{\frac{\xi-1}{\xi}}\right]_0^\infty.$$

이때 $\xi \in (0,1)$을 가정하면 $(\xi - 1)/\xi < 0$이며, 이에 따라 $y \to \infty$일 때 지수항은 0으로 수렴한다. 따라서 위 식은

$$E[y_t^* | x_t^* > \eta_0] = \frac{\psi(\eta_0)}{\xi - 1}(0 - 1) = \frac{\psi(\eta_0)}{1 - \xi} \tag{20.5.4}$$

가 된다. 즉, $0 < \xi < 1$일 경우 초과손실변수 $y_t^* > 0$의 기댓값은 GPD의 척도모수 $\psi(\eta_0)$와 꼬리모수 ξ의 함수로 표현된다.

식(20.5.3)의 결과를 이용하여 식(20.5.4)의 결과를 일반화할 수 있다. 즉, 모든 $\eta > \eta_0$에 대해 $y_t^* = x_t^* - \eta > 0$의 기댓값 $e(\eta)$는

$$e(\eta) = E[y_t^* | x_t^* > \eta] = \frac{\psi(\eta_0) + \xi(\eta - \eta_0)}{1 - \xi} \tag{20.5.5}$$

로 유도되며, 이를 평균초과함수라고 부른다. 이때 $e(\eta)$는 η에 대해 선형적으로 증가하며, 그 기울기는

$$\frac{\partial e(\eta)}{\partial \eta} = \frac{\xi}{1 - \xi} > 0$$

이다. 따라서 $e(\eta)$는 $\eta > \eta_0$인 구간에서 양의 기울기를 갖는 직선이며, 이러한 선형성은 실제 분석에서 적절한 임곗값을 판단하는 데 유용하게 활용된다.

단위손실변수의 표본 $\{x_1^*, \ldots, x_T^*\}$이 주어진 경우, 평균초과함수 $e(\eta)$에 대한 표본 추정량은 다음과 같이 정의된다:

$$e_T(\eta) = \frac{1}{N_\eta} \sum_{i=1}^{N_\eta} (x_{t_i}^* - \eta),$$

여기서 $x_{t_i}^*$는 임곗값 η를 초과한 i번째 관측치이며, N_η는 η를 초과한 관측치의 개수이다. 평균초과그림(mea excess plot)은 다양한 η에 대해 $e_T(\eta)$을 계산하여 시각적으로 나타낸 것이다. 평균초과그림이 일정 수준 이상의 η에서 양의 기울기를 가지는 직선 형태를 보인다면, 해당 η를 초과하는 손실변수의 분포는 GPD로 잘 근사된다고 판단하여 이때의 η를 적정 임곗값으로 선택한다.

20.5.4 VaR와 ES 계산

식(20.5.2)는

$$\frac{\Pr(x_t^* \le y + \eta_0) - \Pr(x_t^* \le \eta_0)}{1 - \Pr(x_t^* \le \eta_0)} \approx 1 - \left(1 + \frac{\xi y}{\psi(\eta_0)}\right)^{-1/\xi}$$

을 의미한다. 이때 $\Pr(x_t^* \le \eta_0)$는 전체 표본 중 임곗값 η_0 이하인 관측치의 비율, 즉 $(T - N_{\eta_0})/T$로 근사할 수 있다. 따라서 위 식은 다음과 같이 정리된다:

$$\begin{aligned} \Pr(x_t^* \le y + \eta_0) &\approx 1 - (1 - \Pr(x_t^* \le \eta_0)) \left(1 + \frac{\xi y}{\psi(\eta_0)}\right)^{-1/\xi} \\ &\approx 1 - \frac{N_{\eta_0}}{T} \left(1 + \frac{\xi y}{\psi(\eta_0)}\right)^{-1/\xi}. \end{aligned} \tag{20.5.6}$$

이제 $y+\eta_0 = \text{VaR}^*_{1-p}$라 하면, $\Pr(x_t^* \le y+\eta_0) = \Pr(x_t^* \le \text{VaR}^*_{1-p}) = 1-p$이다. 따라서 식(20.5.6)은

$$1-p = 1-\frac{N_{\eta_0}}{T}\left(1+\frac{\xi(\text{VaR}^*_{1-p}-\eta_0)}{\psi(\eta_0)}\right)^{-1/\xi}$$

가 되며, 이를 1기간 VaR^*_{1-p}에 대해 정리하면 다음의 결과가 성립한다:

$$\text{VaR}^*_{1-p} = \eta_0 - \frac{\psi(\eta_0)}{\xi}\left[1-\left(\frac{Tp}{N_{\eta_0}}\right)^{-\xi}\right].$$

정의에 따라 1기간 ES^*_{1-p}는

$$\text{ES}^*_{1-p} = E_t[x_t^*|x_t^* > \text{VaR}^*_{1-p}] = \text{VaR}^*_{1-p} + E_t[x_t^* - \text{VaR}^*_{1-p}|x_t^* > \text{VaR}^*_{1-p}]$$

로 나타낼 수 있다. 만약 $\text{VaR}^*_{1-p} > \eta_0$라면, 식(20.5.5)는

$$E[x_t^* - \text{VaR}^*_{1-p}|x_t^* > \text{VaR}^*_{1-p}] = \frac{\psi(\eta_0)+\xi(\text{VaR}^*_{1-p}-\eta_0)}{1-\xi}$$

를 의미하며, 여기서 $0<\xi<1$이다. 결과적으로, 1기간 ES^*_{1-p}는 다음과 같이 주어진다:

$$\text{ES}^*_{1-p} = \text{VaR}^*_{1-p} + \frac{\psi(\eta_0)+\xi(\text{VaR}^*_{1-p}-\eta_0)}{1-\xi}.$$

한편, 다기간 위험 측정을 위해 다음의 관계식을 이용할 수 있다:

$$s\text{기간 VaR}^*_{1-p} = s^{\xi}\times(1\text{기간 VaR}^*_{1-p}),$$
$$s\text{기간 ES}^*_{1-p} = s^{\xi}\times(1\text{기간 ES}^*_{1-p}).$$

20.6 R 실습

20.6.1 예제 1

이 예제에서는 2011년 1월 3일부터 2021년 12월 30일까지의 삼성전자 일별 조정종가 시계열자료를 사용하여 VaR와 ES를 계산한다. 구체적으로 삼성전자 주식에 대해 총 10억 원 규모의 롱 포지션을 보유하고 있다고 가정한다. 일별 단위손실변수 x_t^*는 $x_t^* = -r_t$로 정의되며, 여기서 r_t는 시점 t의 로그수익률이다.

```
> libraries <- c("data.table", "evir", "rugarch", "xts")
```

```
> lapply(libraries, library, character.only = TRUE)
> dat <- fread("data12_1.csv", header = TRUE)
> prc <- xts(dat$ADJ_PRC,
+            order.by = as.Date(as.character(dat$TRD_DD), "%Y%m%d"))
> rtn <- diff(log(prc))
> rtn <- rtn[-1]
> loss <- -rtn
> model <- ugarchspec(mean.model = list(include.mean = FALSE),
+                     variance.model = list(model = "iGARCH"),
+                     fixed.pars = list(omega = 0))
> fit <- ugarchfit(spec = model, data = loss)
> sig <- c(sigma(ugarchforecast(fit, n.ahead = 1)))
> var1 <- qnorm(0.99)*sig
> round(1000000000*var1, digits = 0)
[1] 30527605
> es1 <- (dnorm(qnorm(0.99))/0.01)*sig
> round(1000000000*es1, digits = 0)
[1] 34974394
> var10 <- qnorm(0.99)*sqrt(10)*sig
> round(1000000000*var10, digits = 0)
[1] 96536764
> es10 <- (dnorm(qnorm(0.99))/0.01)*sqrt(10)*sig
> round(1000000000*es10, digits = 0)
[1] 110598745
```

먼저 RiskMetrics 접근법을 적용한 결과, 1일 $VaR_{0.99}$은 30,527,605원, 1일 $ES_{0.99}$는 34,974,394원으로 추정되었다. 이는 다음 거래일 해당 포지션에 대해 30,527,605원을 초과하는 손실이 발생할 확률이 1%이며, 1일 $VaR_{0.99}$를 초과하는 손실의 평균은 34,974,394원임을 의미한다. 한편, 10일 $VaR_{0.99}$와 $ES_{0.99}$는 각각 96,536,764원과 110,598,745원으로 계산되었다.

```
> model <- ugarchspec(mean.model = list(armaOrder = c(2, 1)),
+                     variance.model = list(garchOrder = c(1, 1)))
> fit <- ugarchfit(spec = model, data = loss)
> pred <- ugarchforecast(fit, n.ahead = 10)
> mu <- c(fitted(pred))[1]
> sig <- c(sigma(pred))[1]
> var1 <- mu + qnorm(0.99)*sig
> round(1000000000*var1, digits = 0)
[1] 31995861
> es1 <- mu + (dnorm(qnorm(0.99))/0.01)*sig
> round(1000000000*es1, digits = 0)
[1] 36815600
> mu <- sum(c(fitted(pred)))
> sig2 <- c(sigma(pred)^2)
> psi <- c(1, ARMAtoMA(ar = coef(fit)[1:4], ma = 0, lag = 9))
```

```
> Sig2 <- sum((rev(cumsum(psi)))^2*sig2)
> var10 <- mu + qnorm(0.99)*sqrt(Sig2)
> round(1000000000*var10, digits = 0)
[1] 114680819
> es10 <- mu + (dnorm(qnorm(0.99))/0.01)*sqrt(Sig2)
> round(1000000000*es10, digits = 0)
[1] 132649445
```

다음으로 ARMA(2, 1)–GARCH(1, 1) 모형에 기반한 시계열모형 접근법을 적용하였다. 추정 결과, 시계열 모형의 1일 및 10일 $\mathrm{VaR}_{0.99}$와 $\mathrm{ES}_{0.99}$는 RiskMetrics 접근법보다 큰 값을 가지는 것으로 나타났다. 이는 RiskMetrics 접근법이 손실을 상대적으로 과소평가할 가능성이 있음을 시사한다.

```
> fit <- gev(loss, 21)
> fit
$n.all
[1] 2710
$n
[1] 130
$block
[1] 21
$par.ests
         xi       sigma          mu
0.003324943 0.009979612 0.025822686
$par.ses
          xi         sigma            mu
0.0526707110 0.0006452083 0.0009646361
> xi <- fit$par.ests[[1]]
> sig <- fit$par.ests[[2]]
> mu <- fit$par.ests[[3]]
> var1 <- mu - (sig/xi)*(1 - (-21*log(0.99))^(-xi))
> round(1000000000*var1, digits = 0)
[1] 41387457
> var10 <- (10^xi)*var1
> round(1000000000*var10, digits = 0)
[1] 41705534
```

$N = 21$로 설정한 블록최대치 접근법을 사용하여 $\mathrm{VaR}_{0.99}$를 추정하였다. 추정 결과, 1일 $\mathrm{VaR}_{0.99}$는 41,387,457원으로 나타났으며, 이 값은 앞서 살펴본 RiskMetrics 및 시계열모형 접근법에 비해 유의미하게 높은 수준이다. 따라서 EVT 접근법은 꼬리 영역에 초점을 맞춤으로써 보수적인 위험 추정을 제공한다는 점을 알 수 있다. 한편 10일 $\mathrm{VaR}_{0.99}$는 41,705,534원으로 계산되었으며, 1일 $\mathrm{VaR}_{0.99}$ 값과 큰 차이가 없다. 이러한 결과는 손실분포의 꼬리 두께를 나타내는 꼬리모수 ξ의 값과 밀접한 관련이 있다. 일반적으로 $\xi \to 0$일수록 GEV

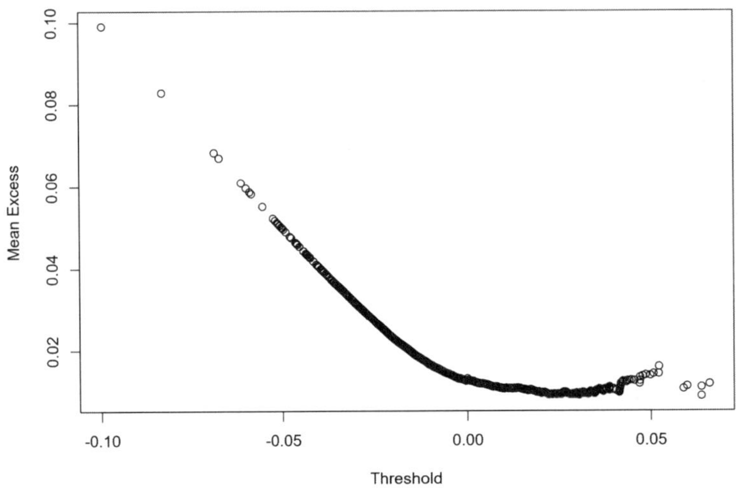

그림 20.6.1: 평균초과그림

분포의 꼬리가 얇아져 극단값의 발생 빈도가 낮아지며, 시간에 따른 위험의 누적 효과 역시 크지 않게 된다. 예제에서 추정된 꼬리 모수는 $\hat{\xi} = 0.0033$으로 0에 매우 근접한 값을 나타내고 있으며, 이에 따라 1일과 10일 VaR 간에 유의미한 차이가 발생하지 않은 것이다.

```
> meplot(loss)
> fit <- gpd(loss, threshold = 0.03)
> output <- riskmeasures(fit, p = 0.99)
> output
        p   quantile      sfall
[1,] 0.99 0.04182005 0.05263485
> var1 <- c(output)[2]
> round(1000000000*var1, digits = 0)
[1] 41820048
> es1 <- c(output)[3]
> round(1000000000*es1, digits = 0)
[1] 52634851
```

마지막으로 POT 접근법을 적용하여 1일 $\text{VaR}_{0.99}$와 $\text{ES}_{0.99}$를 추정하였다. 그림 20.6.1에 제시된 평균초과함수 $e_T(\eta)$는 임곗값 $\eta > 0.03$ 구간에서 단조증가하는 패턴을 보였으며, 이는 0.03을 초과하는 x_t^*의 분포는 GPD로 근사하기 적합하다는 것을 의미한다. 이에 따라 적정 임곗값을 $\eta = 0.03$으로 설정하였다. 추정 결과, 1일 $\text{VaR}_{0.99}$는 41,820,048원, 1일 $\text{ES}_{0.99}$는 52,634,851원으로 나타났다. 이는 블록최대치 방식의 결과와 매우 유사하며, RiskMetrics나 시계열모형 기반 결과보다 훨씬 높은 손실 수준에 해당한다.

20.6.2 예제 2

이번 예제에서는 복수 자산으로 구성된 포트폴리오의 VaR를 추정하는 방법을 살펴본다. 구체적으로 삼성전자와 SK하이닉스 주식에 대해 각각 10억 원 규모의 롱 포지션을 보유하고 있다고 가정한다. 포트폴리오의 1일 $\text{VaR}_{\text{PORT},0.99}$는 다음의 공식을 통해 계산된다:

$$\text{VaR}_{\text{PORT},0.99} = \sqrt{\text{VaR}_{1,0.99}^2 + \text{VaR}_{2,0.99}^2 + 2\text{VaR}_{1,0.99}\text{VaR}_{2,0.99}\rho_{12}[1]},$$

여기서 $\text{VaR}_{1,0.99}$와 $\text{VaR}_{2,0.99}$는 삼성전자와 SK하이닉스의 포지션에 대한 1일 $\text{VaR}_{0.99}$이며, $\rho_{12}[1]$는 1일 단위손실변수 간의 조건부상관계수에 대한 1일 예측 값이다.

```
> dat <- fread("data17_1.csv", header = TRUE)
> dat <- dat[, c(1, 3:4)]
> dat[, 2] <- -log(1 + dat[, 2]/100)
> dat[, 3] <- -log(1 + dat[, 3]/100)
> loss <- xts(dat[, 2:3],
+             order.by = as.Date(as.character(dat$TRD_DD), "%Y-%m-%d"))
> model <- ugarchspec(mean.model = list(include.mean = FALSE),
+                     variance.model = list(model = "iGARCH"),
+                     fixed.pars = list(omega = 0))
> fit1 <- ugarchfit(spec = model, data = loss$SAMSUNG)
> sig1 <- c(sigma(ugarchforecast(fit1, n.ahead = 1)))
> fit2 <- ugarchfit(spec = model, data = loss$SKHYNIX)
> sig2 <- c(sigma(ugarchforecast(fit2, n.ahead = 1)))
> (var1 <- round(10^9*qnorm(0.99)*sig1, digits = 0))
[1] 26338673
> (var2 <- round(10^9*qnorm(0.99)*sig2, digits = 0))
[1] 47759478
> var1 + var2
[1] 74098151
> e <- apply(loss, 2, function(x) scale(x, scale = FALSE))
> Sig_mat <- cov(e)
> for (i in 2:(dim(e)[1] + 1)){
+   ee <- as.vector(c(e[i - 1, 1], e[i - 1, 2]))
+   Sig_mat <- (1 - 0.94)*ee%*%t(ee) + 0.94*Sig_mat
+   rho12 <- Sig_mat[1, 2]/(sqrt(Sig_mat[1, 1])*sqrt(Sig_mat[2, 2]))
+ }
> sqrt(var1^2 + var2^2 + 2*rho12*var1*var2)
[1] 64189052
```

EWMA 모형을 적용하여 $\rho_{12}[1]$을 추정하였고, 이를 바탕으로 포트폴리오의 1일 VaR를 계산하였다. 추정 결과, $\text{VaR}_{\text{PORT},0.99}$는 64,189,052원으로 나타났으며, 삼성전자의 $\text{VaR}_{1,0.99}$와 SK하이닉스의 $\text{VaR}_{2,0.99}$의 단순 합인 74,098,151원보다 작은 것으로 확인되었다.

제21장 요인모형

21.1 요인모형의 이해

21.1.1 요인모형의 구조와 의미

요인모형(factor model)은 개별 자산의 수익률을 공통요인(common factor)에 의해 설명되는 체계적 부분과 해당 자산의 고유요인(idiosyncratic factor)에 의해 결정되는 개별적 부분으로 분해하는 접근법이다. 이를 통해 요인모형은 수익률벡터의 공분산행렬을 저차원 구조로 요약하고, 공분산행렬의 역행렬에 대한 계산 효율성을 크게 높인다. 따라서 요인모형은 공분산행렬의 역행렬이 요구되는 최적 포트폴리오 구성과 같은 실무에서 매우 중요한 역할을 한다. 한편, 공통 요인의 특성과 활용 방식에 따라 요인모형은 거시경제요인모형(macroeconomic factor model), 기초요인모형(fundamental factor model), 통계요인모형(statistical factor model)으로 구분된다.

일반적으로 자산 i의 시점 t에서의 로그수익률 $r_{i,t}$에 대한 요인모형의 형태는 다음과 같이 주어진다:

$$r_{i,t} = \alpha_i + \beta_{i1} f_{t,1} + \cdots + \beta_{iK} f_{t,K} + \varepsilon_{i,t} = \alpha_i + \beta_i' f_t + \varepsilon_{i,t}, \tag{21.1.1}$$

여기서 $f_t = [f_{t,k}]_{k=1}^K \in \mathbb{R}^{K \times 1}$는 시점 t의 공통요인(common factor)벡터, α_i는 자산 i의 절편, $\beta_i = [\beta_{ik}]_{k=1}^K \in \mathbb{R}^{K \times 1}$는 요인민감도(factor sensitivity)벡터, $\varepsilon_{i,t}$는 개별적 성분이다.

공통요인 f_t는 동일한 시점에 모든 자산의 수익률에 영향을 미치는 체계적 위험(systematic risk)—예를 들어, 기준금리, GDP 성장률, 인플레이션 등—을 의미한다. 요인민감도 β_i는 자산 i가 f_t에 얼마나 노출되어 있는지를 수치화한다. 따라서 결합항 $\beta_i' f_t$는 체계적 위험에 노출된 정도에 따른 보상으로 해석된다. 반면, 오차항 $\varepsilon_{i,t}$는 자산 i의 수익률에서 K개의 체계적 위험성분 $f_{t,1}, \ldots, f_{t,K}$으로 설명되지 않는 부분, 즉 비체계적 위험(nonsystematic risk)에 대한 보상에 해당한다.

21.1.2 요인모형의 통계학적 표현

요인모형을 통계학적으로 추정할 수 있는 구조로 만들기 위해서는 다음의 추가적 가정이 필요하다. 첫째, 다변량시계열 f_t는 정상과정 $I(0)$이다. 둘째, f_t는 $\varepsilon_{i,t}$와 외생적 관계에 있다. 즉, 모든 $k = 1,\ldots,K$에 대해 $E[f_{t,k}\varepsilon_{i,t}] = 0$이 성립한다. 셋째, $\varepsilon_{i,t}$는 백색잡음으로서, 모든 $t = 1,\ldots,T$에 대해 $E[\varepsilon_{i,t}] = 0$, $E[\varepsilon_{i,t}^2] = \sigma_{\varepsilon,i}^2$이며, 모든 $i \neq j$와 모든 $t \neq s$에 대해 $E[\varepsilon_{i,t}\varepsilon_{j,s}] = 0$이다.

식(21.1.1)을 모든 자산 $i = 1,\ldots,N$에 걸쳐 적층하면, 다음과 같은 시점 t에서의 횡단면 회귀모형을 얻는다:

$$\begin{bmatrix} r_{1,t} \\ r_{2,t} \\ \vdots \\ r_{N,t} \end{bmatrix} = \begin{bmatrix} \alpha_1 \\ \alpha_2 \\ \vdots \\ \alpha_N \end{bmatrix} + \begin{bmatrix} \beta_1' \\ \beta_2' \\ \vdots \\ \beta_N' \end{bmatrix} f_t + \begin{bmatrix} \varepsilon_{1,t} \\ \varepsilon_{2,t} \\ \vdots \\ \varepsilon_{N,t} \end{bmatrix},$$

또는 간단히

$$\mathbf{r}_t = \alpha + Bf_t + \varepsilon_t, \tag{21.1.2}$$

여기서 $\mathbf{r}_t = [r_{i,t}]_{i=1}^N \in \mathbb{R}^{N\times 1}$, $\alpha = [\alpha_i]_{i=1}^N \in \mathbb{R}^{N\times 1}$, $B = [\beta_i']_{i=1}^N \in \mathbb{R}^{N\times K}$, $\varepsilon_t = [\varepsilon_{i,t}]_{i=1}^N \in \mathbb{R}^{N\times 1}$이다. 이때 ε_t의 공분산행렬 $D \in \mathbb{R}^{N\times N}$은

$$E[\varepsilon_t\varepsilon_t'] = \mathrm{diag}(\sigma_{\varepsilon,1}^2,\ldots,\sigma_{\varepsilon,N}^2)$$

로 주어지며, 이는 ε_t의 오차 구조가 이분산-비자기상관 형태임을 의미한다.

한편, 식(21.1.1)을 모든 시점 $t = 1,\ldots,T$에 걸쳐 적층하면, 자산 i에 대한 시계열회귀모형은 다음과 같이 주어진다:

$$\begin{bmatrix} r_{i,1} \\ r_{i,2} \\ \vdots \\ r_{i,T} \end{bmatrix} = \begin{bmatrix} \alpha_i \\ \alpha_i \\ \vdots \\ \alpha_i \end{bmatrix} + \begin{bmatrix} f_1' \\ f_2' \\ \vdots \\ f_T' \end{bmatrix} \beta_i + \begin{bmatrix} \varepsilon_{i,1} \\ \varepsilon_{i,2} \\ \vdots \\ \varepsilon_{i,T} \end{bmatrix}$$

또는 간단히

$$\mathbf{r}_i = i_T\alpha_i + F\beta_i + \varepsilon_i = XG_i + \varepsilon_i, \tag{21.1.3}$$

여기서 $\mathbf{r}_i = [r_{i,t}]_{t=1}^T \in \mathbb{R}^{T\times 1}$, $i_T \in \mathbb{R}^{T\times 1}$, $F = [f_t']_{t=1}^T \in \mathbb{R}^{T\times K}$, $X = [\ i_T \quad F\ ] \in \mathbb{R}^{T\times(K+1)}$, $G_i' = (\alpha_i, \beta_i') \in \mathbb{R}^{(K+1)\times 1}$, $\varepsilon_i = [\varepsilon_{i,t}]_{t=1}^T \in \mathbb{R}^{T\times 1}$이다. 오차항벡터 ε_i의 공분산행렬은

$$E[\varepsilon_i \varepsilon_i'] = \sigma_{\varepsilon,i}^2 I_T \in \mathbb{R}^{T\times T}$$

이며, 이는 등분산-비자기상관오차 구조를 의미한다.

21.2 요인모형 공분산행렬의 추정

표본 $\{\mathbf{r}_t\}_{t=1}^T$가 주어진 경우, 수익률벡터 $\mathbf{r}_t$의 표본공분산행렬 $\hat{\Sigma} \in \mathbb{R}^{N\times N}$은

$$\hat{\Sigma} = \frac{1}{T}\sum_{t=1}^T (\mathbf{r}_t - \bar{\mathbf{r}})(\mathbf{r}_t - \bar{\mathbf{r}})'$$

로 계산되며, 여기서 $\bar{\mathbf{r}} = [\bar{r}_i]_{i=1}^N$, $\bar{r}_i = T^{-1}\sum_{t=1}^T r_{i,t}$이다. 이때 중요한 점은, 자산의 수 N이 클 경우 $\hat{\Sigma}$의 계산이 매우 복잡해진다는 것이다. 예를 들어 $N = 1,000$일 경우, $\hat{\Sigma}$을 얻기 위해서는 1,000개의 자산별 표본분산과 $2^{-1}(1,000^2 - 1,000)$개의 자산간 표본공분산을 동시에 계산해야 하며, 이는 실질적인 제약으로 작용한다.

이러한 계산 문제를 해결하기 위해 요인모형을 활용한다. 식(21.1.2)에서 제시된 횡단면회귀모형을 기반으로 $\mathbf{r}_t$의 공분산행렬 $\Sigma_F \in \mathbb{R}^{N\times N}$는 다음과 같이 표현된다:

$$\Sigma_F = Var[\alpha + Bf_t + \varepsilon_t] = BVar[f_t]B' + Var[\varepsilon_t] = B\Sigma_f B' + D,$$

여기서 $\Sigma_f = Var[f_t] \in \mathbb{R}^{K\times K}$, $D = E[\varepsilon_t \varepsilon_t'] \in \mathbb{R}^{N\times N}$이다. 따라서 B, Σ_f, D의 추정치가 주어지면 요인모형 공분산행렬의 추정치는

$$\hat{\Sigma}_F = \hat{B}\hat{\Sigma}_f \hat{B}' + \hat{D}$$

로 계산되며, 이는 표본공분산행렬 $\hat{\Sigma}$을 직접 계산하는 것보다 훨씬 효율적이다. 단, $\hat{\Sigma}_F$의 추정치는 요인모형의 구조에 의존하며, $\hat{\Sigma}$의 추정치와 반드시 일치하지 않는다.

예시 21.1. N개의 자산으로 구성된 포트폴리오를 생각해 보자. 자산 i가 포트폴리오에서 차지하는 비중을 w_i라 하면, 시점 t에서의 포트폴리오 수익률은 다음과 같이 정의된다:

$$r_{p,t} = w_1 r_{1,t} + \cdots + w_N r_{N,t} = w'\mathbf{r}_t,$$

여기서 $w = [w_i]_{i=1}^N \in \mathbb{R}^{N\times 1}$, $\sum_{i=1}^N w_i = 1$이다. 전역최소분산포트폴리오(Global Minimum Variance Portfolio, GMVP)는 모든 가능한 포트폴리오 중에서 분산이 최소인 포트폴리오로 정의되며, 효율적 투자선(efficient frontier) 상의 가장 왼쪽 끝 지점에 위치한다. 수학적으로 GMVP는 다음의 최적화 문제에 대한 해로 주어진다:

$$\min_w Var[r_{p,t}] = \min_w Var[w'\mathbf{r}_t] = \min_w w'\Sigma w,$$

여기서 $\Sigma = Var[\mathbf{r}_t]$이다. 이 문제의 해는

$$w^* = \frac{\Sigma^{-1} i_N}{i_N'\Sigma^{-1} i_N}$$

이며, w^*를 계산하기 위해서는 Σ^{-1}의 추정치가 필요하다. 표본공분산행렬 $\hat{\Sigma}$은 고차원에서 특이해지는 경향이 있어, $\hat{\Sigma}^{-1}$의 계산이 불안정하다. 반면, 요인모형의 공분산행렬 추정치 $\hat{\Sigma}_F$를 사용하면 역행렬 계산의 안정성과 효율성이 대폭 개선된다. 따라서 많은 자산으로 구성된 포트폴리오를 다루는 실무에서는 $\hat{\Sigma}$ 대신 $\hat{\Sigma}_F$를 사용하여 GMVP를 구성하는 것이 일반적이다.

21.3 거시경제요인모형

거시경제요인모형은 관측 가능한 거시경제 변수를 공통요인 f_t의 관측치로 사용하는 접근법이다. 시점 $t = 1,\ldots,T$에 걸쳐 관측된 거시경제 변수는 행렬 F를 구성하기 때문에, 식 (21.1.3)에 제시된 자산 i에 대한 시계열회귀모형의 독립변수행렬 X가 자연스럽게 구성된다. 결과적으로, 시계열회귀모형에 OLS를 적용하여 회귀계수벡터 G_i를 추정할 수 있다.

자산 i에 대한 G_i의 OLS 추정량은

$$\hat{G}_i = \begin{bmatrix} a_i \\ b_i \end{bmatrix} = (X'X)^{-1}X'\mathbf{r}_i$$

로 주어진다. 한편, 오차항 $\varepsilon_{i,t}$의 분산 $\sigma^2_{\varepsilon,i}$은

$$\hat{\sigma}^2_{\varepsilon,i} = \frac{e_i'e_i}{T}$$

로 추정되며, 여기서 $e_i = \mathbf{r}_i - X\hat{G}_i$는 잔차벡터이다.

모든 자산 $i = 1,\ldots,N$에 대해 자산별 시계열회귀모형을 추정한 결과를 바탕으로, 요인

모형 수익률 공분산행렬의 추정치는 다음과 같이 계산된다:

$$\hat{\Sigma}_F = \hat{B}\hat{\Sigma}_f\hat{B}' + \hat{D},$$

여기서 $\hat{B} = [b_i']_{i=1}^N$는 요인민감도행렬의 추정치, $\hat{\Sigma}_f \in \mathbb{R}^{K\times K}$는 공통요인의 표본공분산행렬, $\hat{D} = \mathrm{diag}(\hat{\sigma}_{\varepsilon,1}^2,\ldots,\hat{\sigma}_{\varepsilon,N}^2)$는 개별분산 추정치 $\hat{\sigma}_{\varepsilon,i}^2$로 구성된 대각행렬이다.특히, 거시경제 변수의 표본 $\{f_t\}_{t=1}^T$을 이용하여

$$\hat{\Sigma}_f = \frac{1}{T}\sum_{t=1}^T (f_t - \bar{f})(f_t - \bar{f})'$$

을 계산하며, 여기서 $\bar{f} = [\bar{f}_k]_{k=1}^K$, $\bar{f}_k = T^{-1}\sum_{t=1}^T f_{k,t}$이다.

거시경제 변수를 공통요인으로 활용할 때 중요한 점은 자산 수익률이 거시경제 변수의 수준에 반응하는 것이 아니라, 예상치 못한 충격에 반응한다는 것이다. 이는 거시경제요인모형의 공통요인 $f_{t,1},\ldots,f_{t,K}$가 서프라이즈 변수(surprise variable)의 형태가 되어야 함을 의미한다. 실제 분석에서는 VAR 모형을 적용하여 다변량시계열 f_t의 조건부기댓값을 추정한 뒤, 실제 관측값에서 이를 차감하여 남은 잔차를 서프라이즈 변수로 사용한다.

예시 21.2. 거시경제요인모형의 특수한 형태로서, 자산 i의 시점 t 수익률 $r_{i,t}$에 대한 시장모형은 다음과 같이 정의된다:

$$r_{i,t} = \alpha_i + \beta_i r_{M,t} + \varepsilon_{i,t},$$

여기서 $r_{M,t}$ 는 시장지수(예: KOSPI 지수, S&P500 지수)의 수익률이다. 시장모형은 시장수익률을 공통요인으로 설정하여, 개별 자산의 체계적 위험을 시장과의 상관관계를 통해 설명한다.

예시 21.3. Chen et al. [1986]의 거시경제요인모형은 산업생산 성장률, 단기금리 변화, 실제 인플레이션과 기대 인플레이션의 차이, 회사채-국채 금리 스프레드, 장단기 국채금리 스프레드 등을 공통요인으로 사용하였다. 이러한 거시경제 변수들은 개별 자산에 공통으로 작용하는 체계적 위험을 구체적으로 포착하며, 자산 수익률을 설명하는 데 널리 활용된다.

21.4 기초요인모형

거시경제요인모형과 달리, 기초요인모형은 공통요인 f_t를 직접 관찰할 수 없는 잠재변수로 간주하고, 개별 기업 혹은 자산의 특성에 기반한 관측 가능한 변수(예: 기업규모, 장부가-

시장가 비율, 산업분류 등)를 활용하여 f_t를 추정하는 접근법이다. 기초요인모형은 잠재적 공통요인의 추정 방법에 따라 BARRA 모형과 Fama-French 모형으로 구분된다.

21.4.1 BARRA 접근법

BARRA 모형은 개별 자산 i에 대하여 모든 시점 t에 걸쳐 일정한 값을 갖는 K개의 기업 · 자산 변수를 자산별 요인민감도 β_i로 간주한다. 이후 식(21.1.2)와 유사한 횡단면회귀모형을 통해, 관측 불가능한 공통요인 f_t를 시점별로 추정한다.

구체적으로 다음과 같은 시점 t에서의 횡단면회귀모형을 고려하자:

$$\mathbf{r}_t^* = Bf_t + \varepsilon_t, \tag{21.4.1}$$

여기서 $\mathbf{r}_t^*$는 수익률벡터 $\mathbf{r}_t$에서 무위험수익률(risk-free return)을 차감한 초과수익률로 구성된 종속변수벡터, $B = [\beta_i']_{i=1}^N$는 기업 · 자산 특성 변수의 벡터로 구성된 독립변수행렬이다. 자산의 개수 N이 요인의 개수 K보다 충분히 클 경우, 이 회귀모형은 추정 가능하다. 한 가지 주목할 점은, 식(21.1.2)와 달리 식(21.4.1)의 우변에는 상수항벡터 α가 존재하지 않는다는 것이다. 이는 자산가격결정모형의 이론적 구조에서 초과수익률의 기댓값은 상수항이 없는 형태로 표현된다는 점을 반영한 결과이며, 자세한 논의는 Cochrane [2009] 등을 참고할 수 있다.

오차항벡터 $\varepsilon_t \in \mathbb{R}^{N\times 1}$의 공분산행렬 $D = E[\varepsilon_t\varepsilon_t']$은 서로 다른 대각원소를 갖는 대각행렬이며, 이는 ε_t의 오차 구조가 이분산임을 의미한다. 따라서 회귀계수 f_t의 OLS 추정량은 일치성을 가지지만 효율적이지는 않다. 이 경우 효율성을 개선하기 위해 다음과 같은 WLS 추정량을 사용한다:

$$\hat{f}_{t,WLS} = (B'D^{-1}B)^{-1}(B'D^{-1}\mathbf{r}_t^*).$$

실제로는 D를 알 수 없으므로, 2단계 추정 절차인 FWLS를 사용해야 한다. 1단계에서는 시점 t에서의 OLS 추정치

$$\hat{f}_{t,OLS} = (B'B)^{-1}(B'\mathbf{r}_t^*)$$

을 이용해 잔차벡터 $e_t = \mathbf{r}_t^* - B\hat{f}_{t,OLS}$를 계산한다. 이 과정을 모든 시점 $t = 1,\ldots,T$에 대해 반복하여 잔차벡터의 표본 $\{e_t\}_{t=1}^T$을 얻는다. 이후 e_t의 표본공분산행렬 $\hat{\Sigma}_e \in \mathbb{R}^{N\times N}$을 다음과 같이 계산한다:

$$\hat{\Sigma}_e = \frac{1}{T}\sum_{t=1}^{T}(e_t - \bar{e})(e_t - \bar{e})',$$

여기서 $\bar{e} = [\bar{e}_i]_{i=1}^N$, $\bar{e}_i = T^{-1}\sum_{t=1}^T e_{i,t}$이다. 이때 $\hat{\Sigma}_e$의 i번째 대각원소가 자산 i의 분산 추정치

$\hat{\sigma}^2_{\varepsilon,i}$에 해당한다. 다음으로, 2단계에서는 모든 $i = 1, \ldots, N$에 대해 계산된 $\hat{\sigma}^2_{\varepsilon,i}$을 바탕으로 $\hat{D} = \text{diag}(\hat{\sigma}^2_{\varepsilon,1}, \ldots, \hat{\sigma}^2_{\varepsilon,N})$을 구성하고, 이를 이용해 시점 t에서의 FWLS 추정치를

$$\hat{f}_{t,FWLS} = (B'\hat{D}^{-1}B)^{-1}(B'\hat{D}^{-1}\mathbf{r}_t^*)$$

로 계산한다. 이 절차를 모든 시점에 걸쳐 적용하면, 공통요인 f_t의 FWLS 추정치 표본 $\{\hat{f}_{t,FWLS}\}_{t=1}^T$을 얻을 수 있다. 한편, 수익률 공분산행렬의 추정치는

$$\hat{\Sigma}_F = B\hat{\Sigma}_f B' + \hat{D}$$

로 계산되며, 여기서 $\hat{\Sigma}_f$는 $\hat{f}_{t,FWLS}$의 표본공분산행렬이다.

21.4.2 Fama-French 접근법

Fama and French [1993]은 기업 · 자산 특성 변수로부터 공통요인 f_t의 시점별 추정치 $\hat{f}_t$를 구하는 2단계 절차를 제안하였다. 예를 들어 기업규모를 첫 번째 공통요인으로 고려하자. 1단계에서는 시점 t에서 표본 내 모든 자산들을 기업규모에 따라 순서대로 정렬한다. 2단계에서는 기업규모를 기준으로 롱-숏 포트폴리오를 구성한다. 구체적으로, 기업규모가 큰 집단(예: 상위 1/3 또는 1/5)에 대해 롱 포지션을 취하고, 기업규모가 작은 집단(예: 하위 1/3 또는 1/5)에 대해 숏 포지션을 취한다. 이때 롱-숏 포트폴리오의 시점 t 수익률이 기업규모라는 공통요인의 추정치 $\hat{f}_{t,1}$이 된다. 동일한 절차를 다른 특성 변수에 대해서도 반복하여 해당 공통요인의 시점별 추정치 $\hat{f}_{t,2}$를 얻는다.

위의 과정을 통해 얻은 K개 공통요인에 대한 추정치 표본 $\{\hat{f}_{t,1}, \ldots, \hat{f}_{t,K}\}_{t=1}^T$을 바탕으로 독립변수행렬 $\hat{F} = [\hat{f}_t']_{t=1}^T \in \mathbb{R}^{T\times K}$를 구성한다. 이후 각 자산 i에 대해 식(21.1.3)에서 제시된 자산별 시계열회귀모형 $\mathbf{r}_i = i_T\alpha_i + \hat{F}\beta_i + \varepsilon_i$을 적용하여 α_i와 β_i의 OLS 추정치를 계산한다. 이렇게 얻은 추정치들, 즉 $a_1, \ldots, a_N$과 $b_1, \ldots, b_N$을 이용하면 수익률벡터의 공분산행렬을 추정할 수 있으며, 그 추정 과정은 앞서 살펴본 거시경제요인모형의 경우와 동일하다.

21.5 통계요인모형

통계요인모형은 수익률벡터의 공분산행렬을 설명하는 데 있어 지배적인 역할을 하는 소수의 요인을 찾은 후, 이를 바탕으로 공통요인 f_t를 추정하는 접근법이다. 이때 핵심 가정은 공통요인의 무상관 조건, 즉 모든 $k \neq s$에 대해 $Cov[f_{t,k}, f_{t,s}] = 0$이 성립한다는 것이다. 표본크기가 자산의 개수보다 클 경우($T > N$)에는 요인분석(factor analysis)이나 주성분분석(Principal Component Analysis, PCA)을 활용하여 공통요인의 추정치를 계산할 수 있다. 반

대로 자산의 개수가 표본크기보다 클 경우($N > T$)에는 점근주성분분석(asymptotic PCA)이 보다 적절하다. 이 절에서는 요인분석과 PCA를 소개하며, 점근 PCA에 관한 내용은 Tsay [2005], Zivot and Wang [2006] 등을 참고할 수 있다.

21.5.1 요인분석 접근법

수익률벡터 $\mathbf{r}_t$에 대해 $E[\mathbf{r}_t] = \mu \in \mathbb{R}^{N\times 1}$, $Cov[\mathbf{r}_t] = \Sigma \in \mathbb{R}^{N\times N}$라 하자. 요인분석은 횡단면 회귀모형

$$\mathbf{r}_t = \mu + Bf_t + \varepsilon_t \tag{21.5.1}$$

에 기반하며, 이때 f_t는 $E[f_t] = 0 \in \mathbb{R}^{K\times 1}$와 $Var[f_t] = I_K$를 만족한다고 가정한다. 따라서 $\mathbf{r}_t$의 요인모형 공분산행렬 Σ_F는

$$\Sigma_F = E\left[(\mathbf{r}_t - \mu)(\mathbf{r}_t - \mu)'\right] = BE[f_t f_t']B' + E[\varepsilon_t \varepsilon_t'] = BB' + D$$

로 표현되며, 개별 자산 i의 수익률 분산은

$$Var[r_{i,t}] = \beta_{i1}^2 + \cdots + \beta_{iK}^2 + \sigma_{\varepsilon,i}^2$$

로 주어진다. $\beta_{i1}^2 + \cdots + \beta_{iK}^2$는 $r_{i,t}$의 요인모형 분산 중에서 K개의 공통요인으로 설명되는 부분을 의미하며, 이를 공통성(communality)이라 한다. 반면, $\sigma_{\varepsilon,i}^2$는 공통요인으로 설명되지 않는 부분으로서, 특수성(uniqueness)이라고 부른다.

$\mathbf{r}_t$가 다변량정규분포를 따른다고 가정하면, ML 추정법을 통해 행렬 B와 D를 추정할 수 있다. ML 추정량 $\hat{B}$와 $\hat{D}$가 주어졌을 때, 요인모형 공분산행렬의 추정치 $\hat{\Sigma}_F$는

$$\hat{\Sigma}_F = \hat{B}\hat{B}' + \hat{D}$$

로 계산된다. 한편, 식(21.5.1)에서 제시된 횡단면회귀모형의 경험적 형태는 다음과 같이 표현된다:

$$\mathbf{r}_t - \hat{\mu} = \hat{B}f_t + \varepsilon_t,$$

여기서 $\hat{\mu}$는 $\mathbf{r}_t$의 표본평균이다. 오차항 ε_t는 이분산성을 가지므로, 시점 t에서의 회귀계수 f_t는 FWLS를 사용하여

$$\hat{f}_{t,FWLS} = (\hat{B}'\hat{D}^{-1}\hat{B})^{-1}(\hat{B}'\hat{D}^{-1}(\mathbf{r}_t - \hat{\mu}))$$

로 추정되며, 이를 반복하여 모든 시점 $t = 1, \ldots, T$에 걸쳐 FWLS 추정치 $\hat{f}_{t,FWLS}$를 계산한다.

귀무가설인 "주어진 수익률 표본 $\{\mathbf{r}_t\}_{t=1}^{T}$를 설명하는 데 필요한 요인의 수는 K이다"를 검정하기 위한 LR 검정통계량과 그 점근분포는 다음과 같이 주어진다:

$$LR(K) = -\left(T - 1 - \frac{1}{6}(2N+5) - \frac{2}{3}K\right)\left(\ln|\hat{\Sigma}| - \ln|\hat{B}\hat{B}' + \hat{D}|\right) \xrightarrow{d} \chi^2_v,$$

여기서 $\hat{\Sigma}$는 $\mathbf{r}_t$의 표본공분산행렬, $v = 2^{-1}((N-K)^2 - N - K)$이다.

요인분석 접근법의 중요한 특징 중 하나는 공통요인 f_t가 유일하게 식별되지 않는다는 점이다. 즉, 임의의 직교행렬 $P \in \mathbb{R}^{K \times K}$에 대해 $P'P = PP' = I$라면, 식(21.5.1)을 다음과 같이 쓸 수 있다:

$$\mathbf{r}_t = \mu + (BP)(P'f_t) + \varepsilon_t = \mu + B^* f_t^* + \varepsilon_t,$$

여기서 $f_t^* = P'f_t$는 여전히 $E[f_t^*] = 0$, $Var[f_t^*] = P'Var[f_t]P = P'P = I$를 만족하는 직교요인이다. 이러한 비유일성은 요인 회전(rotation)의 가능성을 제공한다. 즉, 요인 자체를 선형변환하여도 설명력은 그대로 유지되므로, 해석을 용이하게 만드는 방향으로 요인을 회전할 수 있다. 대표적인 방법으로 Kaiser [1958]가 제안한 varimax 회전이 있다. 이는 각 요인 내에서 요인민감도의 분산을 극대화하여, 일부 변수는 특정 요인에 강하게, 다른 변수는 약하게 반응하게 함으로써 요인의 해석 가능성을 높이는 방식이다.

21.5.2 PCA 접근법

PCA는 대표적인 차원축소(dimension reduction) 기법으로, $\mathbf{r}_t \in \mathbb{R}^{N \times 1}$의 표본공분산행렬 $\hat{\Sigma}$을 가능한 적은 수의 주성분을 이용해 근사한다. 이때 주성분은 각기 다른 방향에서 최대한 많이 $\hat{\Sigma}$을 설명하도록 정의된다. 즉, 첫 번째 주성분은 $\hat{\Sigma}$을 가장 많이 설명하고, 두 번째 주성분은 그 다음으로 $\hat{\Sigma}$을 많이 설명하게끔 차례대로 구해진다. 모든 주성분은 서로 직교하며, 단위 벡터로 정규화된다.

구체적으로 첫 번째 주성분 $x_1^* \in \mathbb{R}^{N \times 1}$은 최적화 문제

$$\max_{x_1} x_1' \hat{\Sigma} x_1, \; x_1' x_1 = 1$$

의 해로 주어진다. 이는 $\hat{\Sigma}$을 최대화하는 방향을 찾는 문제이며, x_1^*는 $\hat{\Sigma}$의 최대 고윳값에 대응하는 고유벡터가 된다. 같은 방식으로 두 번째 주성분 x_2^*는 최적화 문제

$$\max_{x_2} x_2' \hat{\Sigma}_R x_2, \; x_2' x_2 = 1, x_1^{*\prime} x_2 = 0$$

의 해이며, 이때 x_2^*는 $\hat{\Sigma}$의 두 번째로 큰 고윳값에 대응하는 고유벡터로 주어진다. 이 과정을 반복하면 최대 N개의 주성분을 얻을 수 있다.

실제 응용에서는 스크리그림(scree plot)을 이용하여 필요한 주성분의 개수를 선택한다. 스크리그림은 $\hat{\Sigma}$의 고윳값을 내림차순으로 나열해 시각화한 것으로서, 이를 바탕으로 고윳값이 점차 평탄해지는 지점을 찾아 그 지점까지의 주성분만을 선택한다. 이 지점은 추가적인 요인이 더 이상 유의미한 설명력을 제공하지 않는 지점을 의미한다.

PCA를 통해 얻은 K개 주성분 $x_1^*, \ldots, x_K^*$를 이용해 시점 t에서의 공통요인 추정치 $\hat{f}_t \in \mathbb{R}^{K\times 1}$을

$$\hat{f}_t = [x_k^{*\prime}\mathbf{r}_t]_{k=1}^K$$

로 계산한다. 동일한 과정을 모든 시점 $t = 1, \ldots, T$에 걸쳐 적용하면, 추정치 행렬 $\hat{F} = [\hat{f}_t']_{t=1}^T \in \mathbb{R}^{T\times K}$를 얻을 수 있다. 다음으로 자산별 시계열회귀모형 $\mathbf{r}_i = \alpha_i i_T + \hat{F}\beta_i + \varepsilon_i$에 OLS를 적용하여 계수 β_i와 오차항 분산 $\sigma_{\varepsilon,i}^2$를 추정한다. 이렇게 얻은 OLS 추정치 $b_1, \ldots, b_N$과 $\hat{\sigma}_{\varepsilon,1}^2, \ldots, \hat{\sigma}_{\varepsilon,N}^2$을 바탕으로, 요인모형 공분산행렬의 추정치 $\hat{\Sigma}_F$는 다음과 같이 계산된다:

$$\hat{\Sigma}_F = \hat{B}\hat{\Sigma}_f\hat{B}' + \hat{D},$$

여기서 $\hat{B} = [b_i']_{i=1}^N$, $\hat{D} = \text{diag}(\hat{\sigma}_{\varepsilon,1}^2, \ldots, \hat{\sigma}_{\varepsilon,N}^2)$, $\hat{\Sigma}_f$는 $\hat{f}_t$의 표본공분산행렬이다.

21.6 R 실습

이 예제에서는 2010년 1월부터 2023년 12월까지의 15개 주요 KOSPI 상장기업과 KOSPI 지수의 일별 수익률 자료를 이용해 요인모형을 추정한다. 분석에 사용된 종목은 삼성전자(005930), SK하이닉스(000660), 현대자동차(005380), 셀트리온(068270), 기아(000270), KB금융(105560), 신한지주(055550), 포스코(005490), 네이버(035420), 삼성SDI(006400), LG화학(051910), 현대모비스(012330), 하나금융지주(086790), 카카오(035720), LG전자(066570)이다. 실제 분석은 월별 로그수익률을 바탕으로 진행한다.

```
> libraries <- c("data.table", "vars", "xts")
> lapply(libraries, library, character.only = TRUE)
> dat1 <- fread("data21_1.csv", header = TRUE)
> dat1 <- xts(log(1 + dat1[ , 2:17]/100),
+             order.by = as.Date(as.character(dat1$TRD_DD), "%Y%m%d"))
> result <- NULL
> ep <- endpoints(dat1, on = "months")
> for (i in 1:16){
+   output <- period.apply(dat1[ , i], INDEX = ep, FUN = function(x) sum(x))
```

```
+   result <- cbind(result, output)
+ }
> dat1 <- result
> head(dat1)
               A005930     A000660     A005380     A068270     A000270
2010-01-29 -0.01889779 -0.017349390 -0.068300583  0.06154946 -0.02545263
2010-02-26 -0.05239020 -0.079977502  0.017373433  0.11501399  0.10680754
2010-03-31  0.09472444  0.240009212  0.004472959  0.10335986  0.14922654
2010-04-30  0.03716039  0.061603269  0.170609438  0.08685732  0.08169823
2010-05-31 -0.09014145 -0.121573047  0.021557374 -0.01632793  0.13343702
2010-06-30 -0.00278878 -0.004067802  0.031789252 -0.02890470  0.04374025
...
               A051910     A012330     A086790     A035720     A066570
2010-01-29 -0.13311023 -0.144389590  0.012147682  0.004353218 -0.10871585
2010-02-26  0.07221749  0.003433901  0.005825221 -0.004243056 -0.01843667
2010-03-31  0.11236666  0.009792684  0.045237196 -0.042277852  0.07201470
2010-04-30  0.16261322  0.215150896 -0.005522712 -0.011749647  0.05898824
2010-05-31 -0.03616756  0.067599403 -0.109076001  0.165539117 -0.15960136
2010-06-30  0.12528546  0.039393455  0.049964127  0.073426167 -0.10111113
                  KOSPI
2010-01-29 -0.048984567
2010-02-26 -0.004827374
2010-03-31  0.059537482
2010-04-30  0.028448376
2010-05-31 -0.059254842
2010-06-30  0.034229794
> R_mat <- as.matrix(dat1[ , 1:15])
> w_data <- solve(var(R_mat))%*%rep(1, 15)
> w_data <-  w_data/sum(w_data)
> round(t(w_data), digits = 4)
     A005930 A000660 A005380 A068270 A000270 A105560 A055550 A005490 A035420
[1,]  0.2093  0.0861  0.0682  0.0876   0.046  -4e-04  0.4911  0.0118  0.0695
     A006400 A051910 A012330 A086790 A035720 A066570
[1,]  0.0344 -0.0485  0.0536 -0.1606  0.0533 -0.0013
```

요인모형과의 비교를 위해, 15개 종목의 수익률로 구성된 수익률벡터의 표본공분산행렬 $\hat{\Sigma}$를 계산하였고, 이를 바탕으로 GMVP를 계산하였다.

```
> result <- NULL
> for (i in 1:15){
+   myformula <- as.formula(paste(names(dat1)[i], "~ KOSPI"))
+   fit <- lm(myformula, data = data.frame(dat1))
+   B_mat <- coef(fit)[2]
+   sigma <- summary(fit)$sigma
+   R_sq <-  summary(fit)$r.squared
+   output <- cbind(B_mat, sigma, R_sq)
+   result <- rbind(result, output)
```

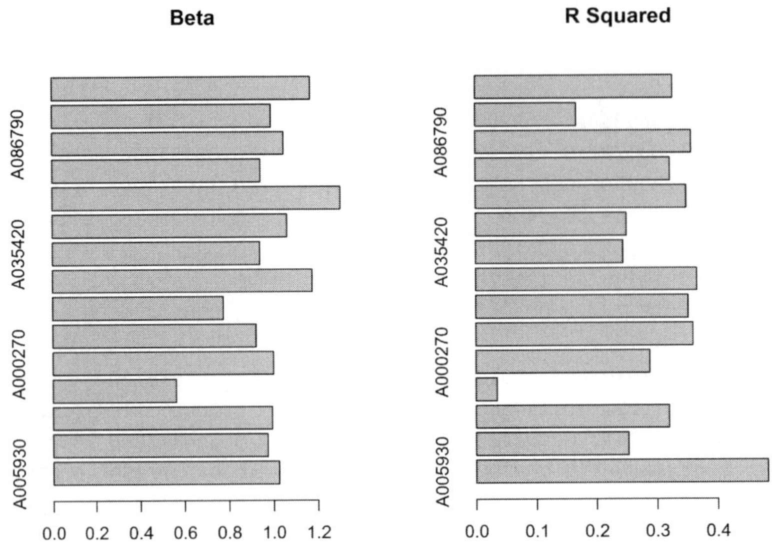

그림 21.6.1: 시장모형의 요인민감도 추정치와 R^2

```
+ }
> row.names(result) <- names(dat1[ , 1:15])
> result
            B_mat      sigma      R_sq
A005930 1.0246924 0.04939795 0.4820678
A000660 0.9733049 0.07790028 0.2524286
A005380 0.9938415 0.06738021 0.3199973
A068270 0.5620696 0.13741727 0.0349241
A000270 1.0000328 0.07316131 0.2878202
A105560 0.9220199 0.05723208 0.3595466
A055550 0.7765207 0.04905530 0.3514921
A005490 1.1761876 0.07202005 0.3658508
A035420 0.9402432 0.07698749 0.2439312
A006400 1.0635901 0.08577305 0.2495833
A051910 1.3011912 0.08271512 0.3486517
A012330 0.9435928 0.06368035 0.3219991
A086790 1.0490790 0.06545595 0.3571729
A035720 0.9922210 0.10282591 0.1676437
A066570 1.1707900 0.07819754 0.3265468
> par(mfrow = c(1, 2))
> barplot(result[ , 1], names = names(result), main = "Beta", horiz = TRUE)
> barplot(result[ , 3], names = names(result), main = "R Squared",
+         horiz = TRUE)
> dev.off()
> B_mat <- as.matrix(result[ , 1])
```

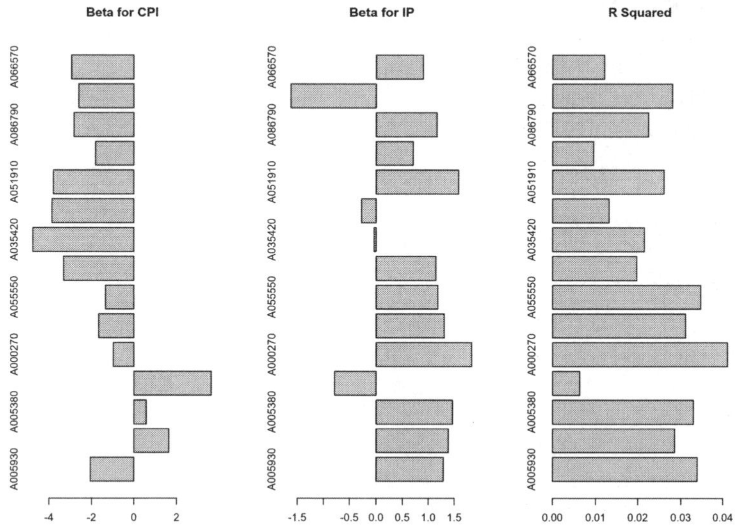

그림 21.6.2: 거시경제요인모형의 요인민감도 추정치와 R^2

```
> D_mat <- diag((result[ , 2])^2)
> Sig_mat <- B_mat%*%var(dat1[ , 16])%*%t(B_mat) + D_mat
> w_model <- solve(Sig_mat)%*%rep(1, 15)
> w_model <- w_model/sum(w_model)
> round(t(w_model), digits = 4)
     A005930 A000660 A005380 A068270 A000270 A105560 A055550 A005490 A035420
[1,]  0.1031  0.0574  0.0682  0.0595  0.0557  0.1359  0.2991 -0.0066  0.0693
     A006400 A051910 A012330 A086790 A035720 A066570
[1,]  0.0242 -0.0395  0.0998   0.048  0.0296 -0.0039
```

첫 번째 요인모형으로서, KOSPI 지수 수익률을 $r_{M,t}$로 이용해 시장모형을 추정하였다. 그림 21.6.1은 개별 시계열회귀모형으로부터 계산된 요인민감도 추정치 b_i와 R^2를 막대그래프로 제시한다. 요인모형 공분산행렬의 추정치 $\hat{\Sigma}_F$를 이용해 GMVP를 계산한 결과, 표본공분산행렬 $\hat{\Sigma}$를 바탕으로 계산된 GMVP와 상당히 다르게 나타났다. 이는 공분산 구조에 대한 가정이나 추정 방법이 포트폴리오 구성에 중요한 영향을 미친다는 점을 시사한다.

```
> dat2 <- fread("data21_2.csv", header = TRUE)
> head(dat2)
    TRD_DD    CPI    IP
    <char>  <num> <num>
1: 2009/05 83.862  77.8
2: 2009/06 83.788  79.9
3: 2009/07 84.086  79.8
4: 2009/08 84.384  80.3
```

```
5: 2009/09 84.459  82.2
6: 2009/10 84.235  81.2
> CPI <- diff(log(dat2$CPI))
> IP <- diff(log(dat2$IP))
> dat2 <- cbind(CPI, IP)
> VARselect(dat2, lag = 10)
$selection
AIC(n)  HQ(n)  SC(n) FPE(n)
     7      2      2      7
> fit <- VAR(dat2, lag = 7)
> res <- xts(residuals(fit), order.by = index(dat1))
> dat2 <- merge(dat1, res)
> result <- NULL
> for (i in 1:15){
+   myformula <- as.formula(paste(names(dat2)[i], "~ CPI + IP"))
+   fit <- lm(myformula, data = data.frame(dat2))
+   B_mat <- coef(fit)[2:3]
+   sigma <- summary(fit)$sigma
+   R_sq <-  summary(fit)$r.squared
+   output <- cbind(t(B_mat), sigma, R_sq)
+   result <- rbind(result, output)
+ }
> row.names(result) <- names(dat2[ , 1:15])
> result
               CPI          IP      sigma        R_sq
A005930 -2.0619529  1.29033660 0.06767130 0.033860464
A000660  1.6315763  1.38481373 0.08906961 0.028574300
A005380  0.5808746  1.46504611 0.08059701 0.032926204
A068270  3.6339299 -0.78865418 0.13986600 0.006245725
...
A012330 -1.8230367  0.70492494 0.07720269 0.009487229
A086790 -2.8358695  1.16463896 0.08096130 0.022477495
A035720 -2.6108827 -1.62379246 0.11145251 0.028014517
A066570 -2.9484909  0.89923359 0.09499760 0.012078658
> par(mfrow = c(1, 3))
> barplot(result[ , 1], names = names(result), horiz = TRUE,
+         main = "Beta for CPI")
> barplot(result[ , 2], names = names(result), horiz = TRUE,
+         main = "Beta for IP")
> barplot(result[ , 4], names = names(result), main = "R Squared",
+         horiz = TRUE)
> dev.off()
> B_mat <- as.matrix(result[ , 1:2])
> D_mat <- diag((result[ , 3])^2)
> Sig_mat <- B_mat%*%var(dat2[ , 17:18])%*%t(B_mat) + D_mat
> w_model <- solve(Sig_mat)%*%rep(1, 15)
> w_model <- w_model/sum(w_model)
> round(t(w_model), digits = 4)
     A005930 A000660 A005380 A068270 A000270 A105560 A055550 A005490 A035420
```

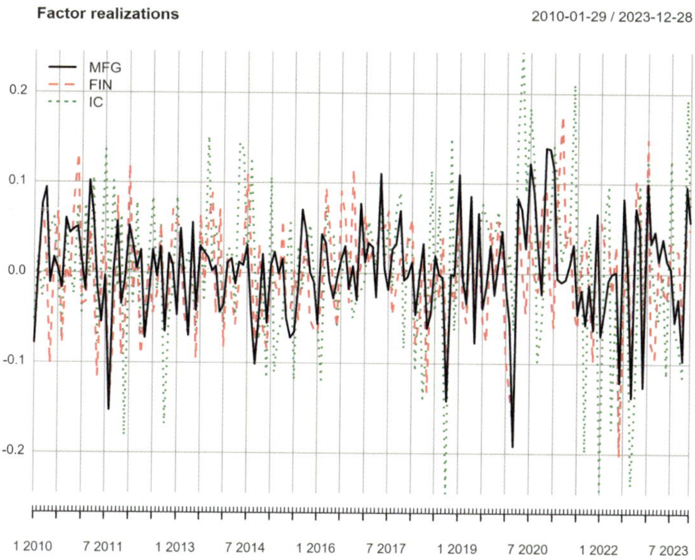

그림 21.6.3: BARRA 모형의 공통요인 추정치

```
[1,]  0.0967  0.0587  0.0695  0.0326  0.0569  0.0892  0.1266  0.0549  0.0669
     A006400 A051910 A012330 A086790 A035720 A066570
[1,]  0.0554  0.0396  0.0816   0.068   0.052  0.0514
```

다음으로, 소비자물가지수(CPI)와 계절조정 산업생산지수(IP)를 사용한 거시경제요인 모형을 고려하였다. 이를 위해 CPI와 IP의 월별 수준 값에 대해 로그를 취한 뒤 1차 차분을 통해 성장률 시계열을 계산하였다. 두 성장률로 구성된 VAR(7) 모형을 추정하여, 그 잔차를 이용해 서프라이즈 변수를 구성하였다. 그림 21.6.2는 추정된 요인민감도와 R^2을 나타낸다. 추정 결과, 15개 종목 모두에서 R^2 값은 1% 미만으로 매우 낮게 나타났는데, 이는 소비자물가와 산업생산이 개별 주식 수익률을 거의 설명하지 못함을 의미한다. 한편, $\hat{\Sigma}_F$를 이용하여 계산한 GMVP는 앞서 계산한 GMVP 모두와 다르게 나타났다.

```
> dat3 <- fread("data21_3.csv", header = TRUE)
> head(dat3)
   TRD_DD  CD90
   <char> <num>
1: Jan.10  2.88
2: Feb.10  2.88
3: Mar.10  2.83
4: Apr.10  2.51
5: May.10  2.45
6: Jun.10  2.45
> CD90 <- xts(log(1 + (dat3[ , 2]/12)/100), order.by = index(dat1))
```

```
> dat3 <- merge(dat1, CD90)
> result <- NULL
> for (i in 1:15){
+   output <- dat3[ , i] - dat3$CD90
+   result <- cbind(result, output)
+ }
> dat3 <- result
> ind_dummy <- fread("data21_4.csv", header = TRUE)
> head(ind_dummy)
    TICKER   MFG   FIN    IC
    <char> <int> <int> <int>
1: A005930     1     0     0
2: A000660     1     0     0
3: A005380     1     0     0
4: A068270     1     0     0
5: A000270     1     0     0
6: A105560     0     1     0
> result <- NULL
> for (i in 1:dim(dat3)[1]){
+   rtn_dat <- data.frame(t(dat3[i, ]))
+   names(rtn_dat) <- "RTN"
+   mydat <- cbind(rtn_dat, ind_dummy[ , 2:4])
+   fit <- lm(RTN ~ MFG + FIN + IC - 1, data = mydat)
+   res <- residuals(fit)
+   result <- rbind(result, res)
+ }
> sig2_ols <- apply(result, 2, function(x) var(x))
> wts <- 1/sig2_ols
> result1 <- NULL
> result2 <- NULL
> for (i in 1:dim(dat3)[1]){
+   rtn_dat <- data.frame(t(dat3[i, ]))
+   names(rtn_dat) <- "RTN"
+   mydat <- cbind(rtn_dat, ind_dummy[ , 2:4])
+   fit <- lm(RTN ~ MFG + FIN + IC - 1, weights = wts, data = mydat)
+   result1 <- rbind(result1, coef(fit))
+   result2 <- rbind(result2, residuals(fit))
+ }
> result1 <- xts(result1, order.by = index(dat3))
> sig2_wls <- apply(result2, 2, function(x) var(x))
> plot(result1, main = "Factor realizations", lty = 1:3)
> addLegend("topleft", legend.names = c("MFG", "FIN", "IC"), lwd = 2,
+           lty = 1:3)
> B_mat <- as.matrix(ind_dummy[, 2:4])
> D_mat <- diag(sig2_wls)
> F_mat <- result1
> Sig_mat <- B_mat%*%var(F_mat)%*%t(B_mat) + D_mat
> w_model <- solve(Sig_mat)%*%rep(1, 15)
> w_model <- w_model/sum(w_model)
```

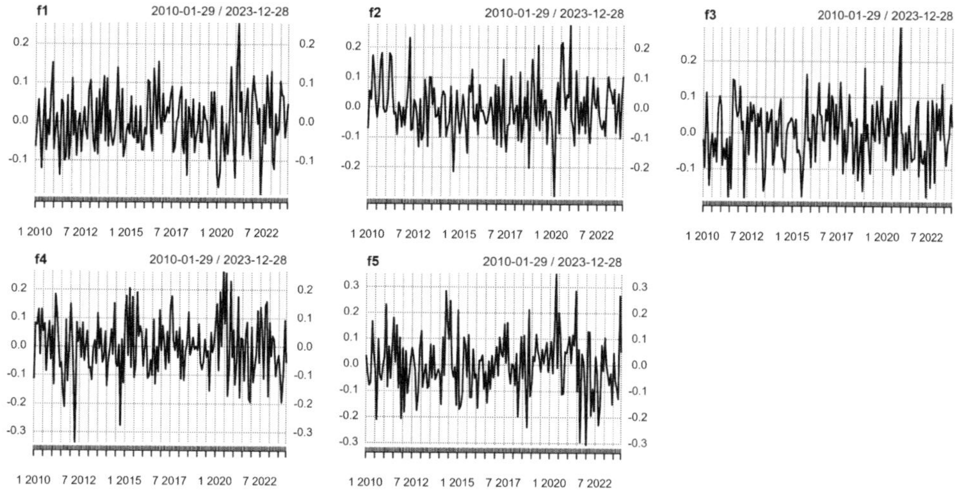

그림 21.6.4: 요인분석의 공통요인 추정치

```
> w_model <- data.frame(t(w_model))
> names(w_model) <- names(dat3)
> round(w_model, digits = 4)
  A005930 A000660 A005380 A068270 A000270 A105560 A055550 A005490 A035420
1  0.0837  0.0354  0.0854  0.0111  0.0649   0.146  0.1356  0.0374   0.061
  A006400 A051910 A012330 A086790 A035720 A066570
1  0.0396  0.0359  0.0864  0.0752   0.061  0.0413
```

산업분류를 특성 요인으로 삼아 다음과 같은 BARRA 모형을 고려하였다:

$$r^*_{i,t} = \beta_{i1} f_{t,1} + \cdots + \beta_{iK} f_{t,K} + \varepsilon_{i,t},$$

여기서 β_{ik}는 산업분류에 대한 가변수(1: 종목 i가 산업 k에 속함, 0: 속하지 않음)이다. 15개 종목은 제조업(MFG), 금융(FIN), 정보통신(IC) 중 하나로 분류되었다. 위험자산의 초과수익률 $r^*_{i,t}$의 계산을 위해, 무위험수익률로서 연환산 양도성예금증서(CD) 금리를 사용하였다. 공통요인의 FWLS 추정치는 그림 21.6.3에 제시되어 있다.

```
> dat4 <- dat1[ , 1:15]
> fit <- factanal(dat4, factors = 5)
> fit
Call:
factanal(x = dat4, factors = 5)
Uniquenesses:
A005930 A000660 A005380 A068270 A000270 A105560 A055550 A005490 A035420
  0.186   0.585   0.227   0.957   0.312   0.219   0.232   0.615   0.699
```

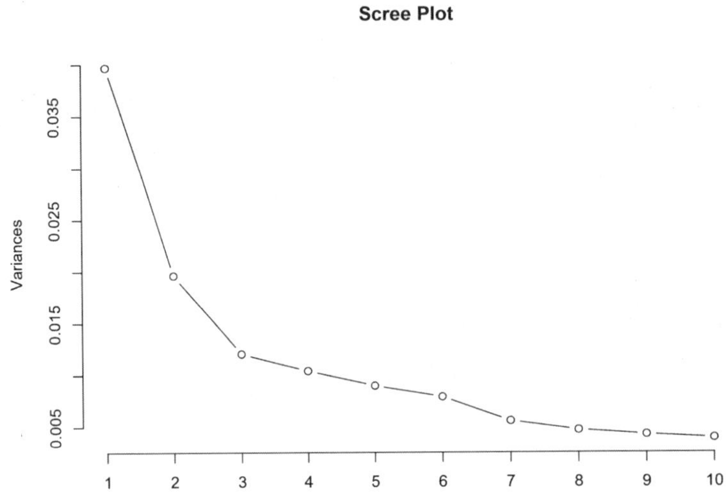

그림 21.6.5: 스크리그림

```
A006400 A051910 A012330 A086790 A035720 A066570
  0.593   0.005   0.419   0.250   0.005   0.638
Loadings:
        Factor1 Factor2 Factor3 Factor4 Factor5
A005930  0.282   0.203   0.832
A000660  0.142           0.620
A005380  0.121   0.834   0.165   0.158   0.107
A068270                          0.184
A000270  0.163   0.790   0.132           0.122
A105560  0.844   0.165   0.166   0.116
A055550  0.837   0.135           0.186
A005490  0.530   0.124   0.223   0.171
A035420  0.165   0.184   0.274   0.138   0.382
A006400  0.103   0.371   0.249   0.402   0.187
A051910  0.184   0.254   0.206   0.923
A012330  0.177   0.710   0.157   0.109
A086790  0.802   0.149   0.230           0.152
A035720  0.104   0.169           0.148   0.966
A066570  0.142   0.252   0.467   0.178   0.169
Test of the hypothesis that 5 factors are sufficient.
The chi square statistic is 38.07 on 40 degrees of freedom.
The p-value is 0.557
> B_mat <- loadings(fit)[ , 1:5]
> D_mat <- diag(fit$uniquenesses)
> dat4 <- apply(dat4, 2, function(x) scale(x, scale = FALSE))
> result <- NULL
> for (i in 1:dim(dat4)[1]){
+   R_mat <- as.matrix(dat4[i, ])
+   F_mat <- solve(t(B_mat)%*%solve(D_mat)%*%B_mat)
```

```
+   F_mat <- F_mat%*%(t(B_mat)%*%solve(D_mat)%*%R_mat)
+   result <- rbind(result, t(F_mat))
+ }
> result <- xts(result, order.by = index(dat1))
> par(mfrow = c(3, 2))
> plot(result[ , 1], main = "f1")
> plot(result[ , 2], main = "f2")
> plot(result[ , 3], main = "f3")
> plot(result[ , 4], main = "f4")
> plot(result[ , 5], main = "f5")
> dev.off()
> vars <- apply(dat4, 2, function(x) var(x))
> B_mat <- B_mat*vars
> D_mat <- D_mat*vars
> Sig_mat <- B_mat%*%t(B_mat) + D_mat
> w_model <- solve(Sig_mat)%*%rep(1, 15)
> w_model <- w_model/sum(w_model)
> round(t(w_model), digits = 4)
     A005930 A000660 A005380 A068270 A000270 A105560 A055550 A005490
[1,]  0.0744  0.0134  0.0352   0.003  0.0227  0.0547  0.0748  0.0106
     A035420 A006400 A051910 A012330 A086790 A035720 A066570
[1,]  0.0094  0.0067   0.371  0.0232  0.0328  0.2598  0.0085
```

다섯 개의 요인을 가정하여 요인분석을 진행하였다. 각 자산에 대해 특이성과 공통성은, 둘을 합하면 1이 되는 표준화된 값들이다. 적합도 검정 결과, $LR(5) = 38.07$이며 p-값은 5% 미만으로 나타났다. 이는 다섯 개 요인을 사용하는 분석이 타당함을 뒷받침한다. 추정된 공통요인들의 시계열은 그림 21.6.4에 제시되어 있다.

```
> dat5 <- dat1[ , 1:15]
> fit <- prcomp(dat5, center = TRUE)
> screeplot(fit, main = "Scree Plot", type = "lines")
> x_star <- fit$rotation[ , 1:3]
> result <- NULL
> for (i in 1:dim(dat5)[1]){
+   R_mat <- as.matrix(dat5[i, ])
+   F_mat <- R_mat%*%x_star
+   result <- rbind(result, F_mat)
+ }
> F_mat <- xts(result, order.by = index(dat5))
> plot(F_mat, main = "Factor realizations", lty = 1:3)
> addLegend("topleft", legend.names = c("PC1", "PC2", "PC3"), lwd = 2,
+           lty = 1:3)
> dat5 <- merge(dat5, F_mat)
> result <- NULL
> for (i in 1:15){
+   myformula <- as.formula(paste(names(dat1)[i], "~ PC1 + PC2 + PC3"))
```

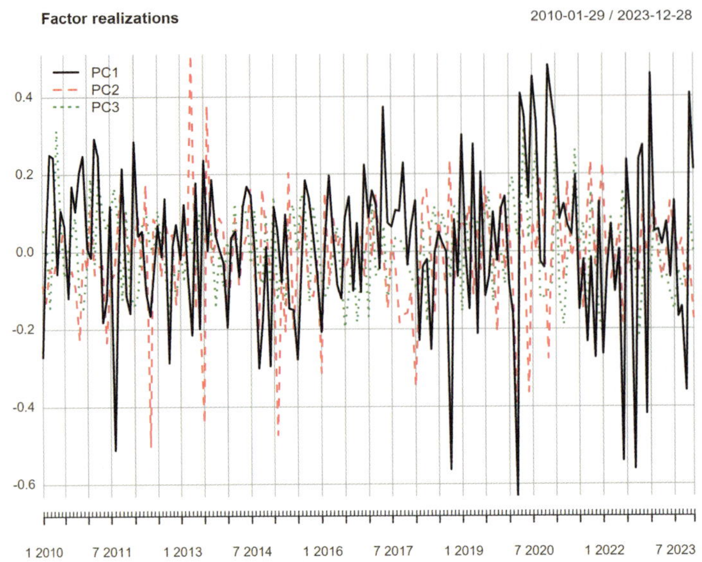

그림 21.6.6: PCA의 공통요인 추정치

```
+   fit <- lm(myformula, data = data.frame(dat5))
+   B_mat <- coef(fit)[2:4]
+   sigma <- summary(fit)$sigma
+   output <- cbind(t(B_mat), sigma)
+   result <- rbind(result, output)
+ }
> row.names(result) <- names(dat5[ , 1:15])
> par(mfrow = c(1, 3))
> barplot(result[ , 1], names = names(result), horiz = TRUE,
+         main = "Beta for PC1")
> barplot(result[ , 2], names = names(result), horiz = TRUE,
+         main = "Beta for PC2")
> barplot(result[ , 3], names = names(result), horiz = TRUE,
+         main = "Beta for PC3")
> B_mat <- result[ , 1:3]
> D_mat <- diag((result[ , 4])^2)
> Sig_mat <- B_mat%*%var(F_mat)%*%t(B_mat) + D_mat
> w_model <- solve(Sig_mat)%*%rep(1, 15)
> w_model <- w_model/sum(w_model)
> round(t(w_model), digits = 4)
     A005930 A000660 A005380 A068270 A000270 A105560 A055550 A005490 A035420
[1,]  0.2096  0.1057  0.0803  0.1058  0.0508  0.0751   0.306 -0.0326  0.0874
     A006400 A051910 A012330 A086790 A035720 A066570
[1,] -0.0089 -0.1079   0.102  -0.036  0.0675 -0.0048
```

마지막으로 PCA를 적용한 분석 결과는 다음과 같다. 그림 21.6.5의 스크리그림은 첫 세

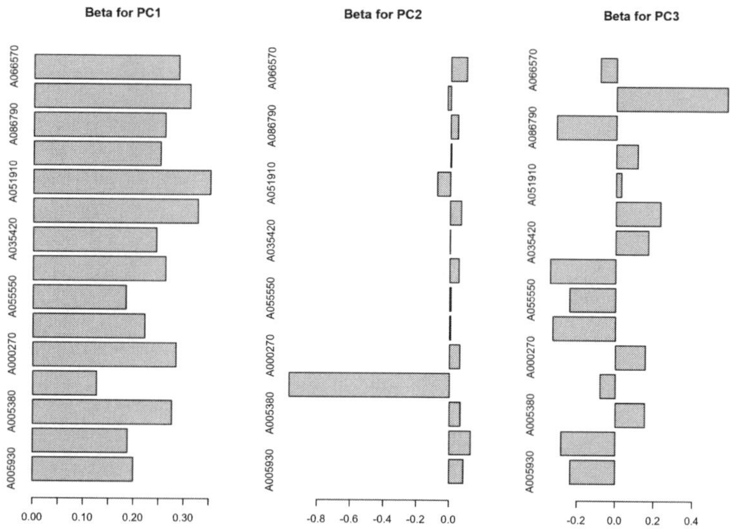

그림 21.6.7: PCA의 요인민감도 추정치

개의 주성분만으로 공분산행렬의 대부분이 설명됨을 보여준다. 따라서 세 개의 주성분을 바탕으로 분석을 진행하였다. 공통요인의 추정치는 그림 21.6.6에, 각 종목의 요인민감도 추정치는 그림 21.6.7에 제시하였다. PCA는 통계적으로 자산들의 공분산 구조를 효율적으로 요약하지만, 경제적 해석은 모호할 수 있다는 점에 유의해야 한다.

제22장 상태공간모형

22.1 상태공간모형의 이해

일반 형태의 상태공간모형은 다음과 같이 정의된다:

$$s_{t+1} = d_t + T_t s_t + R_t \eta_t, \tag{22.1.1}$$

$$y_t = c_t + Z_t s_t + \varepsilon_t, \tag{22.1.2}$$

여기서 $s_t \in \mathbb{R}^{M\times 1}$는 관측되지 않는 상태변수(state variable)벡터, $y_t \in \mathbb{R}^{K\times 1}$은 관측치벡터, $d_t \in \mathbb{R}^{M\times 1}$와 $c_t \in \mathbb{R}^{K\times 1}$는 결정적 요인벡터, $T_t \in \mathbb{R}^{M\times M}$, $Z_t \in \mathbb{R}^{K\times M}$, $R_t \in \mathbb{R}^{M\times N}$는 모형의 동태를 설정하는 행렬이다. 한편, $\eta_t \in \mathbb{R}^{N\times 1} \sim GWN(0_{N\times 1}, Q_t)$는 상태오차(state error)벡터, $\varepsilon_t \in \mathbb{R}^{K\times 1} \sim GWN(0_{K\times 1}, H_t)$는 측정오차벡터이다. η_t와 ε_t는 서로 독립이며, 오차벡터의 공분산행렬 $Q_t \in \mathbb{R}^{N\times N}$와 $H_t \in \mathbb{R}^{K\times K}$는 양의 정부호인 대칭행렬이다.

식(22.1.1)의 상태방정식(state equation)에 따르면, 상태변수 s_t는 상태오차항 η_t에 의해 작동되는 1차 Markov 과정에 해당한다. 식(22.1.2)의 관측방정식(measurement equation)에 따르면, 관측치 y_t는 s_t의 선형결합과 측정오차항 ε_t로 구성되어 있다. 특히 ε_t가 정규분포를 따르는 백색잡음이므로, y_t의 구조적 동태는 s_t의 진화 과정(evolution process)에 의해 결정됨을 알 수 있다.

상태공간모형의 핵심은 관측된 표본 $\{y_t\}_{t=1}^{T}$를 바탕으로 상태변수 s_t를 추론하는 데 있다. 이러한 추론은 크게 필터링(filtering), 평활화(smoothing), 예측의 세 가지로 구분된다. 필터링은 시점 t의 정보집합 I_t를 이용해 시점 t의 s_t를 추정하는 과정이며, 이는 관측 자료가 순차적으로 유입되는 상황에서 현재 상태변수를 실시간으로 추적하는 것에 해당한다. 평활화는 최종 시점 T의 정보집합 I_T를 이용하여 s_t를 재추정하는 절차이다. 필터링이 과거와 현재 자료를 반영하여 s_t를 추정하는 반면, 평활화는 미래 자료까지 활용하여 s_t를 정교하게 재구성한다. 마지막으로 예측은 시점 h에서 s 기간 후 관측치 y_{h+s}를 예측하는 과정이다.

직관적으로 요약하면, 필터링은 현재를 추적, 평활화는 과거를 재구성, 예측은 미래를 전망하는 과정이다. 이 세 절차는 상태공간모형의 장점을 극대화하는 핵심 추론 방법이며, Kalman [1960]이 제안한 Kalman 필터링과 평활화 알고리즘은 이러한 추론이 효율적으로 이루어지게 하는 표준적 기법으로 널리 활용된다.

22.2 상태공간표현

대부분의 시계열모형들은 상태공간모형의 형태로 표현될 수 있다. 예를 들어 단순한 ARMA 모형과 GARCH 계열 모형은 물론이고, 추세와 계절 성분을 분리하는 구조시계열모형(structural time series model), 회귀계수가 시간에 따라 변동하는 시변회귀모형(time-varying regression model) 등과 같이 복잡한 모형도 모두 상태공간표현(state-space representation)을 가진다.

22.2.1 ARMA 모형

$M = \max(p, q+1)$을 정의하면, 일변량시계열 y_t에 대한 ARMA(p, q) 모형은 다음과 같이 표현된다:

$$\begin{aligned} y_t &= \phi_0 + \phi_1 y_{t-1} + \cdots + \phi_p y_{t-p} + \varepsilon_t + \theta_1 \varepsilon_{t-1} + \cdots + \theta_q \varepsilon_{t-q} \\ &= \sum_{i=1}^{M} \phi_i y_{t-i} + \varepsilon_t + \sum_{j=1}^{M-1} \theta_j \varepsilon_{t-j}, \end{aligned} \tag{22.2.1}$$

여기서 $i > p$일 경우 $\phi_i = 0$, $j > q$일 경우 $\theta_j = 0$, $\varepsilon_t \sim GWN(0, \sigma_\varepsilon^2)$이다. 특히 $M > q$이므로, $\theta_M = 0$이다. 먼저 식(22.2.1)은

$$y_{t+1} = \phi_1 y_t + \sum_{i=2}^{M} \phi_i y_{t+1-i} + \sum_{j=1}^{M-1} \theta_j \varepsilon_{t+1-j} + \varepsilon_{t+1}$$

을 의미하며, 이를 상태방정식 형태로 표현하면 다음과 같다:

$$s_{t+1,1} = \phi_1 s_{t,1} + s_{t,2} + \eta_t, \tag{22.2.2}$$

여기서 $s_{t+1,1} = y_{t+1}$, $s_{t,1} = y_t$, $s_{t,2} = \sum_{i=2}^{M} \phi_i y_{t+1-i} + \sum_{j=1}^{M-1} \theta_j \varepsilon_{t+1-j}$, $\eta_t = \varepsilon_{t+1}$이다. 이제 $s_{t,2}$의 표현으로부터 다음과 같이 $s_{t+1,2}$에 대한 상태방정식을 얻을 수 있다:

$$s_{t+1,2} = \phi_2 y_t + \sum_{i=3}^{M} \phi_i y_{t+2-i} + \sum_{j=2}^{M-1} \theta_j \varepsilon_{t+2-j} + \theta_1 \varepsilon_{t+1} = \phi_2 s_{t,1} + s_{t,3} + \theta_1 \eta_t, \tag{22.2.3}$$

여기서 $s_{t,3} = \sum_{i=3}^{M} \phi_i y_{t+2-i} + \sum_{j=2}^{M-1} \theta_j \varepsilon_{t+2-j}$이다. 이러한 과정을 반복하면, 상태변수 $s_{t,M}$과 $s_{t+1,M}$은 각각 다음과 같이 주어진다:

$$s_{t,M} = \sum_{i=M}^{M} \phi_i y_{t+M-1-i} + \sum_{j=M-1}^{M-1} \theta_j \varepsilon_{t+M-1-j} = \phi_M y_{t-1} + \theta_{M-1}\varepsilon_t,$$

$$s_{t+1,M} = \phi_M y_t + \theta_{M-1}\varepsilon_{t+1} = \phi_M s_{t,1} + \theta_{M-1}\eta_t. \tag{22.2.4}$$

상태변수 벡터를 $s_t = [s_{t,m}]_{m=1}^{M} \in \mathbb{R}^{M\times 1}$라 하자. $y_t = s_{t,1}$와 식(22.2.2)–식(22.2.4)를 바탕으로 ARMA(p, q) 모형은 다음과 같은 상태공간모형으로 표현할 수 있다:

$$s_{t+1} = \begin{bmatrix} \phi_1 & 1 & 0 & \cdots & 0 \\ \phi_2 & 0 & 1 & \cdots & 0 \\ \vdots & \vdots & \vdots & & \vdots \\ \phi_{M-1} & 0 & 0 & \cdots & 1 \\ \phi_M & 0 & 0 & \cdots & 0 \end{bmatrix} s_t + \begin{bmatrix} 1 \\ \theta_1 \\ \vdots \\ \theta_{M-2} \\ \theta_{M-1} \end{bmatrix} \eta_t,$$

$$y_t = (1, 0, \ldots, 0)s_t,$$

또는 간단히

$$s_{t+1} = Ts_t + R\eta_t,$$

$$y_t = Zs_t,$$

여기서 $T \in \mathbb{R}^{M\times M}$, $R \in \mathbb{R}^{M\times 1}$, $Z \in \mathbb{R}^{1\times M}$, $\eta_t = \varepsilon_{t+1} \sim GWN(0, \sigma_\varepsilon^2)$이다. 한편, 식(22.1.1)과 식(22.1.2)와 비교해서, ARMA(p, q) 모형은 $d_t = 0_{M\times 1}$, $c_t = 0$, $H_t = 0$을 의미한다.

22.2.2 구조시계열모형

일변량시계열 y_t에 대하여 국소수준모형(local level model)은 다음과 같이 정의된다:

$$y_t = \mu_t + \varepsilon_t,$$

$$\mu_{t+1} = \mu_t + \xi_t,$$

여기서 μ_t는 비관측 추세이며, $\varepsilon_t \sim GWN(0, \sigma_\varepsilon^2)$와 $\xi_t \sim GWN(0, \sigma_\xi^2)$는 서로 독립인 오차항이다. $\sigma_\varepsilon = 0$이면 $y_t = \mu_t$는 랜덤워크(RW) 과정을 따르고, $\sigma_\varepsilon > 0$이면 $y_t = \mu_t + \varepsilon_t$는

ARIMA(0, 1, 1) 과정을 따른다. 한편, $\sigma_\xi = 0$이면 μ_t는 상수 μ가 되며, $y_t = \mu + \varepsilon_t$는 백색잡음과정을 따른다. 이제 $s_t = \mu_t$, $\eta_t = \xi_t$라 하면, 국소수준모형의 상태공간표현은 다음과 같다:

$$s_{t+1} = s_t + \eta_t,$$
$$y_t = s_t + \varepsilon_t,$$

여기서 $\eta_t \sim GWN(0, \sigma_\xi^2)$, $\varepsilon_t \sim GWN(0, \sigma_\varepsilon^2)$이다. 즉, 상태공간모형의 일반식(식(22.1.1)과 식(22.1.2))에서 $d_t = c_t = 0$, $T_t = R_t = Z_t = 1$임을 의미한다.

국소선형추세모형(local linear trend model)은 선형추세의 기울기가 시간에 따라 변할 수 있다고 가정하여, 국소수준모형을 보다 일반화한다. 이는 다음과 같이 정의된다:

$$y_t = \mu_t + \varepsilon_t,$$
$$\mu_{t+1} = \mu_t + v_t + \xi_t, \qquad v_{t+1} = v_t + \zeta_t,$$

여기서 v_t는 μ_t의 시점별 기울기(추세의 변화율)를 나타내는 관측 불가능한 성분이며, $\zeta_t \sim GWN(0, \sigma_\zeta^2)$이다. 오차항 $\varepsilon_t, \xi_t, \zeta_t$는 서로 독립이라고 가정한다. 만약 $\sigma_\zeta = 0$이면 v_t는 상수 v로 고정되며, 결과적으로 국소선형추세모형은 국소수준모형이 된다. $s_t = (\mu_t, v_t)' \in \mathbb{R}^{2\times 1}$와 $\eta_t = (\xi_t, \zeta_t)' \in \mathbb{R}^{2\times 1}$라 하면, 국소선형추세모형의 상태공간표현은 다음과 같다:

$$s_{t+1} = \begin{bmatrix} 1 & 1 \\ 0 & 1 \end{bmatrix} s_t + \begin{bmatrix} 1 & 0 \\ 0 & 1 \end{bmatrix} \eta_t,$$
$$y_t = (1, 0) s_t + \varepsilon_t,$$

여기서 $\eta_t \sim GWN(0_{2\times 1}, Q_t)$, $Q_t = \text{diag}(\sigma_\xi^2, \sigma_\zeta^2)$, $\varepsilon_t \sim GWN(0, \sigma_\varepsilon^2)$이다.

가장 일반적인 형태로서, 추세와 기울기뿐만 아니라 계절성까지 포함한 기본구조모형(Basic Structural Model, BSM)은 다음과 같이 정의된다:

$$y_t = \mu_t + \gamma_t + \varepsilon_t,$$
$$\mu_{t+1} = \mu_t + v_t + \xi_t, \quad v_{t+1} = v_t + \zeta_t, \quad \gamma_{t+1} = -\gamma_t - \cdots - \gamma_{t-s+2} + w_t,$$

여기서 γ_t는 주기 s를 갖는 비관측 계절성 성분이며, $w_t \sim GWN(0, \sigma_w^2)$이다. 오차항 $\varepsilon_t, \xi_t, \zeta_t$, w_t는 서로 독립이라 가정한다. 국소수준모형과 국소선형추세모형 모두 BSM의 특수한 경우에 해당한다. 만약 $\sigma_w = 0$이면 γ_t는 결정적 성분이 되므로, BSM은 국소선형추세모형을 의미한다. $\sigma_\zeta = \sigma_w = 0$인 경우, BSM은 국소수준모형을 의미한다.

단순화를 위해 $s = 4$라 가정하면, 계절성 성분은 $\gamma_{t+1} = -\gamma_t - \gamma_{t-1} - \gamma_{t-2} + w_t$가 된다. 이때 $s_t = (\mu_t, \nu_t, \gamma_{t+1}, \gamma_t, \gamma_{t-1})' \in \mathbb{R}^{5\times 1}$와 $\eta_t = (\xi_t, \zeta_t, w_t)' \in \mathbb{R}^{3\times 1}$라 하면, BSM의 상태공간 표현은 다음과 같이 주어진다:

$$s_{t+1} = \begin{bmatrix} 1 & 1 & 0 & 0 & 0 \\ 0 & 1 & 0 & 0 & 0 \\ 0 & 0 & -1 & -1 & -1 \\ 0 & 0 & 1 & 0 & 0 \\ 0 & 0 & 0 & 1 & 0 \end{bmatrix} s_t + \begin{bmatrix} 1 & 0 & 0 \\ 0 & 1 & 0 \\ 0 & 0 & 1 \\ 0 & 0 & 0 \\ 0 & 0 & 0 \end{bmatrix} \eta_t,$$
$$y_t = (1,0,1,0,0)s_t + \varepsilon_t,$$

여기서 $\eta_t \sim GWN(0_{3\times 1}, Q_t)$, $Q_t = \mathrm{diag}(\sigma_\xi^2, \sigma_\zeta^2, \sigma_w^2)$, $\varepsilon_t \sim GWN(0, \sigma_\varepsilon^2)$이다.

22.2.3 시변회귀모형

시변회귀모형은 회귀계수가 고정된 값이 아니라 시간에 따라 점진적으로 변할 수 있도록 허용하며, 이에 관한 기본적인 형태는 다음과 같이 주어진다:

$$y_t = \beta_{t,0} + \beta_{t,1}x_{t,1} + \cdots + \beta_{t,K}x_{t,K} + \varepsilon_t,$$
$$\beta_{t+1,k} = \beta_{t,k} + \xi_{t,k},$$

여기서 $\varepsilon_t \sim GWN(0, \sigma_\varepsilon^2)$, $\xi_{t,k} \sim GWN(0, \sigma_{\xi,k}^2)$이다. 모든 $k = 0, 1, \ldots, K$에 대해 ε_t와 $\xi_{t,k}$는 서로 독립이라 가정한다. 이때 $\sigma_{\xi,k} > 0$이면 $\beta_{t,k}$는 RW 과정을 따르고, $\sigma_{\xi,k} = 0$이면 $\beta_{t,k}$는 상수가 된다. 즉 모든 k에 대해 $\sigma_{\xi,k} = 0$일 경우, 시변회귀모형은 일반적인 고정계수 선형회귀모형으로 환원된다.

이제 $s_t = [\beta_{t,k}]_{k=0}^K \in \mathbb{R}^{(K+1)\times 1}$와 $\eta_t = [\xi_{t,k}]_{k=0}^K \in \mathbb{R}^{(K+1)\times 1}$라 하면, 시변회귀모형의 상태공간표현은 다음과 같다:

$$s_{t+1} = I_{K+1}s_t + I_{K+1}\eta_t,$$
$$y_t = (1, x_{t,1}, \ldots, x_{t,K})s_t + \varepsilon_t,$$

여기서 $\eta_t \sim GWN(0_{(K+1)\times 1}, Q_t)$, $Q_t = \mathrm{diag}(\sigma_{\xi,0}^2, \sigma_{\xi,1}^2, \ldots, \sigma_{\xi,K}^2)$, $\varepsilon_t \sim GWN(0, \sigma_\varepsilon^2)$이다.

시변회귀모형은 회귀계수를 시계열적으로 진화하도록 허용함으로써, 구조적 변화, 정책 전환, 시장환경 변화 등으로 인해 종속변수와 독립변수 사이의 관계가 시간에 따라 달라지는 현상을 포착한다. 예를 들어, 금융시장에서 거시경제 변수(독립변수)와 자산 수익률(종속변수) 간의 관계는 경기 국면에 따라 달라질 수 있다. 고정계수 모형은 이러한 동태적 변화를 반영하지 못하지만, 시변회귀모형은 회귀계수의 동태를 통해 종속변수와 독립변수 사이의 시간 의존적 관계를 추적할 수 있다.

22.3 Kalman 필터링

22.3.1 Kalman 필터링의 개요

Kalman 필터링은 순차적으로 유입되는 새로운 관측치를 바탕으로 상태변수의 추정치를 재귀적으로 갱신하는 절차이다. 이에 관한 논의를 위해, 시점 j에서 시점 $i > j$의 상태변수 s_i에 대한 조건부기댓값벡터와 조건부공분산행렬을 다음과 같이 표기한다:

$$s_{i|j} = E[s_i|I_j], \qquad \Sigma_{i|j} = Var[s_i|I_j],$$

여기서 I_j는 시점 j의 정보집합을 의미한다. 한편, 초기 상태변수 s_1의 분포는 다음과 같은 다변량정규분포라고 가정한다:

$$s_1 \sim N(s_{1|0}, \Sigma_{1|0}),$$

여기서 $s_{1|0}$와 $\Sigma_{1|0}$는 사전적으로 주어진 초기 추정치이다.

구체적으로 Kalman 필터링은 사전추정치(prior estimate) 계산과 사후추정치(posterior estimate) 계산의 두 단계로 이루어진다. 먼저 시점 t에서 s_{t+1}에 대한 사전추정치 $s_{t+1|t} = E[s_{t+1}|I_t]$는 다음과 같은 일련의 식을 통해 계산된다:

$$\begin{aligned}
v_t &= y_t - c_t - Z_t s_{t|t-1}, \\
V_t &= Z_t \Sigma_{t|t-1} Z_t' + H_t, \\
K_t &= \Sigma_{t|t-1} Z_t' V_t^{-1}, \\
L_t &= T_t - T_t K_t Z_t, \\
s_{t+1|t} &= d_t + T_t s_{t|t-1} + T_t K_t v_t, \\
\Sigma_{t+1|t} &= T_t \Sigma_{t|t-1} L_t' + R_t Q_t R_t'.
\end{aligned}$$

다음으로, 시점 $t+1$에서 관측치 y_{t+1}를 바탕으로 사전추정치 $s_{t+1|t}$를 보정하여 사후추정치

$s_{t+1|t+1} = E[s_{t+1}|I_{t+1}]$을 다음과 같이 계산한다:

$$s_{t+1|t+1} = s_{t+1|t} + C_{t+1}V_{t+1}^{-1}v_{t+1}, \qquad \Sigma_{t+1|t+1} = \Sigma_{t+1|t} - C_{t+1}V_{t+1}^{-1}C'_{t+1},$$

여기서 $C_{t+1} = \Sigma_{t+1|t}Z'_{t+1}$이다. 두 번째 단계를 마치고 나면, Kalman 필터링은 시점 $t+1$까지의 모든 정보를 바탕으로 계산된 상태변수 s_{t+1}의 실시간 추정치 $s_{t+1|t+1}$를 제공한다.

22.3.2 Kalman 필터링의 유도

확률변수벡터 $\{x,y,z\}$가 결합정규분포를 따르고 $Cov[y,z] = 0$인 경우, 다음의 결과가 성립한다:

$$E[x|y,z] = E[x|y] + Cov[x,z|y]\,(Var[z|y])^{-1}\,(z - E[z|y]), \tag{22.3.1}$$

$$Var[x|y,z] = Var[x|y] - Cov[x,z|y]\,(Var[z|y])^{-1}\,Cov[z,x|y]. \tag{22.3.2}$$

식(22.1.1)의 상태방정식으로부터 시점 t에서 s_{t+1}의 조건부기댓값벡터와 조건부공분산행렬은 다음과 같이 주어진다:

$$s_{t+1|t} = E[s_{t+1}|I_t] = d_t + T_t s_{t|t}, \tag{22.3.3}$$

$$\Sigma_{t+1|t} = Var[s_{t+1}|I_t] = T_t\Sigma_{t|t}T'_t + R_tQ_tR'_t, \tag{22.3.4}$$

여기서 $s_{t|t} = E[s_t|I_t]$, $\Sigma_{t|t} = Var[s_t|I_t]$이다. 한편, 식(22.1.2)의 관측방정식을 이용하면 시점 $t-1$에서 y_t의 조건부기댓값벡터는 $y_{t|t-1} = c_t + Z_t s_{t|t-1}$가 되며, 여기서 $s_{t|t-1} = E[s_t|I_{t-1}]$이다. 따라서 관측치 y_t에 대한 예측오차 v_t는

$$v_t = y_t - y_{t|t-1} = (c_t + Z_t s_t + \varepsilon_t) - (c_t + Z_t s_{t|t-1}) = Z_t(s_t - s_{t|t-1}) + \varepsilon_t \tag{22.3.5}$$

이며, v_t의 조건부기댓값벡터와 조건부공분산행렬 V_t는 다음과 같이 계산된다:

$$E[v_t|I_{t-1}] = E[Z_t(s_t - s_{t|t-1}) + \varepsilon_t|I_{t-1}] = Z_t(s_{t|t-1} - s_{t|t-1}) = 0,$$

$$V_t = Var[v_t|I_{t-1}] = Z_t\Sigma_{t|t-1}Z'_t + H_t,$$

여기서 $\Sigma_{t|t-1} = Var[s_t|I_{t-1}]$이다.

식(22.1.1)과 식(22.1.2)의 구조 아래에서 $\{s_t, I_{t-1}, v_t\}$는 결합정규분포를 따르고, I_{t-1}와 v_t는 독립이다. 따라서 식(22.3.1)과 식(22.3.2)의 결과를 적용할 수 있다. 먼저 $I_t = \{I_{t-1}, v_t\}$

이므로, 식(22.3.1)을 이용해 $s_{t|t} = E[s_t|I_{t-1}, v_t]$은 다음과 같이 표현한다:

$$\begin{aligned} s_{t|t} &= E[s_t|I_{t-1}] + Cov[s_t, v_t|I_{t-1}]\,(Var[v_t|I_{t-1}])^{-1}\,(v_t - E[v_t|I_{t-1}]) \\ &= s_{t|t-1} + C_t V_t^{-1} v_t, \end{aligned} \tag{22.3.6}$$

여기서 $C_t = Cov[s_t, v_t|I_{t-1}] = Cov\left[s_t, Z_t(s_t - s_{t|t-1}) + \varepsilon_t|I_{t-1}\right] = \Sigma_{t|t-1}Z_t'$이다. 식(22.3.3)과 식(22.3.6)을 결합하면

$$s_{t+1|t} = d_t + T_t\left(s_{t|t-1} + C_t V_t^{-1} v_t\right) = d_t + T_t s_{t|t-1} + T_t K_t v_t \tag{22.3.7}$$

가 되며, 여기서 $K_t = C_t V_t^{-1} = \Sigma_{t|t-1} Z_t' V_t^{-1}$이다.

식(22.3.2)의 결과를 적용하면, $\Sigma_{t|t} = Var[s_t|I_{t-1}, v_t]$은 다음과 같이 표현된다:

$$\begin{aligned} \Sigma_{t|t} &= Var[s_t|I_{t-1}] - Cov[s_t, v_t|I_{t-1}]\,(Var[v_t|I_{t-1}])^{-1}\,Cov[v_t, s_t|I_{t-1}] \\ &= \Sigma_{t|t-1} - \Sigma_{t|t-1} Z_t' V_t^{-1} Z_t \Sigma_{t|t-1}. \end{aligned}$$

이를 식(22.3.4)에 대입하면 다음의 결과를 얻는다:

$$\begin{aligned} \Sigma_{t+1|t} &= T_t(\Sigma_{t|t-1} - \Sigma_{t|t-1} Z_t' V_t^{-1} Z_t \Sigma_{t|t-1}) T_t' + R_t Q_t R_t' \\ &= T_t \Sigma_{t|t-1}(T_t' - Z_t' V_t^{-1} Z_t \Sigma_{t|t-1} T_t') + R_t Q_t R_t' \\ &= T_t \Sigma_{t|t-1}(T_t - T_t \Sigma_{t|t-1} Z_t' V_t^{-1} Z_t)' + R_t Q_t R_t' \\ &= T_t \Sigma_{t|t-1}(T_t - T_t K_t Z_t)' + R_t Q_t R_t' \\ &= T_t \Sigma_{t|t-1} L_t' + R_t Q_t R_t', \end{aligned}$$

여기서 $L_t = T_t - T_t K_t Z_t$이다.

22.3.3 직관적 이해

직관적으로 보면, Kalman 필터링은 예측 → 관측 → 보정의 세 단계 절차로 이해할 수 있다. 첫째, 시점 t의 예측 단계에서는 시점 t까지의 정보를 바탕으로, 시점 $t+1$의 상태변수 s_{t+1}에 대한 사전추정치 $s_{t+1|t}$를 $s_{t+1|t} = d_t + T_t s_{t|t}$로 계산한다. 이는 상태방정식에 기반한 선형추정이며, 시점 t의 사후추정치 $s_{t|t}$를 활용하여 시점 $t+1$의 s_{t+1}을 예측하는 과정이다.

둘째, 시점 $t+1$의 관측 단계에서는 실제 관측치 y_{t+1}와 사전추정치 $y_{t+1|t}$를 비교하여 예측오차 v_{t+1}를 $v_{t+1} = y_{t+1} - (c_{t+1} + Z_{t+1} s_{t+1|t})$로 계산한다. 즉, v_{t+1}는 시점 $t+1$에서 유

입된 새로운 관측치와 시점 t에서 계산한 사전추정치 사이의 차이를 나타내며, 그 크기와 방향은 $s_{t+1|t}$을 얼마나 조정해야 하는지에 대한 단서를 제공한다.

셋째, 시점 $t+1$의 보정 단계에서는 v_{t+1}의 정보를 바탕으로 사전추정치 $s_{t+1|t}$를 사후추정치 $s_{t+1|t+1}$로 갱신한다. 이러한 과정은 식(22.3.6)을 통해 다음과 같이 이루어진다:

$$s_{t+1|t+1} = s_{t+1|t} + C_{t+1}V_{t+1}^{-1}v_{t+1} = s_{t+1|t} + K_{t+1}v_{t+1},$$

여기서 $K_{t+1} = C_{t+1}V_{t+1}^{-1}$는 Kalman 이득(gain)이라 불린다. Kalman 이득은 새로운 관측치로부터 얻는 정보 v_{t+1}에 대한 가중치로 해석되며, 이는 사후추정치 $s_{t+1|t+1}$의 조건부공분산행렬을 최소화하도록 설정된다. 다시 말해, "새로운 자료가 얼마나 신뢰할 만한가"를 반영하여, 사전추정치와 새로운 관측치 사이에서 최적의 균형점을 찾는 역할을 한다.

정리하면, Kalman 필터링은 "과거 정보를 통한 예측 → 실제 관측치와의 차이 측정 → 차이를 최적으로 반영한 보정"이라는 순차적 구조를 바탕으로 작동한다. 이러한 과정을 재귀적으로 적용하면, 시점 t가 증가함에 따라 상태변수를 더욱 정교하게 추정할 수 있다.

22.3.4 결측값 처리

실제 분석에서는 특정 시점의 관측치 y_t가 누락되는 경우가 발생할 수 있으며, Kalman 필터링은 이러한 결측 상황에서도 안정적으로 작동할 수 있도록 설계되어 있다. 예를 들어 시점 $t = k+1,\ldots,k+s$ 동안 관측치가 존재하지 않는다고 하자. 결측 시점에서는 예측오차 v_t를 계산할 수 없고, Kalman 이득도 존재하지 않는다. 따라서, $t = k+1,\ldots,k+s$에 대해 $v_t = 0$, $K_t = 0$로 설정한다. 결과적으로, 결측치가 존재하는 경우에는 Kalman 필터링은 관측과 보정 단계는 생략하고, 예측 단계만 수행한다. 이에 따라 결측 시점에서 상태변수 벡터의 사전추정치와 조건부공분산행렬의 갱신식은 다음과 같이 단순화된다:

$$s_{t+1|t} = d_t + T_t s_{t|t-1}, \qquad \Sigma_{t+1|t} = T_t\Sigma_{t|t-1}T_t' + R_tQ_tR_t'.$$

이후 관측치가 다시 주어지면, Kalman 필터링은 정상적으로 예측 → 관측 → 보정 절차를 재개한다.

22.3.5 확산초기화

Kalman 필터링을 실제로 구현하기 위해서는 초기 상태변수벡터 s_1의 분포를 설정해야 한다. 일반적으로 $s_1 \sim N(s_{1|0},\Sigma_{1|0})$를 가정하며, 여기서 $s_{1|0}$과 $\Sigma_{1|0}$는 사전에 정한다. 실제 분석에서는 s_1에 대해 정보가 전혀 없거나 매우 제한적이다. 이를 해결하기 위해 사용하는

방법이 확산초기화(diffuse initialization)이다. 확산초기화는 $\Sigma_{1|0}$을 무한대로 보내는 방식으로, s_1에 대한 불확실성이 매우 크다는 점을 모형에 명시적으로 반영한다. 즉, 초기 상태변수가 특정 값을 가질 것이라는 가정을 하지 않고, 대신 관측치가 들어옴에 따라 Kalman 필터링이 스스로 적응하도록 유도하는 방식이다. 이러한 확산초기화는 초깃값 선택에 대한 민감도를 크게 낮춰 주며, 특히 장기 시계열분석이나 초기 상태를 명확히 규정하기 어려운 경우에 유용하다.

22.3.6 상태공간모형의 추정

상태공간모형의 모수는 ML 추정법을 통해 추정되며, Kalman 필터링은 이러한 ML 추정을 효율적으로 수행할 수 있도록 한다. 이는 정규분포 가정 아래에서는 예측오차 v_t의 분포가 관측치 y_t의 분포와 동등하며, 그 결과 관측치 y_t의 분포 대신 예측오차 v_t의 분포를 이용해 우도함수를 구성할 수 있기 때문이다. 구체적으로 $\{v_1,\ldots,v_T\}$가 서로 독립인 경우, 상태공간모형의 우도함수는 다음과 같이 주어진다:

$$LF \propto \prod_{t=1}^{T} |V_t|^{-1/2} \exp\left(-\frac{1}{2} v_t' V_t^{-1} v_t\right).$$

Kalman 필터링을 한 차례 실행하면 LF 계산에 필요한 모든 정보 $\{v_1,\ldots,v_T\}$와 $\{V_1,\ldots,V_T\}$가 자동으로 산출되며, 이를 바탕으로 LF를 쉽게 계산할 수 있다.

22.4 Kalman 평활화

22.4.1 Kalman 평활화의 개요

Kalman 평활화는 전체 표본 $\{y_1,\ldots,y_T\}$을 바탕으로 상태변수 s_t의 조건부기댓값벡터와 조건부공분산행렬을 역방향 재귀 방식으로 추정하는 절차이다. 구체적으로 시점 $t = T,\ldots,1$에 대해 다음의 재귀식을 순차적으로 계산한다:

$$q_{t-1} = Z_t' V_t^{-1} v_t + L_t' q_t,$$

$$s_{t|T} = s_{t|t-1} + \Sigma_{t|t-1} q_{t-1},$$

$$M_{t-1} = Z_t' V_t^{-1} Z_t + L_t' M_t L_t,$$

$$\Sigma_{t|T} = \Sigma_{t|t-1} - \Sigma_{t|t-1} M_{t-1} \Sigma_{t|t-1},$$

여기서 초기 조건은 $q_T = 0, M_T = 0$이다. Kalman 필터링이 시점 t까지의 정보만을 이용해 필터링 추정치 $s_{t|t}$와 $\Sigma_{t|t}$를 계산하는 것과 달리, Kalman 평활화는 최종 시점 T까지의 모든 정보를 활용하여 평활화 추정치 $s_{t|T}$와 $\Sigma_{t|T}$를 계산한다. 따라서 필터링 추정치와 비교하여, 더 큰 정보집합 $I_T \supset I_t$을 사용하는 평활화 추정치가 보다 정교한 결과를 제공한다.

평활화 추정치의 계산은 2단계 절차를 통해 이루어진다. 1단계에서는 필터링을 실행하여 $v_t, V_t, K_t, s_{t|t-1}, \Sigma_{t|t-1}$을 산출하여 저장한다. 2단계에서는 저장한 값들을 위의 재귀식에 대입하여 $t = T$부터 $t = 1$까지 순차적으로 평활화 추정치 $s_{t|T}$와 $\Sigma_{t|T}$를 계산한다.

22.4.2 Kalman 평활화의 유도

상태변수 s_t의 예측오차를 $x_t = s_t - s_{t|t-1}$라 정의하면, 식(22.3.5)에서 제시된 관측치 y_t의 예측오차 v_t는 $v_t = Z_t x_t + \varepsilon_t$로 표현된다. 한편, 식(22.1.1)과 식(22.3.7)을 바탕으로 $x_{t+1} = s_{t+1} - s_{t+1|t}$은 다음과 같이 주어진다:

$$\begin{aligned}
x_{t+1} &= (d_t + T_t s_t + R_t \eta_t) - (d_t + T_t s_{t|t-1} + T_t K_t v_t) \\
&= (d_t + T_t s_t + R_t \eta_t) - (d_t + T_t s_{t|t-1} + T_t K_t Z_t x_t + T_t K_t \varepsilon_t) \\
&= (T_t - T_t K_t Z_t) x_t + R_t \eta_t - T_t K_t \varepsilon_t \\
&= L_t x_t + R_t \eta_t - T_t K_t \varepsilon_t, \qquad (22.4.1)
\end{aligned}$$

여기서 $L_t = T_t - T_t K_t Z_t$이다.

이때 $\{s_t, I_{t-1}, v_t, \ldots, v_T\}$는 결합정규분포를 따르고, I_{t-1}와 $\{v_t, \ldots, v_T\}$는 서로 독립이며, $\{v_t, \ldots, v_T\}$는 서로 독립이다. 따라서 식(22.3.1)에 의해 다음이 성립한다:

$$\begin{aligned}
s_{t|T} &= E[s_t | I_{t-1}, v_t, \ldots, v_T] \\
&= E[s_t | I_{t-1}] + \sum_{\tau=t}^{T} Cov[s_t, v_\tau | I_{t-1}] \left(Var[v_\tau | I_{t-1}]\right)^{-1} v_\tau. \qquad (22.4.2)
\end{aligned}$$

$v_t = Z_t x_t + \varepsilon_t$을 이용하면, 각 $\tau = t, \ldots, T$에 대해

$$Cov[s_t, v_\tau | I_{t-1}] = Cov[s_t, Z_\tau x_\tau + \varepsilon_\tau | I_{t-1}] = Cov[s_t, x_\tau | I_{t-1}] Z'_\tau \qquad (22.4.3)$$

가 되며, 이에 따라 식(22.4.2)는 다음과 같이 정리된다:

$$s_{t|T} = s_{t|t-1} + \sum_{\tau=t}^{T} Cov[s_t, x_\tau | I_{t-1}] Z'_\tau V_\tau^{-1} v_\tau, \qquad (22.4.4)$$

여기서 $V_\tau = Var[v_\tau | I_{t-1}]$이다.

식(22.4.1)을 이용해 $\tau = t, \ldots, T$에 대해 식(22.4.3)을 추적하면 다음과 같다:

$$\begin{aligned}
Cov[s_t, x_t | I_{t-1}]Z_t' &= Cov[s_t, s_t - s_{t|t-1} | I_{t-1}]Z_t' = \Sigma_{t|t-1}Z_t', \\
Cov[s_t, x_{t+1} | I_{t-1}]Z_{t+1}' &= Cov[s_t, L_t(s_t - s_{t|t-1}) + R_t\eta_t - T_tK_t\varepsilon_t | I_{t-1}]Z_{t+1}' = \Sigma_{t|t-1}L_t'Z_{t+1}', \\
&\vdots \\
Cov[s_t, x_T | I_{t-1}]Z_T' &= \Sigma_{t|t-1}L_t' \cdots L_{T-1}'Z_T'.
\end{aligned}$$

따라서, 식(22.4.4)는 다음과 같이 정리된다:

$$\begin{aligned}
s_{t|T} &= s_{t|t-1} + \Sigma_{t|t-1}Z_t'V_t^{-1}v_t + \Sigma_{t|t-1}L_t'Z_{t+1}'V_{t+1}^{-1}v_{t+1} + \cdots + \Sigma_{t|t-1}L_t' \cdots L_{T-1}'Z_T'V_T^{-1}v_T \\
&= s_{t|t-1} + \Sigma_{t|t-1}q_{t-1},
\end{aligned}$$

여기서

$$q_{t-1} = Z_t'V_t^{-1}v_t + L_t'Z_{t+1}'V_{t+1}^{-1}v_{t+1} + \cdots + L_t' \cdots L_{T-1}'Z_T'V_T^{-1}v_T.$$

초기 조건을 $q_T = 0$라 하면, 각 시점 $t = T, T-1, \ldots, 1$에 대해 q_{t-1}은 역방향 재귀식

$$q_{t-1} = Z_t'V_t^{-1}v_t + L_t'q_t$$

로 표현된다.

식(22.3.2)와 식(22.4.3)의 결과를 $\Sigma_{t|T} = Var[s_t | I_{t-1}, v_t, \ldots, v_T]$에 적용하면

$$\begin{aligned}
\Sigma_{t|T} &= Var[s_t | I_{t-1}] - \sum_{\tau=t}^{T} Cov[s_t, v_\tau | I_{t-1}] \left(Var[v_\tau | I_{t-1}]\right)^{-1} Cov[v_\tau, s_t | I_{t-1}] \\
&= \Sigma_{t|t-1} - \sum_{\tau=t}^{T} Cov[s_t, x_\tau | I_{t-1}]Z_\tau'V_\tau^{-1}Z_\tau Cov[x_\tau, s_t | I_{t-1}]
\end{aligned}$$

가 성립한다. 시점 $\tau = t, \ldots, T$에 대한 $Cov[s_t, x_\tau | I_{t-1}]Z_\tau'$의 앞선 결과를 이용하면 위 식은 다음과 같이 표현된다:

$$\begin{aligned}
\Sigma_{t|T} =& \Sigma_{t|t-1} - \Sigma_{t|t-1}Z_t'V_t^{-1}Z_t\Sigma_{t|t-1} - \Sigma_{t|t-1}L_t'Z_{t+1}'V_{t+1}^{-1}Z_{t+1}L_t\Sigma_{t|t-1} - \cdots \\
&- \Sigma_{t|t-1}L_t' \cdots L_{T-1}'Z_T'V_T^{-1}Z_TL_{T-1} \cdots L_t\Sigma_{t|t-1} \\
=& \Sigma_{t|t-1} - \Sigma_{t|t-1}M_{t-1}\Sigma_{t|t-1},
\end{aligned}$$

여기서

$$M_{t-1} = Z_t' V_t^{-1} Z_t + L_t' Z_{t+1}' V_{t+1}^{-1} Z_{t+1} L_t + \cdots + L_t' \cdots L_{T-1}' Z_T' V_T^{-1} Z_T L_{T-1} \cdots L_t.$$

한편, 초기 조건 $M_T = 0$이 주어진 경우 M_{t-1}은 역방향 재귀식 $M_{t-1} = Z_t' V_t^{-1} Z_t + L_t' M_t L_t$을 통해 계산된다.

22.5 Kalman 예측

시점 h에서 s 기간 후의 관측치 y_{h+s}를 예측한다고 하자. 이때 미래 관측치 $\{y_{h+1}, \ldots, y_{h+s}\}$는 존재하지 않으므로 결측으로 처리한다. 따라서 미래 시점 $t = h+1, \ldots, h+s$에 대해 $v_t = 0$, $K_t = 0$으로 설정한 후, Kalman 필터링을 이용해 s기간 예측 값 $\hat{y}_h[s]$을 계산한다. 예측 값 $\hat{y}_h[s]$는 평균제곱오차를 최소화하는 값으로 정의되며, 상태공간모형의 선형성으로 인해 $\hat{y}_h[s] = E_h[y_{h+s}]$가 된다.

구체적으로 1기간 예측은 다음과 같이 주어진다:

$$\hat{y}_h[1] = c_{h+1} + Z_{h+1} s_{h+1|h},$$

여기서 $s_{h+1|h} = d_h + T_h s_{h|h-1}$이다. 예를 들어, $h = T$인 경우 $s_{T|T-1}$은 Kalman 필터링으로부터 얻는 사전추정치이며, 이를 이용해 $\hat{y}_T[1]$을 계산할 수 있다. 2기간 예측은

$$\hat{y}_h[2] = c_{h+2} + Z_{h+2} s_{h+2|h}, \qquad s_{h+2|h} = d_{h+1} + T_{h+1} s_{h+1|h}$$

이며, 이는 1기간 예측 과정에서 산출된 $s_{h+1|h}$를 이용해 계산할 수 있다. 이러한 연쇄 법칙을 반복적으로 적용하면, s기간 예측 값 $\hat{y}_h[s]$는

$$\hat{y}_h[s] = c_{h+s} + Z_{h+s} s_{h+s|h}, \qquad s_{h+s|h} = d_{h+s-1} + T_{h+s-1} s_{h+s-1|h}$$

로 계산된다.

22.6 R 실습

```
> libraries <- c("forecast", "dlm")
> lapply(libraries, library, character.only = TRUE)
```

22.6.1 예제 1

이 예제는 2014년 1월부터 2023년 12월까지의 한국 월별 생산지수(IP)를 이용하여 국소수준모형, 국소선형추세모형, BSM을 각각 추정한다.

```
> dat <- read.csv("data22_1.csv", header = TRUE)
> head(dat)
    DATE   IP
1 14.Jan 89.0
2 14.Feb 85.0
3 14.Mar 93.7
4 14.Apr 91.6
5 14.May 90.7
6 14.Jun 92.7
> y <- ts(dat$IP, start = c(2014, 1), frequency = 12)
> fit1 <- StructTS(y, type = "level")
> fit1
Call:
StructTS(x = y, type = "level")
Variances:
  level  epsilon
 0.8039  23.3505
> fit2 <- StructTS(y, type = "trend")
> fit2
Call:
StructTS(x = y, type = "trend")
Variances:
  level    slope  epsilon
 0.1624   0.0000  23.5174
> fit3 <- StructTS(y, type = "BSM")
> fit3
Call:
StructTS(x = y, type = "BSM")
Variances:
  level    slope     seas  epsilon
 0.5233   0.0000   1.7153   0.6811
```

국소수준모형에서는 ξ_t와 ε_t의 분산에 대한 ML 추정치가 각각 0.8039와 23.3505로 나타났다. 국소선형추세모형에서는 ζ_t의 분산에 대한 ML 추정치가 0으로 나타났으며, 이는 기울기 성분이 상수임을 시사한다. 한편 BSM에서는 계절 성분 w_t의 분산 추정치가 0.6811로 나타났으며, 이는 유의미한 계절성이 존재함을 의미한다. 이러한 결과를 바탕으로 BSM을 이용해 추가적인 분석과 예측을 진행하였다.

```
> # Computing the filtered quantities
> state_filter <- fitted(fit3)
```

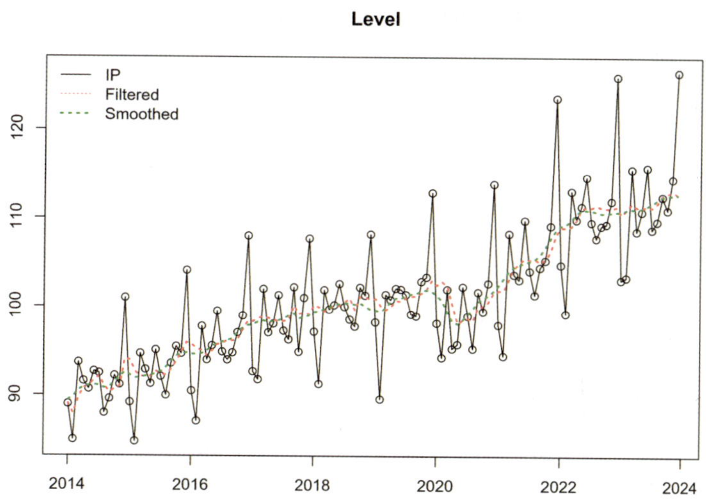

그림 22.6.1: 필터링 추정치와 평활화 추정치

```
> head(state_filter)
            level      slope        sea
Jan 2014 89.00000  0.0000000  0.0000000
Feb 2014 87.87551 -0.0100393 -2.2928383
Mar 2014 89.65782  0.1368005  3.6242938
Apr 2014 90.77898  0.2155437  0.5710221
May 2014 91.03349  0.2180887 -0.3454799
Jun 2014 91.64259  0.2377948  0.9231428
> # Computing the smoothed quantities
> state_smooth <- tsSmooth(fit3)
> head(state_smooth)
            level     slope        sea
Jan 2014 89.43686 0.2126834 -0.2085915
Feb 2014 89.83643 0.2126834 -4.4490659
Mar 2014 90.53364 0.2126834  2.7516610
Apr 2014 90.91220 0.2126834  0.4133444
May 2014 91.07989 0.2126834 -0.5097814
Jun 2014 91.14778 0.2126834  1.3841456
> plot(y, lwd = 1, ylab = "", type = "o")
> lines(state_filter[ , 1], lty = "dotted", col = 2, lwd = 2)
> lines(state_smooth[ , 1], lty = "dotted", col = 3, lwd = 2)
> legend("topleft", legend = c("IP", "Filtered", "Smoothed"),
+        lty = c("solid", "dotted", "dotted"), lwd = c(1, 1, 2), col = 1:3,
+        bty = "n")
> fcst <- forecast(fit3, level = 95, h = 12)
> plot(fcst, lwd = 2)
```

그림 22.6.1은 추세 μ_t의 시점별 Kalman 필터링 추정치와 평활화 추정치를 함께 보여

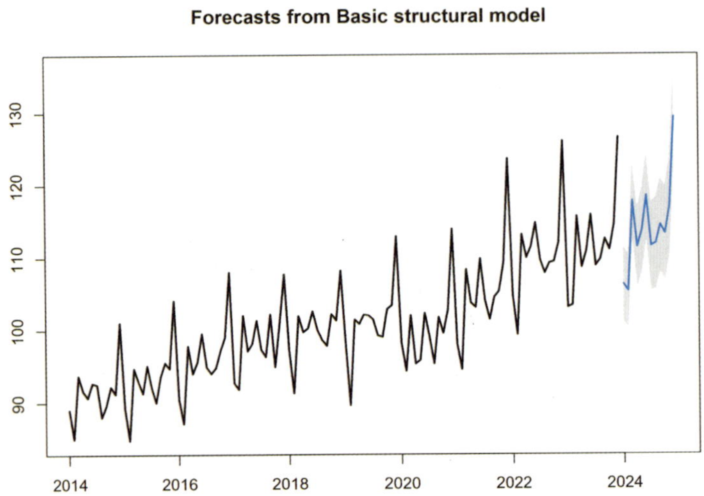

그림 22.6.2: IP 예측치

준다. 한편, 그림 22.6.2는 BSM으로부터 얻은 IP의 예측치를 나타낸다.

22.6.2 예제 2

이 예제에서는 회귀계수가 시간에 따라 변하는 시변회귀모형을 고려한다. 구체적으로 삼성전자의 월별 로그수익률 r_t을 종속변수로, KOSPI 지수의 월별 로그수익률 $r_{M,t}$을 독립변수로 설정한 다음과 같은 모형을 추정한다.

$$r_t = \alpha_t + \beta_t r_{M,t} + \varepsilon_t,$$

여기서 α_t와 β_t는 시간에 따라 변하는 절편과 회귀계수이다.

```
> dat <- read.csv("data13_2.csv", header = TRUE)
> head(dat)
    TRD_DD SAMSUNG  KOSPI
1 20000131    5580 943.88
2 20000229    5120 828.38
3 20000331    6700 860.94
4 20000430    6000 725.39
5 20000531    6160 731.88
6 20000630    7380 821.22
> rtn1 <- diff(log(dat$SAMSUNG))
> rtn2 <- diff(log(dat$KOSPI))
> dat <- ts(cbind(rtn1, rtn2), start = c(2000, 2), frequency = 12)
> # Model-building function
> y <- dat[ , 1]
```

```
> x <- dat[ , 2]
> buildModReg <- function(v){
+   dV <- exp(v[1])
+   dW <- exp(v[2:3])
+   m0 <- v[4:5]
+   dlmModReg(x, dV = dV, dW = dW, m0 = m0)
+ }
> # Setting initial values
> var_e <- var(y)
> a <- y[1]
> b <- mean(y)
> # Estimating the MLE parameters
> parms <- c(log(var_e), log(var_e*10^9), log(var_e*10^9), a, b)
> fit <- dlmMLE(y, parm = parms, build = buildModReg)
> fit
$par
[1]  -5.62280509 -25.97378591  -4.44600718  -0.08603430   0.01004361
$value
[1] -573.1606
$counts
function gradient
      18       18
$convergence
[1] 0
$message
[1] "CONVERGENCE: REL_REDUCTION_OF_F <= FACTR*EPSMCH"
> # Fitering and smoothing
> model <- buildModReg(fit$par)
> state_filter <- dlmFilter(y, model)
> state_smooth <- dlmSmooth(y, model)
> # Time plot of a beta series
> plot(cbind(state_filter$m[ , 2], state_smooth$s[ , 2]),
+      plot.type = "single", ylab = "", main = "Beta",
+      lty = c("solid", "dotted"), lwd = 1:2, col = 1:2)
> abline(h = coef(lm(y ~ x))[2], lty = "dashed", lwd = 2, col = 3)
> legend("bottomright", legend = c("Filtered", "Smoothed", "Fixed"),
+        lty = c("solid", "dotted", "dashed"), lwd = c(1, 2, 2), col = 1:3,
+        bty = "n")
```

그림 22.6.3은 시변베타(time-varying beta) β_t의 필터링 추정치와 평활화 추정치를 시계열로 나타낸 것이다. 필터링 추정치는 새로운 관측치가 들어올 때마다 갱신된 상태를 보여주고, 평활화 추정치는 전체 표본을 활용해 과거 상태에 대한 보다 정교한 추정을 제공한다. 이를 통해 삼성전자 주식의 시장 민감도가 시간이 흐르면서 어떻게 변해왔는지를 동태적으로 살펴볼 수 있다. 특정 시기(예: 2000년과 2016년)에는 시장 수익률에 더 민감하게 반응하고, 또 다른 시기(예: 2007–2009년)에는 상대적으로 둔감한 모습을 보이는데,

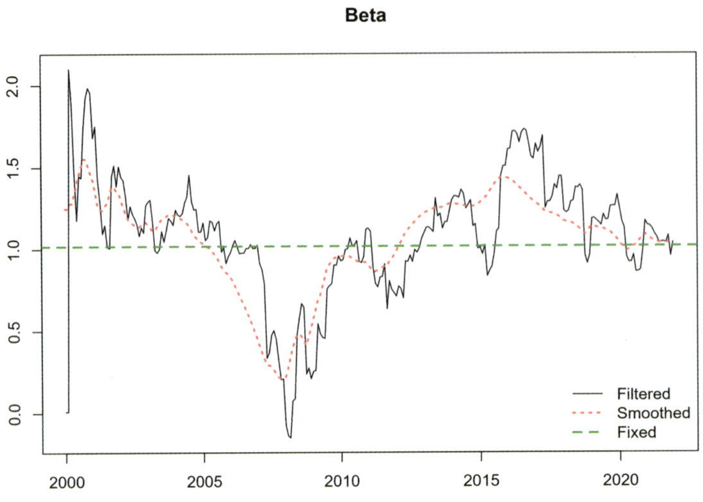

그림 22.6.3: 시변베타 추정치

이는 기업의 구조 변화나 산업 환경의 변화 등과 관련지어 해석할 수 있다.

참고 문헌

Donald Andrews. Heteroskedasticity and autocorrelation consistent covariance matrix estimation. *Econometrica*, 59(3):817–858, 1991.

Federico Bandi and Jeffrey Russell. Separating microstructure noise from volatility. *Journal of Financial Economics*, 79(3):655–692, 2006.

Tim Bollerslev. Generalized autoregressive conditional heteroskedasticity. *Journal of Econometrics*, 31(3):307–327, 1986.

Tim Bollerslev, Robert Engle, and Jeffrey Wooldridge. A capital asset pricing model with time-varying covariances. *Journal of Political Economy*, 96(1):116–131, 1988.

Trevor Breusch and Adrian Pagan. A simple test for heteroscedasticity and random coefficient variation. *Econometrica*, 47(5):1287–1294, 1979.

William Broock, José Alexandre Scheinkman, Davis Dechert, and Blake LeBaron. A test for independence based on the correlation dimension. *Econometric reviews*, 15(3):197–235, 1996.

David Card and Alan Krueger. Minimum wages and employment: A case study of the fast-food industry in new jersey and pennsylvania. *American Economic Review*, 84(4):772–793, 1994.

Nai-Fu Chen, Richard Roll, and Stephen Ross. Economic forces and the stock market. *Journal of Business*, 59(3):383–403, 1986.

John Cochrane. *Asset pricing: Revised edition*. Princeton University Press, 2009.

David Cox. Regression models and life-tables. *Journal of the Royal Statistical Society*, 34 (2):187–202, 1972.

Jon Danielsson and Casper de Vries. *Extreme returns, tail estimation, and value-at-risk*, volume 11. University of Iceland, Institute of Economic Studies, 1997.

David Dickey and Wayne Fuller. Distribution of the estimators for autoregressive time series with a unit root. *Journal of the American Statistical Association*, 74(366a):427–431, 1979.

Robert Engle. Autoregressive conditional heteroscedasticity with estimates of the variance of united kingdom inflation. *Econometrica*, 50(4):987–1007, 1982.

Robert Engle. Dynamic conditional correlation: A simple class of multivariate generalized autoregressive conditional heteroskedasticity models. *Journal of Business and Economic Statistics*, 20(3):339–350, 2002.

Robert Engle and Clive Granger. Co-integration and error correction: representation, estimation, and testing. *Econometrica*, 55(2):251–276, 1987.

Robert Engle and Kenneth Kroner. Multivariate simultaneous generalized arch. *Econometric Theory*, 11(1):122–150, 1995.

Eugene Fama and Kenneth French. Common risk factors in the returns on stocks and bonds. *Journal of Financial Economics*, 33(1):3–56, 1993.

Eugene Fama and James MacBeth. Risk, return, and equilibrium: Empirical tests. *Journal of Political Economy*, 81(3):607–636, 1973.

William Greene. *Econometric analysis*. Pearson, 2017.

James Hamilton. Analysis of time series subject to changes in regime. *Journal of Econometrics*, 45(1-2):39–70, 1990.

Lars Peter Hansen. Large sample properties of generalized method of moments estimators. *Econometrica*, 50(4):1029–1054, 1982.

Andrew Harvey. Estimating regression models with multiplicative heteroscedasticity. *Econometrica*, 44(3):461–465, 1976.

Jerry Hausman. Specification tests in econometrics. *Econometrica*, 46(6):1251–1271, 1978.

Fumio Hayashi. *Econometrics*. Princeton University Press, 2011.

James Heckman. Sample selection bias as a specification error. *Econometrica*, 47(1):153–161, 1979.

Carlos Jarque and Anil Bera. A test for normality of observations and regression residuals. *International Statistical Review*, 55(2):163–172, 1987.

Søren Johansen. *Likelihood-based inference in cointegrated vector autoregressive models*. Oxford University Press, 1995.

Soren Johansen and Katarina Juselius. Maximum likelihood estimation and inference on cointegration—with appucations to the demand for money. *Oxford Bulletin of Economics and Statistics*, 52(2):169–210, 1990.

Henry Kaiser. The varimax criterion for analytic rotation in factor analysis. *Psychometrika*, 23(3):187–200, 1958.

Rudolph Emil Kalman. A new approach to linear filtering and prediction problems. *Journal of Fluids Engineering*, 82(1):35–45, 1960.

Lawrence Klein. *Economic fluctuations in the United States, 1921-1941*, volume 11. Wiley, 1950.

Robert LaLonde. Evaluating the econometric evaluations of training programs with experimental data. *American Economic Review*, 76(4):604–620, 1986.

Greta Ljung and George Box. On a measure of lack of fit in time series models. *Biometrika*, 65(2):297–303, 1978.

James MacKinnon. Numerical distribution functions for unit root and cointegration tests. *Journal of Applied Econometrics*, 11(6):601–618, 1996.

Daniel Nelson. Conditional heteroskedasticity in asset returns: A new approach. *Econometrica*, 59(2):347–370, 1991.

Whitney Newey and Kenneth West. A simple, positive semi-definite, heteroskedasticity and autocorrelation consistent covariance matrix. *Econometrica*, 55(3):703–708, 1987.

Whitney Newey and Kenneth West. Automatic lag selection in covariance matrix estimation. *Review of Economic Studies*, 61(4):631–653, 1994.

Serena Ng and Pierre Perron. Unit root tests in arma models with data-dependent methods for the selection of the truncation lag. *Journal of the American Statistical Association*, 90 (429):268–281, 1995.

Paul Rosenbaum and Donald Rubin. The central role of the propensity score in observational studies for causal effects. *Biometrika*, 70(1):41–55, 1983.

Said Said and David Dickey. Testing for unit roots in autoregressive-moving average models of unknown order. *Biometrika*, 71(3):599–607, 1984.

James Stock and Mark Watson. A simple estimator of cointegrating vectors in higher order integrated systems. *Econometrica*, 61(4):783–820, 1993.

Ruey Tsay. *Analysis of financial time series*. Wiley, 2005.

Halbert White. A heteroskedasticity-consistent covariance matrix estimator and a direct test for heteroskedasticity. *Econometrica*, 48(4):817–838, 1980.

Herman Wold. *A study in the analysis of stationary time series*. PhD thesis, Sweden: Almqvist Wiksell, 1938.

Jeffrey Wooldridge. *Econometric analysis of cross section and panel data*. MIT press, 2010.

Eric Zivot and Jiahui Wang. *Modeling financial time series with S-Plus*. Springer, 2006.

저자 소개

엄찬영
한양대학교 경제학과(경제학 학사)
University of Iowa(MS in Statistics)
University of Oregon(Ph.D. in Finance)
현) 한양대학교 경영대학 파이낸스경영학과 교수

R을 활용한 금융 데이터 분석

– 횡단면 · 시계열 방법론의 원리와 응용 –

저 자 엄찬영
발행인 김지영
발행처 자유아카데미
주 소 경기도 파주시 회동길 37-42
파주출판도시
전 화 031-955-1321
팩 스 031-955-1322
홈페이지 www.freeaca.com
전자우편 main@freeaca.com (대표)
editor@freeaca.com (편집)
crm@freeaca.com (영업)
등 록 제406-2003-017호, 1980. 7. 12
제1판1쇄 2026년 1월 2일 발행

저자와의 협의하에 인지생략

ISBN 979-11-5808-788-3 93310